최신 출제 경향에 따른

항공정비사

면허 종합문제 및 해설

조정현 지음

머리말

안녕하세요.

항공정비사 면장(면허) 종합 필기 문제집을 만든 조정현입니다.

이 책을 만들게 된 이유는 현재 수많은 항공학도 여러분들이 자격증 취득을 위해 비싼 시험 응시료와 개인시간을 투자해가며 고군분투하는 모습을 보고 저 또한 힘든 수험생활을 겪어봤기에 조금이라도 여러분들에게 어려움을 해소시키고 실전 대비를 효율적으로 할 수 있도록 하고자 만들게 되었습니다.

또한 일부 잘못된 정보들로 문제에 대한 오류, 부정확한 정답들이 오고가는 모습을 보며 이를 바로 잡아야 할 필요가 있다는 것을 느꼈습니다.

실제 기출문제와 유사한 문제들을 비슷하게나마 복원 및 수록하여 실전 대비에 맞출 수 있도록 제작하였으며, 해당 문제에 맞게끔 해설도 모두 삽입하였습니다.

문답식으로 외우는 것이 아닌 해설도 한번 꼼꼼히 읽어서 혹시 모를 문제 변형에도 대비하였으면 합니다.

최대한 수험생의 입장을 고려하여 만든 책이며 필기 공부를 꼼꼼히 하셔서 부디 실기도 완벽히 대비하여 자격증 취득 후 각자 원하는 항공정비 현장으로 나아가 훌륭한 항공정비사가 되기를 응원합니다.

끝으로 이 책을 만드는데 도움을 주신 출판사 여러분들과 각종 출판사별 책을 쓰신 저자님들께도 진심으로 감사의 말씀을 전해드립니다.

앞으로도 더욱 더 좋은 자료를 만들어 항공정비 공부를 하는 후학들을 위해 힘쓰겠습니다.

저 자 올림

항공정비사 비행기 항공기체 필기 취약세목

과목명	세목명
항공기체(종류한정)	011. 기체형식(type), 구조
항공기체(종류한정)	012. 날개(wing)
항공기체(종류한정)	013. 꼬리 날개(tail wing)
항공기체(종류한정)	014. 동체, Nacelle/Strut
항공기체(종류한정)	015. 구조강도(응력,하중계수,V-n선도,피로,안전설계 등)
항공기체(종류한정)	031. Rivet
항공기체(종류한정)	051. 판금
항공기체(종류한정)	052. 용접
항공기체(종류한정)	053. 실링 및 실런트(Sealant,adhesive 등)
항공기체(종류한정)	055. 수리(복합소재, 허니콤 구조재), bonding작업
항공기체(종류한정)	061. 공유압이론, 작동유성질, 취급(seal종류, 사용처 등)
항공기체(종류한정)	062. 공유압장치 종류및원리, 작동유탱크 및 accumulator 등
항공기체(종류한정)	063. 공유압주요 구성품 및 압력배분, 조절장치
항공기체(종류한정)	064. 객실여압계통(pressurization system)
항공기체(종류한정)	065. 냉난방계통 (airconditioning system)
항공기체(종류한정)	066. 동결방지계통
항공기체(종류한정)	067. 화재탐지/소화계통
항공기체(종류한정)	068. 산소계통
항공기체(종류한정)	071. Door, window계통(조종실, 객실, 화물실 등)
항공기체(종류한정)	072. 연료 및 연료계통(공급.방출 등 포함)
항공기체(종류한정)	073. 비행기 조종장치 계통
항공기체(종류한정)	074. 비상장치 및 객실계통
항공기체(종류한정)	075. 착륙장치계통
항공기체(종류한정)	076. 바퀴 및 제동장치계통
항공기체(종류한정)	077. Water/waste계통
항공기체(종류한정)	081. 주회전익 구조 계통(헬리콥터)
항공기체(종류한정)	082. 헬리콥터 조종계통(헬리콥터)
항공기체(종류한정)	083. 헬리콥터 착륙장치계통(헬리콥터)
항공기체(종류한정)	084. 헬리콥터 기체구조 및 계통(헬리콥터)
항공기체(종류한정)	085. 헬리콥터 연료, 오일, 유압, 방빙/동결방지 및 환기계통(헬리콥터)
항공기체(종류한정)	086. Blade tracking 작업(헬리콥터)
항공기체(종류한정)	087. Vibration, balancing작업(헬리콥터)
항공기체(종류한정)	088. Rotor head 특성 및 rigging작업(헬리콥터)

항공정비사 비행기 정비일반 필기 취약세목

과목명	세목명
정비일반(공통)	011. 대기의 성질
정비일반(공통)	012. 공기의 성질
정비일반(공통)	013. 공기력의 발생
정비일반(공통)	014. 날개의 특성
정비일반(공통)	015. 항공기의 성능
정비일반(공통)	016. 조종과 안정성
정비일반(공통)	021. 중량 및 평형관리 이론 및 용어
정비일반(공통)	022. 중량측정 절차 및 탑재관리
정비일반(공통)	023. 중량과 평형 방법
정비일반(공통)	031. 항공기도면
정비일반(공통)	041. 금속재료의 개요 및 특성과 비금속재료
정비일반(공통)	042. 복합재료
정비일반(공통)	043. 철강 및 비철금속 재료
정비일반(공통)	051. 항공기리벳
정비일반(공통)	052. 볼트 및 너트와 와셔
정비일반(공통)	053. 케이블, 턴버클, 풀리 등
정비일반(공통)	061. 항공기 세척과 부식 방지처리
정비일반(공통)	071. 유체 라인과 피팅
정비일반(공통)	081. 공구와 계측
정비일반(공통)	091. 안전, 지상취급과 서비스 작업
정비일반(공통)	101. 검사개요
정비일반(공통)	102. 검사일반
정비일반(공통)	103. 비파괴검사
정비일반(공통)	111. 인적요소 일반
정비일반(공통)	112. 인적요인 관계 및 정비영향

항공정비사 비행기 발동기 필기 취약세목

과목명	세목명
발동기(종류한정)	011. 기초이론
발동기(종류한정)	012. 성능(출력, 효율, 배기량, 압력비, 혼합비관계)
발동기(종류한정)	013. 흡기계통 및 기화기
발동기(종류한정)	014. 연료, 연료계통
발동기(종류한정)	015. 윤활, 냉각계통
발동기(종류한정)	016. 시동, 점화계통
발동기(종류한정)	017. 과급기계통(Supercharging/urbocharging)
발동기(종류한정)	018. 엔진 계기 및 지시계통
발동기(종류한정)	019. 엔진장착 및 엔진조작(Engine Control)계통
발동기(종류한정)	021. 시동 및 Run up, Power와 Parameter관계
발동기(종류한정)	022. 정비(장탈착,검사), 동절기 취급
발동기(종류한정)	031. 터빈엔진 기초이론
발동기(종류한정)	032. 터빈엔진의 종류와 특성
발동기(종류한정)	033. 터빈엔진 사이클 및 공기의 압력, 온도, 속도
발동기(종류한정)	034. 터빈엔진 출력 및 비행성능과 작동
발동기(종류한정)	035. 압축기의 구조, 종류, 특징 및 작동
발동기(종류한정)	036. 연소실의 구조, 종류, 특징 및 작동
발동기(종류한정)	037. 터빈,배기관의 구조, 종류, 특징 및 작동
발동기(종류한정)	038. 보기계통(Gearbox, Bearing)구조, 종류 및 특징 및 작동
발동기(종류한정)	041. 공기조절, 냉각계통 및 방빙장치
발동기(종류한정)	042. 연료계통(구성품의 위치,역할등)
발동기(종류한정)	043. 연료의 특성(성분), 규격 및 첨가제
발동기(종류한정)	044. 윤활계통(구성품의 위치, 역할등)
발동기(종류한정)	045. 윤활유의 특성(성분), 규격 첨가제
발동기(종류한정)	046. 점화, 시동 계통
발동기(종류한정)	047. 터빈엔진 계기 및 지시계통
발동기(종류한정)	048. 그밖의 계통(추력증강, 역추진, 소음방지장치)
발동기(종류한정)	051. 시동 및 시운전
발동기(종류한정)	052. 점검 및 정비(부품 장탈착, 일반 검사)
발동기(종류한정)	053. Power와 Parameter관계
발동기(종류한정)	054. 장기 저장/보관

과목명	세목명
발동기(종류한정)	055. 엔진장착, 엔진조작(Engine Control)계통
발동기(종류한정)	056. 특수검사(SOAP, Borescope, NDI 등)
발동기(종류한정)	061. 프로펠러 기본원리
발동기(종류한정)	062. 프로펠러 구조 및 종류
발동기(종류한정)	063. 성능(추력, 출력, 효율)
발동기(종류한정)	064. 오일 및 동력전달장치
발동기(종류한정)	065. Automatic/Manual, Feathering, Reverse Pitch
발동기(종류한정)	066. 동결방지 계통
발동기(종류한정)	067. 점검 및 정비(Blade 검사, 수리, Balancing 및 Tracking 등)
발동기(종류한정)	071. 동력장치 및 동력전달계통 일반(헬리콥터)
발동기(종류한정)	072. 동력 구동축의 구성(헬리콥터)
발동기(종류한정)	073. 꼬리날개 구동축(헬리콥터)
발동기(종류한정)	074. 진동 및 방진장치계통(헬리콥터)
발동기(종류한정)	075. 윤활계통 및 냉각계통(헬리콥터)
발동기(종류한정)	076. 검사, 점검 및 정비(헬리콥터)

항공정비사 비행기 전자전기계기 필기 취약세목

과목명	세목명
전자전기계기(종류한정)	011. 전자 및 자기이론
전자전기계기(종류한정)	012. 전기 일반 및 용어
전자전기계기(종류한정)	013. 직류 흐름(DC theory)
전자전기계기(종류한정)	014. 교류 흐름(AC theory)
전자전기계기(종류한정)	015. 아날로그(analog)회로
전자전기계기(종류한정)	016. 디지털 (digital technology) 기술
전자전기계기(종류한정)	017. 전기계측기 및 계측
전자전기계기(종류한정)	018. 정전기 및 ESDS 장비품취급
전자전기계기(종류한정)	019. 전선 및 연결(electrical cables and connection)
전자전기계기(종류한정)	021. 축전지
전자전기계기(종류한정)	022. DC generator and control
전자전기계기(종류한정)	023. AC generator and control(Alternator,CSD,IDG등)
전자전기계기(종류한정)	024. Motor(AC, DC), starter/generator

과목명	세목명
전자전기계기(종류한정)	025.Power distribution; bus split, parallel
전자전기계기(종류한정)	026.전원변환장치(Inverter, transformer, rectifier등)
전자전기계기(종류한정)	027.전원연결/차단장치(sw,relay,fuse 등)
전자전기계기(종류한정)	028.외부/지상전원 및 정비작업
전자전기계기(종류한정)	029.조명장치(항공기 내/외부,조종실, 객실, 화물실 등)
전자전기계기(종류한정)	031.공함계기(Pitot-staticsystem,속도/고도계 등)
전자전기계기(종류한정)	032.온도계기
전자전기계기(종류한정)	033.회전계기
전자전기계기(종류한정)	034.액량/유량계기
전자전기계기(종류한정)	035.Synchro system(dc selsyn, autosyn)
전자전기계기(종류한정)	036.자이로(gyroscopic)계기
전자전기계기(종류한정)	037.방향지시계기(compass; direct/remote reading type등)
전자전기계기(종류한정)	038.전자지시계기(EFIS, EICAS, ECAM)
전자전기계기(종류한정)	039.계기류 정비 및 취급방법
전자전기계기(종류한정)	052.지상보조지원장비
전자전기계기(종류한정)	061.Autopilot, auto throttle, yaw damper system
전자전기계기(종류한정)	071.전파이론(Frequency,wave length,frequency band 등)
전자전기계기(종류한정)	072.통신장치 (VHF, HF, UHF, 위성통신)
전자전기계기(종류한정)	073.PA, Interphone 계통
전자전기계기(종류한정)	074.통신취급(법적규제포함)
전자전기계기(종류한정)	081.ADF, VOR, DME, RMI 및 장거리항법장치(INS, GPS등)
전자전기계기(종류한정)	082.항법계기류(FDI, ADI, ND, PFD, LRRA 등)
전자전기계기(종류한정)	083.기록장치(CVR, FDR, DFDR 등)
전자전기계기(종류한정)	084.착륙유도장치(ATC, ILS/GS, NDB 등)

항공정비사 필기 헬리콥터 취약세목

과목명	세목명
항공기체(종류한정)	081.주회전익 구조 계통
항공기체(종류한정)	082.헬리콥터 조종계통
항공기체(종류한정)	083.헬리콥터 착륙장치계통
항공기체(종류한정)	084.헬리콥터 기체구조 및 계통
항공기체(종류한정)	085.헬리콥터 연료, 오일, 유압, 방빙/동결방지 및 환기계통
항공기체(종류한정)	086.Blade tracking 작업
항공기체(종류한정)	087.Vibration, balancing작업
항공기체(종류한정)	088.Rotor head 특성 및 rigging작업
발동기(종류한정)	071.동력장치 및 동력전달계통 일반
발동기(종류한정)	072.동력 구동축의 구성
발동기(종류한정)	073.꼬리날개 구동축
발동기(종류한정)	074.진동 및 방진장치계통
발동기(종류한정)	075.윤활계통 및 냉각계통
발동기(종류한정)	076.검사, 점검 및 정비

항공정비사 필기 항공법규 취약세목

과목명	세목명
항공법규(공통)	001.목적
항공법규(공통)	002.용어의 정의(항공기의 종류 · 업무 · 정비 등)
항공법규(공통)	003.국제민간항공기구 및 부속서(ICAO ANNEX)
항공법규(공통)	004.군용/국가기관등 항공기의 적용특례
항공법규(공통)	011.항공기 등록 · 인증 등
항공법규(공통)	012.항공기 변경 · 이전 · 말소등록 등
항공법규(공통)	013.감항증명(감항검사, 범위, 기술기준 등)
항공법규(공통)	014.소음기준 · 설정 · 소음기준적합증명서가
항공법규(공통)	015.형식증명, 제작증명 인증 등
항공법규(공통)	021.항공기의 정비 · 수리 · 개조 승인
항공법규(공통)	023.항공기의 정비 · 수리 · 개조 및 승인 신청
항공법규(공통)	024.항공기의 정비 · 수리 · 개조 승인 및 확인
항공법규(공통)	025.부품등제작자증명의 신청 · 검사의 범위
항공법규(공통)	031.항공종사자 자격 및 자격증명 종류, 업무범위
항공법규(공통)	041.국적등의 표시(등록부호 표시)
항공법규(공통)	042.탑재일지, 비치서류, 구급용구 및 항공일지 등
항공법규(공통)	043.항공기의 등불 및 항공기 연료 등
항공법규(공통)	044.위험물 등 운송 및 휴대금지, 사용제한
항공법규(공통)	045.긴급항공기(수색 또는 구조등의 특례)
항공법규(공통)	046.운항기술기준 등
항공법규(공통)	051.공항시설관리규칙(목적. 정의), 제한구역
항공법규(공통)	052.공항내 차량 등록. 사용. 취급 등
항공법규(공통)	053.공항내 급유 또는 배유 등
항공법규(공통)	054.공항내 금지행위 등
항공법규(공통)	061.항공운송사업 및 정비규정의 인가, 내용 등
항공법규(공통)	071.항공기 취급업 및 정비업
항공법규(공통)	072.정비조직(AMO) 인증 및 취소 등
항공법규(공통)	081.외국항공기 항행, 국내사용, 유상운송 및 국내운송 금지
항공법규(공통)	091.항공안전의무보고 범위 등
항공법규(공통)	101.보칙 및 벌칙

차 례

CHAPTER 01 항공기체

CHAPTER 02 정비일반

차 례

CHAPTER 03-1 항공기 왕복 엔진

CHAPTER 03-2 항공기 가스터빈 엔진

CHAPTER 03-3 항공기 프로펠러

CHAPTER 04 전자전기계기

CHAPTER 05 헬리콥터

CHAPTER 06 항공법규

CHAPTER 07 실전모의고사

✍ [삭제]로 표기된 세목도 일부 출제되므로 참고 바랍니다.

CHAPTER

01 항공기체

Aircraft Airframe

[이 장의 특징]

항공기의 정형외과라고 볼 수 있는 항공기체 분야는 항공기를 구성하고 있는 기골, 구성 부재 그리고 필수 작동계통과 조종계통, 기내 냉난방, 여압 및 화재 감지 계통, 산소계통 등 광범위한 분야를 포함하고 있다.

그만큼 비중과 중요도가 높으며 문제와 해설풀이를 통해 핵심 내용만을 추려 실전에 대비할 수 있도록 더더욱 효율성을 높이고자 한다.

항공기체 분야에서 기초 지식을 잘 쌓으면 항공정비사 비행기 면장 구술시험 대비에도 훨씬 수월하다고 볼 수 있을 정도이다.

01 기체형식(Type), 구조

하

01 다음 항공기 기체 구조부 중 1차 구조부가 아닌 것은?

① 날개보(Spar)
② 세로대(Longeron)
③ 객실 선반(Cabin Rack)
④ 세로지(Stringer)

해설

1차 구조는 항공기 기체의 중요한 하중을 담당하는 구조 부분으로, 날개의 날개보(Spar), 리브(Rib), 외피(Skin) 그리고 동체의 벌크헤드(Bulkhead), 세로대(Longeron), 프레임(Frame), 세로지(Stringer) 등이 이에 속하며, 비행 중 이 부분이 파손되면 심각한 결과를 초래하게 된다.

2차 구조는 비교적 적은 하중을 담당하는 구조 부분으로, 이 부분의 파손은 즉시 사고가 일어나기보다는 적절한 조치사항을 수행함에 따라 사고를 방지할 수 있는 구조 부분이다. 2개의 날개보(Spar)를 가지는 날개의 앞전 부분이 2차 구조에 속하며, 이 부분의 파손은 항공 역학적인 성능의 저하를 초래하지만, 곧바로 사고와 연결되지는 않는다. 그리고 객실의 선반이나 문고리 및 칸막이는 항공기 구조 부재로 취급하지 않는다.

하

02 항공기 Fail-Safe 구조 방식이 아닌 것은?

① 리던던트 ② 숏피닝
③ 더블 ④ 로드 드롭핑

해설

페일세이프 구조는 그 구조의 일부분이 피로로 파괴되거나 파손되더라도, 나머지 구조가 작용하는 하중을 견딜 수 있도록 함으로써 치명적인 파괴나 과도한 변형을 방지할 수 있도록 설계되어 있다. 이 구조 형식의 종류에는 다경로 하중 구조(Redundant Structure), 이중 구조(Double Structure), 대치 구조(Back-Up Structure) 및 하중 경감 구조(Load Dropping Structure) 등이 있다.

하

03 다음 중 허니컴(Honeycomb) 구조의 장점으로 아닌 것은?

① 음진동에 잘 견딘다.
② 항공기 무게를 감소시킬 수 있다.
③ 보온 방습성이 우수하고 내식성이 있다.
④ 무게에 비해 강도가 크나 마모가 잘된다.

해설

샌드위치 구조의 허니컴(Honeycomb) 구조 장단점

(1) 장점
- 무게에 비해 강도가 크다.
- 음진동에 잘 견딘다.
- 피로와 굽힘하중에 강하다.
- 진동에 대한 감쇠성이 크다.
- 보온 방습성이 우수하고 내식성이 있다.
- 항공기 무게를 감소시킬 수 있다.

(2) 단점
- 손상상태를 파악하기 어렵다.
- 집중하중에 약하다.

정답 01 ③ 02 ② 03 ④

하

04 항공기 동체구조형식으로 아닌 것은?

① 트러스형(Truss Type)
② 모노코크형(Monocoque Type)
③ 협폭동체 항공기(Narrow Body Aircraft)
④ 세미모노코크형(Semi – Monocoque Type)

해설

항공기 동체구조형식으로는 분류하면 다음과 같이 있다.

1. 트러스형(Truss Type)
2. 응력 외피 구조형(Stressed Skin Structure Type)
   (1) 모노코크형(Monocoque Type)
   (2) 세미 – 모노코크형(Semi – Monocoque Type)
3. 샌드위치 구조형(Sandwich Structure Type)
4. 페일세이프 구조형(Fail Safe Structure Type)
   (1) 다경로 구조(Redundant Structure, 리던던트)
   (2) 이중 구조(Double Structure, 더블)
   (3) 대치 구조(Back – up Structure, 백업)
   (4) 하중 경감 구조(Load Dropping Structure, 로드 드롭핑)

정 답 04 ③

02 날개(Wing)

중

01 항공기 날개 장착 방식 중 외팔보식 날개(Cantil-ever Wing)와 비교하여 지주식 날개(Braced Wing)에 대한 것으로 틀린 것은?

① 날개 장착부에 큰 굽힘 모멘트가 집중된다.
② 외팔보식에 비해 가볍고 간단하게 장착할 수 있다.
③ 날개의 양력이 날개 지주(Wing Strut)를 통해 동체에 전달된다.
④ 동체 위에 날개가 달린 소형기에서 많이 사용한다.

해설

지주식 날개(Braced Type Wing)는 날개 장착부와 동체, 그리고 착륙장치 및 날개 중간의 지지점의 세 점이 서로 트러스를 이루어 날개의 양력이 날개 지주(Wing Strut)를 통해 동체로 전달되므로, 날개 장착부에 큰 굽힘 모멘트와 전단력이 걸리지 않도록 되어 있다. 그러므로 외팔보식에 비하여 무게가 가볍고, 간단하게 장착할 수가 있다. 그러나 날개 지주의 공기 저항이 크기 때문에 일반적으로 고속 항공기에는 사용되지 않고, 동체 위에 날개가 달린 소형기에서 많이 볼 수 있다.

중

02 항공기 외팔보식 날개(Cantilever Type Wing)의 특징으로 올바른 것은?

① 소형 항공기에 많이 사용한다.
② 지주식에 비하여 무게가 가볍다.
③ 모든 응력이 날개 장착부에 집중되어 있어 장착방법이 복잡해진다.
④ 날개보(Spar)와 리브(Rib) 및 버팀선(Bracing Wire)으로 구성되어 있다.

해설

항공기 외팔보식 날개(Cantilever Wing)는 모든 응력들이 날개 장착부에 집중되어 있어 장착방법이 복잡해지므로, 충분한 강도를 가지도록 설계해야 한다.

하 (출제율이 높은 문제)

03 다음 중 항공기 날개를 구성하는 주요 구성부재가 아닌 것은?

① Rib
② Spar
③ Stringer
④ Bulkhead

해설

항공기 날개는 스파(Spar, 날개보), 리브(Rib), 스트링거(Stringer) 및 외피(Skin)로 구성되어 있다.

하 (출제율이 높은 문제)

04 다음 중 항공기 날개에 작용하는 굽힘 하중을 주로 담당하는 주부재는?

① Skin ② Spar
③ Rib ④ Stringer

해설

날개의 구조 부재 중 하나인 날개보(Spar)는 날개에 걸리는 굽힘하중을 담당하며 앞전 날개보(Leading Edge Spar; 이하 L/E Spar), 뒷전 날개보(Trailing Edge Spar; 이하 T/E Spar)가 있다.

정답 01 ① 02 ③ 03 ④ 04 ②

하

05 A/C Wet Wing이란 무엇을 말하는가?

① 젖어있는 날개
② 페인트 도장된 날개
③ 물탱크로 사용하는 날개
④ 연료를 모아둔 날개

해설

연료탱크는 기본적으로 날개 구조부에 속한 것으로서 이를 인테그럴 연료 탱크(Integral Fuel Tank)라 하며 습식날개(Wet Wing)라고도 한다. 현재 대부분 항공기에 주로 쓰이는 방식이다.

*A/C : Aircraft의 약어

하

06 항공기 날개의 주요 구조부재이며 동체의 세로대 역할인 것은?

① Bulkhead ② Spar
③ Longeron ④ Overhead Bin

해설

날개보(Spar)는 날개의 주요 구조부재이며 동체의 세로대에 해당한다. 날개보는 가로축에 평행하게 배치되어 있거나 날개 끝 방향으로 뻗어있으며 통상 날개 장착부(Fitting), 평평한 Beam 또는 트러스(Truss)에 의해 동체에 장착된다.

중

07 항공기 고양력장치로 사용되는 플랩(Flap) 종류 중 날개 전체 시위에 이르기까지 뒤로 이동하여 최대 각도로 구부릴 수 있고, 날개와 플랩 사이의 공간인 슬롯(Slot)을 이용하여 날개의 유효면적을 최대로 하는 것은?

① 스플릿 플랩(Split Flap)
② 플레인 플랩(Plain Flap)
③ 파울러 플랩(Fowler Flap)
④ 이중 슬롯 플랩(Double Slotted Flap)

해설

플랩(Flap)은 날개의 면적을 증가시키고 날개와 플랩 사이의 공간인 슬롯(Slot)을 이용하여 최대양력 계수를 높여주는 효과를 제공한다. 특히 파울러 플랩(Fowler Flap) 같은 경우에는 날개 전체 시위에 이르기까지 뒤로 이동하여, 최대 각도로 구부릴 수 있으며 날개의 유효면적을 최대로 확장시켜 높은 양력을 발생시키도록 해준다.

정답 05 ④ 06 ② 07 ③

03 꼬리날개(Empennage)

하 (출제율이 높은 문제)

01 비행기의 Empennage란 무엇을 말하는가?

① 비행기 꼬리 부분에서 조종면(Elevator + Rudder)을 말한다.
② 비행기 꼬리 부분으로 안정판(수평 + 수직)을 말한다.
③ 비행기 꼬리 부분으로 Elevator와 수평 안정판을 제외한 나머지를 말한다.
④ 비행기 꼬리 부분에서 안정판(수평 + 수직)과 조종면(승강키 + 방향키)을 말한다.

해설

비행기의 꼬리날개(Empennage)는 수직 안정판(Vertical Stabilizer)과 이 안정판에서 항공기 Yawing 운동을 발생시키는 방향키(Rudder), 수평 안정판(Horizontal Stabilizer)과 항공기 Pitching 운동을 발생시키는 승강키(Elevator)로 구성한다. 꼬리날개는 항공기의 안정성을 기여해주는 안정판과 Yawing, Pitching을 담당하는 조종면이 있다.

하

02 다음 중 항공기의 안정성과 조종성을 담당하는 것은?

① Wing
② Fuselage
③ Empennage
④ Flap

해설

1번 문제 해설 참조

하

03 항공기 꼬리날개에 대한 설명 중 맞는 것은?

① 항공기 보조양력을 위한 장치이다.
② 항공기 안정성과 조종성을 위한 것이다.
③ 주 연료 Tank 및 양력을 위한 장치이다.
④ 항공기 동체 후방부 격벽구조를 위한 장치이다.

해설

1번 문제 해설 참조

정답 01 ④ 02 ③ 03 ②

04 동체, Nacelle, Strut

하

01 항공기 엔진의 열이나 화염이 기체로 전달되는 것을 차단하는 장치는?

① 엔진 마운트　② 카울링
③ 방화벽　④ 외피

해설

기관 마운트(Engine Mount)와 기체 중간에는 기관의 고온과 기관 화재에 대비하여 기체와 기관을 차단하는 벽이 있는데, 이것을 방화벽(Firewall)이라고 한다. 방화벽은 왕복 기관에서는 기관 뒤쪽에 위치하고, 구조 역학적으로 벌크헤드 역할도 한다. 제트 기관에서는 파일론과 기체와의 경계를 이루어, 기관에서의 화염이 기체에 옮겨지지 않도록 한다.

방화벽 재질은 고온과 부식에 견딜 수 있는 스테인리스강 또는 티탄으로 되어 있다. 또, 방화벽은 기관과 기체 사이 이외에도 열을 발생하는 장비에서 기체에 열이 파급될 우려가 있는 곳에 설치해야 한다.

중

02 다음 중 항공기 엔진 방화벽(Firewall)의 역할로 옳은 것은?

① 동체 중간 중간에 설치되어 있어 날개로 화염이 전달되는 것을 차단한다.
② 연료와 같이 연소성이 있는 액체가 주변으로 스며나오지 않도록 한다.
③ 날개의 엔진 사이에 설치하여 엔진의 진동과 열을 차단하기 위한 것이다.
④ 엔진부분에서 화재 발생 시 항공기 날개나 동체로 화염이 전달되는 것을 차단시켜준다.

해설

1번 문제 해설 참조

하

03 항공기의 Engine Mount란 무엇을 말하는가?

① 엔진의 냉각을 조절하는 장치이다.
② 외부 유입물질로부터 엔진을 보호하는 덮개이다.
③ 날개에 엔진을 장착하여 추력을 기체에 전달하는 구조물이다.
④ 지상에서 엔진의 정비 시 손쉽게 장탈 할 수 있는 장치이다.

해설

기관은 보통 날개 또는 동체에 장착하는데, 이 기관을 장착하기 위한 구조물을 기관 마운트(Engine Mount)라고 한다. 기관 마운트는 기관의 종류, 기관의 장착 위치 또는 장착 방법에 따라 그 종류가 다르다.

기관 마운트는 기관의 무게를 지지하고 기관의 추력을 기체에 전달하는 구조물로서 항공기 구조물 중에서 하중을 가장 많이 받는 곳 중의 하나이다.

하

04 항공기 세미모노코크(Semi－Monocoque) 구조형 동체의 길이 방향으로 배치하는 부재는?

① 스트링거와 스파
② 스트링거와 롱저론
③ 롱저론과 프레임
④ 롱저론과 링

해설

동체의 길이 방향으로는 세로지(Stringer)와 세로대(Longeron)를 배치하는데, 세로지는 세로대보다 무게가 가볍고, 훨씬 많은 수가 배치된다. 세로지(Stringer)는 어느 정도의 강성을 가지고 있지만, 주로 외피(Skin)의 형태에 맞추어 부착시키기 위하여 사용된다.

정답 01 ③　02 ④　03 ③　04 ②

상

05 항공기 세미모노코크 구조(Semi-Monocoque)에 사용하는 부재에 대한 설명으로 틀린 것은?

① 스트링거(Stringer) : 동체의 굽힘력을 담당한다.
② 외피(Skin) : 동체에 작용하는 전단력과 비틀림을 담당한다.
③ 롱저론(Longeron) : 세로 방향의 부재로 비틀림력과 전단력을 담당한다.
④ 벌크헤드(Bulkhead) : 동체 객실 내의 압력 유지를 위해 격벽판으로 이용되며 좌굴 현상을 방지한다.

해설

세로지(Stringer)와 세로대(Longeron)는 동체에 작용하는 굽힘 모멘트에 의한 인장 응력(Tension Stress)과 압축 응력(Compressed Stress)에 대하여 충분한 강도를 가지기 위하여 부재의 단면이 L, Z, T, N, H자 모양 등으로 되어 있다.

알루미늄 합금 판으로 된 외피(Skin)는 세로지, 세로대, 프레임, 링, 정형재 등과 리벳으로 고정하는데, 주로 동체에 작용하는 전단 응력과 비틀림 응력을 담당한다. 그러나 때로는 스트링거와 함께 압축 및 인장 응력을 담당하기도 한다.

벌크헤드(Bulkhead)는 동체 앞뒤에 하나씩 있는데, 이것은 여압식 동체에서 객실 내의 압력을 유지하기 위하여 밀폐하는 격벽판(Pressure Bulkhead)으로 이용하기도 하고, 동체 중간의 필요한 부분에 링과 같은 형식으로 배치하여 날개, 착륙장치 등의 장착부를 마련해주는 역할을 하기도 한다. 또, 동체가 비틀림에 의해 변형되는 것을 막아주며, 프레임, 링 등과 함께 집중 하중을 받는 부분으로부터 동체 외피로 응력을 확산시키는 일도 한다.

하

06 항공기 동체에 작용하는 굽힘 모멘트에 대하여 충분한 강도를 보장해주는 부재는?

① Cowling
② Rib
③ Longeron
④ Frame

해설

5번 문제 해설 참조

하

07 항공기 날개에 기관을 장착하여 기관의 추력을 기체에 전달하는 것은?

① Engine Mount
② Engine Nacelle
③ Engine Cowling
④ Engine Exhaust Nozzle

해설

3번 문제 해설 참조

중

08 항공기에 사용하는 동체 구조부재 중 롱저론(Longeron)이란?

① 동체나 나셀(Nacelle)의 세로 방향 기본기체 부재
② 얇은 금속에 강성을 주기 위한 플랜지(Flange)를 갖춘 부재
③ 엔진에서 발생하는 화재를 동체로부터 분리하기 위한 부재
④ 날개의 스파(Spar)를 접합시키기 위해 날개골(Airfoil) 형상을 하는 부재

해설

4번 문제 해설 참조

정답 05 ③ 06 ③ 07 ① 08 ①

중

09 항공기 나셀(Nacelle)에 대한 설명으로 틀린 것은?

① 기본적으로 엔진과 엔진의 구성부품을 수용하기 위한 공간이다.
② 공기역학적인 항력을 감소시키기 위하여 유선형으로 제작되어 있다.
③ 대부분 단발 엔진 항공기의 엔진과 나셀은 동체의 앞쪽방향 끝에 있다.
④ 나셀은 엔진과 액세서리, 엔진장착대, 구조부재, 방화벽 등을 포함하지만 엔진 카울은 포함되지 않는다.

해설

유선형의 나셀은 일부에서 포드(POD)라고도 하는데, 기본적으로 엔진과 엔진의 구성부품을 수용하기 위한 것으로 사용되었다. 나셀은 강한 공기흐름에 노출되므로 공기역학적 항력을 감소시키기 위하여 일반적으로 원형이나 타원형의 형상이다.

대부분 단발엔진항공기의 엔진과 나셀은 동체의 앞쪽방향 끝에 있다.

다발항공기의 엔진 나셀은 날개에 설치되거나 꼬리날개(Empennage) 동체에 장착된다. 일부 다발항공기에서 객실의 동체 후방을 따라 나셀을 설치하기도 한다.

위치에 관계없이, 나셀은 엔진과 액세서리, 엔진마운트, 구조부재, 방화벽이 들어가며, 공기흐름을 위한 외피와 엔진 카울링(Cowling)를 포함하고 있다.

하

10 항공기 페어링(Fairing)에 대한 역할로 틀린 것은?

① 항공기 외부 모양을 좋게 해준다.
② 항공기 구성품을 외부로부터 보호하기 해준다.
③ 항력을 감소시켜 항공기 성능을 향상시켜준다.
④ 항공기 엔진을 보호하는데 사용하므로 고강도 재질을 사용해야 한다.

해설

항공기 페어링(Fairing)은 카울링과 일반적으로 유사하나 기능적으로 볼 때 다소 다르다. 카울링은 항공기 엔진과 같이 쉽게 접근할 수 있는 중요한 부품을 보호하고 유선형으로 된 일종의 커버 역할을 한다. 또한 래치(Latch)와 같은 잠금장치를 풀어서 열리는 카울링은 정비 목적으로 정비사들의 접근성도 높여준다.

페어링(Fairing)은 항공기의 유선형 부분에 사용하여 외부 모양을 좋게 해준다. 이러한 형상은 항공기 표면으로 흐르는 공기흐름에 대한 항력을 감소 및 성능을 향상시키는데 기여하며 항공기의 구성품들을 외부 공기나 이물질로부터 보호해주는 역할도 한다.

그 외에도 카울링처럼 정비사들이 해당 구성품 점검을 위해 쉽게 접근할 수 있도록 패스너(Fastener)로 장착된 경우도 있다.

정답 09 ④ 10 ④

05 구조강도(응력, 하중계수, V-n 선도, 피로, 안전설계 등)

하

01 일반적인 항공기 구조물에 적합한 안전계수는 얼마인가?

① 0.5 이상 ② 1.0 이상
③ 1.5 이상 ④ 1.8 이상

해설

- 일반 구조물 : 1.5
- 주물 : 1.25~2.0 이내
- 결합부(Fitting) : 1.15 이하
- 힌지(Hinge) 면압 : 6.67 이하
- 조종계통 힌지(Hinge), 로드(Rod) : 3.33 이하

중 (출제율이 높은 문제)

02 항공구조물에 작용하는 내력(하중)이 아닌 것은?

① 변형(Strain) ② 비틀림(Torsion)
③ 전단력(Shear) ④ 압축력(Compress)

해설

비행 중 항공기에 작용하는 하중은 양력, 항력, 추력, 자중 및 관성력 등이 있으며, 인장, 압축, 굽힘, 전단 및 비틀림 하중의 형태로 전달된다.

중

03 항공기 기체 수리의 기본원칙으로 틀린 것은?

① 원래의 재료보다 패치 두께의 치수를 한 치수 크게 만들어 장착한다.
② 수리가 된 부분은 원래의 윤곽과 표면의 매끄러움을 유지해야 한다.
③ 원래의 강도를 유지하도록 수리재의 재질은 원래의 재료와 같은 것을 사용한다.
④ 금속의 경우, 부식 방지를 위해 모든 접촉면에 정해진 절차에 따라 방식처리를 한다.

해설

구조 수리의 기본 원칙

(1) 원래의 강도 유지
수리재의 재질은 원칙적으로 원재료와 같은 재료를 사용하지만 다른 경우는 강도와 부식의 영향을 고려해야 한다.

(2) 원래의 윤곽 유지
수리가 된 부분은 원래의 윤곽과 표면의 매끄러움을 유지해야 한다.

(3) 최소 무게 유지
항공기 구조 부재의 수리나 개조 시 대부분의 경우에는 무게가 증가하고 원래의 구조 균형을 깨뜨리게 된다. 따라서 구조부를 수리할 경우에는 무게 증가를 최소로 하기 위해 패치의 치수를 가능한 한 작게 만들고 필요 이상으로 리벳을 사용하지 않도록 한다.

(4) 부식에 대한 보호
재료의 조성에 따라 금속의 부식 방지를 위해 모든 접촉면에는 정해진 절차에 의해 방식처리를 해야 한다.

중

04 실속속도가 100mph인 비행기의 설계제한 하중배수가 4일 때, 이 비행기의 설계운용속도는 몇 mph인가?

① 100 ② 150
③ 200 ④ 400

해설

설계운용속도 공식은 다음과 같다.

$Va = \sqrt{n} \times Vs$ (n : 하중배수, Vs : 실속속도)

$= \sqrt{4} \times 100 = 200$

정답 01 ③ 02 ① 03 ① 04 ③

06 금속재료의 개요 및 특성[삭제]

하 출제율이 높은 문제

01 금속의 성질 중 탄성(Elasticity)에 대해 옳은 것은?

① 재료가 균열이나 파손이 되지 않고 굽혀지거나 늘어나는 능력을 말한다.
② 재료가 굽혀지거나 변형이 될 때 깨지는 현상을 말한다.
③ 재료의 질긴 성질을 말한다.
④ 외력이 없어질 때 원래의 형태로 되돌아가려는 성질이다.

해설

1. 비중(Specific Gravity) : 어떤 물질의 무게를 나타내는 경우 물질과 같은 부피의 물의 무게와 비교한 값을 말하며, 비중이 크면 그만큼 무겁다는 것을 의미한다.
2. 용융온도(Melting Temperature) : 금속재료를 용해로에서 가열하면 녹아서 액체상태가 되는데 이 온도를 말한다.
3. 강도(Strength) : 재료에 정적인 힘을 가해지는 경우, 즉 인장하중, 압축하중, 굽힘하중을 받을 때 이 하중에 견딜 수 있는 정도를 나타낸 것이다.
4. 경도(Hardness) : 재료의 단단한 정도를 나타낸 것으로 일반적으로 강도가 크면 경도도 높다.
5. 전성(Malleability) : 펴짐성이라고도 하며, 얇은 판으로 가공할 수 있는 성질을 말한다.
6. 연성(Ductility) : 뽑힘성이라고도 하며, 가는 선이나 관으로 가공할 수 있는 성질을 말한다.
7. 탄성(Elasticity) : 외력에 의하여 재료에 변형을 일으킨 다음 외력을 제거하면 원래의 상태로 되돌아가려는 성질을 말한다.
8. 메짐(Brittleness) : 굽힘이나 변형이 거의 일어나지 않고 재료가 깨지는 성질을 말하며, 취성이라고도 한다.
9. 인성(Toughness) : 재료의 질긴 성질을 말한다.
10. 전도성(Conductivity) : 금속재료에서 열이나 전기가 잘 전달되는 성질을 말한다.
11. 소성(Plasticity) : 재료가 외력에 의해 탄성한계를 지나 영구 변형되는 성질을 말한다.

하 출제율이 높은 문제

02 금속 부식 중 강한 인장응력과 부식조건이 합금에 작용하여 금속 내부에 복합적으로 변형되는 부식의 종류는?

① 응력 부식
② 입자간 부식
③ 갈바닉 부식
④ 찰과 부식

해설

응력부식(Stressed Corrosion)은 강한 인장응력과 부식 환경조건이 재료 내에 복합적으로 작용하여 발생하는 부식이다. 주로 발생하는 금속재료는 알루미늄 합금, 스테인리스강, 고강도 철강재료이다.

하

03 금속의 특성 중 변형되지 않고 깨지는 성질은?

① 탄성
② 소성
③ 연성
④ 취성

해설

1번 문제 해설 참조

정답 01 ④ 02 ① 03 ④

하

04 형태의 변화를 가져오는 힘을 제거할 때 금속이 원래형태로 돌아오는 성질은?

① 연성 ② 취성
③ 탄성 ④ 전도성

해설

1번 문제 해설 참조

중

05 볼트와 재료가 서로 밀착되어 작은 진동이 계속 일어날 때 생기는 부식은?

① 응력 부식
② 입자 간 부식
③ 이질금속 간 부식
④ 프레팅 부식

해설

마찰 부식(Fretting Corrosion)은 서로 밀착된 부품 사이에서 아주 작은 진동이 발생하는 경우에 접촉 표면에 홈이 발생하는 부식이다. 베어링, 커넥팅 로드, 너클 핀 등과 같은 부품에서 자주 발생한다.

하

06 AA규격의 알루미늄 합금 중 3XXX 계열의 주성분은?

① Cu ② Zn
③ Mn ④ Mg

해설

AA 규격은 미국 알루미늄 협회(American Aluminium Association) 규격으로 다음과 같이 번호별로 금속을 분류한다.

- 1xxx : 순수 Al
- 2xxx : Cu
- 3xxx : Mn
- 4xxx : Si
- 5xxx : Mg
- 6xxx : Mg－Si
- 7xxx : Zn

※ 외울 때 앞글자만 따서 순－구－망－규－마－마규－아로 외우면 쉽게 외워진다.

하

07 강(Steel)에서 탄소의 함유량이 2% 이상일 경우 무엇이라 하는가?

① 강
② 주철
③ 강철
④ 순철

해설

주철은 탄소 함유량이 2.0~6.67%인 철과 탄소의 합금으로, 용선로나 전기로에서 제조한다. 용융온도가 낮고 유동성이 좋기 때문에 복잡한 형상이라도 주조하기 쉽고 또 값이 싸기 때문에 공업용 기계 부품을 제조하는데 많이 사용되어 왔으나, 메짐성이 있고 단련이 되지 않는 결점이 있다.

상

08 합금강에서 크리프(Creep) 강도를 증가시키기 위해 사용되는 합금원소는?

① 망간
② 규소
③ 니켈
④ 탄소

해설

400℃ 이상에서는 페라이트 계열의 강에서는 현저히 크리프 강도가 감소하고 오스테나이트강이 강도가 우수하므로 18Cr－8Ni 스테인리스강 또는 Si, Mo, W 등을 합금원소로 첨가하여 기계적 성질을 개선한 재료로 사용된다.

정답 04 ③ 05 ④ 06 ③ 07 ② 08 ②

하

09 알루미늄 식별 기호인 AA 규격에서 첫째 자리 숫자가 4인 경우 주 합금 원소는?

① Cu

② Si

③ Mn

④ Mg

해설

6번 문제 해설 참조

하

10 AA 1100과 같은 알루미늄 규격 번호에서 AA의 의미는 무엇인가?

① 항공기 제작사

② 항공기 부품제조업체

③ 미국 자동차 협회

④ 미국 알루미늄 협회

해설

6번 문제 해설 참조

정답 09 ② 10 ④

07 비금속재료(Rubber, Seal, Plastic 등)[삭제]

중

01 다음 중 Seal의 Main Class에 속하지 않는 것은?

① Ream ② Packing
③ Gasket ④ Wiper

해설

Seal은 Packing, Gasket, Wiper 3개의 Main Class로 구분된다.

중 (출제율이 높은 문제)

02 고무로 제작된 항공기 부품 중 Seal 또는 Gasket을 보관하는 방법 중 적절하지 않은 것은?

① 일반적으로 보관장소의 온도 24[℃] 이하, 습도는 50~55[%]가 가장 적당하다.
② 고무의 노화의 원인인 오존, 열, 산소에 노출되지 않도록 한다.
③ 빛에 노출되지 않도록 어두운 곳에 보관한다.
④ 점검 시 내부가 보이도록 투명 비닐로 포장하여 보관한다.

해설

고무 부품(Rubber Parts)의 보관
고무 제품의 보관에 있어서는 고무의 노화의 원인이 되는 오존, 빛, 열 그리고 산소에 노출되지 않도록 주의해야 한다. 만약 이것들의 원인으로 노화된 것은 균열이 생기거나 표면에 비탄성을 형성하여 결국에는 균열로 발전한다.

일반적으로 실온 24℃ 이하(18℃±2℃가 적당), 습도 50~55%, 그리고 일광이 없는 암실에 보관하면 좋다. 포장에 있어서는 두꺼운 종이 등으로 밀폐해야 하며 고무에 굴곡이나 늘림 등 일그러짐이 생기지 않도록 가볍게 접어야 한다.

중

03 다음 중 온도에 대한 특성이 가장 강하여 고온 부위의 Gasket, Seal에 사용되는 고무는?

① 실리콘(Silicone) 고무
② 네오프렌(Neoprene) 고무
③ 클로로프렌 고무
④ 부틸(Butyl) 고무

해설

실리콘(Silicone) 고무는 실리콘(Silicone), 산소(Oxygen), 수소(Hydrogen) 그리고 탄소(Carbon)로 제작된다. 열에 안정적이며, 매우 낮은 온도에서도 유연성을 갖는다. 600[℉] 이상의 고온지역에서도 가스켓(Gasket), 시일(Seal)로 사용된다.

상

04 아크릴과 같은 플라스틱 판의 보관에 대한 설명 중 틀린 것은?

① 가능한 수직면에 10도의 경사를 가진 보관함에 보관한다.
② 서늘하고 건조한 장소에 보관한다.
③ 수평으로 보관 시에는 가능한 많이 함께 보관하여 자중에 의해 변형되지 않게 한다.
④ 표면에 흠집이 발생하지 않도록 보호막을 입혀 보관한다.

해설

플라스틱 판의 보관 시 수평으로 보관 시에는 높이가 18[inch] 이내로 제한된다.

정답 01 ① 02 ④ 03 ① 04 ③

중

05 열을 가하면 부드러워지는 특성이 있는 Plastic의 종류는?

① Thermoset Plastic

② Thermocure Plastic

③ Thermoplastic

④ Thermoelastic Plastic

해설

수지 모재계(Resin Matrix System)는 플라스틱 형태이며 열가소성(Thermoplastic)과 열경화성(Thermoset)으로 분류된다.

열가소성 수지는 부품의 형태를 열을 가해서 만들지만 이 형태가 영구적인 것이 아니기 때문에 다시 열을 가하면 다른 형태로 바뀌는 특징이 있다. 반면에 열경화성 수지는 열을 가해서 성형을 하고 나면 그 형태가 영구적으로 남는다. 열가소성 수지는 주로 비구조물에 쓰이고 대부분의 기체 구조용으로는 열경화성 수지의 종류인 에폭시 수지계(Epoxy Resin System)가 많이 쓰인다.

하

06 투명 플라스틱으로 제작된 부품표면에 그물망과 같은 미세한 균열이 발생한다면, 이 결함의 종류는?

① Hazing

② Brineling

③ Delamination

④ Crazing

해설

크레이징(Crazing)

투명 플라스틱 밀폐재(Transparent Plastic Enclosure)에 생긴 미세한 금(Crack)이 전체적으로 연장되어 있거나 플라스틱 표면 및 상하부까지 연장되어 있는 플라스틱의 결함 상태이다.

상

07 Slipper Ring에 대한 설명 중 옳지 않은 것은?

① 테프론의 낮은 마찰계수를 이용한다.

② 단면의 형상에 따라 U, L, Plain의 3 종류가 있다.

③ 피스톤에 고착되는 단점이 있으나 Sealing 효과가 크다.

④ 피스톤의 작동하기 시작할 때 필요한 힘이 적게 든다.

해설

슬리퍼 링 시일(Slipper Ring Seal)은 테프론의 낮은 마찰계수를 이용하여 움직이기 시작하는데 필요한 힘(Break Out Force)을 감소시켜주며, O－Ring Seal에서 보여지는 미끄러운 면의 고착을 방지한다. 단면의 형상에 따라 "U", "L", "Plain"의 3 종류가 있다.

정답 05 ③ 06 ④ 07 ③

08 복합재료(Composite, Honeycomb)[삭제]

상

01 Radome은 구조강도뿐만 아니라 전파 투과성도 고려하여 제작되기 때문이다. 다음 중 Radome 제작에 사용하지 않는 복합소재는?

① 유리 섬유
② 카본 섬유
③ 쿼츠 섬유
④ 아라미드 섬유

해설

실제 항공기 레이더를 감싸고 있는 레이돔(Radome)에는 유리 섬유, 쿼츠 섬유, 아라미드 섬유가 적용된 복합소재 기술을 이용하고 있다. 그 외에도 방산사업에서 발사체, 방탄 부분에도 이용된다.

하

02 항공기에 사용하는 복합소재에 대한 설명 중 맞는 것은?

① 제작이 어려워 가격이 고가이다.
② 일반 금속재료에 비해 가격이 저렴한 금속재료이다.
③ 두 종류 이상의 재료를 사용하여 인위적으로 합금 처리한 재료이다.
④ 두 종류 이상의 재료를 인위적으로 배합하여 각각의 물질보다 뛰어난 성질을 가지도록 한 합금 재료이다.

해설

복합소재(CM : Composite Material)란 두 종류 이상의 물질을 인위적으로 결합하여, 각각의 물질 자체보다 뛰어난 성질이나 아주 새로운 성질을 가지도록 만들어진 재료를 말한다.

중

03 복합소재의 장점으로 알맞지 않은 것은?

① 무게당 강도 비율이 높다.
② 복잡한 형태나 공기 역학적인 곡선 형태의 제작이 용이하다.
③ 부식이 되지 않고 마멸이 잘된다.
④ 제작이 단순해지고 비용이 절감된다.

해설

복합 재료의 장점

- 무게당 강도 비율이 높다. 알루미늄을 복합 재료로 대체하면 약 30% 이상의 인장, 압축 강도가 증가되고, 약 20% 이상의 무게 경감 효과가 있다.
- 복잡한 형태나 공기 역학적인 곡선 형태의 제작이 쉽다.
- 일부의 부품과 패스너를 사용하지 않아도 되므로 제작이 단순해지고, 비용이 절감된다.
- 유연성이 크고, 진동에 강해서 피로 응력(Fatigue Stress)의 문제를 해결한다.
- 부식이 되지 않고 마멸이 잘되지 않는다.

중

04 항공기의 기체부위에 사용되는 복합소재에 대한 설명 중 옳지 않은 것은?

① 2종류 이상의 소재를 원소 결합을 시켜 만든 합금과 같은 새로운 소재를 복합소재라고 한다.
② 복합소재는 모재(Matrix)와 강화재(Reinforce Material)로 구성된다.
③ 일반적으로 항공기 기체에 사용되는 복합소재의 모재는 Epoxy Resin이다.
④ 일반적으로 항공기 기체에 사용되는 복합소재의 강화재는 Glass Fiber 또는 Carbon Fiber이다.

정답 01 ② 02 ④ 03 ③ 04 ①

해설

복합소재는 2종류 이상의 소재를 결합시켜 기존의 물질보다도 더 뛰어난 소재를 만드는 것을 복합소재라고 한다.

이 소재는 강화재(Reinforce Material)와 모재(Matrix)로 구성되어 있으며 강화재와 모재를 층층이 겹겹으로 쌓아서 만든 적층구조라고 할 수 있다. 복합소재는 FRP, FRM, FRC 이렇게 3가지로 나눌 수 있다.
FRP에서 P는 Plastic, M은 Metal, C는 Ceramic을 의미하며 FRP에서 Plastic 모재에는 열경화성과 열가소성 수지 2가지로 나눌 수 있다. 열경화성 수지에는 페놀, 에폭시, 폴리에스테르 등이 있고 열가소성 수지에는 폴리에틸렌, 폴리염화비닐, ABS, 아크릴 수지 등이 있다.

항공기에서는 모재로는 에폭시 수지를 가장 많이 쓰인다. 그 이유가 사용처에 따라 강도나 내열성이 우수하기 때문이다.

강화재는 유리 섬유, 아라미드 섬유, 탄소 섬유, 보론 섬유, 실리콘 – 카바이드 섬유 등이 있으며 항공기에서는 1차 구조재 제작에 요구되는 무게 경량 및 열팽창계수가 작아서 치수 안정성이 우수한 탄소 섬유와 2차 구조재 중 레이돔의 전파 투과성이 우수한 부분에 쓰이는 유리섬유 등이 주로 쓰인다.

하

05 복합소재(Reinforced Fiber) 중 밝은 하얀색(Light White)인 것은?

① 유리 섬유
② 보론 섬유
③ 탄소 섬유
④ 아라미드 섬유

해설

유리 섬유(Glass Fiber)는 내열성과 내화학성이 우수하고 값이 저렴하여 강화 섬유로서 가장 많이 사용되고 있다. 그러나 다른 강화 섬유보다 기계적 강도가 낮아 일반적으로 레이돔이나 객실 내부 구조물 등과 같은 2차 구조물에 사용한다. 유리 섬유의 형태는 밝은 흰색의 천으로 식별할 수 있고 첨단 복합 소재 중 가장 경제적인 강화재이다.

하

06 복합소재 중 충격 손상에 대한 저항력이 우수하나 습기 침투에 대한 저항력이 취약하고 노란색을 띄는 섬유는?

① 아라미드 섬유(Aramid Fiber)
② 탄소 섬유(Carbon Fiber)
③ 유리 섬유(Glass Fiber)
④ 보론 섬유(Boron Fiber)

해설

케블라(Kevlar)는 아라미드 섬유에 대한 듀폰 회사의 제품 명칭이다. 아라미드 섬유는 가볍고 강하며 단단한 특성을 가지고 있다. 항공 산업 분야에서 아라미드 섬유는 2가지 형태로 사용되고 있다. 케블라 49는 고강도를 갖고 케블라 29는 저강도를 갖는 특성이 있다. 아라미드 섬유의 장점은 충격 손상에 대한 저항력이 우수하여 충격 손상을 입기 쉬운 곳에 널리 사용되고 있다. 아라미드 섬유의 주요 단점은 압축력과 습기 침투에 대한 저항력이 취약하다.

케블라는 노란색을 띠며 건조된 천 또는 접착제 내장 형태로 생산된다. 아라미드 섬유의 다발은 탄소 소재 또는 유리 소재와 같이 섬유의 개수에 의해 크기가 결정되지는 않고 무게에 의해 결정된다.

중

07 복합소재를 이루는 강화재와 섞여서 새로운 성질을 나타내는 것은 무엇인가?

① Mats　　② Matrix
③ Hybrid　　④ Prepreg

해설

4번 문제 해설 참조

중

08 복합재료에서 텅스텐 와이어를 사용하여 만든 강화섬유는?

① 탄소 섬유　　② 알루미나 섬유
③ 쿼츠 섬유　　④ 보론 섬유

정답 05 ① 06 ① 07 ② 08 ④

해설

보론 섬유(Boron Fiber)는 텅스텐의 얇은 필라멘트에 보론을 접착시켜서 만든다. 이렇게 만들어진 섬유는 약 0.004" 직경으로, 양호한 압축 강도, 강성(Stiffness) 그리고 우수한 경도(Hardness)를 보유한다. 그러나 보론 섬유는 값이 비싸 민간 항공기에 흔히 사용되지는 않는다.

상

09 전기저항 특성이 우수하고 일반적으로 기체 구조부에 가장 많이 쓰이는 Glass Fiber의 종류는?

① E－Glass ② F－Glass
③ G－Glass ④ S－Glass

해설

E－Glass는 전기절연성이 좋은 반면, 구조 강도는 S－Glass보다 약하나, 값이 저렴하여 많이 사용된다. S－Glass는 구조강도가 우수하나 값이 고가로 인하여 잘 사용되지 않는다.

중

10 다음 중 항공기 1차 구조부 제작에 쓰이며 강도와 강성이 높아 날개와 동체 등에 주로 쓰이는 섬유는?

① 보론 섬유
② 탄소 섬유
③ 아라미드 섬유
④ 실리콘－카바이드 섬유

해설

탄소 섬유(Carbon Fiber)는 열팽창 계수가 작기 때문에 사용 온도의 변동이 크더라도 치수 안정성이 우수하다. 그러므로 정밀성이 필요한 항공 우주용 구조물에 이용되고 있다. 또, 강도와 강성이 높아 날개와 동체 등과 같은 1차 구조부의 제작에 쓰인다.

하

11 항공기 기체구조 부위의 복합소재 부품에 가장 많이 사용되는 모재는?

① 폴리이미드(PI) 수지
② 세라믹 수지
③ 에폭시 수지
④ 비스말레이미드(BMI) 수지

해설

4번 문제 해설 참조

중 (출제율이 높은 문제)

12 에폭시 수지와 촉매제를 혼합하여 사용 시 올바른 사용방법은?

① 수지와 촉매제를 정확한 무게 비율로 섞는다.
② 저장 수명(Shelf Life)내에서는 촉매제를 많이 쓸수록 좋다.
③ 섞을 때 왁스를 첨가하여 부드럽게 섞이도록 한다.
④ 많은 양이 요구될 때는 한번에 많은 양을 동시에 섞는다.

해설

수지와 촉매제 혼합 시 올바른 사용방법

① 수지계는 포장된 수지 용기나 항공기 구조 수리 교범(SRM)에서 제시한 정확한 비율로 섞어야 한다. 조금이라도 부정확한 비율로 섞인 경우에는 복합 소재의 강도에 막대한 영향을 끼치기 때문이다.
② 최대 강도를 얻기 위하여 제작사의 지시대로 완전하게 섞어야 한다.
③ 왁스 성분이 없는 용기에서 섞는다.
④ 수지를 너무 빨리 섞거나 한꺼번에 많은 양을 섞지 않도록 한다.
⑤ 저장 기간(Shelf Life)을 확인한 다음에 사용하고, 작업 시 사용 기간(Pot Life)을 준수한다.
⑥ 첨단 복합 소재의 강화재 대 모재의 무게 비율은 50 : 50이 바람직하고, 60 : 40이면 더욱 좋다.
⑦ 섬유에 수지를 사용할 때 직물의 짜인 상태가 손상되지 않도록 한다.

정답 09 ① 10 ② 11 ③ 12 ①

중

13 복합소재 중 가장 강한 힘을 받는 방향은?

① 워프 ② 워프 90°
③ 바이어스 ④ 셀비지 엣지

해설

(1) 워프(Warp)
실(Threads)이 직물(Fabric)의 길이 방향으로 지나는 것을 워프라고 한다. 워프의 방향은 0°로 나타낸다. 천을 짤 때 필(Fill) 방향보다 워프 방향에 더 많은 실을 사용한다. 이것이 워프 방향이 필 방향보다 더 강한 결과를 준다. 워프 방향이 복합소재를 가공하거나 수리할 때 중요하기 때문에 다른 종류의 실을 일정한 간격으로 넣어서 구별한다.

(2) 웨프트(Weft/Fill)
웨프트의 실들은 워프 섬유에 수직으로 지난다. 이것들은 90°로 나타낸다. 웨프트 혹은 필 실들은 워프 실들과 교차되게 엮어진다.

(3) 셀비지 엣지(Selvage Edge)
단단히 짜인 끝으로 풀림을 방지하기 위한 끝을 말한다. 이것은 워프 방향과 나란하다. 셀비지 엣지는 짜임새가 직물의 몸체와 같지 않아서 직물과 같은 강도를 줄 수 없기 때문에 제작이나 수리할 때는 제거해야 한다.

(4) 바이어스(Bias)
바이어스는 워프 실에 45°를 이룬다. 직물은 바이어스를 이용해서 곡면을 형성할 수 있다. 직물은 가끔 잡아 늘릴 수가 있는데 이때는 워프나 웨프트가 아니라 바이어스 방향이다.

하

14 다음 중 항공기 기체 구조부에 주로 사용하는 복합소재의 강화섬유는?

① 보론 섬유
② 카본 섬유
③ 실리콘－카바이드 섬유
④ 쿼츠 섬유

해설

10번 문제 해설 참조

하

15 다음 중 복합소재의 강화재로 쓰이지 않는 것은?

① 보론 섬유
② 쿼츠 섬유
③ 유리 섬유
④ 아라미드 섬유

해설

4번 문제 해설 참조

중

16 열팽창이 알루미늄과 유사하고 이질금속 간의 부식 발생 가능성이 낮아 항공기 표피 구조물 수리 시 사용되기도 하는 것으로 옳은 것은?

① 유리 섬유(Fiberglass)
② 탄소/그래파이트 섬유(Carbon/Graphite Fiber)
③ 보론(Boron)
④ 케블러(Kevlar®)

해설

보론 섬유는 보론의 열팽창이 알루미늄과 유사하고 이질금속 간의 부식 발생 가능성이 낮아 항공기 표피 구조물 수리 시 사용되기도 한다.

정답 13 ① 14 ② 15 ② 16 ③

09 철강 및 비철금속 재료[삭제]

하

01 항공기 기체구조재에 사용되는 비금속 재료는 무엇인가?

① 알루미늄
② 티탄
③ 구리
④ 탄소

해설

탄소 섬유는 열팽창 계수가 작기 때문에 사용 온도의 변동이 크더라도 치수 안정성이 우수하다. 그러므로 정밀성이 필요한 항공 우주용 구조물에 이용되고 있다. 또 강도와 강성이 높아 날개와 동체 등과 같은 1차 구조부의 제작에 쓰인다.

하

02 항공기 동체부에 일반적으로 쓰이지 않는 재료는?

① 티타늄 합금
② 마그네슘 합금
③ 구리 합금
④ 니켈 합금

해설

구리는 붉은색의 금속 광택을 가진 비자성체로서, 열과 전기에 대한 전도성이 우수하고, 가공성이 양호하여 전기 공업용으로 널리 이용되고 있다. 구리에 아연, 주석, 니켈, 알루미늄 등을 첨가하여 제조한 구리 합금은 기계 부품, 차량, 선박, 건축, 화폐 등에 이용되고 있다. 항공기에는 구조용 재료가 아닌 전기 계통 부품에 주로 사용되고 있다.

중

03 항공기 동체와 날개에 사용할 수 있는 알루미늄 재료로 옳은 것은?

① 2024, 2017
② 2024, 7075
③ 2017, 2117
④ 2017, 7075

해설

고강도 알루미늄 합금(Aluminium Alloy)

(1) 2024
구리 4.4%와 마그네슘 1.5%를 첨가한 합금으로서 초 듀랄루민(Super Duralumin)이라 하며, 파괴에 대한 저항성이 우수하고 피로 강도도 양호하여 인장하중이 크게 작용하는 대형 항공기 날개 밑면의 외피나 여압을 받는 동체의 외피, 리벳 등에 사용된다.

(2) 7075
아연 5.6%와 마그네슘 2.5%를 첨가한 알루미늄－아연－마그네슘계 합금으로 ESD(Extra－Super Duralumin)이라 하며, 인장강도가 $58kg/mm^2$로서, 알루미늄 합금 중에서 강도가 가장 우수하므로 항공기 주 날개의 외피와 날개보, 기체 구조 부분 등에 사용되고 있다.

(3) 2017
알루미늄에 4.0%의 구리를 첨가한 합금이며, 대표적인 가공용 합금으로서 듀랄루민(Duralumin)이 있다. 강도는 0.2%의 탄소가 함유된 탄소강과 비슷하면서도 무게는 1/2 정도 밖에 되지 않아 항공기의 응력 외피로 계속 사용되어 왔지만, 현재는 이것을 개량한 2024가 널리 사용되고, 2017은 리벳으로만 사용되고 있다.

정답 01 ④ 02 ③ 03 ②

중 (출제율이 높은 문제)

04 지구상에서 규소 다음으로 많이 매장되어 있으며, 항공기 기체구조재에 많이 사용하는 재료는?

① 구리
② 알루미늄
③ 니켈과 티탄
④ 마그네슘과 탄소

해설

알루미늄(Al)은 지구상에서 규소(Si) 다음으로 매장량이 많은 원소이다. 알루미늄 합금은 대형 항공기 기체 구조재의 70% 이상을 차지하는 만큼, 항공기 기체 재료로는 매우 중요한 합금이다.

하

05 99.0% 이상의 순도를 가지고 있는 순수 알루미늄으로, 내식성은 우수하지만 열처리가 불가능한 것은?

① 1100 ② 2017
③ 2117 ④ 2024

해설

AA 1100은 99.0% 이상의 순도를 가지고 있는 순수 알루미늄으로서, 내식성은 우수하지만 열처리가 불가능하다. 냉간가공에 의해 인장강도를 17[kg/mm²]로 높일 수 있지만, 구조용으로 사용하기에는 강도가 약하다. 항공기에는 연료나 윤활유 탱크 및 파이프 등에 이용되고 있다.

하 (출제율이 높은 문제)

06 철강재료 구분번호의 SAE 1025에서 25가 의미하는 것은 무엇인가?

① 탄소강의 종류
② 탄소의 함유량
③ 탄소강의 합금번호
④ 합금 원소의 백분율

해설

철강재료는 SAE에서 정한 4자리 숫자를 이용하여 식별하는데, 첫째 숫자는 합금 원소의 종류를, 둘째 숫자는 합금의 주성분을 백분율로 나타내며, 나머지 2개의 숫자는 탄소의 함유량을 표시한 것이다.

하 (출제율이 높은 문제)

07 다음 특수강 중 탄소를 제일 많이 함유하고 있는 강은?

① SAE 1025 ② SAE 2330
③ SAE 6150 ④ SAE 4340

해설

6번 문제 해설 참조

하

08 Code 번호 AA 1100의 알루미늄은 어떤 형의 알루미늄인가?

① 열처리된 알루미늄 합금
② 11%의 구리를 함유한 알루미늄
③ 99% 이상 순수 알루미늄
④ 아연이 포함된 알루미늄 합금

해설

5번 문제 해설 참조

하

09 항공기 재료로 쓰이는 금속 중에서 가장 가벼운 것은?

① 알루미늄
② 마그네슘
③ 구리
④ 티탄

정답 04 ② 05 ① 06 ② 07 ③ 08 ③ 09 ②

해 설

마그네슘의 비중은 알루미늄의 2/3 정도로서, 항공기 재료로 쓰이는 금속 중에서는 가장 가볍다. 마그네슘 합금은 전연성이 풍부하고 절삭성도 좋으나 내열성과 내마멸성이 떨어지므로 항공기 구조 재료로는 적당하지가 않다. 그러나 가벼운 주물 제품으로 만들기가 유리하기 때문에 장비품의 하우징(Housing) 등에 사용되고 있다. 마그네슘 합금은 내식성이 좋지 않기 때문에 화학 피막 처리를 해서 사용해야 하며, 마그네슘 합금의 미세한 분말은 연소되기가 쉬우므로 취급할 때 주의해야 한다.

중 (출제율이 높은 문제)

10 다음 설명 중 탄소강이 아닌 것은?

① 탄소강의 함유량은 0.025~2.0%이다.
② 탄소강의 종류에는 저탄소강, 중탄소강, 고탄소강이 있다.
③ 탄소강은 비강도면에서 우수하므로 항공기 기체 구조재에 사용하기 좋다.
④ 탄소강에는 탄소 함유량이 많을수록 경도는 증가하나 인성과 내충격성이 나빠진다.

해 설

탄소강은 철에 탄소가 약 0.025~2.0% 함유되어 있는 강을 말하며, 약간의 규소, 망간, 인, 황 등을 포함하고 있다. 탄소강은 탄소 함유량이 미세한 변화에 따라 성질이 크게 변하는데 탄소 함유량이 많을수록 경도는 증가하나 인성과 내충격성은 감소하고 또한 용접하기가 어려워진다.

탄소강은 생산성, 경제성, 기계적 성질, 가공성 등이 우수하기 때문에 강 중에서 사용량이 매우 많지만, 비강도면에서 불리하기 때문에 항공기 기체 구조 재료로는 거의 쓰이지 않고, 안전 결선용 와이어, 부싱, 나사, 로드, 코터 핀 및 케이블 등에 일부 쓰이고 있다.

중

11 탄소강에 대한 설명 중 틀린 것은?

① 탄소의 함유량이 높을수록 용접하기 쉽다.
② 탄소의 함유량이 높을수록 인성이 나빠진다.
③ 탄소의 함유량이 높을수록 경도가 증가한다.
④ 탄소의 함유량이 높을수록 내충격성이 감소한다.

해 설

10번 문제 해설 참조

중

12 알루미늄 합금의 특성이 아닌 것은?

① 성형 가공성이 좋다.
② 시효 경화성이 있다.
③ 강도는 떨어지나 연성과 내식성이 우수하다.
④ 합금원소의 조성을 변화시켜 강도와 연신율을 조절할 수 있다.

해 설

알루미늄 합금의 성질
① 전성이 우수하여 성형 가공성이 좋다.
② 상온에서 기계적 성질이 우수하다.
③ 합금 원소의 조성을 변화시켜 강도와 연신율을 조절할 수 있다.
④ 내식성이 양호하다.
⑤ 시효 경화성이 있다.

정 답 10 ③ 11 ① 12 ③

상

13 감항증명 승인되었던 것들과 다른 재료와 공정으로서 항공기 천을 교환하기 위한 미연방항공청의 승인을 얻는 수단으로 틀린 것은?

① 부품 제조사 승인(PMA, Parts Manufacturing Appro－val)

② 승인된 형식증명(STC, Supplemental Type Certificate)

③ 현장승인

④ 제작사가 새로운 공정에 대한 형식증명자료를 통하여 인가를 확보

해설

천 외피의 법적 측면(Legal Aspects of Fabric Covering)

본래 승인되었던 것들과 다른 재료와 공정으로서 항공기 천을 교환하기 위한 미연방항공청의 승인을 얻는 세 가지 수단이 있다. 그 종류로는 승인된 형식증명(STC, Supplemental Type Certificate), 현장승인, 제작사가 새로운 공정에 대한 형식증명자료를 통하여 인가를 확보하는 방법들이 있다.

중

14 다음 중 리벳과 케이블 판자 틀과 알루미늄이 마그네슘 합금과 접촉되는 곳에 사용하는 것으로 옳은 것은?

① 합금 2014

② 합금 3003

③ 합금 5056

④ 합금 7075

해설

합금 5056은 리벳과 케이블 판자 틀과 알루미늄이 마그네슘 합금과 접촉되는 곳에 사용한다. 합금 5056은 일반적으로 가장 흔한 형태의 부식에 내성이 있다.

정답 13 ① 14 ③

10 Rivet

하

01 솔리드 생크 리벳(Solid Shank Rivet)의 머리 표식(Rivet Head Marking)으로 알 수 있는 것은?

① 리벳 재료의 종류
② 리벳 재료의 강도
③ 리벳의 직경
④ 리벳 머리의 모양

해설

리벳 머리에는 리벳의 재질을 나타내는 기호가 표시되어 있다.

하 (출제율이 높은 문제)

02 항공기 내부나 공기 저항을 받지 않는 곳에 사용하는 일반 리벳은?

① 폭발 리벳 ② 체리 리벳
③ 체리 고정 리벳 ④ 유니버셜 머리 리벳

해설

유니버셜 머리 리벳(Universal Head Rivet)은 일반적으로 항공기 내부나 공기저항을 받지 않는 곳에 사용된다.

하

03 순수 알루미늄 리벳으로 열처리가 불필요하고 구조부가 아닌 곳에 쓰이는 리벳은?

① 1100 리벳 ② 2017 리벳
③ 2117－T 리벳 ④ 2024－T 리벳

해설

1100 리벳(A)은 순수한 알루미늄 리벳으로서, 열처리가 불필요하며, 비구조용 리벳으로 사용된다.

하

04 항공기 외피에 사용되는 리벳으로 옳은 것은?

① 카운터 싱크 리벳
② 둥근 머리 리벳
③ 유니버셜 머리 리벳
④ 납작 머리 리벳

해설

접시머리 리벳(AN425, AN426, Countersink Rivet)은 가장 적은 공기 저항을 가지므로, 고속기 외피에 쓰인다.

중

05 Rivet 재질과 Rivet Head Marking이 틀리게 연결된 것은?

① 2117－Dimple
② 2017－A Raised Dot
③ 2024－Raised Double Dot
④ 5056－Raised Cross

해설

재질	합금	유니버셜 머리		접시머리(100°)		비고
		형상	기호	형상	기호	
A	1100					No Mark
AD	2117					Dimple
D	2017					Raised Dot
DD	2024					Raised Double Dash
B	5056					Raised Cross

정답 01 ① 02 ④ 03 ① 04 ① 05 ③

중

06 Rivet MS20426 AD−6−5에 대한 아래의 설명 중 옳은 것은?

① Rivet 재질이 2017이다.
② Universal Head이다.
③ Grip 길이가 5/16"이다.
④ Rivet Dia가 6/32"이다.

해설

- MS : Military Specification
- 20426 : 접시머리 모양
- AD : 2117
- 6 : 리벳 직경이 6/32"
- 5 : 리벳 길이가 5/16"

하

07 항공기 리벳 작업 시 리벳 머리(Rivet Head)는 어디에 두어야 하는가?

① 두꺼운 판에 두어야 한다.
② 얇은 판에 두어야 한다.
③ 어느 쪽도 무방하다.
④ 적당한 공구를 사용하면 어느 쪽도 무방하다.

해설

리벳 작업 시 판의 두께가 다른 경우 리벳 머리는 얇은 판 쪽에 두어 얇은 판을 보강해 주어야 한다.

하

08 리벳 작업 시 리벳의 지름을 결정하는 요소로 옳은 것은?

① 두꺼운 판재 두께의 3배
② 얇은 판재 두께의 3배
③ 얇은 판재 두께의 1.5배
④ 두꺼운 판재 두께의 2배

해설

리벳의 지름은 접합하여야 할 판재 중에서 가장 두꺼운 쪽 판재 두께의 3배 정도가 적당하다.

하

09 리벳의 머리 성형을 위한 적합한 돌출머리(Bucktail)의 지름은 리벳 지름의 몇 배로 하는가?

① 리벳 지름의 0.5배　② 리벳 지름의 1.5배
③ 리벳 지름의 2.0배　④ 리벳 지름의 3.0배

해설

리벳 작업 후 벅테일의 최소 지름은 리벳 지름의 1.5배(1.5D), 벅테일의 높이는 리벳 지름의 0.5배(0.5D)이다.

하

10 리벳의 직경은 무엇에 따라 변하는가?

① 두꺼운 판재의 두께
② 리벳의 길이
③ 판의 재질
④ 리벳의 머리 모양

해설

8번 문제 해설 참조

상

11 다음 중 리벳 작업의 Countersinking이 가장 양호한 상태인 것은?

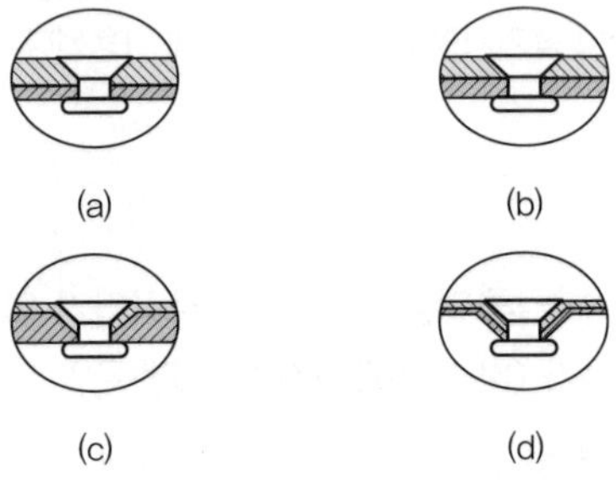

① a　② b, c
③ c　④ a, b

해설

- a : 양호한 Countersinking으로 판재는 리벳 헤드보다 두껍다.

정답　06 ④　07 ②　08 ①　09 ②　10 ①　11 ①

- b : 허용되지만 바람직하지 못한 Countersinking으로 판재는 Countersinking 용으로는 최저 두께이다.
- c : 헤드 쪽의 판재 두께가 얇고 아래 판재의 두께가 두꺼운 경우
- d : 2개의 판재가 리벳보다 얇은 경우

중

12 "AN425DD 5−8" 리벳에 대한 규격 식별 내용으로 옳은 것은?

① 2024 알루미늄 합금 재질이며 리벳의 지름이 5/32[inch], 길이가 8/16[inch]이다.
② 2024 알루미늄 합금 재질이며 리벳의 지름이 8/32[inch], 길이가 5/16[inch]이다.
③ 2017 알루미늄 합금 재질이며 리벳의 지름이 5/32[inch], 길이가 8/16[inch]이다.
④ 2017 알루미늄 합금 재질이며 리벳의 지름이 8/32[inch], 길이가 5/16[inch]이다.

해설

- AN : 미공군해군 규격(Airforce & Navy Specification)
- 425 : 접시머리 리벳 또는 카운터성크 헤드 리벳
- DD : 2024 알루미늄 합금 재질
- 5 : 리벳 지름이 5/32[inch]
- 8 : 리벳 길이가 8/16[inch] = 1/2[inch]

중

13 "AN470AD−3−5" 리벳에 대한 규격 식별 내용으로 옳지 않은 것은?

① AN470은 미공군해군(Airforce & Navy) 규격의 유니버셜 헤드 리벳이다.
② AD는 2117 알루미늄 합금 재질을 의미한다.
③ 3은 리벳의 직경이 3/32[inch]라는 뜻이다.
④ 5는 리벳의 길이가 5/32[inch]라는 뜻이다.

해설

- AN : 미공군해군 규격(Airforce & Navy Specification)
- 470 : 유니버셜 머리 리벳
- AD : 2117 알루미늄 합금 재질
- 3 : 리벳 지름이 3/32[inch]
- 5 : 리벳 길이가 5/16[inch]

중

14 리벳 작업에서 리벳의 열(Row)에 관한 설명으로 맞는 것은?

① 같은 열에 있는 리벳과 리벳 중심 간의 거리
② 판재의 인장력을 받는 방향에 대하여 직각 방향으로 배열의 리벳 집합
③ 리벳 열과 열 사이의 거리
④ 판재의 모서리와 이웃하는 리벳의 중심까지의 거리

해설

리벳의 배치는 리벳의 피치와 횡단 피치(Transverse Pitch) 및 끝 거리(Edge Distance)로 구분하여 배치한다. 리벳의 열(Row)은 판재의 인장력을 받는 방향에 대하여 직각 방향으로 배열의 리벳의 집합을 말하며, 리벳의 피치는 같은 열에 있는 리벳과 리벳 중심 간의 거리를 말한다. 그리고 리벳의 횡단 피치는 열과 열 사이의 거리를 뜻하고, 끝 거리는 판재의 모서리와 이웃하는 리벳의 중심까지의 거리를 말한다.

하

15 두께가 0.032[inch] 알루미늄 판재에 동일한 두께의 패치재를 지름이 0.125[inch] 리벳을 사용하여 고정시킬 경우, 필요한 리벳의 길이로 옳은 것은?

① 1/2[inch] ② 1/4[inch]
③ 5/16[inch] ④ 7/16[inch]

해설

리벳 길이 공식은 다음과 같다.
L = [1.5×리벳의 지름(D)] + [판재 전체 두께(T1 + T2)]
= [1.5×0.125] + [0.032 + 0.032]
= 0.1875 + 0.064
= 0.25를 분수로 하면 1/4

정답 12 ① 13 ④ 14 ② 15 ②

11 Bolt, Nut, Washer[삭제]

하

01 다음 중 비교적 큰 응력을 받으면서 정비를 하기 위해 분해, 조립을 반복적으로 수행할 필요가 있는 부분에 사용되는 체결용 기계요소로 옳은 것은?

① 너트(Nut)
② 볼트(Bolt)
③ 와셔(Washer)
④ 스크루(Screw)

해설

볼트(Bolt)는 비교적 큰 응력을 받으면서 정비를 하기 위해 분해, 조립을 반복적으로 수행할 필요가 있는 부분에 사용되는 체결 요소이다.

중

02 항공기에 사용하는 볼트와 스크루의 차이 중 틀린 것은?

① 스크루의 강도가 더 크다.
② 볼트는 나사산의 구분이 확실하다.
③ 볼트에는 그립이 있다.
④ 스크루의 머리에는 스크루 드라이버를 쓸 수 있는 홈이 있다.

해설

볼트와 스크루의 차이점

- 스크루의 재질의 강도가 낮다.
- 스크루는 드라이버를 쓸 수 있도록 머리에 홈이 파여 있으며, 나사가 비교적 느슨하다.(스크루는 2등급, 볼트는 3등급)
- 명확한 그립의 길이를 갖고 있지 않다.

하

03 항공기용 볼트의 부품번호 "AN 3 DD 5"를 보고 알 수 없는 것은 무엇인가?

① 볼트의 재질
② 볼트의 지름
③ 볼트의 길이
④ 볼트의 무게

해설

볼트의 식별기호

- AN : 규격
- 3 : 볼트 지름이 3/16"
- DD : 볼트의 재질로 2024 알루미늄 합금을 나타낸다. (AD : 2117, D : 2017)
- 5 : 볼트 길이가 5/8"

중

04 볼트 규격이 "NAS6603DH10"인 볼트의 지름은?

① 1/32　　② 3/16
③ 3/25　　④ 5/40

해설

NAS 6603 D H 10

- NAS : 규격명(National Aerospace Standard)
- 6603 : 계열 번호(03 : 지름(3/16 인치))
- D : 나사 끝 구멍의 유무 표시
- H : 볼트 머리의 구멍 유무 표시
- 10 : 볼트 그립의 길이를 나타내는 NAS 규격품의 번호

정답 01 ② 02 ① 03 ④ 04 ②

하

05 볼트, 너트의 인장력을 분산시키며 그립 길이를 조절하는 기계요소는?

① 스크루
② 핀
③ 와셔
④ 캐슬 전단 너트

해설

와셔(Washer)는 볼트나 너트의 작용력이 고르게 분산되도록 하며, 볼트 그립 길이를 맞추기 위해 사용하는 기계요소이다. 고정 와셔는 일반적인 와셔의 특징 외에 진동에 의해 볼트와 너트가 풀리는 것을 방지하기 위한 것으로써, 그 종류는 매우 다양하다.

중

06 외부에서 인장하중이 작용하는 곳에 사용하는 볼트로서 볼트 머리에 있는 고리에 턴버클(Turn Buckle)과 케이블 샤클(Shackle) 같은 장치를 부착할 수 있는 것은?

① 아이 볼트　② 클레비스 볼트
③ 내부 렌칭 볼트　④ 외부 렌칭 볼트

해설

아이 볼트(Eye Bolt)라는 특수 볼트는 외부에서 인장하중이 작용하는 곳에 사용된다. 아이볼트의 머리에는 고리가 있어서 턴버클(Turnbuckle)의 클레비스(Clevis), 케이블 샤클(Shackle)과 같은 장치를 부착할 수 있도록 설계되었다. 나사산의 끝에 구멍이 뚫린 것은 안전고정(Safetying)을 위한 것이다.

하

07 다음 중 코터핀(Cotter Pin)이 장착 가능한 것은?

① 평너트　② 나비너트
③ 캐슬너트　④ 체크너트

해설

캐슬너트는 일반용 Bolt 중 나사산(Thread) 부분에 Drill Hole이 있는 Bolt, Eye Bolt, Stud Bolt와 함께 사용하며, 성(Castle)과 같은 모양으로 큰 인장하중에 잘 견디며, 장착 부품과 상대적 운동을 하는 Bolt에 사용한다.
Nut에 패인 부분은 Cotter Pin, Lock Wire 등을 함께 사용하기 위한 구멍이다.

하 (출제율이 높은 문제)

08 다음 중 맨손으로 자주 장·탈착하는 곳에 사용하는 것은?

① 평너트　② 나비너트
③ 캐슬너트　④ 체크너트

해설

나비 너트(Wing Nut)는 맨 손으로 죌 수 있을 정도의 죔이 요구되는 부분에서 빈번하게 장탈착하는 곳에 사용된다.

하 (출제율이 높은 문제)

09 푸시 풀 로드(Push Pull Rod)의 길이를 조절할 때 사용되며 엔드 피팅(End Fitting)이 풀리지 않도록 고정시켜주는 것은?

① Anchor Nut　② Barrel Nut
③ Check Nut　④ Plain Wing Nut

해설

잼 너트(Hexagon Jam Nut)는 체크 너트(Check Nut)라고도 하며, Nut, Rod End 및 기타 풀림 방지용 Nut로 쓰인다.

중

10 항공기에 사용하는 파이버 락킹 너트(Fiber Locking Nut)는 보통 몇 회 정도 사용 가능하는가?

① 15회　② 50회
③ 100회　④ 200회

정답 05 ③ 06 ① 07 ③ 08 ② 09 ③ 10 ①

해설

일반적으로 셀프 락킹 너트 종류 중 파이버 락킹 너트(Fiber Locking Nut)는 15회 정도 사용이 가능하다.

하

11 다음 중 캐슬 너트를 고정할 때 사용하는 것은?

① 코터핀 ② Lock 너트
③ 블라인드 리벳 ④ Lock 볼트

해설

7번 문제 해설 참조

하

12 장기간 사용 시 풀릴 위험이 있는 것을 방지하기 위해 사용되는 것으로 아닌 것은?

① Lock Nut ② Safety Wire
③ Cotter Pin ④ Snap Ring

해설

스냅링(Snap Ring)은 축이나 구멍에 부착하여 베어링 등이 부품이 빠지지 않도록 사용하는 스프링 부품이다.

하

13 캐슬전단너트는 어떤 하중을 받는 곳에 사용하는가?

① 굽힘하중 ② 전단하중
③ 인장하중 ④ 압축하중

해설

캐슬전단너트(Castellated Shear Nut)는 전단 응력이 뛰어난 Nut로서 AN310 Nut와 비슷한 모양이지만 두께가 얇은 특징이 있다. 주로 클레비스 볼트(Clevis Bolt)와 테이퍼 핀(Taper Pin)과 함께 사용되며 Steel, CRES, Al 합금이며, 인장하중을 받는 곳에 사용해서는 안 된다.

중

14 와셔의 종류에 따른 사용처로 틀린 것은?

① Flat Washer는 구조부에 쓰이며 힘을 고르게 분산시키고 평준화한다.
② Lock Washer는 Self Locking Nut나 Cotter Pin과 함께 사용한다.
③ Lock Washer는 Self Locking Nut나 Cotter Pin과 함께 사용하지 못한다.
④ 고강도 Countersunk Washer는 고장력 하중이 걸리는 곳에 쓰인다.

해설

고정 와셔(Lock Washer)는 셀프 락킹 너트(Self-Locking Nut)나 코터핀(Cotter Pin), 안전결선(Safety Wire)을 사용할 수 없는 곳에 볼트, 너트, 스크루의 풀림 방지를 위해 사용한다.

하

15 볼트에서 그립(Grip)이 의미하는 것은?

① 볼트 머리의 지름
② 볼트의 길이와 지름
③ 나사가 나 있는 부분의 길이
④ 나사가 나 있지 않은 부분의 길이

해설

볼트의 호칭 치수는 볼트의 길이와 지름으로 나타내며, 볼트에서 그립(Grip)이란 나사가 나 있지 않은 부분의 길이로서 체결하여야 할 부재의 두께와 일치한다.

정답 11 ① 12 ④ 13 ② 14 ② 15 ④

12 Cable, Turnbuckle, Pulley 및 기타 Fastener 등[삭제]

하 (출제율이 높은 문제)

01 항공기 조종계통에서 조종케이블의 방향을 변환하는 것은?

① Pulley ② Fairlead
③ Turnbuckle ④ Quadrant

해설

항공기 조종케이블계통(Control Cable System)의 구성품별 역할은 다음과 같이 있다.

(1) 풀리(Pulley)
항공기 조종케이블의 방향을 바꾸는 역할을 한다.

(2) 페어리드(Fairlead)
항공기 조종케이블의 작동 중 최소의 마찰력으로 케이블과 접촉하여 직선 운동을 하며 케이블을 3° 이내에서 방향을 유도한다. 또한 벌크헤드의 구멍이나 다른 금속이 지나가는 부분에 사용되며, 페놀수지처럼 비금속재료 또는 부드러운 알루미늄과 같은 금속으로 되어있다.

(3) 벨 크랭크(Bell Crank)
로드(Rod)와 케이블의 운동방향을 전환하고자 할 때 사용하며, 회전축에 대하여 2개의 암(Arm)을 가지고 있어 회전운동을 직선운동으로 바꿔준다.

(4) 토크 튜브(Torque Tube)
토크 튜브는 회전력을 이용하여 조종면을 원하는 각도만큼 변위시키는 구성품으로, 대형항공기에서는 주로 플랩 작동에 사용되고 있다.

(5) 쿼드란트(Quadrant)
항공기 조종케이블의 직선운동을 토크 튜브의 회전운동으로 변환시키는데, 일반적으로 이 쿼드란트는 토크 튜브에 고정되어 있으며 양쪽 끝단에 조종케이블이 연결된다.

하 (출제율이 높은 문제)

02 다음 중 항공기 케이블의 절단방법은?

① 튜브 절단기로 절단한다.
② 용접 불꽃으로 절단한다.
③ 전용 케이블 절단기를 사용한다.
④ 토치램프를 사용하여 절단한다.

해설

항공기에 이용되는 케이블의 재질은 탄소강과 내식강이 있고, 주로 탄소강 케이블이 이용되고 있다. 케이블 절단 시 열을 가하면 기계적 강도와 성질이 변하므로 케이블 커터와 같은 기계적인 방법으로 절단한다.

하

03 다음 중 턴버클(Turn Buckle)의 사용목적으로 맞는 것은?

① 케이블의 장력을 온도에 따라 보정하여 장력을 일정하게 한다.
② 조종면이 움직이지 않도록 고정시킨다.
③ 케이블에 발생되는 부식을 방지해준다.
④ 조종계통 케이블의 장력을 조절한다.

해설

턴버클은 공중과 지상 온도차로 인해 발생되는 조종 케이블의 장력 변화를 원래의 장력으로 조절하는 부품으로서 턴버클 배럴(Barrel)과 터미널 엔드로 구성되어 있다.

정답 01 ① 02 ③ 03 ④

하

04 항공기 조종 케이블 계통의 구성요소 중 마찰력을 감소시키며, 벌크헤드의 통과 부분에 사용되는 것은?

① 풀리 ② 페어리드
③ 가드 ④ 쿼드란트

해설

1번 문제 해설 참조

중

05 다음 중 항공기 조종 케이블 계통에 쓰이는 인장 조절기(Tension Regulator)의 역할은?

① 케이블의 장력을 조절한다.
② 케이블의 방향을 바꿔준다.
③ 온도변화에 관계없이 항상 일정한 케이블 장력을 유지시켜 준다.
④ 최소의 마찰력으로 케이블과 접촉하여 직선운동을 하며, 케이블을 이내의 범위에서 방향을 유도한다.

해설

항공기 케이블(탄소강, 내식강)과 기체(알루미늄 합금)의 재질이 다르기 때문에 열팽창계수가 달라 기체는 케이블의 2배 정도로 팽창 또는 수축한다. 여름에는 케이블의 장력이 증가하고, 겨울에는 케이블의 장력이 감소하므로 이처럼 온도 변화에 관계없이 자동적으로 항상 일정한 장력을 유지하도록 하는 기능을 한다.

하

06 다음 중 턴버클(Turn Buckle) Safety Lock이 아닌 것은?

① Locking Pin ② Locking Clip
③ Single－Wrap ④ Double－Wrap

해설

턴버클 배럴의 회전 정지를 위해 Safety Lock을 하는데, 이 방법에는 안전결선(Safety Wire)으로 행하는 방법(단선식 : Single Wrap, 복선식 : Double Wrap)과 Locking Clip을 사용하는 방법이 있다.

하

07 항공기 조종케이블 계통에서 회전축을 중심으로 두 개의 암을 가지고 직선운동으로 운동 방향을 전환시켜 주는 장치는 어느 것인가?

① 토크 튜브 ② 풀리
③ 벨 크랭크 ④ 페어리드

해설

1번 문제 해설 참조

정답 04 ② 05 ③ 06 ① 07 ③

13 Rigging, Inspection 등[삭제]

(출제율이 높은 문제)

01 항공기에 사용하는 케이블(Cable)검사 준비 및 방법에 관한 설명 중 틀린 것은?

① 고착되지 않은 녹이나 먼지는 마른 헝겊으로 닦아낸다.
② 고착된 녹이나 먼지는 메틸에틸케톤(MEK)으로 닦아낸다.
③ 케이블을 깨끗한 천으로 문질러서 끊어진 가닥을 찾아낸다.
④ 케이블은 육안과 확대경 검사 후 타당성을 따져서 교환할 수 있다.

해설

항공기 조종케이블 세척 및 검사방법에 대한 내용은 다음과 같다.

(1) 세척(Cleaning)

① 고착되지 않은 녹(Rust), 먼지(Dust) 등은 마른 수건으로 닦아낸다. 또, 케이블의 바깥면에 고착된 녹이나 먼지는 #300~#400 정도의 미세한 샌드 페이퍼(Sand Paper, 사포)로 없앤다.

② 케이블 표면에 고착된 오래된 방청 윤활제는 케로신(Kerosene)을 적신 깨끗한 수건으로 닦는다. 이 경우, 케로신이 너무 많으면 케이블 내부의 방청 윤활유가 스며나와 와이어 마모나 부식의 원인이 되므로 가능한 한 소량으로 해야 하며, 증기 그리스 제거(Vapor Degrease), 수증기 세척, 메틸 에틸 케톤(MEK) 또는 그 외의 용제를 사용할 경우에는 케이블 내부의 윤활유까지 제거해 버리기 때문에 사용해서는 안 된다.

[참고]
케이블 세척 후에는 검사 후 곧바로 방식 처리를 해야 한다. 그 외의 용제란 가솔린, 아세톤, 신나 등을 포함한다.

(2) 케이블에 일어나는 손상의 종류와 검사방법
케이블의 손상과 검사방법에 대한 내용은 다음에 설명하지만, 상세한 것은 정비 매뉴얼을 참조해야 한다. 보통 케이블 검사를 수행할 때에는 육안 검사(Visual Inspection)로 하지만, 미세한 점검은 확대경을 사용하기도 한다.

(3) 와이어 절단
케이블 손상, 와이어 절단(Broken Wire)이 발생하기 쉬운 곳은 케이블이 페어리드(Fairlead) 및 풀리(Pulley) 등을 통과하는 부분이다. 케이블을 깨끗한 천으로 문질러서 끊어진 가닥을 확인하고, 절단된 와이어가 식별된 경우에는 교환해야 하는데, 풀리(Pulley), 롤러(Roller) 혹은 드럼(Drum) 주변에서 절단된 와이어가 발견된 경우에도 케이블을 교환해야 한다. 페어리드(Fairlead) 혹은 압력 시일(Pressure Seal)이 통과되는 곳에서 발견될 경우에는 케이블 교환은 물론, 페어리드와 압력 시일의 손상 여부도 검사해야 한다. 필요한 경우에는 케이블을 느슨하게 하여 구부려 검사하기도 한다.

(4) 버드 케이지(Bird Cage)와 킹크 케이블(Kink Cable)
버드 케이지는 케이블의 비틀림 또는 꼬임이 새장처럼 부풀어 오른 상태이며 항공기에 장착된 상태에서는 발생하지 않는다. 킹크 케이블은 와이어가 굽힘에 의해 영구적으로 변형된 상태를 뜻한다. 해당 결함이 식별되면 케이블의 강도를 고려해서 교환해야 한다.

(출제율이 높은 문제)

02 항공기 조종케이블 계통에서 케이블 장력을 조절하는 이유로 맞는 것은?

① 정비지침서에서 지시하기 때문이다.
② 항공기 사용시한에 따라 늘어나기 때문이다.
③ 항공기 특성상 케이블에 녹이 슬어 늘어나기 때문이다.
④ 항공기 동체 및 케이블의 재료특성 차이로 인해 온도변화로 늘어나기 때문이다.

정답 01 ② 02 ④

해설

공중과 지상 온도 차이로 인해 수시로 항공기 동체가 수축, 팽창함에 따라 조종케이블도 장력이 수시로 변하는데, 이러한 현상은 조종력에 영향을 주어 원활한 조작을 방해하는 요소가 된다.

고온에 동체가 노출될 경우 동체가 팽창됨에 따라 케이블 장력이 커지고, 저온에 동체가 노출될 경우 동체가 수축함에 따라 케이블 장력이 느슨해진다. 이러한 장력 변화를 확인하는 목적으로 사용하는 것이 케이블 텐션 미터(Tension Meter)로 장력 측정을 목적으로 한다.

중

03 항공기 조종계통에서 조종케이블에 발생하는 손상 종류 중 버드 케이지(Bird Cage)에 대한 설명으로 옳은 것은?

① 케이블 내부에 부식이 일어나는 것이다.
② 비틀림에 의해 케이블의 꼬임이 부풀어 오른 것이다.
③ 케이블이 굽힘에 의해 영구적으로 변형된 것이다.
④ 케이블 접촉부와의 마모에 의해 평평하게 되어 넓어지는 것이다.

해설

1번 문제 해설 참조

하

04 다음 중 Flight Control System이 적절하게 Rigging한 항공기의 조종간을 전방과 우측으로 동작하였을 때 우측 Aileron과 Elevator는?

① Aileron과 Elevator 모두 내려간다.
② Aileron은 올라가고 Elevator는 올라간다.
③ Aileron은 올라가고 Elevator는 내려간다.
④ Aileron은 내려가고 Elevator는 올라간다.

해설

주 조종면(Primary Flight Control Surface) 작동은 다음과 같다.

- 도움날개(Aileron) : 조종간을 좌로 돌리면 좌측 도움날개는 올라가고, 우측 도움날개는 내려가서 항공기가 왼쪽으로 옆놀이(Rolling)를 한다.
- 승강키(Elevator) : 조종간을 뒤로 당기면 좌, 우가 동시에 올라가 항공기의 기수가 상승한다.
- 방향키(Rudder) : 방향키 페달로 작동되며 좌측 방향타 페달을 앞으로 밀면 방향타는 좌측으로 돌아가 항공기 기수는 좌측으로 돌아간다.

상

05 카본 스틸 가요성 케이블(Carbon Steel Flexible Cable)에 알루미늄 튜브를 씌워 스웨이징(Swaging)한 락 클래드 케이블(Lock Clad Cable)에 대한 설명으로 틀린 것은?

① 케이블에 내식성이 생긴다.
② 케이블의 조작범위가 좋아진다.
③ 하중에 의한 케이블 신장이 작아진다.
④ 굴곡진 곳이나 진동이 있는 부분에 완충역할을 하여 주로 사용한다.

해설

가요성 케이블(Flexible Cable)의 특수 케이블인 락 클래드 케이블(Lock Clad Cable)은 카본 스틸 가요성 케이블(Carbon Steel Flexible Cable)에 알루미늄 튜브를 씌워 스웨이징(Swaging)한 것이다.

(1) 장점
- 하중에 대한 케이블 신장이 줄어든다.
- 조작 반응(Response)이 개선된다.
- 내마멸성, 내식성 향상 및 온도에 의한 영향이 적다.

(2) 단점
굴곡진 곳이나 진동이 있는 부분에는 사용할 수 없다.

정답 03 ② 04 ③ 05 ④

중

06 항공기 케이블 점검방법 및 결함에 대한 설명 중 틀린 것은?

① 풀리와 페어리드(Fairlead)에 닿은 부분을 세밀히 검사한다.

② 케이블 점검을 목적으로 방부제가 제거되었을 경우에는 다시 칠해야 한다.

③ 케이블의 와이어에 잘림(Cut), 마멸(Wear), 부식(Corrosion) 등을 검사할 때 필요에 따라 확대경을 사용한다.

④ 케이블 버드케이지(Bird-Cage) 현상은 항공기에 장착된 케이블의 장력이 과도하게 발생되어 나타나는 현상이다.

해설

1번 문제 해설 참조

정답 06 ④

14 도면이해[삭제]

중 출제율이 높은 문제

01 도면에서 부품의 위치를 참조용으로 표시하고자 할 때 사용되는 Line의 종류는?

① 스티치선(Stitch Line)
② 파단선(Break Line)
③ 숨김선(Hidden Line)
④ 가상선(Phantom Line)

해설

가상선(Phantom Line)은 가상적인 위치나 상태 표시(물체 이동 전후의 위치, 장착 상태 등)를 하는 데 쓰인다.

중 출제율이 높은 문제

02 Drawing Title Block에 표시되지 않는 것은?

① Date
② 회사명
③ 부품자재
④ Drawing Number

해설

표제란(Title Block)
표제란을 만드는데 표준형식을 따르지 않더라도 반드시 다음 사항은 명시해야 한다.
① 도면을 철할 때 구별할 수 있고 또 다른 도면과 혼동되는 것을 막기 위한 도면 번호
② 부속이나 기계 번호
③ 도면의 축척
④ 제도 날짜
⑤ 회사명
⑥ 제도사, 검열자, 인가자 등의 성명

중

03 항공기 제작 및 정비에 사용되는 도면(Drawing)에 포함되지 않는 것은?

① 상세도면　② 조립도면
③ 제작도면　④ 장착도면

해설

항공기 제작 및 정비에 사용되는 도면은 작업도면, 상세도면, 조립도면, 장착도면으로 분류되고 좀 더 구체화된 정보 제공을 위해 단면도면, 부품 배열도면, 논리 흐름 도면, 블록선도, 전기 배선도면, 전기 계통도면 등이 부가적으로 사용된다.

중

04 일반적으로 Hydraulic System Schematic Drawing이 보여주는 것은?

① 항공기에서 Hydraulic System 부품의 위치
② 항공기에서 Hydraulic System 부품의 장착 방법
③ Hydraulic System 내에서 Hydraulic Fluid의 이동방향
④ Hydraulic System 부품 및 Line 내의 Hydraulic Fluid Pressure

해설

항공기 유압 계통도(Hydraulic System Schematic Drawing)는 유압 계통 내에서 유압유의 이동방향을 나타낸다.

정답 01 ④ 02 ③ 03 ③ 04 ③

15 Torque, Safety wire, Drilling, 일반 공구사용법 등[삭제]

중 출제율이 높은 문제

01 다음에서 토크 렌치(Torque Wrench)에 대한 설명으로 틀린 것은?

① 교정일자가 사용 전 유효한지 확인해야 한다.
② 토크 값에 적합한 범위의 토크 렌치를 사용해야 한다.
③ 리미트식 토크 렌치는 사용 후 토크 값을 중간 범위의 눈금으로 돌려놓는다.
④ 토크 렌치를 떨어뜨리거나 충격을 주었을 경우 정밀도가 떨어지므로 재점검을 하고 사용해야 한다.

해설

토크 렌치의 취급과 토크를 걸 때의 주의사항

(1) 토크 렌치의 취급사항(Torque Wrench Precautions)

① 토크 렌치는 정기적으로 교정되고 있는 측정기이므로 사용할 때는 유효한 것인지를 확인해야 한다.
② 토크 값에 적합한 범위의 토크 렌치를 고른다.
③ 토크 렌치는 용도 이외에 사용해서는 안 된다. (예 : 해머, 라쳇 핸들)
④ 만약 정밀도에 영향을 미칠 수 있는 경우가 생기면 점검할 필요가 있다.(떨어뜨렸을 때, 충격을 주었을 때 등)
⑤ 리미트식 토크 렌치를 사용할 경우, Locknut를 풀 때는 Unlock(OFF)으로 설정(Set)해서 사용하고, 토크를 적용할 경우에는 토크 값을 확인한 뒤, 반드시 Lock(ON)으로 설정하여 사용한다.
⑥ 리미트식 토크 렌치는 사용 후, 토크의 최소 눈금까지 돌려놓는다.
⑦ 토크 렌치를 사용하기 시작했다면, 다른 토크 렌치와 교환해서 사용해서는 안 된다.
⑧ 리미트식 토크 렌치는 오른나사용과 왼나사용이 있으므로 혼동해서 사용해서는 안 된다.

중 출제율이 높은 문제

02 토크 렌치(Torque Wrench)를 사용할 때 주의사항으로 틀린 것은?

① 토크 렌치는 사용 전 0점 조정(Zero Set)을 해야 한다.
② 토크 렌치를 사용하기 전 검교정 유효기간 이내인지 확인한다.
③ 토크 렌치는 사용 중 필요에 따라 다른 토크 렌치로 교환해서 사용할 수 있다.
④ 규정 토크로 조여진 체결 부품에 안전결선이나 코터핀을 위하여 풀거나 더 조이면 안 된다.

해설

1번 문제 해설 참조

중

03 토크 렌치로 어떤 볼트를 180in－Ibs로 조이려고 한다. 토크 렌치의 길이가 10inch이고, 토크 렌치에 2inch의 Adapter를 직선으로 연결했을 때 토크 렌치가 지시되어야 할 토크 값은?

① 180in－lbs
② 150in－lbs
③ 120in－Ibs
④ 210in－lbs

해설

$\text{Tw} = \frac{L \times T_A}{L + A}$ 에서 $\text{Tw} = \frac{10 \times 180}{10 + 2} = \frac{1{,}800}{12} = 150$ in－lbs

정답 01 ③ 02 ③ 03 ②

하

04 코터핀(Cotter Pin)은 최대 몇 번까지 사용할 수 있는가?

① 1회만 사용 가능하다.
② 2회까지 사용 가능하다.
③ 3회까지 사용 가능하다.
④ 상태가 괜찮으면 계속 사용이 가능하다.

해설

코터핀(Cotter Pin)은 캐슬 너트(Castle Nut)나 볼트, 핀 또는 그 밖의 풀림 방지나 빠져 나오는 것을 방지해야 할 필요가 있는 부품에 사용되는데 한번 사용한 것은 재사용할 수 없다.

중

05 직경이 0.065[inch] 이상인 안전결선(Safety Wire)의 인치당 꼬임(Twist) 수는 몇 개인가?

① 4~7개 ② 5~9개
③ 7~10개 ④ 9~12개

해설

- 0.019 미만일 경우 : 11~14
- 0.019~0.026일 경우 : 9~12
- 0.027~0.042일 경우 : 7~10
- 0.043~0.065일 경우 : 5~8
- 0.065 이상일 경우 : 4~7

중

06 경질 재료에서 얇은 판의 드릴 각도와 연질 재료에서 두꺼운 판의 드릴 각도, 스테인리스강의 드릴 각도는?

① 90, 118, 140
② 118, 90, 140
③ 90, 140, 118
④ 140,118, 90

해설

재질에 따른 드릴 날의 각도는 다음과 같다.

- 경질재료 또는 얇은 판일 경우 : 118°, 저속, 고압 작업
- 연질재료 또는 두꺼운 판일 경우 : 90°, 고속, 저압 작업
- 재질에 따른 드릴 날의 각도(일반 재질 : 118°, 알루미늄 : 90°, 스테인리스강 : 140°)

하

07 금속재료에 리밍(Reaming) 작업을 하는 목적으로 맞는 것은?

① 한쪽 길이를 길게 늘려 재료를 구부리는 것이다.
② 길이를 짧게 하기 위해 판재에 주름잡는 가공이다.
③ 가공한 구멍을 매끈하게 하기 위한 작업이다.
④ 가운데가 움푹 들어간 구멍을 가공하는 작업이다.

해설

리벳을 삽입하기 위해 판재에 구멍을 뚫기 시작하는데, 이 작업 순서는 Drilling－Reaming－Burring이며 Drilling은 판재에 구멍을 뚫고 Reaming은 뚫은 구멍을 매끈하게 해주는 작업이다. 그리고 여기서 발생되는 꺼끌꺼끌한 찌꺼기(Burr)를 제거하는 작업 Burring으로 마무리한다.

하

08 강판과 같은 단단한 금속재료를 줄(File) 작업할 때, 줄을 잡아당기는 공정에서 약간 들어 올리는 이유는?

① 줄질을 곱게 하기 위해
② 줄날의 전체적인 손상을 방지하기 위해
③ 줄질을 빠르게 하기 위해
④ 줄 작업 시 소음을 줄이기 위해

해설

줄 작업 시 줄의 전체적인 손상 방지를 위해 줄날을 들어서 줄 작업(Filing)을 해준다.

정답 04 ① 05 ① 06 ② 07 ③ 08 ②

하

09 리머(Reamer)를 이용한 작업에 대한 설명으로 옳지 않은 것은?

① 올바른 윤활제와 냉각제를 사용하여 작업한다.
② 리머의 각도는 정확하게 유지하고, 절삭 방향으로만 돌려야 한다.
③ 리밍(Remaing)해야 할 구멍은 마지막 크기보다 크게 뚫어야 한다.
④ 가공할 구멍의 직경 치수에 대한 정밀도와 표면 조도를 높이는데 사용한다.

해설

항공기 수공구 중 리머(Reamer)는 정확한 크기로 구멍(Hole)을 확장시키고 부드럽게 가공하는데 사용된다. 즉, 구멍을 매끄럽게 해주기 위해 쓰인다.

리머로 작업할 때 각도는 정확하게 유지한 상태로 절삭 방향으로만 수행해야 하며, 적절한 윤활제나 냉각제를 사용하여 절삭 가공 중 발생되는 절삭 온도를 낮춰주는 것이 좋다.

중

10 항공기 안전결선(Safety Wire) 작업을 수행할 때 올바른 주의사항은?

① 안전결선의 꼬임 수는 자주 사용되는 0.032in 및 0.040in 지름인 경우 1in당 4~5개의 꼬임이 적당하다.
② 안전결선은 사용할 때마다 1번 사용한 것은 재사용할 수 있다.
③ 캐슬 너트 홈이 너트의 상단에 가까이 있을 때는 와이어를 너트 주위로 감는 것보다 너트 위를 통해서 감는 것이 더 확실하다.
④ 와이어는 사선으로 절단해야 한다.

해설

안전결선(Safety Wire) 취급 및 올바른 작업사항은 다음과 같다.

- 와이어(Wire)는 장착되는 장소의 온도나 환경을 고려하여야 하며, 한번 사용한 와이어(Wire)를 재사용해서는 안 된다.
- 안전결선(Safety Wire)의 꼬임 수는 자주 사용되는 0.032", 0.040" 지름인 경우 인치당 6~8회의 꼬임이 적당하다.
- 캐슬 너트(Castle Nut) 홈이 너트의 상단에 가까이 있을 때는 와이어(Wire)를 너트 주위로 감는 것보다 너트 위를 통해서 감는 것이 더 확실하다.
- 안전결선 작업 후 부품이 느슨해지거나 항상 조여지는 방향으로 작용하지 않으면 안전결선의 의미가 없다.
- 특별한 지시가 없는 한 비상용 장치에는 지름이 0.5mm (0.020")인 Cu－Cd 도금 와이어를 사용한다.

중

11 회전 중인 연삭 숫돌(Grinding Wheel)이 파괴됨에 따라 파편으로 인한 위험한 상황이 발생할 수 있는 경우가 아닌 것은?

① 연삭 숫돌의 정면에서 연삭할 때
② 연삭 숫돌의 장착이 불량할 때
③ 저속에서 과다한 충격을 주었을 때
④ 고르게 마멸되지 않은 연삭 숫돌의 측면에 과대한 힘을 가했을 때

해설

그라인더는 아주 단단한 인조석의 미세한 입자를 결합재로 고착시켜 만든 것으로, 고속으로 회전시켜 일감을 절삭하는 것이다. 이때, 고속 회전을 하므로 장착이나 취급에 주의를 해야 한다. 회전 중 연삭 숫돌(Grinding Wheel)의 파괴 파편이 맹렬하게 떨어져 나가는데, 이러한 위험은 다음과 같은 경우에 생긴다.

- 연삭 숫돌에 균열이 있을 때
- 연삭 숫돌의 회전이 기준보다 빠를 때
- 연삭 숫돌의 장착이 불량할 때
- 얇은 연삭 숫돌이나 고르게 마멸되지 않은 연삭 숫돌의 측면에 과대한 힘을 가했을 때
- 입자 사이에 깎인 가루가 메워져서 절삭이 불가능하게 된 연삭 숫돌에 무리하게 일감을 압착하여 연삭 숫돌이 과열될 때
- 저속에서 과다한 충격을 주었을 때

정답 09 ④ 10 ③ 11 ①

중

12 일반 재질이나 주강에 구멍을 뚫을 때 사용하는 일반적인 드릴 각도는?

① 118° ② 90°
③ 140° ④ 45°

해설

6번 문제 해설 참조

중

13 그림과 같이 토크 렌치(유효 길이 10in)에 익스텐션을 사용하여 조임 토크를 500in－lbs의 값으로 하려고 할 때 토크 렌치의 눈금은 얼마로 하면 되는가?

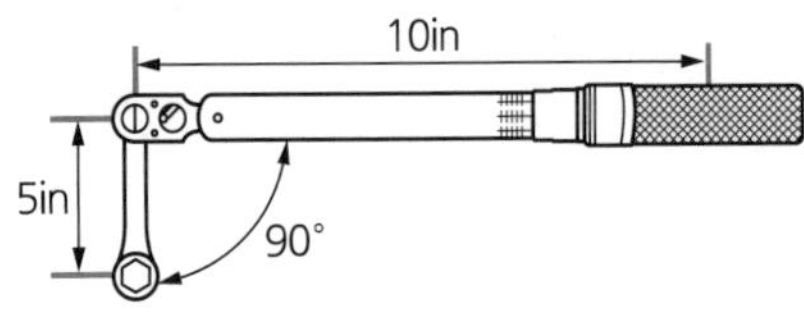

① 250in－lbs
② 370in－lbs
③ 500in－lbs
④ 1325in－lbs

해설

토크 렌치 각도가 90°일 경우 실제 죄어지는 실제 토크 값은 토크 값(힘 : F) × 거리(L)에서 렌치의 지시계는 F × L을 지시하며 Tw(토크 렌치 눈금에 표시되는 토크 값) = F × L 즉, 이 경우 Ta = Tw로서 같다. 따라서 500in－Ibs가 된다.

중 (출제율이 높은 문제)

14 드릴 작업 시 지켜야 할 안전 및 유의사항으로 틀린 것은?

① 가공품은 확실하게 고정하여 구멍을 뚫어야 한다.
② 드릴 작업 시에는 장갑을 착용하면 안 되며 작업복은 단정해야 한다.
③ 드릴 작업이 끝날 무렵에는 드릴 가공압을 낮춰야 한다.
④ 드릴점을 표시하도록 센터펀치를 사용 시에는 펀치가 튀지 않도록 경사지게 작업해야 한다.

해설

드릴점을 표시하기 위해 사용하는 센터펀치는 표시할 대상물 표면과 수직의 각도를 이루어 찍어야 한다. 경사지게 해서 사용할 경우 드릴점 표시가 부정확할 수가 있다.

정답 12 ① 13 ③ 14 ④

16 Hose, Tube, Fitting, Union 등 부품결합[삭제]

중

01 항공기에 사용되는 가요성 호스(Flexible Hose) 장착에 대한 다음 설명 중 틀린 것은?

① 비틀림이 있어도 호스에 영향이 없다.
② 비틀림이 너무 과하면 호스의 Fitting이 풀린다.
③ 비틀림을 확인할 수 있도록 호스에 확인선이 있다.
④ 비틀림이 과하면 호스의 수명이 줄어든다.

해설

항공기 호스 장착 시 주의사항
- 호스를 장착할 때 비틀림이 없어야 한다.
- 호스에 최소 굽힘을 주고 장착해야 한다.
- 5~8% 정도 여유 길이를 두고 장착해야 한다. 내부에 유체가 흐르면서 호스의 단면이 늘어남과 동시에 길이가 짧아질 수 있기 때문이다.
- 고온에 대비하여 열 차단판을 호스에 장착한다.
- 진동 방지를 위해 클램프를 60cm마다 간격을 두고 장착한다.
- 호스끼리 서로 접촉하지 않도록 장착한다.

하

02 튜브와 호스에 대한 설명 중 옳지 않은 것은?

① 튜브의 바깥지름은 분수로 나타낸다.
② 호스는 안지름으로 나타낸다.
③ 상대운동을 받는 곳에는 튜브를 사용한다.
④ 호스는 운동부분이나 진동이 심한 부분에 사용한다.

해설

튜브의 호칭 치수는 바깥지름(분수) × 두께(소수)로 나타내고, 상대운동을 하지 않는 두 지점 사이의 배관에 사용된다. 호스의 호칭치수는 안지름으로 나타내며, 1/16인치 단위의 크기로 나타내고, 운동부분이나 진동이 심한 부분에 사용한다.

중

03 항공기 호스(Hose)의 점검방법으로 틀린 것은?

① 호스가 꼬이지 않게 장착해야 한다.
② 교환 시 같은 재질, 크기의 호스를 사용해야 한다.
③ 가급적 팽팽하게 연결하여 근처 구조부에 접촉하지 않게 한다.
④ 호스의 파손을 방지하기 위하여 60cm마다 클램프(Clamping)를 설치한다.

해설

1번 문제 해설 참조

중

04 다음 보기의 그림 중 알맞게 장착된 항공기 가요성 호스(Flexible Hose)는 어느 것인가?

㉠

㉡

㉢

㉣

① ㉠과 ㉢
② ㉡과 ㉢
③ ㉡과 ㉣
④ ㉠과 ㉣

해설

1번 문제 해설 참조

정답 01 ① 02 ③ 03 ③ 04 ③

하

05 다음 중 튜브의 호칭치수 표기법으로 맞는 것은?

① 바깥지름(소수) × 두께(분수)
② 바깥지름(분수) × 두께(분수)
③ 바깥지름(소수) × 두께(소수)
④ 바깥지름(분수) × 두께(소수)

해설

2번 문제 해설 참조

하

06 항공기 튜브를 교환할 때 새 튜브는 교환할 튜브보다 얼마의 여유를 두고 잘라야 하는가?

① 5%
② 10%
③ 15%
④ 75%

해설

새 튜브(New Tube)를 자를 때는 교환할 튜브보다 약 10% 더 길게 잘라야 한다. 그것은 튜브를 구부릴 때 길이가 변화하기 때문이다.

중

07 항공기 내식강 튜브(Tube)에 대한 설명으로 틀린 것은?

① 3,000psi의 고압배관, 유압배관에 사용한다.
② 상대운동을 하는 배관 사이에 장착한다.
③ 3,000psi의 유압 계통의 고압배관 및 내식성이 요구되는 유압배관용으로 사용한다.
④ 기관에 사용되는 가요성 유체배관 및 유압 계통 이외에 내화성이 요구되는 곳에 사용한다.

해설

내식강 튜브는 3000psi의 유압 계통의 고압 배관 및 내식성이 요구되는 유압 배관용(용접이 부적당)과 동력장치 계통의 가연성 유체 배관 그리고 유압 계통 이외의 내화성이 요구되는 부분의 배관용(용접이 가능)으로 사용되며 상대운동을 하는 곳에 장착하지는 않는다.

정답 05 ④ 06 ② 07 ②

17 계측, 측정기 및 측정 검사 방법 등[삭제]

하 (출제율이 높은 문제)

01 다음 중 크랭크축의 편심상태를 확인하기 위하여 사용하는 측정 기구는?

① Bore Gage
② Dial Gage
③ Micro Meter
④ Combination Set

해설

다이얼 게이지(Dial Gauge)는 다이얼 인디케이터(Dial Indicator)라고도 불린다. 측정물의 길이를 직접 측정하는 것이 아니라 길이를 비교할 때 사용하는 것으로, 주로 평면의 요철이나 원통의 고른 상태, 원통의 진원 상태, 축의 휘어진 상태나 편심 상태, 기어의 흔들림, 원판의 런 아웃(Run Out), 크랭크축이나 캠축 움직임의 크기를 잴 때 사용한다.

하

02 다음의 측정단위 중 성격이 다른 것은 무엇인가?

① Quart	② Gallon
③ Pint	④ Pound

해설

Pound는 무게의 단위, 나머지는 부피의 단위이다.

하 (출제율이 높은 문제)

03 다음 중 측정 기구가 아닌 것은?

① Rules
② Scriber
③ Combination Set
④ Vernier Calipers

해설

스크라이버(Scriber)는 필기도구로 쓰는 연필 또는 펜과 같은 방법으로 사용되도록 항공정비사에게 편의를 주도록 고안된 것이다. 일반적으로 이것은 금속표면상에 금을 긋거나 선을 표시하는 데 사용한다.

중 (출제율이 높은 문제)

04 항공기에 사용하는 측정공구인 Combination Set의 구성품이 아닌 것은?

① Barrel
② Stock Head
③ Center Head
④ Protractor Head

해설

Barrel은 Micrometer의 구성품이다.

하 (출제율이 높은 문제)

05 다음 중 Shaft의 중심을 찾기 위해 사용되는 Tool은?

① Dial Indicator
② Rules
③ Combination Set
④ Micrometer Calipers

해설

1번 문제 해설 참조

정답 01 ② 02 ④ 03 ② 04 ① 05 ①

하 (출제율이 높은 문제)

06 다음 중 Micrometer Calipers의 종류가 아닌 것은?

① Hermaphrodite Micrometer

② Outside Micrometer

③ Depth Micrometer

④ Thread Micrometer

해설

마이크로미터의 종류에는 그 사용 목적에 따라 외측 마이크로미터(Outside Micrometer), 내측 마이크로미터(Inside Micrometer) 및 깊이 측정 마이크로미터(Micrometer Depth Gauge), 나사산 마이크로미터(Thread Micrometer) 등이 있다.

중

07 왕복 기관 피스톤 링(Piston Ring)의 간격은 어떻게 측정하는가?

① 만일 적당한 링이 장착되어 있다면 측정할 필요가 없다.

② 링이 피스톤에 장착되어 있을 때 Depth Gage로 측정한다.

③ 링이 실린더 내부에 장착되어 있을 때 Thickness Gage로 측정한다.

④ 링을 적당하게 장착하고 Go－no－go Gage로 측정한다.

해설

피스톤 링의 간격은 끝 간격과 옆 간격을 측정하는 데 간격을 측정할 수 있는 Thickness Gauge나 Feeler Gauge를 이용하여 측정한다.

하

08 마이크로미터의 눈금을 교정하거나 정확도를 검사하는 데는 일반적으로 무엇을 사용하는가?

① Block Gauge

② Dial Indicator

③ Surface Gauge

④ Machinist Scale

해설

영점 조정의 검사는 앤빌과 스핀들 사이에 마이크로미터 스탠다드(기준봉)나 블록 게이지(Block Gauge)로 사용하여 검사한다.

중

09 항공기 부품 치수를 측정할 때 치수 오차를 최소화하기 위한 방법으로 틀린 것은?

① 측정자와 눈금판은 수직이 되어야 한다.

② 측정값을 여러 번 측정하여 평균값을 구한다.

③ 온도변화를 여러 번 주어 측정한 측정값을 평균값으로 반영한다.

④ 측정 장비 사용 전 측정기의 자체오차에 대한 여부를 검사하고 확인한다.

해설

측정기는 읽을 때 시선의 방향에 의해 생기는 오차인 시차가 있으며 측정자 눈의 위치는 항상 눈금판에 대해 수직이 되어야 한다. 전기의 잡음이나 기계에서 발생하는 소음, 진동 등과 같이 환경에서 오는 오차 또는 자연 현상의 급변 등으로 생기는 오차인 우연 오차는 여러 번 측정하여 평균값을 구하거나 통계적으로 하여 그 값을 최소화하도록 한다.

정답 06 ① 07 ③ 08 ① 09 ③

18 판금

하

01 판금가공에서 성형점과 굴곡접선과의 거리는 무엇인가?

① 굽힘 여유(Bend Allowance)
② 세트 백(Set Back)
③ 브레이크 라인(Brake Line)
④ 범핑(Bumping)

해설

세트 백(Set Back)
구부리는 판재에 있어서 바깥 면의 굽힘 연장선의 교차점(성형점)과 굽힘접선과의 거리이다.

하 (출제율이 높은 문제)

02 판재를 이용하여 성형작업(Forming) 시 사용되는 공정이 아닌 것은?

① 범핑
② 크림핑
③ 딤플링
④ 스트레칭

해설

딤플링은 리벳 작업 종류 중 하나이며 판재 두께가 0.04in 이하인 얇은 판재인 경우 접시머리 리벳을 박을 수 있도록 해주는 작업이다.

- 수축가공(Shrinking) : 재료의 한쪽 길이를 압축시켜 짧게 함으로서 재료를 커브지게 가공하는 방법
- 신장가공(Stretching) : 재료의 한쪽 길이를 늘려 길게 함으로서 재료를 커브지게 가공하는 방법
- 크림핑(Crimping) : 한쪽의 길이를 짧게 하기 위하여 주름지게 하는 것(Fold, Pleat, Corrugate)
- 범핑(Bumping) : 금속의 늘어나는 성질을 이용하여 가운데가 움푹 들어간 구면형의 판금가공법

하 (출제율이 높은 문제)

03 판재의 굽힘작업(Bending) 시 고려해야 할 사항이 아닌 것은?

① 판재의 두께 ② 판재의 거친 표면
③ Bend Allowance ④ Set Back

해설

직선 굽힘을 할 때에는 재질의 두께, 합금 성분 및 뜨임 조건을 고려해야 하며, 일반적으로 재질이 얇거나 연할수록 곡률 반지름(굽힘 반지름)을 적게 굽힐 수 있다. 직선 굽힘을 할 때 고려해야 할 사항은 굽힘 허용값(B.A), 세트 백(Set Back), 꺾음 중심선(시준선 : Sight Line) 등이다.

상

04 항공 판금 작업 중 평평한 판금 판에 간단한 굽힘을 만드는 데 사용하는 것은?

① Drill Press ② Cornice Brake
③ Beading Machine ④ Forming Roll

해설

코니스 브레이크(Cornice Brake)는 리프 브레이크(Leaf Brake)라 불리며 평평한 판금 판에 간단한 굽힘을 만드는 데 사용한다.

- 포밍 롤(Forming Roll)은 재료를 여러 가지 크기의 직경으로 원통형을 만드는 데 사용된다.
- 비딩 머신(Beading Machine)은 깡통, 파이프, 버켓 등에 비드(Beads)를 만드는 데 사용한다.
- 드릴 프레스(Drill Press)는 벤치공구(Bench Tool)로서 드릴 비트를 회전시키는 동안 금속판에 압축시켜 구멍이 절삭되도록 하는 공구이다. 드릴 프레스는 전기모터에 의하여 연결된 V벨트나 기어 트랜스미션(Gear Transmission) 변속장치로 구동된다.

정답 01 ② 02 ③ 03 ② 04 ②

05 항공기 판재에서 굽힘 허용 용어(Bend Allowance Terminology)에 대한 설명으로 옳은 것은?

① 레그(Leg)는 성형판재의 평평한 부분 중 짧은 쪽을 말한다.
② 굽힘 허용(Setback ; SB)은 굴곡부내에 금속의 굴곡진 섹션을 말한다.
③ 굽힘 접선(Bend Tangent Line/BL)은 금속이 구부러지기 시작하는 곳과 금속이 구부러지기 끝나는 곳을 말한다.
④ 몰드 라인(Mold Line/ML)은 반지름을 지난 부분의 평행한 쪽에서의 연장된 선을 말한다.

해설

판금 용어(Sheet Metal Terminology)

용 어	정 의
기준 측정(Base Measurement)	기준 측정－성형된 부품의 외부치수를 말하며 기준 측정은 도면 또는 청사진, 혹은 원 부품에 표시된다.
레그(Leg)	성형각재의 편편한 부분 중 긴 쪽을 말한다.
플랜지(Flange)	성형각재의 더 짧은 쪽의 부분으로, Leg의 반대쪽 부분을 말한다. 만약 각재의 양쪽이 같은 길이라면, 그땐 모두 Leg라고 한다.
금속의 그레인(Grain of the Metal)	금속 본래의 그레인은 판재가 용해된 주괴로부터 압연될 때 성형된다. 굽힘선은 가능하다면 금속의 그레인에 90°로 놓이도록 만들어야 한다.
굽힘 허용량(Bend Allowance ; BA)	굴곡부내에 금속의 굴곡진 섹션을 말한다. 즉, 굽힘에서 굴곡진 금속의 부분이다. 굽힘 허용량은 중립선의 굴곡진 부분의 길이로 간주한다.
곡률반경(Bend Radius)	원호(arc)는 판금이 구부러질 때 성형된다. 이 원호(arc)를 곡률반경이라 한다. 곡률반경은 반경중심에서 금속의 내부 표면까지 측정된다. 최소곡률반경은 합금첨가물, 두께, 그리고 재료의 유형에 따른다. 사용될 합금에 대한 최소곡률반경을 결정하기 위해 항상 최소곡률반경도표를 사용한다. 최소곡률 반경도표는 제작사 정비 메뉴얼에서 찾아볼 수 있다.
굽힙 접선(Bend Tangent Line/BL)	금속이 구부러지기 시작하는 곳과 금속이 구부러지기를 멈추는 선. 굽힘 접선 사이에 모든 공간은 굽힘 허용량이다.
중립축(Neutral Axis)	굽힘 전과 굽힘 후에 동일한 길이를 갖는 가상선을 말한다. 굽힘 후, 굴곡지역은 굽힘 전보다 10～15% 더 얇다. 굴곡 부위가 얇아져서 반경중심으로부터 앞쪽방향으로 금속의 중립선을 이동시킨다. 비록 중립축이 정확하게 재료의 중심에 없지만 계산의 목적을 위해 재료의 중심에 위치하는 것으로 추정한다. 발생 오차의 크기는 작아서 중심에 있다고 가정할 수 있다.
몰드 라인(MoldLine/ML)	반지름을 지난 부분의 평평한 쪽에서의 연장된 부분을 말한다.
몰드 라인 치수(MoldLineDimension/MLD)	몰드 라인의 교차로 만들어지는 부분의 크기. 만약 모서리에 반지름이 없는 경우에 갖게 되는 크기다.
몰드 포인트 또는 성형점(Mold Point)	몰드 라인의 교차 지점. 몰드 라인은 반지름이 없을 경우 몰드 라인 부분의 바깥쪽 모서리가 된다.
K－팩터(K－Factor)	중립축과 같은 재료의 신장 또는 압출이 없는 곳에서, 재료두께의 백분율(Percentage)이다. 표 3－6과 같이 백분율로 계산되며, 금속이 구부려질 수 있는 0°에서 180° 사이의 179개 숫자(K 도표에 있는) 중에 해당하는 1개의 숫자가 된다. 금속이 90°(90°의 K－factor는 1)가 아닌 어떤 각도에서 구부려졌을 때에는 언제나 도표로부터 해당 K－factor 숫자가 선택되고 금속의 반지름(R)과 두께(T)의 합에 곱한다. 그 결과물이 굴곡부에 Setback의 양이다. 만약 K 도표가 없으면 K－factor는 다음의 공식을 이용하여 계산기로 계산할 수 있다. K=tan($\frac{1}{2}$ ×Bend Angle)이다.
셋백(Setback ; SB)	절곡기의 Jaw 거리는 굴곡부를 성형하기 위해 몰드 라인에 Setback이 있어야 한다. 90° 굴곡부에서는 SB= R＋T(금속의 반지름＋금속의 두께)이다. Setback치수는 굴곡부 접선의 시작 위치를 결정하는 것에 사용되기 때문에 굽힘을 만들기 이전에 결정해야 한다. 부품을 한 번 이상 구부릴 때에는 매번 굴곡부에서 Setback을 빼야 한다. 판금에서 대부분 굴곡부는 90°이다. K－factor는 90°보다 작거나 큰 모든 굴곡부에 대해 사용해야 한다. SB＝K(R＋T)
시선(Sight Line)	굽힘선 또는 절곡선이라고도 부르며 절곡기의 돌출부와 평평하게 고정되어 형성되는 금속에 배치도선이고 가공물을 굽힐 때 유도장치로 사용한다.
플랫(Flat)	굴곡부를 제외한 부분으로서, 기본 측정, 즉 금형선 치수(MLD)에서 Setback을 뺀 값이 된다.

정 답 05 ③

용 어	정 의
닫힘각 (Closed Angle)	레그(Leg) 사이를 측정하였을 때 90°보다 작은 각도 또는 굴곡부 크기를 측정하였을 때 90°보다 큰 각도를 말한다.
열림각 (Open Angle)	레그(Leg) 사이를 측정하였을 때 90°보다 큰 각도 또는 굴곡부 크기를 측정하였을 때 90°보다 작은 각도를 말한다.
전체 전개폭 (Total Developed Width/TDW)	가장자리에서 가장자리까지 굴곡부 주위에서 측정된 재료의 폭이다. 전체 전개폭(TDW)을 찾는 것은 절단하는 재료의 크기를 결정하는 데 필요하다. 전체 전개폭은 금속이 반지름으로 구부려졌고 몰드 라인 치수가 나타내는 것처럼 정방형 모서리가 아니기 때문에 몰드 라인 치수의 합보다 작다.

하

06 판금수리의 기본원칙으로 옳지 않은 것은?

① 원래의 강도유지(Maintaining Original Strength)

② 원래의 형태유지(Maintaining Original Contour)

③ 원래의 형태변형(Modify Original Contour)

④ 최소 무게 유지(Keeping Weight to a Minimum)

해설

항공기 판금 수리에서 다음의 사항이 매우 중요하다.

(1) 원형강도를 유지한다.

(2) 원래윤곽을 유지한다.

(3) 무게를 최소화한다.

정답 06 ③

19 용접

하

01 다음 중 용접 후 급냉시키면 어떤 상태가 되는가?

① 금속이 변색한다.
② 금속의 입자 조성이 변한다.
③ 용접한 부분 주위에 균열이 생긴다.
④ 공기방울, 작은 기공, 슬래그 등이 섞인다.

해설

용접한 후에 금속을 급속히 냉각시키면 취성이 생기고, 금속 내부에 응력이 남게 되어 접합 부분에 균열이 생긴다.

하

02 산소－아세틸렌 용접에서 아세틸렌 호스의 색깔은 어느 것인가?

① 백색　② 적색
③ 녹색　④ 흑색

해설

산소 호스의 색깔은 녹색이며, 연결부의 나사는 오른나사이고 아세틸렌 호스의 색깔은 적색이며, 연결부의 나사는 왼나사이다.

중

03 스테인리스, 알루미늄, 모넬 메탈 등 용접 시 나오는 불꽃은?

① 중성 불꽃
② 산화 불꽃
③ 탄화 불꽃
④ 표준 불꽃

해설

- 중성 불꽃 : 토치에서 산소와 아세틸렌의 혼합비가 1 : 1일 때의 불꽃으로 이때 아세틸렌이 완전 연소하기 위해 공기 중에서 1.5의 산소를 얻는다. 연강, 주철, 니켈－크롬강, 구리, 아연도금 철판, 아연 주강 및 고탄소강의 일반 용접에 사용한다.
- 산화 불꽃 : 아세틸렌보다 산소 양이 많을 때 생기는 불꽃으로 산화성이 강하여 황동, 청동 용접에 사용한다.
- 탄화 불꽃 : 산소보다 아세틸렌 양이 많을 때 불꽃으로 스테인리스강, 알루미늄, 모넬 메탈 등 산화되기 쉬운 금속에 사용된다.

중 (출제율이 높은 문제)

04 아크(Arc) 용접봉에 있는 피복제의 역할로 맞는 것은?

① 전기전도 작용을 한다.
② 용착금속의 융합을 방지한다.
③ 용착금속의 냉각을 빠르게 한다.
④ 대기 중의 질소, 산소의 침입을 방지한다.

해설

일반적인 아크 용접봉의 피복제의 작용은 다음과 같다.

- 중성 또는 환원성의 분위기를 만들어, 대기 중의 산소나 질소의 침입을 방지하고 용융금속을 보호한다.
- 아크를 안정하게 한다.
- 용융점이 낮은 적당한 점성이 가벼운 Slag를 만들어낸다.
- 용접금속의 탈산 정련 작용을 한다.
- 용접금속에 적당한 합금원소의 첨가를 한다.
- 용융방울을 미세화하여 용착효율을 높게 한다.
- 용접금속의 응고와 냉각속도를 완만하게 한다.
- 위 보기 등과 같은 용접 자세의 용접을 용이하게 한다.

정답 01 ③ 02 ② 03 ③ 04 ④

하

05 용접봉을 선택할 때 제일 먼저 고려해야 할 점은?

① 토치 끝의 사이즈
② 용접봉의 길이
③ 용접할 금속의 종류
④ 용접할 금속의 두께

해설

용접 시 가장 먼저 고려해야 할 사항은 모재의 재질이며, 용접봉 굵기 선택 시, 토치 팁의 선택 시, 가장 먼저 고려해야 할 사항은 모재의 두께이다.

상

06 용접 시 주의사항으로 옳은 것은?

① 거친 부분은 Scaler 등으로 채운다.
② 연결 부분을 다시 재용접해야 할 때는 이전에 용접한 것은 모두 제거한 후에 다시 용접한다.
③ 거친 부분은 외관을 좋게 하기 위해 줄로 갈아서 매끈하게 만든다.
④ 브레이징 된 부분은 위에 용접해도 상관없다

해설

용접표면이 거칠고 고르지 못하며 패인 곳이 있으면 내부는 대부분 불만족스러운 상태이다. 용접부위의 외관을 좋게 하기 위해서는 줄 작업을 해서는 절대 안 되는데 줄 작업으로 인해서 강도를 유지하는 일부를 없앨 수 있기 때문이다. 용접 부위에 납(Solder), 브레이징 재료(Brazing Material) 혹은 어느 종류의 용접봉으로 채워 넣어서는 안 된다. 연결 부분을 다시 재용접해야 할 때는 이전에 용접한 것은 모두 제거한 후에 다시 용접한다. 꼭 기억할 것은 다시 재가열하면 모재가 일부의 강도를 잃고, 높은 취성을 띠게 된다.

중

07 용접하기 전에 알루미늄을 미리 가열하는 이유는?

① 수축 방지를 위하여
② 팽창 효과를 감소시키기 위하여
③ 용접면이 용제를 받아들일 준비를 하기 위하여
④ 토치의 성능 향상을 위하여

해설

열은 금속을 팽창시키고 냉각은 반대로 금속을 수축한다. 고르지 못한 가열은 고르지 못한 팽창을 일으키고, 또한 고르지 못한 냉각도 고르지 못한 수축을 일으킨다. 이런 상태에서는 금속 내부에 응력이 쌓이게 된다. 이 응력은 계속 방치해 둘 경우 금속의 비틀림이나 형태 변형 현상이 발생하므로 반드시 제거해야 한다. 따라서, 용접하기 전에 금속을 미리 가열하는 것은 수축과 팽창을 조절하기 위함이다.

중

08 다음 용접의 종류 중 피복제나 Flux를 사용하여 용접하는 것은?

① TIG Welding
② MIG Welding
③ Electric Arc Welding
④ Electric Plasma Welding

해설

전기 아크 용접이 산소의 형성을 방지시키도록 용제(Flux)가 사용된다. 스틱 용접과 마찬가지로 용가재봉의 외부는 용제로 코팅이 되어 있어 아크를 차단시키는 가스를 방출시킨 후 슬래그(Slag)가 되어 용접 비드 위를 덮어준다. 이 슬래그는 깨뜨려서 제거해야 한다.

중

09 용접 결합 시, Butt Joint 형태가 아닌 것은?

① Flanged　② Single Bevel
③ Corner Joint　④ Plain

해설

Corner Joint는 기본적인 용접 Joint 방법 중의 하나이다.

정답 05 ④ 06 ② 07 ② 08 ③ 09 ③

중

10 알루미늄 합금을 산소-아세틸렌 용접 시 사용되는 불꽃의 형태는 다음 중 어느 것인가?

① 탄화 불꽃(Reducing Flame)
② 중간 불꽃(Neutral Flame)
③ 탄소 불꽃(Carbon Flame)
④ 산화 불꽃(Oxidizing Flame)

해설

알루미늄에 이용되는 불꽃은 중성이나 약간의 탄화성으로 용접으로부터 금속이 산화되지 않도록 한다.

상

11 다음 중 강도에 영향을 주지 않고 용접할 수 있는 것은?

① 항공기용 볼트
② Braces Wires
③ SAE 4130 크롬/몰리브덴 튜브
④ Brazed And Soldered Parts

해설

냉간가공으로 제작된 Braces Wires, 열처리된 Steel Alloy인 Bolt, Brazed Part는 용접할 수 없다.

하 (출제율이 높은 문제)

12 은납땜(Silver Soldering) 시 Flux를 사용하는 이유는?

① 모재의 열전도성을 높이기 위해
② 모재의 산화막을 제거하기 위해
③ 모재의 과열을 방지하기 위해
④ 은납땜 봉(Silver Solder)의 산화 방지를 위한 보호 피막을 만들기 위해

해설

은납땜 작업 시 외부 공기와의 산화 작용을 방지해주는 역할을 해준다.

상

13 기본적인 가스용접장치의 차단단계로 틀린 것은?

① 먼저 토치의 아세틸렌 밸브를 닫아서 화염을 끈다. 이 과정은 신속하게 화염을 차단시킨다.
② 장비를 가까운 시간 내(약 30분 이내) 사용하지 않는다면 아세틸렌과 산소 실린더에 밸브를 닫고 호스로부터 압력을 배출시켜야 한다.
③ 환기가 잘되는 지역에서 외부 대기로 가스가 배출되도록 토치에 아세틸렌 밸브를 연다. 그 다음에 밸브를 닫는다.
④ 풀어질 때까지 시계방향으로 조절 스크루를 뒤쪽으로 빼내어 아세틸렌과 산소 조절기 모두 열어준다.

해설

가스 용접 장비의 차단절차(Shutting Down the Gas Welding Equipment)

① 먼저 토치의 아세틸렌 밸브를 닫아서 화염을 끈다. 이 과정은 신속하게 화염을 차단시킨다. 그다음 토치 손잡이에 산소 밸브를 닫는다. 절단 토치에 산소 밸브가 있으면 역시 닫는다.
② 장비를 가까운 시간 내(약 30분 이내) 사용하지 않는다면 아세틸렌과 산소 실린더에 밸브를 닫고 호스로부터 압력을 배출시켜야 한다.
③ 환기가 잘되는 지역에서 외부 대기로 가스가 배출되도록 토치에 아세틸렌 밸브를 연다. 그다음에 밸브를 닫는다.
④ 가스가 배출되도록 토치에 산소 밸브를 연다. 그다음에 밸브를 닫는다.
⑤ 풀어질 때까지 반시계방향으로 조절 스크루를 뒤쪽으로 빼내어 아세틸렌과 산소 조절기 모두 닫는다.
⑥ 비틀림을 방지하기 위해 호스를 조심스럽게 감아준다. 그리고 토치 팁의 손상을 방지하도록 보관한다.

정답 10 ① 11 ③ 12 ④ 13 ④

20 실링 및 실란트(Sealant, Adhesive 등)

출제율이 높은 문제

01 일반적으로 Sealant의 경화시간을 단축하기 위한 설명 중 맞는 것은?

① 적외선 램프 등을 사용하여 온도를 120[°F] 이내로 높인다.
② 주변을 밀폐시켜 공기흐름의 방향을 제거한다.
③ Accelerator의 혼합 비율을 높인다.
④ Base와 Accelerator를 혼합 후 즉시 사용하지 않고, Work Life 이내에 적정시간이 지난 후 사용한다.

해설

경화를 촉진하고 싶은 경우는 내폭형 적외선 램프나 온풍으로 가열할 수는 있는데, 이때는 온도 및 습도에 주의할 필요가 있다.

02 2 액성 Sealant의 Base Compound와 Accelerator 대한 설명 중 틀린 것은?

① 혼합 비율은 제작사의 지침에 따른다.
② 혼합 시 경화가 시작되기 때문에 가능한 빠르게 저어 혼합시킨다.
③ Sealant Kit는 냉암소에 저장한다.
④ Sealant가 완전히 혼합되었는지 확인하는 방법은 평편한 면에 얇게 펴서 전부 같은 색으로 되었는지 점검한다.

해설

실란트의 취급

(1) 베이스 콤파운드와 액셀레이터
① 2 액성의 실란트가 많이 사용되고 있고, 보통 베이스 콤파운드(Base Compound)와 액셀레이터(Accelator)가 키트(Kit)화 되고 있다.
② 실란트는 냉암소에 저장된다.
③ 유효기간(Shelf Life, Cure Date)을 넘은 것은 원칙으로서 사용해서는 안 된다.

(2) 베이스 콤파운드와 액셀레이터의 혼합
① 베이스 콤파운드와 액셀레이터의 바른 혼합법을 미리 확인한다. 빨리 경화시키기 위해 액셀레이터를 규정량 이상 혼합하면 접착력 및 실란트의 수명이 떨어지고 품질이 나빠진다.
② 완전히 혼합되었는지를 확인하는 데는 평평한 면(예를 들면 유리판)에 얇게 펴서 전부 같은 색으로 되었는지 점검한다. 액셀레이터에 비단 모양이 보이는 경우 다시 혼합한다.
③ 혼합된 실란트는 극저온 냉동장치에 보관하여 필요에 따라 다시 재사용할 수 있다. 단, 유효기간 이내에 사용가능하며 유효기간이 지난 혼합된 실란트는 폐기해야 한다.

03 2 액성(Two Parts) Sealant에 대한 아래의 설명 중 옳지 않은 것은?

① Base와 Accelerator로 구성되어 있다.
② 일반적으로 Sealant는 온도와 습도에 민감하다.
③ 혼합된 Sealant는 Working Life 이내에 사용되어야 한다.
④ 혼합된 Sealant는 한번 사용 후 재사용할 수 없으므로 폐기해야 한다.

해설

2번 문제 해설 참조

정답 01 ① 02 ② 03 ④

중

04 Sealant의 사용 목적에 대한 설명 중 틀린 것은?

① Actuator의 작동유가 새는 것을 방지한다.
② 공기가 항공기 동체에서 새는 것을 방지한다.
③ 항공기 기체 외부 표면의 틈을 메워 공기흐름을 원활하게 한다.
④ 연료탱크에서 연료가 새는 것을 방지한다.

해설

Actuator의 작동유 누설을 방지해주는 것은 Packing과 같은 Seal로 밀폐제 역할을 한다.

상

05 다음 접합면 시일(Faying Surface Seal)에 대한 설명 중 틀린 것은?

① 이질 금속 사이의 직접 접촉을 방지
② 동체의 기밀유지
③ 접착면 사이로 습기와 같은 이물질 침투 방지
④ 공기의 흐름을 용이하게 하기 위함

해설

공기의 흐름을 용이하게 하는데 쓰이는 것으로 Aerodynamic Smooth Seal이 있다.
접합면 시일(Faying Surface Seal)은 이질 금속 사이의 직접 접촉을 방지하는 목적과 동체의 기밀유지, 접착면 사이로 습기와 같은 이물질 침투 방지 목적으로 사용한다.

상

06 이질 금속 간의 직접 접촉 방지를 위하여 사용되는 Sealing 방법은 어느 것인가?

① Fastener Seal
② Filet Seal
③ Faying Surface Seal
④ Aerodynamic Smooth Seal

해설

5번 문제 해설 참조

중

07 접착제를 사용 시 혼합하는 Hardener에 대한 설명 중 맞는 것은?

① 액체 형태이고 발화점이 낮으므로 취급 시 주의가 필요하다.
② 접착제의 경도를 증가시켜 접착성능을 향상시킨다.
③ 접착제의 경화를 촉진한다.
④ 접착제에 미세한 기포를 만들어 무게를 경감시킨다.

해설

2액성 접착제는 용제형 접착제와 같이 용제의 휘발을 가지고 접착할 필요 없이 경화제(Hardener)의 작용에 의해 경화한다. 경화제를 더해 상온 경화 접착하는 방식이다.

하

08 항공기는 기존의 조립 방식과는 달리 접착제(Adhesive)가 현재 널리 쓰이고 있는데, 그 이유로 옳지 않은 것은?

① 응력 집중이 매우 낮아져 전단강도, 압축강도, 피로강도 등에 우수하다.
② 고고도로 비행함에 따른 여압 유지와 날개의 연료탱크에 대한 밀폐효과가 우수하다.
③ 기존의 기계적인 결합 방법에 비해 내열성이 우수하며 고온부에 사용하기 적합하다.
④ 접착제를 사용하면 현재 사용하는 볼트나 리벳의 수가 감소하므로 항공기 기체 중량이 감소한다.

정답 04 ① 05 ④ 06 ③ 07 ③ 08 ③

해설

접착제가 다량으로 사용되게 된 이유는 기존의 볼트, 리벳, 용접에 의한 조립과 비교하여 다음과 같은 장점이 있기 때문이다.

① 접착된 부위에 하중을 큰 면적으로 받으면 연속적으로 하중을 분산시키므로 볼트, 리벳 결합보다 응력 집중이 매우 작아져 역학적인 특성(전단 강도, 압축 강도, 피로 강도 등)이 매우 향상되기 때문이다.
② 균열이 발생되면 확대되는 속도가 작다. 외피(Skin)에 더블러(Doubler)를 접착하면 외피에 균열이 생겨도 더블러 일부가 스톱퍼(Stopper) 역할을 하며 균열 전달 속도를 방지하는 효과가 큰 이점이 있어 페일 세이프(Fail Safe) 성능이 향상된다.
③ 접착제를 사용하면 현재 사용하는 볼트나 리벳의 수가 감소하므로 기체 중량이 감소한다.
④ 밀폐(Sealing) 효과가 커진다. 항공기는 고고도를 비행하므로 감압이 되어 여압할 필요가 있다. 또한 날개 속에 연료 탱크가 있으므로 접착제를 사용하면 접착제가 밀폐 특성을 보유하고 있어 그 효과도 커진다.
⑤ 항공기 기체 표면의 평면을 넓혀 성능을 향상시킨다. 항공기 표면의 볼록한 부분이나 오목한 부분은 항공기 표면으로 흐르는 공기흐름에 있어 저항을 크게 하여 공기역학적인 성능을 저하시키고 연료 소모량이 증가하게 되지만, 접착된 면은 일반적으로 평면이므로 이런 점에서 매우 유리하다.
⑥ 용접에 의한 조립에 비교하여 이질금속과도 접합이 쉬워져 변형이 적은 조립을 가능하게 한다. 잡음, 진동 등이 감소하고 리벳 작업시의 공정 등을 대폭 줄일 수 있다.

위와 같은 장점에도 불구하고 다음과 같은 단점이 있다.

① 역학적 특성 중 필요 강도(인장 강도)가 약해서 설계 시 이 부분을 고려해야 한다.
② 고온에 약하다. 현재 사용하고 있는 접착제는 유기물이기 때문에 내열성은 아무래도 금속재료와 비교해서 떨어진다. 일반적으로는 80℃가 사용 한계치이고, 내열성이 있는 재료라도 특수한 것 외에는 150℃가 사용 한계치이다.
③ 기후 변화에 대한 신뢰성이 불안하다.
④ 작업 공정이 복잡하고 특별한 설비나 장치가 필요하다.
⑤ 한번 접착하면 그 부분을 다시 분해하기가 매우 어렵다.

상

09 제1용제 접착제인 Well Bond Super 및 EC－800에서 사용하는 일반적인 접착방법이 아닌 것은?

① 플라즈마 스프레이법
② 상온 접착법
③ 용제 활성법
④ 가열법

해설

용제형 접착제의 일반적 접착방법

(1) 상온 접착법
일반적인 방법, 피착면 양면에 접착제를 칠하고 잠시 방치한 후 피막이 점착 상태가 된 곳을 압착시킨다.

(2) 용제 활성법
피착제 양면에 칠한 후 충분히 건조시킨 후 메틸에틸 케톤(M.E.K)을 침투시킨 직물로 도료 각 표면을 가볍게 닦아 점착 상대로 한 후 즉각 양면을 압착한다.

(3) 가열법
피착제 양면에 뿌린 후 충분히 건조한다. 다음 양면에 클립 등으로 압착하여 100~150℃의 가열로에 넣고 피착재가 노(Furnace)의 온도에 달한 후 빼내어 냉각한다.

정답 09 ①

21 비파괴검사(X - Ray, Magnaflux, Zyglo, Dye Penetrant)[삭제]

중

01 비파괴검사(NDI)에 대한 설명으로 아닌 것은?

① 초음파 검사에는 침전검사와 접촉검사가 있다.
② 자분탐상검사는 비자성체 부품에 사용하면 안 된다.
③ 형광침투검사는 철강 재료, 비철 금속 재료의 표면 손상의 탐상이 가능하다.
④ 방사선 검사를 할 때 나오는 방사선은 알파선과 감마선이 있다.

해설

방사선 사진은 X선과 감마선이 방사되어 불투명한 물체를 뚫고 지나가는 원리를 이용한 것이다.

중

02 다음 중 비파괴검사에 대한 설명으로 틀린 것은?

① 자분탐상검사는 자성체 부품만 검사할 수 있다.
② 초음파 검사는 흠집의 위치와 크기를 정확하게 측정할 수 있다.
③ 육안검사는 가장 빠르고 경제적으로 결함이 계속 진행되기 전에 탐지하는 방법이다.
④ 형광침투검사는 내부의 균열을 발견할 수 있다.

해설

침투 탐상 검사(Liquid Penetrant Inspection)는 육안검사로 발견할 수 없는 작은 균열이나 검사를 발견하는 것이다. 침투 탐상 검사는 금속, 비금속의 표면결함 검사에 적용되고 검사 비용이 적게 든다.

하

03 다음 중 형광 침투 검사로 표면 검사가 불가능한 것은?

① 도자기
② 철
③ 플라스틱
④ 고무

해설

침투 탐상 검사는 철강 재료, 비철 금속 재료, 도자기, 플라스틱 등의 표면 손상의 탐상이 가능하다.

상

04 자분탐상검사 시 종축과 원형자화 방법이 모두 사용되어야 하는 이유는?

① 검사하는 부품을 충분히 자화시키기 위함
② 검사하는 부품에 균일한 전류를 흐르게 하기 위함
③ 검사하는 부품에 균일한 자장을 형성시키기 위함
④ 결함의 방향에 직각으로 자장을 걸어 가능한 모든 결함을 탐지하기 위함

해설

일반적으로, 결함 방향을 예측할 수 없으므로 서로 직각인 자화가 얻어지는 자화 방법을 조합하여 사용하고 있다. 종축 자화(Longitudinal Magnetism)와 원형 자화(Circular Magnetism)에 의해 둥근 봉의 축 방향 및 원주 방향의 결함을 검출할 수 있다.

정답 01 ④ 02 ④ 03 ④ 04 ④

상

05 염색침투 탐상 검사에 대한 설명으로 틀린 것은?

① 금속 또는 플라스틱의 표면의 결함을 탐지할 수 있다.
② 침투액이 침투할 수 있도록 항상 검사부위를 따뜻하게 하여야 한다.
③ 미세결함을 정확히 탐지하기 위하여 현상액의 적용 후 지정된 시간을 준수하여야 한다.
④ 검사 부위에 침투액이 스며들 수 있도록 세척 후 충분히 건조시킨다.

해설

침투 탐상 검사 규격인 KS B 0816에 따르면 시험편 표준 온도는 15~50℃가 적당하다고 규정되어 있다. 피시험체의 온도가 지나치게 따뜻할 경우 침투액의 증발 우려가 있어 침투 성능이 저하될 수 있다.

중

06 금속 링을 이용한 검사(Metallic Ring Test) 또는 동전을 이용한 검사(Coin Test) 방식으로 복합소재 구조물을 점검할 때 맑은 소리가 났다면 무엇으로 판단되는가?

① 항공기 외피가 손상된 것이다.
② 복합소재 내부 코어 손상(Core Damage)을 의미한다.
③ 항공기 외피와 복합소재 내부 코어(Core)가 분리된 것이다.
④ 항공기 외피와 복합소재 내부 코어(Core)에 층분리(Delamination)가 없다.

해설

탭 테스트(Tap Test) 방법은 숙련된 작업자의 손에 의해 측정되는 매우 정교한 검사방법으로 복합소재의 들뜸 또는 떨어짐 현상을 탐지하기 위해 널리 사용한다. 이 방법은 딱딱한 재질의 둥근 동전 또는 가벼운 해머 형태의 간단한 공구를 사용하여 검사할 부분을 가볍게 두들겨서 공구로 전달되는 반응 소리를 가지고 판단하는 방법이다. 맑고 날카롭게 울리는 소리는 잘 접착된 고형 구조물에서 발생하는 소리로 정상적인 상태를 나타내며, 만약 무딘 소리나 퍽퍽한 소리와 느낌이 발생하는 부위는 내부에 손상 현상이 존재함을 나타내는 것이다.

중 (출제율이 높은 문제)

07 금속 또는 플라스틱의 표면 및 내부의 결함을 발견하기 위한 검사방법으로 적합한 것은?

① 형광 침투 검사
② 자분 탐상 검사
③ 와전류 탐상
④ 초음파 탐상

해설

초음파 검사(Ultrasonic Inspection)는 고주파 음속 파장을 이용하여 부품의 불연속 부위를 찾아내는 방법으로 높은 주파수의 파장을 검사하고자 하는 부품을 통해 지나게 하고 역전류 검출판을 통해서 반응 모양의 변화를 조사하여 불연속, 흠집, 튀어나온 상태 등을 검사한다. 초음파 검사는 소모품이 거의 없으므로 검사비가 싸고, 균열과 같은 평면적인 결함을 검출하는데 적합하다. 검사 대상물의 한쪽면만 노출되면 검사가 가능하다. 초음파 검사는 표면 결함부터 상당히 깊은 내부의 결함까지 검사가 가능하다.

중

08 방사선 투과검사 시 노출시간을 결정할 때 고려되지 않아도 될 사항은?

① 부품의 두께 및 강도
② 부품의 형태와 크기
③ 차폐막의 성능
④ 방사선 투사각

정답 05 ② 06 ④ 07 ④ 08 ③

해설

방사선 사진이나 플레이트(Plate)의 내용은 방사선 흡수 차이에 의해 생긴 밀도 차이에 의하여 얻어진다. 이 밀도 차이는 방사선 통과 방향과 거의 평행이어야 한다.

얇은 층 형태의 흠집으로 인한 불연속성은 가끔 탐지되지 않는데, 이것은 방사로 인해 충분한 밀도 차이가 나지 않기 때문이다. 층의 성질 때문에 거의 탐지되지 않으므로 방사선 검사는 이런 종류의 흠집을 찾는데 사용하지 않는다.

침투 방사는 물질의 두께에 비례하여 흡수된다. 재료의 두께가 증가하면 필름에 충분한 내용을 담는데 시간이 더욱 걸린다. X－Ray나 감마 방사선의 주어진 에너지로는 정해진 두께만 통과할 수 있다. 더 두꺼운 재료를 검사하기 위해서는 높은 에너지의 방사선 사진 장비를 사용해야 한다.

상

09 Radome 수리 후 수행하는 검사 사항이 아닌 것은?

① 탭 테스트
② 육안검사
③ 전파투과성 검사
④ X－Ray 검사

해설

X－Ray 검사는 사실상 다공성 소재의 복합소재 결함과 기공 구별이 어려워 결함 탐지가 어려운 점이 있으나 현대 기술이 보완되어 적용되는 비파괴검사법들이 나오고 있다.

상

10 다음 중 복합소재 부품의 점검 시 사용되는 초음파 검사방법이 아닌 것은?

① 산란법　② 투과법
③ 반사법　④ 공진법

해설

초음파 검사에는 투과법, 반사법, 공진법을 이용한다.

중

11 전자가 빠른 속도로 어떤 물질과 충돌하여 매우 짧은 파장을 가진 전자방사선이 생기는데, 이것을 무엇이라고 하는가?

① X선　② α선
③ β선　④ γ선

해설

감마선은 방사성 물질에서 나오는 방사선의 하나로 파장이 매우 짧고 물질 투과성이 강한 전자기파로 금속 내부 결함 탐지에 우수하다.

중 (출제율이 높은 문제)

12 다음 초음파 검사의 특징 중 틀린 것은?

① 판독이 객관적이다.
② 균열과 같이 평면적인 결함 검사에 적합하다.
③ 소모품이 거의 없으므로 검사비가 싸다.
④ 검사 표준 시험편이 필요 없다.

해설

초음파 검사의 특징

- 소모품이 거의 없으므로 검사비가 싸다.
- 균열과 같이 평면적인 결함 검사에 적합하다.
- 검사 대상물의 한쪽 면만 노출되면 검사가 가능하다.
- 판독이 객관적이다.
- 재료의 표면 상태 및 잔류 응력에 영향을 받는다.
- 검사 표준 시험편이 필요하다.

중 (출제율이 높은 문제)

13 Aluminium Alloy Casting으로 만들어진 부품의 표면에 균열을 검사하는 방법으로 부적절한 것은?

① 육안검사　② 형광침투검사
③ 자분탐상검사　④ 와전류 탐상

정답　09 ④　10 ①　11 ④　12 ④　13 ③

해설

자분탐상검사는 자성체 금속에만 적용하므로 비자성체 재료인 알루미늄 합금에 적용할 수 없다.

상

14 항공기 Radome의 수리 전 또는 수리 후에 수행하는 점검이 아닌 것은?

① Moisture Test ② Transmission Test

③ Tap Test ④ Eddy Current Test

해설

레이돔(Radome)과 같은 복합소재는 비전도성 물질이며 다공성 물질이므로 자분탐상검사, 침투탐상검사, 와전류 검사가 특성상 사용 불가능하다.

정답 14 ④

22 수리(복합소재, 허니컴 구조재), Bonding 작업

중

01 복합소재 부품 수리 시 가장 효율적으로 가압할 수 있는 방법은?

① Shot Bag
② Cleco
③ Vacuum Bag
④ Spring Clamp

해설

진공백(Vacuum Bagging)은 수리한 곳에 압력을 가하는 가장 효과적인 방법이다. 이것의 사용이 가능한 곳에는 무엇보다 먼저 이 방법을 권한다.

중

02 복합소재 부품의 모서리에서 층의 분리(Delamination)가 발견되어 이를 수리할 경우 가장 쉽게 적용할 수 있는 수리방법은?

① 보강 패치 수리 후 진공 가압한다.
② 수지(RESIN) 주입 후 Clamping 하여 가압한다.
③ 한쪽 면에서 손상된 부위까지 계단식으로 플라이를 제거한 후 수리한다.
④ 양쪽 면에서 손상된 부위까지 계단식으로 플라이를 제거한 후 수리한다.

해설

분리된 층의 주입식 수리(Delamination Injection Repair)는 복합소재에 구멍을 2개 뚫고 표면을 아세톤이나 MEK(메틸에틸 케톤)로 닦은 후 수지를 섞어서 한쪽 구멍에 깨끗한 주사기에 넣고 수지를 주입시킨다. 반대쪽 구멍으로 수지가 나올 때까지 계속 넣고 압력을 가하여 굳힌다. 굳힌 후에는 클램프, 진공백(Bagging Film) 등을 제거하고 샌딩(Sanding)하고 끝마무리를 한다.

중

03 복합소재의 수리 시 사용되는 가압방법이 아닌 것은?

① Vacuum Bag
② Cleco
③ Shot Bag
④ Peel Ply

해설

복합소재 수리 시 사용되는 가압방법(Applying Pressure)으로는 숏 백(Shot Bag), 클레코(Cleco), 스프링 클램프(Spring Clamp), 진공백(Vaccum Bagging) 등이 있다.

상

04 다음 중 진공백을 사용하여 가압하는데 사용하는 재료가 아닌 것은?

① Vacuum Bagging Film
② Bleeder
③ Prepreg
④ Breather

해설

진공백 재료(Vaccum Bagging Material)는 진공백 필름(Vaccum Bagging Film), 실란트 테이프(Sealant Tape), 제거용 직물과 필름(Release Fabric and Film), 필 플라이(Peel Fly), 제거용 필름(Release Film), 브리더(Bleeder), 브래더(Breather), 코킹판(Calking Plate), 차단층(Insulation Ply) 등이 있다.

정답 01 ③ 02 ② 03 ④ 04 ③

중

05 수리작업 완료 후 결함을 유발시키는 요인이 아닌 것은?

① 수리표면의 준비작업
② 온도 상승 또는 하강
③ 과도한 진공압력
④ Resin의 배합

해설

층 분리(Delamination) 현상이나 손상에 따른 복합소재는 접착제를 도포 후 온도를 상승시켜 진공백을 이용해 진공 압력을 가해 완전한 접착을 하도록 도모한다. 이때 공기, 물과 같은 휘발성 유해물질은 진공 상태일 때 적층 재료에서 제거되고 응축되게 한다.

중

06 복합소재 수리 시 사용되는 브리더의 주 역할에 대한 올바른 기술은?

① 곡면의 표면을 매끈하게 한다.
② 경화 중 발생하는 가스의 통로로 사용한다.
③ 여분의 수지를 흡수하기 위하여 사용한다.
④ 여분의 수지를 통과시키기 위하여 사용한다.

해설

브리더(Bleeder)는 흡수 물질로 여분의 수지를 빨아들이는 데 사용한다. 일부 제작사는 양탄자(Felt)나 다른 흡수제를 사용한다.

중

07 복합소재 부품의 안쪽면에 부착되는 테들러의 기능에 대한 설명 중 맞는 것은?

① 전기의 전도성을 좋게 한다.
② 전기장의 침투를 방지하여 그 방향력을 최소화 한다.
③ 수분의 침투를 방지한다.
④ 페인트의 접착성을 좋게 한다.

해설

완전한 수리 후 복합소재 부품은 Painting을 해야 한다. 대부분의 항공기는 항공기 금속부에 사용하는 같은 형태의 Paint는 복합소재에도 적합하다. Boeing에서는 복합소재에 칠하기 전에 테들러(Tedlar)의 층을 이용한다. 테들러는 플라스틱 코팅으로, 이것이 습기 장벽을 형성한다.

상

08 수지침투가공재, 수지, 세척용 솔벤트 및 접착제 등 최신 복합 소재(Advanced Composite Material)를 구성하고 있는 재료들은 인체에 해로울 수 있으므로 적절한 개인 보호 장비를 사용해야 하는 설명 중 틀린 것은?

① 눈은 항상 화학약품과 날아다니는 물체로부터 보호되어야 하며 작업 시에는 항상 작업장에서 보안경을 착용해야 하며 콘택트렌즈를 착용해도 된다.
② 탄소 섬유 분진은 인체에 해롭기 때문에 호흡하지 말아야 하고, 작업장은 환기가 잘 되도록 해야 한다.
③ 복합 소재 작업 시 발생하는 여러 가지 재료의 분진은 민감한 피부에 자극을 줄 수 있으므로 적절한 장갑 또는 보호용 의복을 착용해야 한다.
④ 모든 솔벤트 용기는 밀폐시키고 사용하지 않을 때 방염 캐비닛에 저장한다. 또한 정전기가 발생할 수 있는 지역에서 멀리 떨어진 곳에 보관해야 한다.

해설

수리 작업에 대한 안전사항(Repair Safety)

1. 눈 보호(Eye Protection)
   눈은 항상 화학약품과 날아다니는 물체로부터 보호되어야 한다. 작업 시에는 항상 보안경을 착용해야 한다. 그리고 산(acid) 성분의 물질을 혼합하거나 주입할 때에는 얼굴가리개를 착용한다. 작업장에서 보안경을 착용하더라도 콘택트렌즈를 착용해서는 안 된다. 어떤 화학적 솔벤

정답 05 ③ 06 ③ 07 ③ 08 ①

트는 렌즈를 녹이고 눈에 손상을 줄 수 있다. 작업 시 발생하는 미세먼지 등이 렌즈로 침투되어 위험을 초래할 수 있다.

2. 호흡기 보호(Respiratory Protection)
   탄소 섬유 분진은 인체에 해롭기 때문에 호흡하지 말아야 하고, 작업장은 환기가 잘되도록 해야 한다. 밀폐된 공간에서 작업을 수행할 경우에는 호흡에 도움을 주는 적절한 보호 장구를 착용해야 한다. 연마 또는 페인트 작업을 수행하는 경우에는 분진 마스크 또는 방독면을 착용해야 한다.
3. 피부 보호(Skin Protection)
   복합 소재 작업 시 발생하는 여러 가지 재료의 분진은 민감한 피부에 자극을 줄 수 있으므로 적절한 장갑 또는 보호용 의복을 착용해야 한다.
4. 화재 방지(Fire Protection)
   복합 소재 정비 작업에 사용되는 대부분 솔벤트는 가연성 물질이다. 모든 솔벤트 용기는 밀폐시키고 사용하지 않을 때 방염 캐비넷에 저장한다. 또한 정전기가 발생할 수 있는 지역에서 멀리 떨어진 곳에 보관해야 한다. 항상 화재 발생에 대비하여 소화기를 작업장에 비치해야 한다.

중

09 항공기 허니컴(Honeycomb) 구조물에서 사용되는 가장 일반적인 코어(Core)의 재료가 아닌 것은?

① 크라프트 용지(Kraft Paper)
② 알루미늄(Aluminium)
③ 고무(Rubber)
④ 열가소성 재료(Thermoplastic)

해설

각각의 허니컴 재료들은 고유의 특성 및 장점을 가지고 있으며 그 종류들 중에서도 항공기 허니컴 구조물에 사용되는 가장 일반적인 코어 재료로는 아라미드 용지(Aramid Paper : Nomex® 또는 Korex®)이다. 그 외에도 더 높은 강도가 요구되는 부분에 유리섬유가 쓰인다.

① 크라프트 용지(Kraft Paper) : 비교적 낮은 강도와 양호한 절연성을 갖고 있으며, 대용량으로 이용되고 가격이 저렴하다.
② 열가소성 재료(Thermoplastic) : 양호한 절연성 및 에너지 흡수성/방향 수정성, 부드러운 셀의 벽면, 습기와 화학적 저항성이 환경 친화적이고, 미학적으로 우수하며 상대적으로 가격도 저렴하다.
③ 알루미늄(Aluminum) : 최상의 강도 대비 무게비와 에너지 흡수 능력, 양호한 열 전달성, 전자기 차폐성을 갖추고 있고, 재질이 부드럽고 얇게 기계 가공이 가능하고 가격이 저렴하다.
④ 철(Steel) : 양호한 열 전달성, 전자기 차폐성 및 내열 성능이 우수하다.
⑤ 특수 금속(Specialty Metals, Titanium) : 무게 대비 고강도, 양호한 열전달성, 화학적 저항성 그리고 고온에 대한 저항성이 우수하다.
⑥ 아라미드 용지(Aramid Paper) : 방염 기능, 발화 지연성, 절연성, 저유전성 및 성형성이 우수하다.
⑦ 유리섬유(Fiberglass) : 적층에 의한 재단성, 저유전성, 절연성 및 성형성이 우수하다.
⑧ 탄소(Carbon) : 치수 안정성 및 유지성, 고온성 유지, 높은 강도, 매우 낮은 열팽창계수, 열전도율, 고 전단력 등이 우수하나 가격이 매우 비싸다.
⑨ 세라믹(Ceramic) : 매우 높은 온도에서 저항성, 절연성이 우수하고 매우 작은 크기로 이용될 수 있으나 가격이 매우 비싸다.

상

10 항공기 수리에 사용될 때 구조상의 목적을 위해 허용되는 적합 목재(Suitable Wood)에 대한 설명으로 옳지 않은 것은?

① 항공기 설계 및 수리에 사용되는 모든 원목과 합판은 품질과 등급이 최고 수준이어야 한다.
② 인가된 항공기에 사용할 목재는 감항당국에 따른 인증서를 제공할 수 있는 근원에 대한 소급성은 갖추지 않아도 된다.
③ 원재료를 구매하기 위해 전문 항공기 공급 회사 중 한 곳을 연락하고 주문 시 함께 인증 서류를 요구하도록 한다.

정답 09 ③ 10 ②

④ 제작된 목재 부품은 가능한 항공기 제작사 또는 항공기에 소요되는 교환품을 생산하는 부품 제조사 승인(PMA)을 갖추고 있는 제작자로부터 구매해야 한다.

해설

항공기 설계 및 수리에 사용되는 모든 원목과 합판은 품질과 등급이 최고 수준이어야 한다. 인가된 항공기에 사용할 목재는 군규격(MIL-SPEC)에 따른 인증서를 제공할 수 있는 근원에 대한 소급성을 갖추어야 한다.

"항공기 품질" 또는 "항공기 등급"이라는 용어는 일부 수리 문서에 언급되고 명시되어 있으나 해당 등급의 목재는 현지 목재 회사에서 구매할 수가 없다. 목재(원재료)를 구매하려면 전문 항공기 공급 업체 중 한 곳과 연락하고 주문과 동시에 인증서를 요청해야 한다. 가문비나무 원목에 대한 군규격은 'MIL-S-6073'이며 합판은 'MIL-P-6070B'이다.

제작된 목재 부품은 가능한 항공기 제작사 또는 항공기에 소요되는 교환품을 생산하는 부품 제조사 승인(PMA)이 있는 제작자로부터 구매해야 한다. 목재 부품을 공급하는 이러한 공급원 중 하나를 통해 작업자는 인가된 목재를 장착할 수가 있다.

수리 완료 시 교체한 목재의 품질과 차후 수리의 감항성 결정 여부는 항공기를 사용가능하게 반환하는 작업자의 책임이다.

중 출제율이 높은 문제

11 허니컴(Honeycomb) 샌드위치 구조에서 코어(Core)의 자재가 아닌 것은?

① 알루미늄 합금
② 종이
③ 고무
④ 복합재료(FRP)

해설

9번 문제 해설 참조

정답 11 ③

23 특수공정 처리 (열처리, 표면처리, 방부처리, 도장 등)[삭제]

중

01 강 부품은 용접한 후에 Normalizing을 하는데, 그 이유는?

① 용접 중에 생긴 과다한 Carbon을 태우기 위해서
② 용접에서 생긴 표면의 거침을 제거하기 위해서
③ 금속 내부에서 생긴 내부 응력을 완화하기 위해서
④ 용접 부분의 표면 강도를 높이기 위해서

해설

불림(Normalizing) 처리는 강의 열처리, 성형 또는 기계 가공으로 생긴 내부 응력을 제거하기 위한 열처리이다.

중

02 알루미늄 금속을 ALCLAD 처리 후 비닐로 포장을 하는 경우가 있는데, 이때 이 비닐의 역할은 무엇인가?

① 회사를 표시하기 위해서
② 외부에 오랫동안 노출되는 것을 방지하기 위해서
③ 표면이 경화되는 것을 방지하기 위해서
④ 알루미늄 표면을 스크래치로부터 손상을 보호하기 위해서

해설

순수 알루미늄(Al_2O_3)은 화학적으로 보면, 산소와도 친화력이 좋기 때문에 코팅된 항공기 외피를 한번 운항하여 산소와 직접 접촉시킨 후 화학적 반응에 따른 산화피막을 형성시키도록 한다. 이렇게 처리된 알루미늄 합금판은 유광을 띄는 은색으로 된다. 처리가 완료된 ALCLAD 알루미늄 합금은 보관 시 비닐로 포장하여 외부로부터 손상을 보호한다.

중

03 양극처리(Anodizing)는 금속의 어떤 작용을 이용한 것인가?

① 전해 이온화 작용
② 전해 산화 작용
③ 전해 분리 작용
④ 전해 수산화 작용

해설

금속 표면에 내식성이 있는 산화 피막을 형성시키는 방법으로 황산, 크롬산 등의 전해액에 담그면 양극에 발생하는 산소에 의해 양극의 금속 표면이 수산화물 또는 산화물로 변화되어 고착되고 부식에 대한 저항성이 증가하게 된다. 알루미늄 합금에 이 처리를 하면 페인트칠을 하기 좋은 표면으로 된다.

중

04 철강재료의 열처리 방법 중 담금질인 것은?

① 작업하다가 생긴 내부 응력을 제거하는 방법이다.
② 철강재료의 경도와 강도를 증가시키는 방법이다.
③ 암모니아를 이용하여 가열시켜 표면을 강화시키는 방법이다.
④ 500~600℃로 가열시킨 후 공기와 접촉시키는 방법이다.

해설

담금질은 재료의 강도와 경도를 증대시키는 처리로서 철강의 변태점보다 30~50℃ 정도 높은 온도로 가열하여 일정 시간 유지시킨 다음에 물과 기름에 담금으로써 급랭이 되도록 하는 열처리법이다.

정답 01 ③ 02 ④ 03 ② 04 ②

하

05 강제 부품에는 카드뮴 도금을 하는 것이 많은데, 이러한 작업을 하는 가장 중요한 목적은 무엇인가?

① 표면경화를 위하여
② 외관을 보기 좋게 하기 위하여
③ 전기적으로 절연시키기 위하여
④ 내식성을 향상시키기 위하여

해설

카드뮴 도금은 250℃ 이하 온도에서 사용되는 저합금강의 부식 방지 도금으로 사용된다. 도금 후 크롬산 처리를 하고 내식성을 증가시킨다.

상

06 알루미늄 Honeycomb 부품의 손상을 Fiber Glass를 사용하여 수리하고자 할 때 Fiber Glass가 알루미늄에 잘 접착될 수 있도록 하기 위하여 알루미늄 표면에 필요한 표면 처리방법은?

① Adhesive Primer를 바른다.
② Anodizing 처리한다.
③ 표면을 매우 곱게 Polishing 처리한다.
④ Fiber Glass에 사용될 수지를 접착하기 전에 알루미늄 표면에 얇게 바른다.

해설

복합소재는 적층 구조를 이루고 있으며 합금과 섬유가 서로 잘 부착될 수 있도록 인가된 접착 프라이머(Adhesive Primer)를 잘 도포하여 붙여주도록 해준다.

상

07 수중, 토양 중의 대형 구조물에 적합한 부식 방지 처리법이며 비용이 저렴하여 선박이나 시추선과 같은 해양 구조물에 많이 이용되는 것은?

① 도금 처리　② 파커라이징
③ 벤더라이징　④ 음극 부식 방지법

해설

음극 부식 방지법(Cathodic Protection)은 전기 화학적 방법으로서 부식을 방지하려는 금속재료에 외부로부터 전류를 공급하여 부식되지 않는 부(−) 전위를 띠게 함으로써 부식을 방지하는 방법이다. 음극 부식 방지법은 수중, 토양 중의 대형 구조물에 적합한 부식 방지 처리법이며 비용이 저렴하여 선박이나 시추선과 같은 해양 구조물에 많이 이용되고 있다.

중

08 항공기 리벳에 보호용 피막처리를 하는 방법으로 옳지 않은 것은?

① 크롬산아연처리(Zinc Chromate)
② 금속분무도금(Metal Spray)
③ 양극산화처리(Anodized Finish)
④ 파커라이징(Parkerizing)

해설

리벳 제조사는 AN 표준 규격에 부합하기 위해서, 리벳에 보호용 피막처리를 해야 한다. 피막처리하는 방법으로는 크롬산아연처리(Zinc Chromate), 금속분무도금(Metal Spray), 양극산화처리(Anodized Finish) 등이 있다.

리벳의 표면처리 여부는 색상으로 구분한다. 크롬산아연 처리한 리벳은 황색(Yellow)이고, 양극산화 처리한 것은 진주색(Pearl Gray), 그리고 금속분무 도금 처리한 리벳은 은회색(Silvery Gray)으로 구분한다.
만약 현장 작업도중 보호용 피막처리를 해야 한다면, 리벳을 사용하기 전에 크롬산아연 용액을 발라서 표면처리를 하고 작업이 완료된 후에 한 번 더 한다.

하

09 금속을 가열한 후 물이나 기름 등으로 급속히 냉각시켜 재질을 경화하는 열처리 방법을 무엇이라 하는가?

① Quenching　② Tempering
③ Annealing　④ Carburizing

정답 05 ④ 06 ① 07 ④ 08 ④ 09 ①

해설

4번 문제 해설 참조

중

10 단단한 방부 페인트를 유연하게 하기 위하여 솔벤트 유화 세척제와 혼합하여 일반 세척용으로 사용하는 것은?

① 케로신　② 메틸 에틸 케톤
③ 합성 에나멜　④ 프라이머

해설

케로신(등유 : Kerosine)은 단단한 방부 페인트를 유연하게 하기 위하여 솔벤트 유화 세척제와 혼합하여 일반 세척용으로 사용한다.

하

11 철강 재료 열처리 방법 중 일정 온도에서 어느 정도의 시간이 경과된 다음 노(Furnace) 내에서 서서히 냉각시키는 열처리법은?

① Quenching　② Tempering
③ Annealing　④ Normalizing

해설

풀림(Annealing) 처리는 금속재료의 기계적 성질을 개선시키기 위하여 열처리 노(Furnace)에서 가열한 후 일정 온도로 어느 정도의 시간이 경과된 다음 노(Furnace) 내에서 서서히 냉각시키는 열처리법이다.

하

12 금속 표면 접착력을 증대시켜주고 금속 재질에 발생하는 부식을 예방하며 최종 페인트의 안착 기능을 높여 주기 위해 사용하는 것은?

① 벤젠　② 에폭시
③ 프라이머　④ 폴리우레탄

해설

마무리(Finishing)와 보호(Protection) 기능을 제공하는 프라이머는 최종 페인트가 칠해져 육안으로 보이지 않기 때문에 그 중요성은 느끼지 못하고 있다. 프라이머는 마무리의 기초이다.

프라이머는 표면 접착력을 증대시켜주고 금속 재질에 발생하는 부식을 예방하며 최종 페인트의 안착 기능을 높여 준다.

이는 또한 금속 표면을 양극화하거나 습기가 있는 표면에 보호막을 형성시켜준다. 비금속 표면에는 프라이머의 기능이 요구되지 않는다.

상

13 프라이머(Primer)에 대한 설명으로 틀린 것은?

① 마무리(Finishing)와 보호(Protection) 기능을 제공하는 프라이머는 최종 페인트가 칠해져 육안으로 보이지 않기 때문에 그 중요성은 느끼지 못하고 있다.
② 프라이머는 표면 접착력을 증대시켜주고 금속 재질에 발생하는 부식을 예방하며 최종 페인트의 안착 기능을 높여 준다.
③ 금속 표면을 양극화하거나 습기가 있는 표면에 보호막을 형성시켜준다.
④ 비금속 표면에는 프라이머의 기능이 요구된다.

해설

12번 문제 해설 참조

정답　10 ①　11 ③　12 ③　13 ④

24 공유압 이론, 작동유 성질, 취급 (Seal 종류, 사용처 등)

중

01 다음 중 항공기 공압계통(Pneumatic System)의 단점이 아닌 것은?

① 덕트(Duct)의 배관이 공간을 많이 차지한다.
② 덕트 접속부에서 공기누출(Air Leak)이 생기기 쉬우므로 정비소요가 빈번하다.
③ 유압 계통에 사용되는 레저버(Reservoir)와 리턴라인(Return Line)에 해당되는 장치가 불필요하다.
④ 덕트나 접속부의 파손으로 인해 누출된 고온의 공기에 의하여 주변이 가열된다.

해설

공압 계통의 특징

(1) 장점
① 압축 공기가 갖는 압력, 온도, 유량과 이것들의 조합으로 이용 범위가 넓다.
② 적은 양으로 큰 힘을 얻을 수 있다.
③ 불연성(Non-Flammable)이고 깨끗하다.
④ 유압 계통에 사용되는 레저버(Reservoir)와 리턴 라인(Return Line)에 해당되는 장치가 불필요하다.
⑤ 조작이 용이하다.
⑥ 서보(Servo) 계통으로서 정밀한 조종이 가능하다.

(2) 단점
① 덕트(Duct)의 배관이 많은 공간을 차지한다.
② 덕트의 접속부에서 공기 누출이 생기기 쉬우므로 정비시 빈번한 손질이 필요하다.
③ 덕트나 그 접속부의 파손으로 인해 누출된 고온 공기에 의해 주변이 가열된다.

하 (출제율이 높은 문제)

02 현대 항공기 유압 계통에 사용하지 않는 작동유는 무엇인가?

① 합성유 ② 동물성유
③ 식물성유 ④ 광물성유

해설

작동유 종류에는 식물성유, 광물성유, 합성유가 있다.

하

03 항공기에 사용되는 유압유가 갖추어야 할 성질은?

① 고점도, 저인화점, 저화학적 안정성, 고발화점
② 고인화점, 저점도, 저화학적 안정성, 저발화점
③ 저인화점, 저발화점, 고점도, 고화학적 안정성
④ 저점도, 고화학적 안정성, 고인화점, 고발화점

해설

점도가 낮고 점도지수가 높아야 하며, 화학적 안정성과 인화점, 발화점, 산화안정성이 높을수록, 빙점 또한 낮을수록 좋은 유압유이다. 또한 점도지수 변화는 온도에 따라서 변화가 낮아야 한다. 온도에 따라 작동유 특성이 변하면 계통으로 흐르는 성질이 변하여 작동 기능에 장애 요소가 되기 때문이다.

하 (출제율이 높은 문제)

04 항공기에 사용하는 작동유 구비조건으로 아닌 것은?

① 점도지수가 낮아야 한다.
② 내열성이 있어야 한다.

정답 01 ③ 02 ② 03 ④ 04 ①

③ 산화 방지성이 있어야 한다.

④ 온도 변화에 따른 점도지수 변화가 낮아야 한다.

해설

3번 문제 해설 참조

상

05 다음은 A의 직경이 5[inch], B의 직경이 15[inch]인 서로 다른 직경의 관이 연결되어 있다고 할 때 A에서 B로 200[lbs]의 힘을 가했을 경우 B에서 받는 힘은 얼마인가?

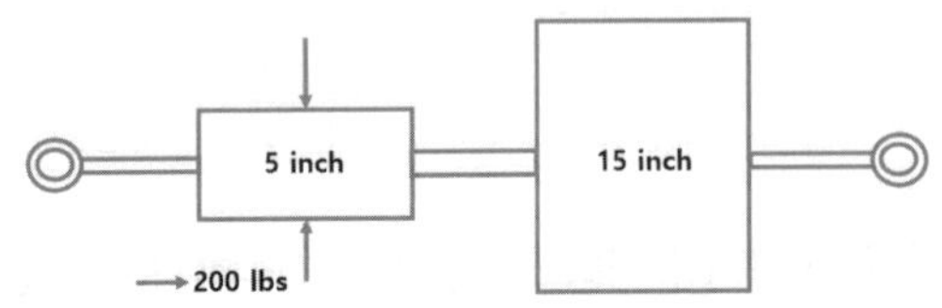

① 520[PSI]　② 980[PSI]

③ 1380[PSI]　④ 1770[PSI]

해설

A의 피스톤 단면적과 B의 피스톤 단면적을 먼저 구해본다.

피스톤 단면적은 원기둥이므로 πr^2을 한다.

A 단면적 : $3.14 \times 5^2 = 3.14 \times 25 = 78.5$
B 단면적 : $3.14 \times 15^2 = 3.14 \times 225 = 707$

파스칼의 법칙에 따라 F(힘) = A(단면적) × P(압력) 공식을 응용하여 B에서 받는 힘을 구한다.

A에 가해진 힘이 200 lbs라고 했으므로 A에 작용되는 압력값을 먼저 구해본다.

200 = 78.5 × P에서 P = 200 / 78.5으로 유도해내면 반올림해서 대략 2.5가 나온다.
압력값은 2.5이며 파스칼의 법칙에 따라 비압축성 유체가 있는 서로 다른 직경의 단면적 어느 곳에서든 압력은 동일하다가 적용되므로
B에서도 똑같이 압력이 2.5가 작용한다. 이 법칙을 근거로 A처럼 똑같이 식을 풀어보면

F = 707 × 2.5 = 1767.5가 나오므로 힘은 1767.5 즉, 근사치인 1770이 답이 된다.

중

06 항공기 유압 계통에 대한 장점이 아닌 것은?

① 설치가 간단하고 정비가 용이하다.

② 과부하에 대해서 안전성이 높다,

③ 운동 속도의 조절 범위가 크고 무단 변속을 할 수 있다.

④ 중량에 비해서 큰 힘과 동력이 얻어지고 조절하기 쉽다.

해설

유압 계통은 복잡한 기계적 링크(Link) 기구를 필요로 하지 않고 많은 일을 할 수 있는 것이 특징이다.

- 장점
  ① 유압계통의 중량에 비해서 큰 힘과 동력이 얻어지고 조절하기 쉽다.
  ② 작동 또는 조작 시, 운동 방향의 조절이 용이하고 반응 속도도 빠르다.
  ③ 운동 속도의 조절 범위가 크고 무단 변속을 할 수 있다.
  ④ 원격 조정(Remote Control)이 용이하다.
  ⑤ 과부하에 대해서도 안전성이 높다.
  ⑥ 회로 구성이 간단하다.
- 단점
  ① 작동액이 누출(Leak)되면 기능이 저하될 수 있다.
  ② 기계적 가동부가 마모하여 성능을 저하시키고 작동유를 오염시킨다.
  ③ 작동액의 온도 상승에 따른 점성의 변화, 구조 부분의 변형 등에 의해서 조절 정밀도가 감소되기 쉽다.
  ④ 파이프(Pipe) 등의 접속 부분에서 작동유가 누출되기 쉽고 작동액이 연소되는 위험이 있으며, 정비 시 시간이 많이 소모된다.

중

07 항공기 공압 계통(Pneumatic System)의 장점으로 틀린 것은?

① 불연성(Non-Flammable)이고 깨끗하다.

② 유압 계통에 사용되는 레저버(Reservoir)와 리턴 라인(Return Line)에 해당되는 장치가 불필요하다.

정답 05 ④ 06 ① 07 ④

③ 서보(Servo) 계통으로서 정밀한 조종이 가능하다.
④ 압축 공기가 갖는 압력, 온도, 유량으로 이용되는 범위가 제한된다.

해설

1번 문제 해설 참조

중

08 항공기 유압계통에 사용하는 작동유 취급사항에 대한 설명으로 옳은 것은?

① 인산염 작동유를 취급한 후에는 손을 붕산염으로 씻어내야 한다.
② 현대 항공기에 사용하는 작동유는 대부분 불연성이며 화재 발생에 대한 위험이 적다.
③ 작동유가 부족할 경우에는 등급이 다른 동일 회사의 제품을 혼합하여 사용해도 된다.
④ 레저버 작동유 주입구에는 사용 작동유 형식을 표시하여 항공정비사가 쉽게 사용할 작동유를 식별할 수 있도록 해야 한다.

해설

유압계통에 작동유를 보충할 때 항공기제작사 정비매뉴얼(Aircraft Manufacturer's Maintenance Manual)이나 레저버(Reservoir)에 부착되어 있는 사용설명 표지판(Instruction Plate) 또는 구성 부품상에 명시된 특정 종류(Type)의 작동유를 사용해야 한다.

유압계통에 작동유를 보급할 때, 정비사는 정확한 범주의 작동유를 사용하고 있는지 확인해야 한다. 작동유는 서로 다른 종류의 작동유를 섞어 쓰면 안 된다. 예를 들어, 내화성 작동유인 MIL-H-83282에 MIL-H-5606를 혼합하면 비내화성 작동유가 되어 버린다.

비닐(Vinyl) 성분, 니트로 셀룰로즈 래커(Nitrocellulose Lacquer), 유성페인트(Oil-Based Paint), 리놀륨(Linoleum) 그리고 아스팔트(Asphalt)를 포함하는 열가소성수지는 스카이드롤 작동유의 인산염에스테르계 반응으로 인하여 화학적으로 연수화(Softened) 될 수도 있다. 그러나 이 화학작용은 보통 순간적인 노출에서는 일어나지 않으며 유출이 있다면 바로 비누와 물로 깨끗이 닦아주면 손상을 막을 수 있다.

중

09 항공기 유압유(Hydraulic Fluid)에 대한 설명 중 옳지 않은 것은?

① 유압유는 조작하고자 하는 여러 가지의 구성요소에 힘을 전달하고 분배하는 데 주로 사용된다.
② 유압유는 비압축성의 특성을 갖고 있어 압력 손실이 없이 사용되는 구성요소에 균등하게 전달된다.
③ 유압장치(Hydraulic Device)에 사용되는 유압유는 구성품의 동작조건, 작동에 필요한 양, 온도, 압력, 부식의 가능성 등을 고려하여 가장 알맞은 특성을 갖는 종류의 유압유를 사용하도록 명시되어 있다.
④ 항공기에서 유압계통은 적은 힘을 요구하는 항공기 구성요소의 작동을 위해 사용되는 하나의 수단이다.

해설

항공기에서 유압계통은 큰 힘을 요구하는 항공기 구성요소의 작동을 위해 사용되는 하나의 수단이다.

유압유는 조작하고자 하는 여러 가지의 구성요소에 힘을 전달하고 분배하는 데 주로 사용된다. 유압유는 비압축성의 특성을 갖고 있어 압력 손실이 없이 사용되는 구성요소에 균등하게 전달된다. 이것을 파스칼(Pascal)의 법칙이라 한다.

유압장치(Hydraulic Device)에 사용되는 유압유는 구성품의 동작조건, 작동에 필요한 양, 온도, 압력, 부식의 가능성 등을 고려하여 가장 알맞은 특성을 갖는 종류의 유압유를 사용하도록 명시되어 있다.

정답 08 ④ 09 ④

25 공유압 장치 종류 및 원리, 작동유 탱크 및 Accumulator 등

하

01 항공기 유압 계통의 내에 있는 레저버(Reser-voir)의 스탠드 파이프(Stand Pipe)의 역할은?

① 환기 역할을 한다.
② 비상 시에 예비 작동유를 공급한다.
③ 탱크 내 거품이 생기는 것을 방지한다.
④ 계통 내 압력 유동을 감소시킨다.

해설

레저버 내에 있는 스탠드 파이프는 비상 시 예비 작동유를 공급하여 유압 계통의 작동 기능을 유지시켜 준다.

중

02 항공기 유압 계통에서 레저버(Reservoir)를 가압시키는 목적은?

① 탱크의 붕괴를 방지한다.
② 유압 펌프의 공동현상을 방지한다.
③ 유압유에 거품이 생기는 것을 방지한다.
④ 축압기의 정상 압력이 빠지는 것을 방지한다.

해설

항공기 유압 계통의 레저버를 가압시키는 이유는 계통 내에 있는 작동유가 고공비행함에 따라 압력이 낮아져 기포현상이 발생되는 공동현상(Cavitation)을 방지하기 위함이다. 공동현상을 방치해두면 기포가 유압 펌프(EDP : Engine Driven Pump)에서 터지면서 발생되는 충격파로 펌프 회전부가 손상될 수 있다. 실제로 항공기 결함 사례로도 있는 것이다.

하

03 Accumulator를 수리해야 할 때 우선해야 할 일은?

① 작동유를 빼낸다.
② 공기압력을 제거한다.
③ 다이어프램을 제거한다.
④ 브레이크를 장탈한다.

해설

Accumulator를 수리를 목적으로 장탈하기 전 내부에 남아있는 잔여 공기압을 제거해주어야 한다. 그렇지 않을 경우 장탈하면서 분사된 고압의 공기압이 작업자에게 위험요소가 되기 때문이다.

하 (출제율이 높은 문제)

04 항공기 유압 계통에서 축압기(Accumulator)의 기능은?

① 유압 계통에서 동력펌프가 작동하지 않을 때 보조적인 기능을 한다.
② 작동유 압력을 일정하게 유지하는 기능을 한다.
③ 릴리프 밸브가 이상이 있을 경우 계통을 높은 압력으로부터 보호한다.
④ 갑작스런 계통 내의 압력 상승을 방지하고 비상 시 최소한 작동 실린더를 제거한 횟수만큼 작동시킬 수 있는 작동유를 저장한다.

해설

축압기(Accumulator)는 가압된 작동유를 저장하는 저장통으로서 여러 개의 유압 기기가 동시에 사용될 때 동력 펌프를 돕고, 동력 펌프가 고장 났을 때는 최소한의 작동 실린더를 제한된 횟수만큼 작동시킬 수 있는 작동유를 저장한다. 또, 유압 계통의 서지(Surge) 현상을 방지하고, 유압 계통 내에서 발생된 충격을 흡수하며, 압력 조절기의 개폐 빈도를 줄여 펌프나 압력 조절기의 마멸을 적게 한다.

정답 01 ② 02 ② 03 ② 04 ④

하 출제율이 높은 문제

05 항공기 유압 계통에서 축압기(Accumulator)의 기능 중 맞는 것은?

① 주 계통이 고장 났을 경우 비상용으로 사용된다.
② Cavitation을 방지해준다.
③ 계통의 압력을 낮춰준다.
④ 서지 챔버(Surge Chamber) 역할을 한다.

해설

4번 문제 해설 참조

정답 05 ④

26 공유압 주요 구성품 및 압력배분, 조절장치

하 (출제율이 높은 문제)

01 항공기 유압 계통이나 공압 계통에 있는 체크 밸브(Check Valve)의 역할은 무엇인가?

① 작동유의 순서를 결정해준다.
② 계통의 순서를 결정해준다.
③ 압력을 일정하게 해준다.
④ 작동유를 한 방향으로 흐르게 해준다.

해설

각 계통별로 있는 체크 밸브(Check Valve)는 유체의 흐름을 한 방향으로 흐르게 해주는 역할을 한다.(역류 방지)

하 (출제율이 높은 문제)

02 다음 밸브 중 역할이 3개와 다른 것은?

① Relief Valve
② Thermal Relief Valve
③ Wing Flap Overload Valve
④ Pressure Reduce Valve

해설

Wing Flap Overload Valve는 조종실에서 조종사가 원하는 각도로 Flap Lever를 조작하면 Flap이 그 각도에 맞춰서 내려올 수 있도록 작동량을 제어해주며 플랩이 빠른 속도로 내려옴으로써 발생되는 플랩의 손상을 방지한다.

하 (출제율이 높은 문제)

03 유압 계통의 유압작동이 일정한 순서로 작동하게 하는 장치는?

① Selector Valve ② Sequence Valve
③ Relief Valve ④ Priority Valve

해설

시퀀스 밸브(Sequence Valve)는 2개 이상의 작동계통에 순서대로 작동유를 공급해주는 밸브이다.(예시로 착륙장치(Landing Gear)를 내리려면 L/G Door부터 열어야 하므로 Door를 열기 위한 작동유 공급 → Landing Gear가 완전히 내려오면 Down Lock Actuator를 걸어줄 작동유 공급)

하 (출제율이 높은 문제)

04 유압 계통 중 유압유를 한 방향으로만 흐르게 하는 것은?

① Safety Valve ② Check Valve
③ Selector Valve ④ Relief Valve

해설

1번 문제 해설 참조

하 (출제율이 높은 문제)

05 유압 계통의 압력이 부족할 경우 순서를 선택해 주는 밸브는?

① Relief Valve
② Selector Valve
③ Sequence Valve
④ Priority Valve

해설

프라이오리티 밸브(Priority Valve)는 계통의 압력이 일정압력 이하일 경우 유로를 차단시키고 1차 조종계통에 우선적으로 공급해주는 밸브이다.

정답 01 ④ 02 ③ 03 ② 04 ② 05 ④

상

06 유압 계통의 엔진 구동 펌프(Engine Driven Pump)의 축에 있는 전단면(Shear Section)의 목적은?

① Engine Accessory Driven Spline으로 홈이 있는 구동축의 정렬을 용이하게 해준다.
② Engine RPM 또는 유압 계통의 압력상승으로 인한 급격한 변화로 발생된 충격하중을 흡수한다.
③ 유압 계통 내의 압력 서지(Surge)가 펌프 부품을 과부하시키는 것을 방지한다.
④ 펌프가 비정상 상태에서 작동하지 않을 때 축이 전단력으로 끊어진다.

해설

엔진 구동 펌프의 전단축은 장비에 결함이 생길 때 절단되어 장비를 보호하는 데 쓰이는 축이며, 엔진 구동 펌프의 구동축으로 사용되는 데 펌프가 회전하지 않을 때 전단축이 절단되어 엔진을 보호하고 펌프의 손상을 방지하여 준다.

하

07 유압 계통의 튜브나 호스가 파손되거나 구성품 내의 시일(Seal)에 손상이 생겼을 때 과도한 누설을 방지하기 위한 장치는?

① 셔틀 밸브 ② 체크 밸브
③ 릴리프 밸브 ④ 유압 퓨즈

해설

유압 퓨즈(Hydraulic Fuse)는 유압 계통의 관이나 호스가 파손되거나 구성품 내의 시일(Seal)에 손상이 생겼을 때 과도한 누설을 방지하기 위한 장치이다. 계통이 정상적일 때에는 작동유를 흐르게 하지만 누설로 인하여 규정보다 많은 작동유가 통과할 때(양단에 상당한 차압이 발생할 때)에는 퓨즈가 작동되어 흐름을 차단하므로 작동유의 과도한 손실을 막는다.

중

08 유압 계통에 장착된 유압 퓨즈의 작동을 옳게 설명한 것은?

① 퓨즈 양단에 상당한 차압이 생길 때까지 유체는 흐를 수 있다.
② 퓨즈 양단에 상당한 차압이 생겨야 유체가 흐를 수 있다.
③ 유압유가 과열되었을 때 냉각기를 통하게 하는 역할을 한다.
④ 열팽창 밸브의 일종이다.

해설

7번 문제 해설 참조

중

09 항공기 유압 계통에서 가장 높은 압력을 받도록 Setting된 밸브는 무엇인가?

① Thermal Relief Valve
② Relief Valve
③ Pressure Regulator Valve
④ Main Relief Valve

해설

온도 릴리프 밸브(Thermal Relief Valve)는 온도 증가에 따른 유압 계통의 압력 증가를 막는 역할을 한다. 작동유의 온도가 주변 온도의 영향으로 높아지면 작동유는 팽창하여 압력이 상승하기 때문에 계통에 손상을 초래하게 된다. 이것을 방지하기 위하여 온도 릴리프 밸브가 열려 증가된 압력을 낮추게 된다. 온도 릴리프 밸브는 계통 릴리프 밸브보다 높은 압력으로 작동하도록 되어 있다.

정답 06 ④ 07 ④ 08 ① 09 ①

중

10 항공기 공압 계통(Pneumatic System)에 사용되는 릴리프 밸브(Relief Valve)의 역할은?

① 과압에 의해 라인의 파손이나 시일(Seal)의 손상을 방지한다.
② 한 방향으로 공기 흐름을 조절하는 데 사용한다.
③ 공기 흐름량을 감소시키는 데 사용한다.
④ 계통의 압력 쪽에서 리턴 라인으로 작동유를 바이패스 시킨다.

해설

공압 계통의 릴리프 밸브는 손상 방지 장치로 Compressor Power System의 고장 또는 열팽창으로 인한 지나친 압력으로부터 계통을 보호하는 역할을 한다.

하

11 다음 밸브 중 주요 목적이 대체계통 또는 비상용 계통에서 정상 계통을 격리시켜주는 것은?

① Sequence Valve
② Priority Valve
③ Selector Valve
④ Shuttle Valve

해설

유압계통은 작동유를 공급하기 위해 1개 이상의 공급원을 갖고 있어야 한다. 일부 유압계통에서 비상용 계통(Emergency System)은 정상 계통이 고장날 경우 차선책으로 사용된다. 셔틀 밸브(Shuttle Valve)의 주목적은 대체계통(Alternate System) 또는 비상용 계통으로부터 정상 계통을 격리시키는 것이다.

중

12 항공기 유압계통에서 유량제어밸브(Flow Control Valve)에 해당되지 않는 것은?

① 선택 밸브(Selector Valve)
② 유압 퓨즈(Hydraulic Fuse)
③ 스탠드 파이프(Stand Pipe)
④ 우선권 제어 밸브(Priority Valve)

해설

유량제어밸브(Flow Control Valve)는 유압계통에서 유체흐름의 속도 또는 방향을 제어한다. 유량제어밸브로 사용되는 밸브로는 선택밸브(Selector Valve), 체크 밸브(Check Valve), 순서 제어 밸브(Sequence Valve), 우선권 제어 밸브(Priority Valve), 셔틀 밸브(Shuttle Valve), 빠른 분리 밸브(Quick Disconnect Valve) 그리고 유압 퓨즈(Hydraulic Fuse) 등이 있다.

하

13 항공기 유압계통에서 일정한 압력 이상으로 고압이 계통 내에 작용하지 않도록 방지해주는 장치는?

① 릴리프 밸브(Relief Valve)
② 체크 밸브(Check Valve)
③ 셀렉터 밸브(Selector Valve)
④ 시퀀스 밸브(Sequence Valve)

해설

항공기 유압계통뿐만 아니라 다른 계통에서도 비정상적인 높은 압력에 의해 계통 손상을 보호하도록 릴리프 밸브(Relief Valve)가 장착되어 있다.

정답 10 ① 11 ④ 12 ③ 13 ①

27 객실여압계통(Pressurization System)

하

01 여압장치가 작동 중인 항공기가 정상적인 등속수평비행에서 동체 상부 표면에 발생하는 하중은?

① 굽힘력 ② 전단력
③ 인장력 ④ 압축력

해설

여압장치가 작동하는 항공기의 동체는 객실 내부에 작용하는 여압력에 의해 길이가 늘어나려고 하므로 동체에는 인장력이 작용한다.

중

02 Cabin Outflow Valve의 목적은?

① 일정한 공기 양을 계속적으로 항공기 외부로 내보낸다.
② Over－Pressurization을 방지한다.
③ 원하는 Cabin Pressure를 유지한다.
④ 항공기 외부의 공기 출입을 조절한다.

해설

항공기 여압계통(Cabin Pressurization System)에서 Outflow Valve의 기능은 객실 공기를 일부 밖으로 Vent시켜 원하는 객실 압력을 유지시킨다.

중 (출제율이 높은 문제)

03 항공기 여압계통의 객실 고도가 항공기 고도보다 높게 되는 것을 방지하는 주요부품은?

① Flow Control Valve
② Positive Pressure Relief Valve
③ Negative Pressure Relief Valve
④ Cabin Rate of Descent Control

해설

부압 릴리프 밸브(Negative Pressure Relief Valve)는 항공기가 객실 고도보다 더 낮은 고도로 하강할 때나 지상에서 객실 압력과 대기압을 일치시켜 줄 필요가 있을 때 열려서 대기의 공기가 객실 안으로 자유롭게 들어오도록 되어 있는 밸브이다.

중

04 항공기 객실 여압계통(Cabin Pressuriza－tion System)에서 아웃 플로우 밸브(Out Flow Valve)의 주된 역할은?

① 바깥공기의 유입을 조절한다.
② 일정한 공기압을 계속적으로 보낸다.
③ 객실 공기를 밖으로 벤트(Vent)시킨다.
④ 객실 압력이 미리 설정된 대기압과의 차압을 넘는 것을 방지한다.

해설

2번 문제 해설 참조

중 (출제율이 높은 문제)

05 여압된 항공기의 덤프 밸브(Dump Valve)의 목적은?

① 대기압보다 높은 기내의 압력을 대기로 방출시킨다.
② 기내의 Negative Pressure를 제거해준다.
③ 압축기의 부하를 덜어준다.
④ 최대 압력 차이 이상의 압력을 제거한다.

정답 01 ③ 02 ③ 03 ③ 04 ③ 05 ①

해설

항공기 여압계통의 덤프 밸브(Dump Valve)는 항공기 착륙 후 지상에 있을 때 기내 여압으로 내부가 팽창되어 있는 것을 모두 외부로 방출시켜 대기압과 일치한 압력 상태를 유지한다.

하

06 다음 중 Bleed Air가 쓰이지 않는 곳은?

① Cabin Window Air
② Engine Starting
③ Wing Anti－Icing
④ Air Condition Mixing Valve

해설

항공기 엔진의 압축기로부터 추출된 블리드 에어(Bleed Air)는 엔진 시동 시, 방빙, 냉난방계통에서 온도조절 시, 기내 객실 여압 시에 사용한다.

중

07 객실여압의 상승률이 아주 빠른 속도로 증가한다면?

① 아웃 플로우 밸브를 빠르게 닫히도록 조절한다.
② 아웃 플로우 밸브를 천천히 닫히도록 조절한다.
③ 부압 릴리프 밸브를 열어준다
④ 부압 릴리프 밸브를 닫아준다

해설

객실여압 상승률이 빠르게 증가한다는 것은 객실고도가 증가하므로 기내압이 낮아지는 상태가 된다는 뜻이다. 따라서 이 경우 기내압이 더 빠져나가지 않도록 아웃 플로우 밸브를 닫아서 유지시킨다.

하

08 여압장치가 되어 있는 항공기의 제작순항고도에서 객실고도는 대략 얼마인가?

① Sea Level ② 5,000ft
③ 8,000ft ④ 15,000ft

해설

객실 내부 기압에 해당되는 고도를 객실고도라 하며 실제 비행하는 고도를 비행고도라 하는데, 미연방항공국(FAA) 규정에 따르면 고고도를 비행하는 항공기는 객실 내부 압력을 8,000ft에 해당하는 기압으로 유지하도록 하고 있다. 요즘 최신 기종 항공기 같은 경우 6,000ft인 경우도 있다.

하

09 여압장치의 차압(Differential Pressure)은 무엇에 의해 설계 시 정해지는가?

① 기체의 강도
② 객실 내의 산소 함유량
③ 가압장치의 성능
④ 인체의 인내

해설

실제 비행하는 고도의 대기압과 객실 안의 기압이 서로 다른데 실제 비행하는 고도를 비행고도라 하고 객실 안의 기압에 해당되는 기압고도를 객실고도라 한다. 비행고도와 객실고도와의 차이로 인하여 기체 외부와 내부에는 다른 압력이 작용하는데 이 압력차를 차압(Differential Pressure)이라 하며 비행기 구조가 견딜 수 있는 차압은 설계할 때에 정해진다.

중

10 대형 상업용 항공기의 객실압력은 어떻게 조절하는가?

① ACM 출력을 조절해서
② Bleed Air의 유량을 조절해서
③ Bleed Air의 압력을 조절해서
④ Outflow Valve가 객실로부터 빠져나가는 공기량을 조절해서

해설

2번 문제 해설 참조

정답 06 ① 07 ① 08 ③ 09 ① 10 ④

중

11 항공기 여압계통에서 기내압력이 외기압보다 높아질 경우 다음의 여압계통 구성품 작동 중 옳은 것은?

① Positive Relief Valve가 열린다.
② Negative Relief Valve가 열린다.
③ Positive Relief Valve가 닫힌다.
④ Negative Relief Valve가 닫힌다.

해설

항공기 여압계통(Cabin Pressurization System)은 크게 Main Outflow Valve, Positive(Pressure) Relief Valve, Negative Pressure Relief Valve 등으로 구성된다.

여기서 Main Outflow Valve는 CPC(Cabin Pressurization Controller)에 의해 조종실에서 설정한 객실고도 값에 알맞은 기내압력을 형성시키도록 개폐빈도를 조절해주는데, 만약 이 장치에 결함이 발생되어 작동불능 상태가 되었을 경우 기내압과 외기압 차이에 의해 개폐되는 Positive Relief Valve와 Negative Pressure Relief Valve가 있다.

Positive Relief Valve는 기내압력이 외기압보다 높을 경우 열려 내부 압력을 밖으로 배출시켜 조절해주고 Negative Pressure Relief Valve는 정반대로 기내압력이 외기압보다 낮을 경우 열려 외기압을 유입시켜 압력을 조절해주도록 한다.

정답 11 ①

28 냉난방계통(Airconditioning System)

하

01 Air Cycle Cooling System은 어떻게 차가운 공기를 만들어내는가?

① 냉각팬을 통하여 냉각한다.
② 냉각제를 포함한 냉각 코일을 통하여 냉각한다.
③ 팽창 터빈을 통해 열을 제거한다.
④ 압축기를 통하여 열을 제거한다.

해설

공기조화계통(Air Condition System)에서 ACM(Air Cycle Machine)은 압축기와 팽창 터빈을 포함하여 부르는데, 최초로 엔진에서 추출된 블리드 에어(Bleed Air)를 냉각시킬 Line과 고온의 공기 그대로 사용할 Line으로 나눈다.
이때 냉각시킬 Line에서 먼저 1차 열교환기를 거쳐 냉각 후 ACM의 압축기로 압축시켜 온도 상승 후 2차 열교환기를 거쳐 팽창 터빈을 통해 열을 모조리 빼앗아버린다. 이후 공기는 고온의 공기와 혼합 밸브(Mixing Valve)로 혼합하여 객실에 적절한 온도의 공기를 제공해주도록 한다.
1차 열교환기에서 냉각했던 공기를 굳이 압축기에서 온도를 상승시키는 이유는 미지근한 공기보다 뜨거운 공기가 더욱 더 냉각하기 쉽기 때문이다.

중 (출제율이 높은 문제)

02 Air Condition System 내에 있는 혼합 밸브(Mixing Valve)의 기능은 무엇인가?

① 비상 램 공기와 조절된 공기로 혼합한다.
② 뜨거운 공기, 찬 공기, 냉각 공기의 공급을 조정한다.
③ 조절된 공기를 기내의 모든 장치에 분배한다.
④ 건조한 공기와 혼합시켜 기내 공기의 습기를 제거한다.

해설

1번 문제 해설 참조

하

03 항공기 Air Condition System에 사용되는 공기는?

① Engine Bleed Air ② 외부 공기
③ 액체 산소 ④ 고체 산소

해설

1번 문제 해설 참조

중

04 Vapor Cycle Cooling System에서 콘덴서로 들어가는 냉각제(Freon)의 상태는 어떤 상태로 변화하는가?

① 고압 액체 ② 저압 액체
③ 고압 기체 ④ 저압 기체

해설

증발기(Evaporator)로부터 흘러오는 압력이 낮은 기체상태의 냉매는 압축기로 들어와 압축되면서 높은 압력과 높은 온도 상태로 바뀐다. 이 고온, 고압의 가스는 응축기(Condenser) 안으로 흘러 들어가는데 항공기 외부의 공기가 응축기를 통과하게 함으로써 열을 방출하게 하여 냉각시킨다. 즉, 응축기는 냉매의 온도를 떨어뜨리는 역할을 하는 장치이다. 고온, 고압이었던 가스는 응축기 통로를 통과하면서 점차 온도가 감소되어 응축기를 빠져나갈 때는 액체상태로 바뀌어 건조 저장기(Receiver)로 들어가게 된다. 건조 저장기는 냉매의 건조와 여과를 담당하는 일종의 저장용기(Reservoir) 역할을 하는데 위에는 유리로 된 점검 구멍이 있다.

정답 01 ③ 02 ④ 03 ① 04 ①

05 항공기 Air Cycle Cooling System에서 공기의 온도, 압력을 동시에 낮춰주는 것은?

① Expansion Turbine

② Turbine Bypass Valve

③ Secondary Heat Exchanger

④ Refrigeration Bypass Valve

해,설

1번 문제 해설 참조

정답 05 ①

29 동결방지계통

하 (출제율이 높은 문제)

01 항공기 화학적 방빙 계통에서 결빙 부분에 분사하는 분사액은?

① 나프타 솔벤트
② 메틸 에틸 케톤
③ 메틸 클로로프롬
④ 이소프로필 알코올

해설

화학적 방빙 계통은 결빙의 우려가 있는 부분에 이소프로필 알코올이나 에틸렌글리콜과 알코올을 섞은 용액을 분사, 어느 점을 낮게 하여 결빙을 방지하는 것이다.

상

02 다음 중 열을 이용하는 방빙장치(Thermal Anti－Icing System)에 있는 Duct에 대한 설명으로 틀린 것은?

① Duct의 재질로는 알루미늄 합금, Titanium, Stainless Steel 등이 사용된다.
② Duct는 Sealing Ring으로 밀폐되어야 하므로 Sealing Ring의 밀폐 상태를 확인해야 한다.
③ Air Leak는 소리로 결함 부분을 판별할 수 있으나 소리로 판별하기 어려운 경우에는 Oil 또는 Hydraulic Fluid를 이용한다.
④ 열에 의한 손상을 방지하고자 얇은 Stainless Steel Expansion Bellows를 갖고 있고, 이 Bellows는 온도변화에 따른 Ducting의 팽창이나 굴곡 등을 흡수해준다.

해설

Pneumatic System Ducting

Duct는 Aluminium Alloy, Titanium, Stainless Steel, 혹은 Molded Fiber Glass Tube 등으로 구성된다. 일부 Duct는 얇은 Stainless Steel Expansion Bellows를 갖고 있다. 이 Bellows는 온도변화에 따른 Ducting의 팽창이나 굴곡 등을 흡수해준다. Duct의 연결부는 Sealing Ring에 의해 Sealing 된다.

특별히 규정되어 있는 경우에 Duct는 Pressure Test를 해야 하는데, 이때 제작사의 지침에 따른다. Pressure Testing은 여압 A/C에는 상당히 중요한데, Duct가 새면 Cabin Pressure를 유지하기 힘들기 때문이다.

Air Leak은 가끔 소리로 찾을 수도 있지만, Thermal Insulation Material에 Hole에 의해 찾는 경우도 있다. 그리고 Soapy Water를 사용하기도 한다.

상 (출제율이 높은 문제)

03 지상에서 수행되는 항공기 제빙작업(De－Icing)에 대한 설명 중 틀린 것은?

① 동체나 날개에 눈(Snow)의 양이 많을 때는 제빙액(Deicing Fluid)을 뿌려서 눈을 제거한다.
② 항공기 날개에 쌓인 눈을 제빙할 때 뾰족한 공구나 장비를 사용하면 안 된다.
③ 기체에 서리(Frost)가 많이 있으면 실내(Hanger)로 입고시키거나 제빙액(Deicing Fluid)을 사용한다.
④ 항공기에 Heavy Ice와 서리의 양이 적을 시에는 Hot Air를 이용하거나 실내(Hanger)로 입고시켜서 제거한다.

정답 01 ④ 02 ③ 03 ④

해설

항공기 지상제빙(Ground Deicing of A/C)
A/C의 외부 표면의 ice, snow, frost 등이 쌓이면 결정적으로 Performance에 영향을 준다. 이것은 Airfoil 표면을 지나는 공기 흐름을 방해해서 공기 역학적 양력을 감소시키고, 항력을 증가시킨다. 또한 A/C 전체 무게에 영향을 준다. Control, Hinge, Valve, Micro S/W 등에 습기가 얼어붙으면 A/C 작동에 심한 영향을 준다.

(1) 서리 제거(Frost Removal)
Frost 서리 제거는 A/C를 따뜻한 Hangar나 Frost Remover나 Deicing Fluid를 사용해서 제거한다.
이 Fluid는 Ethylene Glycol과 Isopropyl Alcohol을 포함하고 있어서 Spray 되거나 손으로 뿌린다. 이것은 최소 비행 2시간 전에 해야 한다. Deicing Fluid는 Window나 A/C 외부에 역효과를 미친다. 그러므로 제작사가 추천하는 것을 올바르게 사용한다.

(2) 눈과 얼음 제거(Ice and Snow Removal)
가장 다루기 힘든 것이 빙점 약간 바로 위의 온도에서 Wet Snow나 Deep Snow로서 Brush 등으로 제거한다. Antenna, Vent, Stall Warning Device, Vortex Generator 등을 다치지 않도록 조심해야 한다. Light, Dry Snow는 0° 이하의 온도에서 생기는데, 불어서 없애는 방법이 가장 좋으며 이때는 Hot Air를 쓰지 않는다. Heavy Ice와 쌓인 눈은 Deicing Fluid로 제거한다. 이것을 힘으로 깨려고 해서는 절대 안 된다.

하

04 항공기에 장착되어 있는 압력식 제빙 부츠(Pneumatic De-Icing Boots)가 작동하는 시기는?

① 얼음이 형성되었을 때
② 이륙 전
③ 지속적으로
④ 얼음이 형성되기 전

해설

제빙 부츠는 날개 앞전에 장착된 부츠를 압축공기를 이용해 분배밸브(Distributor Valve)로 팽창 및 수축시켜 형성되어진 얼음을 제거하는 방법이다.

상

05 항공기 공압식 제빙부츠(Pneumatic De-Icing Boots)에 대한 설명으로 틀린 것은?

① 동체를 기준으로 좌우의 양 날개는 대칭으로 균형적으로 팽창되도록 작동된다.
② 기관 압축기로부터 블리드(Bleed) 되는 공기에 의해 수축, 팽창이 이뤄진다.
③ 부츠 아래에 있는 금속 외피를 통해 정전기를 방전시킨다.
④ 모든 제빙부츠가 하나로 연결되어 있기 때문에 한번에 작동되어 얼음을 제거한다.

해설

압축 공기를 사용하는 제빙장치에는 날개(Main Wing) 또는 꼬리 날개의 앞전(Leading Edge)에 부착된 부츠(Boots) 또는 슈즈(Shoes)라 부르는 고무 재질의 제빙장치가 일반적으로 이용된다. 이 제빙장치는 팽창 가능한 고무관으로 구성되어 있다. 이 장치가 작동 중에는 고압 공기에 의해 팽창 또는 수축된다. 팽창 및 수축의 되풀이에 의하여 얼음이 깨어진 후 공기 흐름에 의해 날아가게 된다.

제빙 부츠(Deicer Boots)는 왕복 기관 항공기에서는 기관 구동 진공 펌프(Vacuum Pump)로 제트 항공기에서는 기관 압축기로부터 블리드(Bleed) 되는 공기에 의해 팽창된다. 팽창 순서는 제빙 부츠 가까이에 부착되어 있는 분배 밸브(Distributor Valve) 또는 솔레노이드(Solenoid)로 작동되는 밸브로 조절된다.

제빙 부츠는 날개에 따라 몇 개 부분으로 나누어 부착되며, 날개 한쪽에서는 서로 교대로 팽창되고 동체를 기준으로 좌우의 날개는 대칭으로 팽창되도록 조절되고 있다. 이것은 팽창된 제빙 부츠(Deicer Boots)에 의한 공기 흐름의 혼란을 최소한으로 하고 동시에 좌우 날개에서 팽창한 부분을 될 수 있는 한 적은 범위로 조절하기 위해서이다.

(1) 제빙 부츠의 구조
제빙 부츠는 부드럽고 탄력성이 있는 고무 또는 고무를 입힌 직물(Rubberized Fabric)과 튜브 모양의 공기실(Air Chamber)로 구성되어 있다. 부츠의 외측은 전도성이 있는 합성고무로 만들어지고 비바람이나 여러 가지 약품에 약화되지 않도록 처리되어 있다. 또 합성고무는 정전기를 표면에서 방전시킬 수 있고 정전기가 축적되어 있어도 부츠 아래에 있는 금속 외피를 통하여 방전시킨다.

정답 04 ① 05 ④

중

06 다음 중 Engine Bleed Air를 사용하여 결빙을 제거하는 계통은?

① Wing Thermal Anti－Icing System
② Windshield Icing Control System
③ Pitot－Tube Anti－Icing System
④ Water and Toilet Drain System

해설

Windshield, Pitot－Tube, Drain System은 모두 전열선을 이용한 방식을 사용하여 방빙한다.

중 (출제율이 높은 문제)

07 다음 항공기 윈드실드(Windshield)의 물방울 제거(Rain Removal) 장치로 쓰이지 않는 것은?

① Air Curtain ② Vinyl Coating
③ Rain Repellent ④ Wiper

해설

물방울 제거 장치(Rain Removal)는 윈드실드(Windshield)에 부착된 물방울이나 눈을 제거하고 시야 확보를 위한 것으로 기계적인 방법과 화학적인 방법 2가지가 있다.

- 윈드실드 와이퍼(Windshield Wiper)
- 공기 커튼(Air Curtain)
- 레인 리펠런트(Rain Repellent)
- 윈도 와셔(Window Washer)

하

08 다음 중 항공기 공기식 제빙부츠(Pneumatic Deicing Boots)에 공기를 이용하여 팽창 순서를 조절하는 것은?

① 진공밸브 ② 분배밸브
③ 릴리프 밸브 ④ 제빙밸브

해설

4번 문제 해설 참조

하

09 다음 항공기 결빙 발생을 방지하기 위한 작업 중 바람직하지 않은 것은?

① 뜨거운 물 분사
② 전기적 열에 의한 가열
③ 고온의 공기(Bleed Air)로 표면 가열
④ Boots를 이용하여 결빙한 얼음 제거

해설

항공기에는 아래와 같이 결빙을 막거나 조절하는 몇 가지의 방법이 이용되고 있다.
① 고온 공기를 이용한 표면 가열
② 전기적 열에 의한 가열
③ 결빙한 얼음의 파괴 [보통 팽창 부츠(Boots)를 이용]
④ 알코올 분사

물을 분사하면 곧바로 얼어 결빙이 형성되므로 사용하지 않는다.

중

10 제빙작업(De－Icing) 후 비행 전 점검내용으로 틀린 것은?

① Drain 및 Pressure Sensing Port에 결빙으로 인해 막혔는지 확인한다.
② 조종면(Control Surface)을 작동했을 때 전 작동 구간이 작동되는지 확인한다.
③ 모든 외부표면(External Surface)에 눈(Snow) 및 얼음이 남아있는지 확인한다.
④ Turbine Engine의 Compressor Blade에 결빙이 있을 경우 Compressor Rotor를 회전시켜서 제거한 후 Engine Starting을 한다.

해설

제빙(De-Icing)을 끝낸 후에 항공기를 검사해서 비행에 지장이 없는지 확인해야 하며 다음과 같이 점검을 해야 한다.
① Control Gap이나 Hinge 등에 눈이나 얼음 등이 남아 있지 않은지 세심하게 검사한다.

정답 06 ① 07 ② 08 ② 09 ① 10 ④

② Drain Port와 Pressure Sensing Port가 막히지는 않았는지 검사한다.
③ 조종면(Control Surface)은 움직여봐서 완전히 자유롭게 움직이는지 확인한다.
④ Landing Gear Mechanism, Door, Bay 그리고 Wheel Brake를 검사해서 눈이나 얼음이 있는지 보고, Uplock의 작동과 Micro SW를 점검한다.
④ 눈이나 얼음이 Turbine Engine Intake로 들어가서 Compressor에서 얼어붙을 때 손으로 Compressor를 돌릴 수 없을 때는 Hot Air로 Part가 완전히 자유롭게 회전할 때까지 녹인다.

30 화재탐지, 소화계통

중

01 항공기 화재 방지 계통(Fire Protection System)에서 사용하는 Squib란 무엇인가?

① 탱크 내 소화액의 용량을 알기 위한 장치이다.
② 소화 액체가 살포될 수 있도록 하는 장치이다.
③ 소화기가 터졌음을 외부에서 알 수 있도록 하는 디스크이다.
④ 화재를 감지하기 위한 일종의 화재 감지기이다.

해설

소화제 용기는 실린더형과 구형이 있으며, 소화제의 분사는 소화제 용기 입구의 실을 전기적으로 발화시키는 소형 폭약(Squib)에 의하여 파괴시켜 방출시킨다.

하 (출제율이 높은 문제)

02 중대형 항공기에 사용하는 화물실의 화재 감지 장치는?

① Smoke Detector
② Kidde Type Detector
③ Fenwall Type Detector
④ Graviner Detector

해설

항공기 화물실(Cargo Compartment or Baggage) 및 화장실에 쓰이는 화재 탐지기(Fire Protection System)는 연기 탐지기(Smoke Detector)를 사용한다.

하 (출제율이 높은 문제)

03 항공기 화물실(Baggage or Cargo Compart-ment)에 사용되는 화재탐지장치(Fire Detector System)는 무엇인가?

① Flame Detector
② Thermal Rise Detector
③ Smoke Detector
④ Overheat Detector

해설

2번 문제 해설 참조

중

04 항공기 화재 탐지 계통에서 Fire Protection Fluid Line의 색깔은 무엇인가?

① Yellow
② Red
③ Brown
④ Yellow and Red

해설

화재 탐지 계통의 유체 색 식별 Code는 갈색(Brown)으로 표시한다.

하

05 항공기 방화 계통(Fire Protection System)에 사용되는 화재 탐지기(Fire Detection System)가 아닌 것은?

① 온도 상승률 탐지기
② 스모크 탐지기
③ 이산화탄소 탐지기
④ 과열 탐지기

정답 01 ② 02 ① 03 ③ 04 ③ 05 ③

해설

다음은 터빈 기관(Turbine Engine) 항공기의 방화 계통에 광범위하게 사용되고 있는 화재 탐지기이다. 대부분의 대형 여객기 방화 계통은 아래 여러 종류의 다른 탐지 장치를 동시에 장비하고 있다.
① 온도 상승률 탐지기(Rate – Temperature – Rise Detector)
② 복사 감지 탐지기(Radiation Sensing Detector)
③ 스모크 탐지기(Smoke Detector)
④ 과열 탐지기(Overheat Detector)
⑤ 일산화탄소 탐지기(Carbon Monoxide Detector)
⑥ 가연성 혼합기 탐지기(Combustible Mixture Detector)
⑦ 광 화이버 탐지기(Fiber – Optic Detector)
⑧ 승무원 또는 승객에 의한 감시
화재의 조기 발견에 가장 광범위하게 사용되는 3종류의 탐지기는 온도 상승률, 복사 감지 및 과열 탐지기이다.

상

06 항공기 가스터빈 엔진 Tail Pipe 내부에 화재가 발생했을 때의 조치사항 중 잘못된 것은?

① Engine 작동 중 화재가 발생하였을 경우 화재가 진압될 때까지 회전수(rpm)를 높인다.
② Engine 작동 중 화재가 발생하였을 경우 긴급히 Throttle Lever를 Shut Off하여 화재를 진화한다.
③ Starting 또는 Shutdown 중 화재가 발생하였을 경우 Engine을 Motoring하여 화재를 진압하고 냉각한다.
④ Motoring 또는 rpm 증가로 소화가 안 될 경우 소화제(Extinguish Agent)를 직접 분사하지만 이산화탄소(CO_2)와 같은 냉각제는 Engine에 치명적인 손상을 줄 수 있으므로 주의해야 한다.

해설

지상에서 엔진 화재 발생 시 조치사항
엔진 시동 시 화재 경고등이 점등되어 엔진 화재가 발생되었을 경우 연료 차단 레버(Fuel Shutoff Lever)를 OFF에 두어야 한다. 엔진으로부터 화재가 소화될 때까지 Cranking이나 Motoring을 지속해야 하며, 화재가 계속 지속되면, Cranking 하는 동안 흡입구 덕트(Inlet Duct) 쪽으로 CO_2를 방출되도록 할 수 있다.
엔진 배기부에 직접적으로 CO_2가 방출되면 안 된다. 그 이유는 CO_2가 엔진을 손상시킬 수 있기 때문이며, 화재가 소화가 안 될 경우 모든 스위치를 잠그고 항공기로부터 벗어나야 한다.

중

07 열을 받으면 스테인리스강으로 된 케이스가 늘어나므로, 금속 스트럿이 퍼지면서 접촉점이 연결되어 회로를 형성시키는 화재 경고 장치는?

① 열전쌍식 ② 열스위치식
③ 저항 루프형 ④ 광전지식

해설

열 스위치는 열팽창률이 낮은 니켈 – 철 합금인 금속 스트럿이 서로 휘어져 있어 평상시에는 접촉점이 떨어져 있다. 그러나 열을 받게 되면 스테인리스강으로 된 케이스가 늘어나게 되므로, 금속 스트럿이 퍼지면서 접촉점이 연결되어 회로를 형성시킨다.

상 (출제율이 높은 문제)

08 항공기 화재탐지계통(Fire Detection System)에 대한 설명으로 틀린 것은?

① Continuous Loop Detector는 화재가 진화되면 자동으로 Reset된다.
② Thermocouple System은 온도상승률(Rate – Temperature – Rise)로 작동된다.
③ Thermal Switch System은 Heat – Sensitive Unit(Bi – Metal)로 작동되며 스위치 상호간에는 병렬로 연결되어 있다.
④ 온도의 상승을 Bimetal로 하는 것을 Thermo – couple System Detector Unit이라 하며 이러한 방식을 Spot Type이라 한다.

정답 06 ② 07 ② 08 ④

해설

항공기 화재탐지계통(Fire Detection System) 종류와 특징

(1) 열 스위치 계통(Thermal Switch System)
열 스위치 계통(Thermal Switch System)은 경보를 위한 조명등의 작동을 제어하는 열 스위치와 항공기 전원 계통에 의해 인가되는 하나 또는 그 이상의 조명등으로 구성된다. 이러한 열 스위치는 특정 온도에서 전기 회로를 구성하는 Heat－Sensitive Unit(Bimetal)을 이용한다. 이 스위치들은 서로 병렬로 연결되어 있지만 경보를 위한 조명등과는 직렬로 연결된다.

(2) 열전대 또는 열전쌍 계통(Thermocouple System)
열전대 계통(Thermocouple System)은 전체적으로 열 스위치 계통과는 다른 원리로 작동한다. 열전대(Thermo－couple)는 온도 상승률(Rate of Temperature Rise)로 작동되며 엔진이 서서히 과열되거나 회로의 단락(Short)이 발생했을 때는 경보 장치를 작동시키지 않는다.

(3) 컨티뉴어스 루프 탐지기 계통(Continuous Loop Detector System)
항공기 화재탐지계통 중 Kidde Type, Fenwal Type과 같은 Continuous Loop Detector System은 엔진의 온도를 지속적으로 모니터링하며 만약, 화재로 인한 과열(Overheating) 현상이 사라지거나 화재가 진화되었을 경우에는 화재 경보기 또는 과열 경보기가 자동으로 재설정(Reset)된다.

(4) 스팟 탐지기 계통(Spot Detector System)
스팟 탐지기 계통(Spot Detector System)은 Continuous Loop와 다른 원리로 작동한다. 각 탐지기(Detector Unit)는 Bimetallic Thermoswitch로 구성된다. 대부분의 스팟 탐지기(Spot Detector)는 전기적으로 접지 전위보다 높은 Dual－Terminal Thermo Switch가 있다.

31 산소계통

중

01 항공기 산소계통에서 고압산소실린더(High Pressure Oxygen Cylinder)의 Shutoff Valve를 Open할 때 천천히 열어주어야 하는 이유로 옳은 것은?

① 고압의 산소가 들어가서 Line이 과열되는 것을 방지한다.

② 고압의 산소가 들어가서 산소공급 계통이 작동되는 것을 방지한다.

③ 처음 산소가 흐를 때 50~100psi 압력 서지 현상 발생으로 Oxygen Mark Box Door가 열리는 것을 방지한다.

④ 산소의 역화를 막기 위해 체크 밸브의 손상을 방지한다.

해설

High Pressure Oxygen Cylinder Shut Off Valve를 Open 하게 되면 산소의 압축으로 인해 열이 발생하게 되는데, 과열을 방지하기 위하여 Oxygen Cylinder Shut Off Valve를 Open 시에는 천천히 Open 한다. Oxygen Cylinder Coupling 내부에는 지나치게 온도가 상승하는 것을 방지하기 위한 Thermal Compensator가 장착되어 있다.

중 (출제율이 높은 문제)

02 고압산소 계통에서 휴대용 고압산소 실린더 내부의 산소량을 측정하는 방법은 무엇인가?

① 직접 사용하면서 Flow Gauge를 이용하여 압력을 측정한다.

② 실린더에 붙어있는 Pressure Gauge의 압력을 보고 판단한다.

③ 산소 실린더와 용량의 무게를 측정한다.

④ Mask에 있는 Pressure를 측정한다.

해설

항공기에 사용하는 유체를 이용한 장치들에는 측정 게이지가 모두 장착되어 있어 내부 유체의 양이 얼마만큼 남아있는지를 확인할 수 있다.

중

03 비행기의 산소 계통에 새는 곳이 있는지 검사할 때 사용하는 것은?

① Dye Check

② Solvent Cleaning

③ 비눗물을 사용한 거품 Test

④ 연결된 부위의 육안검사만 수행

해설

계통에 누설 여부를 확인하려면 비눗물을 계통 라인(Line, Tube)에 발라서 압력을 가한 뒤 기포가 올라오는 곳을 보고 판단을 내릴 수 있다.

하

04 고압산소 계통의 Pressure Reduce가 고장났을 때 계통 내로 고압산소가 들어가는 것을 막아주는 것은?

① 판막

② Reduce Valve

③ Distribution

④ Relief Valve

해설

고압산소 계통에서 감압 밸브가 고장 났을 경우 릴리프 밸브(Relief Valve)가 계통 내로 고압의 산소가 유입되는 것을 막아준다.

정답 01 ① 02 ② 03 ③ 04 ④

하

05 항공기 산소계통(Oxygen System)의 정상적인 압력으로 옳은 것은?

① 2,500psi ② 2,000psi
③ 1,850psi ④ 1,500psi

해설

고압산소 실린더는 파열되지 않도록 강한 재질로 만드는데 고강도이며 열처리된 합금강 실린더나 용기 표면을 강선으로 감은 금속 실린더 및 표면을 케블라로 감은 알루미늄 실린더 등이 있다. 모든 고압 실린더는 녹색으로 표시하며 이들 실린더는 최고 2,000psi까지 충진할 수 있으나 보통 70 F에서 1800~1850psi의 압력까지 채운다.

하 (출제율이 높은 문제)

06 다음 중 항공기 산소 계통(Oxygen System) 작업 시 주의사항으로 틀린 것은?

① 수동차단밸브(Manual Shutoff Valve)는 천천히 열어야 한다.
② 장갑이나 복장 등의 오염은 주의할 필요가 없다.
③ 개구(Open) 또는 분리된 라인은 반드시 캡(Cap)으로 막아야 한다.
④ 순수 산소는 먼지(Dust)나 그리스(Grease) 등에 접촉하면 화재 발생 위험이 있으므로 주의해야 한다.

해설

산소계통 작업 시 주의사항
- 오일이나 그리스를 산소와 접촉시키지 말 것(폭발의 위험이 있음)
- 손이나 공구에 묻은 오일이나 그리스를 깨끗이 닦을 것
- Shut Off Valve는 천천히 열 것
- 불꽃, 고온 물질을 멀리할 것
- 모든 산소계통 장비를 교환 시는 관을 깨끗이 유지할 것
- 먼지, 물, 기타 이물질이 없을 것
- 공병일 경우에는 최소한 50psi의 산소를 저장시켜 공기와 물이 들어가는 것을 방지할 것

중

07 다음 항공기 산소 계통에서 고압의 Cylinder Pressure를 낮은 System Pressure로 줄이는 역할을 하는 것은?

① Pressure Reducer Valve
② Pressure Relief Valve
③ 고정된 Calibrated Orifice
④ Diluter－Demand Regulator

해설

고압산소 용기 내의 고압산소는 수동 개폐 밸브(정상적으로는 열려 있음)를 통해 먼저 감압 밸브(Pressure Reducer Valve)에서 감압되어 배관을 지나 산소 조정기로 보낸다.

중

08 항공기 산소계통 점검 및 정비사항으로 아닌 것은?

① 산소계통을 점검 시 안전을 위해 작업장 주위를 청결하게 유지해야 한다.
② 깨끗하고 그리스가 묻지 않은 손과 의복을 착용하고 작업을 수행해야 하며 깨끗한 공구를 사용해야 한다.
③ 작업구역에서 최소 50ft 이내 범위에서는 절대로 금연하고 개방된 화염이 없어야 한다.
④ 산소실린더, 계통 구성품 또는 배관을 작업할 때 엔드캡(End Cap)과 보호용 마개(Protective Plug), 접착테이프(Adhesive Tape)를 사용해야 한다.

해설

산소계통의 점검과 정비(Oxygen System Inspection and Maintenance)
- 산소계통을 점검 시 안전을 위해 작업장 주위를 청결하게 유지해야 한다.
- 깨끗하고 그리스가 묻지 않은 손과 의복을 착용하고 작업을 수행해야 하며 깨끗한 공구를 사용해야 한다.
- 작업구역에서 최소 50[feet] 이내 범위에서는 절대로 금연하고 개방된 화염이 없어야 한다.

정답 05 ③ 06 ② 07 ① 08 ④

• 산소실린더, 계통 구성품 또는 배관을 작업할 때 항상 엔드 캡(End Cap)과 보호용 마개(Protective Plug)를 사용해야 하며 접착테이프(Adhesive Tape)를 사용해서는 안 된다.
• 산소실린더는 석유제품 또는 열원으로부터 이격된 거리에, 격납고 안에 정해진 구역에, 서늘하고 환기가 잘되는 구역에 저장해야 한다.

하

09 고압산소계통에서 Pressure Reducer가 고장났을 경우 고압산소가 계통 내로 들어가는 것을 방지하는 것은?

① Bypass Valve
② Manifold Valve
③ Shutoff Valve
④ Pressure Relief Valve

해설

Pressure Relief Valve는 고압산소계통(High－Pressure System)의 Main Supply Line에 있으며 만약 Pressure Reducer가 고장날 경우 Pressure Reducer의 출구 쪽에서 고압 산소가 계통으로 들어가지 않도록 해준다. 또한, 이 Relief Valve는 기체 표면에 Blowout Plug(B737 항공기에서는 Discharge Disk)로 Vent 되도록 되어 있다.

상

10 항공기 산소계통(Oxygen System) 배관에 대한 설명 중 틀린 것은?

① 산소계통의 배관은 대부분 튜브와 피팅(Fitting)으로 구성되어 있으며, 고압 튜브는 보통 스테인리스강을 사용한다.
② 저압 튜브는 일반적으로 고탄소강을 사용하며 마스크에 산소를 공급하기 위해 유연성 고무호스가 사용되는데, 무게 감량을 위해 사용이 증가되고 있다.
③ 산소계통에 사용되는 튜브 식별을 위해 끝단에 칼라코드 테이프가 부착된다.
④ 일반적으로 "BREATHING OXYGEN(호흡용 산소)"이라는 단어가 녹색밴드(Green Band)에 인쇄되고 백색 바탕에 검은색 장방형의 기호로 구성된다.

해설

산소계통 배관과 밸브(Oxygen Plumbing and Valves)
산소계통의 배관은 대부분 튜브와 피팅(Fitting)으로 구성되어 있으며, 다양한 구성요소를 연결한다. 고압 튜브는 보통 스테인리스강을 사용하는 반면 저압 튜브는 일반적으로 알루미늄을 사용한다. 또한 마스크에 산소를 공급하기 위해 무게 감량 효과가 있는 유연성 고무호스가 널리 쓰이고 있다.

산소계통에 사용되는 튜브 식별을 위해 끝단에 칼라코드 테이프가 부착되는데 일반적으로 "BREATHING OXYGEN(호흡용 산소)"이라는 단어가 녹색밴드(Green Band)에 인쇄되고 백색 바탕에 검은색 장방형의 기호로 구성된다.

정답 09 ④ 10 ②

32 Door, Window 계통(조종실, 객실, 화물실 등)

상

01 아크릴 수지(Acrylic Resin)로 제작된 객실의 창문(Window)에 대한 설명으로 틀린 것은?

① 유리보다 딱딱하지 않고 표면에 흠집이 생기기 쉽다.
② 전기를 통해서 방빙, 제빙을 할 수 있으므로 승객에게 좋은 시야를 제공한다.
③ 화학적 용제를 사용하면 균열이 생길 수 있으므로, Painting이나 페인트 제거 시 주의한다.
④ 비교적 유리보다 비중이 약 1/2 정도이며, 균열이 발생하면 유리보다 급하게 진행되지 않는다.

해설

아크릴 수지는 유리에 비해 비중이 약 1/2 정도로 가볍고 금이 가더라도 유리만큼 파괴가 급히 진행하지 않는 이점이 있다. 그러나 아크릴 수지는 유리보다 딱딱하지 않고 표면에 흠집이 생기기 쉽다. 또 인장 응력을 크게 가하면 표면에 크레이징(Crazing)이라는 미세한 깨어짐이 쉽게 발생한다.
크레이징은 용제나 용제의 증기와 접촉해도 발생하기 때문에 특히 항공기의 페인팅(Painting)이나 페인트 제거(Painting Remove) 작업 시는 윈도 유리에 마스킹(Masking)을 하고 윈도와 윈도 테두리 부분에서 용제가 침입하지 않도록 주의할 필요가 있다.

중

02 다음 중 항공기 윈드실드(WindShield)에 장착하는 전열기의 위치는?

① 강화유리와 비닐 사이
② 비닐과 아크릴 수지 사이
③ 아크릴 수지와 강화유리 사이
④ 아크릴 수지와 아크릴 수지 사이

해설

윈드실드는 시야 확보를 위해 유리층(강화유리와 비닐 사이) 사이의 전도 피막 코팅(Conductive Coating)을 가열하는 전열선을 이용하는 방식을 활용한다.

상

03 전기로 가열시키는 Windshield Panel의 Arcing은 다음 중 무슨 결함을 지시하는 것인가?

① Conductive Coating
② Electronic Amplifier
③ Auto Transformer
④ Thermal Sensor

해설

Windshield Panel의 Arcing은 Conductive Coating의 파손을 나타낸다. Arcing이 생긴 곳은 반드시 과열(Overheating) 되어 더 큰 피해를 준다.
온도 감지 요소(Temperature Sensing Element) 근처의 Arcing은 특별히 문제가 되는데, Windshield Panel 내에 있는 열 제어 장치(Heat Control System)를 망치기 때문이다.

중

04 전기적으로 가열되는 Windshield의 방빙 장치 계통에 있는 열 감지기(Heat Sensor)는 항공기 어디에 장착되어 있는가?

① Windshield 내에 있다.
② Windshield 표면에 부착되어 있다.
③ Windshield 주위에 있다.
④ Windshield가 장착되는 구조물에 부착되어 있다.

해설

3번 문제 해설 참조

정답 01 ② 02 ① 03 ① 04 ①

33 연료 및 연료계통(공급, 방출 등 포함)

중 (출제율이 높은 문제)

01 여객용 항공기의 연료는 대부분 주 날개에 저장되며, 주 날개의 동체 가까운 부분에 들어가 있는 연료부터 사용하기 시작하여 날개 끝부분에 들어 있는 연료는 마지막으로 사용하게 되는데 그 이유는?

① 동체를 가볍게 하기 위하여
② 대형 항공기의 연료를 절약하기 위하여
③ 날개의 연료를 다 써서 날개가 탈락하는 것을 방지하기 위하여
④ 동체와 날개의 접합부가 양력에 의한 굽힘 모멘트를 받는 것을 연료를 사용함으로써 상쇄시키기 위하여

해설

연료는 대부분 주 날개에 저장되며, 멀리서 보면 동체에 비해 얇아보여도 표면적이 넓기 때문에 많은 양이 들어간다. 연료탱크를 주 날개 속에 설치한 것은 공간의 문제도 있지만 항공기의 균형 및 중심 확보 차원의 이유가 더 크다고 할 수 있다. 항공기가 이륙하기 위해 활주를 시작하면 넓은 양쪽 주 날개에는 양력이 발생하여 밑에서 위로 떠받드는 힘이 생겨 휘어지려고 하는데 그곳에 연료를 넣어두면 연료의 중량감에 의해 주 날개가 휘는 힘을 완화시킬 수 있다. 또한 운항 중에는 보다 긴 시간 주 날개의 중량감을 유지할 수 있도록 하기 위해 주 날개의 동체 가까운 부분에 들어가 있는 연료부터 사용하기 시작하여 날개 끝부분에 들어있는 연료는 마지막으로 사용하게 된다.

중 (출제율이 높은 문제)

02 다음 중 항공기에 사용하는 Integral Fuel Tank의 장점으로 맞는 것은?

① 화재 위험성이 적다.
② 급유 및 배유가 용이하다.
③ 연료 누설이 적어서 좋다.
④ 날개의 내부 공간을 그대로 사용할 수 있어 무게를 줄일 수 있다.

해설

날개의 내부 공간을 연료탱크로 사용하는 것으로 앞 날개보와 뒤 날개보 및 외피로 이루어진 공간을 밀폐제를 이용하여 완전히 밀폐시켜 사용하며 여러 개의 탱크로 제작되었다. 장점으로는 무게가 가볍고 구조가 간단하다.

하 (출제율이 높은 문제)

03 현대 대형 항공기에서 Integral Fuel Tank를 사용하는 이유는?

① 무게를 줄이기 위하여
② 화재위험을 줄이기 위하여
③ 연료 누설을 방지하기 위하여
④ 연료 공급을 용이하게 하기 위하여

해설

2번 문제 해설 참조

하 (출제율이 높은 문제)

04 다음 항공기 연료 중 "Jet－B"와 거의 같은 성질은?

① Jet－A1 ② JP－3
③ JP－4 ④ JP－5

해설

Jet B 연료는 군용 항공기에 주로 쓰이는 군용 JP－4 연료와 흡사하다. Jet B나 JP－4는 Jet A에 비하여 인화점이 상당히 낮은 반면 증압이 상당히 높다.

정답 01 ④ 02 ④ 03 ① 04 ③

중

05 항공기에 연료 보급을 할 때의 주의사항으로 틀린 것은?

① 기체 근처에서 Flash를 쓰는 사진 촬영을 해서는 안 된다.
② 항공기는 건물 및 다른 항공기에서 규정 거리 이상 떨어뜨린다.
③ 기체 근처에서는 불꽃 방지 장치가 없는 자동차를 운전해서는 안 된다.
④ 동절기에 연료를 보급할 때 격납고에 다량의 소화기를 배치시켜 놓는다.

해설

추운 기후인 동절기보다는 고온 다습한 하절기 때 화재 위험성이 더 높으므로 소화기를 다량 구비해 놓고 화재 대비 조치사항을 따라야 한다.

중

06 항공기 연료탱크의 Water Drain 작업은 연료보급 후 몇 분 후 수행하는가?

① 10분 ② 20분
③ 30분 ④ 1시간

해설

물 제거 밸브(Water Drain Valve or Sump Drain Valve)는 탱크의 최하부에 있으며 수분이나 잔류 연료를 제거하는 데 사용된다. 밸브는 이중으로 밀폐되어 있으며 스크루 드라이버(Screw Driver)나 배출 공구(Drain Tool)를 이용하여 물을 배출한다. 물 배출은 매 비행 전 점검 시 및 연료 보급 후 수행한다. 연료 보급 후에는 연료 속의 수분이 가라앉을 수 있는 시간으로 약 30분 기다린 후 배출한다.

중

07 항공기 연료계통 중 Jettion System(Dump)의 주 목적은?

① 착륙 하중을 한계값 이내로 하기 위하여
② 항공기의 무게 중심을 맞추기 위하여
③ 화재 위험 범위를 줄이기 위하여
④ 연료의 균형을 맞추기 위하여

해설

이륙 직후 많은 연료가 탑재된 상태에서 긴급하게 착륙하여야 할 경우는 빠른 시간 안에 착륙장치의 최대 허용 무게까지 항공기의 무게를 줄이기 위하여 연료를 강제적으로 방출(Jettison)해야 한다.

보통 대형 항공기에 사용되는 연료 제티슨(Jettison Dump) 계통은 비행 중 연료를 기체 밖으로 배출시켜 항공기 무게를 급속히 감소시키는 장치로서 덤프 계통(Dump System)이라고도 하며, 비행 중 항공기 중량을 최대 착륙 중량 이내로 감소시키기 위해 연료의 일부를 대기 중으로 방출시키는 계통이다.

상

08 항공기 가압급유(Pressure Refueling) 절차에 대한 설명으로 틀린 것은?

① 연료보급노즐을 적절하게 연결하여 고정시키면 플런저(Plunger)는 연료가 밸브를 통해 주입될 수가 있도록 항공기 밸브를 열어준다.
② 연료 트럭의 급유펌프가 발생하는 압력은 연료를 주입하기 전에 항공기에 적합한 압력인지 확인한다.
③ 터빈연료는 만약 연료 트럭의 탱크가 방금 채워졌거나, 또는 트럭이 공항의 울퉁불퉁한 도로를 주행했다면 연료가 안정되도록 기다리지 않아도 된다.
④ 만약 트럭을 지속적으로 사용하지 않았다면, 모든 섬프(Sump)는 트럭이 이동하기 전에 배출되어야 하고, 연료가 투명하고 깨끗한지 육안으로 검사해야 한다.

정답 05 ④ 06 ③ 07 ① 08 ③

해설

가압식 급유방식(Pressure Refueling) 절차 및 취급사항

- 항공기 연료 주입구(Receptacle)는 급유 밸브 어셈블리(Fueling Valve Assembly)의 일부분이며 연료보급노즐을 적절하게 연결하여 고정시키면 플런저(Plunger)는 연료가 밸브를 통해 주입될 수 있도록 항공기 밸브를 열어준다. 정상적으로 모든 탱크는 한 지점에서 연료가 보급될 수 있다.
- 항공기 연료계통에 있는 밸브는 연료가 적절하게 탱크 안으로 들어가도록 Refueling Station에서 제어된다.
- 연료 트럭의 급유 펌프가 발생하는 압력은 연료를 주입하기 전에 항공기에 적합한 압력인지 확인한다.
- Pressure Refueling Panel과 조작방법에서는 항공기 기종에 따라 차이가 있으므로 급유 작업자는 각 급유 패널(Refueling Station Panel)의 정확한 사용법을 알고 사용해야 한다.
- 연료 트럭으로부터 연료를 보급할 때 예방조치가 취해져야 한다. 만약 트럭을 지속적으로 사용하지 않았다면, 모든 섬프(Sump)는 트럭이 이동하기 전에 배출되어야 하고, 연료가 투명하고 깨끗한지 육안으로 검사해야 한다.
- 터빈연료는 만약 연료 트럭의 탱크가 방금 채워졌거나, 또는 트럭이 공항의 울퉁불퉁한 도로를 주행했다면 연료가 안정되도록 몇 시간 정도 기다려야 한다.

하

09 항공기 연료에 대한 설명 중 틀린 것은?

① 가스터빈 엔진 연료는 제트 연료 또는 케로신을 사용한다.

② 왕복 엔진 연료는 가솔린 또는 항공용 가솔린(AV-Gas)을 사용한다.

③ 각각의 항공기 엔진은 오직 제작사에 의해 명시된 연료를 사용해야 한다.

④ 항공기 엔진 연료는 상호 혼합연료 사용도 가능하다.

해설

각각의 항공기 엔진은 오직 제작사에 의해 명시된 연료를 사용해야 하며 절대 혼합하여 사용해서는 안 된다. 항공유에는 두 가지 기본적인 종류가 있는데, 가솔린(Gasoline) 또는 항공용 가솔린(AVGAS, Aviation Gasoline)으로 알려진 왕복 엔진 연료와 제트엔진 연료(Jet Fuel) 또는 케로신(Kerosene)이라고 알려진 터빈 엔진 연료(Turbine－Engine Fuel)이다.

하

10 터빈 엔진 연료의 문제점(Turbine Engine Fuel Issue)으로 옳은 것은?

① 탄소

② 열응력

③ 물과 미생물

④ 산화 반응

해설

터빈 엔진 연료의 순도(Purity)에 영향을 주는 요소는 물과 연료 속의 미생물(Microbe)이다.

하

11 기본적으로 케로신과 가솔린 혼합물인 와이드 컷트계 연료(Wide－Cut Type Fuel)는?

① JET－A　　② JET－A1

③ JET－B　　④ JP－8

해설

항공기 가스터빈엔진 연료 종류와 특징

① 와이드 컷트계(Wide Cut Type)
- 등유와 가솔린의 혼합물이며 인화점이 낮고 발화점이 높은 특징이 있다.
- 종류 : JET－B, JP－4
- JET－B의 빙점 : －72℃
- JP－4의 빙점 : －60℃

② 케로신계(Kerosene Type)
- 순수 등유(케로신) 성분으로 이루어진 연료이며 인화점이 높고 발화점이 낮은 특징이 있다.
- 종류 : JET－A, JET－A1, JP－3, JP－5, JP－6, JP－8
- JET－A1(항공사에서 사용), JP－8(군에서 사용)
- JET－A1과 JP8의 빙점 : －47℃

정답 09 ④ 10 ③ 11 ③

하

12 다음 중 항공유 특징에 대한 설명으로 옳지 않은 것은?

① 발열량이 커야하고, 휘발성이 좋으며 증기폐색(Vapor Lock)을 일으키지 않아야 한다.
② 안티 노킹(Anti-Knocking)값이 작아야 한다.
③ 안정성이 좋아야 하고, 부식성이 적어야 한다.
④ 저온에 강해야 한다.

해설

항공유의 특징은 다음과 같다.

- 발열량이 커야 하고, 휘발성이 좋으며 증기폐색(Vapor Lock)을 일으키지 않아야 한다.
- 안티 노킹(Anti-Knocking)값이 커야 한다.
- 안정성이 좋아야 하고, 부식성이 적어야 한다.
- 저온에 강해야 한다.

하

13 항공유 AVGAS 100LL을 식별하는 색은?

① 보라색(Purple Color)
② 녹색(Green Color)
③ 청색(Blue Color)
④ 담황색(Straw Color)

해설

항공기 연료의 식별(Fuel Identification)
항공기 제작사와 엔진 제작사는 각각의 항공기와 엔진에 대해 인가된 연료를 명시한다. 가솔린은 4에틸납(Lead)이 함유되었을 때에는 색으로 표시하도록 법으로 규정하고 있다. AVGAS 100LL은 납 성분이 적은(Low-Lead) 항공용 가솔린으로 청색이며, AVGAS 100은 납 성분이 많은(High-Lead) 가솔린으로 녹색이다.

80/87 AVGAS는 사용되지 않으며, 82UL(Unleaded) AVGAS는 보라색이다. 등급 115/145 AVGAS는 2차 세계대전 시에 대형, 고성능 왕복엔진을 위해 설계된 연료이다. 115/145의 가솔린을 사용하려면 먼저 사용하던 모든 호스를 교환해야 하고, 기체연료계통 및 엔진연료계통의 부분품을 플러시(Flush)해야 한다.

모든 등급(Grade)의 제트엔진 연료는 무색이거나 담황색(Straw Color)으로 AVGAS와 구별된다.

정답 12 ② 13 ③

34 비행기 조종장치 계통

하 (출제율이 높은 문제)

01 다음 중 비행기 주 조종면(Primary Flight Control)이 아닌 것은?

① 보조날개(Aileron)
② 승강타(Elevator)
③ 방향타(Rudder)
④ 스포일러(Spoiler)

해설

주 조종면은 항공기의 세 가지 운동축에 대한 회전 운동을 일으키는 도움날개, 승강키와 방향키를 말한다.

하

02 다음 중 서로 반대 방향으로 작동하여 항공기의 세로축 운동을 발생시키는 조종면은?

① 승강타(Elevator)
② 방향타(Rudder)
③ 보조날개(Aileron)
④ 공중 스포일러(Flight Spoiler)

해설

항공기 날개의 끝 부분에 장착되어 항공기의 옆 놀이 운동(Rolling)을 발생시키는 조종면으로 두 개의 보조날개가 서로 반대 방향(차동)으로 작동된다.

하

03 다음 중 항공기 수동 조종장치에 대한 설명으로 맞는 것은?

① 대형 항공기에 주로 사용한다.
② 신뢰성은 좋으나 무게가 무겁다.
③ 동력원이 필요 없다.
④ 최신 전자장비 및 컴퓨터 등이 필요하다.

해설

수동 조종장치의 장점
- 값이 싸고, 가공 및 정비가 쉽다.
- 동력원이 필요 없어 무게가 가볍다.
- 신뢰성이 높아서 소, 중형기에 널리 이용된다.

중 (출제율이 높은 문제)

04 지상 계류 중인 항공기의 조종면 파손 방지를 위해 설치되는 Gust Lock에 대한 설명으로 틀린 것은?

① 잠금상태로 비행할 수 있게 해야 한다.
② 계통의 일부가 파손되어도 비행 중에는 잠금상태로 하지 않는다.
③ 비행 중에는 잘못 조작할 수 없도록 해야 한다.
④ 동력 조종 항공기에서는 유압 실린더가 댐퍼(Damper)의 작용을 하므로 꼭 Gust Lock이 필요하지는 않다.

해설

지상 계류 중인 항공기가 돌풍을 만나 조종면(Control Surface)이 덜컹거리거나 그것에 의해 파손되지 않도록 가스트 락 기구가 설치된다.

가스트 락에서 중요한 것은 다음과 같다.
1. 락(Lock)된 상태로는 비행할 수 없게 해놓을 것
2. 계통의 일부가 파손되어도 비행 중에는 락(Lock)하지 말 것
3. 비행 중에는 잘못 조작을 할 수 없도록 해놓을 것

동력 조종 항공기에서는 유압 실린더가 댐퍼(Damper)의 작용을 하므로 꼭 가스트 락이 필요하지는 않다.

정답 01 ④ 02 ③ 03 ③ 04 ①

하

05 항공기 방향키와 승강키의 기능을 하나로 합친 조종면은 무엇인가?

① Elevon
② Flaperon
③ Stabilizer
④ Ruddervator

해설

러더베이터(Ruddervator)는 방향키와 승강키가 하나로 합쳐진 구조로 V자형 꼬리날개를 가진 항공기에 사용된다.

하

06 항공기 수동 조종계통 중 푸시 풀 로드(Push Pull Rod) 단점으로 맞는 것은?

① 무게가 경량이다.
② 가격이 저렴하다.
③ 무게가 무겁고 관성력이 있다.
④ 작동 시 힘이 많이 필요하다.

해설

항공기 푸쉬 풀 로드 조종 계통은 케이블 조종 계통에 비해 다음과 같은 장점이 있다.

- 마찰이 작다.
- 늘어나지 않는다.(강성이 높다.)

또한 다음과 같은 단점도 있다.

- 무겁다.
- 관성력이 크다.
- 느슨함이 있다.
- 가격이 비싸다.

정답 05 ④ 06 ③

35 착륙장치계통

중

01 앞 착륙장치에 마찰을 일으키면서 타이어가 미끄러져 마모되는 것을 방지하는 장치는?

① 시미 댐퍼(Shimmy Damper)
② 테일 스키드(Tail Skid System)
③ 타이어 온도 퓨즈 플러그(Tire Thermal Fuse Plug)
④ 안티 스키드(Anti – Skid System)

해설

안티 스키드 장치(Anti–Skid System)
항공기가 착륙 및 지면과 터치다운(Touch-Down, 접지)하여 활주 중에 갑자기 브레이크를 밟으면 바퀴에 제동이 걸려 바퀴는 회전하지 않고 지면과 마찰을 일으키면서 타이어가 미끄러진다.

이 현상을 스키드(Skid)라 하는데 스키드 현상이 발생하면 각 바퀴마다 지상과의 마찰력이 다를 때 타이어는 부분적으로 마모됨에 따라 파열되며 타이어가 파열되지 않더라도 바퀴의 제동효율이 떨어진다.

이 스키드 현상을 방지하기 위한 장치가 바로 안티 스키드 장치(Anti-Skid System)이다. 안티 스키드 장치는 각 휠마다 장착되어 있는 휠 스피드 트랜스듀서(Wheel Speed Transducer)를 통해 각 휠의 회전수를 감지하고 그 신호를 전기적 신호로 변환하여 안티 스키드 컨트롤 모듈(Anti-Skid Control Module)로 보낸 후 휠의 회전수가 느린 곳은 안티 스키드 컨트롤 밸브(Anti-Skid Control Valve)의 유압을 해제해주고 반대로 높은 곳은 안티 스키드 컨트롤 밸브(Anti-Skid Control Valve)의 유압을 공급하여 속도를 제한시킨다.

이러한 기술력이 항공기에 먼저 도입된 후 자동차에도 도입되기 시작되었으며 자동차에서는 ABS(Anti-Brake System)라고 부른다.

중 (출제율이 높은 문제)

02 Air/Oil Shock Strut에 있는 Metering Pin의 역할로 옳은 것은?

① Strut를 상향(Up) 위치로 고착시킨다.
② Strut를 하향(Down) 위치로 고착시킨다.
③ Strut가 압축을 받을 때 오일의 흐름을 지연시킨다.
④ Strut 내부에 적당한 공기가 들어오도록 조절한다.

해설

상부와 하부가 서로 다른 유체를 사용하는 Oleo Shock Strut는 항공기가 착륙 시 압축되는 Strut의 하부 실린더 작동유가 상부 실린더로 올라가게 되는데, 이때 모든 작동유가 상부로 올라가면 Strut가 압축되면서 1차 충격으로 압축성의 질소가 충격 흡수하는 효과를 방해하는 역효과가 나타날 수 있으므로 이 현상을 방지하기 위해 작동유 흐름량을 제어하는 Metering Pin이 있다.

중

03 Air/Oil Shock Strut에 유압유를 보급하는 방법은?

① Shock Strut를 압축시킨 후 보충한다.
② Shock Strut를 약간 Extend 된 상태에서 보충한다.
③ Shock Strut를 완전히 Extend 된 상태에서 보충한다.
④ Air를 보급한 후 압력과 Strut의 길이를 비교하면서 보충한다.

해설

항공기 점검 시 L/G(Landing Gear)의 Strut 노출된 부분의 길이를 보고 Oil Servicing(보급)을 해야 할지 판단한다. 만약 Oil Servicing이 필요하다고 판단되면 상부 실린더에 있는 공기 밸브를 약간 열어 질소를 모두 방출해준다. 그 후 Oil

정답 01 ④ 02 ③ 03 ①

Charging Valve를 통해 작동유를 보급해주고 상부 실린더의 Gas Charging Valve에서 배출되는 작동유 내에 기포가 없어질 때까지 보급해준다. 기포가 없어진 것이 확인되면 Gas Charging Valve에 질소를 넣어 보급해준다. 이 절차가 끝나면 팽창된 착륙장치의 Strut 노출 길이를 확인하고 Dimension X Chart를 근거로 규정값 이내인지 확인하는 것이다.

중

04 올레오 스트럿(Oleo Strut)의 적당한 팽창 길이를 알아내는 일반적인 방법은 다음 항목 중에서 어느 것인가?

① 스트럿(Strut)의 노출된 길이를 측정한다.
② 스트럿(Strut)의 액량을 측정한다.
③ 프로펠러(Propeller)의 팁(tip) 간격을 측정한다.
④ 지면과 날개 부분과의 거리를 측정한다.

해설

3번 문제 해설 참조

중

05 착륙장치의 Cyinder와 Oleo Strut의 피스톤에 부착되어 있는 토션 링크(Torsion Link)의 목적은 무엇인가?

① 압축 행정을 제한한다.
② 충격을 흡수하고 반동을 억제한다.
③ 스트러트(Strut)를 재위치로 잡아준다
④ 정확한 휠(Wheel) 정렬을 유지해준다

해설

토션 링크(Torsion Link) 또는 토크 링크(Torque Link)는 항공기 착륙장치의 완충장치 상부 실린더와 하부 실린더가 돌아가지 않도록 재위치로 잡아주는 역할을 한다.

정답 04 ① 05 ③

36 바퀴 및 제동장치계통

하 (출제율이 높은 문제)

01 타이어 압력검사를 하려면 비행 후 얼마동안 대기해야 하는가?

① 1시간(고온 기후에서는 2시간)
② 2시간(고온 기후에서는 3시간)
③ 3시간(고온 기후에서는 4시간)
④ 4시간(고온 기후에서는 5시간)

해설

비행 후 브레이크 사용으로 인한 제동 열로 인해 타이어 내부의 공기가 팽창하여 압력이 높아져 있는 상태이다. 이때 정확한 타이어 압력을 측정하기 위해 동절기는 2시간 이상, 하절기는 3시간 경과 후 압력을 측정하도록 권고하고 있다.

상

02 타이어 용어에 대한 설명으로 옳지 않은 것은?

① 브레이커(Breaker) : 휠(Wheel)로부터 전해지는 열을 코드 바디(Cord Body)로 보내준다
② 코드 바디(Cord Body) : 높은 압력과 하중에 견디도록 타이어의 강도를 제공한다.
③ 트레드(Tread) : 홈이 파여 있으며 마찰 특성을 부여한다.
④ 와이어 비드(Wire Bead) : 타이어가 플랜지로부터 이탈되지 않도록 해준다.

해설

- 트레드(Tread) : 타이어 가장 외부에 있는 부분으로 홈이 파여져 있으며, 지면과 직접적으로 접촉하는 부분으로 마찰력을 부여해주는 부분이다.
- 브레이커(Breaker) : 코드 바디(Cord Body or Core Body)와 트레드(Tread) 사이에 위치하며 외부 충격을 완화시키고 브레이크로부터 발생되는 열을 차단시켜 준다.
- 코드 바디(Cord Body) 또는 코어 바디(Core Body) : 여러 개의 플라이(Ply)로 구성되어 있으며, 고압 공기와 충격 하중에 견디도록 타이어의 강도를 제공해준다.
- 사이드 월(Side Wall) : 타이어 옆면을 말하며 타이어 규격이 써있는 곳이기도 하다.
- 와이어 비드(Wire Bead) : 타이어가 휠 플랜지(Flange)로부터 이탈되지 않도록 해준다.

하 (출제율이 높은 문제)

03 항공기 타이어(Tire)의 저장방법으로 맞는 것은?

① 저온에서 보관
② 빈(Bin)이나 선반 위에 수평으로 보관
③ 타이어 랙(Rack)에 보관
④ 서늘하고 건조하며 햇빛이 들지 않는 곳에 보관

해설

타이어나 튜브를 보관하는 이상적인 장소는 시원하고 건조하며, 상당히 어둡고 공기의 흐름이나 불순물(먼지 등)로부터 격리된 곳이 좋다.

하 (출제율이 높은 문제)

04 타이어에 과도한 Hydraulic이 묻었을 때 세척 방법은?

① 솔벤트를 이용하여 세척한다.
② 비눗물을 이용하여 세척한다.
③ 케로신을 이용하여 세척한다.
④ 신너를 이용하여 세척한다.

정답 01 ② 02 ① 03 ④ 04 ②

해설

타이어는 오일, 연료, 유압 작동유 또는 솔벤트 종류와 접촉하지 않게 주의해야 한다. 왜냐 하면 이러한 것들은 화학적으로 고무를 손상시키며 타이어 수명을 단축시키므로 비눗물을 이용하여 세척한다.

중

05 항공기 브레이크를 작업할 때 블리딩(Bleeding)이란 다음 중 어느 것인가?

① 계통의 라인 내로 공기를 불어넣어 준다.
② 계통 내부로 들어온 공기의 제거 목적을 위하여 계통으로부터 유체를 빼내는 과정이다.
③ 소량의 유체가 누설하는 배관을 교환하는 작업이다.
④ 계통에 있는 공기를 빼내주는 과정이다.

해설

브레이크 계통에 있는 작동유는 장기간 사용하다 보면 기포가 발생하기도 하는데, 이를 오랫동안 방치해두면 공기의 압축성으로 인해 유체 흐름에 방해가 되므로 브레이크가 정상적으로 작동할 수 없게 된다. 이 현상을 없애기 위해 기존에 있던 작동유를 모두 제거 후 새로운 작동유를 보급하는 작업을 Bleeding이라 한다.

정답 05 ②

37 Water/Waste 계통

중

01 신형 민간 항공기에서 Water Waste System에 대한 설명 중 맞는 것은?

① Galley에서 사용한 물은 Waste Tank에 저장한다.
② Toilet에서 사용한 물은 Drain Mast를 통해 기외로 배출시킨다.
③ Galley에서 사용한 물은 Drain Mast를 통해 기외로 배출시킨다.
④ Galley와 Toilet에서 사용한 물은 모두 Waste Tank로 저장한다.

해설

현대 항공기는 Galley에서 사용한 물은 Drain Mast를 통해 기외로 배출하고, Toilet에서 사용한 물은 Waste Tank에 별도로 저장한다.

상

02 현대 여객용 항공기의 Drain Master에 관한 설명 중 맞는 것은?

① Cabin Floor에 위치하며 화장실의 물을 Flushing 한다.
② 날개 끝에 위치하며 잔여 연료를 배출시켜준다.
③ 기체가 지상에 있을 때는 저전압, 비행 중에는 고전압을 공급한다.
④ 객실 밑에 있는 별도의 저장탱크를 통해 화장실의 볼(Bowl)이 작동 시 배출시킨다.

해설

세척(Washing Water)이나 조리용으로 사용된 물은 공중에서 드레인 마스트를 통하여 방출된다. 따라서 이 마스트 및 마스트 주변의 파이프 라인(Pipe Line)에 전기 히터(Electric Heater)를 장치하여 가열하고 있다. 히터 전력은 기체가 지상에 있을 때는 저전압, 비행 중에는 고전압을 공급하고 과열(Overheat) 방지와 방빙 기능을 유지한다.

중

03 항공기 Water Waste System은 Water Pump를 사용하지 않고 물탱크 내부를 가압하여 필요로 하는 곳에 물을 공급하는데, 이때 쓰이는 가압 공급원으로 아닌 것은?

① Ram Air
② APU Bleed Air
③ Compressed Air
④ Engine Bleed Air

해설

Water Waste System에서 음용수 계통(Portable Water System)은 주방(Galley)이나 화장실(Lavatory)에서 사용하고, 마시고, 씻을 수 있는 물을 저장하고 공급한다. 물탱크(Water Tank)에서 주방이나 화장실에 물을 공급하는 방법은 물 펌프(Water Pump)를 사용하지 않고 물탱크 내부를 압축기(Compressed Air, Bleed Air) 또는 지상 공기압력 공급 장치(GPU Bleed Air, APU Bleed Air)로 가압하여 공급한다.

정답 01 ③ 02 ③ 03 ①

38 Lifting, Weighing and Jacking[삭제]

하

01 비행의 근본 목적이 되는 승객, 화물 등의 무게를 무엇이라 하는가?

① 유상하중(Pay Load)
② 테어 무게(Tare Weight)
③ 평형 무게(Balance Weight)
④ 밸러스트(Ballast)

해설

유상하중(Payload)은 승객, 화물 등 유상으로 운반할 수 있는 무게로서 항공기의 안전을 위한 평형 값을 위한 변수로 사용되는 무게이다.

중

02 다음 중 운항 자기 무게(Operating Empty Weight)에 속하는 것은?

① 유압 계통의 작동유의 무게
② 연료계통의 사용 가능한 연료의 무게
③ 승객의 무게
④ 화물의 무게

해설

항공기 자기 무게에는 항공기 기체구조, 동력장치, 필요 장비의 무게에 사용 불가능한 연료, 배출 불가능한 윤활유, 기관 내의 냉각액의 전부, 유압 계통 작동유의 무게가 포함되며 승객, 화물 등의 유상 하중, 사용 가능한 연료, 배출 가능한 윤활유의 무게를 포함하지 않은 상태에서의 무게이다.

중 (출제율이 높은 문제)

03 항공기 잭킹(Jacking) 작업에 대한 주의사항으로 옳은 것은?

① 바람의 영향을 받지 않는 곳에서 실시한다.
② 모든 착륙장치를 접어 올리고 실시한다.
③ 착륙장치의 파손을 막기 위해서 고정 안전핀을 제거한다.
④ 항공기 동체 구조 부재 하단에 가장 두꺼운 곳에 Jack을 설치한다.

해설

잭킹 작업 안전 및 유의사항

- 바람의 영향을 받지 않는 곳에서 수행한다.
- 작동유가 누설되거나 손상된 잭을 사용해서는 안 된다.
- 잭 작업을 할 때 작업자는 4명 이상이어야 한다.
- 잭 작업은 항상 위험이 따르므로 위험한 장비나 연료를 제거한 상태에서 수행해야 한다.
- 잭은 완전히 정돈하였는가를 점검해야 한다.
- 항공기가 잭 위에 올려 있는 동안 항공기 주위를 안전하게 보호하기 위하여 안전 표시를 해야 한다.
- 항공기에 오를 때에는 작은 흔들림도 일어나지 않도록 주의해야 한다.
- 사람이 항공기 위에 올라가 있는 경우에는 절대로 심한 운동을 해서는 안 된다.
- 어느 잭에도 과부하가 걸리지 않도록 해야 한다.
- 잭 패드에 항공기의 하중이 균일하게 분포하도록 한다.

정답 01 ① 02 ① 03 ①

중 출제율이 높은 문제

04 다음 중 항공기 타이어를 교환하거나 한쪽 타이어를 들어 올려야 할 때 필요로 하는 장비는?

① 고정 받침 잭
② 싱글 베이스 잭
③ 삼각 받침이 있는 잭
④ 삼각 받침이 없는 잭

해설

한 쪽 바퀴만의 잭 작업
타이어를 교환하거나 바퀴의 베어링에 그리스를 주입하기 위해 단지 한 바퀴만 들어올려야 할 때는 낮은 Single-Base Jack을 사용한다.
들어올리기 전에 다른 바퀴들은 항공기가 움직이지 않도록 앞뒤로 고임목(Chock)을 고여야 한다. 만약 항공기에 꼬리 바퀴가 있을 때는 그것을 고정시키도록 한다. 바퀴는 딱딱한 표면과 닿지 않아 자유로울 정도로만 충분히 올린다.

정답 04 ②

39 Towing, Taxiing and Moving[삭제]

중 (출제율이 높은 문제)

01 항공기 견인작업(Towing)에 대한 주의사항으로 틀린 것은?

① 견인요원은 자격이 있는 정비요원이 해야 한다.
② 견인하는 요원들은 Radio Communication 절차를 준수해야 한다.
③ 혼잡한 곳으로 이동할 때 양 날개 끝(Wing Tip)으로 사람을 배치시켜 충돌을 방지한다.
④ 견인작업이 완료되었을 때 인원의 안전을 위하여 견인봉(Towing Bar)을 제거한 후 앞바퀴에 고임목(Chock)을 한다.

해설

견인작업이 완료되면 바퀴에 고임목(Chock)을 먼저 하고 난 후에 견인봉(Tow Bar)을 연결하거나 제거해야 한다.

하

02 다음 그림을 보고 알 수 있는 것은?

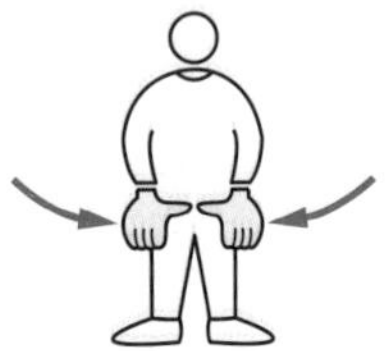

① 서행
② Engine Starting
③ 바퀴에 Chock 삽입
④ 파킹 브레이크 set

하

03 다음 그림을 보고 알 수 있는 것은?

① Engine Starting
② Engine Shutdown
③ 파킹 브레이크 Set
④ 서행

정답 01 ④ 02 ③ 03 ①

40 Parking & Mooring[삭제]

중

01 일반적인 대형 항공기의 계류절차(Mooring) 중 아닌 것은?

① 가능하면 항공기를 바람이 부는 방향으로 향하게 한다.
② 모든 바퀴의 전, 후방에 고임목(Chock)을 고인다.
③ 조종면을 고정하고, 모든 커버(Cover)와 가드(Guard)를 장착한다.
④ 로프로 고정 시 최대한 당겨서 고정시킨다.

해설

대형 항공기의 고정(Securing Heavy Aircraft)
① 가능하면 항공기를 바람 방향으로 위치하게 할 것
② 조종장치나 모든 덮개 및 보호장치를 장착시킬 것
③ 앞뒤의 모든 바퀴에 쵸크(Chock)를 끼울 것
④ 항공기 계류 루프와 계류 앵커나 계류 말뚝에 계류 릴(Tiedown reel)을 부착시킬 것, 단지 일시적인 계류에 대해서도 계류 말뚝을 사용할 것

중 (출제율이 높은 문제)

02 항공기를 옥외에 장기간 계류시킬 경우 외부 바람 등으로부터 기체를 보호하기 위해 수행해야 할 작업은 어느 것인가?

① Lifting
② Leveling
③ Jacking
④ Mooring

해설

강풍에 의해 항공기가 움직이지 않게끔 로프로 고정시키는 작업을 계류 작업(Mooring)이라 한다.

상 (출제율이 높은 문제)

03 대형 항공기 주기(Parking) 시 주의사항으로 올바른 것은?

① BATT Switch On 할 것
② Rudder Trim Handle은 Zero Set 할 것
③ Flap은 Full – Down 위치에 놓을 것
④ 항공기가 주기장에 가까워지면 일직선으로 천천히 끌고 올 것

해설

주기(Parking) 시 주의사항
- Brake가 과열되어 있지 않다면 Parking Brake를 당겨 놓아야 한다. Brake가 과열되어 있다면 Parking Brake를 풀어 놓아야 한다.
- 필요하다면 모든 착륙장치에 Landing Gear Down Lock Pin을 꽂는다.
- 항공기를 지상에 접지시킨다.
- Stand – By 파워 스위치를 끈다.
- Battery 스위치를 끈다.
- Stabilizer, Aileron, Rudder Trim Handle은 "0"에 맞추어 놓는다.
- Flap은 "Full – Up" 위치에 놓는다.
- 주기 장소가 얼거나 눈이 쌓여있다면 타이어가 어는 것을 방지하기 위해 매트를 깔고 기상이 좋지 않을 때는 타이어 커버를 씌운다.

정답 01 ④ 02 ④ 03 ②

41 Placards, Decal, Signs 등[삭제]

중

01 항공기 작동유 라인 표식(Identification Main of Fluid Line)이 아닌 것은?

① 모형
② 글자
③ 기하학적 기호
④ 색깔 부호

해설

항공기용 작동유 라인은 때때로 색깔 부호, 글자와 기하학적 기호로 구성된 표식으로 식별한다. 이 표식은 흐름의 방향뿐만 아니라 각 작동유 라인의 기능, 유체의 종류와 주요 위험을 식별할 수 있게 한다.

대부분의 경우에 작동유 라인은 1in 테이프나 데칼(Decal)로 표시한다. 지름이 4in 이상인 작동유 라인이나 기름 투성이인 작동유 라인 또는 뜨겁거나 차가운 작동유 라인에는 테이프나 데칼 대신에 철제 태그(Tag)를 붙인다. 엔진 부분의 작동유 라인에는 테이프, 데칼 태그 등이 엔진 흡입 계통으로 빨려들어 갈 가능성이 있으므로 페인트를 칠한다.

하

02 항공기 배관의 식별표에서 데칼(Decal)의 붉은색이 의미하는 것은?

① 연료 계통
② 윤활 계통
③ 유압 계통
④ 산소 계통

해설

연료는 가연성 물질로 폭발 위험성이 있기에 붉은색으로 표시하여 식별할 수 있도록 한다.

중

03 항공기에 사용하는 작동유나 연료의 배관 규격(Identification Main of Fluid Line)을 표시할 때 주로 사용하는 것은?

① 데칼(Decal)
② Paint
③ Placard
④ Marker

해설

1번 문제 해설 참조

정답 01 ① 02 ① 03 ①

CHAPTER

02 정비일반

General for Aircraft Maintenance

[이 장의 특징]

항공 업무에 종사하거나 준비하는 자는 기본적으로 공구 취급사항 및 항공역학의 기초 지식 그리고 인적 요소가 항공에 얼마나 영향을 끼치는지에 관한 이론들을 알 필요가 있다.

그 외에도 정비일반에서는 항공기에 소요되는 다양한 부품과 도면, 금속재료, 비금속재료, 비파괴검사 등 정비에 기본적인 내용들을 다루게 된다. 이러한 지식들은 현장에서 항공업무를 수행할 때 이해를 돕고 실무에 빠르게 적용할 수 있도록 도와준다.

01 대기의 성질

중 (출제율이 높은 문제)

01 항공기 운항 중 번개가 음속 28.02m/s의 속도로 치고 2초 만에 소리가 들렸다. 번개가 친 곳은 얼마나 떨어진 곳인가?

① 273m ② 445m
③ 710m ④ 736m

해설

1음속은 340m/s이므로 2초 만에 소리가 들렸다고 했으니 거속시(거리, 속력, 시간) 공식을 응용하여 다음과 같이 나타낼 수 있다.
번개가 발생한 곳까지의 거리(D) = 소리의 속력 총합(m/s) × t(번개가 친 후 천둥소리가 들릴 때까지의 걸린 시간)
(340 + 28.02) × 2 = 736m

하

02 대기권에서 고도가 상승하면 대기의 밀도와 압력은?

① 밀도와 압력은 증가한다.
② 밀도와 압력은 감소한다.
③ 밀도와 압력은 변화하지 않는다.
④ 밀도는 증가하고 압력은 감소한다.

해설

대류권은 평균 고도 11km까지이며 고도가 증가할수록 온도, 밀도, 압력 등이 감소하게 되고, 고도가 1km 증가할수록 6.5℃씩 감소하게 된다. 10km 부근(대류권계면)에 제트 기류가 존재하고 대기가 안정되며, 구름이 없고 기온이 낮아 항공기 순항에 이용된다.

하 (출제율이 높은 문제)

03 제트 기류가 존재하고 대기가 안정되며, 구름이 없고 기온이 낮아 항공기 순항에 이용되는 층은?

① 대류권 계면 ② 대류권
③ 성층권 계면 ④ 성층권

해설

2번 문제 해설 참조

하 (출제율이 높은 문제)

04 대기권을 순서대로 나열한 것은?

① 대류권 – 성층권 – 중간권 – 열권
② 대류권 – 중간권 – 성층권 – 열권
③ 성층권 – 대류권 – 중간권 – 열권
④ 성층권 – 중간권 – 대류권 – 열권

해설

대기권은 대류권 – 성층권 – 중간권 – 열권 – 극외권으로 이루어져 있다.

중

05 다음 표준대기 압력 중 틀린 것은?

① 760mmHg ② 1,013.25HPa
③ 14.7psi ④ 1,033Pa

해설

표준대기는 기압이나 기온 등의 고도 분포를 실제 대기의 평균 상태에 근사하도록 표시한 협정상의 기준대기로 ICAO 및 WMO에서 채택하여 사용 중이다.

- 해면 기압 : 1013.25HPa = 760mmHg = 29.92inHg
- 해면 기온 : 15℃
- 해면 공기밀도 : 0.001225g/cm^3

정답 01 ④ 02 ② 03 ① 04 ① 05 ④

• $P = \rho gh = 13.5951g/cm^3 \cdot 980.665cm/s^2 \cdot 76cm = 1,013.25 g \cdot cm/s^2cm^2 = 1,013.25 \cdot 10^3 dyne/cm^2 = 1,013.25mb = 1,013.25HPa$

하

06 대류권 계면에 대한 설명 중 맞는 것은?

① 기온이 가장 낮다.
② 오존층이 있어 온도가 높다.
③ 온도, 밀도, 압력이 증가한다.
④ 공기가 희박하며 제트 기류가 존재한다.

해설

2번 문제 해설 참조

하

07 다음 중 비중이 가장 낮은 것으로 옳은 것은?

① 물
② 산소
③ 이산화탄소
④ 제트연료(JP－4)

해설

각 유체별 일반적인 비중

액체	비중	고체	비중	기체	비중
휘발유	0.72	얼음	0.917	수소	0.0695
제트연료 JP－4	0.785	알루미늄	2.7	헬륨	0.138
에틸 알코올	0.789	티타늄	4.4	아세틸렌	0.898
제트연료 JP－5	0.82	아연	7.1	질소	0.967
등유	0.82	철	7.9	공기	1.0
윤활유	0.89	황동	8.4	산소	1.105
합성 오일	0.928	구리	8.9	이산화탄소	1.528
물	1.0	납	11.4		
황산	1.84	금	19.3		
수은	13.6	백금	21.5		

하

08 다음 중 열팽창계수가 가장 높은 재료로 옳은 것은?

① 얼음　　② 황동
③ 알루미늄　　④ 유리(Pyrex)

해설

다양한 재료의 열팽창 계수

재 료	섭씨 온도에 따른 열팽창 계수
알루미늄(Aluminium)	25×10^{-6}
황동(Brass or Bronze)	19×10^{-6}
벽돌(Brick)	9×10^{-6}
구리(Copper)	17×10^{-6}
유리(Glass, Plate)	9×10^{-6}
유리(Glass, Pyrex)	3×10^{-6}
얼음(Ice)	51×10^{-6}
철(Iron or Steel)	11×10^{-6}
납(Lead)	29×10^{-6}
석영(Quartz)	0.4×10^{-6}
은(Silver)	19×10^{-6}

하

09 다음 중 비열이 가장 낮은 것으로 옳은 것은?

① 구리　　② 유리
③ 알코올　　④ 알루미늄

해설

일반적인 일부 재료들의 비열값

재 료	섭씨 온도에 따른 열팽창 계수
납(Lead)	0.031
수은(Mercury)	0.033
황동(Brass)	0.094
구리(Copper)	0.095
철(Iron or Steel)	0.113
유리(Glass)	0.195
알코올(Alchol)	0.547
알루미늄(Aluminium)	0.712
물(Water)	1.000

정답 06 ④ 07 ④ 08 ① 09 ①

02 공기의 성질

하

01 비압축성 유체에 대한 설명으로 옳은 것은?

① 압력의 변화에도 밀도가 변한다.
② 압력의 변화에도 밀도가 변하지 않는다.
③ 압력의 변화에도 온도가 변한다.
④ 압력의 변화에도 온도가 변하지 않는다.

해설

비압축성 유체는 압력의 변화에도 밀도의 변화가 없는 유체를 말한다.

하 (출제율이 높은 문제)

02 비압축성 유체의 이론을 설명한 것은?

① 질량 보존의 법칙
② 베르누이의 정리
③ 쿠타 쥬코스키의 법칙
④ 운동량 보존의 법칙

해설

아음속 흐름의 특징은 압력과 속도의 변화가 발생하며 밀도는 변화가 생기지만 무시할 정도이기에 아음속 흐름에서 밀도 변화는 무시해서 단순화하고 비압축성(Incompressible)으로 가정하는데, 이러한 방정식의 이론을 베르누이의 방정식(Bernoulli's Equation)이라 한다.

하 (출제율이 높은 문제)

03 비압축성 유체가 좁은 단면의 도관을 지나갈 경우는 어떻게 되는가?

① 속도가 증가되고 정압이 감소된다.
② 속도가 감소되고 정압이 증가한다.
③ 속도와 정압 모두 증가한다.
④ 속도와 정압 모두 감소한다.

해설

아음속에서 공기 흐름은 통로가 좁아지면 속도는 증가하고 압력은 감소한다. 그러나 초음속 공기 흐름에서는 빠른 속도로 공기가 밀려들어옴에 따라 램 압력이 쌓이고 이로 인해 속도가 오히려 늦어진다. 따라서 아음속의 공기흐름과는 정반대로, 공기 흐름 통로가 좁아지면 속도는 감소하고 압력은 증가한다.

중 (출제율이 높은 문제)

04 동일 고도에서 기온이 같을 경우 습도가 높은 날의 공기밀도와 건조한 날의 공기밀도의 관계는?

① 습도가 높은 날이 건조한 날보다 공기밀도는 작아진다.
② 습도가 높은 날이 건조한 날보다 공기밀도는 높아진다.
③ 습도가 높은 날과 건조한 날의 공기밀도는 비례한다.
④ 습도와 상관없이 밀도는 일정하다.

해설

기체의 밀도는 온도에 반비례, 압력과 기체 분자량에 비례하는데, 이 근거는 이상기체 방정식에서 알 수 있다. 습한 날에는 H_2O(수분)가 있으므로 공기 중에 많이 포함되어 밀도가 낮아진다.

정답 01 ② 02 ② 03 ① 04 ①

하

05 고속비행 물체에 발생되는 충격파에 대한 설명 중 틀린 것은?

① 충격파 발생 시 물체는 큰 에너지를 손실한다.
② 충격파는 압력항력의 원인이 된다.
③ 충격파는 압력이 불연속적으로 변하는 면이다.
④ 물체의 모양에 따라 충격파의 크기도 달라진다.

해설

날개 초음속 흐름 형성 시 충격파가 발생하게 되고 이로 인해 발생되는 항력을 조파항력(Wave Drag)이라 한다.

하 (출제율이 높은 문제)

06 양력에 대한 다음 설명 중 맞는 것은?

① 항공기 날개 면적과 비례한다.
② 공기 흐름의 속도와 비례한다.
③ 공기 흐름의 속도와 반비례한다.
④ 항공기 속도 제곱과 반비례한다.

해설

양력 공식은 다음과 같다.

$L = \frac{1}{2}\rho V^2 S C_L$(여기서, ρ : 공기 밀도, V : 항공기 속도, S : 날개 면적, C_L : 양력 계수이다.)

하

07 최초로 충격파가 발생하는 속도는 언제인가?

① 아음속
② 천음속
③ 극초음속
④ 임계 마하수

해설

임계 마하수(Critical Mach Number)는 날개 윗면에서 최대 속도가 마하수 1이 될 때 날개 앞쪽에서의 흐름의 마하수이다.

중

08 무게와 질량의 관계로 맞는 것은?

① 무게와 질량은 비례한다.
② 무게와 질량은 반비례한다.
③ 무게가 증가하면 질량은 줄어든다.
④ 중력이 커지면 무게는 증가하나 질량은 같다.

해설

중력이 크게 증가하면 무게도 증가하지만 질량은 중력에 따라 변하지 않는다.

하

09 다음 위치에너지(Potential Energy) 구분 중 옳지 않은 것은?

① 위치에 의한 것
② 활동 상태에 의한 것
③ 탄성체의 뒤틀림에 의한 것
④ 화학적 반응으로 일어난 일에 의한 것

해설

위치에너지는 휴식 상태의 물질 에너지, 또는 저장된 물질 에너지라고 정의한다. 위치에너지는 세 가지 그룹으로 구분하며 다음과 같이 구분한다.

(1) 위치에 의한 것
(2) 탄성체의 뒤틀림에 의한 것
(3) 화학적 반응으로 일어난 일에 의한 것

정답 05 ② 06 ① 07 ④ 08 ④ 09 ②

03 공기력의 발생

하

01 항공기가 비행하기 위해 날개에 작용하는 정압 압력의 차이는?

① 날개 상부는 압력이 높고, 날개 하부는 압력이 낮다.
② 날개 상부의 압력이 낮고, 날개 하부의 압력이 높다.
③ 날개 상부와 하부의 압력은 같다.
④ 압력차는 상관없다.

해설

날개 에어포일로 흐르는 공기 흐름은, 윗면은 공기 흐름 속도가 빠르므로 압력이 낮고 아랫면은 윗면보다 느려 압력이 높다. 압력은 높은 곳에서 낮은 곳으로 가려는 성질이 있으므로 이 원리로 항공기 날개에 양력이 발생한다는 베르누이의 정리가 있다.

그러나 현대 항공기 양력 발생 원리를 설명하려면 위의 원리보다는 작용 반작용 법칙을 이용하여 설명하는 것이 통상적으로 쓰인다.

하 (출제율이 높은 문제)

02 다음 중 항공기 플랩 전방에 있는 슬롯(Slot)의 역할로 옳은 것은?

① 간섭항력을 감소시킨다.
② 유도항력을 감소시킨다.
③ 양력을 증가시키고 박리를 지연시킨다.
④ 양력을 증가시키고 조종성을 향상시킨다.

해설

날개 앞전 플랩(Wing L/E Flap)의 Slat & Slotted Flap에서 Slot은 Slat과 Wing 사이의 공간을 말하며 이 공간으로 공기 흐름이 날개 윗면의 공기량을 보충하여 양력을 극대화시키고 박리현상을 지연시켜준다.

하

03 항공기가 같은 속도로 고도가 높아질 경우 양력의 변화는 어떻게 되는가?

① 공기밀도가 줄어들기 때문에 양력이 커진다.
② 공기밀도가 줄어들기 때문에 양력이 작아진다.
③ 공기밀도가 줄어들기 때문에 항력이 작아진다.
④ 공기밀도가 줄어들기 때문에 추력이 커진다.

해설

고도가 높아질수록 공기의 밀도는 감소되어 항공기 양력이 작아진다.

중

04 항공기가 고속 순항 방식으로 비행할 때 속도와 양력계수의 변화는?

① 속도가 감소하고 양력계수는 커진다.
② 속도는 증가하고 양력계수는 작아진다.
③ 속도는 증가하고 양력계수는 일정하다.
④ 속도가 감소하고 양력계수는 작아진다.

해설

고속 순항 비행 방식은 항공기 엔진 출력을 일정하게 하는 방식으로 연료를 소비함에 따라 비행기의 무게가 감소되는 것을 고려하여 순항 속도를 증가시키는 방식이다. 따라서 속도는 증가되고 양력 발생에 영향이 있는 받음각은 일정한 상태이므로 양력 계수는 일정하게 된다.

하

05 양력과 항력을 나타내는 기준선은 무엇인가?

① 시위선 ② 캠버
③ 평균 캠버 ④ 날개의 최대두께

정답 01 ② 02 ③ 03 ② 04 ③ 05 ①

해설

항공기 날개 특성의 기준으로 쓰이는 기준으로는 시위선이 쓰인다.

하 출제율이 높은 문제

06 항공기 날개의 양력이 발생함에 따라 수반되어 발생되는 항력으로 옳은 것은?

① 압력항력 ② 유도항력
③ 마찰항력 ④ 조파항력

해설

유도항력은 양력이 발생함에 따라 수반되어 발생되는 항력을 말한다. 항공기 날개 끝(Wing Tip)에서는 날개 끝 와류가 발생된다.

하 출제율이 높은 문제

07 비행기의 양력에 가장 큰 영향력을 끼치는 것은?

① 받음각 ② 비행속도
③ 날개면적 ④ 공기의 밀도

해설

양력 공식에서 볼 수 있듯이 $L = \frac{1}{2}\rho V^2 S C_L$에서 속도가 제곱에 비례하므로 가장 큰 영향력을 끼친다고 볼 수 있다.

하 출제율이 높은 문제

08 다음 중 고양력 장치가 아닌 것은?

① 슬랫 ② 공중 스포일러
③ 스플릿 플랩 ④ 파울러 플랩

해설

스포일러에는 공중 스포일러(Flight Spoiler)와 지상 스포일러(Ground Spoiler)가 있는데, 이 장치들은 공중 비행 시 항공기 속도 감속 및 지상 착륙 시 착륙거리 단축을 목적으로 항력을 발생시키는 장치이다.

하 출제율이 높은 문제

09 다음 중 날개골(Airfoil)의 양력발생 원리를 설명할 수 있는 것은?

① 라미의 정리 ② 베르누이의 원리
③ 파스칼의 법칙 ④ 뉴턴의 제3법칙

해설

1번 문제 해설 참조

하

10 날개의 양력에 대한 설명 중 옳은 것은?

① 날개에 작용하는 공기력으로 공기 흐름 방향에 수직으로 발생되는 힘이다.
② 날개에 작용하는 공기력으로 동체의 세로축으로 발생되는 힘이다.
③ 날개에 작용하는 공기력으로 동체의 가로축으로 발생되는 힘이다.
④ 날개에 작용하는 공기력으로 공기 흐름 방향과 같은 방향으로 발생되는 힘이다.

해설

공기의 흐름 속에 놓여 있는 날개골(Airfoil)이 공기흐름 방향에 수직으로 작용하는 힘을 양력(Lift)이라고 한다.

중

11 항공기에 작용하는 항력계수에 대한 설명으로 맞는 것은?

① 항력계수는 항상 양의 값으로 받음각이 증가하면 감소된다.
② 항력계수는 항상 양의 값으로 받음각이 증가하면 증가한다.
③ 항력계수는 항상 음의 값으로 받음각이 증가하면 감소된다.
④ 항력계수는 항상 음의 값으로 받음각이 감소하면 감소한다.

정답 06 ② 07 ② 08 ② 09 ② 10 ① 11 ②

해설

받음각이 증가하면 항력은 점점 증가하다가 실속각 근처에서 급격히 증가한다. 받음각이 -값이라도 항력계수는 항상 +값을 갖는다.

하

12 비행기 날개에 실속이 발생할 경우 항력은 어떻게 변화하는가?

① 변화하지 않는다.
② 급격하게 감소한다.
③ 급격하게 증가한다.
④ 양력에 비례하여 증가한다.

해설

11번 문제 해설 참조

중

13 항공기는 비행 중 네 가지 힘의 크기와 방향인 무게, 양력, 항력, 추력의 힘에 따라 움직인다. 다음 설명 중 옳지 않은 것은?

① 지구 쪽으로 항공기를 끌어당기는 힘인 무게는 항공기 자체 무게, 승무원, 연료, 화물과 같은 항공기에 적용되는 모든 중량에 대한 아래쪽방향으로 작용하는 중력이다.
② 위쪽방향으로 항공기를 밀어주는 힘인 양력은 수평으로 작용하고 무게를 내리는 힘이다.
③ 앞쪽방향으로 항공기를 움직이는 힘인 추력은 항력의 힘에 이겨내는 동력장치에 의해 발생된 앞쪽방향의 추진 힘이다.
④ 뒤로 항공기를 잡아당기도록 제동동작을 가하는 힘인 항력은 뒤쪽방향의 견제력이고 날개, 동체 및 돌출된 물체에 의해 공기흐름의 와해로서 발생한다.

해설

비행중인 모든 항공기는 네 가지 힘의 크기와 방향인 무게, 양력, 항력, 추력에 따라 움직인다.

(1) 무게
항공기를 지구 쪽으로 끌어당기는 힘인 무게는 항공기 자체 무게, 승무원, 승객, 연료, 화물과 같은 항공기에 적용되는 모든 중량에 대한 아래쪽방향으로 작용하는 중력이다.

(2) 양력
항공기를 위쪽방향으로 밀어주는 힘인 양력은 수직으로 작용하고 무게의 영향을 상쇄한다.

(3) 추력
앞쪽방향으로 항공기를 움직이는 힘인 추력은 항력을 이겨내는 동력장치에 의해 발생된 앞쪽방향의 추진 힘이다.

(4) 항력
항공기를 뒤쪽 방향으로 잡아당기도록 제동동작을 가하는 힘인 항력은 뒤쪽방향의 견제력이고 날개, 동체 및 돌출된 물체에 의해 공기흐름의 와해로 발생한다.

중

14 항공기에 작용하는 속도와 가속도에 대한 설명으로 옳은 것은?

① 가속(Acceleration)이란 속도의 변화 비율로 정의된다.
② 속력(Speed)과 속도(Velocity)란 말은 흔히 다른 말로 쓰이지만, 그 뜻은 같다.
③ 속도는 시간에 대하여 특정한 방향으로 운동하는 비율이고, 속력은 시간에 대한 운동의 비율이다.
④ 속력이 증가하고 있는 항공기는 가속도(Positive Acceleration)를 나타내며, 속력을 줄이고 있는 항공기는 감속도(Negative Acceleration)를 나타낸다.

정답 12 ③ 13 ② 14 ④

해설

속력(Speed)과 속도(Velocity)란 말은 흔히 같은 말로 쓰이지만, 그 뜻은 다르다. 속도는 시간에 대한 운동의 비율이고, 속력은 시간에 대하여 특정한 방향으로 운동하는 비율이다.

어떤 항공기가 서울에서 출발하여 260mph의 평균속도로 10시간을 비행한다. 10시간 후에 이 항공기는 런던이나 샌프란시스코를 지나고 있을 수 있으며, 순환 비행이라면 다시 서울에 되돌아 올 수도 있다. 만약 이 동일한 항공기가 260mph의 속력으로 남쪽 방향으로 비행했다면, 10시간 후에는 시드니에 도착했을 것이다. 단지 첫 번째 예에서는 움직이는 속도만 나타내고 이는 항공기의 속도를 의미한다. 두 번째 예는 속도에 방향을 포함하고 있으므로 이는 속력의 예이다.

가속(Acceleration)이란 속력의 변화 비율로 정의된다. 속력이 증가하고 있는 항공기는 가속도(Positive Acceleration)를 나타내며, 속력을 줄이고 있는 항공기는 감속도(Negative Acceleration)를 나타낸다.

중

15 유해항력에 대한 설명으로 옳지 않은 것은?

① 유해항력은 속도 제곱에 반비례한다.
② 유해항력은 수많은 다른항력의 조합으로 구성된다.
③ 유해항력은 비행기에 돌출된 부분이 적을수록 작아진다.
④ 유해항력은 항공기의 거친 표면 형상에 의해서도 발생한다

해설

항공기에 작용하는 항력의 총량은 수많은 부분으로 구성되지만 여기에서는 세 가지를 고려하는데, 유해항력(Parasite Drag), 형상항력(Profile Drag) 그리고 유도항력(Induced Drag)이다.

유해항력은 수많은 다른 항력의 조합으로 구성된다. 비행 중에 노출된 항공기 물체는 공기에 저항을 일으킨다. 이처럼 돌출된 물체가 많으면 많을수록, 유해항력은 많아진다. 유해항력은 항공기가 매끄럽지 않고 거친 표면 형상에 의해서도 발생한다.

정답 15 ①

04 날개의 특성

중 (출제율이 높은 문제)

01 항공기 날개에 상반각을 주는 목적으로 맞는 것은?

① 공기저항을 줄여준다
② 상승성능을 좋게 한다.
③ 날개 끝 익단실속을 방지한다.
④ 옆 미끄럼을 방지한다.

해설

상반각을 준 항공기는 어떤 이유로 옆 미끄럼을 일으켰을 때 이것을 복원하는 효과가 있다.

하 (출제율이 높은 문제)

02 비행기 날개의 캠버가 증가하면 나타나는 현상으로 옳은 것은?

① 양력계수 증가하고, 항력계수 감소된다.
② 양력계수 감소하고, 항력계수 증가된다.
③ 양력계수와 항력계수 모두 증가한다.
④ 양력계수와 항력계수 모두 감소한다.

해설

날개골(Airfoil)의 휘어진 정도를 캠버(Camber)라 하고, 플랩(Flap)을 내리면 캠버를 크게 해주는 역할을 하며, 캠버가 커지면 양력과 항력은 증가하고 실속각은 작아진다.

하 (출제율이 높은 문제)

03 비행기 날개에 후퇴각을 주는 이유로서 가장 옳은 것은?

① 선회 안정성을 향상시키기 위함
② 방향 안정성을 향상시키기 위함
③ 세로 안정성을 향상시키기 위함
④ 가로 안정성을 향상시키기 위함

해설

후퇴각 날개(Sweepback Wing) 특징

- 천음속에서 초음속까지 항력이 적다.
- 충격파 발생이 느려 임계 마하수를 증가시킬 수 있다.
- 후퇴날개 자체에 상반각 효과가 있기에 상반각을 크게 할 필요가 없다.
- 직사각형 날개에 비해 마하 0.8까지 풍압 중심의 변화가 적다.
- 비행 중 돌풍에 대한 충격이 적다.
- 방향 안정성과 가로 안정성 향상에 기여
  (예시 : 실질적으로는 항공기가 운항 중 좌측으로 기울어지는 슬립(Slip) 현상이 발생했을 때 우측이 측풍을 받게 되고, 이로 인해 좌측 날개보다 우측 날개가 상대풍 영향을 더 많이 받아 양력이 더욱 커져 우측으로 다시 돌아 방향 안정성을 향상시켜 준다.)

중

04 항공기 날개의 받음각이 증가하면 풍압 중심은 일반적으로 어떻게 되는가?

① 앞전으로 이동한다.
② 뒷전으로 이동한다.
③ 이동하지 않는다.
④ 뒷전으로 이동하다가 앞전으로 이동한다.

해설

풍압 중심 또는 압력 중심(Center of Pressure)은 날개 윗면에 발생하는 부압과 아랫면에 발생하는 정압의 차이에 의해 날개를 뜨게 하는 양력이 발생하게 된다. 이 압력 중심은 항공기 날개의 받음각에 따라 움직이게 되는데 받음각이 커지면 앞으로, 작아지면 뒤로 이동한다.

정답 01 ④ 02 ③ 03 ② 04 ①

중

05 항공기 날개의 뒤젖힘각은 다음 중 어떤 효과가 있는가?

① 임계 마하수를 높여준다.
② 항력 발산 마하수를 낮춰준다.
③ 양력을 증가시켜준다.
④ 세로 안정성이 있다.

해설

3번 문제 해설 참조

하 (출제율이 높은 문제)

06 항공기 날개 끝에 장착하는 Winglet 설치의 목적은 무엇인가?

① 압력항력 감소
② 유도항력 감소
③ 형상항력 감소
④ 점성항력 감소

해설

윙렛(Winglet)은 일종의 윙 팁 플레이트(Wing Tip Plate)로서 날개 끝(Wing Tip)의 압력 차이를 보충하여 Up Wash를 막고 양력을 증가시키며 유도항력을 감소시킬 수 있기 때문에 종횡비를 크게 한 효과가 있다.

하 (출제율이 높은 문제)

07 항공기 받음각이란 무엇인가?

① 수평면과 날개골의 시위선이 이루는 각
② 기체 세로축과 날개 시위선이 이루는 각
③ 날개골 시위선과 꼬리날개의 시위가 이루는 각
④ 공기 흐름의 속도 방향과 날개골의 시위선이 이루는 각

해설

받음각(AOA : Angle of Attack)은 상대풍과 날개골(Airfoil)의 시위선(Chord Line)이 이루는 각을 말한다.

하

08 날개골 명칭 중 평균 캠버선은 무엇인가?

① 날개골 앞부분의 끝을 말하며 둥근 원호나 뾰족한 쐐기 모양이 있다.
② 앞전과 뒷전을 연결하는 직선을 말한다.
③ 두께의 2등분점을 연결한 선을 말한다.
④ 공기 흐름의 속도 방향과 날개골의 시위선이 만드는 사이각을 말한다.

해설

평균 캠버선(Mean Camber Line)은 날개의 두께 2등분점을 연결한 선이다.

하 (출제율이 높은 문제)

09 다음 중 플랩에서 양력계수가 최대인 것은?

① Split Flap
② Plain Flap
③ Fowler Flap
④ Double Slotted Flap

해설

파울러 플랩(Fowler Flap)은 플랩을 내리면 날개 뒷전과 앞전 사이에 틈을 만들면서 밑으로 굽히도록 만들어진 것이다. 이 플랩은 날개 면적을 증가시키고 틈의 효과와 캠버 증가의 효과로 다른 플랩들보다 최대 양력계수 값이 가장 크게 증가한다.

상

10 항공기 날개에 장착하는 실속막이 판(Stall Fences)의 역할로 맞는 것은?

① 비행기가 공기를 통과하여 이동할 때 날개 끝에서 발생시킨 와류에 관련된 공기 항력을 줄이는 날개 끝의 수직 연장 날개 형태이다.
② 날개 윗면에 고정된 수직평판으로 날개를 따라 날개길이 방향 공기흐름을 차단하고 동시에 날개 전체가 실속되는 것을 방지한다.

정답 05 ① 06 ② 07 ④ 08 ③ 09 ③ 10 ②

③ 주날개의 앞쪽에 작은 날개 또는 수평 날개를 배치한 형태로 고정식, 가동식 두 가지 모두 가능하며 엘리베이터로 적용되기도 한다.
④ 비행 중 양력을 감소시켜 속도를 줄여주는 역할을 한다.

해설

실속막이 판(Wing Stall Fences)은 날개의 윗면에 고정된 수직평판이다. 이 장치는 날개를 따라 날개 길이 방향으로 흐르는 공기흐름을 차단하고 동시에 날개 전체가 실속되는 것을 방지한다. 이 장치는 가끔 높은 받음각에서 날개 길이 방향으로 공기의 이동(흐름)을 방지하기 위해 후퇴익항공기에 부착된다.

하

11 임계각(Critical Angle)에 대한 설명으로 옳은 것은?

① 날개의 시위선과 항공기의 세로축 사이 각도
② 받음각이 최대양력의 각도로 증가할 때, 박리점(Burble Point)에 도달한 각도
③ 항공기의 세로축(Longitudinal Axis)과 이루는 날개시위의 각도
④ 양력의 양은 감소하고 항력은 과도하게 증가하면서 중력은 자체에 가해지고 항공기의 기수가 떨어지는 각도

해설

항공기 날개의 받음각이 최대양력의 각도로 증가할 때, 박리점(Burble Point)에 도달하며 이것을 임계각(Critical Angle)이라고 한다. 임계각에 도달했을 때 공기는 에어포일의 상단면 위로 원활하게 흐르지 못하고 박리(Burble)와 소용돌이(Eddy)가 발생한다. 이것은 공기가 날개의 상부캠버에서 이탈하는 것을 의미한다.

하

12 항공기 날개의 용어 중 원호 모양이나 뾰족한 모양 형태를 의미하는 것으로 옳은 것은?

① 시위선
② 캠버선
③ 날개 앞전
④ 평균캠버선

해설

항공기 날개 에어포일(Airfoil, 날개골)에 대한 각각의 명칭은 다음과 같다.

① 시위(Chord) : 날개의 앞전과 뒷전을 이은 직선으로, 시위선(Chord Line)이라 하며, “C”로 표시하고 특성 길이의 기준으로 쓰인다.
② 평균캠버선(Mean Camber Line) : 날개의 전체 두께를 이등분한 선으로 날개의 휘어진 모양을 나타낸다.
③ 날개 앞전(Leading Edge) : 날개의 앞전 꼭지점을 말하며, 둥근 원호와 뾰족한 모양을 하고 있다.
④ 날개 뒷전(Trailing Edge) : 날개의 뒤쪽 꼭지점을 말한다.
⑤ 날개 두께 : 날개 시위선에서 수직선을 그었을 때 윗면과 아랫면 사이의 수직거리를 말한다.
⑥ 앞전 반지름(Leading Radius) : 날개 앞전에서 평균캠버선상에 중심을 두고 앞전 곡선에 내접하도록 그린 원의 반지름을 말하며 앞전 모양을 나타낸다.
⑦ 날개 최대 두께 : 시위선에서 수직 방향으로 측정한 아랫면에서 윗면까지의 가장 큰 높이로, 보통 시위선에 대해 백분율(%)로 표시한다.
⑧ 최대 캠버 : 시위선에서부터 평균캠버선까지의 최대 거리로, 보통 시위선에 대해 백분율(%)로 표시한다.

정답 11 ② 12 ③

05 항공기의 성능

중

01 어느 비행체가 100mph의 속도로 비행하고 있다. 이 속도의 단위를 m/s로 단위를 환산하면 얼마인가?

① 27　　② 44
③ 60　　④ 100

해설

1mile = 5,280ft = 1.6km = 1,600m, 1시간 = 3,600초

$$100\text{mph} = \frac{100 \times 1,600}{3,600} = 44.444[\text{m/s}]$$

하 (출제율이 높은 문제)

02 어느 항공기가 등속도 수평비행을 하다가 감속도 운동이 되는 조건으로 맞는 것은?

① 추력이 항력보다 작을 때
② 항력이 추력보다 작을 때
③ 양력이 중력보다 작을 때
④ 중력이 추력보다 작을 때

해설

감속도 운동이 되려면 추력이 항력보다 작아야 한다.($T<D$)

하

03 다음 1,200km/h로 비행하는 항공기의 마하수는 얼마인가?

① 1.25　　② 3.45
③ 0.98　　④ 4.29

해설

마하수 공식 $M = \frac{V}{a}$(a : 음속, V : 항공기 속도)에서 대입하면 1,200km/h를 340m/s와 단위를 일치시켜야 하므로

$$\frac{\frac{1200}{3.6}}{340} = \frac{333.3}{340} = 0.98 \text{ m/s}$$가 된다.

하 (출제율이 높은 문제)

04 다음 중 마하수를 구하는 공식으로 올바른 것은?

① 속도 × 밀도 / 음속　　② 음속 / 속도
③ 속도 / 음속　　④ 속도^2 / 밀도

해설

3번 문제 해설 참조

하

05 항공기 이착륙 시 정풍이 불고 있다면 이착륙 거리는 어떻게 되는가?

① 이륙거리는 증가하고 착륙거리는 감소한다.
② 이륙거리는 감소하고 착륙거리는 증가한다.
③ 이륙거리와 착륙거리 모두 증가한다.
④ 이륙거리와 착륙거리 모두 감소한다.

해설

이륙 시에는 상대풍을 정풍으로 맞으면서 비행할 경우 날개 표면으로 흐르는 공기 흐름이 원활하게 흘러 양력 발생이 더욱 커져 이륙거리가 감소되고 착륙거리 또한 정풍을 맞으면 공기와의 상대 속도가 증가하여 항력 공식에 포함되는 속도와 관련이 있으므로 착륙거리도 감소된다.

정답 01 ② 02 ① 03 ③ 04 ③ 05 ④

하 출제율이 높은 문제

06 선회비행 중인 비행기에 작용하는 원심력과 의 관계로 옳은 것은?

① 비행기 속도, 선회각과 모두 비례
② 비행기 속도 제곱, 선회각과 모두 비례
③ 비행기 속도 제곱에 비례, 선회각과 반비례
④ 비행기 속도 제곱에 반비례, 선회각과 비례

해설

$\tan\varphi$ (선회 경사각) = $\frac{V^2}{gR}$ 이고, 양변에 무게 W를 곱하면 $W\tan\varphi = \frac{WV^2}{gR}$ 이 되고 $\frac{WV^2}{gR}$ 이 원심력이므로, 원심력은 공식에서 알 수 있듯이 속도 제곱에 비례, 선회각과 비례를 이룬다.

중

07 항공기 강착장치(Landing Gear) 착륙 시 쉽게 변화하지 않는 항력은?

① 유도항력　② 유해항력
③ 간섭항력　④ 형상항력

해설

항공기 구조물 간 상호 영향으로 인해 발생되는 항력을 간섭항력이라 한다. 이 항력 때문에 항공기 설계 시 각 부분의 형상항력을 합해도 총 항력에 못 미치는 수치가 나온다. 간섭항력이 생기는 곳은 주로 날개와 동체 사이, 엔진 나셀, 파일론, 착륙장치 등이 있다.

하 출제율이 높은 문제

08 다음 중 항력 감소 장치는?

① Winglet　② Spoiler
③ Fowler Flap　④ Dosal Fin

해설

항공기 날개 끝(Wing Tip)에 장착하는 Winglet은 날개 끝 유도 항력을 감소시켜주는 역할을 한다.

중

09 중량 5,000kg의 비행기가 30° 경사각으로 정상 선회를 하고 있을 때 이 비행기의 원심력은 얼마인가?

① 2,600kg　② 3,000kg
③ 3,120kg　④ 5,200kg

해설

$W\tan\varphi = \frac{WV^2}{gR}$ 에서 W : 5,000, tan30°이므로 5,000 × tan30° = 2,887(근사값으로 3,000kg)

하

10 비행기가 수평 비행 중 등속도 비행을 하기 위한 조건으로 옳은 것은?(단, T : 추력, D : 항력, L : 양력, W : 무게이다.)

① $T<D$　② $L=D$
③ $T=D$　④ $L=W$

해설

수평 등속도 비행하기 위한 조건
- 추력과 항력이 같아야 등속도 비행이 가능($T=D$)
- 양력과 중력이 같아야 수평비행이 가능($L=W$)

정답 06 ② 07 ③ 08 ① 09 ② 10 ③

06 조종과 안정성

하

01 고속항공기에서 옆놀이 운동(Rolling)을 도와주는 역할을 하는 장치는?

① 보조날개(Aileron)
② 승강타(Elevator)
③ 방향타(Rudder)
④ 스포일러(Spoiler)

해설

스포일러(Spoiler)는 지상 스포일러(Ground Spoiler)와 공중 스포일러(Flight Spoiler)로 나뉘는데, 지상 스포일러는 착륙 후 착륙 활주거리를 짧게 하기 위한 목적으로 쓰이고, 공중 스포일러는 비행 중 보조익(Aileron)을 보조하여 조종계통으로 사용하고 항공기의 속도를 줄이는 역할도 한다.

하 출제율이 높은 문제

02 다음 항공기 축 중심으로 운동하는 것 중 맞는 것은?

① 가로축 – 옆놀이(Rolling)
② 세로축 – 옆놀이(Rolling)
③ 수직축 – 키놀이(Pitching)
④ 세로축 – 키놀이(Pitching)

해설

조종면	기준축	안정	역할
보조익(Aileron)	세로축	가로 안정	옆놀이(Rolling)
승강키(Elevator)	가로축	세로 안정	키놀이(Pitching)
방향키(Rudder)	수직축	방향 안정	빗놀이(Yawing)

하 출제율이 높은 문제

03 다음 중 세로축으로 항공기 가로 모멘트(Rolling)을 발생시키는 조종면은 무엇인가?

① 도움날개(Aileron) ② 승강타(Elevator)
③ 방향타(Rudder) ④ 플랩(Flap)

해설

2번 문제 해설 참조

상

04 비행기의 세로 안정성을 좋게 하는 방법 중 틀린 것은?

① 날개가 중심보다 높은 위치에 있을 때(High Wing) 좋아진다.
② 수평 안정판의 면적이 크면 좋아진다.
③ 무게중심 위치가 날개의 공력 중심 후방에 위치할수록 좋아진다.
④ 꼬리 날개 효율이 클수록 좋아진다.

해설

세로 안정성을 좋게 하려면 C.G가 MAC(25%)보다 앞에 위치하고 C.G와 MAC 수직거리 값이+가 될수록 좋다.

하 출제율이 높은 문제

05 다음 중 도살 핀(Dosal Fin)의 효과는?

① 가로 안정성을 증가시킨다.
② 방향 안정성을 증가시킨다.
③ 세로 안정성을 증가시킨다.
④ 수직 안정성을 증가시킨다.

정답 01 ④ 02 ② 03 ① 04 ③ 05 ②

해설

도살 핀(Dosal Fin)은 수직 꼬리날개(Vertical Stabilizer)에 지느러미 같은 형상을 주는 것으로 실속하는 큰 옆 미끄럼각에서도 방향 안정을 유지하는 강력한 효과를 부여한다.

상

06 항공기 평형비행제어(Trim Controls)에 대한 설명 중 잘못된 것은?

① 트림 탭(Trim Tab)은 항공기가 원하지 않는 비행자세 쪽으로 움직이려는 경향을 수정하기 위해 사용된다. 트림 탭(Trim Tab)의 목적은 1차 조종장치에 어떤 압력을 가하지 않고, 비행 중 존재하는 불균형 상황을 조종사가 균형을 잡도록 하는 것이다.
② 서보 탭(Servo Tab)은 주 조종면을 움직이고 원하는 위치에 그것을 유지하는 것을 돕는다. 오직 서보 탭(Servo Tab)만 1차 비행조종장치 중 조종사의 움직임에 반응하여 움직인다.
③ 밸런스 탭(Balance Tab)은 1차 비행조종장치 중 반대방향으로 움직이도록 설계되었다. 그래서 밸런스 탭(Balance Tab)에 작용하는 공기력은 1차 조종면을 움직이게 돕는다.
④ 스프링 탭(Spring Tab)은 트림 탭(Trim Tab)과 유사하지만 완전히 다른 목적을 위해 적용된다. 스프링 탭(Spring Tab)은 2차 조종면을 움직이도록 조종사를 도와주기 위해 유압작동기와 같은 목적으로 사용된다.

해설

평형상태조종에 속하는 것은 트림 탭(Trim Tab), 서보 탭(Servo Tab), 밸런스 탭(Balance Tab), 그리고 스프링 탭(Spring Tab)이다. 트림 탭은 1차 조종면의 뒷전 안으로 오목한 곳에 둔 작은 에어포일이다.
트림 탭은 원치 않는 비행자세 쪽으로 움직이려는 항공기의 어떤 경향을 수정하기 위해 사용된다. 트림 탭의 목적은 1차 조종장치에 어떤 압력이라도 가하지 않고, 비행 시 존재하게 되는 어떤 불균형 상황이라도 균형을 잡도록 조종사가 가능하게 하는 것이다.
비행 탭(Flight Tab)이라고도 하는, 서보 탭은 대형 주 조종면에 주로 사용된다. 서보 탭은 주 조종면을 움직이고 요구된 위치에서 그것을 유지하기에 도움이 된다. 오직 서보 탭은 1차 비행조종장치 중 조종사의 움직임에 반응하여 움직인다.
밸런스 탭은 1차 비행조종장치 중 반대방향으로 움직이도록 설계되었다. 그래서 밸런스 탭에 작용하는 공기력은 1차 조종면을 움직이게 돕는다.
스프링 탭은 트림 탭과 외관상 유사하지만 완전히 다른 목적을 위해 적용된다. 스프링 탭은 1차 조종면을 움직이도록 조종사를 도와주기 위해 유압작동기와 같은 목적으로 사용된다.

하

07 항공기 정적 세로안정성에 가장 큰 영향을 미치는 요소로 옳은 것은?

① 날개의 상반각
② 날개의 가로세로비
③ 날개의 피칭모멘트계수
④ 수평안정판의 위치와 크기

해설

항공기 정적 세로안정성은 피칭 모멘트(Pitching Moment)에 영향을 주는 요소들과 관련성이 있다. 그 요소들로는 다음과 같이 있다.
① 항공기 무게중심(C.G)과 날개와의 상대적인 위치
② 무게중심(C.G)과 수평안정판(Horizontal Stabilizer)과의 상대적인 위치
③ 수평안정판(Horizontal Stabilizer)의 크기

정답 06 ④ 07 ④

07 중량 및 평형관리 이론 및 용어

하

01 항공기 무게를 측정하는 이유로 알맞은 것은?

① 자중과 총무게를 구하기 위하여
② 자중과 무게중심을 구하기 위하여
③ 유상하중과 무게중심을 구하기 위하여
④ 유상하중과 총무게를 구하기 위하여

해설

항공기의 중량을 측정하는 이유는 자중과 무게 중심을 찾기 위함이다. 기장은 항공기의 적재 중량과 무게 중심이 어디에 있는지 알아야 한다. 운항관리사는 자중과 자중 무게 중심을 알아야 유상하중, 연료량 등을 산출할 수 있다.

상 (출제율이 높은 문제)

02 항공기 무게를 측정한 결과 그림과 같다면, 이때 중심위치는 MAC의 몇 %에 있는가?

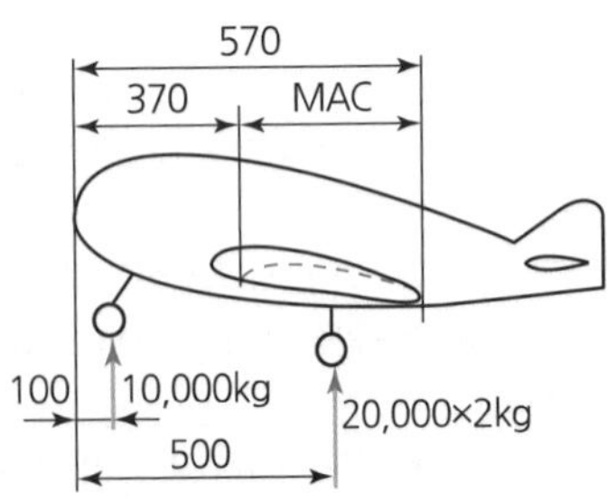

① 20% ② 25%
③ 30% ④ 35%

해설

먼저 무게중심(C.G)부터 구한다. 무게중심(C.G) = $\frac{\text{총모멘트}}{\text{총무게}} = \frac{(10000\times 100)+[(20000\times 2)\times 500]}{10000+(20000\times 2)} = 420$

무게중심의 값이 420이므로 %MAC 공식 = $\frac{H-X}{C}\times 100\%$ 를 응용, 여기서 H : 기준점에서 C.G까지의 거리, X : 기준점에서 MAC 시작점까지의 거리, C : MAC의 길이이다.

$\%MAC = \frac{420-370}{200}\times 100\% = 25\%$, 여기서 200은 전체길이 570에서 370의 길이를 뺀 값이 MAC 길이를 말한다.

하 (출제율이 높은 문제)

03 아음속 흐름에서 에어포일의 공기역학적 중심(MAC)은 대략 코드(Chord)의 몇 % 지점에 위치하는가?

① 15% ② 20%
③ 25% ④ 30%

해설

MAC(Mean Aerodynamic Chord)는 항공기 설계상 날개골(Airfoil)의 시위(Chord)를 나타내는 기술용어로 항공기 앞전부터 뒷전까지의 평균길이를 말한다. 이 MAC는 항공기 C.G 위치를 계산하고 나타내는 데 사용되기도 한다.
보통 주 날개의 중심위치 시위의 25% 지점에 있다.

하 (출제율이 높은 문제)

04 비행기의 중심위치가 MAC 25%에 있다면?

① 날개 뿌리부 시위선의 25%에 중심이 있다.
② 주 날개의 날개폭의 75%선과 시위선의 25%선과의 교점에 중심이 있다.
③ 주 날개의 중심위치가 시위의 25%에 있다.
④ 비행기의 중심위치가 동체 앞으로부터 25%에 있다.

해설

3번 문제 해설 참조

정답	01 ② 02 ② 03 ③ 04 ③

중 (출제율이 높은 문제)

05 Nose Wheel Type 비행기의 Datum Line이 Main Wheel 후방에 있을 때 C.G를 구하는 공식은?(F : Nose Wheel 무게, R : Main Wheel 무게, W : 항공기 전체 중량, D : Main Wheel과 Datum Line 사이의 거리, L : Main Wheel과 Nose Wheel 사이 거리)

① C.G = D + (F × L)/W

② C.G = −[D + (F × L)/W]

③ C.G = −D + (R × L)/W

④ C.G = D − (R × L)/W

해설

항공기 무게중심(C.G : Center of Gravity)은 모멘트의 합이 0이 되는 지점으로 $\frac{총모멘트}{총무게}$로 위치를 구할 수 있다.

여기서 모멘트는 힘(무게) × 거리이므로 거리를 나타내는 D + (F × L)에 총 무게인 W를 나누어야 하며, 기준선(Datum Line)이 항공기 주 바퀴(Main Wheel) 후방에 있으므로 −부호가 붙는다.

하

06 기체의 무게중심(C.G) 위치의 모멘트 계산으로 맞는 것은?

① 거리 × 무게

② 거리 × 중력가속도

③ 양력 × 항력

④ 속도 × 무게

해설

5번 문제 해설 참조

하

07 다음 중 유상하중(Payload)이 아닌 것은?

① 연료

② 승객

③ 오일

④ 수하물

해설

항공기 무게 중 유용하중은 연료, 자중에 포함되지 않는 액체(Fluid), 승객, 수하물, 조종사, 부조종사 그리고 승무원으로 구성된다. 엔진오일 중량이 유용하중으로 간주되는지 여부는 항공기가 인증될 때에 좌우되며 항공기설계명세서 또는 형식증명자료집에 명시되어 있다. 항공기의 유상하중(Payload)은 연료를 포함하지 않는 것을 제외하면 유용하중과 유사하다.

중 (출제율이 높은 문제)

08 항공기 평형추(Ballast)에 관한 설명 중 틀린 것은?

① 평형을 얻기 위하여 항공기에 사용된다.

② 무게 중심 한계 이내로 무게 중심이 위치하도록, 최소한의 중량으로 가능한 전방에서 가까운 곳에 둔다.

③ 영구적 평형추는 장비 제거 또는 추가 장착에 대한 보상 중량으로 장착되어 오랜 기간 항공기에 남아 있는 평형추이다.

④ 임시 평형추 또는 제거가 가능한 평형추는 변화하는 탑재 상태에 부합하기 위해 사용된다.

해설

평형추는 평형을 얻기 위하여 항공기에 사용된다. 보통 무게 중심 한계 이내로 무게 중심이 위치하도록, 최소한의 중량으로 가능한 전방에서 먼 곳에 둔다. 영구적 평형추는 장비 제거 또는 추가 장착에 대한 보상 중량으로 장착되어 오랜 기간 항공기에 남아 있는 평형추이다.

정답 05 ② 06 ① 07 ① 08 ②

중

09 항공기의 정적 평형(Static Stability)에 대한 설명으로 맞는 것은?

① 일단 방해받은 후에 본래의 평형 상태로 회복되는 능력
② 방해에 대해서 오랫동안 반응하는 것
③ 방해받은 후에 평형 상태로 움직이려는 초기의 성질
④ 방해에 대해서 일시적으로 반응하다가 실속에 걸리는 상태

해설

정적 평형(Static Stability)은 평형 상태로부터 벗어난 후 어떤 형태로든 움직여 원래의 평형 상태로 되돌아가려는 초기의 성질을 말한다.

중 (출제율이 높은 문제)

10 그림과 같은 항공기의 무게중심(C.G)은 얼마인가?

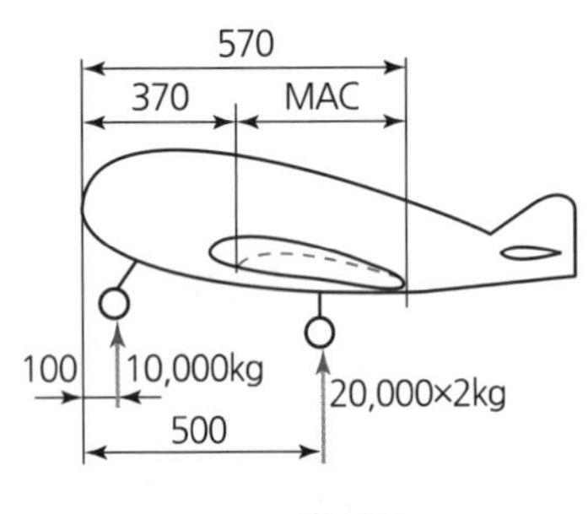

① 370　　② 420
③ 500　　④ 680

해설

무게중심(C.G)

$$\frac{총모멘트}{총무게} = \frac{(10000\times100)+[(20000\times2)\times500]}{10000+(20000\times2)} = 420$$

상

11 항공기 평형추에 대한 설명으로 틀린 것은?

① 영구적 평형추는 빨간색으로 "Permanent 평형추 – DO NOT REMOVE"라 명기되어 있다.
② 임시 평형추 또는 제거가 가능한 평형추는 일반적으로 납탄 주머니, 모래주머니 등이 있다.
③ 임시 평형추 또는 제거가 가능한 평형추는 변화하는 탑재 상태에 부합하기 위해 사용한다.
④ 평형추는 보통 무게 중심 한계 이내로 무게 중심이 위치하도록, 최소한의 중량으로 가능한 전방에서 가까운 곳에 둔다.

해설

평형추(Ballast)는 보통 무게중심 한계 이내로 무게중심이 위치하도록, 최소한의 중량으로 가능한 전방에서 먼 곳에 둔다. 영구적 평형추는 장비 제거 또는 추가 장착에 대한 보상중량으로 장착되어 오랜 기간 항공기에 남아 있는 평형추다. 그것은 일반적으로 항공기 구조물에 볼트로 체결된 납봉이나 판(Lead Bar, Lead Plate)이다. 빨간색으로 "PERMANENT 평형추 – DO NOT REMOVE"라 명기되어 있다. 영구 평형추의 장착은 항공기 자중의 증가를 초래하고, 유용하중을 감소시킨다. 임시평형추 또는 제거가 가능한 평형추는 변화하는 탑재 상태에 부합하기 위해 사용하며 일반적으로 납탄 주머니, 모래주머니 등이 있다.

중

12 항공기 중량 변화에 대한 설명으로 옳은 것은?

① 최대운용중량(Maximum Operational Weight)는 설계 고려 요소다.
② 최대착륙중량은 최대허용중량 이상이어야 하고, 비행교범이 조종사 운용 핸드북에 규정된 한계값 이내로 무게중심이 유지되도록 탑재중량의 적정한 분배가 필요하다.
③ 상용 항공기는 일반적으로 3년 주기로 자중을 측정하고 무게중심의 변화를 계산하여 중량평형 보고서를 현재 상태로 유지하여야 한다.

정답 09 ③ 10 ② 11 ④ 12 ③

④ 무게중심이 전방으로 치우치면 승객은 앞쪽으로, 화물은 뒤쪽으로 이동시켜야 한다.

해설

항공기 최대허용중량(Maximum Allowable Weight)은 설계 고려 요소다. 최대운용중량(Maximum Operational Weight)은 활주로면의 상태, 고도와 길이 등에 제한을 받는다.

비행 전에 또 하나의 고려할 사항으로 항공기 탑재중량의 분배 문제가 있다. 최대착륙중량은 최대허용중량 이하이어야 하고, 비행교범이 조종사 운용 핸드북에 규정된 한계 값 이내로 무게중심이 유지되도록 탑재중량의 적정한 분배가 필요하다.

만약에 무게중심이 전방으로 치우치면, 몸중량이 무거운 승객은 뒷쪽 좌석으로 이동시키거나 전방화물칸의 화물을 후방 화물칸으로 이동시켜야 한다. 반대로 무게중심이 후방으로 치우치면, 승객이나 화물을 전방으로 이동시켜야 한다.

상용 항공기는 일반적으로 3년 주기로 자중을 측정하고 무게중심의 변화를 계산하여 중량 및 평형 보고서를 현재 상태로 유지하여야 한다.

중

13 항공기 중량과 평형에서 사용되는 표준중량으로 옳지 않은 것은?

① AV Gas－6 Ib/gal

② Turbine Fuel－6.5 Ib/gal

③ Lubricating Oil－7.5 Ib/gal

④ Water－8.35 Ib/gal

해설

중량과 평형에서 사용되는 표준중량은 다음과 같다.

- 항공용 가솔린(AV Gas) : 6 lb/gal
- 터빈엔진 연료(Turbine Fuel) : 6.7 lb/gal
- 윤활유(Lubricating Oil) : 7.5 lb/gal
- 물(Water) : 8.35 lb/gal
- 승무원 및 승객(Crew and Passengers) : 170 lb per person

중

14 항공기 자중을 측정하기 위해 항공기의 무게를 재는 경우, 사용할 수 없는 잔류 연료의 무게만 포함해야 하는데, 잔류 연료 무게만 포함시킨 상태로 측정하는 방법으로 옳지 않은 것은?

① 항공기 연료탱크 또는 연료관에 연료가 전혀 없는 상태

② 연료탱크나 연료관에 연료가 있는 상태로 측정

③ 연료탱크나 연료관에 연료가 중간정도 찬 상태로 중량을 측정

④ 연료탱크가 완전히 가득 찬 상태로 중량을 측정

해설

항공기 자중을 측정하기 위해 항공기의 무게를 재는 경우, 사용할 수 없는 잔류연료의 무게만 포함해야 한다. 잔류 연료 무게만 포함시키려면 다음 세 가지 방법 중 한 방법으로 측정한다.

(1) 항공기 연료탱크 또는 연료관에 연료가 전혀 없는 상태
- TCDS에 명기된 잔류연료 무게와 위치를 모멘트 계산에 반영한다.

  *TCDS(Type Certicate Data Sheet, 형식인증 데이터 시트)

(2) 연료탱크나 연료관에 연료가 있는 상태로 측정
- 항공기 제작자 지정한 방식으로 탱크에서 연료를 배출한다.
- 특정 지침이 없는 경우, 연료량 게이지 "Empty", 배출되는 연료가 없을 때까지 연료를 배출한다. 이 경우 항공기 자세에 유의하라.
- 연료 라인이나 계통에는 잔류된 연료의 무게와 거리는 TCDS를 참조한다.

(3) 연료탱크가 완전히 가득 찬 상태로 중량을 측정
- TCDS의 잔존연료 무게는 더하고, 사용할 수 있는 연료 중량은 빼야 한다.
- 비중계를 사용하여 갤런 당 연료 무게 결정하라.
- 잭 부착형 로드셀 저울을 사용하는 경우에는 잭의 용량, 로드 셀 사용 설명서도 검토해야 한다.
- 항공기 정비 매뉴얼(AMM)에 연료 탱크가 가득 찬 상태로 항공기를 잭으로 고정하는 것이 허용되는지 확인해야 한다. 항공기 구조에 추가적인 스트레스를 가중시킬 수 있다.

정답 13 ② 14 ③

- 연료 탱크에 부분적으로 차 있을 때는 무게 측정과 평형 작업을 해서는 안된다. 정확히 얼마의 연료 무게를 반영해야 할지 결정이 불가능하기 때문이다.

중

15 항공기 자중(Empty Weight)에 대한 설명으로 옳지 않은 것은?

① 항공기 자중 용어 중 기본자중(Basic Empty Weight), 허가자중(Licensed Empty Weight), 표준자중(Standard Empty Weight)이 있다.

② 기본자중은 엔진오일계통의 50% 용량이 포함된다.

③ 허가자중은 잔류오일의 중량이 포함된 자중이다.

④ 표준자중은 항공기 제작사에서 제공하는 값으로, 특정한 항공기에만 장착되는 항공기 구매 옵션 장비품의 중량이 포함되지 않은 항공기 자중이다.

해설

항공기 자중 용어 중 기본자중(Basic Empty Weight), 허가자중(Licensed Empty Weight), 표준자중(Standard Empty Weight)이 있다.

기본자중은 엔진오일계통의 전용량이 포함된다. 허가자중은 잔류오일의 중량이 포함된 자중으로, 1978년 이전에 인가 제작된 항공기에서 사용한다. 표준자중은 항공기 제작사가 제공하는 값으로, 특정한 항공기에만 장착되는 항공기 구매 옵션 장비품의 중량이 포함되지 않은 항공기 자중이다. 항공정비 분야에서 일하는 사람들에게는 기본자중이 가장 중요한 자료이다.

정답 15 ②

08 중량측정 절차 및 탑재관리

중 (출제율이 높은 문제)

01 항공기 중량과 평형 정보가 기록된 문서 종류 중 초도에 항공기 제작사에서 측정하여 제공하고 항공기 운용자(정비사)가 주기적으로 측정하여 수정 및 보완하여 발행하는 것은 무엇인가?

① 항공기설계명세서(Aircraft Specifications)
② 항공기운용한계(Aircraft Operating Limitations)
③ 항공기 형식증명자료집(Aircraft Type Certificate Data Sheet)
④ 항공기 중량 및 평형 보고서(Aircraft Weight and Balance Report)

해설

항공기 중량과 평형 보고서(Aircraft Weight and Balance Report)는 초도에는 항공기 제작사에서 측정하여 제공하고, 항공기 운용자(정비사)가 주기적으로 측정하여 발행한다.

중

02 항공기 중량 측정, 자중무게중심을 산출하기 위해서, 항공기에 관한 중량과 평형 정보가 기록된 문서 종류가 아닌 것은?

① 항공기 설계명세서(Aircraft Specifications)
② 항공기 형식증명자료집(Aircraft Type Certificate Data Sheet)
③ 항공기 중량 및 평형보고서(Aircraft Weight and Balance Report)
④ 항공기 수평 및 최대 중량 매뉴얼(Aircraft Level and Maximum Weight Manual)

해설

중량과 평형 자료(Weight and Balance Data)에는 항공기설계명세서(Aircraft Specifications), 항공기운용한계(Aircraft Operating Limitations), 항공기비행매뉴얼(Aircraft Flight Manual), 항공기 중량과 평형 보고서(Aircraft Weight and Balance Report), 항공기 형식증명자료집(Aircraft Type Certificate Data Sheet) 등이 있다.

중

03 항공기 중량 측정의 신중한 준비는 시간을 절약하고 실수를 방지한다. 다음 중 측정 장비의 종류가 아닌 것은?

① 저울, 호이스트, 잭, 수평장비
② 저울 위에 항공기를 고정하는 블록, 받침대 또는 모래주머니
③ 바람이 불고 습기가 있는 옥외의 항공기 계류장
④ 항공기설계명세서와 중량과 평형 계산 양식

해설

정확한 중량 측정 및 무게중심을 찾으려면 철저한 준비를 요한다. 철저한 준비는 시간을 절약하고, 측정오차를 방지한다.

중량측정을 위한 장비

- 저울, 기중기, 잭, 수평측정기
- 저울 위에서 항공기를 고정하는 블록, 받침대 또는 모래주머니
- 곧은 자, 수평측정기, 측량추, 분필, 그리고 줄자
- 항공기설계명세서와 중량과 평형 계산 양식
- 중량측정은 공기 흐름이 없는 밀폐된 건물 속에서 시행해야 한다. 옥외에서의 측정은 바람과 습기의 영향이 없는 경우에만 가능하다.

정답 01 ④ 02 ④ 03 ③

상

04 탑재그래프와 무게중심한계범위도(Loading Graphs and CG Envelopes)에 대한 설명 중 옳지 않은 것은?

① 비행교범, 운항핸드북, 중량과 평형 보고서에도 반영되어야 한다.
② 모든 형식의 항공기에 적용될 수 있지만 주로 소형기에서 사용한다.
③ 항공기 제작사에서는 형식증명자료로 항공기 형식별로 그래프를 준비하여 인가를 받는다.
④ 항공기 제작사에서 측정하여 제공하고 운용자가 주기적으로 측정하여 발행하는 그래프이므로 시한성이 있는 보존 문서이다.

해설

탑재그래프와 무게중심한계범위도는 탑재 물품의 배치와 무게중심 위치를 결정하는 우수하고 빠른 방법이다. 이 방법은 모든 형식의 항공기에 적용될 수 있지만 주로 소형기에서 사용한다.

항공기 제작사에서는 형식증명자료로 항공기 형식별로 그래프를 준비하여 인가를 받는다. 이 그래프들은 항공기의 영구 보존 문서이며, 비행교범, 운항핸드북, 중량과 평형 보고서에도 반영되어야 한다.

중

05 항공기 일지(Aircraft Logs)에 대한 설명으로 옳지 않은 것은?

① 운항증명서(Air Operator Certificate)를 소지한 회사는 항공기 일지를 작성하여 보존해야 한다.
② 항공사에서 사용하는 항공일지 크기와 형태, 양식은 모두 표준화가 되어 있어 동일하다.
③ 검사원은 감항성을 인정하는 인증문을 쓰고 서명하거나 검사인을 날인하여 완료한다.
④ 인증 문구는 누가 그것을 읽든 확실하게 이해할 수 있는 글씨체로 ICAO 인정 공용언어로 쓴다.

해설

항공기 운항을 위해 항공사가 항공 감항 당국으로부터 발급받은 증명서를 운항증명서(Air Operator Certificate)라고 하며, 이를 소지한 회사는 항공기 일지를 작성하여 보존해야 한다. 항공기 일지에는 탑재용과 지상비치용이 있다.

(1) 탑재용 항공일지(Flight & Maintenance Logbook)는 항공기를 운항할 때에 반드시 탑재하여야 하며, 표지 및 경력표, 비행 및 주요 정비 일지, 정비 이월 기록부를 포함한다. 항공안전법적으로 탑재용 항공일지에는 기체일지(Airframe logs)가 포함되어 있다.
(2) 지상비치용 항공기 일지는 장비품 일지로, 발동기 일지(Engine Logs), 프로펠러 일지(Propeller Logs), 장비품 일지(Component Log/Record)로 구분할 수 있다.

항공일지 크기와 형태는 항공사별로 다르다. 비행시간이 많은 항공기는 여러 권의 항공일지를 가지게 되고 영구 보존해야 한다. 탑재용 항공일지는 항공기에 관한 모든 데이터가 기록되어 있다. 항공기 상태, 검사일자, 기체, 엔진, 그리고 프로펠러의 사용시간과 사이클이 기록된다. 항공기, 엔진, 장비품의 정비이력이 기록되고, 감항성 개선 지시(AD), 제작회사에서 발행하는 정비회보(SB)의 수행 사실도 기록된다.

검사원은 감항성을 인정하는 인증문을 쓰고 서명하거나 검사인을 날인하여 완료한다. 이 인증 문구는 누가 그것을 읽든 확실하게 이해할 수 있는 글씨체로 ICAO 인정 공용언어로 쓴다. 높은 품질의 항공일지는 항공기의 가치를 높인다.

하

06 항공기 탑재용 항공일지(Flight & Mainten-ance Logbook)에 포함되지 않는 것은?

① 표지 및 경력표
② 비행 및 주요 정비일지
③ 감항증명서
④ 정비 이월 기록부

해설

5번 문제 해설 참조

정답 04 ④ 05 ② 06 ③

하

07 항공기 중량 및 평형 측정에 필요한 장비품 등으로 옳지 않은 것은?

① 저울, 호이스트, 잭, 수평장비
② 저울 위에 항공기를 고정하는 블록, 받침대, 또는 모래주머니
③ 옥외 주기장
④ 항공기설계명세서와 중량과 평형 계산 양식

해설

3번 문제 해설 참조

정답 07 ③

09 중량과 평형 방법

상 출제율이 높은 문제

01 항공기 중량과 평형의 양극단상태 점검에서 무게중심 전방한계의 앞쪽에 2개의 좌석과 수하물실이 있다면 어떻게 해야 하는가?

① 170Ib 중량 한 사람은 좌석에 앉고, 최소허용수하물을 탑재 후 무게중심전방한계 뒤쪽의 좌석 또는 수하물실은 비워둔다

② 170Ib 중량 두 사람은 좌석에 앉고, 최대허용수하물을 탑재 후 무게중심전방한계 뒤쪽의 좌석 또는 수하물실은 비워둔다

③ 170Ib 중량 한 사람은 좌석에 앉고, 최소허용수하물을 탑재 후 무게중심전방한계 앞쪽의 좌석 또는 수하물실을 채워둔다

④ 170Ib 중량 두 사람은 좌석에 앉고, 최대허용수하물을 탑재 후 무게중심전방한계 앞쪽의 좌석 또는 수하물실을 채워둔다

해설

중량과 평형의 양극단상태 점검은 가능한 한 기수 방향으로 무겁게 또는 그 반대로 미익 방향으로 무겁게 탑재하여 무게중심이 허용 한계 이내인지 계산상으로 점검하는 것이다.

무게중심 전방한계의 앞쪽에 모든 유용하중이 탑재되고, 그 뒤쪽은 비워둔 상태로 점검하는 것을 무게중심 전방극단 상태점검이라 한다. 만약 무게중심 전방한계의 앞쪽에 2개의 좌석과 수하물실이 있다면, 170lb 중량 두 사람은 좌석에 앉고, 최대허용수하물을 탑재한다.

무게중심 전방한계 뒤쪽의 좌석 또는 수하물실은 비워 둔다. 만약 연료가 무게중심 전방한계 뒤쪽에 위치했다면, 최소연료 중량을 고려한다. 최소연료는 엔진의 METO 마력을 2로 나누어 계산한다. 무게중심 후방한계의 앞쪽에 모든 유용하중이 탑재되고, 그 뒤쪽은 비워둔 상태로 점검하는 것을 무게중심 후방극단 상태점검이라 한다. 무게중심 후방한계 뒤쪽에 모든 유용하중이 탑재되고, 그 앞쪽은 빈곳으로 남긴다. 비록 조종사의 좌석이 무게중심 후방한계의 앞쪽에 위치하겠지만, 조종사의 좌석은 빈곳으로 남겨둘 수가 없다. 만약 연료탱크가 무게중심 후방한계의 앞쪽에 위치했다면 최소연료로 계산한다.

중

02 항공기 중량과 평형의 양극단상태 점검 방법으로 맞는 것은?

① 항공기 양날개 방향으로 무겁게 탑재한다.

② 항공기 양날개 방향으로 가볍게 탑재한다.

③ 항공기 미익 방향으로 무겁게 탑재한다.

④ 항공기 미익 방향으로 가볍게 탑재한다.

해설

중량과 평형의 양극단상태 점검은 가능한 한 기수 방향으로 무겁게 또는 그 반대로 미익 방향으로 무겁게 탑재하여 무게중심이 허용 한계 이내인지 계산상으로 점검하는 것이다.

상

03 항공기 중량과 평형에서 무게중심 후방극단 상태점검 방법으로 옳은 것은?

① 무게중심 후방한계의 앞쪽에 모든 유상하중이 탑재되고, 그 뒤쪽은 채워둔 상태로 점검한다.

② 무게중심 후방한계의 앞쪽에 모든 유용하중이 탑재되고, 그 뒤쪽은 채워둔 상태로 점검한다.

③ 무게중심 후방한계의 앞쪽에 모든 유상하중이 탑재되고, 그 뒤쪽은 비워둔 상태로 점검한다.

④ 무게중심 후방한계의 앞쪽에 모든 유용하중이 탑재되고, 그 뒤쪽은 비워둔 상태로 점검한다.

해설

1번 문제 해설 참조

정답 01 ② 02 ③ 03 ④

상

04 항공기의 무게중심으로부터 수평거리에 중량을 곱하면 무게중심에서의 모멘트가 된다. 중량증감에 따른 모멘트의 대수적 부호는 기준선의 위치에 따라, 그리고 중량이 증가되었는지 또는 제거되었는지 여부에 따른 설명으로 옳지 않은 것은?

① 기준선 뒤쪽방향으로 증가된 중량은 (+)모멘트를 만들어낸다.

② 기준선 앞쪽방향으로 증가된 중량은 (−)모멘트를 만들어낸다.

③ 기준선 뒤쪽방향으로 감소된 중량은 (+)모멘트를 만들어낸다.

④ 기준선 앞쪽방향으로 감소된 중량은 (+)모멘트를 만들어낸다.

해설

항공기의 무게중심으로부터 수평거리에 중량을 곱하면 무게중심에서의 모멘트가 된다. 중량증감에 따른 모멘트의 대수적 부호는 기준선의 위치에 따라, 그리고 중량이 증가되었는지 또는 제거되었는지 여부에 따라 다음과 같다.

① 기준선 뒤쪽방향으로 증가된 중량은 (+)모멘트를 만들어낸다.

② 기준선 앞쪽방향으로 증가된 중량은 (−)모멘트를 만들어낸다.

③ 기준선 뒤쪽방향으로 감소된 중량은 (−)모멘트를 만들어낸다.

④ 기준선 앞쪽방향으로 감소된 중량은 (+)모멘트를 만들어낸다.

중

05 항공기 무게중심 위치가 너무 앞쪽에 있으면 나타나는 현상으로 옳은 것은?

① 항공기는 더 큰 받음각으로 비행하게 되고, 항력도 증가한다.

② 항공기는 더 큰 받음각으로 비행하게 되고, 양력도 증가한다.

③ 항공기는 더 낮은 받음각으로 비행하게 되고, 항력도 증가한다.

④ 항공기는 더 낮은 받음각으로 비행하게 되고, 양력도 증가한다.

해설

항공기 무게중심 위치가 너무 앞쪽에 있으면 항공기 앞이 너무 무거워지고, 무게중심 위치가 너무 뒤쪽에 있으면 항공기 꼬리부분이 무거워진다. 무게중심이 매우 앞쪽에 위치하면 수평자세를 유지하기 위해 항공기 꼬리부분을 누르는 힘이 커져야 한다.

이는 꼬리부분에 중량을 추가하는 것과 같은 효과를 낸다. 즉, 항공기는 더 큰 받음각으로 비행하게 되고, 항력도 증가한다. 무게중심 위치가 앞쪽에 치우치면 상승성능이 감소한다.

정답 04 ③ 05 ①

10 항공기 도면

중 (출제율이 높은 문제)

01 도면에서 부품의 위치를 참조용으로 표시하고자 할 때 사용되는 Line의 종류는?

① 스티치선(Stitch Line)
② 파단선(Break Line)
③ 숨김선(Hidden Line)
④ 가상선(Phantom Line)

해설

가상선(Phantom Line)
가상적인 위치나 상태 표시(물체 이동 전후의 위치, 장착 상태 등)를 하는 데 쓰인다.

중

02 일반적으로 부품을 제작하려고 할 때 사용되는 Drawing은?

① Detail Drawing
② Assembly Drawing
③ Installation Drawing
④ Pictorical Drawing

해설

상세도면(Detail Drawing)
1개의 부품을 제작할 수 있도록 구조에 대한 완전한 정보를 제공한다. 도면번호는 부품의 Part Number가 되고, 부품의 재고조사(Inventory) 시에도 사용한다.

중 (출제율이 높은 문제)

03 Drawing Title Block에 표시되지 않는 것은?

① Date
② 회사명
③ 부품자재
④ Drawing Number

해설

표제란(Title Block)
표제란을 만드는데 표준형식을 따르지 않더라도 반드시 다음 사항은 명시해야 한다.
① 도면을 철할 때 구별할 수 있고 또 다른 도면과 혼동되는 것을 막기 위한 도면 번호
② 부속이나 기계 번호
③ 도면의 축척
④ 제도 날짜
⑤ 회사명
⑥ 제도사, 검열자, 인가자 등의 성명

중

04 다음 중 항공기 작업도면(Working Drawing)에 포함되지 않는 것은?

① 조립도면(Assembly Drawing)
② 상세도면(Detail Drawing)
③ 제작도면(Production Drawing)
④ 장착도면(Installation Drawing)

해설

작업도면은 물체와 그 부품들의 크기, 모양과 사용되어야 하는 재료 또는 그 재료의 가공도를 나타내며, 부품들이 어떻게 조립되어야 하는지, 그밖에 제작하는데 중요한 사항들을 표시한다.

이 작업도면에는 상세도면(Detail Drawing), 조립도면(Assembly Drawing) 그리고 장착도면(Installation Drawing)으로 나눌 수 있다.

정답 01 ④ 02 ① 03 ③ 04 ③

중

05 일반적으로 Hydraulic System Schematic Drawing이 보여주는 것은?

① 항공기에서 Hydraulic System 부품의 위치
② 항공기에서 Hydraulic System 부품의 장착 방법
③ Hydraulic System 내에서 Hydraulic Fluid의 이동방향
④ Hydraulic System 부품 및 Line 내의 Hydraulic Fluid Pressure

해설

항공기 유압 계통도(Hydraulic System Schematic Drawing)는 유압 계통 내에서 유압유의 이동방향을 나타낸다.

중

06 단면도는 물체의 한 부분을 절단하고 그 절단면의 모양과 구조를 보여주기 위한 도면이다. 절단 부품이나 부분은 단면선(해칭)을 이용하여 표시한다. 다음 중 단면의 종류가 아닌 것은?

① 조립단면(Assembly Section)
② 반단면(Half Section)
③ 회전단면(Revolved Section)
④ 전단면(Full Section)

해설

단면도(Sectional View Drawings)
물체의 보이지 않는 내부 구조나 모양을 나타낼 때 적합하다. 단면의 종류는 전단면(Full Section), 반단면(Half Section), 회전단면(Revolved Section), 분리단면(Removed Section)이 있다.

중

07 도면을 다른 도면과 구별하기 위한 방법으로 표제란(Title Block)이 사용되는데 이 표제란(Title Block)에 기재되지 않는 것은?

① 도면을 철할 때 구별하고 다른 도면과 혼동하는 것을 막기 위한 도면번호
② 도면의 축척(Scale)
③ 제도기 명칭
④ 제도자, 확인자, 인가자 등의 이름

해설

3번 문제 해설 참조

중

08 항공기 도면에 사용되는 기호가 아닌 것은?

① 재료 기호(Material Symbols)
② 형상 기호(Shape Symbols)
③ 전기 기호(Electrical Symbols)
④ 조립 기호(Assemble Symbols)

해설

도면기호(Drawing Symbols)

(1) 재료기호(Material Symbols)
재료기호는 구성하고 있는 부품의 재료 종류를 단면선 기호로 표현한다. 만약 도면의 어딘가에 부품에 대한 정확한 규격을 설명하였다면, 재질을 기호로 나타내지 않을 수 있다. 이런 경우, 재료에 대한 단면 기호를 단면 안쪽에 그려 넣는다. 재료규격은 부품 목록으로 만들거나 또는 주석으로 표시된다.

(2) 형상기호(Shape Symbols)
형상기호는 물체의 형상을 나타낼 필요가 있을 때 매우 편리한 장점을 가지고 있다. 형상기호는 일반적으로 회전 단면 또는 제거된 단면처럼 도면에 나타낸다.

(3) 전기기호(Electrical Symbols)
전기기호는 부품들의 실제 모양을 나타낸 도면이라기보다는 여러 가지 전기장치를 표현해준다. 여러 가지 전기기호를 이해하고 나면, 전기 도면을 보고 각 부품이 무엇인지, 그것이 어떤 역할을 하는지, 그리고 계통 내에서 어떻게 연결되는지 확인하는 것은 비교적 간단하다.

정답 05 ③ 06 ① 07 ③ 08 ④

상

09 항공기 도면 취급에 대한 설명으로 옳지 않은 것은?

① 도면을 펼칠 때는 종이가 찢어지지 않도록 천천히 조심해서 펼쳐야 하며, 또한 도면을 펼쳤을 때에도 접혔던 부분을 서서히 펴야 하고 반대로 구부러지는 일이 없도록 해야 한다.

② 도면을 보호하기 위해서는 바닥에 펼쳐놓아서도 안되며, 도면 위에 손상을 줄 수 있는 공구나 다른 물건을 올려놓아서도 안된다.

③ 도면을 취급할 때는 도면을 더럽히거나 또는 오염시킬 수 있는 오일(Oil), 그리스(Grease), 또는 다른 더러운 것이 손에 묻어 있지 않도록 주의해야 한다.

④ 다른 사람이 혼동하거나 잘못 작업할 수 있기 때문에 필요에 따라 도면에 글씨나 기호를 사용해도 되며 주석을 달거나 변경해도 된다.

해설

도면의 관리와 사용(Care and Use of Drawings)
도면은 값이 비싸고 귀중한 것이므로 주의하여 취급해야 한다. 도면을 펼칠 때는 종이가 찢어지지 않도록 천천히 주의해서 펼쳐야 하며, 도면을 펼쳤을 때에도 접혔던 부분을 서서히 펴야 하고 반대로 구부러지는 일이 없도록 해야 한다.

도면을 보호하기 위해서는 바닥에 펼쳐놓아서도 안되며, 도면 위에 손상을 줄 수 있는 공구나 다른 물건을 올려놓아서도 안 된다. 도면을 취급할 때는 도면을 더럽히거나 또는 오염시킬 수 있는 오일(Oil), 그리스(Grease) 또는 다른 오염물질이 손에 묻어 있지 않도록 주의해야 한다.

다른 사람이 혼동하거나 잘못 작업할 수 있기 때문에 절대로 도면에 글씨나 기호를 써서는 안 된다. 만약 글씨나 기호를 써야한다면 인가자의 승인을 받고 나서, 주석을 달거나 변경하고 반드시 그 사람의 서명과 날짜를 기록해야 한다.

도면을 사용한 후에는 원래 접었던 대로 반드시 접어서 제자리에 놓는다.

하

10 항공기 엔지니어와 정비사가 사용하는 입체도의 종류로 옳지 않은 것은?

① 투시도
② 상세도
③ 등각투영도
④ 경사투영도

해설

항공기 엔지니어와 정비사는 세 가지 유형의 입체도를 자주 사용하는데, 그 종류로는 투시도, 등각투영도, 경사투영도가 있다.

정답 09 ④ 10 ②

11 금속재료의 개요 및 특성과 비금속재료

중 (출제율이 높은 문제)

01 일반적으로 Sealant의 경화시간을 단축하기 위한 설명 중 맞는 것은?

① 적외선 램프 등을 사용하여 온도를 120[°F] 이내로 높인다.
② 주변을 밀폐시켜 공기흐름의 방향을 제거한다.
③ Accelerator의 혼합 비율을 높인다.
④ Base와Accelerator를 혼합 후 즉시 사용하지 않고, Work Life 이내에 적정시간이 지난 후 사용한다.

해설

경화를 촉진하고 싶은 경우는 내폭형 적외선 램프나 온풍으로 가열할 수는 있는데, 이때는 온도 및 습도에 주의할 필요가 있다.

중

02 2 액성 Sealant의 Base Compound와 Accele-rator 대한 설명 중 틀린 것은?

① 혼합비율은 제작사의 지침에 따른다.
② 혼합 시 경화가 시작되기 때문에 가능한 빠르게 저어 혼합시킨다.
③ Sealant Kit는 냉암소에 저장한다.
④ Sealant가 완전히 혼합되었는지 확인하는 방법은 평편한 면에 얇게 펴서 전부 같은 색으로 되었는지 점검한다.

해설

실란트의 취급

(1) 베이스 콤파운드와 액셀레이터

① 2액성의 실란트가 많이 사용되고 있고, 보통 베이스 콤파운드(Base Compound)와 액셀레이터(Accelator)가 키트(Kit)화 되고 있다.
② 실란트는 냉암소에 저장된다.
③ 유효기간(Shelf Life, Cure Date)을 넘은 것은 원칙으로서 사용해서는 안 된다.

(2) 베이스 콤파운드와 액셀레이터의 혼합

① 베이스 콤파운드와 액셀레이터의 바른 혼합법을 미리 확인한다. 빨리 경화시키기 위해 액셀레이터를 규정량 이상 혼합하면 접착력 및 실란트의 수명이 떨어지고 품질이 나빠진다.
② 완전히 혼합되었는지를 확인하는 데는 평평한 면(예를 들면 유리판)에 얇게 펴서 전부 같은 색으로 되었는지 점검한다. 액셀레이터에 비단 모양이 보이는 경우 다시 혼합한다.

하

03 항공기 기체구조재에 사용되는 비금속 재료는 무엇인가?

① 알루미늄 ② 구리
③ 티탄 ④ 탄소

해설

탄소 섬유는 열팽창 계수가 작기 때문에 사용 온도의 변동이 크더라도 치수 안정성이 우수하다. 그러므로 정밀성이 필요한 항공 우주용 구조물에 이용되고 있다. 또 강도와 강성이 높아 날개와 동체 등과 같은 1차 구조부의 제작에 쓰인다.

하 (출제율이 높은 문제)

04 금속의 성질 중 탄성(Elasticity)에 대해 옳은 설명은?

① 재료가 균열이나 파손이 되지 않고 굽혀지거나 늘어나는 능력을 말한다.
② 재료가 굽혀지거나 변형이 될 때 깨지는 현상을 말한다.

정답 01 ① 02 ② 03 ④ 04 ④

③ 재료의 질긴 성질을 말한다.
④ 외력이 없어질 때 원래의 형태로 되돌아가려는 성질이다.

해설

탄성(Elasticity)
외력에 의하여 재료 속에 변형을 일으킨 다음, 외력을 제거하면 원래의 상태로 되돌아가려는 성질을 말한다.

하

05 항공기 재료로 쓰이는 금속 중에서 가장 가벼운 것은?

① 알루미늄　　② 마그네슘
③ 티탄　　④ 구리

해설

마그네슘의 비중은 알루미늄의 2/3 정도로서, 항공기 재료로 쓰이는 금속 중에서는 가장 가볍다. 마그네슘 합금은 전연성이 풍부하고 절삭성도 좋으나 내열성과 내마멸성이 떨어지므로 항공기 구조 재료로는 적당하지 않다. 그러나 가벼운 주물 제품으로 만들기가 유리하기 때문에 장비품의 하우징(Housing) 등에 사용되고 있다. 마그네슘 합금은 내식성이 좋지 않기 때문에 화학 피막 처리를 하여 사용해야 하며, 마그네슘 합금의 미세한 분말은 연소되기가 쉬우므로 취급할 때 주의해야 한다.

상 (출제율이 높은 문제)

06 아크릴과 같은 플라스틱 판의 보관에 대한 설명 중 틀린 것은?

① 가능한 수직면에 10도의 경사를 가진 보관함에 보관한다.
② 서늘하고 건조한 장소에 보관한다.
③ 수평으로 보관 시에는 가능한 많이 함께 보관하여 자중에 의해 변형되지 않게 한다.
④ 표면에 흠집이 발생하지 않도록 보호막을 입혀 보관한다.

해설

플라스틱 판의 보관 시 수평으로 보관 시에는 높이를 18[inch] 이내로 제한한다.

중

07 다음 중 Seal의 Main Class에 속하지 않는 것은?

① Ream　　② Packing
③ Gasket　　④ Wiper

해설

Seal은 Packing, Gasket, Wiper 3개의 Main Class로 구분된다.

중

08 티타늄을 열처리하는 이유로 아닌 것은?

① 냉간성형 또는 기계 가공에 의해 발생한 응력을 제거하기 위해
② 열간가공 또는 냉간가공 후 풀림 또는 다음 냉간가공을 위한 최대연성(Maximum Ductility)을 부여하기 위해
③ 응력을 증가시키기 위해
④ 강도를 증가시키기 위해

해설

티타늄(Titanium)은 다음과 같은 목적을 위해 열처리를 해준다.

- 냉간성형 또는 기계 가공에 의해 발생한 응력을 제거하기 위해
- 열간가공 또는 냉간가공 후 풀림, 또는 다음 냉간가공을 위한 최대연성(Maximum Ductility)을 부여하기 위해
- 강도를 증가시키기 위해

정답 05 ② 06 ③ 07 ① 08 ③

중

09 항공기 기체 구조부에 사용되는 비철합금이 아닌 것은?

① 티탄 합금
② 니켈 합금
③ 구리 합금
④ 탄소 합금

해,설

항공기 비철합금은 철 이외의 재료들로 티탄, 니켈, 구리, 마그네슘, 알루미늄 등이 있다. 탄소 같은 경우에는 비금속재료 종류로 복합소재 섬유로 쓰인다.

최신 항공기는 이제 비철합금 대신 동체와 날개에 대부분 비금속재료인 탄소섬유강화플라스틱(CFRP : Carbon Fiber Reinforced Plastic), 유리섬유강화플라스틱(GFRP : Glass Fiber Reinforced Plastic) 등이 많이 쓰이고 있다.

상

10 기밀용 실란트(Sealing Compounds)에 대한 설명으로 틀린 것은?

① 모든 항공기는 여압을 위하여 공기 누설을 방지하고, 연료의 누설이나 가스의 유입을 막기 위해 또는 기후를 차단시키고 부식을 방지하기 위하여 해당 부분을 밀폐시킨다.
② 일액성 실란트는 작업자가 바로 조제하여 사용할 수 있다.
③ 이액성 실란트는 기제(Base Compound)와 촉진제로 구분되며, 사용하기 전에는 경화되지 않도록 따로따로 포장한다.
④ 대부분 실란트(밀폐제, Sealant)는 최상의 결과를 얻기 위해 2가지 이상의 성분을 적절한 비율로 혼합하여 사용한다.

해,설

모든 항공기는 여압을 위하여 공기 누설을 방지하고, 연료의 누설이나 가스의 유입을 막기 위해 또는 기후를 차단시키고 부식을 방지하기 위하여 해당 부분을 밀폐시킨다. 대부분 실란트(밀폐제, Sealant)는 최상의 결과를 얻기 위해 2가지 이상의 성분을 적절한 비율로 혼합하여 사용한다. 어떤 재료는 포장된 상태의 것을 그대로 사용하는 것도 있고, 다른 것은 사용하기 전에 적절히 혼합해야 하는 것도 있다.

1. 일액성 실란트(One－part Sealants)
   일액성 실란트는 바로 사용할 수 있도록 제조사에서 조제하여 포장한 것이다. 그러나 이 화합물 중 일부는 특별한 방법으로 사용할 수 있도록 농도를 조절하기도 한다. 만약 희석이 요구된다면, 희석제(Thinner)는 실란트 제조사에서 권고하는 것을 사용해야 한다.
2. 이액성 실란트(Two－part Sealants)
   이액성 실란트는 기제(Base Compound)와 촉진제로 구분되며, 사용하기 전에는 경화되지 않도록 따로따로 포장한다. 이 실란트는 적절한 비율로 혼합하여 사용하며, 규정된 비율을 변경시키면 재료의 품질이 저하될 수 있다. 일반적으로 2액성 실란트는 기제와 촉진제의 무게비로 규정된 혼합비율에 맞춘다. 모든 실란트의 재료는 실란트 제조사의 권고에 따라 정확하게 무게를 측정해야 하는데, 보통 천칭저울을 이용하여 무게를 잰다.

하

11 금속부품들을 서로 결합시키기 위한 방법으로 옳지 않은 것은?

① 압착(Pressing)
② 볼트체결(Bolting)
③ 납땜(Brazing)
④ 용접(Welding)

해,설

금속부품들을 서로 결합하기 위한 방법으로는 리벳체결(Riveting), 볼트체결(Bolting), 납땜(Brazing), 용접(Welding) 등이 있다.

정답 09 ④ 10 ② 11 ①

중

12 다음 중 과거에는 항공기 기체구조 재료로 많이 사용되었으나 오늘날에는 섬유강화플라스틱이나 개량된 복합소재와 같은 신소재 개발로 인하여 사용량이 현저히 줄어든 재료는 무엇인가?

① 강화플라스틱
② 복합소재
③ 마그네슘 합금
④ 알루미늄 합금

해설

항공기 구조에서 마그네슘(Magnesium), 플라스틱(Plastic), 섬유(Fabric), 목재의 사용은 1950년대 중반 이후에 거의 자취를 감추었다. 알루미늄 또한 1950년대에는 기체의 80% 정도를 차지하였으나, 오늘날에는 알루미늄 또는 알루미늄 합금이 기체 구조의 15% 정도로 사용이 크게 줄어들었다. 이유는 섬유강화플라스틱이나 개량된 복합소재(Composite) 등과 같은 신소재 비금속 재료로 교체되고 있기 때문이다.

정답 12 ④

12 복합재료

하

01 다음 중 복합소재의 강화재로 쓰이지 않는 것은?

① 보론 섬유　　② 퀴츠 섬유
③ 유리 섬유　　④ 아라미드 섬유

해설

2종류 이상의 소재를 결합시켜 기존의 물질보다도 더 뛰어난 소재를 만드는 것을 복합소재라고 한다.
이 소재는 강화재(Reinforce Material)와 모재(Matrix)로 구성되어 있으며 강화재와 모재를 층층이 겹겹으로 쌓아서 만든 적층구조라고 할 수 있다. 복합소재는 FRP, FRM, FRC 이렇게 3가지로 나눌 수 있다.

FRP에서 P는 Plastic, M은 Metal, C는 Ceramic을 의미하며 Plastic 모재는 열경화성과 열가소성 수지 2가지로 나눌 수 있다. 열경화성 수지에는 페놀, 에폭시, 폴리에스테르 등이 있고 열가소성 수지에는 폴리에틸렌, 폴리염화비닐, ABS, 아크릴 수지 등이 있다.

항공기에서는 모재로 에폭시 수지를 가장 많이 사용한다. 이유는 사용처에 따라 강도나 내열성이 우수하기 때문이다.

강화재는 유리섬유, 아라미드 섬유, 탄소섬유, 보론 섬유, 실리콘－카바이드 섬유 등이 있으며, 항공기에서는 1차 구조재 제작에 요구되는 무게 경량 및 열팽창계수가 작아서 치수 안정성이 우수한 탄소섬유와 2차 구조재 중 레이돔의 전파 투과성이 우수한 부분에 쓰이는 유리섬유 등이 주로 쓰인다.

하 (출제율이 높은 문제)

02 항공기의 기체구조부위에 사용하는 복합재료(Composite Material)에 대한 설명으로 옳지 않은 것은?

① 복합재료는 일반적으로 보강재(Reinforcement)와 모재(Matrix)로 구성된다.
② 복합재료는 서로 다른 재료나 물질을 인위적으로 혼합한 혼합물로 정의한다.
③ 2 종류 이상의 재료의 원자를 재구성하여 하나의 재료나 그 이상의 물질로 만든 것이다.
④ 보강재는 모재에 의해 접합되거나 둘러싸여 있으며, 섬유(Fiber), 휘스커(Whisker) 또는 미립자(Particle)로 만들어진다.

해설

1940년대부터 항공 산업은 전체적인 항공기 성능을 향상시킬 수 있는 합성섬유(Synthetic Fiber) 개발에 집중하기 시작했다. 그 이후로 더욱더 많은 복합재료들이 사용되고 있다. 복합재료를 언급할 때, 많은 사람들은 단순히 유리섬유(Fiberglass)를 생각하거나 그래파이트(Graphite), 아라미드(Aramid, 케블라(Kevlar)) 등을 생각하게 된다.

복합재료는 항공용으로 개발되었지만, 지금은 자동차, 운동기구, 선박뿐만 아니라 방위산업을 포함한 다른 많은 산업분야에서도 사용되고 있다.

복합재료는 서로 다른 재료나 물질을 인위적으로 혼합한 혼합물로 정의한다. 이 정의에서처럼 강도, 연성, 전도성 또는 다른 어떤 특성을 향상시키기 위해 서로 다른 금속으로 만든 몇몇의 합금은 너무도 일반화되었다.

복합재료는 일반적으로 보강재(Reinforcement)와 모재(Matrix)로 구성된다. 보강재는 모재에 의해 접합되거나 둘러싸여 있으며, 섬유(Fiber), 휘스커(Whisker) 또는 미립자(Particle)로 만들어진다.

모재는 액체인 수지(Resin)가 일반적이며,보강재를 접착하고 보호하는 역할을 담당한다. 예를 들어, 콘크리트(Concrete)는 수지에 해당하는 시멘트와 보강재로서의 자갈 또는 철근으로 구성된다. 비록 보강재와 수지가 조합된 상태에서 각각을 식별할 수 있고 구조적으로 분리할 수 있더라도, 그들이 단독으로 있을 때와 조합된 상태일 때는 매우 다르다.

정답 01 ② 02 ③

중

03 복합소재의 장점으로 알맞지 않은 것은?

① 무게당 강도 비율이 높다.
② 복잡한 형태나 공기 역학적인 곡선 형태의 제작이 용이하다.
③ 부식이 되지 않고 마멸이 잘된다.
④ 제작이 단순해지고 비용이 절감된다.

해설

복합재료의 장점
- 무게당 강도 비율이 높다. 알루미늄을 복합 재료로 대체하면 약 30% 이상의 인장, 압축 강도가 증가되고, 약 20% 이상의 무게 경감 효과가 있다.
- 복잡한 형태나 공기 역학적인 곡선 형태의 제작이 쉽다.
- 일부의 부품과 패스너를 사용하지 않아도 되므로 제작이 단순해지고, 비용이 절감된다.
- 유연성이 크고, 진동에 강해서 피로 응력(Fatigue Stress)의 문제를 해결한다.
- 부식이 되지 않고 마멸이 잘되지 않는다.

하 출제율이 높은 문제

04 항공기 기체구조 부위의 복합소재 부품에 가장 많이 사용되는 모재는?

① PI(Polyimide) Resin
② Ceramic
③ Epoxy Resin
④ BMI(Bismaleimide) Resin

해설

1번 문제 해설 참조

중 출제율이 높은 문제

05 허니컴(Honeycomb) 샌드위치 구조에서 코어(Core)의 자재가 아닌 것은?

① 알루미늄 합금 ② 종이
③ 고무 ④ 복합재료(FRP)

해설

허니컴 샌드위치 구조
코어(Core)가 알루미늄, FRP, 종이 등이 얇은 막의 벌집 모양으로 성형된 것으로 90~99%가 공간으로 되어 있어 강도비, 피로 강도, 중량 대 강성의 비가 크고 구조 부재에 적당하다.

중

06 다음 중 열가소성 플라스틱 수지의 종류가 아닌 것은?

① 폴리에스테르
② 폴리염화비닐
③ 폴리에틸렌
④ 폴리메틸메타크릴 레이트

해설

열가소성 수지 종류
폴리염화비닐, 아크릴 수지, ABS 수지, TEFLON 수지, 나일론 수지, 폴리에틸렌 수지, 폴리아세탈수지, 폴리메틸메타크릴 레이트 수지 등이 있다.

하

07 강화 플라스틱에서 섬유강화재에 3가지 형태에 해당되지 않는 것은?

① 천(Fabric)
② 섬유(Fiber)
③ 미립자(Particle)
④ 휘스커(Whisker)

해설

2번 문제 해설 참조

정답 03 ③ 04 ③ 05 ③ 06 ① 07 ①

13 철강 및 비철금속 재료

하 (출제율이 높은 문제)

01 철강재료 구분번호의 SAE 1025에서 25가 의미하는 것은 무엇인가?

① 탄소강의 종류
② 탄소의 함유량
③ 탄소강의 합금번호
④ 합금 원소의 백분율

해설

철강 재료는 SAE에서 정한 네 자리 숫자를 이용하여 식별하는데, 첫째 숫자는 강의 종류를, 둘째 숫자는 합금의 주성분을 백분율로 나타내며, 나머지 2개 숫자는 탄소의 함유량을 표시한 것이다.

중 (출제율이 높은 문제)

02 다음 설명 중 탄소강이 아닌 것은?

① 탄소강의 함유량은 0.025~2.0%이다.
② 탄소강의 종류에는 저탄소강, 중탄소강, 고탄소강이 있다.
③ 탄소강은 비강도면에서 우수하므로 항공기 기체 구조재에 사용하기 좋다.
④ 탄소강에는 탄소 함유량이 많을수록 경도는 증가하나 인성과 내충격성이 나빠진다.

해설

탄소강은 철에 탄소가 약 0.025~2.0% 함유되어 있는 강을 말하며, 약간의 규소, 망간, 인, 황 등을 포함하고 있다. 탄소강은 탄소 함유량이 미세한 변화에 따라 성질이 크게 변화하는데 탄소 함유량이 많을수록 경도는 증가하나 인성과 내충격성은 감소하고 또한 용접하기가 어려워진다.
탄소강은 생산성, 경제성, 기계적 성질, 가공성 등이 우수하기 때문에 강 중에서 사용량이 매우 많지만, 비강도면에서 불리하기 때문에 항공기 기체 구조 재료로는 거의 쓰이지 않으며 사용처로는 안전결선용 와이어, 부싱, 나사, 로드, 코터 핀 및 케이블 등에 일부 쓰이고 있다.

하 (출제율이 높은 문제)

03 다음 특수강 중 탄소를 제일 많이 함유하고 있는 강은?

① SAE 1025　② SAE 2330
③ SAE 6150　④ SAE 4340

해설

1번 문제 해설 참조

하

04 강에서 탄소의 함유량이 2% 이상일 경우 무엇이라 하는가?

① 강　② 주철
③ 강철　④ 순철

해설

주철
탄소 함유량이 2.0~6.67%인 철과 탄소의 합금으로, 용선로나 전기로에서 제조한다. 용융온도가 낮고 유동성이 좋기 때문에 복잡한 형상이라도 주조하기 쉽고 값이 싸서 공업용 기계 부품을 제조하는데 많이 사용되어 왔으나, 메짐성이 있고 단련이 되지 않는 결점이 있다.

하

05 Code 번호 AA 1100의 알루미늄은 어떤 형의 알루미늄인가?

정답 01 ② 02 ③ 03 ③ 04 ② 05 ③

① 열처리된 알루미늄 합금
② 11%의 구리를 함유한 알루미늄
③ 99% 이상 순수 알루미늄
④ 아연이 포함된 알루미늄 합금

해설

1100은 순도 99% 이상의 순수 알루미늄으로 내식성이 우수하다. 전·연성이 풍부하고 가공성이 좋으나 열처리에 의해 경화시킬 수 없다.

중

06 다음 중 알루미늄 합금의 특성이 아닌 것은?

① 성형 가공성이 좋다.
② 시효 경화성이 있다.
③ 강도는 떨어지나 연성과 내식성이 우수하다.
④ 합금원소의 조성을 변화시켜 강도와 연신율을 조절할 수 있다.

해설

알루미늄 합금의 성질
① 전성이 우수하여 성형 가공성이 좋다.
② 상온에서 기계적 성질이 우수하다.
③ 합금원소의 조성을 변화시켜 강도와 연신율을 조절할 수 있다.
④ 내식성이 양호하다.
⑤ 시효 경화성이 있다.

중 (출제율이 높은 문제)

07 지구상에서 규소 다음으로 많이 매장되어 있으며, 항공기 기체구조재에 많이 사용하는 재료는?

① 구리 ② 알루미늄
③ 니켈과 티탄 ④ 마그네슘과 탄소

해설

알루미늄(Al)
지구상에서 규소(Si) 다음으로 매장량이 많은 원소이다. 알루미늄 합금은 대형 항공기 기체 구조재의 70% 이상을 차지하는 만큼, 항공기 기체 재료로는 매우 중요한 합금이다.

하

08 알루미늄 합금 중 항공기 외피에 주로 사용되는 것은?

① 1000 계열 ② 2000 계열
③ 3000 계열 ④ 7000 계열

해설

2000 계열 알루미늄 합금은 구리가 주 합금원소이며 부식에 취약하다. 이 계열은 보통 6000 계열보다 고장도 합금이며 외피용으로 적합하다. 이 계열 중 가장 잘 알려진 합금은 2024이다.

중

09 니켈 합금에서 전해질 부식(Electrolyte Corrosion)이 발생하는 접촉 이종 금속으로 옳은 것은?

① 내식강 ② 구리 합금
③ 티타늄 합금 ④ 알루미늄 합금

해설

접촉하는 금속 (Contacting Metals)	알루미늄 합금	카드뮴 플레이트	아연 플레이트	탄소 합금강	납	주석 합금	구리 합금	니켈 합금	티타늄 합금	크롬 플레이트	내식강	마그네슘 합금
알루미늄 합금 (Aluminum Alloy)												
카드뮴 플레이트 (Cadmium Plate)												
아연 플레이트 (Zinc Plate)												
탄소 합금강 (Carbon and Alloy Steels)												
납 (Lead)												
주석 도금 (Tin Coating)												
구리 합금 (Copper and Alloys)												
니켈 합금 (Nickel and Alloys)												
티타늄 합금 (Titanium and Alloys)												
크롬 플레이트 (Chrome Plate)												
내식강 (Corrosion Resisting Steel)												
마그네슘 합금 (Magnesium Alloys)												

색상 영역은 이질 금속 접촉을 나타낸다.

정답 06 ③ 07 ② 08 ② 09 ④

하

10 다음 중 산성용액(Acid Solution)이나 염류용액(Saline Solution)으로 시험하면 쉽게 분극화가 되는 금속으로 옳은 것은?

① 구리
② 티타늄
③ 알루미늄
④ 스테인리스강

해설

실험실에서 산성용액(Acid Solution)이나 염류용액(Saline Solution)으로 시험하면 티타늄이 쉽게 분극화되는 것을 볼 수 있다. 일반적으로 이 분극 효과는 갈바닉(Galvanic)과 부식 셀(Cell)에서의 전류흐름을 감소시키게 된다.

중

11 항공기 재료의 전해질 부식(Electrolytic Corrosions)을 유발하는 이종 금속 접촉으로 옳은 것은?

① 티타늄 합금 – 크롬 플레이트
② 구리 합금 – 니켈 합금
③ 알루미늄 합금 – 내식강
④ 마그네슘 합금 – 마그네슘 합금

해설

9번 문제 해설 참조

정답 10 ② 11 ③

14 항공기 리벳

하

01 다음 리벳 중 상온에서 작업이 가능하고 열처리 없이 사용이 가능한 리벳은?

① 1100 ② 5056
③ 2117 ④ 2024

해설

2117같은 경우 두 번째 자릿수 1이 개량처리를 의미하므로 일반적인 2017, 2024와 같은 리벳처럼 상온에 노출되어도 그대로 사용이 가능하다. 2017과 2024는 상온 노출 시 일정 시간 이내에 사용해야 하거나 열처리 후 시효경화 지연을 위해 아이스박스(Icebox)에 보관하여 사용하기도 한다.

하

02 솔리드 생크 리벳(Solid Shank Rivet)의 머리 표식(Rivet Head Marking)으로 알 수 있는 것은?

① 리벳 재료의 종류
② 리벳 재료의 강도
③ 리벳의 직경
④ 리벳 머리의 모양

해설

리벳 머리에는 리벳의 재질을 나타내는 기호가 표시되어 있다.

하

03 리벳 규격 표시번호 중 AN470과 같은 AN, NAS 문자 표기법이 의미하는 것은 무엇인가?

① 리벳의 사용 용도를 나타낸다.
② 리벳 제작사의 기호를 나타낸다.
③ 리벳의 재질 및 형상종류를 나타낸다.
④ 리벳에 대한 표준형식을 말한다.

해설

각각의 리벳 종류는 부품번호를 통해 식별하며, 항공정비사는 이 번호를 통해 작업에 필요한 정확한 리벳을 선택할 수가 있다. 리벳머리의 종류는 AN 또는 MS 표준규격번호로 식별한다.

선택된 번호는 계열별로 되어 있고, 각각의 계열 번호는 머리모양을 나타낸다. 또한 부품번호에 부가되는 문자와 숫자가 있는데, 문자는 합금성분을 표시하고 숫자는 리벳지름과 길이를 표시한다.

하 (출제율이 높은 문제)

04 항공기 내부나 공기저항을 받지 않는 곳에 사용하는 일반 리벳은?

① 폭발 리벳 ② 체리 리벳
③ 체리 고정 리벳 ④ 유니버셜 머리 리벳

해설

유니버셜 머리 리벳(Universal Head Rivet)은 일반적으로 항공기 내부나 공기 저항을 받지 않는 곳에 사용된다.

하

05 2024T 리벳과 2017T 리벳은 열처리 후 전기냉장고나 아이스박스 같은 곳에 보관하는데 그 이유는?

① 입자 간 부식 방지
② 리벳의 강도, 경도 증가
③ 시효경화 지연
④ 내부 응력 제거

해설

1번 문제 해설 참조

정답 01 ③ 02 ① 03 ③ 04 ④ 05 ③

중

06 "AN470AD－3－5" 리벳에 대한 규격 식별 내용으로 옳지 않은 것은?

① AN470은 미공군해군(Airforce & Navy) 규격의 유니버설 헤드 리벳이다.
② AD는 2117 알루미늄 합금 재질을 의미한다.
③ 3은 리벳의 직경이 3/32[inch]라는 뜻이다.
④ 5는 리벳의 길이가 5/32[inch]라는 뜻이다.

해설

- AN : 미공군해군 규격(Airforce & Navy Specification)
- 470 : 유니버설 머리 리벳
- AD : 2117 알루미늄 합금 재질
- 3 : 리벳 지름이 3/32[inch]
- 5 : 리벳 길이가 5/16[inch]

하

07 다음 중 열처리 후 전기냉장고나 아이스박스 같은 곳에 보관해야 하는 리벳으로 옳은 것은?

① 1100　　② 2117T
③ 2024T　　④ 5056T

해설

1번 문제 해설 참조

중

08 피로강도 측면에서 구조계통의 솔리드 리벳과 교환할 수 있는 유일한 블라인드 리벳은 무엇인가?

① 셀프 플러깅 리벳(Self－Plugging Rivet)
② 풀 스루 리벳(Pull－Thru Rivet)
③ 벌브 체리 락 리벳(Bulbed Cherry－Lock Rivet)
④ 와이어드로 체리 락 리벳(Wiredraw Cherry－Lock Rivet)

해설

벌브 체리 락 리벳(Bulbed Cherry Lock Rivet)은 큰 블라인드머리 때문에 "벌브(Bulb)"라는 이름이 붙었다. 큰 스템에 가해지는 절단하중이 만들어내는 잔여 하중으로 인해, 피로강도 측면에서 구조계통의 솔리드리벳과 교환할 수 있는 유일한 블라인드 리벳(Blind Rivet)이다.

중

09 항공기에 사용하는 블라인드 리벳 종류 중 밀폐작용(Sealing)과 매우 두꺼운 판재의 체결에 적합한 것으로 옳은 것은?

① 셀프 플러깅 리벳(Self－Plugging Rivet)
② 벌브 체리 락 리벳(Bulbed Cherry－Lock Rivet)
③ 허크 기계 고정 리벳(Huck Mechanical Locked Rivet)
④ 와이어드로 체리 락 리벳(Wiredraw Cherry－Lock Rivet)

해설

크기, 재질 그리고 강도 등에서 폭넓게 선택할 수 있는 와이어드로 체리 락 리벳(Wiredraw Cherry－Lock Rivets)은 특히 밀폐작용(Sealing)과 매우 두꺼운 판재의 체결에 적합하다.

중

10 항공기 리벳에 대한 설명 중 옳지 않은 것은?

① 납작머리 리벳(Flat－Head Rivet)은 둥근머리 리벳과 마찬가지로 내부구조에 사용한다.
② 둥근머리 리벳(Round－Head Rivet)은 부재가 인접해서 여유 공간이 없는 곳을 제외한 항공기 내부에 사용한다.
③ 접시머리(Countersunk－Head) 리벳은 카운터성크(Countersunk)나 딤플링한(Dimpled) 구멍 안에 맞도록 일치되는 리벳이다.
④ 브래지어머리 리벳(Brazier－Head Rivet)은 얇은 판재를 접합하는 데 알맞도록 머리 지름이 크고 두께가 두꺼운 리벳이다.

정답 06 ④ 07 ③ 08 ③ 09 ④ 10 ④

해설

둥근머리 리벳(Round-Head Rivet)은 부재가 인접해서 여유 공간이 없는 곳을 제외한 항공기 내부에 사용한다. 둥근머리 리벳은 두껍고, 둥글게 된 상단표면을 갖는다. 머리는 구멍 주위의 판재를 압착하고 동시에 인장하중에 저항할 만큼 충분히 커야 한다.

납작머리 리벳(Flat-Head Rivet)은 둥근머리 리벳과 마찬가지로 내부구조에 사용한다. 이것은 최대강도가 필요한 곳과 둥근머리 리벳을 사용하기에 충분한 여유 공간이 없는 곳에 사용한다. 가끔 드물기는 하지만 외부에 사용하기도 한다.

브래지어머리 리벳(Brazier-Head Rivet)은 얇은 판재를 접합하는 데 알맞도록 머리 지름이 크고 두께가 얇은 리벳이다. 브래지어머리 리벳은 공기저항이 적게 발생하기 때문에, 항공기 외피에서도 특히 후방동체나 꼬리부분 외피의 리벳 작업에 흔히 사용된다. 이 리벳은 프로펠러 후류에 노출되는 얇은 판재를 접합하기 위한 리벳작업에 사용된다. 개량된 브래지어머리 리벳은 머리의 지름을 감소시켜 개선시킨 특징이 있다.

유니버설머리 리벳(Universal-Head Rivet)은 둥근머리, 납작머리, 브래지어머리가 조합된 형태이다. 이 리벳은 항공기 제작과 수리에서 내부와 외부 모두 사용한다. 돌출머리 리벳(둥근머리, 납작머리, 브래지어머리 등)의 교환이 필요할 때, 유니버설머리 리벳으로 교체할 수 있다.

접시머리(Countersunk-Head) 리벳은 카운터성크(Counter-sunk)나 딤플링한(Dimpled) 구멍 안에 맞도록 머리 윗면은 평평하고 생크 쪽으로 경사진 면을 가지고 있어서, 결합한 부품의 표면과 일치되는 리벳이다. 머리의 경사각도는 78°~120°까지 다양하며, 100° 각의 접시머리리벳이 가장 많이 사용된다. 이 리벳은 고정된 판재 위에 또 다른 판재를 고정하거나 부품을 얹어야 하는 곳에 사용한다. 이 리벳은 공기저항이 거의 없으며, 난류 발생을 최소로 하기 때문에 항공기 외부 표면(Exterior Surface)에 사용한다.

하

11 체결하고자 하는 부품의 재질이 마그네슘일 때 사용해야 하는 리벳의 알루미늄 재질로 옳은 것은?

① 2017 ② 2117
③ 2024 ④ 5056

해설

리벳생크의 재질은 리벳작업을 할 부품 재질에 따라 선정된다. 알루미늄 합금 2117 생크리벳은 대부분 알루미늄 합금에 사용할 수 있다. 알루미늄 합금 5056 생크 리벳은 리벳 체결을 하고자 하는 부품의 재질이 마그네슘일 때 사용해야 한다. 강철리벳은 항상 강(Steel)으로 제조된 조립품 리벳 작업에 사용해야 한다.

정답 11 ④

15 볼트 및 너트와 와셔

하 (출제율이 높은 문제)

01 항공기용 와셔의 사용 목적 중 틀린 것은?

① 볼트의 머리를 보호
② 볼트의 그립 길이를 조절
③ 볼트가 받는 하중을 분산
④ 볼트의 풀림을 방지

해설

와셔(Washer)는 볼트나 너트의 작용력이 고르게 분산되도록 하며, 볼트 그립 길이를 맞추기 위해 사용하는 기계요소이다. 고정 와셔는 일반적인 와셔의 특징 이외에 진동에 의해 볼트와 너트가 풀리는 것을 방지하기 위한 것으로써, 그 종류는 매우 다양하다.

하

02 일반용 볼트보다 더 정밀하게 가공된 것으로 육각머리(AN−173에서 186까지) 또는 100° 접시머리(NAS−80에서 NAS−86까지)로 되어 있으며 단단히 끼워 맞춰야 하는 곳에 사용하도록 12~14 온스(ounce) 정도의 망치로 쳐서 원하는 위치까지 집어넣는 것은?

① 표준 육각 볼트 ② 정밀 공차 볼트
③ 내부 렌칭 볼트 ④ 드릴 헤드 볼트

해설

정밀 공차 볼트(Close−Tolerance Bolt)
이 종류의 볼트는 일반용 볼트보다 더 정밀하게 가공된다. 정밀공차볼트는 육각머리(AN-173에서 AN-186까지) 또는 100° 접시머리(NAS-80에서 NAS-86까지)로 되어 있다.

이 볼트는 단단히 끼워 맞춰야 하는 곳에 사용한다. 이 볼트는 12~14온스[ounce] 정도의 쇠망치로 쳐야 원하는 위치까지 집어넣을 수 있다.

하

03 볼트, 너트의 인장력을 분산시키며 그립 길이를 조절하는 기계요소는?

① 스크루 ② 핀
③ 와셔 ④ 캐슬 전단 너트

해설

와셔(Washer)는 볼트나 너트의 작용력이 고르게 분산되도록 하며, 볼트 그립 길이를 맞추기 위해 사용하는 기계요소이다. 고정 와셔는 일반적인 와셔의 특징 이외에 진동에 의해 볼트와 너트가 풀리는 것을 방지하기 위한 것으로써, 그 종류는 매우 다양하다.

하

04 다음 중 캐슬너트를 고정할 때 사용하는 것은?

① 코터핀 ② Lock 너트
③ 블라인드 리벳 ④ Lock 볼트

해설

캐슬너트는 일반용 Bolt 중 나사산(Thread) 부분에 Drill Hole이 있는 Bolt, Eye Bolt, Stud Bolt와 함께 사용하며, 성(Castle)과 같은 모양으로 큰 인장하중에 잘 견디며, 장착 부품과 상대적 운동을 하는 Bolt에 사용한다.
Nut에 패인 부분은 Cotter Pin, Lock Wire 등을 함께 사용하기 위한 구멍이다.

하 (출제율이 높은 문제)

05 푸시 풀 로드(Push Pull Rod)의 길이를 조절할 때 사용되며 엔드 피팅(End Fitting)이 풀리지 않도록 고정시켜주는 것은?

① Barrel Nut ② Anchor Nut
③ Check Nut ④ Plain Wing Nut

정답 01 ① 02 ② 03 ③ 04 ① 05 ③

해설

잼 너트(Hexagon Jam Nut)는 체크 너트(Check Nut)라고도 하며, Nut, Rod End 및 기타 풀림 방지용 Nut로 쓰인다.

하 (출제율이 높은 문제)

06 다음 중 코터핀(Cotter Pin)이 장착 가능한 것은?

① 나비너트　　② 평너트
③ 캐슬너트　　④ 체크너트

해설

캐슬너트는 일반용 Bolt 중 나사산(Thread) 부분에 Drill Hole이 있는 Bolt, Eye Bolt, Stud Bolt와 함께 사용하며, 성(Castle)과 같은 모양으로 큰 인장하중에 잘 견디며, 장착 부품과 상대적 운동을 하는 Bolt에 사용한다.
Nut에 패인 부분은 Cotter Pin, Lock Wire 등을 함께 사용하기 위한 구멍이다.

하

07 볼트에서 그립(Grip)이 의미하는 것은?

① 볼트 머리의 지름
② 볼트의 길이와 지름
③ 나사가 나 있는 부분의 길이
④ 나사가 나 있지 않은 부분의 길이

해설

볼트의 호칭 치수는 볼트의 길이와 지름으로 나타내며, 볼트에서 그립(Grip)이란 나사가 나 있지 않은 부분의 길이로서 체결하여 할 부재의 두께와 일치한다.

중

08 외부에서 인장하중이 작용하는 곳에 사용하는 볼트로서 볼트 머리에 있는 고리에 턴버클(Turn Buckle)과 케이블 섀클(Shackle)과 같은 장치를 부착할 수 있는 것은?

① 아이 볼트　　② 내부 렌칭 볼트
③ 외부 렌칭 볼트　　④ 클레비스 볼트

해설

아이 볼트(Eye Bolt)라는 특수 볼트는 외부에서 인장하중이 작용하는 곳에 사용된다. 아이볼트의 머리에는 고리가 있어서 턴버클(Turnbuckle)의 클레비스(clevis), 케이블 섀클(shackle)과 같은 장치를 부착할 수 있도록 설계되었다. 나사산의 끝에 구멍이 뚫린 것은 안전고정을 위한 것이다.

상

09 항공용 코터핀(Cotter Pin) 안전작업에 대한 일반적인 규칙사항으로 틀린 것은?

① 볼트 위로 구부러진 가닥은 볼트지름을 초과해서는 안 된다. 만약 필요하다면 절단한다.
② 아래쪽으로 구부러진 가닥은 와셔의 표면에 닿지 않는 범위에서 가능한 길어야 한다. 만약 필요하다면 절단한다.
③ 만약 필요하다면 차선책(Optional Method)으로 볼트를 감싸듯 옆으로 돌리는 방법을 사용하며, 이 경우 가닥의 끝이 너트의 옆쪽 끝선보다 바깥쪽으로 뻗어나가는 것이 좋다.
④ 모든 가닥은 적당한 곡률로 구부러져야 한다. 너무 급격한 굽힘은 끊어지기 쉽다. 고무망치(Mallet) 등으로 가볍게 두드려서 구부리는 것이 가장 좋은 방법이다.

해설

코터핀 안전작업에 대한 일반적인 규칙
(1) 볼트 위로 구부러진 가닥은 볼트지름을 초과해서는 안된다. 만약 필요하다면 절단한다.
(2) 아래쪽으로 구부러진 가닥은 와셔의 표면에 닿지 않는 범위에서 가능한 길어야 한다. 만약 필요하다면 절단한다.
(3) 만약 필요하다면 차선책(optional method)으로 볼트를 감싸듯 옆으로 돌리는 방법을 사용하며, 이 경우 가닥의 끝이 너트의 옆쪽 끝선보다 바깥쪽으로 뻗어나가면 안된다.

정답 06 ③ 07 ④ 08 ① 09 ③

(4) 모든 가닥은 적당한 곡률로 구부려져야 한다. 너무 급격한 굽힘은 끊어지기 쉽다. 고무망치(Mallet) 등으로 가볍게 두드려서 구부리는 것이 가장 좋은 방법이다.

하

10 정밀공차볼트(Close-Tolerance Bolt)란?

① 일반용 볼트이다.
② 표준 육각머리 볼트이다.
③ 인장하중 또는 전단하중이 작용하는 일반적인 곳에 사용된다.
④ 단단히 끼워 맞춰야 하는 곳에 힘으로 쳐야 원하는 위치까지 집어넣을 수 있다.

해설

2번 문제 해설 참조

중

11 특수한 목적으로 사용되는 고정 볼트(Lock Bolt) 종류가 아닌 것은?

① 풀 형(Pull Type)
② 스텀프 형(Stump－Type)
③ 클레비스 형(Clevis Type)
④ 블라인드 형(Blind Type)

해설

고정 볼트(Lock Bolt)는 보통 풀 형(Pull Type), 스텀프 형(Stump Type), 블라인드 형(Blinde Type)으로 세 가지 종류가 사용된다.

중

12 항공기용 너트(Aircraft Nut)에 대한 일반적인 설명 중 옳지 않은 것은?

① 너트는 카드뮴도금 처리가 된 탄소강, 스테인리스강 또는 양극 산화 처리가 된 2024T 알루미늄합금 등으로 만든다.
② 일반적으로 왼나사산 또는 오른 나사산으로 만들어진다.
③ 식별을 위한 표시나 문자가 없으며 단지 알루미늄, 황동 등 고유의 광택이나 색상으로 구분할 수 있다.
④ Self－Locking Nut는 코터핀, 안전결선 또 다른 Locknut와 같은 별도의 Safety Lock을 이용해서 풀림 방지를 해야 한다.

해설

항공기용 너트의 모양과 크기는 다양하다. 너트는 카드뮴도금 처리가 된 탄소강, 스테인리스강 또는 양극 산화 처리를 한 2024T 알루미늄합금 등으로 만들며, 왼 나사산 또는 오른 나사산으로 만들어진다.

너트는 볼트와 달리 식별을 위한 표시나 문자가 없기 때문에 알루미늄, 황동 등 고유의 광택이나 색상으로 구분한다. 너트가 자동 고정식(Self－Locking Type)일 때는 내부 형상에 따라 구분할 수 있으며 그 자체의 모양에 따라 쉽게 식별할 수 있다.

일반적으로 항공기용 너트는 두 가지 그룹으로 분류할 수 있는데, 비자동고정너트(Non Self－Locking Nut)와 자동고정너트(Self－Locking Nut)이다. 비자동고정너트는 코터핀, 안전결선 그리고 또 다른 고정너트와 같은 별도의 안전장치(Safety Lock)를 이용해서 풀림방지를 해야 한다.

자동고정너트는 중요한 부분을 고정시키는 기능을 가지고 있으며 자체적으로 고정 능력(Self－Locking, 셀프 락킹)이 있어 비자동고정너트와 달리 안전장치(Safety Lock)가 불필요하다.

중

13 항공용 볼트와 너트 체결 방법에 대한 설명 중 옳지 않은 것은?

① 볼트의 머리는 위쪽 방향, 앞쪽 방향을 향하도록 체결해야 한다.
② 볼트를 체결할 때 회전하는 방향을 향하도록 체결해야 한다.

정답 10 ④ 11 ③ 12 ④ 13 ④

③ Self-Locking Nut를 재사용할 경우에는 Nut의 Fiber가 고정 마찰력을 잃지 않았는지에 대해 Self-Locking 점검을 해야 한다.
④ 볼트의 그립 길이는 볼트로 조여지는 재료의 두께보다 약간 작아야 하며 약간 큰 경우에는 와셔를 추가하여 조절할 수도 있다.

해설

일반적으로 볼트를 장착할 때에는 볼트의 머리는 위쪽방향, 앞쪽방향, 회전하는 방향을 향하도록 체결해야 한다. 이렇게 체결하면 너트가 갑자기 빠지더라도 볼트가 완전히 이탈하는 것을 방지할 수 있다.

볼트 그립 길이도 정확한지 확인해야 한다. 여기서 볼트 그립 길이는 볼트 생크의 나사산이 없는 부분의 길이이다. 일반적으로 그립 길이는 볼트로 조여지는 재료의 두께와 같아야 한다. 그러나 약간 큰 그립 길이의 볼트에는 와셔를 너트 또는 볼트머리 아래에 추가해서 그립 길이를 조절하여 사용하면 된다. 너트 플레이트의 경우에는 플레이트 아래에 심(Shim)을 추가한다.

일반적으로 자동고정너트(Self-Locking Nut, 셀프 락킹 너트)는 효율적인 안전고정장치로서 너트의 고정 능력(Self-Locking, 셀프 락킹)이 감소되지 않으면 여러 번 사용할 수 있다. 자동 고정 너트(Self-Locking Nut, 셀프 락킹 너트)를 재사용할 때는 파이버(Fiber)가 고정 마찰력을 잃지 않았는지 또는 부서지기 쉽게 경화되었는지를 확인해야 한다. 만약 너트가 손으로도 돌아간다면 그 너트는 고정 능력(Self-Locking, 셀프 락킹)을 상실한 것임으로 폐기해야 한다.

하

14 항공기에 사용하는 비자동고정너트(Nonself-Locking Nuts)로 옳지 않은 것은?

① 얇은 육각 너트(Light Hex Nut)
② 캐슬 너트(Castle Nut)
③ 체크 너트(Check Nut)
④ 탄성 고정 너트(Elastomeric Stop Nut)

해설

일반적으로 항공기용 너트는 두 가지 그룹으로 분류할 수 있는데, 비자동고정너트(Non Self-Locking Nut)와 자동고정너트(Self-Locking Nut)이다. 비자동고정너트는 코터핀, 안전결선 그리고 또 다른 고정너트와 같은 별도의 안전장치(Safety Lock)를 이용해서 풀림방지를 해야 한다.

비자동고정너트 종류로는 평 너트(Plain Nut), 캐슬 너트(Castle Nut), 캐슬 전단 너트(Castellated Shear Nut), 평 육각 너트, 얇은 육각 너트(Light Hex Nut), 체크 너트(Check Nut) 등이 있다.

하

15 항공기에 사용하는 볼트 중 특수 목적용 볼트가 아닌 것은?

① 조 볼트(Jo-Bolt)
② 아이 볼트(Eye Bolt)
③ 블라인드 볼트(Blind Bolt)
④ 클레비스 볼트(Clevis Bolt)

해설

특별한 목적을 위해 설계된 특수 목적용 볼트는 특수 볼트로 분류하며, 클레비스 볼트(Clevis Bolt), 아이 볼트(Eye-Bolt), 조-볼트(Jo-Bolt), 고정 볼트(Lock-Bolt) 등이 이에 해당한다.

정답 14 ④ 15 ③

16 케이블, 턴버클, 풀리 등

하

01 다음 중 턴버클(Turn Buckle)의 사용 목적으로 맞는 것은?

① 케이블의 장력을 온도에 따라 보정하여 장력을 일정하게 한다.
② 조종면을 고정시킨다.
③ 케이블의 부식을 방지해준다
④ 조종계통 케이블의 장력을 조절한다.

해설

턴버클은 조종 케이블의 장력을 조절하는 부품으로서 턴버클 배럴(Barrel)과 터미널 엔드로 구성되어 있다.

하 (출제율이 높은 문제)

02 항공기 조종계통에서 조종케이블의 방향을 변환하는 것은?

① Pulley ② Turnbuckle
③ Fairlead ④ Quadrant

해설

항공기 조종케이블계통(Control Cable System)의 구성품별 역할은 다음과 같이 있다.

(1) 풀리(Pulley)
항공기 조종케이블의 방향을 바꾸는 역할을 한다.

(2) 페어리드(Fairlead)
항공기 조종케이블의 작동 중 최소의 마찰력으로 케이블과 접촉하여 직선 운동을 하며 케이블을 3° 이내에서 방향을 유도한다. 또한 벌크헤드의 구멍이나 다른 금속이 지나가는 부분에 사용되며, 페놀수지처럼 비금속재료 또는 부드러운 알루미늄과 같은 금속으로 되어있다.

(3) 벨 크랭크(Bell Crank)
로드(Rod)와 케이블의 운동방향을 전환하고자 할 때 사용하며, 회전축에 대하여 2개의 암(Arm)을 가지고 있어 회전운동을 직선운동으로 바꿔준다.

(4) 토크 튜브(Torque Tube)
토크 튜브는 회전력을 이용하여 조종면을 원하는 각도만큼 변위시키는 구성품으로, 대형항공기에서는 주로 플랩 작동에 사용되고 있다.

(5) 쿼드란트(Quadrant)
항공기 조종케이블의 직선운동을 토크 튜브의 회전운동으로 변환시키는데, 일반적으로 이 쿼드란트는 토크 튜브에 고정되어 있으며 양쪽 끝단에 조종케이블이 연결된다.

하

03 항공기 케이블을 윤활하는 방법으로 맞는 것은?

① 케이블에 윤활유를 충분히 바른 뒤 헝겊으로 닦아 유막이 남는 정도로 한다.
② 케이블을 일정시간 동안 윤활유에 침지시킨다.
③ 케이블을 자주 마른 헝겊으로 닦는다.
④ 케이블에 윤활유를 바른다.

해설

윤활유를 케이블 내부까지 미치도록 충분히 칠하고 케이블 표면을 깨끗한 천으로 가볍게 닦아 표면에는 얇은 피막만이 형성되도록 해준다.

정답 01 ④ 02 ① 03 ①

중

04 조종케이블의 절단된 와이어를 확인하는 방법으로 가장 옳은 것은?

① 케이블을 장탈하여 전체 길이 방향으로 비파괴 검사를 수행한다.
② 풀리와 페어리드 부근에 현미경을 사용해서 세밀하게 검사 확인한다.
③ 영구자석을 케이블에 문질러서 절단된 와이어가 밀려 나오도록 하여 검사한다.
④ 깨끗한 헝겊조각으로 케이블을 감싸쥐고 길이 방향으로 전후로 문질러서 확인한다.

해설

케이블 손상, 와이어 절단(Broken Wire)이 발생하기 쉬운 곳은 케이블이 페어리드(Fairlead) 및 풀리(Pulley) 등을 통과하는 부분이다. 케이블을 깨끗한 천으로 문질러서 끊어진 가닥을 감지하고, 절단된 와이어를 변환하여야 하는데, 풀리(Pulley), 롤러(Roller) 혹은 드럼(Drum) 주변에서 와이어 절단이 발견될 경우에는 케이블을 교환하여야 하며, 페어리드(Fairlead) 혹은 압력 시일(Pressure Seal)이 통과되는 곳에서 발견될 경우에는 케이블 교환은 물론, 페어리드와 압력 시일의 손상 여부도 검사하여야 한다. 필요한 경우에는 케이블을 느슨하게 하여 구부려 검사해본다.

하

05 다음 중 턴버클(Turn Buckle) Safety Lock이 아닌 것은?

① Locking Pin
② Locking Clip
③ Single－Wrap
④ Double－Wrap

해설

턴버클 배럴의 회전 정지를 위해 Safety Lock을 하는데, 이 방법에는 안전결선(Safety Wire)으로 행하는 방법(단선식 : Single Wrap, 복선식 : Double Wrap)과 Locking Clip을 사용하는 방법이 있다.

중

06 항공기 조종계통에서 조종케이블 세척 및 검사 방법에 대한 설명 중 옳지 않은 것은?

① 조종케이블은 주기 점검 때마다 부식 발생의 여부를 점검한다.
② 솔벤트나 케로신을 적신 천을 활용하여 케이블을 점검한다.
③ 내부부식이 발생한 케이블은 교환해야 하고 오일을 적신 부직포 또는 연질의 와이어 브러쉬로 외부부식 요소를 제거한 다음 케이블을 방식 처리한 뒤에 사용한다.
④ 조종케이블은 일반적으로 내시경 검사가 실시되며 필요에 따라 형광침투탐상과 같은 비파괴 검사가 적용된다.

해설

케이블의 세척 및 검사(Cable Cleaning and Inspection)

1. 세척(Cleaning)
   (1) 고착되지 않은 녹(Rust), 먼지(Dust) 등은 마른 수건으로 닦아내고, 케이블 표면에 고착된 녹이나 먼지는 #300～#400 정도의 미세한 샌드페이퍼(Sand Paper)로 제거한다.
   (2) 케이블 표면에 고착된 오래된 방청유나 오물의 제거는 솔벤트나 케로신(Kerosene)을 적신 깨끗한 수건으로 닦아낸다. 만약 케로신이 너무 많으면 케이블 내부에 스며들어 있던 윤활유가 빠져나와 와이어 마모나 부식의 원인이 되므로 가능한 한 소량으로 해야 하며, 증기 그리스 제거(Vapor Degrease), 수증기 세척, 메틸 에틸 케톤(MEK) 또는 그 외의 용제를 사용할 경우에는 케이블 내부의 윤활유까지 제거해 버리기 때문에 사용해서는 안 된다.
   (3) 세척한 케이블은 깨끗하게 마른 헝겊으로 닦아낸 다음 부식에 대한 방지를 한다.
2. 케이블에 일어나는 손상의 종류와 검사방법
   케이블의 손상과 검사방법에 대한 상세한 내용은 정비 매뉴얼을 참조해야 한다. 보통 케이블 검사를 수행할 때에는 육안 검사(Visual Inspection)로 하지만, 미세한 점검은 확대경을 사용하기도 한다.

정답 04 ④ 05 ① 06 ④

중

07 항공기 조종케이블의 턴버클(Turnbuckle)에 대한 설명으로 옳지 않은 것은?

① 턴버클은 나사산을 낸 2개의 터미널(Terminal)과 나사산을 낸 배럴(Barrel)로 구성된 기계용 스크루 장치이다.

② 오른나사로 된 배럴 쪽에는 외부에 홈(Groove)이나 마디(Knurl)를 새겨서 오른나사임을 식별할 수 있도록 하였다.

③ 턴버클은 케이블 길이를 미세하게 조절하고 이를 통해 케이블 장력(Cable Tension)을 조정하는 케이블 연결장치이다.

④ 터미널 중 하나는 오른나사이고 다른 하나는 왼나사이다. 배럴의 내부 양쪽 끝에는 오른나사와 왼나사가 각각 나있다.

해설

턴버클(Turnbuckle)은 나사산을 낸 2개의 터미널(Terminal)과 나사산을 낸 배럴(Barrel)로 구성된 기계용 스크루 장치이다. 턴버클은 케이블 길이를 미세하게 조절하고 이를 통해 케이블 장력(Cable Tension)을 조정하는 케이블 연결장치이다. 터미널 중 하나는 오른나사이고 다른 하나는 왼나사이다. 배럴의 내부 양쪽 끝에는 오른나사와 왼나사가 각각 나있다. 왼나사로 된 배럴 쪽에는 외부에 홈(Groove)이나 마디(Knurl)를 새겨서 왼나사임을 식별할 수 있도록 하였다.

하

08 항공기 케이블을 미세하게 조절하고 이를 통해 케이블 장력(Cable Tension)을 조정하는 케이블 연결장치로 옳은 것은?

① 푸시 풀 로드(Push Pull Rod)

② 벨 크랭크(Bell-Crank)

③ 턴버클(Turnbuckle)

④ 쿼드란트(Quadrant)

해설

7번 문제 해설 참조

정답 07 ② 08 ③

17 항공기 세척과 부식 방지처리

상

01 항공기 금속재료 부식의 일반적인 분류의 형태에서 직접 화학침식의 원인이 되는 일반적인 부식 원인은 무엇인가?

① 엎질러진 배터리 용액, 부적당한 세척, 용접, 땜질 또는 납땜 접합부에 존재하는 잔여 용제, 고여 있는 가성의 세척용액 등이다.
② 전기도금, 양극산화처리 또는 드라이셀 배터리(Dry－Cell Battery)에서 일어나는 전해반응에 의해 일어난다.
③ 합금의 결정경계(Grain Boundary)로 침식이 발생되며, 보통은 합금구조물 성분의 불균일성이 그 원인이다.
④ 지속적인 인장응력이 집중되고 부식 발생이 높은 환경이 공존하면서 발생한다.

해설

직접 화학침식 또는 순수한 화학적 부식은 가성의 액체 또는 가스의 성분에 가공되지 않은 금속의 직접 노출로부터 초래되는 형태이다. 전기 화학침식과는 달리, 직접 화학침식에서의 변화는 동일한 지점에서 동시에 일어나는 것이다. 항공기에서 직접 화학침식의 원인이 되는 대부분의 일반적인 부식원인 물질은 엎질러진 배터리 용액, 부적당한 세척, 용접, 땜질 또는 납땜 접합부에 존재하는 잔여 용제 그리고 고여 있는 가성의 세척 용액 등이다.

중

02 금속재료 부식 발생에 있어 오염물질 중 외부 오염 물질 종류로 아닌 것은?

① 흙과 대기먼지
② 엎질러진 세척액
③ 연료탱크 방수액
④ 용접, 땜질 용재 찌꺼기

해설

부식이 시작되는 침식과 부식의 확대에 영향을 미치는 요소의 대표적인 것은 오염물질로서 정비 절차에 의해 충분히 제어할 수 있는 요인이다. 외부 오염 물질은 다음과 같은 물질들이 포함된다.
① 흙과 대기 먼지
② 오일, 그리스 그리고 동력장치 부산물
③ 소금물 그리고 염분 습기의 응축
④ 엎질러진 배터리 용액 그리고 세척액
⑤ 용접, 땜질 용재 찌꺼기

항공기가 깨끗하게 유지되는 것은 매우 중요하며 얼마나 자주 어느 정도의 범위로 항공기를 세척할지는 항공기의 운항조건, 환경과 깊은 관계가 있다.

중 (출제율이 높은 문제)

03 금속 재료 중 구리 합금의 부식의 형태는 어떠한 것인가?

① 회색 및 흰색의 침전물이 형성된다.
② 녹색 산화 피막이 생긴다.
③ 붉은색 녹을 형성한다.
④ 흑색을 띈 가루가 나타난다.

해설

금속 재료의 부식(Corrosion)은 주위 환경과 화학적 또는 전기 화학적 반응에 의해서 표면 상태가 변화되거나 재료의 내부를 약화시켜서 결국에는 구조물이 파손되는 현상이다. 부식의 형태는 금속에 따라 차이가 있는데, 알루미늄 합금과 마그네슘 합금은 표면에 넓은 부식 자국이 침식된 흔적이 나타나며, 회색 및 흰색의 침전물이 형성된다. 구리 합금은 녹색 산화 피막이 생기고, 철강 재료는 붉은색 녹을 형성한다.

정답 01 ① 02 ③ 03 ②

중 (출제율이 높은 문제)

04 금속 재료 중 알루미늄 합금과 마그네슘 합금의 부식의 형태는 어떠한 것인가?

① 회색 및 흰색의 침전물이 형성된다.
② 녹색 산화 피막이 생긴다.
③ 붉은색 녹을 형성한다.
④ 흑색을 띈 가루가 나타난다.

해설

3번 문제 해설 참조

중 (출제율이 높은 문제)

05 금속 재료 중 철강 재료의 부식의 형태는 어떠한 것인가?

① 회색 및 흰색의 침전물이 형성된다.
② 녹색 산화 피막이 생긴다.
③ 붉은색 녹을 형성한다.
④ 흑색을 띈 가루가 나타난다.

해설

3번 문제 해설 참조

중 (출제율이 높은 문제)

06 금속 부식 중 강한 인장응력과 부식조건이 합금에 작용하여 내부에 복합적으로 변형되는 부식의 종류는?

① 응력 부식
② 마찰 부식
③ 입자 간 부식
④ 이질금속 간 부식

해설

응력부식(Stressed Corrosion)은 강한 인장응력과 부식 환경조건이 재료 내에 복합적으로 작용하여 발생하는 부식이다. 주로 발생하는 금속재료는 알루미늄 합금, 스테인리스강, 고강도 철강재료이다.

상

07 주기적인 세척을 필요로 하는 항공기 객실의 관심 지역으로 아닌 것은?

① 전자장비 부분 : 장비 장착대, 장비 스탠드, 전기 커넥터 등
② 객실 부분 : 좌석, 사이드 패널, 헤드 라이너, 오버헤드 랙, 커튼, 창문, 도어, 데코레이션 패널 등
③ 조종석 부분 : 계기 패널, 컨트롤 패데스털(Control Pedestal), 글레어 실드(Glare Shield), 바닥재, 비행 조종장치, 전기케이블 등
④ 화장실과 갤리 : 변기, 쓰레기통, 캐비닛, 세면대, 거울, 오븐 등

해설

주기적인 세척을 필요로 하는 항공기 객실의 관심 지역은 다음과 같다.

(1) 객실 부분
좌석, 사이드 패널, 헤드 라이너, 오버헤드 랙, 커튼, 창문, 도어, 데코레이션 패널 등
(2) 조종석 부분
계기 패널, 컨트롤 패데스털(Control Pedestal), 글레어 실드(Glare Shield), 바닥재, 비행 조종장치, 전기케이블 등
(3) 화장실과 갤리
변기, 쓰레기통, 캐비닛, 세면대, 거울, 오븐 등

하

08 일반적으로 항공기에 사용되는 세척제로 옳지 않은 것은?

① 솔벤트
② 윤활유
③ 비누
④ 합성세제

해설

일반적으로 항공기에 사용되는 세척제는 솔벤트, 비누 그리고 합성세제 등이 있다.

정답 04 ① 05 ③ 06 ① 07 ① 08 ②

상

09 불연성 객실 세척용제와 솔벤트에 대한 설명으로 옳지 않은 것은?

① 세제와 비누(Detergents and Soaps)는 객실의 천, 헤드 라이너, 바닥재, 창문, 기타 물에 의해 손상되지 않는 유사한 표면과 관련된 대부분의 항공기 청소 작업에 광범위하게 적용된다.

② 알카라인 세척제(Alkaline Cleaners)의 대부분은 수용성 물질로서 화재위험 특성을 가지고 있지 않다. 알카라인 세척제는 본래 가지고 있는 세정제로서의 특성으로부터 기인한 약간의 추가 제한을 제외하면 세제나 비누처럼 동일한 방식으로 천, 헤드라인, 바닥재 등에 사용할 수 있다.

③ 일부 산성 용제(Acid Solutions)는 세척제로 사용하는 것이 가능하다. 산성 용제는 일반적으로 탄소 덩어리 또는 부식성의 얼룩을 제거하기 위해 만들어진 용제이다.

④ 드라이 클리닝 용제(Dry－Cleaning Agents)는 Perchlor ethylene과 Trichlor ethylene은 상온에서 사용되는 불연성 드라이 클리닝 용제의 예이다. 이러한 물질들은 사용 시에 주의를 요하는 유독성 위험요소를 가지고 있으며 일부 장소에서는 환경법의 적용으로 인해 사용해도 된다.

해설

불연성 객실 세척용제와 솔벤트(Nonflammable Aircraft Cabin Cleaning Agent and Solvents)

(1) 세제와 비누(Detergents and Soaps)
객실의 천, 헤드 라이너, 바닥재, 창문, 기타 물에 의해 손상되지 않는 유사한 표면과 관련된 대부분의 항공기 청소 작업에 광범위하게 적용된다. 화염 확산 특성을 감소시키기 위해 사용될 수 있는 수용성/난연성 염의 침출을 방지하기 위한 관리가 종종 필요하다.
난연성 염이 함유된 물이 시트 및 시트 레일의 알루미늄 프레임워크(Aluminum Framework)에 닿으면 부식이 발생할 수 있다. 따라서 세척할 때 필요한 만큼의 수분만을 조심스럽게 사용해야 한다.

(2) 알카라인 클리너(Alkaline Cleaners)
알카라인 세척제의 대부분은 수용성 물질로서 화재위험 특성을 가지고 있지 않다. 알카라인 세척제는 본래 가지고 있는 세정제로서의 특성으로부터 기인한 약간의 추가 제한을 제외하면 세제나 비누처럼 동일한 방식으로 천, 헤드라인, 바닥재 등에 사용할 수 있다.
그러나 세척의 효과를 높일 수 있지만 일부 천이나 플라스틱의 성능을 약화시키는 결과를 초래하게 된다.

(3) 산성 용제(Acid Solutions)
일부 산성 용제는 세척제로 사용하는 것이 가능하다. 산성 용제는 일반적으로 탄소 덩어리 또는 부식성의 얼룩을 제거하기 위해 만들어진 용제이다. 수성 용제(Water－Base Solution)이므로 인화점은 없지만 일부 천, 플라스틱 또는 표면의 손상을 방지하는 것뿐만 아니라 피부와 의복을 보호하는 데 각별한 주의해야 한다.

(4) 탈취 또는 소독제(Deodorizing or Disinfecting Agents)
항공기 객실의 탈취 또는 소독에 주로 사용하는 다수의 약품은 불연성(Nonflammable)이다. 대부분 약품들은 스프레이(에어로졸)형으로 설계되었으며 불연성 가압 가스를 가지고 있지만, 일부는 가연성 충전가스를 함유하고 있으므로 주의해서 확인하는 것이 중요하다.

(5) 연마재(Abrasive)
연마재는 화재의 위험성이 없으며, 불연성의 연마재는 표면의 광택이나 페인트칠한 부분을 회복하는 데 이용할 수 있다.

(6) 드라이 클리닝 용제(Dry－Cleaning Agents)
퍼클로로 에틸렌(Perchlor ethylene)과 트리클로로 에틸렌(Trichlor ethylene)은 상온에서 사용되는 불연성 드라이 클리닝 용제의 예이다. 이러한 물질들은 사용 시에 주의를 요하는 유독성 위험요소를 가지고 있으며 일부 장소에서는 환경법의 적용으로 인해 사용이 금지되거나 엄격하게 제한된다. 같은 방법으로, 수용성 물질은 해로울 수 있다. 난연 처리 된 재료는 이러한 드라이 클리닝 용제의 적용으로 인해 악영향을 받을 수 있다.

정답 09 ④

상

10 항공기 세척 및 광택 작업을 진행 중인 때, 일반적인 화재 예방을 위한 안전 지침 준수사항으로 옳지 않은 것은?

① 기상조건이 허락된다면 항공기의 세척 및 광택 작업을 수행할 때에는 항공기를 격납고 외부에 주기하도록 한다.
② 격납고 외부에서 항공기 객실의 세척 또는 광택 작업이 수행되고 있을 때에는 항공기 입구에 공항 소방대가 출동하기 전까지 사용 가능한 20-B급 이동용 소화기를 비치해야 하고 객실까지 접근 가능한 가변식 물 분사 장치를 비치하는 것을 권고한다.
③ 다목적 ABC급 소화기는 알루미늄 부식의 문제가 발생하는 곳에서는 사용하면 안된다.
④ 격납고 안에서 항공기 하부 세척 및 광택 작업을 수행할 때에는 격납고에 수동 소화 장치를 구비하고 있어야 한다.

해설

가연성 물질을 사용하여 항공기 세척 및 광택 작업을 진행 중인 때에는 아래의 일반적인 화재 예방을 위한 안전 지침을 준수해야 한다.

(1) 기상조건이 허락된다면 항공기의 세척 및 광택 작업을 수행할 때에는 항공기를 격납고 외부에 주기하도록 한다. 이러한 절차는 자연적인 환기의 추가적인 공급을 위함이며 항공기에 화재 발생 시 쉽게 접근할 수 있기 때문이다.
(2) 격납고 외부에서 항공기 객실의 세척 또는 광택 작업이 수행되고 있을 때에는 항공기 입구에 공항 소방대가 출동하기 전까지 사용 가능한 20-B급 이동용 소화기를 비치해야 하고 객실까지 접근 가능한 가변식 물 분사 장치를 비치하는 것을 권고한다. 이전 권고사항을 대체하는 경우에는 A급 소화기 또는 B급 소화기를 항공기 객실 도어 부근에 비치하도록 한다.
NOTE 1 다목적 ABC급 소화기는 알루미늄 부식의 문제가 발생하는 곳에서는 사용하면 안 된다.
NOTE 2 항공기 제작 또는 정비 작업 중에 사용되는 이동용 화재 감지 및 제어 장비들은 항공기를 보호하기 위해 개발, 시험 및 장착된다. 운영자는 소화기의 항공기 객실 세척 및 광택 작업을 수행하기 전에 사용가능 여부를 확인하여야 한다.
(3) 격납고 안에서 항공기 하부 세척 및 광택 작업을 수행할 때에는 격납고에 자동 소화 장치를 구비하고 있어야 한다.

하

11 부식 발생이 쉬운 부분(Corrosion Prone Area)에 해당되지 않는 것은?

① 전자장비실 ② 주방
③ 화장실 ④ 화물실

해설

민간항공기의 주방(Gelly), 화장실(Lavatory), 화물실(Cargo Compartment) 그리고 군용항공기의 로켓, 기관포, 미사일 발사대 근접 부분 등을 포함하는 대부분의 항공기에서 부식이 발생하기 쉬운 부분에 대하여 정비 교범을 참고로 항공기 형식별 특성을 포함하여 관리하여야 한다.

정답 10 ④ 11 ①

18 유체 라인과 피팅

하 (출제율이 높은 문제)

01 항공기 배관 데칼(Decal) 표식 중 붉은색이 의미하는 것은?

① 연료 계통(Fuel System)
② 윤활 계통(Oil System)
③ 유압 계통(Hydraulic System)
④ 산소 계통(Oxygen System)

해설

연료는 가연성 물질로 폭발 위험성이 있기에 붉은색으로 표시하여 식별할 수 있도록 한다.

하

02 부드러운 재질(1100, 3003, 5052)로 된 알루미늄 튜브는 직경이 얼마의 미만일 때 굽힘 공구를 사용하지 않고 손으로 직접 굽힐 수 있는가?

① 1/2"
② 1/4"
③ 3/32"
④ 7/64"

해설

튜브가 작거나 연한 재질이면 손으로 구부려 성형할 수도 있으나 튜브의 지름이 1/4" 이상이면 공구 없이 손으로 구부리는 것은 비실용적이다.

하

03 항공기 튜브를 교환할 때 새 튜브는 교환할 튜브보다 얼마의 여유를 두고 잘라야 하는가?

① 5%
② 10%
③ 40%
④ 75%

해설

새 튜브(New Tube)를 자를 때는 교환할 튜브보다 약 10% 더 길게 잘라야 한다. 그것은 튜브를 구부릴 때 길이가 변화하기 때문이다.

상

04 다음 그림 중 알맞게 장착된 항공기 가요성 호스(Flexible Hose)는?

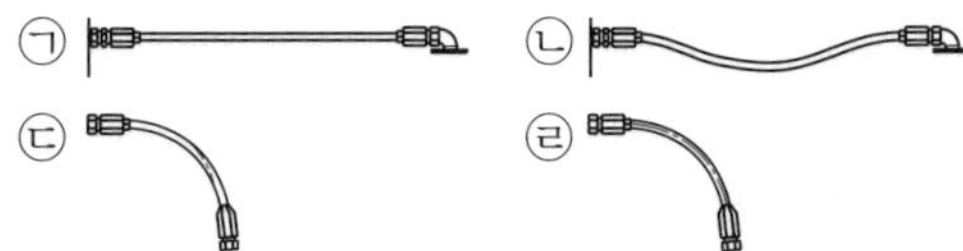

① ㉠과 ㉢
② ㉡과 ㉢
③ ㉡과 ㉣
④ ㉠과 ㉣

해설

호스 장착 시 주의사항

- 호스가 꼬이지 않게 설치
- 최소 굽힘을 주고 설치
- 5~8% 정도 여유를 두고 장착
- 고온에 대비 열 차단판을 설치
- 진동 방지를 위해 클램프를 60cm 마다 간격을 두고 장착
- 서로 접촉하지 않도록 장착

정답 01 ① 02 ② 03 ② 04 ③

하

05 항공기에 사용되는 가요성 호스(Flexible Hose) 장착에 대한 다음 설명 중 틀린 것은?

① 비틀림이 있어도 호스에 영향이 없다.
② 비틀림이 너무 과하면 호스의 Fitting이 풀린다.
③ 비틀림을 확인할 수 있도록 호스에 확인선이 있다.
④ 비틀림이 과하면 호스의 수명이 줄어든다.

해설

4번 문제 해설 참조

하

06 항공기에 튜브 어셈블리를 장착하기 전 검사에 대한 설명으로 옳지 않은 것은?

① 튜브가 찌그러지거나 긁힌 부분에 대해 주의 깊게 검사해야 한다.
② 모든 너트와 슬리브는 부드럽게 접촉면이 맞물려 있어야 한다.
③ 튜브에 제작된 플레어가 여유 있게 장착되었는지를 면밀히 확인한다.
④ 튜브 어셈블리는 깨끗하게 관리되어야 하고 외부 물질 오염으로부터 차단되어야 한다.

해설

항공기에 튜브 어셈블리를 장착하기 전에는 그 튜브를 주의 깊게 검사하여야 한다. 잘못된 장착과 누설 방지를 위해 찌그러지거나 긁힌 부분은 제거되어야 하고, 모든 너트와 슬리브는 부드럽게 접촉면이 맞물려 있어야 하며 튜브에 제작된 플레어에 의해 단단히 장착되는지를 면밀히 확인해야 한다. 튜브 어셈블리는 흐르는 각종 유체에 이물질이 내포되지 않도록 깨끗하게 관리되어야 하고 외부 물질 오염으로부터 차단되어야 한다.

중

07 항공기 더블 플레어링(Double Flaring)에 대한 특징과 설명에 대해 옳지 않은 것은?

① 3/8inch 이상의 튜브에 사용된다.
② 알루미늄 합금 튜브에 사용된다.
③ 토크의 전단 효과에 더 잘 견딘다.
④ 작동 압력에 의한 플레어의 손상과 균열을 방지한다.

해설

더블 플레어링(Double Flaring)은 3/8[inch] 이하의 연질 알루미늄합금 튜브에 사용된다. 이중 플레어링은 작동 압력조건에서 플레어의 손상과 균열을 방지하기 위해 사용되며 싱글 플레어링(Single Flaring)보다 더 매끄럽고 밀폐 효과가 우수하며 토크의 전단효과에 더 잘 견딘다.

중

08 항공기 알루미늄 합금 튜브에 사용하는 식별 코드에서 알루미늄 합금 번호 2014의 식별띠 색으로 옳은 것은?

① 적색(Red)
② 회색(Gray)
③ 녹색(Green)
④ 검은색(Black)

해설

알루미늄 합금 식별에 쓰이는 식별코드

알루미늄 합금 번호	식별띠 색
1100	백색(White)
3003	녹색(Green)
2014	회색(Gray)
2024	적색(Red)
5052	보라색(Purple)
6053	검은색(Black)
6061	청색 및 황색(Blue and Yellow)
7075	갈색 및 황색(Brown and Yellow)

정답 05 ① 06 ③ 07 ① 08 ②

중

09 항공기 알루미늄 합금 튜브에 사용하는 식별 코드에서 식별띠 색 중 Blue & Yellow에 해당하는 알루미늄 합금 번호로 옳은 것은?

① 1100
② 2024
③ 6053
④ 6061

해설

8번 문제 해설 참조

하

10 항공기용 연성 호스를 제작할 때 일반적으로 활용되는 합성고무 재료로 옳지 않은 것은?

① 네오프렌(Neoprene)
② 부틸(Butyl)
③ 인산염 에스테르(Phosphate Ester)
④ 테프론(Teflon)

해설

순수한 고무는 연성 유체 라인을 구성하는 재료로 사용할 수 없다. 요구되는 강도, 내구성, 가동성에서 요구되는 조건을 충족시키기 위해 순수한 고무 대신 합성고무를 사용한다.

연성 호스를 제작할 때 일반적으로 활용되는 것은 합성고무 Buna－N, 네오프렌(Neoprene), 부틸(Butyl), 에틸렌 프로필렌 디엔 러버(Ethylene Propylene Diene Rubber/EPDM)과 테프론(Teflon) 등을 사용한다.

중

11 항공기 호스(Hose)에 대한 설명으로 옳지 않은 것은?

① 저압 호스는 1000[psi] 이하의 압력에서 사용 가능하다.
② 중압 호스는 1500[psi] 압력에서도 사용 가능하다.
③ 중압 호스는 3000[psi]까지의 압력에서 사용 가능하다.
④ 고압 호스는 모든 크기로 3000[psi]까지 사용 가능하다.

해설

항공기 호스는 작용하는 압력에 따라 분류되며 그 내용은 다음과 같다.

① 저압 호스 : 250[psi] 이하의 압력에서 사용가능하며, 직물 보강제로 구성되어 있다.
② 중압 호스 : 3000[psi]까지의 압력에서 사용가능하며, 하나의 철사 층으로 보강되어 있고, 작은 크기의 호스는 3000[psi]까지 사용 가능하며 큰 크기의 호스는 1500[psi]까지 사용 가능하다.
③ 고압 호스 : 모든 크기의 호스는 3000[psi]까지 사용 가능하다.

중

12 항공기 연성 호스 유체 라인(Flexible Hose Fluid Line)에 사용하는 합성고무에 대한 설명으로 옳지 않은 것은?

① 연성 호스를 제작할 때 일반적으로 활용되는 합성고무 Buna－N, 네오프렌(Neopren), 부틸(Butyl), 에틸렌 프로필렌 디엔 러버(Ethylene Proplylene Diene Rubber/EPDM)과 테프론(Teflon) 등을 사용한다.
② Buna－N은 석유 제품에 훌륭한 저항성을 갖는 합성 고무 재질이다.
③ Neoprene은 아세틸렌(Acetylene)으로 만들어진 합성고무로서 Buna－N보다 석유 제품에 대한 저항성이 더 우수하며 마멸 특성도 더 양호하다.
④ Butyl은 석유 원료로 만들어진 합성고무로서 인산염 에스테르(Phosphate Ester)로 만들어진 유압유(Skydrol)와 사용하기에 적합하다.

정답 09 ④ 10 ③ 11 ① 12 ③

해설

순수한 고무는 연성 유체 라인을 구성하는 재료로 사용할 수 없다. 요구되는 강도, 내구성, 가동성에서 요구되는 조건을 충족시키기 위해 순수한 고무 대신 합성고무를 사용한다. 연성 호스를 제작할 때 일반적으로 활용되는 합성고무 Buna－N, 네오프렌(neoprene), 부틸(Butyl), 에틸렌 프로필렌 디엔 러버(ethylene propylene diene rubber/EPDM)과 테프론(Teflon) 등을 사용한다. 테프론이 자기 자신의 카테고리 안에 존재하고 나머지는 합성고무로 구분한다.

(1) Buna－N
Buna－N은 석유 제품에 훌륭한 저항성을 갖는 합성고무 재질이다. Buna－N은 Buna－S와 혼동해서는 안 된다. Buna－N은 인산염 에스테르(Phosphate Ester)로 만들어진 유압유(Skydrol)와 함께 사용할 수 없다.

(2) Neoprene
Neoprene은 아세틸렌(Acetylene)으로 만들어진 합성고무로서 Buna－N 만큼 석유 제품에 대한 저항성이 좋지는 않지만 마멸 특성은 Buna－N보다 더 양호하다. Neoprene도 인산염 에스테르(Phosphate Ester)로 만들어진유압유(Skydrol)와 함께 사용할 수 없다.

(3) Butyl
Butyl은 석유 원료로 만들어진 합성고무로서 인산염 에스테르(Phosphate Ester)로 만들어진 유압유(Skydrol)와 사용하기에 적합하다. Butyl은 석유 제품과 함께 사용하지 말아야 한다.

하

13 항공기 유체 라인의 벌크헤드 피팅(Universal Bulkhead Fitting) 종류로 옳지 않은 것은?

① 플레어 피팅
② 스웨이징 피팅
③ 비드 및 클램프
④ 영구 피팅(PermaswakeTM, PermaliteTM, CyrofitTM)

해설

유체 라인이 벌크헤드를 통과할 때 벌크헤드에서 튜브의 안전이 요구되며 이를 위해 피팅이 사용된다. 벌크헤드를 통과하는 튜브 피팅의 끝은 다른 튜브 피팅의 끝 부분보다 길며, 이곳은 락 너트를 이용하여 피팅을 벌크헤드에 고정할 수 있게 한다. 피팅은 하나의 튜브를 다른 튜브나 계통 구성품에 열결시켜 준다. 피팅은 (1) 비드 및 클램프, (2) 플레어 피팅, (3) 플레어리스 피팅, (4) 영구 피팅(PermaswakeTM, PermaliteTM, CyrofitTM)의 4가지 유형이 있다.

중

14 항공기 호스 클램프(Hose Clamp)에 대한 설명으로 옳지 않은 것은?

① 지지용 클램프는 동체 구조 부분이나 엔진 구성품의 다양한 튜브를 안정적으로 지지하기 위하여 사용된다.
② 고무 쿠션 클램프는 진동의 영향을 받는 라인을 고정하는데 사용되며, 쿠션은 마찰을 방지하는 기능을 한다.
③ 평면 클램프는 진동이 발생하지 않는 영역의 튜브를 고정하는데 사용한다.
④ SkydrolTM, 유압유 또는 연료에 의한 악화가 예상되는 지역에서는 TeflonTM 쿠션 클램프를 사용하며, 탄성 또한 우수하기 때문에 다른 쿠션 소재에 비해 진동감쇠 효과가 크다.

해설

지지용 클램프는 동체 구조 부분이나 엔진 구성품의 다양한 튜브를 안정적으로 지지하기 위하여 사용된다. 지지용 클램프의 다양한 종류가 이러한 목적으로 사용된다. 가장 일반적으로 사용되는 클램프는 그림 7-42와 같은 고무 쿠션 클램프(Rubber-Cushioned)와 평면(Plain) 클램프이다. 고무 쿠션 클램프는 진동의 영향을 받는 라인을 고정하는데 사용되며, 쿠션은 마찰을 방지하는 기능을 한다. 반면 평면 클램프는 진동이 발생하지 않는 영역의 튜브를 고정하는 데 사용한다. SkydrolTM, 유압유 또는 연료에 의한 악화가 예상되는 지역에서는 TeflonTM 쿠션 클램프를 사용한다. 그러나 탄성이 떨어지기 때문에 다른 쿠션 소재에 비해 진동감쇠 효과는 크지 않다.

정답 13 ② 14 ④

19 공구와 계측

하 (출제율이 높은 문제)

01 항공기에 사용하는 측정공구인 Combination Set의 구성품이 아닌 것은?

① Barrel
② Stock Head
③ Center Head
④ Protractor Head

해설

Barrel은 Micrometer의 구성품이다.

하 (출제율이 높은 문제)

02 다음 중 크랭크축의 편심상태를 확인하기 위하여 사용하는 측정 기구는?

① Bore Gage
② Dial Gage
③ Micro Meter
④ Combination Set

해설

다이얼 게이지(Dial Gauge)
다이얼 인디케이터(Dial Indicator)라고도 불리며, 측정물의 길이를 직접 측정하는 것이 아니라 길이를 비교할 때 사용하는 것으로, 주로 평면의 요철이나 원통의 고른 상태, 원통의 진원 상태, 축의 휘어진 상태나 편심 상태, 기어의 흔들림, 원판의 런 아웃(Run Out), 크랭크축이나 캠축의 움직임의 크기를 잴 때 사용한다.

상

03 쇠톱 사용 시 올바른 사용방법이 아닌 것은?

① 가능한 최대한 많은 수의 톱니가 접촉하게 한다.
② 블레이드를 프레임에 장착할 때 톱날의 톱니 방향이 손잡이로부터 먼 쪽으로 향하도록 장착한다.
③ 가능한 많은 지지면을 제공할 수 있는 방법으로 바이스에 작업물을 고정시킨다.
④ 처음 몇 번의 스트로크 후 프레임이 허용하는 최소 거리로 스트로크를 유지한다.

해설

쇠톱 사용 시 준수해야 할 절차
- 작업에 알맞은 블레이드를 선택한다.
- 블레이드를 프레임에 장착할 때 톱날의 톱니 방향이 손잡이로부터 먼 쪽으로 향하도록 장착한다.
- 프레임에 장착 후 블레이드가 구부러지거나(Buckling) 움직이지 않도록 팽팽함을 조절한다.
- 가능한 최대한 많은 수의 톱니가 접촉하고, 가능한 많은 지지면을 제공할 수 있는 방법으로 바이스에 작업물을 고정시킨다.
- 톱니가 부러지지 않도록 줄의 모서리를 이용해서 재료의 표면에 시작점을 표시한다. 이러한 절차는 정확한 장소에서 톱질이 시작되는 데 도움이 된다.
- 모든 작업 시간 동안에 최소한 톱니 두 개 이상이 작업물에 접촉하도록 각도를 유지하면서 톱을 붙잡는다.
- 처음 몇 번의 스트로크 후 프레임이 허용하는 최대 거리로 스트로크를 유지한다. 이것은 블레이드가 열 받는 것을 방지한다. 각각의 톱니가 최소한의 금속을 제거할 수 있도록 앞으로 미는 스트로크에 충분한 힘을 적용한다. 스트로크는 분당 40~50회 일정한 간격으로 실시한다.
- 절단 작업이 마무리되면 블레이드로부터 금속 조각을 제거하고 블레이드의 텐션을 제거하며 정해진 장소에 쇠톱을 원위치시킨다.

정답 01 ① 02 ② 03 ④

중

04 쇠톱 사용 시 올바른 사용방법이 아닌 것은?

① 톱날 전체 길이를 이용하여 자른다.
② 각이 진 재료는 절삭 각도를 크게 하여 자른다.
③ 파이프를 절단할 때는 한 번에 자르지 말고 여러 번 돌려가면서 자른다.
④ 톱을 밀 때 균등한 압력을 주어 절삭이 되도록 한다.

해설

쇠톱 사용 시 주의사항
- 왕복하는 톱은 직선 운동이 될 것
- 톱을 앞으로 밀어 자를 때에는 균등한 압력을 주어 날이 미끄러지거나 부러지는 것을 방지할 것
- 톱날의 전체 길이를 이용하여 자를 것
- 둥근 것은 여러 번 돌려가며 자르고 1분에 40~50회 행정으로 적당히 자를 것
- 자르기 전 톱날이 부러지면 새것을 끼우고 다른 곳을 자를 것
- 얇은 금속판을 자를 때에는 나무 조각 사이에 넣고 바이스에 물린 다음 나무 조각과 함께 자를 것

하

05 강판과 같은 단단한 금속재료를 줄(File) 작업할 때, 줄을 잡아당기는 공정에서 약간 들어 올리는 이유는?

① 줄질을 곱게 하기 위해
② 줄 날의 전체적인 손상을 방지하기 위해
③ 줄질을 빠르게 하기 위해
④ 줄 작업 시 소음을 줄이기 위해

해설

줄 작업 시 줄의 전체적인 손상 방지를 위해 줄 날을 들어서 줄 작업(Filing)을 해준다.

중 (출제율이 높은 문제)

06 토크 렌치(Torque Wrench)를 사용할 때 주의사항으로 틀린 것은?

① 토크 렌치는 사용 전 0점 조정(Zero Set)을 해야 한다.
② 토크 렌치를 사용하기 전 검교정 유효기간 이내인지 확인한다.
③ 토크 렌치는 사용 중 필요에 따라 다른 토크 렌치로 교환해서 사용할 수 있다.
④ 규정 토크로 조여진 체결 부품에 안전결선이나 코터핀을 위하여 풀거나 더 조이면 안 된다.

해설

토크 렌치의 취급과 토크를 걸 때의 주의사항

(1) 토크 렌치의 취급

① 토크 렌치는 정기적으로 교정되고 있는 측정기이므로 사용할 때는 유효한 것인지를 확인해야 한다.
② 토크 값에 적합한 범위의 토크 렌치를 고른다.
③ 토크 렌치는 용도 이외로 사용해서는 안 된다. (예 : 해머, 라쳇 핸들)
④ 만약 정밀도에 영향을 미칠 수 있는 경우가 생기면 점검할 필요가 있다.(떨어뜨렸을 때, 충격을 주었을 때 등)
⑤ 리미트식 토크 렌치를 사용할 경우, Locknut를 풀 때는 Unlock(OFF)으로 설정(Set)해서 사용하고, 토크를 적용할 경우에는 토크 값을 확인한 뒤, 반드시 Lock(ON)으로 설정하여 사용한다.
⑥ 리미트식 토크 렌치는 사용 후, 토크의 최소 눈금까지 돌려 놓는다.
⑦ 토크 렌치를 사용하기 시작했다면, 다른 토크 렌치와 교환해서 사용해서는 안 된다.
⑧ 리미트식 토크 렌치는 오른나사용과 왼나사용이 있으므로 혼동해서는 안 된다.

정답 04 ② 05 ② 06 ③

하 출제율이 높은 문제

07 다음 중 Micrometer Calipers의 종류가 아닌 것은?

① Hermaphrodite Micrometer
② Outside Micrometer
③ Depth Micrometer
④ Thread Micrometer

해설

마이크로미터의 종류에는 그 사용 목적에 따라 외측 마이크로미터(Outside Micrometer), 내측 마이크로미터(Inside Micrometer) 및 깊이 측정 마이크로미터(Micrometer Depth Gauge), 나사산 마이크로미터(Thread Micrometer) 등이 있다.

중

08 드릴 작업 시 드릴이 부러지거나 튕겨나가 상해를 입을 수가 있다. 상해를 방지하기 위한 예방책으로 아닌 것은?

① 가공품을 고정시켜서 드릴 가공을 해야 한다.
② 사용할 재료에 따라 알맞은 회전수(rpm)를 설정한다.
③ 드릴 절삭면 길이보다 깊은 가공을 할 때는 드릴을 자주 빼지 않아도 되며 칩(Chip)은 그대로 나두어도 된다.
④ 드릴 작업 시 드릴이 걸려 멈춰있는 경우 회전을 멈추어야 하며 회전을 멈추기 위해 드릴 척(Chuck)을 손으로 잡아서는 안 된다.

해설

드릴 날이 깊숙이 들어가는 것을 방지하기 위해서는 드릴 스톱(Drill Stop)을 사용한다. 만일, 드릴 스톱을 사용하지 않으면 드릴 척(Drill Chuck)에 의해 일감의 표면에 손상을 입거나 드릴 날에 의해서 다른 구조물에 손상을 입을 수가 있다. 또한 칩(Chip)이 길게 나오면 짧게 끊어 주며 보호안경을 착용하고 작업을 해야 한다.

하

09 항공기에 사용하는 볼트, 너트 또는 스크루에 적용된 비틀림 값 또는 회전력을 측정하는데 쓰이는 것은?

① 토크렌치
② 알렌렌치
③ 스트랩 렌치
④ 임팩트 드라이버

해설

볼트가 장착될 때 볼트 또는 너트에 정해진 압력을 적용해야 하는 경우가 있다. 이 경우 반드시 토크렌치를 사용해야만 한다. 토크렌치는 하드웨어를 장착할 때 사용하며 적합한 어댑터 그리고 토크값을 지시하는 핸들로 구성된 정밀공구이다. 토크렌치는 볼트, 너트 또는 스크루에 적용된 비틀림 값 또는 회전력을 측정하는데 사용한다.

중

10 리머(Reamer)에 대한 설명 중 맞는 것은?

① 재료의 구멍(Hole)을 뚫는데 사용된다.
② 재료의 표면을 매끄럽게 하는데 사용된다.
③ 정확한 크기로 구멍(Hole)을 확장시키고 부드럽게 가공하는데 사용된다.
④ 재료의 드릴 작업(Drilling) 시 작업을 쉽게 할 수 있도록 미리 구멍(Hole)을 뚫는데 사용된다.

해설

항공기 수공구 중 리머(Reamer)는 정확한 크기로 구멍(Hole)을 확장시키고 부드럽게 가공하는데 사용된다. 즉, 구멍을 매끄럽게 해주기 위해 쓰인다.

정답 07 ① 08 ③ 09 ① 10 ③

상

11 항공기 수공구에서 쇠톱(Hacksaws) 블레이드의 피치는 인치당 톱니의 숫자로 구분하는데, 사용에 대한 설명으로 옳은 것은?

① 32개의 톱니를 갖는 블레이드는 얇은 두께의 튜브, 판재의 절단에 사용한다.
② 24개의 톱니를 갖는 블레이드는 알루미늄, 베어링 메탈, 공구강 그리고 주조강의 절단에 사용한다.
③ 18개의 톱니를 갖는 블레이드는 기계강, 냉간 압연강, 구조강을 절단할 때 사용한다.
④ 14개의 톱니를 갖는 블레이드는 파이프 황동, 구리 그리고 앵글강(Angle Steel)의 절단에 사용한다.

해설

쇠톱(Hacksaws) 블레이드의 피치는 인치당 톱니의 숫자로 구분하며, 1[inch]당 14, 18, 24 그리고 32개의 톱니를 갖는 피치가 있다.

톱니 숫자에 따른 사용구분은 다음과 같다.

① 14개의 톱니를 갖는 블레이드는 기계강, 냉간 압연강, 구조강을 절단할 때 사용한다.
② 18개의 톱니를 갖는 블레이드는 알루미늄, 베어링 메탈, 공구강 그리고 주조강의 절단에 선택된다.
③ 24개의 톱니를 갖는 블레이드는 두꺼운 두께의 튜브, 파이프 황동, 구리 그리고 앵글강(Angle Steel)의 절단에 선택된다.
④ 32개의 톱니를 갖는 블레이드는 얇은 두께의 튜브, 판재의 절단에 선택된다.

중

12 항공기 수공구 중 플라이어에 대한 설명으로 옳지 않은 것은?

① 덕빌 플라이어(Duckbill Plier)는 플라이어의 한 종류이다.
② 플라이어의 크기는 전체 길이로 나타내며 조(Jaw)의 크기로 결정된다.
③ 라운드 노즈 플라이어(Round Nose Plier)는 보통 금속 클램핑(Clamping)에 사용한다.
④ 다이애그널 커터(Diagonal Cutter)는 보통 커팅 플라이어라고 불리며, 안전결선의 와이어 장착 또는 제거 작업에 유용하다.

해설

지렛대의 원리를 이용해서 악력을 배가시키는 작업용 공구이다. 판 · 둥근 봉 외에 작은 것을 집는 데 사용한다. 조(Jaws)가 둥글게 된 것과 네모진 것이 있으며, 이것으로 집고 구부리는 데도 사용한다. 선재의 절단도 할 수 있는 커팅 플라이어도 있다.

항공정비 작업에서 사용되는 플라이어는 조의 모양에 따라, 다이애그널 커터(Diagonal Cutter), 덕빌 플라이어(Duckbill Plier), 니들노즈 플라이어(Needlenose Plier), 라운드 노즈 플라이어(Roundnose Plier)가 있다.

플라이어의 크기는 전체 길이로 나타내며, 보통 5~12[inch] 플라이어를 사용한다.

다이애그널 커터(Diagonal Cutter)는 보통 커팅 플라이어라고 불리며, 조(Jaw)에 예리한 각도의 칼날이 가공되어 있어 조가 맞물리며 절단 작업을 할 수 있다. 커터는 와이어, 리벳, 코터핀 그리고 작은 크기의 스크루 절단에 쓰이며, 안전결선의 와이어 장착 또는 제거 작업에 유용하다.

덕빌 플라이어는 길고 평평한 모양으로 마치 오리 주둥이를 닮았으며 특별히 와이어의 안전결선 작업 시 꼬임을 만들기에 적합하다.

끝이 뾰족한 니들노즈 플라이어는 다양한 길이의 반원형 조가 있으며, 좁은 지역에서 물체를 잡고 조절하는 작업에 쓰인다.

끝이 둥근 라운드노즈 플라이어는 보통 금속 클램핑(Clamping)에 사용한다. 이 플라이어는 조를 너무 세게 작동하면 제품 표면에 흔적이나 손상을 일으키므로 보통 피복이 덧 씌워진다. 거친 작업에는 적합하지 않다.

플라이어를 사용할 때 준수할 규칙은 다음 2가지이다.

(1) 플라이어의 능력을 넘어서는 작업에는 사용하지 말아야 한다. 특히 롱노즈 플라이어는 노즈 끝이 손상되고 부러지거나 움직임이 헐거우면 사용해서는 안된다.
(2) 너트를 돌리는 작업에 플라이어를 하지 말아야 한다. 이러한 순간적인 작업으로 인하여 장기간 사용하는 너트에 심한 손상을 줄 수 있다.

정답 11 ① 12 ②

중

13 항공기에 사용하는 펀치(Punches) 중 구멍에 물려있는 손상된 리벳, 핀 또는 볼트를 제거하는 데 사용하는 것으로 옳은 것은?

① 센터 펀치(Center Punch)
② 프릭 펀치(Prick Punch)
③ 드라이브 펀치(Drive Punch)
④ 구멍 복사용 펀치(Transfer Punch)

해설

센터 펀치는 드릴 작업을 위해 재료에 중심 마크를 하는 펀치이다. 센터 펀치는 재료에 움푹 팬(Dimple) 모양이 생길 정도의 과도한 힘을 주거나 재료의 반대편이 튀어나올 정도의 힘을 주어 사용하여서는 안 된다. 센터 펀치는 프릭 펀치보다 무겁고 끝 부분도 더 예리하게 가공되어 60°의 각도로 가공되어 있다.

프릭 펀치(Prick Punch)를 세게 두드리면 펀치가 휘거나, 작업하고 있는 재료에 손상을 입힐 수 있으므로 너무 세게 두드리면 안된다. 프릭 펀치는 금속 위에 펀치마크를 하는 데 사용한다. 이 펀치는 종이 도면의 치수를 금속 표면에 직접 옮기는데에도 쓰인다. 이렇게 하려면 먼저 종이 도면을 금속 재료 위에 놓고, 윤곽을 그리고, 주요 지점에 펀치를 대고 작은 헤머로 가볍게 두드려 재료표면에 펀치마크를 한다.

드라이브 펀치(DrivePunch)는 테이퍼가 져 있다. 구멍에 물려있는 손상된 리벳, 핀 또는 볼트를 제거하는데 사용되며 끝 부분인 플레이트의 모양도 평평한 면이다. 드라이브 펀치의 크기는 평평한 면의 폭으로 표시되며 보통 1/8~1/4[inch]가 많이 사용한다.

드리프트 핀 펀치(Drift Pin Punch)는 드라이브 펀치와 같은 목적으로 쓰인다. 드리프트 핀 펀치는 몸체에 테이퍼가 없다. 드라이브 핀 펀치의 크기는 페이스의 직경을 1/32[inch] 단위로 표시하며, 보통 1/16~3/8[inch] 범위이다. 실제 사용 시 핀 또는 볼트를 제거하기 위해서는 먼저 드라이브 펀치를 활용해서 펀치의 면이 구멍에 접촉하는 시점까지 밀어 넣는다. 그 후 드리프트 핀 펀치를 활용해서 핀이나 볼트를 구멍의 밖으로 밀어낸다. 다루기 어려운 핀은 구리, 황동 또는 알루미늄 판재를 핀 위에 올려두고 핀이 움직이기 시작할 때까지 해머로 두드린다.

프릭 펀치 또는 센터 펀치를 구멍에서 부품을 제거하기 위해 사용할 경우 부품을 넓게 퍼지게 하거나 벽과 밀착되게 만드는 현상이 발생하기 때문에 사용하지 말아야한다.

구멍 복사용 펀치(Transfer Punch)는 보통 4[inch] 길이로 만들어져 있다. 펀치의 포인트는 테이퍼 져 있으며 템플릿에 위치한 드릴 구멍에 맞추기 위해서 짧은 길이의 직선 모양으로 만들어져 있다. 구멍 복사용 펀치의 끝 부분은 프릭 펀치와 비슷하다. 이름에서 알 수 있듯이 재료에 형틀이나 패턴을 복사하기 위해 사용한다.

중

14 항공 정비 작업에서 사용되는 플라이어에 대한 설명으로 옳지 않은 것은?

① 플라이어의 모양에 따라 다이애그널 커터(Diagonal Cutter), 덕빌 플라이어(Duckbill Plier), 니들노즈 플라이어(Needlenose Plier), 라운드 노즈 플라이어(Round Nose Plier)가 있다.
② 덕빌 플라이어는 길고 평평한 모양으로 마치 오리 주둥이를 닮았으며 특별히 와이어의 안전결선 작업 시 꼬임을 만들기에 적합하다.
③ 플라이어의 능력을 넘어서는 작업에는 사용하지 말아야 한다. 특히 롱노즈 플라이어는 노즈 끝이 손상되고 부러지거나 움직임이 헐거우면 사용해서는 안된다.
④ 너트를 돌리는 작업에 플라이어를 사용해도 된다. 이러한 순간적인 작업으로 인하여 장기간 사용하는 너트에 심한 손상이 발생되는 것을 방지할 수 있다.

해설

12번 문제 해설 참조

정답 13 ③ 14 ④

20 안전, 지상취급과 서비스 작업

중 (출제율이 높은 문제)

01 항공기 견인작업(Towing)에 대한 주의사항으로 틀린 것은?

① 견인요원은 자격이 있는 정비요원이 해야 한다.
② 견인하는 요원들은 Radio Communication 절차를 준수해야 한다.
③ 혼잡한 곳으로 이동할 때 양 날개 끝(Wing Tip)으로 사람을 배치시켜 충돌을 방지한다.
④ 견인작업이 완료되었을 때 인원의 안전을 위하여 견인봉(Towing Bar)을 제거한 후 앞바퀴에 고임목(Chock)을 한다.

해설

견인작업이 완료되면 바퀴에 고임목(Chock)을 먼저 하고 난 후에 견인봉(Tow Bar)을 연결하거나 제거한다.

중 (출제율이 높은 문제)

02 항공기를 옥외에 장기간 계류시킬 경우 외부 바람 등으로부터 기체를 보호하기 위해 수행해야 할 작업은?

① Lifting
② Jacking
③ Leveling
④ Mooring

해설

계류작업(Mooring)
강풍에 의해 항공기가 움직이지 않게끔 로프로 고정시키는 작업을 말한다.

중 (출제율이 높은 문제)

03 항공기 잭킹(Jacking) 작업에 대한 주의사항으로 옳은 것은?

① 바람의 영향을 받지 않는 곳에서 실시한다.
② 모든 착륙장치를 접어올리고 실시한다.
③ 착륙장치의 파손을 막기 위해서 고정 안전핀을 제거한다.
④ 항공기 동체 구조 부재 하단에 가장 두꺼운 곳에 Jack을 설치한다.

해설

잭킹 작업 안전 및 유의 사항
- 바람의 영향을 받지 않는 곳에서 수행한다.
- 작동유가 누설되거나 손상된 잭을 사용해서는 안 된다.
- 잭 작업을 할 때 작업자는 4명 이상이어야 한다.
- 잭 작업은 항상 위험이 따르므로 위험한 장비나 연료를 제거한 상태에서 수행해야 한다.
- 잭은 완전히 정돈하였는가를 점검해야 한다.
- 항공기가 잭 위에 올려져 있는 동안 항공기 주위를 안전하게 보호하기 위하여 안전 표시를 한다.
- 항공기에 오를 때에는 작은 흔들림도 일어나지 않도록 주의해야 한다.
- 사람이 항공기 위에 올라가 있는 경우에는 절대로 심한 운동을 해서는 안 된다.
- 어느 잭에도 과부하가 걸리지 않도록 해야 한다.
- 잭 패드에 항공기의 하중이 균일하게 분포하도록 한다.

정답 01 ④ 02 ④ 03 ①

상 출제율이 높은 문제

04 대형 항공기 주기(Parking)시 주의사항으로 올바른 것은?

① BATT Switch On 할 것
② Rudder Trim Handle은 Zero Set 할 것
③ Flap은 Full－Down 위치에 놓을 것
④ 항공기가 주기장에 가까워지면 일직선으로 천천히 끌고 올 것

해설

주기(Parking) 시 주의사항

- Brake가 과열되어 있지 않다면 Parking Brake를 당겨 놓아야 한다. Brake가 과열되어 있다면 Parking Brake를 풀어 놓아야 한다.
- 필요하다면 모든 착륙장치에 Landing Gear Down Lock Pin을 꽂는다.
- 항공기를 지상에 접지시킨다.
- Stand－By 파워 스위치를 끈다.
- Battery 스위치를 끈다.
- Stabilizer, Aileron, Rudder Trim Handle은 "0"에 맞추어 놓는다.
- Flap은 "Full－Up" 위치에 놓는다.
- 주기장소가 얼거나 눈이 쌓여있다면 타이어가 어는 것을 방지하기 위해 매트를 깔고 기상이 좋지 않을 때는 타이어 커버를 씌운다.

상

05 작업장 안전(Shop Safety)에 대한 설명으로 틀린 것은?

① 안전하고 효율적인 정비를 위해서는 격납고(Hangar), 작업장(Shop) 및 격납고 주변의 주기장 등을 깨끗하게 정리하고 유지하는 것이 반드시 필요하다.
② 위험표시는 위험한 장비 또는 위험상태를 식별할 수 있도록 눈에 잘 띄게 게시하여야 한다.
③ 교대근무 시 퇴근조는 개인공구 뿐만 아니라 공구 통, 작업대, 정비 스탠드, 호스(hose), 전기 코드 및 호이스트(hoist) 등이 제대로 연결되었는지 적절히 보관되었는지 확인하여야 한다.
④ 불안전한 행동을 보이는 사람이 있다면, 안전하게 행동할 수 있도록 적극적으로 의사소통을 실시하여야 한다.

해설

작업장 안전(Shop Safety)

안전하고 효율적인 정비를 위해서는 격납고(hangar), 작업장(shop) 및 격납고 주변의 주기장 등을 깨끗하게 정리하고 유지하는 것이 반드시 필요하다. 그러므로 항공기 정비작업 시에는 작업장의 정리정돈과 청결에 최선을 다하여야 한다.

교대근무 시 퇴근조는 개인공구뿐만 아니라 공구통, 작업대, 정비 스탠드, 호스(hose), 전기 코드 및 호이스트(hoist) 등이 제대로 분리되고, 적절히 보관되었는지 확인하여야 한다.

위험표시는 위험한 장비 또는 위험상태를 식별할 수 있도록 눈에 잘 띄게 게시하여야 한다. 또한 구급용품과 방화설비의 위치를 쉽게 찾을 수 있도록 안내 표지를 게시하여야 한다.

격납고에는 안전통로, 보행자 인도 및 소방도로 등을 페인트로 표시하여야 한다. 이것은 작업에 관련이 없는 보행자가 작업영역 밖으로 이동할 수 있도록 함으로써 사고를 미연에 방지하기 위한 안전조치이다.
안전은 모든 사람의 직무이며, 의사소통은 모든 사람의 안전을 보장하는 열쇠이다. 그러므로 정비사와 관리자는 자신의 안전과 자기 주변의 다른 작업자의 안전을 위해 주의를 기울여야 한다. 만약 불안전한 행동을 보이는 사람이 있다면, 안전하게 행동할 수 있도록 적극적으로 의사소통을 실시하여야 한다.

상

06 터보 프롭 엔진 시동 시 주의사항으로 옳지 않은 것은?

① 항상 시동기 듀티 사이클(Duty Cylce)을 준수하라
② 시동을 시도하기 전에 공기압 또는 전력량이 충분한지 확인하라
③ 터빈입구온도가 제작사에서 명시된 규정값 이상이라면 지상시동을 수행하지 마라

정답 04 ② 05 ③ 06 ④

④ 증기폐쇄(Vapor Lock) 발생을 방지하기 위하여 엔진의 연료펌프에 높은 압력으로 연료를 공급하라

해설

터보 프롭 엔진 시동 중에는 항상 다음 사항을 유의하여야 한다.

- 항상 시동기 듀티 사이클(Duty Cycle)을 준수하라. 그렇지 않으면 시동기가 과열되어 손상될 수 있다.
- 시동을 시도하기 전에 공기압 또는 전력량이 충분한지 확인하라.
- 터빈입구온도(Turbine Inlet Temperature : Residual Temperature)가 제작사에서 명시된 규정 값 이상이라면 지상시동을 수행하지 마라.
- 엔진의 연료펌프에 낮은 압력으로 연료를 공급하라.

상

07 수동식 시동 엔진 방식의 항공기에서 프로펠러 회전 시 주의사항으로 옳지 않은 것은?

① 지면이 견고한지를 확인하라

② 프로펠러에 손을 댈 때에는 항상 점화스위치가 "ON"상태라고 가정하라

③ 프로펠러를 회전할 때 발이 프로펠러로부터 멀리 떨어져 나갈 수 있도록 가까이 서라

④ 프로펠러를 회전함에 있어 kickback을 방지하기 위해 항상 프로펠러를 손가락으로 밀어 아래쪽으로 동작시켜라

해설

프로펠러를 회전시킬 때 다음과 같은 몇 가지 간단한 주의사항을 통하여 엔진이 수동으로 시동이 걸렸을 때 발생할 수 있는 사고(Accident)들을 방지할 수 있다.

프로펠러에 손을 댈 때에는 항상 점화스위치가 "ON"상태라고 가정하라. 마그네토(Magneto)를 작동하는 스위치는 점화를 중지시키기 위해 전류를 끊는 원리로 되어 있지만 결함이 있는 경우라면, 스위치가 "OFF" 위치라도 마그네토 1차 회로(Magneto Primary Circuit)에 전류를 흐르게 할 수 있으며, 이러한 상황은 스위치가 OFF 된 상태여도 엔진 시동이 걸릴 수도 있다.

지면이 견고한지를 확인하라. 미끄러운 풀이나 진흙, 그리스(Grease) 또는 노출된 자갈 등으로 인하여 프로펠러 안쪽 또는 밑으로 넘어질 위험성이 있다. 엔진이 작동되고 있지 않더라도 신체의 어느 부분도 프로펠러의 회전반경 안에 있어서는 안된다.

프로펠러를 회전할 때 발이 프로펠러로부터 멀리 떨어져 나갈 수 있도록 가까이 서라. 가동 시키자마자 멀리 떠나는 것은 제동장치고장에 대한 방비책이 된다.

프로펠러에 쏠려 넘어질 위치에 서지 마라. 엔진이 시동될 때 신체의 중심을 잃어 프로펠러 쪽으로 넘어질 수 있는 위험을 초래한다.

프로펠러를 회전함에 있어 항상 프로펠러를 손바닥으로 밀어 아래쪽으로 동작키고 손가락으로 프로펠러를 잡지마라. 이는 "kickback" 발생 시 손가락을 다치게 하거나 신체를 프로펠러 반경으로 들어가게 할지도 모르기 때문이다.

하

08 항공기에 사용하는 지상지원장비(Ground Support Equipment)에 해당되지 않는 것은?

① APU ② HGPU

③ EGPU ④ 지상지원 공기장치

해설

항공기 지상 지원 장비(Ground Support Equipment)는 다음과 같이 있다.

① 전기지상동력장치(EGPU : Electric Ground Power Units)
일반적으로 가스터빈 항공기 엔진을 시동하기 위한 정전류(Constant－Current), 가변전압(Variable Voltage) 직류 전원(DC Power)을 공급하거나 왕복엔진 항공기 시동을 위한 정전압(Constant Voltage) 직류 전원(DC Power)을 공급해준다.

② 유압 지상동력장치(HGPU : Hydraulic Ground Power Units)
유압 뮬(Hydraulic Mule)이라고 부르는 이 장치는 항공기 정비를 수행할 때 항공기 계통을 작동시키기 위해 유압을 공급하며 작동유 배출(Drain), 작동유 여과작용, 작동유 보충(Refill), 유압계통의 작동 및 누설점검 등에도 쓰인다.

정답 07 ④ 08 ①

③ 지상지원 공기장치(GSAU : Ground Support Air Units)
엔진의 공압식 시동기를 작동시키고, 지상에서 항공기를 가열시키거나 냉각시키기 위해 사용될 수 있는 50[psi] 용량의 저압 공기를 공급해준다.

④ 지상 공기가열 및 공기조절 장치(Ground Air Heating and Air Conditioning)
대부분 공항 게이트(Airport Gate)는 냉·난방 시설을 갖추고 있으며 항공기 환기계통(Ventilation System)에 대형 호스로 연결하여 사용하는 영구적인 설비이다. 또한 이동식 가열장치(Heating Unit)와 공기조화장치(Air Conditioning Unit)는 안락한 객실온도를 유지하도록 공기공급 덕트(Air Supply Duct)에 연결할 수 있도록 항공기에 가깝게 위치시킬 수 있다.

*APU(Auxiliary Power Unit)는 보조동력장치로 항공기 기체 후방에 장착된 자체 소형 가스터빈엔진으로 지상 지원 장비로는 볼 수 없다. APU는 보통 지상에서 항공기 외부 전원이나 공압 공급 장치 없이도 APU 발전기(Generator)를 통해 전원을 공급하고 초기 엔진 시동 시 엔진 시동기를 작동시킬 공압을 공급해주며 비상시에도 쓰인다.

21 검사개요

상

01 비파괴 검사 원리에서 기본적인 검사기법 및 실시에 대한 설명 중 틀린 것은?

① 상세 육안 검사는 구체적으로 정해진 특정 부분에 접근하여 집중적으로 육안 검사하는 것을 말한다.
② 일반 육안 검사는 외부로 노출된 광범위한 부분을 개략적으로 육안 검사하는 것을 말한다.
③ 특수 상세 검사는 비파괴 검사와 같은 특수 작업이나 대용량 확대경 등 검사 장비의 사용이 요구되며 경우에 따라서는 분해를 하기도 한다.
④ 검사에 대한 보고서와 주기적인 계획은 오직 정비사만이 작성할 수 있다.

해설

검사는 검사하는 항목의 상태가 일정 기준에 적합한지 확인하는 정비 행위를 말한다.
일반 육안 검사는, 외부로 노출된 광범위한 부분을 개략적으로 육안 검사하는 것을 말한다. 상세 육안 검사는 구체적으로 정해진 특정 부분에 접근하여 집중적으로 육안 검사하는 것을 말한다. 전등을 이용하여 비정상 상태 또는 결함 흔적을 찾아내며, 필요에 따라 거울, 확대경 등의 보조 도구를 사용하기도 한다.
특수 상세 검사는, 비파괴 검사와 같은 특수 작업이나 대용량 확대경 등 검사 장비의 사용이 요구되며, 경우에 따라서는 분해를 하기도 한다.
검사는 정비사, 조종사 또는 객실승무원에 의해 작성되는 보고서와 주기적인 계획에 따라, 항공기가 비행할 수 있는 최적 상태로 항상 유지되도록 체계적이고 반복적으로 수행한다.

중

02 기한이 지난 검사, 손상, 사용시간 한계 품목의 교체 시간 한계의 만료 등으로 현 상태에서는 감항성 조건은 만족시키지 못하지만, 안전한 비행 능력이 있는 항공기의 이동에 대한 비행허가 사유로 아닌 것은?

① 수리, 개조 또는 정비를 수행하고자 하는 기지 또는 저장 장소로의 비행
② 응급 후송 및 긴급 구호물자를 위한 비행
③ 신조 항공기의 비행 시험
④ 항공기를 인도 또는 수출 목적의 비행

해설

기한이 지난 검사, 손상, 사용시간 한계 품목의 교체 시간 한계의 만료 등으로 현 상태에서는 감항성 조건은 만족시키지 못하지만, 안전한 비행 능력이 있는 항공기의 이동에 대한 비행허가를 발행한다. 종종 페리허가(Ferry Permit)라고도 하는데 다음과 같은 목적으로 발행된다.

- 수리, 개조, 또는 정비를 수행하고자 하는 기지 또는 저장 장소로의 비행
- 항공기를 인도 또는 수출 목적의 비행
- 신조항공기의 비행 시험
- 태풍 등 자연재해를 피해 항공기를 피난하기 위한 비행
- 신조 항공기의 인수자 시범 비행

중

03 다음 중 검사에 관련된 설명으로 옳지 않은 것은?

① 검사주기는 항공기의 형식, 운용환경에 따라 다르다.
② 검사주기는 기체 및 엔진 제작회사의 지침을 반드시 참조하여야 한다.

정답 01 ④ 02 ② 03 ④

③ 규정된 주기에 따라 검사주기 종료 시점에 가까운 시기에 검사를 수행한다.

④ 시간적으로 작동한계가 정해져 있는 항공기 부품은 사용시간 한계 이후에 교환한다.

해설

검사주기는 항공기의 형식, 운용환경에 따라 다르며 기체 및 엔진 제작회사의 지침을 반드시 참조하여야 한다. 규정된 주기에 따라 검사주기 종료 시점이 가까운 시기에 검사를 수행해야 하지만 어떤 경우에는, 비행할 수 있는 시간이나 횟수를 제한하기도 한다. 시간적으로 작동한계가 정해져 있는 항공기 부품은 사용시간 한계 이내에 교환한다.

중

04 항공기에 수행되는 기본적 검사기법 및 실시사항에 대한 설명 중 옳지 않은 것은?

① 검사는 검사하는 항목의 상태가 일정 기준에 적합한지 확인하는 것으로 정비 행위로 보지는 않는다.

② 검사는 정비사, 조종사 또는 객실승무원에 의해 작성되는 보고서와 주기적인 계획에 따라 항공기가 비행할 수 있는 최적의 상태로 항상 유지되도록 체계적이고 반복적으로 수행해야 한다.

③ 검사주기는 규정된 주기에 따라 검사주기 종료 시점이 가까운 시기에 검사를 수행해야 하지만 어떤 경우에는, 비행할 수 있는 시간이나 횟수를 제한하기도 한다.

④ 특수 상세 검사는 비파괴 검사와 같은 특수 작업이나 대용량 확대경 등 검사 장비의 사용이 요구되며, 경우에 따라서는 분해를 하기도 한다.

해설

1번 문제 해설 참조

상

05 항공기 계통 분류를 나타내는 ATA ISpec 2200 중 옳은 것은?

① 53 : Stabilizer

② 90 : Cargo Compartment & Equipment

③ 80 : Standard Practices/Structures

④ 49 : Airborne Auxiliary Power

해설

ATA ISpec 2200

Systems	Sub-Systems	Title	Systems	Sub-Systems	Title
05		TIME LIMITS/MAINTENANCE CHECK	48		IN FLIGHT FUEL DISPENSING
06		DIMENSIONS & AREAS	49		AIRBORNE AUXILIARY POWER
07		LIFTING & SHORING	50		CARGO & ACCESSORY COMPARTMENTS
08		LEVELING & WEIGHING	51		STANDARD PRACTICE & STRUCTURES-GENERAL
09		TOWING & TAXXING	52		DOORS
10		PARKING, MOORING, STORAGE & RETURN TO SERVICE	55		STABILIZERS
11		PLACARDS & MARKINGS	56		WINDOWS
12		SERVICING	57		WINGS
18		VIBRATION & NOISE ANALYSIS(HELICOPTER ONLY)	60		STANDARD PRACTICE-PROPELLER/ROTOR
20		STANDARD PRACTICE-AIRFRAME	61		PROPELLERS/PROPULSORS
21		AIR CONDITIONING	62		MAIN ROTORS
	00	General	63		MAIN ROTOR DRIVES
	10	Compression	64		TAIL ROTOR
	20	Distribution	65		TAIL ROTOR DRIVE
	30	Pressurization Control	66		FOLDING BLADES/PYLON
	40	Heating	67		ROTORS FLIGHT CONTROL
	50	Cooling	71		POWERPLANT
	60	Temperature Control	72		ENGINE-TURBINE/TURBOPROP, DUCTED FAN/UN-DUCTED FAN
	70	Moisture/Air Contaminate Control	72		ENGINE-RECIPROCATING
22		AUTO FLIGHT	73		ENGINE FUEL AND CONTROL
23		COMMUNICATIONS	74		IGNITION
24		ELETRICAL POWER	75		BLEED AIR
25		EQUIPMENT/FURNISHINGS	76		ENGINE CONTROLS
26		FIRE PROTECTION	77		ENGINE INDICATING
27		FLIGHT CONTROLS	78		ENGINE EXHAUST
28		FUEL	79		ENGINE OIL

정답 04 ① 05 ④

Systems	Sub-Systems	Title	Systems	Sub-Systems	Title
29		HYDRAULIC POWER	115		STARTING
30		ICE AND RAIN PROTECTION	116		TURBINES (RECIPROCATING ENG)
31		INDICATING/RECORDING SYSTEMS	82		WATER INJECTION
32		LANDING GEAR	83		ACCESSORY GEAR BOXES(ENGINE DRIVEN)
33		LIGHTS	84		PROPULSION AUGMENTATION
34		NAVIGATION	85		FUEL CELL SYSTEMS
35		OXYGEN	91		ACCESSORY GEAR BOXES(ENGINE DRIVEN)
36		PNEUMATIC	97		WIRING REPORTING
37		VACUUM/PRESSURE	80		STARTING
38		WATER WASTE	81		TURBINES (RECIPROCATING ENG)
39		ELECTRICAL/ELECTRONIC PANELS & MULTIPURPOSE COMPONENTS	MILITARY CHAPTERS		
40		MULTI-SYSTEM	92		ELECTRICAL POWER MULTIPLEXING
41		WATER BALLAST	93		SURVEILLANCE
42		INTEGRATED MODULAR AVIONICS	94		WEAPON SYSTEM
44		CABIN SYSTEMS	95		CREW ESCAPE AND SAFETY
45		ON-BOARD MAINTENANCE SYSTEMS	96		MISSILES, DRONES AND TELEMETRY
46		INFORMATION SYSTEMS	98		METEOROLOGICAL & ATMOSPHERIC RESEARCH
47		INERT GAS SYSTEM	99		ELECTRONIC WARFARE SYSTEMS

상

06 항공기 계통 분류를 나타내는 ATA ISpec 2200 중 옳지 않은 것은?

① 44 : Cabin System

② 47 : Inert Gas System

③ 46 : Information System

④ 43 : Integrated Modular Avionics

해설

5번 문제 해설 참조

하

07 항공기 간행물(Publications)에 포함되지 않는 것은?

① MM(Maintenance Manual)

② OM(Overhaul Manual)

③ IPC(Illustrated Part Catalog)

④ EDM(Electric Diagram Manual)

해설

항공 간행물(Publications)

항공 간행물은 항공기와 관련 장비품의 운용과 정비에 있어서 항공정비사를 안내하는 정보의 원천이다. 이들의 적절한 이용으로 효율적인 항공기 작동과 정비를 도모할 수 있다. 항공기 및 항공기술 정보나 간행물은 감항당국이 제공하는 항공관계법령이나 규칙, AD, AC 등과 항공기나 장비품 제작회사가 제공하는 SB와 매뉴얼, 카탈로그 등이 있으며 항공기, 엔진과 프로펠러 설계명세서도 있다.

종 류	사용 용도
제작회사의 SB/SI (Manufacturer's Service Bulletins/Instructions)	SB/SI는 기체 제작사, 엔진 제작사 그리고 장비품 제작사에서 발행하는 권고적인 기술지시이다. 운영 중인 항공기, 엔진, 장비품의 신뢰성 향상을 목적으로 감항당국의 승인 아래 발행하는 점검, 수리, 개조의 절차를 포함하는 기술 지시 문서이다. 이 지시에는 (1) 발행 목적, (2) 대상 기체, 엔진, 장비품 (3) 서비스, 조정, 개조 또는 검사 지침과 (4) 필요한 부품의 공급원, (5) 작업 소요 인시수(Manhour) 등이 기술되어 있다.
MM (Maintenance Manual)	MM은 항공기에 장착된 모든 계통과 장비품의 정비를 위한 사용 설명서를 포함하고 있다. 장착된 장비품과 부품, 계통이 장착되어 있는 오버홀을 제외한 정비할 내용이 기술되어 있다. AMM에는 다음 사항이 기술되어 있다. (1) 전기, 유압, 연료, 조종계통의 개요 (2) 윤활 작업 주기, 윤활제등 사용 유체 (3) 제 계통에 적용할 수 있는 압력, 전기 부하 (4) 제 계통의 기능에 필요한 공차 및 조절 방법 (5) 평형(Leveling), 잭업(Jack-Up), 견인 방법 (6) 조종면의 평형(Balancing) 방법 (7) 1차 구조재와 2차 구조재의 식별 (8) 비행기의 운영에 필요한 검사 반도, 한계 (9) 적용되는 수리방법 (10) X-ray, 초음파탐상검사, 자분탐상검사를 요하는 검사 기법 (11) 특수공구 목록

정답 06 ④ 07 ④

종 류	사용 용도
OM (Overhaul Manual)	OM은 항공기에서 장탈된 장비품이나 부품에 대해 수행하는 정상적인 수리작업을 포함하여, 서술적인 오버홀 작업 정보와 상세한 단계별 오버홀 지침이 기술되어 있다. 오버홀이 오히려 비경제적인 스위치, 계전기(Relay) 같은 간단하고 고가가 아닌 부품은 오버홀 매뉴얼에 포함되지 않는다.
SRM (Structural Repair Manual)	SRM은 항공기 1, 2차 구조물을 수리하기 위한 해당 구조물의 제작사 정보와 특별한 수리지침을 기술하고 있다. 외피, 프레임, 리브, 스트링거 등의 수리 방법이 기술되어 있다. 필요 자재, 대체 자재, 특이한 수리 기법도 제시되어 있다.
부품도해목록 (Illustrated Parts Catalog, IPC)	IPC에는 분해 순서로 항공기 구조와 장비품의 내역을 기술하고 있다. 항공기 제작사에 의해서 제작된 모든 부품과 장비품에 대한 펼친 그림과 상세 단면도 등이 제시되어 있다.
WDM (Wiring Diagram Manual)	WDM은 항공기에 설치된 장비품의 배선과 장착(Hook－Up) 다이어그램, 도면 및 목록이 기술되어 있다. ATAiSPec 2200 규격에 따라 구성되어 있다.
항공법규 및 시행규칙과 정비규정	항공법규 및 시행규칙은 항공 운항의 안전과 규율 있는 행위를 마련하기 위한 법률이다. 항공정비사의 특권과 한계를 정한 법과 규칙, 규정이다. 항공기에서 수행되는 모든 정비는 항공관계법에 따라야 하므로 이에 대한 지식은 정비 수행에 있어 대단히 중요한 것이다. 항공기 정비와 검사 프로그램도 이 항공안전법에 의해 정비규정으로 감항당국이 승인한 것이다.
AD (Airworthiness Directives)	감항당국의 주된 안전 직능으로 항공기, 엔진, 프로펠러에서 발견되는 위험 요소의 수정을 요구하고, 그러한 상황이 같은 설계의 다른 항공기에도 존재하거나 전개될 것에 대비하여 시정조치를 요구하는 것이다. 설계결함, 제작결함, 정비결함이나 그 밖의 다른 원인으로 항공기에 불안전한 상태가 존재하게 된다. AD는 이러한 불안전한 상태의 수정을 요구하는 것으로, 감항당국의 행정 명령이다. 항공기 제작회사의 감항당국 및 항공기 운용회사의 감항당국 등이 발행하는 문서로, 위험 요소가 발견된 항공기, 엔진, 장비품의 계속 사용을 위하여 필요한 점검 및 조치, 운용상의 제한 조건 등을 포함하는 강제적 기술지시 문서를 말한다. AD는 항공기의 소유자를 포함하여 불안전한 상황과 관련이 있는 인원에게 정보를 주고, 항공기가 계속 운항할 수 있는 필요한 조치 사항을 규정한다. AD는 법적으로 특별한 면제가 되는 경우를 제외하고 따라야 하므로 2가지 범주로 구분되는데, (1) 접수 즉시 곧바로 긴급 수행을 요구하는 위급한 것과 (2) 일정 기간 내에 수행을 요하는 긴급한 것이 있다. AD는 일회 수행으로 종료되는 것과 일정 주기(시간, 사이클, 기간)로 반복적으로 검사를 수행하는 것이 있다. AD의 내용은 해당 항공기, 엔진, 프로펠러, 기기의 형식과 일련번호가 기술되어 있다. 또한, 수행 시기, 기간, 개요, 수행절차, 수행방법도 기술된다.

하

08 항공 간행물 중 분해 순서로 항공기 구조와 장비품의 내역을 기술하고, 항공기 제작사에 의해서 제작된 모든 부품과 장비품에 대한 펼친 그림과 상세 단면도 등이 제시되어 있는 것으로 옳은 것은?

① MM(Maintenance Manual)

② OM(Overhaul Manual)

③ SRM(Structure Repair Manual)

④ IPC(Illustrated Part Catalog)

해설

7번 문제 해설 참조

하

09 AMM(Aircraft Maintenance Manual)에 기술되어 있는 사항으로 옳은 것은?

① 특수 공구 목록

② 최소 연료 등급

③ 좌석 수 및 모멘트

④ 오일과 연료 탑재량

해설

제작회사 MM에는 항공기에 설치된 모든 시스템과 장비품의 정비에 대한 완전한 지침이 수록되어 있다. 장비품과 부품, 계통이 항공기에 장착되어 있는 동안 정비할 내용이 기술되어 있으며, 오버홀 지침은 오버홀 매뉴얼에 기술되어 있다. MM에는 다음 사항이 기술되어 있다.

(1) 시스템 설명(즉, 전기, 유압, 연료, 조종)
(2) 윤활유, 유압유의 종류와 작업 주기
(3) 제 계통에 적용할 수 있는 압력, 전기 부하
(4) 항공기의 적정 기능에 필요한 허용오차 및 조정 방법
(5) 평형(Leveling), 잭업(Jack Up), 견인 방법(Towing)
(6) 조종면 리깅작업(방법)
(7) 1차 구조재와 2차 구조재의 식별
(8) 항공기 운항에 필요한 검사 빈도와 범위
(9) 특별히 적용되는 수리방법
(10) X－Ray, 초음파탐상검사, 자분탐상검사에 필요한 특별한 검사 기법
(11) 특수 공구 목록

정 답 08 ④ 09 ①

중

10 항공기 계통 분류(ATA iSpec 2200) 중 APU(Auxiliary Power Unit)으로 옳은 것은?

① ATA 20

② ATA 49

③ ATA 57

④ ATA 71

해설

5번 문제 해설 참조

정답 10 ②

22 검사일반

출제율이 높은 문제

01 항공업무에서 일반적으로 검사를 할 때 준비(확인)사항으로 옳지 않은 것은?

① 검사 대상 항공기의 기술도서, 각종 지침이나 정보에 대한 검사를 실시하기 전에 검토한다.
② 항공일지(Flight & Maintenance Logbook)의 정비 이력을 검토한다.
③ 검사 부위를 세척 후 윤활유, 유압유 등 액체의 누설 여부를 확인한다.
④ 검사지침이나 정보는 서면 또는 전자도서로 이용할 수 있어야 한다.

해설

검사를 시작하기 전에 검사할 부위의 모든 외형판((Plates), 접근창(Access Door), 페어링(Fairing) 및 방풍판(Cowling)을 열거나 탈거하고, 검사 부위 구조물이 깨끗한가를 확인한다. 검사 부위를 세척하기 전에 윤활유, 유압유 등 액체의 누설 여부를 확인한다. 철저한 검사를 수행하기 위해서 검사 대상 항공기의 기술도서, 각종 지침이나 정보를 검사를 실시하기 전에 검토한다. 항공일지(Flight & Maintenance Logbook)의 정비 이력도 검토한다. 검사를 수행할 때는 항상 체크리스트를 사용하여 잊어버리거나 빠뜨리는 항목이 없는지를 확인한다. 기술도서, 검사지침이나 정보는 서면 또는 전자도서로 이용할 수 있어야 한다. 이러한 간행물은 항공기 제작회사와 엔진 제작회사, 장비품 제작회사 및 감항 당국이 제공한다.

02 항공업무에서 일반적으로 검사를 할 때 준비(확인)사항으로 옳지 않은 것은?

① 기술도서, 검사지침이나 정보는 서면 또는 전자도서로 이용할 수 있어야 한다.
② 검사에 필요한 항목을 항공정비사 개인이 기록한 수첩이나 노트를 활용할 수 있어야 한다.
③ 검사를 수행할 때는 항상 체크리스트를 사용하여 잊어버리거나 빠뜨리는 항목이 없는지를 확인한다.
④ 간행물은 항공기 제작회사와 엔진 제작회사, 장비품 제작회사 및 감항당국이 제공한다.

해설

1번 문제 해설 참조

03 용접 검사사항에 대한 설명으로 옳지 않은 것은?

① 용접 작업은 작업 공정을 줄일 수 있으며 이음 효율을 향상시킬 수 있다.
② 주물의 파손부 등의 보수와 수리가 쉽고, 이종 재료의 접합이 가능하다.
③ 용접 후 열로 인한 제품의 변형이 발생될 수 있지만 잔류 응력은 발생하지 않는다.
④ 용접 결함부위 검사에는 파면검사, 마크로 조직검사, 천공검사 등도 사용된다.

해설

용접이란 접합하고자 하는 2개 이상의 물체나 재료의 접합 부분 사이에 용융된 용가재를 첨가하여 접합시키는 것이다.

용접 작업은 작업 공정을 줄일 수 있으며, 이음 효율을 향상시킬 수 있다. 또, 주물의 파손부 등의 보수와 수리가 쉽고, 이종 재료의 접합이 가능하다. 그러나 열로 인하여 제품의 변형과 잔류 응력이 발생할 수 있고, 품질 검사가 곤란하며, 작업 안전에 유의하여야 한다.

정답 01 ③ 02 ② 03 ③

용접부 검사에는 방사선 검사, 초음파 검사, 자분 검사, 형광 검사 등이 널리 사용된다. 용접 결함부위 검사에는 파면검사, 마크로 조직검사, 천공검사, 음향검사와 같은 방법도 이용되고 있다.

중

04 항공기가 낙뢰(Lightening Strike)를 맞았을 때 구조물에 탄 흔적이나 그 이상의 중대한 손상이 발생하는 재료로 옳은 것은?

① 철
② 알루미늄
③ 티타늄 합금
④ 유리 또는 플라스틱 재질 윈도우

해설

항공기가 낙뢰를 맞는 것은 극히 드문 것이라고 할지라도, 타격이 일어났다면, 손상 정도를 결정하기 위해 매우 조심스럽게 검사해야 한다. 번개가 항공기를 때릴 경우에 전류는 구조물을 통해 전도되어 일정 위치에서 방전되도록 설계되어 있다.

1차적으로 항공기의 정전기 방전장치(Static Discharger)나 정교한 Null Field 방전 장치에 의해 방전된다. 알루미늄, 철과 같은 전도성이 양호한 전도체를 거쳐 나갈 때는 이 물체에 손상을 거의 주지 않지만, 유리섬유(Fiberglass) 재질의 레이돔(Radome), 엔진 카울링(Engine Cowling), 페어링(Fairing), 유리 또는 플라스틱 재질 윈도우 그리고 전기적 본딩이 없는 복합재료 구조와 같은 비금속 구조물을 거칠 때는, 그 구조물에 탄 흔적이나 그 이상의 중대한 손상을 입힐 수 있다.

구조물에 대한 육안검사를 하여, 영향을 받은 구조물, 전기 방전대(Electrical Bonding Strap), 정전기 방전장치(Static Discharger)들의 변성, 침식, 그을린 흔적에 대해 검사한다.

하

05 항공기에 대한 지속적 감항성 유지 프로그램(Continuous Airworthiness Maintenance Program)의 방편으로 정시점검 또는 Letter Check라고 부르는 것에 해당되지 않는 것은?

① 비행 전/후 검사(PR/PO Flight Inspections)
② A Check
③ B Check
④ C Check

해설

항공사는 일상적 검사와 상세검사 모두를 포함하는 지속적 감항성 유지 프로그램(Continuous Airworthiness Maintenance Program)을 운용한다.

정시점검("Letter Check"라고 부른다)은 A점검, B점검, C점검, D점검과 ISI, CAL 점검이 있다. A점검은 최소의 포괄적인 것이고, 수행 점검 빈도가 많다. 반면에 D점검은 주요 장비품의 분해 , 장탈, 오버홀, 계통과 장비품의 검사를 수반하는 매우 종합적인 점검이다.

D점검은 항공기의 사용수명 기간 동안에 3~6회 정도 밖에 수행되지 않는다. 정시점검은 운항 정비 기간에 축적된 불량상태의 수리 및 운항 저해의 가능성이 많은 기능적인 모든 계통의 예방정비 및 감항성을 확인하는 것이다. 각 정시점검에 속한 정비요목은 정해진 주기 내에 수행 완료하여야 한다. 날짜 점검(CAL : CALendar check) A에서 D 정비 단계에 속하지 않는 정비 요목으로, 고유의 비행시간, 비행 횟수 또는 날짜 주기를 가지고 개별적으로 정해진 주기에 반복적으로 실시한다.

중

06 항공기가 장기간 운항에서 제외되는 것을 위해 수행하는 단계적 검사(Progressive Inspec-tions)에 대한 설명으로 옳지 않은 것은?

① 단계적 검사계획은 항공기를 등록한 감항당국에 신청하여 정비프로그램으로 승인을 받는다.
② 단계적 검사는 검사를 비행이 없는 야간에 완성하고 주간에 비행하여 수입을 늘릴 수도 있다.
③ 일상점검 요목은 매 검사단계마다 수행하고, 상세한 검사는 항공기의 특정 부분의 상세 점검에 초점을 맞춘다.
④ 모든 단계가 완료되기 전 검사의 1사이클이 완료되도록 프로그래밍하며, 단계적 검사의 1 사이클은 12개월 이내에 완료되어야 한다.

정답 04 ④ 05 ① 06 ④

해설

단계적 검사 역시 감항 당국의 승인을 받은 정비규정에 규율되며, 연간검사의 범위와 요목은 매우 집중적이고 방대하여 상당한 정비 시간이 소요되므로 항공기가 장기간 운항에서 제외되어야 한다. 이를 방지하기 위해 분할하여 수행하기도 한다. 특히, 대형항공기는 검사프로그램에 따라 단계적으로 일정 부분에 대해 단기간에 검사를 수행한다.

검사의 범위를 4~6개의 단계(Phase)로 나누어 수행하는 것이다. 모든 단계가 완료되면 검사의 1사이클이 완료되도록 프로그래밍한다. 단계적 검사의 장점은 검사를 비행이 없는 야간에 완성하고 주간에 비행하여 수입을 늘릴 수도 있다는 것이다. 단계적 검사는 엔진오일 교환과 같은 일상 점검항목부터 비행조종 케이블 검사와 같은 상세검사도 포함된다. 일상점검 요목은 매 검사단계마다 수행하고, 상세한 검사는 항공기의 특정 부분의 상세 점검에 초점을 맞춘다. 단계적 검사의 1 사이클은 12개월 이내에 완료되어야 한다.

만약 모든 검사가 12개월 이내에 완결되지 않는다면, 나머지 단계의 검사는 첫 번째 단계가 완결되었을 때로부터 열두 번째 달의 마지막 일 이전에 완료한다. 단계적 검사계획은 항공기를 등록한 감항당국에 신청하여 정비프로그램으로 승인을 받는다. 참고로, 미국은 FARPart91,Section91.409(d)에 단계적 검사에 대한 절차를 규율하고 있다.

23 비파괴검사

하

01 다음 중 형광 침투 검사로 표면 검사가 불가능한 것은?

① 도자기 ② 철
③ 플라스틱 ④ 고무

해설

침투 탐상 검사는 철강 재료, 비철 금속 재료, 도자기, 플라스틱 등의 표면 손상의 탐상이 가능하다.

상

02 자분탐상검사 시 종축과 원형자화 방법이 모두 사용되어야 하는 이유는?

① 검사하는 부품을 충분히 자화시키기 위함
② 검사하는 부품에 균일한 전류를 흐르게 하기 위함
③ 검사하는 부품에 균일한 자장을 형성시키기 위함
④ 결함의 방향에 직각으로 자장을 걸어 가능한 모든 결함을 탐지하기 위함

해설

일반적으로, 결함 방향을 예측할 수 없으므로 서로 직각인 자화가 얻어지는 자화 방법을 조합하여 사용하고 있다. 예컨대 종축 자화(Longitudinal Magnetism)와 원형 자화(Circular Magnetism)에 의해 둥근 봉의 축 방향 및 원주 방향의 결함을 검출할 수 있다.

중 (출제율이 높은 문제)

03 초음파 검사의 특징 중 틀린 것은?

① 판독이 객관적이다.
② 균열과 같이 평면적인 결함 검사에 적합하다.
③ 소모품이 거의 없으므로 검사비가 싸다
④ 검사 표준 시험편이 필요 없다.

해설

초음파 검사의 특징

- 소모품이 거의 없으므로 검사비가 싸다.
- 균열과 같이 평면적인 결함 검사에 적합하다.
- 검사 대상물의 한쪽 면만 노출되면 검사가 가능하다.
- 판독이 객관적이다.
- 재료의 표면 상태 및 잔류 응력에 영향을 받는다.
- 검사 표준 시험편이 필요하다.

중 (출제율이 높은 문제)

04 Aluminium Alloy Casting으로 만들어진 부품의 표면에 균열을 검사하는 방법으로 부적절한 것은 어느 것인가?

① 육안검사
② 형광침투검사
③ 자분탐상검사
④ 와전류 탐상

해설

자분탐상검사

자성체 금속에만 적용하므로 비자성체 재료인 알루미늄 합금에 적용할 수 없다.

정답 01 ④ 02 ④ 03 ④ 04 ③

중 (출제율이 높은 문제)

05 금속 또는 플라스틱의 표면 및 내부의 결함을 발견하기 위한 검사방법으로 적합한 것은?

① 형광 침투 검사
② 자분 탐상 검사
③ 와전류 탐상
④ 초음파 탐상

해설

초음파 검사(Ultrasonic Inspection)
고주파 음속 파장을 이용하여 부품의 불연속 부위를 찾아내는 방법으로 높은 주파수의 파장을 검사하고자 하는 부품을 통해 지나게 하고 역전류 검출판을 통해서 반응 모양의 변화를 조사하여 불연속, 흠집, 튀어나온 상태 등을 검사한다. 초음파 검사는 소모품이 거의 없으므로 검사비가 싸고, 균열과 같은 평면적인 결함을 검출하는 데 적합하다. 검사 대상물의 한쪽 면만 노출되면 검사가 가능하다. 초음파 검사는 표면 결함부터 상당히 깊은 내부의 결함까지 검사할 수 있다.

중

06 방사선 투과 검사(Radiographic Inspec-tion)에서 결함을 확인할 때 정확하지 않기 때문에 제외하는 결함으로 옳은 것은?

① 함유물 ② 빈 공간
③ 치수 불규칙 ④ 공동(Cavity)

해설

방사선사진 해석(Radiographic Interpretation)
흠이나 결함은 기본적인 3가지가 있는데, 빈 공간, 함유물, 치수 불규칙이다. 치수의 불규칙성은 방사선 촬영에서는 정확하지 않기 때문에 제외한다. 빈 공간과 함유물은 2차원 평면에서 3차원 구체에 이르기까지 여러 가지 형태로서 방사선사진에 나타난다.

공동(Cavity)은 삼차원의 구체와 같이 보이게 되지만, 균열, 찢어진 곳 또는 쇳물이 맞닿는 선은 대부분 2차원의 평면과 닮아있다. 수축, 산화 내재물(Oxide Inclusion), 다공성(Porosity) 등과 같은 다른 형태의 흠은 이들 두 가지의 극단적인 형태 중 하나이다.

중

07 액체침투검사(Liquid Penetrant Inspection)에 대한 설명으로 옳지 않은 것은?

① 액체침투검사는 표면에 존재하는 불연속을 검출하는 비파괴 검사 방법이다.
② 침투검사는 표면균열 또는 다공성 결함을 탐지할 수 있다.
③ 액체침투에 사용되는 침투액은 높은 표면장력과 낮은 모세관 현상의 특성이 있어 검사체에 적용하면 표면의 불연속성 즉, 미세한 곳에 쉽게 침투하게 된다.
④ 모세관 현상으로 침투액이 불연속부로 침투하게 되고, 침투하지 못한 침투액을 제거한 후 현상액을 적용하면 불연속부에 들어있는 침투액이 현상액 위로 흡착되어 침투액이 침투되어 있는 부위를 나타내게 되어 불연속부의 위치 및 크기를 알 수 있다.

해설

액체침투검사는 표면에 존재하는 불연속을 검출하는 비파괴 검사 방법이다. 액체침투에 사용되는 침투액은 낮은 표면장력과 높은 모세관 현상의 특성이 있어 검사체에 적용하면 표면의 불연속성 즉 미세한 곳에 쉽게 침투하게 된다. 모세관 현상으로 침투액이 불연속부로 침투하게 되고, 침투하지 못한 침투액을 제거한 후 현상액을 적용하면 불연속부에 들어있는 침투액이 현상액 위로 흡착되어 침투액이 침투되어 있는 부위를 나타내게 되어 불연속부의 위치 및 크기를 알 수 있다.

침투검사는 부품 표면에 노출되어 있는 결함에 대한 비파괴 시험이다. 그것은 알루미늄, 마그네슘, 황동, 구리, 주철, 스테인리스강, 그리고 티타늄과 같은 금속 부품에 사용한다. 세라믹, 플라스틱, Molded Rubber, 유리등에도 사용한다. 침투검사는 표면균열 또는 다공성 결함을 탐지할 수 있다. 이러한 결함은 피로균열, 수축균열, 수축기공, 연마된 표면, 열처리 균열, 갈라진 틈, 단조 랩(Laps) 겹침, 그리고 파열에 의해 일어나게 된다. 또한, 침투검사로 결합된 금속 사이에 접합 불량을 표시해 준다. 침투검사의 주요 단점은 결함이 표면에까지 열려야 한다는 것이다. 이러한 이유로서, 검사할 부품이 자성체이면 자분탐상검사 방법을 사용한다.

정답 05 ④ 06 ③ 07 ③

하

08 비파괴검사 요원의 자격 및 인증요건에 관한 미국의 규정으로 옳지 않은 것은?

① KPCN－S－01, Korean Personeel Certification in NDT

② MIL－STD－410, Nondestructive Testing Person－nel Qualification and Certification

③ A4A iSPec 2200, Guidelines for Training and Qualifying Personnel in NDT Methods

④ FAA AC 43.13－1, Chapter 5, Acceptable Methods, Techniques, and Practices－Aircraft Inspection and Repair

해설

우리나라는 항공사별 정비규정에 비파괴검사 요원의 자격 및 인증요건에 관한 규정을 두고 있으며, 미국의 경우 비파괴 검사자의 자격 및 인증요건은 다음 문서에 있다.

(1) MIL-STD-410, Nondestructive Testing Personnel Qualifi－cation and Certification,

(2) A4A iSPec 2200, Guidelines for Training and Qualifying Personnel in NDT Methods.

(3) FAA AC 43.13－1, Chapter 5, Acceptable Methods, Techniques, and Practices－Aircraft Inspection and Repair.

정답 08 ①

24 인적요소 일반

하 (출제율이 높은 문제)

01 SHELL 모델의 인적요소 중에 H(Hardware) 항목은 무엇인가?

① 항공법규 ② 융통성
③ 장비 장치 ④ 신뢰성

해,설

SHELL 모델의 중심에는 'L' 즉, 라이브웨어(Liveware)가 있는데, 이는 자기 자신을 의미한다.

- 'S'는 소프트웨어(Software)로서 자신과 관련된 법, 규정, 절차, 각종 매뉴얼, 점검표 등 즉 소프트웨어 관계를 의미한다.
- 'E'는 환경(Environment)으로서 날씨, 기온 등은 물론 조명, 습도, 소음 등 물리적 환경들도 포함된다.
- 'H'는 하드웨어(Hardware)로서 각종 시설, 장비, 공구 등 하드웨어의 관계를 의미한다.
- 'L'은 라이브웨어(Liveware)로서 함께 작업을 수행하는 동료를 비롯하여 자신의 업무와 직간접적으로 관련되는 사람들을 의미한다.

하

02 항공분야에서 인적요소(Human Factors)란?

① 항공기의 성능을 극대화하기 위한 것이다.
② 인간의 능력과 주변 제요소와의 상호관계를 최적화하기 위한 것이다.
③ 인체의 생리 및 심리가 행동에 미치는 원인을 규명하기 위한 것이다.
④ 항공기 사고발생 시보다 정확한 원인을 규명하기 위한 것이다.

해,설

인적 요소(Human Factor)
인체기관이나 생리 및 심리 등 인간 본질에 대한 능력과 그 한계 및 변화 등 인간과학(Human Sciences)적 제요소를 인지하고, 그 주변의 모든 요소와 상호작용 시 그 관계를 최적화하여 인간행동의 능률성과 효율성 그리고 안전성을 도모하기 위한 것이라 할 수 있으며, 인간공학과 함께 하는 주변 모든 요소와의 관계에서 발생하는 현상을 총칭하는 의미를 포함하고 있어, 그 영역과 깊이는 매우 광범위하면서 무한하며, 부문별로 고도의 전문성을 띠고 있다.

중

03 인적요소(Human Factor)의 개념이 아닌 것은?

① 인간은 안전하고 효율적으로 대응할 수 있는 탄력성이 있다.
② 인간은 환경 변화에 따라 신축적으로 대응할 수 있는 능력이 있다.
③ 인간은 감정과 흥미에 따라 상황을 인지하고 스스로 판단한다.
④ 인간은 가변적이고 유동적인 형태적 특성이 없다.

해,설

항공기의 자동화 시스템은 인간에 의해 프로그램 되어 있는 대로 움직이므로 주변 환경의 급변으로 위험요소와 조우할 경우 이를 안전하고 효율적으로 대처할 수 있는 탄력성이 부족한 반면, 인간의 경우에는 주변상황에 신축적으로 대응할 수 있는 능력은 있지만 자신의 감정과 흥미에 따라 상황을 인지하고 스스로의 기준에 따라 판단과 의사결정 과정을 거쳐 행동하게 되므로 가변적이고 유동적인 행태적 특성이 내재하고 있다.

정답 01 ③ 02 ② 03 ④

하

04 SHELL 모델에서 인간 중심사회에서 융통성을 발휘하는 등의 가장 중심이 되는 것은?

① Software
② Liveware
③ Environment
④ Hardware

해설

1번 문제 해설 참조

중

05 작업수행 능력에 있어 인간이 기계보다 우월한 점은?

① 반응의 속도가 빠르다.
② 돌발적인 사태에 직면해서 임기응변의 대처를 할 수 있다.
③ 인간과 다른 기계에 대한 지속적인 감시기능이 뛰어나다.
④ 고장 검색을 신속히 할 수 있다.

해설

사람이 과오(Error)를 저지르는 동물이라면 위험하고 복잡한 일을 기계에 맡기는 방법을 생각하게 된다. 그러나 기계는 강도가 높은 작업, 정밀을 요구하는 작업 등에는 합당하지만 돌발적인 사태에 대한 대처능력은 사람을 당하지 못한다.

중

06 상대습도는 어느 정도 될 때가 인체에 가장 나쁜가?

① 30% 미만 또는 70% 이상
② 30% 미만 또는 80% 이상
③ 40% 미만 또는 60% 이상
④ 50% 미만 또는 70% 이상

해설

실내의 쾌적함을 유지하려면 온도 외에도 습도를 고려해야 하는데, 습도가 30% 미만이거나 80% 이상이면 좋지 않고, 40~70% 정도면 대체로 쾌적함을 느낄 수 있다. 실제로 쾌적함을 주는 습도는 온도에 따라 달라지는데 15℃에서는 70% 정도, 18~20℃에서는 60%, 21~23℃에서는 50%, 24 ℃ 이상에서는 40%가 적당한 습도라고 한다.

중

07 인적요인에 대한 정보들을 항공정비 분야에 적합하고 실용적으로 적용시키는 페어모델(The Pear Model)에 4가지 요소가 포함되는데 해당되지 않는 것은?

① 작업자(People who do the job)
② 작업환경(Environment in which they work)
③ 작업자 양심(Conscious in People who do the job)
④ 작업에 필요한 자원(Resources necessary to complete a job)

해설

페어모델(The Pear Model)
인적요인과 관련된 학문적이고 실천적인 개념들은 방대하다. 하지만 정작 중요한 것은 인적요인에 대한 이런 다양한 정보들을 항공정비 분야에 적합하고 실용적으로 적용시키는 것이다. 이러한 관점에서 PEAR 모델은 다음과 같은 4가지 요소를 통하여 항공정비 분야에 적합한 인적요인 프로그램을 보여준다.

- 작업자(People who do the job)
- 작업환경(Environment in which they work)
- 작업자 행동(Actions they perform)
- 작업에 필요한 자원(Resources necessary to complete a job)

정답 04 ② 05 ② 06 ② 07 ③

상

08 다음 중 항공종사자들의 의사소통 결여에 대한 설명이 다음과 같을 때 옳지 않은 것은?

① 의사소통의 결여는 부적절한 정비결함을 유발할 수 있는 핵심적인 인적요인 중 하나이다.
② 의사소통은 항공정비사와 주변의 많은 사람들(관리자, 조종사, 부품 공급자, 항공기 서비스 제공자)간에 일어난다.
③ 의사소통의 부재는 정비오류를 발생시켜서 대형 항공사고를 초래할 수 있으므로 항공정비사들 간의 의사소통은 대단히 중요하다고 할 수 있다.
④ 작업은 항상 인가된 문서에 의한 절차에 따라서 수행되어야 하며, 한 단계의 작업이 수행되면 서명하고, 확인검사가 완료되기 전에 다음 단계의 작업을 수행하여야 한다.

해설

의사소통의 결여(Lack of Communication)
의사소통의 결여는 부적절한 정비결함을 유발할 수 있는 핵심적인 인적요인 중 하나이다. 의사소통은 항공정비사와 주변의 많은 사람들(관리자, 조종사, 부품 공급자, 항공기 서비스 제공자) 간에 일어난다. 서로 대화를 하다 보면 오해와 누락이 발생하는 것은 당연하다고 할 수 있지만, 정비사들 간의 의사소통의 부재는 정비오류를 발생시켜서 치명적인 항공사고를 초래할 수 있으므로 항공정비사들 간의 의사소통은 대단히 중요하다고 할 수 있다.

이러한 의사소통은 한 명 이상 여러 명의 정비사가 항공기에서 작업을 수행할 경우에 특별하게 해당한다. 그것은 어떠한 단계도 생략하지 않고 모든 작업을 마칠 수 있도록 정확하고 완벽한 정보교환이 관건이다.

직무에 관련된 지식과 이론은 대충 알아서는 안되며, 명확하게 이해해야 한다. 또한, 정비절차의 각 단계는 마치 한 명이 작업한 것처럼 공인된 지침에 따라 실행되어야 한다.

의사소통이 부족하여 문제를 유발하는 공통적인 시나리오는 교대근무 중에 발생한다. 교대근무로 인해 정비작업이 완료되지 않았을 경우에는 근무시간 중 수행한 정비작업에 대한 전반적인 현황과 완료시키지 못하고 인계하는 정비작업 사항을 다음 교대 근무자에게 인계하여야 한다. 이러한 인수인계는 문서로 이루어져야 한다.

또한, 중단되었던 정비작업을 다시 수행하는 교대 근무자는 정비작업을 착수하기 전에 인수한 작업공정의 한 단계 앞에 이미 완료된 공정이 정확히 수행되었는지 반드시 점검하여야 한다. 작업의 인수자와 인계자 사이에서 구두 또는 문서에 의한 의사소통 없이 작업을 지속하는 것을 방지하는 것이 매우 중요하다.

작업은 항상 인가된 문서에 의한 절차에 따라서 수행되어야 하며, 한 단계의 작업이 수행되면 서명하고, 확인검사가 완료된 후에 다음 단계의 작업을 수행하여야 한다. 결론적으로 정비사들은 효율적인 의사소통을 통하여 안전한 항공기 운영에 초점을 두어 보다 훌륭한 시스템의 일부분으로서 역할을 다 하여야 한다.

상

09 항공 인적요소 중 작업자, 작업환경, 작업자 행동, 작업에 필요한 자원 등 4가지 요소를 설명하는 것으로 옳은 것은?

① SHEL 모델(Model)
② 페어 모델(The Pear Model)
③ 더티 도즌(The "Dirty Dozen")
④ 스위스 치즈 모델(The Swiss Cheese Model)

해설

7번 문제 해설 참조

상

10 다음 중 항공기 정비역량을 위한 12가지 인적요인에 포함되지 않는 것은?

① 피로 ② 압박
③ 적응력 ④ 주의산만

해설

항공기 정비 역량을 위한 12가지 인적요인(Twelve human factors for aircraft maintenance proficiency)은 다음과 같이 있다.
① 의사소통의 부재(Lack of Communication)
② 자만심(Complacency)

정답 08 ④ 09 ② 10 ③

③ 지식의 결여(Lack of knowledge)
④ 주의산만(Distraction)
⑤ 팀워크의 결여(Lack of Teamwork)
⑥ 피로(Fartigue)
⑦ 제자원의 부족(Lack of Resources)
⑧ 압박(Pressure)
⑨ 자기주장의 결여(Lack of Assertiveness)
⑩ 스트레스(Stress)
⑪ 인식의 결여(Lack of Awareness)
⑫ 관행(Norms)

중

11 항공 인적요인 중 에드워드(Edward, 1972)는 조종사와 항공기 사이에 상호 작용하는 개별적이거나 집단적인 요소를 체계적으로 보여준다고 설명하는 모델을 고안해냈는데, 이것은 무엇을 말하는가?

① SHEL 모델(Model)
② 페어 모델(The Pear Model)
③ 더티 도즌(The "Dirty Dozen")
④ 스위스 치즈 모델(The Swiss Cheese Model)

해설

에드워드(Edward, 1972)는 조종사와 항공기 사이에 상호 작용하는 개별적이거나 집단적인 요소를 체계적으로 보여주는 SHEL 모델이라는 다이어그램을 고안하였으며, 호킨스(Hawkins, 1975)는 에드워드가 고안한 SHEL 모델을 수정하여 새로운 SHELL모델을 제시하였다.

중

12 항공 인적요인 중 1980년대 후반과 1990년대 초반에 대다수의 정비와 관련된 항공사고와 준사고가 집중됨에 따라 캐나다 감항당국(Transport Canada)에서는 효율적이고 안전한 작업수행을 저해하는 정비오류를 유발할 수 있는 12개의 인적요인들을 밝혀낸 것으로 옳은 것은?

① SHEL 모델(Model)
② 페어 모델(The Pear Model)
③ 더티 도즌(The "Dirty Dozen")
④ 스위스 치즈 모델(The Swiss Cheese Model)

해설

1980년대 후반과 1990년대 초반에 대다수의 정비와 관련된 항공사고와 준사고가 집중됨에 따라 캐나다 감항당국(Transport Canada)에서는 효율적이고 안전한 작업수행을 저해하는 정비오류를 유발할 수 있는 12개의 인적요인들을 밝혀냈다. 더티 도즌(Dirty Dozen)의 12가지 요인은 항공정비 분야의 인적오류를 논함에 있어 항공 산업에서 아주 유용하게 활용할 수 있는 도구이다.

중

13 항공 인적요인 중 임상 심리학(Clinical Psychology)에 대한 설명으로 옳은 것은?

① 인간, 재료, 설비 및 에너지로 구성되는 종합적 시스템을 설계, 개선 및 설치하는 일이다.
② 실험이라는 방법을 활용하여 인간의 행동과 행동과정에 기저하는 심리적인 특성에 대해 연구하는 학문이다.
③ 인체의 형태 및 기능을 계측하여 그 계측치에 의해 인체의 여러 가지 성질을 수량적으로 밝히려고 하는 학문이다.
④ 인간에 대한 이해를 통해 개인이 겪고 있는 정신장애나 심리적 문제를 평가하고 치료하는 것을 목적으로 하는 학문으로서 주로 개인의 정신적 웰빙에 초점을 맞추고 있다.

해설

임상 심리학(Clinical Psychology)은 인간에 대한 이해를 통해 개인이 겪고 있는 정신장애나 심리적 문제를 평가하고 치료하는 것을 목적으로 하는 학문으로서 주로 개인의 정신적 웰빙에 초점을 맞추고 있다. 임상 심리학은 불리한 상황에 대한 대처, 자기비하, 동료 간의 갈등 등에 대한 스트레스를 극복할 수 있도록 도움을 준다.

정답 11 ① 12 ③ 13 ④

중

14 1900년대 초반, 의학에서 인간의 오류를 줄이기 위해 수술실에서의 대화를 복명복창 개념으로 발전시키기 위한 것으로, 예를 들어, 의사가 "메스"라고 말하면, 간호사는 “메스”라고 복창하고 의사에게 메스를 건네주는 질의-응답시스템(Challenge-Response System)을 만든 인물로 옳은 것은?

① 필립스(Phillips)
② 레오나르도 다빈치(Leonardo DiVinci)
③ 프랭크(Frank)와 길브레스(Lillian Gilbreth)
④ 오빌(Orville)과 윌버 라이트(Wilbur Wright)

해설

1900년대 초반, 산업공학자인 프랭크(Frank)와 길브레스(Lillian Gilbreth)는 의학에서 인간의 오류를 줄이기 위해 노력했다. 그들은 수술실에서의 대화를 복명복창 개념으로 발전시켰다. 예를 들어, 의사가 “메스”라고 말하면, 간호사는 “메스”라고 복창하고 의사에게 메스를 건네준다. 이를 질의-응답시스템(Challenge-Response System)이라 불렀다.

정답 14 ③

25 인적요인 관계 및 정비영향

출제율이 높은 세목

상

01 현대 항공기의 이용에서 점검표(Check List)에 대한 설명 중 문제점은?

① 승무원 간의 상호 확인 감독을 해야 한다.
② 운항 승무원에게 조작절차를 환기시키고 항공기 조작의 기본적 표준을 제공한다.
③ 비상시 승무원의 기억을 되살려 주고 위급한 조치사항의 실행을 확인할 수 있다.
④ 점검표의 용어가 부적절하다고 생각하거나 항목 간의 순서가 부적절한 경우 표준 용어를 사용하지 않으려고 한다.

해설

점검표의 문제점 중 하나는 표준 용어를 사용하지 않았을 때 정보전달에 문제가 발생할 수 있다. 운항 승무원은 점검표의 용어가 성가시고 그 표현이 부적절하다고 생각하거나 항목 간의 순서가 부적절한 경우, 또는 사용하는 단어의 숫자가 너무 많을 경우 표준 용어를 사용하지 않으려고 한다.

상

02 피로의 발생과 증상에 관한 다음 설명 중 잘못된 것은?

① 국소근육피로는 동적인 작업이 정적 작업보다 피로하기 쉽다.
② 피로는 일반적으로 주관적인 느낌이 있으면서 과학적인 정의나 객관적인 측정이 어렵다.
③ 정신피로는 육체피로와 동반해서 또는 작업의 종류에 따라 독립적으로 나타난다.
④ 전신피로는 육체운동의 증가에 따라 심폐계통의 부담이 늘어나고 전체 근육에 영향을 미친다.

해설

대체로 정적 작업은 동적 작업보다 피로하기 쉽다. 이유는 근육수축 시에는 혈관이 압박되고 힘이 가해질수록 혈류의 저항이 증대되기 때문이다.

중

03 업무로 인한 스트레스 유발 원인이 아닌 것은?

① 불합리한 행정
② 개인 업무에 대한 부담감
③ 업무 능률 향상을 위한 아이디어 회의
④ 집안일이나 사회생활에 영향을 미치는 교대근무

해설

스트레스 유발 원인은 다양하지만, 업무 능률 향상을 위한 아이디어 회의는 상호간 소통 및 정보 공유를 함으로써 스트레스 유발 원인으로 보기 어렵다.

중

04 항공 인적요소 내용에서 항공종사자들의 행태 변화를 유도하는 교육 및 훈련에 관한 설명으로 틀린 것은?

① 계획적으로 실시한다.
② 체계적이며 주기적으로 실시한다.
③ 사후 세심한 관리와 관찰을 통해 수시로 교정한다.
④ 단기간의 일과성적을 이루도록 교육 및 훈련을 실시한다.

해설

인적 요소에 관한 교육 및 훈련은 항공종사자들의 행태 변화를 유도하는 교육 및 훈련이므로 단기간의 일과성적인 교육 및 훈련보다는 장기간 계획적이고 체계적이며 주기적으로 실시하고, 사후에도 세심한 관리와 관찰을 통하여 수시로 교정하고 이를 습관화하는 것이 바람직하다.

정답 01 ④ 02 ① 03 ③ 04 ④

중

05 항공정비감독자가 작업환경과 생산성을 강화할 수 있도록 취하는 것으로 아닌 것은?

① 모든 직원들의 동등한 대우
② 안전하게 작업을 수행할 수 있도록 독려
③ 훌륭한 안전기록을 가진 직원에 대한 표창과 보상
④ 각자 맡은 직무를 일부만 올바르게 수행할 수 있도록 작업팀과 그룹의 복수화

해설

조직 심리학을 이해하는 것은 항공정비감독자가 작업환경과 생산성을 강화할 수 있는 다음과 같은 내용들을 학습하는데 도움을 준다.

- 훌륭한 안전기록을 가진 직원에 대한 표창과 보상
- 안전하게 작업을 수행할 수 있도록 독려
- 올바르게 직무를 다 함께 수행할 수 있도록 작업팀과 그룹의 단일화
- 모든 직원들의 동등한 대우

중

06 개인이 스트레스를 완화하는 방법으로 옳지 않은 것은?

① 스트레스 수준을 알아보기 위해 직무를 평가한다.
② 스트레스를 완화토록 조직을 중앙 집권화하도록 한다.
③ 자기인식 증대, 명상, 요가, 선 등을 하여 긴장 이완 훈련을 한다.
④ 조직에서 올바른 행동을 취하고 있는지에 대해 자기 인식을 증대한다.

해설

스트레스 대처를 위한 개인 관리방안으로는 개인들이 자기 직무에서 스스로 어떻게 행동하고 있는가에 대한 자기인식을 증대시키는 일이다. 아울러 규칙적인 운동과 직무 외적인 일에 관심을 갖는 것도 도움이 된다. 또한 초월적 명상, 요가, 선 및 기타 형태의 긴장 이완 훈련이 스트레스 해소 효과가 있는 것으로 인정받고 있다.

스트레스 대처를 위한 조직 관리 방안은 매년 종업원들의 신체검사나 스트레스 평가를 하여 긴장 이완 훈련을 주선해 주거나 운동을 위한 시간과 장소를 마련해 주는 일이다. 더 나아가서는 개인의 스트레스에 대한 능력과 그의 직무 간의 적합도를 파악하거나 스트레스 수준을 알아보기 위해 직무를 평가하는 방안도 고려할 수 있다. 또한 조직 내 스트레스의 많은 부분이 조직 내의 구조나 기능에서 유발되므로 이러한 것들의 변화를 통해 개개인이 경험하는 스트레스를 경감시킬 수 있다. 즉, 분권화 보상체계 훈련이나 선발 배치 의사소통 과정에서의 종업원 참여 그리고 의사소통의 개방을 들 수 있다.

중

07 항공정비에서는 반복적으로 동일한 정비작업을 여러 번 반복하고 나면, 그 업무에 익숙해진 항공정비사들은 주의력과 집중력이 떨어져 자신이 하고 있는 일과 주변에 대한 인식이 떨어지게 된다. 이와 관련된 설명으로 옳은 것은?

① 주의산만(Distraction)
② 의사소통의 결여(Lack of Communication)
③ 자만심(Complacency)
④ 인식의 결여(Lack of Awareness)

해설

인식의 결여(Lack of Awareness)는 모든 행동의 결과를 인지하는 것을 실패하거나 통찰력이 부족한 것으로 정의된다. 항공정비에서는 반복적으로 동일한 정비작업을 수행하는 것은 드문 일이 아니다. 동일한 작업을 여러 번 반복하고 나면, 그 업무에 익숙한 항공정비사들은 주의력과 집중력이 떨어져 자신이 하고 있는 일과 주변에 대한 인식이 떨어지게 된다. 그러므로 매번 작업을 완료할 때마다 처음 작업하는 것처럼 마음가짐을 가져야 한다.

정답 05 ④ 06 ② 07 ④

상

08 항공 인적요인 중 관행(Norms)에 대해 설명하고 있는데, 다음 내용 중 옳지 않은 것은?

① 관행은 오래 전부터 해오는 대로 관례에 따라서 일반적으로 행하는 일의 방식으로서 대부분의 조직에 의해 따르거나 묵인되는 불문율 같은 것이다.

② 관행은 통상적으로 애매모호한 해결책을 가진 문제들을 해결하기 위해 발전되었다. 애매모호한 상황에 직면했을 때, 개인은 자신의 반응을 형성하기 위해 주변의 다른 사람의 행동을 따라하게 된다.

③ 일부 관행들은 생산적이거나 집단의 생산성을 향상시키며 새로운 신입자는 아주 드물게 고착된 집단관행을 따르지 않으려고 더티 도즌 항공기 정비역량을 위한 12가지 인적요인을 시도하지만 대부분 잘못된 관행을 답습하게 된다.

④ 항공 정비작업을 기억에 의존해서 작업하거나 절차를 따르지 않고, 손쉬운 방법으로 작업하는 행위 등은 불안전한 관행의 사례들로 신입자들은 오래된 그룹의 멤버들보다 이러한 불안전한 관행을 더 잘 식별할 수 있다.

해설

관행은 오랜 전부터 해오는 대로 관례에 따라서 일반적으로 행하는 일의 방식으로서 대부분 조직에 의해 따르거나 묵인되는 불문율 같은 것이다. 부정적인 관행은 확립된 안전기준을 떨어뜨려서 사고를 유발시킬 수 있다.

관행은 통상적으로 애매모호한 해결책을 가진 문제들을 해결하기 위해 발전되었다. 애매모호한 상황에 직면했을 때, 개인은 자신의 반응을 형성하기 위해 주변의 다른 사람의 행동을 따라하게 된다. 이러한 과정이 계속되면 집단적인 관행이 생겨나고 고착되게 된다.

새로운 신입자는 아주 드물게 고착된 집단관행을 따르지 않으려고 더티 도즌 항공기 정비역량을 위한 12가지 인적요인 시도하지만 대부분 잘못된 관행을 답습하게 된다.

일부 관행들은 비생산적이거나 집단의 생산성을 저하시킬 정도로 불안하다. 항공 정비작업을 기억에 의존해서 작업하거나 절차를 따르지 않고, 손쉬운 방법으로 작업하는 행위 등은 불안전한 관행의 사례들이다. 신입자들은 오래된 그룹의 멤버들보다 이러한 불안전한 관행을 더 잘 식별할 수 있다.

다른 한편, 신입자들의 신뢰성은 자신의 집단에 동화되는 것에 좌우된다. 신입자의 동화는 집단관행의 묵인에 따라 달라진다. 모두는 불건전한 관행에 대하여 신입자들의 통찰력을 인식하고, 관행을 바꾸는 것에 대해 긍정적인 태도를 가져야 한다. 신입자들이 집단구조에 동화되었을 때, 마침내 그들은 다른 사람들과 신뢰를 구축할 수 있다. 이러한 과정 속에서 신입자들은 집단 내에서 변화를 시도할 수도 있지만 유감스럽게도, 이러한 행동을 취하는 것은 어려우며, 신입자의 믿음은 집단의 인지에 크게 의존하게 된다.

관행들은 항공정비의 더티 도즌(dirty dozen) 중의 하나로 확인되어 왔으며, 일화적인 증거의 대다수는 현장(line)에서 불안전한 관행들이 벌어지고 있다는 것이다.

불안전한 관행들의 영향은 회의 시간을 수용하는 것을 결정하는 것과 같은 상대적으로 가벼운 것에서부터 불완전한 정비작업을 서명하는 것과 같은 본질적으로 불안전한 것에까지 다양하다.

어떤 행동들은 표준작업절차(SOP)에 관계없이 집단에 의해서 수용되어 관행이 될 수 있다. 그러므로 감독자는 모든 사람이 동일한 표준을 준수하는지 확인하고 불안전한 관행을 용납해서는 안된다.

또한, 항공정비사들은 일상적으로 따라하는 불안전한 관행보다는 절차에 따라 작업하는 자신을 자랑스럽게 여겨야 할 것이다.

중

09 MEDA 정비오류판별기법의 개념 중 3가지의 원칙에 해당되지 않는 것은?

① 결함 제어가능성

② 직원에 대한 신뢰

③ 정비사로서의 자질

④ 다양한 요인의 기여

정답 08 ③ 09 ③

해설

정비오류판별기법(MEDA : Maintenance Error Decision Aid : MEDA)

MEDA의 개념은 다음 세 가지 원칙을 기반으로 하고 있다.

- 직원에 대한 신뢰(즉, 정비사는 항상 최선을 다하고자 하며 고의로 실수하지 않는다.)
- 다양한 요인의 기여(오류를 유발하는 요인은 한 가지가 아니다.)
- 결함 제어가능성(대부분의 오류 유발요인은 관리될 수 있다.)

중

10 항공 인적요인 중 물리적 스트레스 요인(Physical Stressors)은 개인의 작업부하에 따라 더해지며, 작업 환경을 불편하게 만든다. 다음 설명 중 옳지 않은 것은?

① 온도(Temperature) : 격납고 내부의 높은 온도는 몸을 뜨겁게 하여 땀과 심장박동을 증가시킨다. 반면에 낮은 온도는 몸의 면역력과 저항력이 떨어져서 감기에 걸리기 쉽다.

② 소음(Noise) : 인근의 항공기 이 · 착륙으로 인해 소음수준이 높은 격납고는 정비사의 주의와 집중을 어렵게 할 수 있다.

③ 조명(Lighting) : 작업장의 밝은 조명은 기술 자료와 매뉴얼을 읽기 힘들게 만든다. 마찬가지로 밝은 조명으로 항공기 기내에서 작업하는 것은 무언가를 놓치거나 부적절하게 수리하는 경향을 증가시킨다.

④ 협소한 공간(Confined Spaces) : 좁은 작업 공간은 정비사를 장기간 비정상적인 자세로 만들어서 올바른 작업수행을 아주 어렵게 한다.

해설

물리적 스트레스 요인은 개인의 작업부하에 따라 더해지며, 작업 환경을 불편하게 만든다.

- 온도(Temperature): 격납고 내부의 높은 온도는 몸을 뜨겁게 하여 땀과 심장박동을 증가시킨다. 반면에 낮은 온도는 몸의 면역력과 저항력이 떨어져서 감기에 걸리기 쉽다.
- 소음(Noise): 인근의 항공기 이 · 착륙으로 인해 소음수준이 높은 격납고는 정비사의 주의와 집중을 어렵게 할 수 있다.
- 조명(Lighting): 작업장의 어두운 조명은 기술 자료와 매뉴얼을 읽기 힘들게 만든다. 마찬가지로 어두운 조명으로 항공기 기내에서 작업하는 것은 무언가를 놓치거나 부적절하게 수리하는 경향을 증가시킨다.
- 협소한 공간(Confined spaces): 좁은 작업 공간은 정비사를 장기간 비정상적인 자세로 만들어서 올바른 작업수행을 아주 어렵게 한다.

정답 10 ③

CHAPTER

03

1. 항공기 왕복 엔진

Aircraft Reciprocating Engine

[이 장의 특징]

항공기 엔진 역사상 초기로 항공업에 큰 기여를 하며 수많은 발전을 해온 왕복 엔진은 최초 동력 비행에도 성공 사례를 보여준 라이트 형제의 항공기에도 쓰였던 엔진이다.

현재는 자동차와 소형 항공기에 주로 쓰이지만 왕복 엔진 또한 역사가 깊어 수험생들에게도 짚고 넘어가야 할 엔진 종류 중 하나이다.

여기서 다룰 내용들은 왕복 엔진의 기본적인 작동 및 원리 그리고 관련 구성품과 다양한 계통들, 시운전 및 취급절차에 관해 시험 대비에 효율성을 높이고자 핵심 내용들로 정리하여 요약하였다.

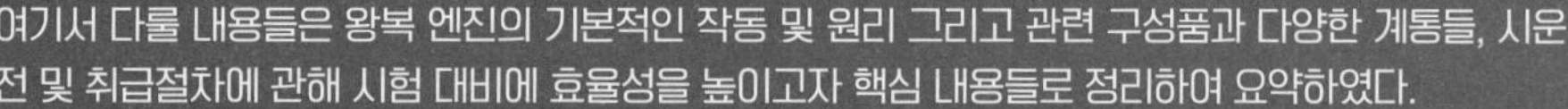

01 기초이론

하

01 항공기 왕복 엔진에서 작동 사이클 순서로 옳은 것은?

① 흡입 – 폭발 – 압축 – 배기
② 흡입 – 압축 – 배기 – 폭발
③ 흡입 – 압축 – 폭발 – 배기
④ 흡입 – 배기 – 압축 – 폭발

해설

왕복 엔진의 기본 작동 순서는 흡입 – 압축 – 폭발(팽창) – 배기 순서로 4행정이 모두 완료되어야 1Cycle이 된다. 이때 크랭크축(Crankshaft)의 회전은 2회전이다.

하 (출제율이 높은 문제)

02 왕복 엔진의 기본이 되는 이상적인 사이클은 무엇인가?

① 브레이턴 사이클　② 카르노 사이클
③ 오토 사이클　④ 디젤 사이클

해설

열 공급이 정적 과정에서 이루어지므로 정적 사이클이라고도 하며, 항공기용 왕복 엔진과 같은 전기 점화식(Spark Ignition) 내연기관의 기본 사이클이다.

하

03 오토 사이클의 흐름으로 맞는 것은?

① 공기흡입 – 단열압축 – 정압가열 – 단열팽창 – 정압배기
② 공기흡입 – 정적배기 – 단열압축 – 정적팽창 – 단열압축
③ 공기흡입 – 단열압축 – 정적가열 – 단열팽창 – 정적배기
④ 공기흡입 – 정적배기 – 정압가열 – 정압배기 – 단열팽창

해설

오토 사이클의 흐름은 공기흡입 – 단열압축 – 정적가열 – 단열팽창 – 정적배기 순서로 다른 말로 정적 사이클이라 부른다.

하 (출제율이 높은 문제)

04 왕복 기관 4행정 중 엔진이 외부에 대해 유효한 일을 하는 행정은?

① 흡입행정　② 압축행정
③ 팽창행정　④ 배기행정

해설

압축된 혼합기는 점화되면 급속히 연소하여 급격한 압력 상승을 일으킨다. 실린더 내의 압력은 상승하고 그 결과 피스톤은 아래로 내려가 하사점에 달하기까지 연소 가스가 팽창된다. 피스톤의 하향 운동이 크랭크축(Crank Shaft)을 회전시키고 이것에 의해 엔진이 외부에 대해 유효한 일을 한다. 이러한 행정을 팽창(출력) 행정(Expansion Stroke 또는 Power Stroke)이라고 한다.

하

05 왕복 기관의 압축행정에서 압력이 가장 높을 때의 피스톤의 위치는?

① 하사점 후　② 상사점 전
③ 상사점 후　④ 하사점 전

정답 01 ③ 02 ③ 03 ③ 04 ③ 05 ②

해설

왕복 기관의 4행정 중 흡입–압축–폭발–배기 순서에서 압축 행정일 때 피스톤의 위치는 상사점을 향해 올라가는 상태이며, 이 위치에서 실린더 내부 압력이 급상승하고 점화 플러그(Spark Plug)에 의해 연소를 이루어 다시 하사점으로 향하게 한다.

하 (출제율이 높은 문제)

06 왕복 기관 항공기의 실린더 내에서 작용하는 피스톤의 직선 왕복운동을 크랭크축에 전달하여 회전운동으로 변화시키는 것은 무엇인가?

① Crank Pin
② Connecting Rod
③ Piston
④ Crankshaft

해설

커넥팅 로드(Connecting Rod)는 피스톤과 크랭크축을 연결하고 피스톤의 왕복 운동을 크랭크축의 회전 운동으로 변환시킨다.

중

07 항공산업은 가스터빈엔진보다 왕복엔진을 일반항공용이나 교육훈련용으로 더 많이 사용되는데, 그 이유가 아닌 것은?

① 정비 수명이 길다.
② 구조방식이 간단하다.
③ 엔진의 작동 속도 범위가 크다.
④ 저속 비행 시 연료소모율이 낮다.

해설

왕복엔진은 가스터빈엔진보다 구조가 간단하고, 저속 비행 시 연료소모율이 낮으며, 정비 수명이 긴 장점이 있다.

그러나 왕복운동을 하는 왕복엔진은 진동이 심하고 고회전수를 얻기 어려우며, 작은 크기로 큰 출력을 내기가 어렵다. 추운 기후에서도 시동이 어렵고 오일 소모량 또한 많다.

하

08 항공기 왕복 엔진에 사용하는 피스톤 링(Piston Ring)의 종류로 틀린 것은?

① Blade Seal Ring
② Oil Control Ring
③ Oil Scraper Ring
④ Compression Ring

해설

왕복 엔진에 사용하는 피스톤 링(Piston Ring)은 실린더 벽에 밀착되어 가스의 누설 방지 및 피스톤의 열을 실린더 벽으로 열전도 해주는 압축 링(Compression Ring)과 실린더 벽에 윤활유를 공급하거나 제거하는 역할을 하는 오일 조절 링(Oil Control Ring), 오일 제거 링(Oil Scraper Ring) 등이 있다.

하

09 다음은 왕복 엔진 악세서리 기어박스(Accessory Gearbox)의 구성품들이다. 해당되지 않는 것은?

① 실린더(Cylinder)
② 기화기(Carburetor)
③ 진공 펌프(Vaccum Pump)
④ 회전속도계(Tachometer)

해설

왕복 엔진 악세서리 후방 부분은 일반적으로 주물 구조이며 알루미늄 합금이 가장 널리 사용되고 마그네슘 또한 일부 사용되고 있다. 이 악세서리 부분(Accessory Section)은 마그네토(Magneto), 기화기(Carburetor), 연료펌프(Fuel Pump), 오일펌프(Oil Pump), 진공펌프(Vaccum Pump), 시동기(Starter), 발전기(Generator), 회전속도계(Tachometer) 구동장치 등과 같은 부품들을 설치하기 위한 수단으로 하나의 조각 형태로 주조된다.

정답 06 ② 07 ③ 08 ① 09 ①

02 성능(출력, 효율, 배기량, 압력비, 혼합비 관계)

중

01 왕복 기관의 성능곡선에 의거하여 맞는 것은?

① 속도, 밀도, 압력을 이용하여 출력을 구한다.
② 출력, 회전수, 고도를 이용하여 흡기온도를 구한다.
③ 회전수, 흡입압력, 고도, 흡기온도로 출력을 구한다.
④ 회전수, 흡입압력, 고도를 이용하여 흡기온도를 구한다.

해설

왕복 기관 성능 곡선의 실용적인 사용 방법은 다음의 2가지로 된다.

- 회전수, 흡입 압력, 고도, 흡입 온도를 나누어서 출력을 구한다.
- 출력, 회전수, 고도, 흡기 온도를 나누어서 흡입 압력을 구한다.

중

02 비행 중 왕복 엔진 항공기의 실린더 헤드 온도(CHT)를 감소시키는 방법이 아닌 것은?

① 출력을 감소시킨다.
② 카울 플랩을 Open한다.
③ 혼합비를 농후하게 한다.
④ 고도를 증가시킨다.

해설

농후 상태란 연료와 공기 혼합비 중 연료량이 많은 것으로 과열 현상을 촉진시킨다. 따라서 혼합비를 농후하게 하면 온도 감소가 아닌 역효과를 불러일으킨다.

중

03 실린더가 4개인 왕복 엔진의 실린더 면적이 5 $inch^2$, 행정거리는 5inch일 때 총배기량은?

① 19　　② 24
③ 67　　④ 100

해설

총배기량 = 실린더 안지름의 단면적 × 행정길이 × 실린더 수

- $5 \times 5 \times 4 = 100in^3$

하 (출제율이 높은 문제)

04 왕복 엔진의 체적효율이 감소하는 경우인 것은?

① 연료의 옥탄가가 높을 때
② 흡입 파이프의 직경이 넓고 길이가 짧을 때
③ Carburetor의 공기 온도가 낮을 때
④ 실린더 헤드 온도(CHT)가 높을 때

해설

왕복 엔진의 체적효율은 실린더 안으로 유입되는 연료 공기량의 무게와 같은 압력에서 실린더의 전체 체적을 완전히 채웠을 때의 무게의 비로 나타낸다. 실제로 들어가는 공기의 무게가 감소하면 체적효율(Volumetric Efficiency)은 감소한다. 이와 같은 원인 중 한 가지가 높은 실린더 헤드 온도로 실린더로 들어가는 공기 무게가 감소한다.

하 (출제율이 높은 문제)

05 왕복 엔진 항공기의 체적효율을 감소시키는 요인이 아닌 것은?

① 고온의 연소실　　② 과도한 회전
③ 불완전한 배기　　④ 큰 직경의 다기관

정답 01 ③ 02 ③ 03 ④ 04 ④ 05 ④

해설

체적효율을 감소시키는 요인

- 밸브의 부적당한 타이밍
- 너무 작은 다기관 지름
- 너무 많이 구부러진 다기관
- 고온 공기 사용
- 연소실의 고온
- 배기 행정에서의 불안전한 배기
- 과도한 속도

하

06 왕복 기관에 디토네이션이 일어날 때 제일 먼저 감지할 수 있는 사항은?

① 연료 소모량이 많아진다.
② 연료 소모량이 적어진다.
③ 실린더 온도가 내려간다.
④ 심한 진동이 생긴다.

해설

디토네이션이 일어나면 폭발적인 연소에 의해 생긴 충격파가 연소실 내를 왕복해서 심한 가스 진동을 일으키고 실린더와 함께 공진해 일종의 금속음(녹크음)을 발생한다.

하 (출제율이 높은 문제)

07 밸브 오버랩의 효과로 얻을 수 있는 게 아닌 것은?

① 공기 체적 증가
② 냉각효과 증대
③ 배기효과 증대
④ 역화(Back Fire) 방지

해설

밸브 오버랩(Valve Overlap)

흡입행정 초기에 흡입밸브와 배기밸브가 동시에 열려 있는 각도로 다음과 같은 효과를 준다.

- 체적효율 향상
- 배기가스 완전 배출(배기효과 증대)
- 냉각효과 증대
- 저속 작동 시 연소되지 않은 혼합가스의 배출 손실이나 역화(Back Fire) 위험성이 다소 있음

하

08 왕복 엔진 항공기에 사용하는 연료 혼합비가 너무 농후한 상태로 연소 속도가 느려져 배기 행정 후까지 연소가 진행되어 배기관을 통하여 불꽃이 배출되는 현상을 무엇이라 하는가?

① 디토네이션(Detonation)
② 조기점화(Pre – Ignition)
③ 역화(Backfire)
④ 후화(Afterfire)

해설

- 디토네이션(Detonation) : 실린더 내에서 연소과정이 이루어졌을 때 연소되지 않은 미연소 혼합가스가 자연 발화 온도에 도달하여 자연적으로 폭발하는 현상
- 조기점화(Pre – Ignition) : 디토네이션과 같은 비정상적인 연소현상 발생 시 실린더 내부가 과열됨에 따라 점화 플러그(Spark Plug)가 과열되면서 정상 점화 전 조기 점화가 일어나는 현상
- 역화(Backfire) : 혼합비가 과희박 혼합비일 경우 즉, 공기〉연료 상태일 경우 연소가 늦어져 흡입행정까지 실린더 내에 있는 잔여 불꽃에 의해 흡입 매니폴드(Intake Manifold)로 불꽃이 역화하는 현상
- 후화(Afterfire) : 혼합비가 과농후 혼합비일 경우 즉, 공기〈연료 상태일 경우 배기행정 후에도 배기밸브가 열리는 타이밍에 연소가스가 배기 매니폴드(Exhaust Manifold)로 배출되는 현상. 간혹 슈퍼카 배기구(머플러)에서 불꽃이 나오는 현상을 종종 볼 수가 있는데, 바로 이것을 후화 현상의 예로 볼 수 있다.

정답 06 ④ 07 ④ 08 ④

중

09 왕복 기관의 밸브 오버랩(Valve Overlap) 시기는 언제인가?

① 흡입행정 초기　② 압축행정 초기
③ 폭발행정 초기　④ 배기행정 초기

해설

상사점 부근에서 흡입 행정의 시작과 배기 행정이 종료되는 흡입 밸브(Lead)와 배기 밸브(Lag)가 동시에 열리는 기간이 있는데, 이것을 밸브 오버랩(Valve Overlap)이라 한다.

중

10 항공용 왕복 엔진 최대 출력상태에서 엔진에 물/알코올 혼합 용액을 분사하면 추가 출력이 발생하는 이유는?

① 혼합기 열량이 증가되기 때문이다.
② 연료의 옥탄가를 높여 주기 때문이다.
③ 연료/공기 혼합기 연소 시 화염전파 속도가 빨라지기 때문이다.
④ 연료/공기 혼합비가 농후 최대 출력 혼합비로 감소되기 때문이다.

해설

최대 출력 상태에서는 절대온도가 높은 상태이므로 이때 혼합기 중량은 감소하게 되고 출력 또한 떨어지게 된다. 따라서 물/알코올을 혼합기에 분사하여 혼합기를 냉각함으로써 출력을 크게 하는 경우가 있다. 최대 출력 전 농후 최대 출력 혼합비로 감소시키는 것이다.

하

11 왕복 기관의 지압선도계로 직접 구할 수 있는 마력은?

① 지시마력　② 제동마력
③ 마찰마력　④ 접촉마력

해설

지시마력
지시선도로부터 얻어지는 마력으로 이론상 기관이 낼 수 있는 최대 마력을 말한다.

중

12 왕복 엔진의 진동을 감소시킬 수 있는 방법 중 잘못된 것은?

① 실린더 수의 증가
② 다이내믹 댐퍼(Dynamic Damper)의 적절한 사용
③ 엔진 마운트(Engine Mount)에 고무판 사용
④ 카울 플랩(Cowl Flap)의 사용

해설

왕복 엔진에서 진동 문제는 완전히 없앨 수 없으나, 엔진이 너무 심하게 진동하면 엔진 자체는 물론 항공기 구조물의 변형이나 파괴를 가져올 수 있다. 따라서 항공기의 수명과 안전을 위하여 진동을 아주 작게 해야 한다.
왕복 엔진의 진동을 작게 하려면 실린더 수를 증가시키거나 평형추를 적절히 부착시키고, 고무판 등을 사용하여 진동을 흡수시켜야 한다.

카울 플랩(Cowl Flap)은 왕복 엔진의 냉각과 관련이 있다.

중

13 항공기 왕복 엔진의 연료와 공기 혼합비가 농후할 경우 발생하는 현상은?

① 출력 변화가 없다.
② 후연소(After – Fire)가 일어난다.
③ 연소가스 온도가 올라가며 매연이 발생한다.
④ 화염전파 속도는 빨라지며 미연소 가스가 배기관에 남는다.

해설

8번 문제 해설 참조

정답 09 ① 10 ④ 11 ① 12 ④ 13 ②

중

14 피스톤 직경이 6 in, 행정이 6 in인 6기통 대향형 엔진의 총 배기량(Inch^3)은 얼마인가?

① 132.63

② 173.23

③ 1017.36

④ 1829.39

해설

공식은 다음과 같다.

$r = \frac{d}{2}$ (피스톤은 원기둥 형태이므로 원의 반지름부터 구해야 한다. 원의 반지름은 직경의 1/2과 같다.)

A(단면적) = πr^2

V(체적) = A × h

총배기량(V) = V × n(실린더 수)

공식을 응용해보면 다음과 같다.

$r = \frac{d}{2} \rightarrow r = \frac{6}{2} = 3$

$A = \pi r^2 \rightarrow A = \pi\ (3.14) \times 3^2 = 28.26$

$V = A \times h \rightarrow V = 28.26 \times 6 = 169.56$

체적까지 모두 구했으면 마지막으로 총배기량 공식에 그 값을 대입한다.

총배기량(V) = V × n(실린더 수) → 총배기량(V) = 169.56 × 6 = 1017.36 in^3

총배기량(V)은 1017.36 in^{3}가 된다.

중

15 스케일에 힘 = 200lb, 암의 길이 = 3.18ft, rpm = 3,000, π = 3.1416일 때 제동마력(bhp)은 얼마인가?

① 363.2

② 3,632

③ 5911.22

④ 599,122

해설

제동마력 공식은 다음과 같다.

$$bHP = \frac{PLANK}{33000} = \frac{2 \times 3.14 \times 200 \times 3.18 \times 3,000}{33,000} = 363.2$$

중

16 왕복엔진의 열 분배(Thermal Distribution) 중 가장 많이 소비되는 곳으로 옳은 것은?

① 배기 배출

② 냉각핀 방열

③ 오일마찰 손실

④ 엔진출력 사용

해설

엔진의 열 분배량은 다음과 같다.

- 엔진출력 사용 : 25~30%
- 배기 배출 : 40~45%
- 오일마찰 손실 : 5~10%
- 냉각핀 방열 : 15~20%

정답 14 ③ 15 ① 16 ①

03 흡기계통 및 기화기

중

01 왕복 엔진 카브레이터의 이코노마이저(Econo-mizer) 역할은?

① 고도에 의한 변환에 대하여 혼합비를 적정히 유지한다.
② 순항 속도에서 혼합비를 적절히 유지한다.
③ 고출력 시에 농후한 혼합비로 한다.
④ 순항 속도 미만 시 농후혼합비를 만들어 주고 순항 속도 이상시 희박혼합비를 만들어준다.

해설

이코노마이저 장치(Economizer System)
엔진의 출력이 순항 출력 이상의 높은 출력일 때, 농후 혼합비를 만들어주기 위하여 추가 연료를 공급해주는 역할을 한다. 그러므로 이 장치를 고출력 장치라고도 한다.

상

02 왕복기관에서 공기 중에 분사된 연료의 증발에 의해 흡기계통 내에서 발생하는 곳은?

① 매니폴드 아이스
② 임팩트 아이스
③ 스로틀 아이스
④ 이베포레이션 아이스

해설

(1) 임팩트 아이스(Impact Ice)
대기 중에 최초로 눈, 진눈깨비, 과냉각 수증기의 형태로 존재하고 있던 물이, 흡기 계통의 표면에 부딪쳐서 생기는 얼음과 액체 상태의 물이 0℃(32 F) 이하의 표면에 부딪혀서 생기는 얼음으로, 가장 위험한 것은 카브레이터의 미터링(Metering) 부분에 발생하는 착빙으로 혼합비에 크게 영향을 준다. 이외에 예열 밸브나 스쿠프의 벽, 스쿠프 엘보의 내측, 스크린에도 얼음이 달라붙기 쉽다.

(2) 스로틀 아이스(Throttle Ice)
스로틀 밸브가 파트 스로틀(스로틀의 부분적인 열림) 때에 유로가 좁혀져서 단열 팽창한 결과, 온도가 강하해서 공기흐름 중에 얼음이 발생한다. 스로틀 밸브 부분은 열용량이 적고 온도가 곧 내려가기 때문에 3℃(38 F) 부근의 온도에서도 착빙이 발생한다.

(3) 이베포레이션 아이스(Evaporation Ice)
공기 중에 분사된 연료의 증발에 의해서 발생하는 얼음으로, 흡입 공기가 연료 증발에 의한 증발잠열로 인해 온도가 0℃ 이하로 급격히 내려가 발생되는 현상이다.

중

03 항공기 흡기계통에 착빙(Icing)이 생길 시 나타나는 현상은 무엇인가?

① 엔진 혼합비에 변화가 생긴다.
② 엔진에 진동이 생긴다.
③ 엔진이 정지된다.
④ 엔진이 파괴된다.

해설

흡기계통으로 착빙이 발생하면 다음의 징후가 순서로 나타난다.

- 흡기 압력의 감소 : 흡기 통로가 제한되었기 때문으로 출력 손실을 동반한다.
- 혼합비 변화 : 농후 또는 희박하게 되고 흡기압력의 변화 또는 중대한 출력 손실을 일으킨다.
- 스로틀 밸브의 고착
- 착빙의 지시(착빙 지시계를 장비해 두면)
- 날개 및 그 외의 표면에 착빙

정답 01 ③ 02 ④ 03 ①

중 (출제율이 높은 문제)

04 고정피치 왕복엔진 항공기 흡기계통에서 기화기 결빙(Carburetor Icing) 발생 시 나타나는 현상으로 옳은 것은?

① 추력 감소
② 추력과 매니폴드 압력(Manifold Pressure) 감소
③ 추력 감소, 매니폴드 압력(Manifold Pressure) 증가
④ 추력 증가, 매니폴드 압력(Manifold Pressure) 감소

해설

흡입 공기에 습기(수분)가 많이 포함되고 혼합기 온도가 이슬점 이하가 되면 동결이 시작된다. 동결은 먼저 노즐 선단부 부근에서 시작되고 급격하게 착빙 범위가 넓어져간다. 이와 같은 현상이 기화기 결빙(Carburetor Icing)이고, 그 결과 출력이 감소하고 계속 방치해 두면 기관 정지에 이른다. 기화기 결빙에 의한 출력 저하는 정속 프로펠러 기관에서는 MAP(흡기 압력, Manifold Pressure)의 저하로, 고정 피치 프로펠러에서는 MAP(Manifold Pressure)와 RPM의 저하로 나타난다.

중 (출제율이 높은 문제)

05 왕복 기관 항공기가 작동 중 흡기계통에서 갑자기 결빙(Icing)이 발생했을 시 조치사항으로 옳은 것은?

① 기관을 정지시킨다.
② Cap Heat Switch를 On 위치로 한다.
③ 출력을 65% 이하로 낮춘다.
④ 최대출력으로 낸다.

해설

항공기 흡기계통에 착빙(Icing)이 발생하였다면 캡 히트(Cap Heat)를 히터로 설정하여 제거한다. 이때 얼음이 녹으면서 흡입 통로가 넓어지기 때문에 흡기 압력은 증가하는 반면 착빙이 발생하고 있지 않은 상태에서는 흡입 통로를 가열시키기 때문에 공기 밀도가 낮아져 흡기 압력도 낮아진다.

흡기 압력의 감소로 인지할 수 있는 정도의 착빙은 예열 능력이 충분한 경우이며 캡 히트를 충분히 사용하면 제거된다. 그러나 착빙이 그 이상으로 진행된 경우에는 캡 히트(Cap Heat)를 장시간에 걸쳐서 사용하는 것이 필요하다. 이때 카울 플랩을 닫고 출력을 높이면 예열 능력을 더욱 향상시킬 수 있다.

흡기계통 예열은 얼음을 완전히 제거한 후, 착빙이 일어나지 않을 정도로 예열한다. 흡기 온도계가 갖추어져 있으면 30~35℃를 유지하도록 캡 히트를 설정한다. 충분한 예열을 얻으려면 65% 이상의 출력을 유지하는 것이 좋다.

중

06 왕복 기관에서 흡기계통에 결빙(Icing)이 감지되었을 때 무엇을 이용하는가?

① Engine Bleed Air
② 이소프로필 알코올
③ 전기를 이용한 열선
④ Carburetor Heat Air(가열공기)

해설

결빙이 어느 정도 이상 진행하면 그것을 제거할 수 있는 충분한 열량을 기관이 발생할 수 없게 되기 때문에 승무원은 항상 착빙이 발생함에 따라 곧 공기 예열 장치(캬브레이터 히트 : Carburetor Heat Air)를 가동시켜야 하며 착빙 상태를 경계해야 한다.

중

07 왕복 엔진 기화기(Carburetor)에서 Bleed Air의 목적은?

① 연료가 노즐로 분출될 때 연료와 공기가 혼합하여 연료의 기화를 도와준다.
② 연료와 공기 혼합비를 맞춰준다.
③ 연료량을 줄여준다.
④ 연료 분출 속도를 증가시켜 준다.

해설

공기와 연료의 적절한 혼합으로 혼합가스를 만드는 기화기가 고고도 비행에서 낮은 압력과 낮은 온도에 따른 수분 발생과 결빙 현상이 나타날 시 출력에 문제가 발생하므로 이러한 문제점을 보완하기 위해 고온의 배기가스를 기화기에 공급하여 온도를 높여 연료의 기화를 기여해준다.

정답 04 ② 05 ② 06 ④ 07 ①

중

08 왕복엔진 흡입계통에서 외기가 결빙되었다면 조종석 열 제어(Cockpit Carburetor Heat Control) 스위치의 위치로 옳은 것은?

① "OFF" Position ② "ON" Position
③ "Hot" Position ④ "Cold" Position

해설

왕복엔진 흡입계통이 결빙 상태의 위험이 있을 때는 조종석의 열 제어(Cockpit Carburetor Heat Control) 스위치의 위치는 항상 'Hot' 위치에 놓아야 한다.

상

09 항공기 왕복엔진에서 더 많은 출력을 얻기 위해 스로틀이 열리면, 기화기를 통하는 공기 흐름이 증가한다. 그때 주 계량장치(Main Metering System)는 연료 분출량을 증가시키나 급가속시 ( )은 즉시 ( )하지만 ( )은 관성력 때문에 즉시 증가하지 못하므로 가속되는 순간에 증가된 공기에 비해 연료가 부족한 ( ) 혼합비 상태가 된다. 여기서 빈 칸에 알맞은 말로 옳은 것은?

① 연료흐름, 감소, 공기 흐름, 과희박
② 공기 흐름, 감소, 연료흐름, 과농후
③ 연료흐름, 증가, 공기 흐름, 과농후
④ 공기 흐름, 증가, 연료흐름, 과희박

해설

가속장치는 엔진출력을 갑자기 증가시킬 때 추가 연료를 공급한다. 엔진에서 더 많은 출력을 얻기 위해 스로틀이 열리면, 기화기를 통하는 공기 흐름이 증가한다. 그때 주 계량장치(Main Metering System)는 연료 분출량을 증가시킨다.

그러나 급가속시 공기 흐름은 즉시 증가하지만 연료흐름은 관성력 때문에 즉시 증가하지 못하므로 가속되는 순간에 증가된 공기에 비해 연료가 부족한 과희박 혼합비 상태가 된다. 이 순간에 가속장치가 증가된 공기에 대해 부족한 추가 연료를 순간적으로 공급하여 일시적인 과희박 혼합비 상태를 해결하고 유연한 가속이 되도록 해 준다.

정답 08 ③ 09 ④

04 연료, 연료계통

하

01 왕복 엔진의 연료펌프로 주로 사용되는 것은 어느 것인가?

① Vane Type
② Gear Type
③ Piston Type
④ Centrifugal Type

해설

- 연료펌프는 연료탱크의 연료를 기화기 또는 연료 조정 장치까지 보내주는 역할을 하며, 어떠한 작동에서도 요구량보다 더 많은 연료를 공급할 수 있어야 한다. 펌프의 윤활은 연료 자체로 한다.
- 연료펌프는 베인식(Vane Type Pump)이 주로 사용된다.

하 (출제율이 높은 문제)

02 왕복 기관 항공기에 사용하는 가솔린(AV Gas) 연료의 색깔이 의미하는 것은?

① 연료의 가격
② 연료의 등급
③ 연료의 발열량
④ 연료의 증기압력

해설

AV Gas는 왕복 엔진에 쓰이는 항공용 가솔린으로 순수성분인 노말 헵탄 성분이 발열량이 높아 디토네이션(Detonation), 노킹(Knocking), 조기점화(Pre－Igition) 등 비정상 연소현상을 일으키므로 이소옥탄을 첨가하여 비정상 연소현상이 일어나는 것을 방지하며 이소옥탄 함유량에 따라 등급을 나눈 것을 옥탄가라고 한다. 또한 4에틸납을 함유하여 내폭성을 증진시키고 ASTM 규격에 따라 연료의 등급을 나누어 80(적색), 100(녹색), 100LL(청색)이 있으며 현재 항공사에서 쓰는 것은 100LL로 납 함유량이 가장 적은 연료를 사용한다.

그리고 옥탄가가 100이 넘어가면 퍼포먼스 수(P.N : Performance Number)라고 하며 CFR(Cooperative Fuel Research Engine)에 연료를 넣어서 연소시켜 성능을 테스트해보고 나온 수치를 말한다.

하 (출제율이 높은 문제)

03 왕복 엔진에 쓰이는 연료의 납 함유량이 가장 적은 가솔린 연료(AV Gas)의 색상은?

① 무색 ② 녹색
③ 적색 ④ 백색

해설

2번 문제 해설 참조

하 (출제율이 높은 문제)

04 항공용 왕복 기관에 사용하는 적색 AV Gas의 등급은 무엇인가?

① 50 ② 80
③ 100 ④ 100LL

해설

2번 문제 해설 참조

하 (출제율이 높은 문제)

05 항공용 왕복기관에 사용하는 녹색 AV Gas의 등급은 무엇인가?

① 50 ② 80
③ 100 ④ 100LL

해설

2번 문제 해설 참조

정답 01 ① 02 ② 03 ③ 04 ② 05 ③

하 (출제율이 높은 문제)

06 왕복 기관 항공기에 사용하는 가솔린(AV Gas) 연료 등급이 100LL일 때 연료의 색깔은 무엇인가?

① 적색 ② 백색
③ 청색 ④ 녹색

해설

2번 문제 해설 참조

중 (출제율이 높은 문제)

07 베이퍼 락(Vapor Lock)은 연료의 증기압이 연료의 공급 압력보다 클 때 발생한다. 방지 대책으로 틀린 것은?

① 휘발성이 높은 연료를 사용한다.
② 연료 튜브의 급격한 만곡을 피한다.
③ 연료 튜브를 고열 부분으로 통과시키지 않는다.
④ 고고도 비행 시 부스트 펌프(Boost Pump)를 사용한다.

해설

증기폐색(Vapor Lock)은 연료 기화성이 높을 경우 유체에 기포가 생기는 현상으로 이러한 기포는 압축성을 띠고 있으므로 비압축성 연료의 흐름에 방해요소가 된다. 따라서 다음과 같이 방지 대책이 있어야 한다.

- 기화성이 낮은 연료를 사용
- 연료 튜브의 급격한 만곡을 피할 것
- 연료 튜브를 고열 부분으로 통과시키지 않을 것
- 고고도 비행 시 승압 펌프(Boost Pump)를 사용할 것

중 (출제율이 높은 문제)

08 비행 중 증기 폐색(Vapor Lock)이 발생 시 이 공기는 어떻게 해결해야 하는가?

① 승압펌프로 가압한다.
② 높은 압력으로 가압한다.
③ 보다 높은 위치에 장착한다.
④ 고고도로 유지한다.

해설

7번 문제 해설 참조

하

09 항공기 엔진 연료계통에서 발생하는 증기폐색(Vapor Lock)을 방지하기 위한 방법으로 맞는 것은?

① 고고도로 유지하여 비행한다.
② 승압펌프(Boost Pump)를 사용한다.
③ 연료에 교란운동을 유발시킨다.
④ 연료의 온도를 정상 온도보다 더 높게 유지시킨다.

해설

7번 문제 해설 참조

하

10 항공기 왕복엔진에 사용하는 항공용 가솔린(AV Gase)의 색상이 "청색"일 경우 AV – Gas의 등급은 무엇인가?

① 50 ② 80
③ 100 ④ 100LL

해설

2번 문제 해설 참조

정답 06 ③ 07 ① 08 ① 09 ② 10 ④

05 윤활, 냉각계통

중

01 항공기에 사용하는 윤활유 특성 중 특정온도까지 가열 후 일정량으로 오리피스를 통과하는 시간을 측정하는 것은?

① 점도(점성)
② 유동점
③ 부피
④ 온도

해설

SAE 규격에서 석유계 윤활제의 등급을 정하는 방법은 60mL(cm^3)의 오일을 어느 기준 온도로 상승시켜 보정된 오리피스(Orifice)에 부은 다음 그 흐르는 시간을 측정해서 결정한다.

하 (출제율이 높은 문제)

02 왕복 기관에 사용하는 윤활유의 구비조건으로 틀린 것은?

① 높은 윤활성
② 가능한 한 높은 점도
③ 높은 산화안정성
④ 낮은 온도에서 최대의 유동성

해설

점도가 높으면 유체의 유동성에 저해요소가 되므로 좋지 못하다.

하

03 항공기 왕복 엔진에 사용되는 이상적인 오일은?

① 실린더 벽에 접착이 잘되는 유성 오일
② 금속성 접촉을 방지하는 최대한 묽은 오일
③ 저인화점을 갖는 오일
④ 고점성과 저점성 인덱스를 갖는 오일

해설

가장 이상적인 오일은 오일에 내포하고 있는 금속 성분이 실린더에 부착되지 않고 윤활작용을 잘 할 수 있는 오일이 가장 좋다.

중

04 왕복 엔진 윤활계통 Dry Sump System에 관한 설명으로 틀린 것은?

① Tank와 Sump가 따로 분리되어 있다.
② Scavenge Sump 속에 Oil을 저장하므로 Tank가 따로 필요 없다.
③ Oil은 Scavenge Pump와 Oil Tank 사이의 Oil Cooler에서 냉각된다.
④ Oil Pressure Pump와 Scavenge Pump가 있다.

해설

Dry Sump System은 Tank와 Sump가 별도로 분리되어 있으며 Oil Cooler 위치에 따라 Hot Tank와 Cold Tank로 나뉘고 Cold Tank Type일 경우 Scavenge Pump와 Oil Tank 사이에 Oil Cooler가 위치하여 엔진을 윤활하고 귀환하는 Oil을 냉각시켜준다. Pump는 Oil을 가압하는 Pressure Pump와 Oil 귀환을 담당하는 Scavenge Pump가 있다.
Wet Sump System이 Tank와 Sump가 하나로 되어 있다.

정답 01 ① 02 ② 03 ② 04 ②

중

05 항공기 오일계통에서 배유펌프가 압력펌프보다 용량이 큰 이유는?

① 오일 배유펌프는 쉽게 고장이 나기 때문에
② 윤활유가 고온이 됨에 따라 팽창하기 때문에
③ 압력펌프보다 압력이 낮기 때문에
④ 배유되는 오일이 공기와 혼합하여 체적이 증가하기 때문에

해설

배유펌프(Scavenge Pump)가 압력펌프(Pressure Pump)보다 용량이 큰 이유는 엔진을 윤활하고 Tank로 귀환하는 Oil이 작동에 따른 과열된 엔진을 냉각 후 열 교환이 이루어짐에 따라 따뜻하게 데워진 Oil의 팽창된 용량을 고려해서이다.

하 (출제율이 높은 문제)

06 오일 계통의 릴리프 밸브 계통은 미리 설정된 압력값이 초과한 경우 어디로 돌려보내는가?

① 탱크로 보낸다.
② 펌프 입구로 보낸다.
③ 펌프 출구로 보낸다.
④ 소기된다.

해설

실제의 릴리프 밸브 계통은 압력을 미리 설정하여 설정한 값보다 초과할 경우에는 오일펌프 입구(Pump Inlet)로 오일을 돌려보낸다.

하 (출제율이 높은 문제)

07 오일 계통의 압력이 과도할 때 오일이 펌프 입구로 귀환되도록 제작된 밸브는 무엇인가?

① Reducing Valve
② Bypass Valve
③ Relief Valve
④ Check Valve

해설

6번 문제 해설 참조

하 (출제율이 높은 문제)

08 오일 계통에서 High Pressure Oil이 Relief Valve를 거쳤을 경우 어디로 가는가?

① Oil Tank ② Pump Inlet
③ Pump Outlet ④ Actuator

해설

6번 문제 해설 참조

중

09 왕복기관 실린더 내에서 오일 소모량이 급격히 증가하고 점화 플러그가 더러워졌을 때 발생된 원인으로 볼 수 있는 것은?

① Push – Rod가 마모되었다.
② Piston Ring이 파손되었다.
③ 밸브 간격이 너무 크다.
④ Anti – Knock성이 적은 연료를 사용해서 발생하는 것이다.

해설

기관 각 부의 마모가 많게 되면 베어링부의 간극이 커져서 오일량이 증가하고 기관 벽에 닿는 유량이 많아지고 소비량이 줄어든다. 피스톤 링이나 실린더의 마모가 커지면 가스누출(Blowby)이 늘고 크랭크케이스 내압이 높아진 결과, 브리더관에서의 오일이나 그 증기의 방출량이 많아진다.

정답 05 ② 06 ② 07 ③ 08 ② 09 ②

06 시동, 점화계통

중 (출제율이 높은 문제)

01 항공기 왕복 엔진에서 점화 플러그 전극이 과열된 경우 발생할 수 있는 현상은?

① 디토네이션이 일어난다.
② 엔진이 파손된다.
③ 조기 점화가 발생된다.
④ 점화 플러그가 오염된다.

해설

조기 점화(Pre-Ignition)
정상적인 불꽃 점화가 시작되기 전에 비정상적인 원인으로 발생하는 열에 의하여 밸브, 피스톤 또는 점화 플러그와 같은 부분이 과열되며 혼합가스가 점화되는 현상이다.

중

02 왕복 기관 항공기의 점화 플러그가 하나의 실린더에 2개씩 있는 주요 목적은?

① 옥탄가가 서로 다른 연료에도 사용할 수 있기 때문이다.
② 점화 플러그 1개가 파손되어도 안전하기 때문이다.
③ 점화시기를 비켜서 연소가 끝나는 시기를 맞춰준다
④ 실린더 내부의 연소 속도를 빠르게 한다.

해설

점화 플러그가 실린더에 대하여 2개가 있다면 연소 속도가 1개일 때의 2배가 되고 디토네이션의 경향이 감소한다. 또 연소 속도의 증가로 연소 효율이 증가하여 마력도 증가하고 신뢰도가 높아진다.

하 (출제율이 높은 문제)

03 4기통 왕복 기관의 점화순서로 맞는 것은?

① 1－2－3－4
② 1－3－2－4
③ 1－4－3－2
④ 4－3－2－1

해설

4 실린더 기관
• 라이코밍사 왕복 기관 점화순서 : 1－3－2－4
• 컨티넨탈사 왕복 기관 점화순서 : 1－4－2－3

하 (출제율이 높은 문제)

04 9기통 성형기관의 점화 순서로 맞는 것은?

① 1－6－3－2－5－4－9－8－7
② 1－2－3－4－5－6－7－8－9
③ 1－3－5－7－9－2－4－6－8
④ 9－8－7－6－5－4－3－2－1

해설

9기통 성형기관의 점화순서는 홀수 번호 실린더와 짝수 번호 실린더 순으로 외우면 된다.
• 1－3－5－7－9－2－4－6－8

정답 01 ③ 02 ④ 03 ② 04 ③

하 (출제율이 높은 문제)

05 다음 중 6기통 대향형(Opposed Type) 엔진의 점화순서로 옳은 것은?

① 1-4-5-2-3-6
② 1-2-5-3-6-4
③ 1-6-4-5-3-2
④ 1-5-3-6-4-2

해설

6기통 대향형(Opposed Type) 엔진 점화순서
• 1-4-5-2-3-6 또는 1-6-3-2-5-4

중

06 항공용 왕복 엔진의 마그네토식 점화 계통에서 마그네토 접지선이 끊어진 경우 어떤 현상이 발생하는가?

① 엔진이 꺼지지 않는다.
② 시동이 걸리지 않는다.
③ 역화(Back Fire)현상이 발생한다.
④ 후화(After Fire)현상이 발생한다.

해설

P-Lead가 Open되면 점화 스위치를 off 해도 엔진이 꺼지지 않고 단락(Short)되면 1차 회로가 접지상태이므로 점화가 되지 않는다.

중

07 왕복 엔진 점화 계통에서 E-Gap과 가장 관련이 있는 것은 무엇인가?

① Magneto Timing ② Valve Timing
③ Valve Power ④ Power Overlap

해설

마그네토의 회전 자석이 중립위치를 약간 지나 1차 코일에 자기 응력이 최대가 되는 위치를 E-Gap 위치라 하고, 이것은 중립위치로부터 브레이커 포인트가 떨어지려는 순간까지 회전 자석의 회전각도를 크랭크축의 회전각도로 환산하여 표시하는 경우 이 각도를 E-Gap이라 하는데 설계에 따라 다르긴 하나 보통 5~7° 사이이며, 이 때 접점이 떨어져야 마그네토가 가장 큰 전압을 얻을 수 있다.

상

08 항공기 왕복 엔진 마그네토의 내부 점화시기 점검 수행에 있어 E-Gap에 대한 설명으로 옳지 않은 것은?

① 적색마크(Red Mark)가 정렬되어야 한다.
② 브레이커 포인트가 막 열리기 시작하는 지점을 말한다.
③ 치차와 타이밍 마크(Timing Mark)가 일치되어야 한다.
④ 타이밍 핀(Timing Pin)과 마그네토 케이스 위치가 일치되어야 한다.

해설

항공기 왕복 엔진의 마그네토를 교환하거나 장착하기 위해 준비해야 할 첫 번째 사항은 마그네토의 점화시기를 맞추는 것이다. 마그네토는 각 형식마다 브레이커 포인트가 떨어지는 순간들이 중립위치에서 몇 도 지나 회전자석의 극이 가장 강한 불꽃을 일으킬 수 있는지에 대해 제작사에서 정해놓는데 E-Gap 위치로 알려져 있는 중립위치로부터의 이 각도 변위가 마그네토의 형식에 따라 다르다.
어떤 형식에서는 마그네토의 점화시기를 맞추기 위해 브레이커 캠의 끝부분에 턱을 깎아 표시해 놓는 경우도 있다. 곧은 자를 이 턱진 부분에 놓고 브레이커 하우징의 테두리에 있는 점화시기 타이밍 마크(Timing Mark)와 일치되게 했을 때가 마그네토 회전자가 E-Gap 위치에 해당되고 브레이커 포인트가 막 열리기 시작하는 때이다.
E-Gap을 측정하는 또 다른 방법은 점화시기 타이밍 마크(Timing Mark)와 경사지게 끝이 잘린 기어를 맞추는 방법이 있다. 이 표식들이 서로 일렬로 맞춰질 때가 브레이커 포인트가 열리기 시작하는 때이다.
마지막으로는 타이밍 핀(Timing Pin)이 제자리에 있고 마그네토 케이스의 옆쪽에 있는 통기구멍을 통하여 보이는 적색마크(Red Mark)가 일직선으로 맞추어질 때도 정확한 방법이다.

정답 05 ① 06 ① 07 ① 08 ④

07 과급기 계통(Supercharging, Turbocharging)

중 출제율이 높은 문제

01 항공기 과급기(Supercharger)의 사용 목적으로 옳은 것은?

① 추력을 증가시켜준다.
② 고고도에서 고출력으로 유지시켜준다.
③ 착륙 시 매니폴드 압력(Manifold Pressure)을 증가시켜준다.
④ 저고도에서 저출력으로 유지 및 연료를 절감시켜준다.

해설

일반적으로 항공용 기관으로 슈퍼차징을 할 경우, 계획 고도에서의 고도에 의한 출력 감소를 방지하거나, 혹은 계획 고도까지 지상 출력을 유지하는 것을 본래의 목적으로 한다.

하

02 왕복엔진 Centrifugal Supercharger의 구성품으로 옳지 않은 것은?

① Impeller　　② Diffuser
③ Manifold　　④ Compressor

해설

(1) 임펠러(Impeller)
회전 중심에서 방사상으로 날개가 있으며, 기어 열에 의해 크랭크축의 회전 속도에 약 6~14배 정도의 속도로 구동된다. 이 고속 회전운동으로 날개 사이의 흡기는 속도 에너지가 가해진 상태에서 디퓨저로 들어간다.
(2) 디퓨저(Diffuser)
바깥으로 갈수록 단면적이 커지고 흡기 속도를 늦추어서 속도 에너지를 압력 에너지로 바꾼다.
(3) 매니폴드(Manifold)
디퓨저를 나온 흡입 공기는 매니폴드 내부에 모아지고 압력이 균일화되어 흡입관에서 실린더로 간다.

하

03 항공기 왕복 기관에서 기어 구동형 Centrifugal Supercharger Diffuser의 목적은?

① 흡입 공기의 압력과 속도 모두 증가시킨다.
② 흡입 공기의 압력을 증가시키고 속도를 감소시킨다.
③ 흡입 공기의 압력을 감소시키고 속도를 증가시킨다.
④ 흡입 공기의 압력과 속도 모두 감소시킨다.

해설

2번 문제 해설 참조

하 출제율이 높은 문제

04 왕복 엔진 Supercharger 구동방식으로 옳은 것은?

① 크랭크축　　② 배기가스
③ 전동기　　④ 배터리

해설

과급기(Supercharger)는 왕복 엔진의 크랭크축의 구동력에 의해 작동된다.

하 출제율이 높은 문제

05 왕복 엔진 과급기(Supercharger)를 압축기 형식으로 나누었을 때 아닌 것은?

① Rear Supercharger
② Vane Supercharger
③ Roots Supercharger
④ Centrifugal Supercharger

정답 01 ② 02 ④ 03 ② 04 ① 05 ①

해설

슈퍼 차져를 압축기의 형식으로 나누면 원심력식 슈퍼 차져(Centrifugal Supercharger), 루츠식 슈퍼 차져(Roots Supercharger) 및 베인식 슈퍼 차져(Vane Supercharger)의 3가지로 되어 있다.

중

06 왕복 엔진의 Turbo Charger Control Sys-tem에서 Exhaust Bypass Valve를 작동시키는 것은?

① 배출가스 압력
② 엔진오일 압력
③ 엔진연료 압력
④ 대기 압력

해설

배기 터빈으로의 배기가스 유량은 배기 바이패스 밸브(Exhaust Bypass Valve, Waste Gate Valve라고도 부른다)에 의해 조절된다. 배기 바이패스 밸브가 닫혀 있을 때는 배기가스는 모든 배기 터빈으로 흐르고 배기 바이패스 밸브가 열리면 배기 가스량이 줄어서 배기 터빈의 회전 속도를 낮춘다. 이렇게 배기 터빈의 회전 속도를 조절해서 압축기의 방출 압력(흡입 압력)을 조절한다.
배기 바이패스 밸브의 개폐는 오일 압력에 의해 조절된다.

중

07 항공기 성형 왕복 엔진에 사용하는 배기구동형 슈퍼차저(Supercharger)의 장점으로 옳지 않은 것은?

① 연료 소비율이 낮다.
② 구동기구가 간단하고 경량이다.
③ 관성력이 커서 압축효율이 양호하다.
④ 임계고도 이하에서 출력이 감소되지 않는다.

해설

배기 구동형 슈퍼차저는 기어 구동형에 비해 다음과 같은 이점이 있다.
① 임계 고도 이하의 출력 감소는 거의 없다. 임계 고도 이하에서는 고도의 감소에 따라 배기 바이패스 밸브를 몇차례 열어 터빈의 회전 속도를 감소시켜서 흡기 압력을 낮게 하면 출력은 지상까지 일정하게 유지된다.
② 톱니 구동형과 같이 구동 마력의 손실이 거의 없다.
③ 연료 소비율이 낮다.
④ 기관의 급속한 가감속에 대해 회전계의 충격이 없고 완충장치가 필요없다.
⑤ 구동 기구가 간단하고 경량이다.
⑥ 기관의 배기음이 낮다.

정답 06 ② 07 ③

08 엔진 계기 및 지시계통

하 출제율이 높은 문제

01 왕복 엔진 시동 후 바로 점검하는 것은?

① 연료 압력계
② 흡입 압력계
③ 오일 압력계
④ 피스톤의 왕복수

해설

왕복 엔진은 시동되었을 때 오일 계통이 안전하게 기능을 발휘하고 있는가를 점검하기 위하여 오일 압력계기를 관찰하여야 한다. 만약 시동 후 30초 이내에 오일 압력을 지시하지 않으면 엔진을 정지하여 결함 부분을 수정하여야 한다.

중

02 왕복 기관 항공기 조종실 내에 오일 압력계의 지침이 낮은 압력을 지시하고 있을 때 고장 원인이 아닌 것은?

① 오일 냉각 불량
② 오일펌프의 고장
③ 오일탱크에 오일 부족
④ 오일 계통에서의 오일 누설

해설

엔진의 윤활유 압력이 낮을 경우
- 오일 압력 스위치 불량
- 윤활유 펌프의 고장
- 펌프 공급 계통의 높은 저항
- 윤활유 탱크에 윤활유 부족
- 윤활 계통에서의 누설(Leaking)

상

03 다중 실린더 왕복 기관 항공기 조종석 계기에 나타나는 실린더 헤드 온도(CHT)는 어떤 값을 지시하는가?

① 전체 실린더 온도의 평균값
② 실린더의 최대 고온값
③ 경험상 최고 온도값
④ 실린더의 최고값과 최저값을 제외한 평균값

해설

멀티실린더 기관(Multi Cylinder Engine)에서는 CHT가 실린더마다 다른 값이 되므로, 그 중 경험상 최고 온도가 되는 실린더를 1개 골라 조종석의 계기에 지시되도록 한다.

중

04 조종 계통의 오일 압력계기의 지시값이 부정확하거나 불량일 경우 고장 원인이 아닌 것은?

① 오일량 부족
② 조종 계통의 케이블 Rigging 상태 불량
③ 오일 계통의 배관(Tube) 기능 불량
④ 오일 압력 스위치 불량

해설

2번 문제 해설 참조

정답 01 ③ 02 ① 03 ③ 04 ②

중

05 왕복 엔진의 오일이 정상보다 낮게 공급되고 있다면 조종사는 이를 어떤 원인으로 판단하는가?

① 오일이 누설되고 있다.
② 오일의 온도가 낮다.
③ 오일의 압력이 낮다.
④ 오일이 부식되었다.

해설

압력이 낮은 상태로 분사하게 되면 오일이 멀리 나가지 못하여 공급이 원활하지 않게 된다. 압력이 높아야 유체의 공급량이 증가하여 멀리 분사할 수 있게 된다.

중

06 왕복 엔진 시동 시 정상 작동 중임을 알 수 있는 것이 아닌 것은?

① 속도계　② MAP
③ RPM　④ 오일 압력

해설

왕복 엔진 작동 시 점검해야 할 사항

- 엔진 오일 압력
- 오일 온도
- 실린더 헤드 온도(CHT)
- 엔진(rpm)
- 매니폴드 압력(MAP)
- 단일 마그네토 작동으로 스위치를 돌렸을 때 rpm 강하
- 프로펠러 조종에 대한 엔진 반응(정속 프로펠러 사용 시)
- 배기가스 온도(EGT)

중

07 정속 프로펠러(Constant－Speed Propeller)나 과급기를 장착한 항공기는 기본계기(Basic Instrument)에 어떤 계기를 더 추가해야 하는가?

① 흡입 압력계　② 공연비 계기
③ 감지 회전계　④ 기화기 공기 온도계

해설

매니폴드 압력계(흡입 압력계)는 흡입공기의 압력을 측정하며, 정속 프로펠러와 과급기를 갖춘 엔진에서는 반드시 필요한 필수 계기이다. 저고도에서는 초과 과급을 경고하고 고고도를 비행할 때는 기관의 출력 손실을 알린다.

상

08 항공기 왕복 엔진의 오일압력계기(Oil Pressure Indicator) 지시치가 "0"에서 정상범위까지 흔들릴 때 가장 가능성이 높은 원인은?

① Oil 공급량이 부족한 경우
② 배유 펌프 입구에 공기가 들어있을 경우
③ 오일압력계기 버든튜브(Oil Pressure Indicator Burdon Tube)가 파손된 경우
④ 오일압력 릴리프 밸브(Oil Pressure Relief Valve)의 스프링이 약하거나 파손된 경우

해설

오일압력계기(Oil Pressure Indicator)의 지시 바늘이 0에서 정상범위까지 흔들리는 원인은 오일 공급량이 부족할 경우에 나타난다고 볼 수 있다.
이유는 오일압력계기 내부 공함인 버든 튜브(Burdon Tube)로 들어가는 오일이 정상적으로 유입되지 않으면 버든 튜브를 팽창시키는 힘 또한 부족하게 되어 지시 바늘 움직임도 정상적이게 작동시키지 못하게 된다.

정답 05 ③ 06 ① 07 ① 08 ①

09 엔진장착 및 엔진조작(Engine Control) 계통

중 출제율이 높은 문제

01 왕복기관 항공기의 기관 장탈 작업 시 준비사항이 아닌 것은?

① 항공기 주바퀴에 고임목(Chock)을 한다.
② 뒷바퀴형 항공기는 동체 후미를 지지대로 사용한다.
③ 가능한 비상 상황에 대비하여 사용 가능한 소화기가 비치되어야 한다.
④ 항공기 강착장치(Landing Gear)의 완충 장치(Shock – Strut)를 수축시켜 놓는다.

해설

가능한 비상 상황에 대비하여 인근에 사용 가능한 소화기를 작업 구역 내에 비치해야 하고, 소화기가 자동으로 분사되지 않도록 해주는 소화기의 시일(Seal) 상태를 확인해야 한다.

항공기 주 바퀴에 고임목(Chock) 상태를 확인한다. 고임목이 제자리에 있지 않으면 항공기가 결정적인 작동에 있어 전방이나 후방으로 움직일 위험이 있다.

또한, 앞바퀴식 착륙장치 항공기일 경우 엔진 장탈 시 엔진의 무게가 전방 끝에서 제거됨에 따라 항공기가 뒤로 기울어지지 않도록 꼬리날개 부를 지지해주어야 한다.

뒷바퀴형 항공기의 동체 후미를 지지대로 사용 시 바람에 의해 모멘트 발생에 따라 항공기가 흔들거릴 위험이 있으므로 해서는 안 된다.

일부 다중 엔진 항공기에서 하나의 엔진을 장탈할 경우 꼬리날개 부를 지지할 필요는 없다. 착륙장치의 완충장치는 엔진이 항공기로부터 장탈됨에 따라 팽창되는 것을 방지하기 위해 수축시켜 놓아야 한다.

중 출제율이 높은 문제

02 경비행기의 왕복 엔진 마운트 볼트를 너무 꽉 조였을 때 발생하는 현상으로 옳은 것은?

① 아무 이상이 없다.
② 엔진에 진동이 감소한다.
③ 고무패드나 부싱이 약간 변형될 뿐 구조물에는 영향을 주지 않는다.
④ 마운트 구조물에서의 엔진 진동이 기체로 전달되어 엔진 마운트부가 손상될 수 있다.

해설

마운트는 생각할 수 있는 모든 운항 조건에서 전해지는 하중에 대항하여 동력 장치와 기체 구조의 기하학적 관계를 유지할 필요가 있는데, 그러기 위해서는 충분한 강도를 유지해야 하지만, 피로나 소음을 발생시키는 힘을 기체에 전할 정도로 강해서는 안 된다.

기관 마운트는 크롬 몰리브덴 강관으로 만들며, 볼트에는 특수한 열처리를 한 강제 볼트가 사용된다.

상

03 프로펠러가 장착된 왕복 기관 항공기를 시동 전 기관의 조작 장치의 위치 점검 시 그 위치가 서로 틀린 것은?

① Cap Heat – Cold
② 카울 플랩 – Open
③ 혼합비조절레버 – Idle
④ 프로펠러 레버 – High Pitch

정답 01 ② 02 ④ 03 ④

해설

시동 전 조작 장치의 점검

- 만일의 경우에 대비하여 지상 인명 사고 예방을 위하여 점화 스위치와 연료 공급은 "OFF"
- 역화에 의한 파손 방지를 위하여 캡 히트는 "콜드", 캡 에어 여과기는 "OFF"
- 연소실에 사용하는 액체 연료에 의해 과부하와 하이드로릭 락의 방지를 위해서 혼합비 레버는 "Idle"
  - 연소실에 액체가 쌓이면 용적이 감소해서 압축비가 오르고 과부하가 된다.
- 기관이 부하를 작게 하기 위해서 프로펠러 레버는 "저피치"
- 공기의 순환을 좋게 해서 내부의 부품 특히 점화 계통을 보호하기 위해서 외부 온도와 실린더 온도에 관계없이 카울 플랩은 "열림"
- 난기를 빠르게 하기 위해서 오일 냉각기의 도어는 "열림"
- 시동 시 혼합비의 설정상, 스로틀 위치가 중요하다. 이 기간 중에는 흡입공기 속도가 작기 때문에 스로틀 밸브의 저항이 적고 공기 유량은 스로틀 위치에 거의 영향을 주지 않아 회전수에 비례한다. 한편, 연료량은 스로틀 위치와 밀접한 관계가 있다.

상 (출제율이 높은 문제)

04 왕복 엔진을 장착한 항공기를 시동 시 혼합비 조절 레버(Mixture Control Lever)의 위치로 맞는 것은?

① Lean ② Middle
③ Full Rich ④ Mixture Cut off

해설

일반적으로 믹스쳐 컨트롤(Mixture Control)은 압력식 기화기의 경우 아이들 컷 오프(Idle Cut Off) 위치에, 부자식 기화기의 경우에는 풀 리치(Full Rich) 위치에 놓는다.

상

05 부자식 기화기가 장착된 왕복 엔진 항공기를 시동하기 위한 수행할 절차로 잘못된 것은?

① Master Switch ON
② Throttle Lever는 1/2inch 위치로 Open
③ Igntion Switch ON
④ Mixture Control Lever는 'Full Lean'

해설

엔진을 시동하기 위하여, 다음과 같은 절차를 밟아야 한다.

- 항공기가 보조연료펌프를 장비하였을 경우, 이를 작동시킬 것
- 엔진과 기화기의 조합으로 시동할 경우 믹스쳐 컨트롤(Mixture Control)을 해당 위치에 놓을 것. 일반적으로 믹스쳐 컨트롤(Mixture Control)을 압력식 기화기의 경우 아이들 컷오프(Idle Cutoff) 위치에, 부자식 기화기의 경우에는 풀 리치(Full Rich) 위치에 놓는다.
- 스로틀(Throttle) 1000~1200[rpm] 위치로 Open할 것(닫힌 위치로부터 약 1/8~1/2[inch])
- 역화(Backfire)가 발생하였을 경우 파손이나 화재를 방지하기 위하여 카브레터 에어 컨트롤(Carburetor Air Control)을 콜드(Cold) 위치에 놓을 것. 이들 보조 열장치는 엔진이 웜업(Warmup) 된 후에 사용하여야 한다. 이 장치는 연료의 점화를 향상시키고 점화 플러그의 오손, 결빙을 방지하며, 흡입계통의 얼음을 응고시킨다.
- 적어도 프로펠러를 완전히 두 바퀴 회전시킨 후에 시동기를 작동시키고 점화스위치를 "On"할 것. 인덕션 바이브레이터(Induction Vibrator)를 장비한 엔진에서는 점화스위치를 보스(Both) 위치로 돌려야 한다. 임펄스 커플링(Impulse Coupling)을 사용하는 엔진을 시동시킬 경우에는 점화스위치를 레프트(Left) 위치로 돌려야 한다. 마그네토(Magento)가 리타드 브레이커(Retard Breaker)로 두 개를 장비하고 있을 때는 점화 스위치를 스타트(Start) 위치에 놓아야 한다. 시동기로 계속 1분 이상 엔진을 가동시키지 말아야 한다. 재시동을 시도하기 전에 시동기를 냉각시키기 위하여 3~5분간 기다려야 한다. 그렇지 않으면 과열로 인하여 시동기가 타버릴지도 모른다.
- 항공기가 장비한 형식에 따라 간헐적으로 프라이머 스위치(Primer Switch)를 "On"하거나 프라이밍(Priming Pump)을 1~3 행정 작동시켜야 한다. 엔진이 가동되기 시작하면 원활한 작동을 위하여 스로틀을 천천히 여는 동안 프라이머(Primer)는 "On" 상태로 두어야 한다.

정답 04 ③ 05 ④

10 시동 및 Run up, Power와 Parameter 관계

중 출제율이 높은 문제

01 왕복 기관 항공기 시동 시 준비사항으로 아닌 것은?

① 시동 확인을 위해 지상 점검원을 항공기 후방에 배치시킨다.

② 반드시 바퀴고임목(Chock)을 하고, 항공기의 접지 상태를 확인한다.

③ 시동 전 항공기 주변에 각각 점검원과 소화기를 1개 이상 배치시킨다.

④ 시동 장소는 프로펠러의 회전으로 작은 돌이 튀거나 먼지 등이 발생하여 기체 등에 Damage를 줄 수 있으므로 평평하고 깨끗하여야 한다.

해설

작업 안전 사항

- 엔진을 시동하거나 시운전할 때 FOD 방지를 위해 청결을 유지해야 한다.
- 항공기에 장착된 엔진을 시동 시에는 반드시 지상 안전 절차를 준수해야 한다.
- 지정된 장소에 사용 가능한 소화기를 비치해야 하고, 인원을 배치하여 화재발생과 장애물 접근에 대비해야 한다. → 시운전 중인 왕복 기관 항공기 후방에 사람을 배치하면 엄청난 후류 영향으로 위험할 수 있다.
- 항공기에 장착된 엔진을 시동 시에는 접지 상태를 확인하고, 바퀴에 고임목을 확인해야 한다.
- 항공기에 장착된 엔진을 시동 시에는 엔진의 공기 흡입구가 정방향이거나 측풍 방향으로 향하게 항공기를 위치시킨다.
- 해당 엔진 작동 점검표와 작동 절차를 참고해야 한다.
- 엔진 작동 시 위험 구역 내에 장비, 사람 또는 기타 이물질이 있어서는 안 된다.
- 깨끗하고 평평한 곳에서 시동해야 하고, 시동 전에 바닥의 작은 돌, 이물질 등을 제거해야 한다.

중 출제율이 높은 문제

02 왕복 엔진 항공기의 지상작동점검을 위한 준비사항이 아닌 것은?

① 항공기 바퀴에 쵸크를 고이고 브레이크를 세트한다.

② 지상보조동력 장비 등은 프로펠러에서 멀리 떨어뜨린다.

③ Magneto Switch를 이용하여 both, left, right로 작동하면서 rpm drop을 확인한다.

④ 왕복 엔진 프로펠러의 바람이 다른 항공기나 격납고에 영향을 주지 않도록 정대한다.

해설

Magneto S/W 작동에 따른 Magneto rpm drop 점검은 시운전(Run Up) 중에 실시하므로 시운전 전 준비사항으로 보기 어렵다.

정답 01 ① 02 ③

11 정비(장탈착, 검사), 동절기 취급

중

01 저장 정비를 목적으로 장탈한 항공용 엔진을 금속 용기에 보관 시 습도계기는 며칠 주기로 검사해야 하는가?

① 매 30일 ② 매 60일
③ 매 90일 ④ 매 180일

해설

보관(저장)된 엔진의 검사
대부분 정비샵들은 보관 시 엔진에 관한 계획 정비 시스템을 제공한다. 보통, 운송용 용기에 있는 엔진의 습도 지시계기는 매 30일마다 검사해야 한다. 현지 조건이 허용된다면, Protective Envelope을 습도지시계를 검사하려고 열었을 때, 검사 시기는 매 90일마다 한 번씩 연장시켜야 한다. 금속 컨테이너의 습도지시계는 정상 조건하에서 매 180일마다 검사해야 한다.

하

02 왕복 기관에서 추운 날씨에 기관 시동을 용이하게 해주는 것은 무엇인가?

① 오일 희석 ② 오일 보급
③ 온도 상승 ④ 프로펠러 방빙

해설

오일 희석 장치(Oil Dilution System)
차가운 기후에 오일의 점성이 크면 시동이 곤란하므로 필요에 따라 가솔린을 엔진 정지 직전에 오일 탱크에 분사하여 오일 점성을 낮게 함으로써 시동을 용이하게 하는 장치를 말한다.

하

03 왕복 기관 항공기에서 반드시 방빙을 해야 하는 부분은 어디인가?

① Propeller
② Cowl Nose
③ Wing Trailing Edge
④ Wing Leading Edge

해설

항공기는 고고도 비행을 하면 항공기 표면에 전체적으로 얼음이 형성되어 공기흐름이 층류가 아닌 난류가 형성된다. 이때 날개의 양력을 받아 비행하는 항공기는 날개 표면에 형성된 얼음으로 인해 양력이 감소하고 항력이 증가하게 된다.

이로 인해 비행성능에 큰 영향을 미치게 되므로 날개 앞전에 얼음이 형성되지 않도록 제/방빙 장치를 이용한다. 날개 앞전은 보통 소형 항공기 같은 경우에는 제빙 부츠(De-Icing Boots)를 이용하여 얼음을 깨낸다.

중

04 왕복 기관에서 유압 폐쇄(Hydraulic Lock)를 방지하기 위한 방법으로 맞는 것은?

① 오일 제거링을 거꾸로 장착한다.
② 더 긴 실린더 스커트를 사용한다.
③ 여분의 오일링을 각 피스톤에 끼운다.
④ 각 실린더에 소기 펌프를 둔다.

해설

유압 폐쇄(Hydraulic Lock)는 성형 엔진 하부 실린더에는 엔진 정지 후 묽어진 오일이나 습기, 응축물 기타의 액체가 중력에 의해 스며 내려와 연소실 내에 갇혀 있다가 다음 시동 시 액체의 비압축성으로 피스톤이 멈추고 억지로 시동을 시도하면 엔진에 큰 손상을 일으키는 현상으로 이를 방지하기 위해 긴 스커트(Skirt)로 되어 있는 실린더를 사용하여 유압 폐쇄를 방지하고 오일 소모를 감소시킨다.

정답 01 ④ 02 ① 03 ④ 04 ②

상

05 왕복엔진 소형 항공기 시동기 크랭크축의 치차 마모 또는 파손이 발생하면 가장 의심되는 결함으로 옳은 것은?

① 시동기 드래그
② 시동기 작동불능
③ 과도한 시동기 소음
④ 시동기는 작동하지만 크랭크축은 구동되지 않음

해설

소형 항공기 결함 및 원인

결함	원인
시동기 작동불능	마스터 스위치 또는 회로 결함
	시동기 스위치 또는 스위치 회로 결함
	시동기 레버가 스위치를 활성화하지 않음
	시동기 결함
시동기는 작동하지만 크랭크축은 구동되지 않음	시동기 레버가 크랭크축 기어와 피니언의 체결 없이 작동하도록 조절됨
	오버러닝 클러치 또는 드라이브 결함
	손상된 시동기 피니언 기어 또는 크랭크축 기어
시동기 드래그	배터리 부족
	시동기 스위치 또는 릴레이 접점이 연소되거나 오염됨
	시동기 결함
과도한 시동기 소음	오염 및 마모된 정류자
	시동기 피니언 마모
	크랭크축 기어의 치차 마모 또는 파손

상

06 대향형 왕복엔진을 작동시켰을 때, 높은 오일 온도에 따른 고장 탐구 결과 예상되는 원인으로 옳은 것은?

① 과도한 블로우바이
② 부족한 프라이밍
③ 릴리프 밸브 내의 이물질
④ 흡입 매니폴드 또는 압력 튜브의 누설

해설

대향형 엔진 높은 오일 온도일 때 원인은 다음과 같다.

① 공기 냉각 부족
② 불충분한 오일 공급
③ 오일 라인 또는 스트레이너의 막힘
④ 베어링 결함
⑤ 서모스탯 결함
⑥ 온도게이지 결함
⑦ 과도한 블로우바이

중

07 왕복엔진 부품 검사 시 발견되는 결함 중 외부의 하중에 의해 하나의 부품에서 다른 부품으로 금속이 전이되어 발생된 심한 마모 현상으로 옳은 것은?

① Pitting ② Galling
③ Brinelling ④ Corrosion

해설

엔진 부품 검사 시 발견되는 결함의 용어를 정리하면 다음과 같다.

결함 용어	정의
마모(Abraison)	움직이는 부품 또는 표면의 이물질과의 마찰에 의해 물질의 표면이 거칠어지거나 긁혀 닳아 없어진 현상.
브리넬링(Brinelling)	베어링 마찰 면에 고하중 또는 힘이 작용하여 발생되는 둥글거나 또는 구면의 움푹 들어간 현상.
버닝(Burning)	부적당한 맞춤(Fit), 불충분한 윤활, 또는 초과온도에서의 작동 등 과도한 열에 의해 발생된 표면 손상.
버니싱(Burnishing)	매끄럽고 더 단단한 물질을 이용하여 결함 표면에 미끄럼접촉을 발생시켜 윤이나 광택을 내는 것.
버(Burr)	기계 가공 과정의 결과로 발생하는 금속 모서리 부분의 깔쭉깔쭉한 모양, 또는 거칠게 된 돌출부.
긁부마찰(Chafing)	약한 압력 하에서 두 개의 부품이 서로 맞닿아 발생되는, 곧 쓸려서 벗겨지거나 마모된 현상.
치핑(Chipping)	과도한 응력집중 또는 부주의한 취급에 의해 발생되는 재료 조각의 떨어져 나감, 혹은 재료가 깎인 현상.
부식(Corrosion)	화학작용 또는 전기화학작용에 의한 금속 표면이나 내부에서 발생하는 재료의 상실을 말하며 부식 생성물은 기계적인 방법으로 쉽게 제거된다.

정답 05 ③ 06 ① 07 ②

결함 용어	정의
균열(Crack)	진동, 과적, 내부응력, 부적절한 조립 또는 피로에 의해 발생되는 재료의 부분적인 분리, 또는 깨진 현상.
잘림(Cut)	톱날, 끌 또는 빗나간 타격이나 기계적인 수단에 의해 비교적 길고 좁은 지역 위에 분명한 깊이로 발생된 금속의 상실.
패임(Dent)	둥근 물체에 의해 압착되거나 두들겨 맞아 표면에 발생된 작고 둥근 모양의 침하.
침식(Erosion)	잔모래, 또는 기타 이물질의 기계적인 작용에 의해서 부품 표면의 금속이 닳아 떨어진 현상.
박리(Flaking)	도금 또는 도장된 표면이 지나친 하중에 의해 금속의 작은 조각 또는 코팅이 떨어져 나간 현상.
마손 부식(Fretting)	클램핑된 두 개의 부품 사이에 압력과 함께 미세한 진동이 동반되어 발생되는 표면 침식.
마손(Galling)	외부의 하중에 의해 하나의 부품에서 다른 부품으로 금속이 전이되어 발생된 심한 마모 현상.
가우징(Gouging)	움직이는 두 물체 사이에 낀 금속 조각에 의해 금속이 전이되어 표면에 발생된 주름.
홈 패임(Grooving)	부품의 불안전한 얼라인먼트에 의해 발생되는, 둥글고 매끄러운 가장자리를 갖는 우묵하게 들어간 현상.
인클루젼(Inclusion)	금속의 일부분 내에 완전히 박혀 있는 외부 물질이나 이물질이 존재하고 있는 현상.
찍힘(Nick)	대체로 공구와 부품의 부주의한 취급에 의해 발생되는 V형태의 침하.
피닝(Peening)	표면의 연속된 무딘 침하.
픽업 혹은 스커핑(Pick up or Scuffing)	불충분한 윤활, 불충분한 간격, 또는 이물질의 유입 등에 의해 금속이 한쪽 지역에서 다른 쪽 지역으로 밀리거나 눌린 현상.
얽은 자국(Pitting)	표면의 부식 또는 접촉에 의해 발생되는 금속 표면에서의 불규칙한 모양의 작은 동공.
심한 긁힘(Scoring)	예리한 모서리나 이물질에 의해 발생된 일련의 깊이 긁힌 자국.
긁힘(Scratches)	부품 취급 시 금속 간 접촉이나 작동 시 미세한 이물질에 의해 발생된 좁고 얕은 상처자국.
얼룩(Stain)	전체 면적에서 부분적으로 눈에 띄게 다른 색으로의 변화, 혹은 다른 외관.
업세팅(Upsetting)	정상적인 윤곽이나 표면에서 벗어난 물질의 변위, 즉 국부적인 부풀어 오름 또는 융기.

CHAPTER

03

2. 항공기 가스터빈 엔진
Aircraft Gas Turbine Engine

[이 장의 특징]

항공기 가스터빈 엔진은 2차 세계대전 이후 상용화가 본격적으로 이루어짐에 따라 현재 대부분의 항공기들이 이 엔진을 사용하고 있다.

가스터빈 엔진은 종류도 다양하며 현재까지도 엔진의 경제성과 효율성을 높이기 위해 많은 제작사에서 개발 중이다. 가스터빈 엔진이 항공기의 심장으로 자리를 잡은 지금 수험생들에게 있어 비행기 분야의 필수적인 이론이다.

여기서 다룰 내용들은 가스터빈 엔진의 기본적인 작동 및 원리 그리고 관련 구성품과 다양한 계통들, 시운전 및 성능, 취급절차 등에 관해 시험 대비에 효율성을 높이고자 핵심 내용들로 정리하여 요약하였다.

01 터빈엔진 기초이론

하 출제율이 높은 문제

01 다음 중 가스터빈 엔진(Gas Turbine Engine)의 코어 구조(Core Structure)로 맞는 것은?

① Impeller, Diffuser, Manifold

② Stator, Rotor, Combustion Chamber

③ Compressor, Combustion Chamber, Turbine

④ Impeller, Manifold, Turbine

해설

코어 구조(Core Structure)
압축기(Compressor), 연소실(Combustion Chamber), 터빈(Turbine)으로 구성된 기관의 주요 3가지 구성부이며 가스 발생기(Gas Generator)라고도 부른다. 가스터빈(Gas Turbine)의 고온, 고압가스를 생산하며 모듈 형식의 팬 엔진의 경우 이 부분을 Core Engine이라고도 한다.

하 출제율이 높은 문제

02 항공기 제트엔진 공기흡입계통에서 아음속기 흡입구(Air Intake Duct)형태로 맞는 것은?

① Convergent Type

② Divergent Type

③ Divergent－Convergent Type

④ Convergent－Divergent Type

해설

기관 압축기로 유입되는 공기속도는 비행속도에 관계 없이 항상 압축 가능한 최고 속도 이하로 유지하는 것이 필요하여 이 값은 마하 0.5 전후이다. 그러나 아음속 항공기의 비행속도는 마하 0.8~0.9에 달하므로 아음속 항공기에는 확산형 덕트(Divergent Duct)라고 하는 끝이 넓은 형상의 덕트를 사용하고 있다. 이 덕트는 유입 공기를 확산시켜 속도 에너지를 압력 에너지로 변화시킴에 따라 유입 공기속도를 필요한 값까지 감소시킴과 동시에 입구 공기 정압의 상승을 얻고 있다.

하 출제율이 높은 문제

03 항공기 제트엔진 공기흡입계통에서 초음속기 흡입구(Air Intake Duct)형태로 맞는 것은?

① Convergent Type

② Divergent Type

③ Divergent－Convergent Type

④ Convergent－Divergent Type

해설

초음속기에는 수축－확산형 덕트(Convergent－Divergent Duct)가 사용된다. 이 덕트는 내경이 전방에서 후방으로 감에 따라 일단 감소한 후 다시 증가한다. 그 이유는 초음속 공기 흐름의 성질이 아음속 공기 흐름의 경우와 반대가 되기 때문이다. 즉, 초음속 공기 흐름의 속도를 수축형 덕트의 확산 작용으로 마하 1.0으로 감속한 후 확산형 덕트로 마하 0.5 전후로 감속시켜서 유입 공기 정압의 상승을 얻는다.

상

04 항공기 기관 본체에 해당하는 ATA 시스템 넘버는 무엇인가?

① ATA－72

② ATA－74

③ ATA－76

④ ATA－78

해설

기관 관계는 시스템 넘버 70에 포함되고 그중 기관 본체는 시스템 넘버 72로 표시된다. 그리고 기관 본체는 가스터빈 기관의 경우, 서브 시스템 넘버에 따라 구분되어 있다.

정답 01 ③ 02 ② 03 ④ 04 ①

하

05 터보 제트 엔진의 추진원리로 옳은 것은?

① 오일러 법칙 ② 가속도 법칙
③ 관성의 법칙 ④ 작용과 반작용 법칙

해설

기본적으로 가스터빈 기관은 뉴턴의 제3법칙인 작용과 반작용 법칙으로 앞으로 나아가는 원리가 적용된다.

중

06 다음 항공용 왕복 엔진에 비해 가스터빈 엔진의 장점 중 잘못된 것은?

① 가격이 싼 연료를 사용한다.
② 연소가 연속적이므로 중량당 출력이 크다.
③ 한랭 기후에서도 시동이 쉽고 왕복운동 부분이 없어 엔진의 진동이 큰 편이다.
④ 비행속도가 커질수록 효율이 좋아져서 초음속 비행도 가능하다.

해설

왕복 엔진에 비해 장점
- 연소가 연속적이므로 중량당 출력이 크다.
- 왕복운동 부분이 없어 진동이 적고 고회전이다.
- 한랭 기후에서도 시동이 쉽고 윤활유 소모가 적다.
- 비교적 저급 연료를 사용한다.
- 비행속도가 클수록 효율이 높고 초음속 비행이 가능하다.

※ 단점 : 연료소모량이 많고, 소음이 심하다.

하

07 항공기 제트엔진 분류 중 가스터빈 형식이 아닌 것은?

① 터보 제트 ② 램 제트
③ 터보 팬 ④ 터보 샤프트

해설

제트엔진에서 가스터빈인 것은 터보 제트, 터보 팬, 터보 프롭, 터보 샤프트가 있다.

중

08 터빈 Engine에서 Station Number를 사용하는 목적은?

① 항공기의 전후 위치를 명확하게 나타내기 위해
② 엔진의 각 위치에 대한 식별을 쉽게 하기 위해
③ 엔진에 대한 정비성을 용이하게 하기 위해
④ 엔진의 부품을 장착하는 방법을 나타내기 위해

해설

엔진의 Station Number는 각 위치에 대한 식별을 쉽게 하기 위해 위치 숫자를 쓴다. 이는 가스 흐름 통로의 길이 혹은 엔진 길이에 따라 정해진다. 스테이션 숫자는 카울링 흡입구나 엔진 흡입구에서부터 시작된다. Pt와 Ps와 같은 엔진 심볼이 가끔 스테이션의 숫자와 함께 연결되어 쓰인다.

Pt : 전압(Total Pressure), Ps : 정압(Static Pressure), Tt : 전체 온도(Total Temperature), Pb : 연소실 압력(Combustor Pressure)을 나타내고 그 다음의 숫자는 제트 엔진의 스테이션(Station)을 나타낸다.

예 Station 4에서의 정압을 설명할 때 Ps4로 표기한다. 또 다른 예시로는 Station 6에서의 전체 온도를 설명할 경우 Tt6로 쓴다.

이 스테이션 번호를 부여하는 방법은 미국과 영국이 각각 다르다.

상

09 가스터빈 엔진의 위치 식별을 위한 Station Number 표기 중 Ps4 약어가 의미하는 것은?

① 압축기 스테이터가 한 단으로 이루어져 있다.
② 압축기 스테이터가 4단으로 이루어져 있다.
③ Engine Station 4의 Static Pressure이다.
④ Engine Station 4의 Pressure와 Temperature이다.

해설

8번 문제 해설 참조

정답 05 ④ 06 ③ 07 ② 08 ② 09 ③

02 터빈엔진의 종류와 특성

하

01 항공기 가스터빈 기관 중 터보 제트(Turbo Jet)와 비교하여 터보 팬(Turbo Fan)의 장점으로 틀린 것은?

① 소음이 적다.
② 이륙거리가 증가한다.
③ 추진 효율이 좋다.
④ 무게가 가볍다.

해설

터보 팬 기관(Turbo Fan Engine)의 특징으로는 이·착륙 거리의 단축, 추력 증가, 중량 감소, 아음속에서의 높은 추진 효율, 경제성 향상, 소음 감소, 날씨 변화에 대한 적응이 양호하여 최근 여객기 및 수송용 항공기에 많이 사용된다.

중

02 터보 제트 엔진의 특징으로 옳은 것은?

① 항공기 속도가 빠를수록 효율이 낮다.
② 저속에서 효율이 낮고, 연료 소비가 많으며 소음이 심하다.
③ 천음속부터 낮은 초음속 범위까지 우수한 성능을 갖고 있다.
④ 비교적 빠른 속도로 다량의 배기가스를 분사하여 중, 고도 비행에 적합하다.

해설

터보 제트 기관(Turbo Jet Engine)

기관 출력의 100%를 배기가스 흐름으로 제트 에너지를 발생시켜 그 반동으로 직접 항공기를 추진하는 형식의 기관으로서 초기의 제트 기관에 대부분을 사용하였다. 비교적 소량의 배기가스를 초고속으로 분출시킴으로써 추진력을 얻고 있기 때문에 비행 속도가 빠를수록 추진 효율이 좋고, 특히 초음속(마하 1.2~3.0의 범위) 및 고고도에서 우수한 성능을 나타낸다. 그러나 아음속(마하 0.6~0.9 정도)에서 연료 소비율이 높고 배기소음도 매우 크다.

하 (출제율이 높은 문제)

03 항공용으로 사용되며 발전 산업에 쓰이는 산업용 및 선박용으로 사용되는 가스터빈 엔진 형식은?

① Ram Jet
② Turbo Jet
③ Turbo Prop
④ Turbo Shaft

해설

터보샤프트 기관(Turbo shaft Engine)의 원리는 터보 프롭 기관과 같으나, 터보 프롭 기관을 변형시킨 것으로서, 이를 자유 터빈 기관(Free Turbine Engine)이라고도 한다. 이 기관은 주로 헬리콥터에 이용되며, 지상용이나 선박용으로도 이용된다.

하 (출제율이 높은 문제)

04 항공기 가스터빈 기관 중 특히 소음이 가장 심한 기관은?

① Turbo Fan
② Turbo Jet
③ Turbo Prop
④ Turbo Shaft

해설

2번 문제 해설 참조

정답 01 ② 02 ② 03 ④ 04 ②

상

05 터보샤프트 기관(Turbo shaft Engine)에 대한 설명 중 맞는 것은?

① 아음속에서 추진 효율이 좋고 오늘날 여객기 및 수송기에 널리 이용되고 있다.
② 전체 추력의 75% 정도를 프로펠러에서 얻고, 나머지 25% 정도를 분사 노즐로부터 얻는다.
③ 팬 대신에 프로펠러를 장착한 터보 팬 기관과 비슷하지만 추력의 대부분을 프로펠러에서 얻는다.
④ 터보프롭 기관과 같으나 터보프롭 기관을 변형시킨 것으로서 자유 터빈 기관(Free Turbine Engine)이라고도 한다.

해설

터보샤프트 기관(Turbo shaft Engine)의 원리는 터보프롭 기관과 같으나 터보프롭 기관을 변형시킨 것으로서, 이를 자유 터빈 기관(Free Turbine Engine)이라고도 한다.
이 기관은 주로 헬리콥터에 이용되며, 지상용이나 선박용으로도 이용된다. 기관에서 얻어지는 동력은 모두 터빈에서 흡수되어 회전 날개와 액세서리 등을 구동시키는 데 소모되고, 분사 노즐에서의 추력은 거의 없는 기관이다.

하 (출제율이 높은 문제)

06 터보 제트 엔진과 기본구조는 비슷하며, 바이패스비(Bypass Ratio)가 높아질수록 아음속에서 추진효율이 향상되는 것은?

① Ram jet
② Turbo Prop
③ Turbo Shaft
④ Turbo Fan

해설

터보제트 기관과 비교하여 터보 팬 기관은 바이패스비(Bypass Ratio)가 높아질수록 아음속에서의 추진효율이 향상되고 연료 소비율이 개선되며 배기소음도 크게 줄어든다.

하

07 비교적 소량의 공기를 빠른 속도로 분사시키므로 소형, 경량으로도 큰 추력을 내며 후기 연소기를 장착했을 때에는 초음속 비행이 가능한 엔진은?

① Turbo Jet ② Turbo Shaft
③ Turbo Prop ④ Turbo Fan

해설

터보제트 기관(Turbo Jet Engine)은 비교적 소량의 공기를 빠른 속도로 분사시키기 때문에, 소형 경량으로 큰 추력을 낼 수 있다. 비행 속도가 빠를수록 효율이 좋고, 특히 천음속으로부터 초음속의 범위(마하 0.9~3.0)에 걸쳐 우수한 성능을 나타낸다.
후기 연소기(Afterburner)를 장착하여 작동시킬 때에는 초음속 비행이 가능하므로, 요즘은 주로 고속 군용기에 널리 이용되고 있다.

하

08 마하수 0.5 이하에서 효율 및 출력이 가장 좋은 가스터빈 형식은?

① Turbo Jet ② Turbo Shaft
③ Turbo Prop ④ Turbo Fan

해설

터보 프롭 엔진은 느린 비행속도에서 높은 효율과 큰 추력을 가지는 장점이 있지만, 속도가 빨라져 비행 마하수가 0.5 이상이 되면 프로펠러 효율 및 추력이 급격히 감소하여 고속 비행을 할 수 없다.

하

09 다음 가스터빈 형식 중 비행 속도가 빠를수록 추진효율이 좋은 것은?

① Turbo Jet ② Turbo Shaft
③ Turbo Prop ④ Turbo Fan

해설

2번 문제 해설 참조

정답 05 ④ 06 ④ 07 ① 08 ③ 09 ①

중

10 터보 프롭 엔진에 관한 설명 중 틀린 것은?

① 프로펠러와 엔진 사이에 감속기어가 장착되어 있다.
② 프로펠러로 5～25%의 추력을 얻고 나머지 추력은 배기가스로 얻는다.
③ 중속, 중고도 비행에 효율이 우수하다.
④ 일부 엔진은 프리 터빈 형식도 있다.

해설

터보 프롭 엔진은 프로펠러로부터 80～90%의 추력을, 배기가스로부터 10～20%의 추력을 얻는다.

상

11 터보 팬 엔진에 대한 설명으로 틀린 것은?

① 연료량을 증가하지 않고도 추가적인 추력을 더 낼 수 있다.
② 추력은 팬의 추력 감소를 보상하는 것보다 엔진 코어(Gas Generator)에 의해서 더 많은 추력이 생산된다.
③ 팬 공기와 코어 공기가 대기로 배출되기 전에 섞이는 혼합 배기노즐(Mixed－Exhaust Nozzle)에서의 배기노즐 면적은 보다 더 커져야 한다.
④ 터보 팬 가스터빈 엔진은 프로펠러가 덕트로 둘러 싸인 축류팬으로 대체된 것을 제외하면 이론상으로는 터보 프롭 엔진과 같다.

해설

터보 팬 엔진은 프로펠러가 덕트를 둘러 싸인 축류 팬으로 대체된 것을 제외하면, 이론상으로는 터보 프롭 엔진과 같다. 팬은 1단계 압축기 블레이드에 속하며 하나의 세트로 구성됨에 따라 블레이드를 개별적으로 장착도 가능하다. 또한 블레이드는 압축기의 앞쪽에 또는 터빈 휠 뒤쪽에 장착될 수 있다.

팬 엔진의 일반적인 원리는 많은 연료 에너지를 압력으로 변환시키는 것이다. 더 많은 양의 에너지를 압력으로 변환시킴으로써 보다 큰 압력을 얻을 수 있다. 터보 팬의 큰 장점 중의 하나는 연료량을 증가하지 않고도 추가적인 추력을 더 낼 수 있다는 것이다. 일정 범위 내에서의 추력 증가는 결과적으로 연료 소모를 줄여준다. 터보 팬 엔진은 보다 많은 연료 에너지를 압력으로 변환시킬 수 있기 때문에 팬을 구동시키는 힘을 내기 위하여 터빈에 또 다른 단수를 추가해야 한다. 이 단수는 터빈에 보다 적은 에너지가 남게 되며 코어(Core, Gas Generator로 압축기, 연소실, 터빈으로 구성된 부분을 말한다.)의 배기가스로부터 적은 추력을 내는 것을 의미하는 것이다.

또한, 팬 공기와 코어(Core) 공기가 대기로 배출되기 전에 섞이는 혼합 배기노즐(Mixed－Exhaust Nozzle)에서의 배기노즐 면적은 보다 더 커져야 한다. 결과적으로 추력의 대부분은 팬이 발생시킨다는 것이다.

추력은 엔진 코어(Gas Generator)의 추력 감소를 보상하는 것보다 팬에 의해서 더 많은 추력이 생산된다. 팬 설계와 바이패스비에 따라 터보 팬 엔진은 전체 추력의 80%를 생산한다.

하

12 가스터빈엔진과 사용되는 항공기 종류를 연결한 것 중 옳지 않은 것은?

① Turbo Jet－초음속 전투기
② Turbo Fan－아음속 여객기
③ Turbo Prop－중속 회전익 수송기
④ Turbo Shaft－헬리콥터, 지상동력장치

해설

가스터빈 엔진의 특징 비교

구 분		터보 제트	터보 팬	터보 프롭	터보 샤프트
용도	사용 영역	초음속	(고)아음속	아음속	아음속
	장착 항공기	전투기	민간 항공기	소형 항공기, 훈련기, 수송기	헬리콥터, 지상동력장치
	상용 엔진	J79, J85	CF6, PW4000, CFM56－7B	CT7, IO－360	T700, A250, T53
	상용 항공기	F－4, F－5	B737, B747, B777, A320	KT－1, 창공－91, C－130, CN235	AH－64, UH－60, BK117

정답 10 ② 11 ② 12 ③

03 터빈엔진 사이클 및 공기의 압력, 온도, 속도

하 (출제율이 높은 문제)

01 가스터빈 기관의 정압 사이클은 어느 것인가?

① Brayton Cycle ② Otto Cycle
③ Carnot's Cycle ④ Diesel Cycle

해설

브레이턴 사이클(Brayton Cycle)
가스터빈 기관의 이상적인 사이클로서 브레이턴에 의해 고안된 동력기관의 사이클이다.

하

02 항공기 가스터빈 엔진의 열역학적 기본 사이클인 브레이턴 사이클(Brayton Cycle)의 연소 형태는?

① 정적 연소 ② 등온 연소
③ 정압 연소 ④ 정적 – 정압 연소

해설

브레이턴 사이클은 단열압축 – 정압가열(연소) – 단열팽창 – 정압방열 순으로 1Cycle 순환하여 추진력을 발생시킨다.

하 (출제율이 높은 문제)

03 다음 중 가스터빈 기관의 브레이턴 사이클(Brayton Cycle)의 P – V 선도(Diagram) 과정으로 옳은 것은?

① 단열압축 – 정적가열 – 단열팽창 – 정적방열
② 단열압축 – 정압가열 – 단열팽창 – 정압방열
③ 정적가열 – 단열압축 – 정적방열 – 단열팽창
④ 정적방열 – 단열압축 – 단열팽창 – 정적가열

해설

2번 문제 해설 참조

하

04 항공기 가스터빈 엔진의 브레이턴 사이클 과정 중 각 지점에서 하는 과정으로 맞는 것은?

① 압축기에서 팽창, 연소실에서 온도상승, 터빈에서 냉각을 한다.
② 압축기에서 압축, 연소실에서 온도상승, 터빈에서 팽창을 한다.
③ 압축기에서 압축, 연소실에서 냉각, 터빈에서 방출을 한다.
④ 압축기에서 팽창, 연소실에서 냉각, 터빈에서 온도상승을 한다.

해설

왕복 기관은 모든 행정이 실린더 내의 고정된 공간에서 이루어지나 가스터빈 기관은 각기 다른 곳에서 이루어진다. 즉, 흡입구로 흡입된 공기는 압축기에서 압축, 연소실에서 연료와 혼합되어 연소, 터빈에서 팽창, 회전력이 만들어져 압축기를 구동함으로써 연속 작동이 가능하며, 나머지 에너지를 배기노즐에서 고속으로 분사하여 추력을 발생하고 최초의 대기상태로 되돌아감으로써 사이클을 완료한다.

정답 01 ① 02 ③ 03 ② 04 ②

04 터빈엔진 출력 및 비행성능과 작동

하 출제율이 높은 문제

01 터보 프롭 항공기에서 일반적으로 프로펠러에서 얻는 추력은?

① 10～20% ② 40～60%
③ 20～40% ④ 80～90%

해설

터보 프롭 기관은 주로 프로펠러를 구동하기 위해 사용되는 항공용 가스터빈 기관이며 기관 출력의 약 90%를 회전축 출력으로 빼내어 감속장치를 매개로 프로펠러를 구동시켜 항공기의 추진력을 얻음과 동시에 나머지 약 10%의 추진력을 제트 에너지에서 얻도록 설계되어 있으므로 프롭 제트 기관(Propjet Engine)이라고도 부른다.

중

02 비행속도가 증가함에 따라 유입공기의 압력, 밀도가 증가되어 추력을 증가시키는 효과를 주는 현상은 무엇인가?

① Pressure Charging Effects
② Acceleration Effects
③ Cascade Effects
④ Ram Effects

해설

램 효과(Ram Effect)
항공기가 전진하는 속도가 증가함에 따라 엔진으로 유입되는 공기의 밀도와 압력이 증가하게 되어 압축기의 압축비가 증가하여 추력이 증가하는 것을 말한다.

하

03 항공기 가스터빈엔진 압축기 흡입구에 물을 분사하면 나타나는 현상으로 옳은 것은?

① 공기 밀도 증가 ② 공기 압력 감소
③ 공기 온도 증가 ④ 엔진 추력 감소

해설

- 압축기의 입구와 출구인 디퓨저 부분에 물이나 물－알코올 혼합물을 분사함으로써 높은 기온일 때, 이륙 시 추력을 증가시키기 위한 방법으로 이용된다. 대기의 온도가 높을 때에는 공기의 밀도가 감소하여 추력이 감소되는데 물을 분사시키면 물이 증발하면서 공기의 열을 흡수하여 흡입공기의 온도가 낮아져서 밀도가 증가하여 많은 공기가 흡입된다.
- 물 분사를 하면 이륙할 때 기온에 따라 10～30% 정도의 추력 증가를 얻을 수 있다.
- 물 분사장치는 추력을 증가시키는 장점이 있지만 물 분사를 위한 여러 장치가 필요하므로 기관의 무게가 증가하고 구조가 복잡한 단점이 있다.
- 알코올을 사용하는 것은 물이 쉽게 어는 것을 막아주고 또, 물에 의하여 연소가스의 온도가 낮아진 것을 알코올이 연소됨으로써 추가로 연료를 공급하지 않더라도 낮아진 연소가스의 온도를 증가시켜 주기 위한 것이다.

중

04 다음 중 공기 및 연료의 유입 운동량을 고려하지 않았을 때의 추력은?

① 진추력 ② 총추력
③ 축추력 ④ 비추력

해설

공기 및 연료의 유입 운동량을 고려하지 않았을 때의 추력을, 즉 항공기가 정지되었을 때($V_a = 0$)의 추력을 총추력(Gross Thrust)이라고 하며 F_g로 나타낸다.

정답 01 ④ 02 ④ 03 ① 04 ②

중

05 현재 사용 중인 대개의 엔진이 많이 마모되는 때는 다음 중 어느 것인가?

① Acceleration 시
② Cruising Speed 시
③ Take off Power 시
④ Starting 및 Warm Up 시

해설

기관이 이륙 시 발생할 수 있는 최대 추력으로 사용시간도 1~5분 이내로 제한하며 이륙할 때만 사용한다.

하 (출제율이 높은 문제)

06 터보 팬 기관의 추진효율을 높이는 방법은?

① 배기가스의 속도를 빠르게 한다.
② 바이패스 비를 높인다.
③ 추진 속도와 비행 속도의 차이를 크게 한다.
④ 압축기 출구 압력(Compressor Discharge Pressure)을 높인다.

해설

터보팬 기관의 속도를 감소시키는 대신 감소된 배기 속도 에너지로 팬을 회전시켜 많은 공기를 뒤쪽으로 분출시키는 것이다. 따라서 추진 효율은 증가하고 추력은 감소하지 않는다. 특히 높은 바이패스 비를 가질수록 추진 효율이 높다.

중

07 다음 중 진추력과 총추력이 일치하는 경우는?

① 기관 정지 시　　② 순항 시
③ 이륙 시　　④ 지상 활주 시

해설

항공기(기관)가 정지해 있을 때는 Va = 0이므로, 진추력과 총 추력은 일치한다. 이 경우의 진추력을 특히 정지 추력(Static Thrust)이라 한다.

중

08 항공기 가스터빈엔진의 정격추력 중 비연료 소비율이 가장 적은 추력은?

① 착륙 추력　　② 상승 추력
③ 이륙 추력　　④ 순항 추력

해설

순항 추력은 순항 비행을 하기 위하여 정해진 추력으로서 비연료 소비율이 가장 적은 추력이며 이륙 추력의 70~80% 정도이다.

중

09 항공기 가스터빈엔진에서 진추력에 대한 설명 중 옳은 것은?

① 엔진이 발생하는 유효한 추력
② 공기 및 연료의 유입 운동량을 고려하지 않았을 때의 추력
③ 1kg의 추력을 발생하기 위하여 1시간 동안 소비하는 연료의 중량
④ 프로펠러를 구동하는 축마력 외에 배기 제트에 의한 추력으로 얻어지는 엔진의 출력

해설

가스터빈엔진에서 발생하는 유효한 추력을 진추력(Net Thrust)이라 한다. 일반적으로 단순히 추력이라고 하면 이 진추력을 말한다.

하 (출제율이 높은 문제)

10 항공기가 지상이나 비행 중 자력으로 회전하는 최소 출력 상태는?

① Idle Rating
② Maximum Climb Rating
③ Maximum Cruise Rating
④ Maximum Continuous Rating

정답　05 ③　06 ②　07 ①　08 ④　09 ①　10 ①

해설

완속 정격(Idle Rating)

- 지상 또는 비행 상태에서 기관의 정해진 운전 가능한 최소의 출력 상태, 아이들은 출력 레버(Thrust Lever)를 아이들 위치에 놓아야 한다.
- 지상에서의 아이들을 그라운드 아이들(Ground Idle), 비행 상태에서의 아이들을 플라이트 아이들(Flight Idle)이라 구별한다.
- 아이들은 이륙 정격의 5~8% 정도의 출력인 경우가 많고 기관의 정격은 아니다.

중

11 가스터빈 엔진의 엔진 압력비(EPR)란 무엇인가?

① Compressor Inlet의 전압/Turbine Exhaust의 전압
② Compressor Inlet의 전압/Compressor Inlet의 전압
③ Turbine Exhaust의 전압/Turbine Inlet의 전압
④ Turbine Exhaust의 전압/Compressor Inlet의 전압

해설

EPR은 Engine Pressure Ratio의 약자로 Pt7/Pt2로 표시된다. 즉, 터빈 출구 전압/압축기 입구 전압의 비를 말한다.

중 (출제율이 높은 문제)

12 터보 팬 엔진에서 바이패스 비란 무엇을 의미하는가?

① 팬에 흡입된 공기 유량과 팬으로부터 유출된 공기 유량의 비
② 압축기를 통과한 공기 유량과 터빈을 통과한 공기 유량의 비
③ 압축기를 통과한 공기 유량과 압축기를 제외한 팬을 통과한 공기 유량의 비
④ 흡입된 전체 공기량과 배출된 전체 공기 유량의 비

해설

터보 팬 엔진은 압축기를 통과한 공기 유량과 압축기를 제외한 팬을 통과한 공기 유량의 비인 바이패스 비(Bypass Ratio)가 있다. 이러한 BPR은 높을수록 추진 효율이 우수하며 소음 또한 감소되는 장점이 있다.

현용 F – 15, F – 16 전투기에도 현재 터보 팬 엔진이 장착되어 있으나 저바이패스비 엔진이기에 소음이 굉장히 심하다.

중

13 항공기 가스터빈 엔진에서 보통 이륙 정격의 70~80% 전후의 출력에 의해 보증되고 있는 기관의 최대 성능 정격은 무엇인가?

① 이륙 정격(Take-Off Rating)
② 최대 상승 정격(Maximum Climb Rating)
③ 최대 순항 정격(Maximum Cruise Rating)
④ 최대 연속 정격(Maximum Continuous Rating)

해설

최대 순항 정격(Maximum Cruise Rating)

순항 시에 보증되고 있는 기관의 최대 성능 특성값이며, 보통 이륙 정격의 70~80% 전후의 출력이다.

중

14 가스터빈 기관이 순항 시에는 보통 이륙 정격의 몇 %의 출력인가?

① 30~40% 전후
② 50~60% 전후
③ 70~80% 전후
④ 80~90% 전후

해설

13번 문제 해설 참조

정답 11 ④ 12 ③ 13 ③ 14 ③

중

15 Turbo Jet Engine에서 연료소비율(Specific Fuel Consumption)을 바르게 정의한 것은?

① 단위 시간당 단위 추력을 내는데 소비된 연료의 질량
② 단위 시간당 단위 마력을 내는데 소비된 연료의 질량
③ 단위 시간당 소비된 연료의 질량
④ 단위 시간당 발생된 추력

해설

추력비 연료소모율(Specific Fuel Consumption)
1N(kg×m/s²)의 추력을 발생하기 위해 1시간 동안 기관이 소비하는 연료의 중량을 말한다.

$$TSFC = \frac{gm_f \times 3600}{F_n}\left(\frac{kg}{N \times h}, \frac{kg}{kg \times h}, \frac{lb}{lb \times h}\right)$$,

여기서, mf : 연료의 질량 유량, Fn : 진추력

중

16 터보제트엔진의 추진효율에 대한 설명 중 가장 올바른 것은?

① 추진효율은 배기구 속도가 클수록 커진다.
② 추진효율은 기관의 내부를 통과한 1차 공기에 의하여 발생되는 추력과 2차 공기에 의하여 발생되는 추력의 합이다.
③ 추진효율은 기관에 공급된 열에너지와 기계적 에너지로 바뀐 양의 비이다.
④ 추진효율은 공기가 기관을 통과하면서 얻는 운동에너지에 의한 동력과 추진 동력의 비이다.

해설

추진효율은 공기가 기관을 통과하면서 얻은 운동 에너지와 비행기가 얻은 에너지인 추력 동력의 비를 말한다.

하

17 어떤 항공기 터보팬 엔진 흡입공기 중 20%만 연소실로 공급 연소되어 터빈을 통과하고 나머지 유량은 팬만을 통과했을 때 이 엔진의 바이패스 비는?

① 2　　② 3
③ 4　　④ 5

해설

$$BPR = \frac{2차\,공기(Secondary\,Air)}{1차\,공기(Primary\,Air)} = \frac{80}{20} = 4$$

중

18 항공기 가스터빈엔진에서 항공기가 정지되었을 때의 추력은?

① 진 추력(Net Thrust)
② 축 추력(Shaft Thrust)
③ 총 추력(Gross Thrust)
④ 비 추력(Specific Thrust)

해설

4번 문제 해설 참조

하

19 항공기 가스터빈엔진에서 램 효과(Ram Effect)에 대한 설명으로 옳은 것은?

① 항공기 속도가 낮을수록 램 효과는 커진다.
② 항공기 속도가 빠를수록 램 효과는 커진다.
③ 압축기 입구 압력이 대기압보다 낮아져 공기흐름과 가스가 증가한다.
④ 압축기 입구 압력이 대기압보다 높아져 공기흐름과 가스가 감소한다.

해설

2번 문제 해설 참조

정답 15 ① 16 ④ 17 ③ 18 ③ 19 ②

중

20 터빈엔진의 물 분사 계통(Water Injection System)에 대한 설명으로 옳은 것은?

① 물을 연소실에 직접 분사하여 추력을 증가시킨다.
② 물 분사 계통은 고 바이패스비 엔진에는 보통 사용되지 않는다.
③ 물 분사를 하면 압축기 입구의 공기온도와 밀도를 감소시켜 추력을 증가시킨다.
④ 물 분사 속도 재설정 서보는 물 분사시에 속도 조절을 더 낮은 속도로 설정하여 재설정한다.

해설

물 분사 계통(Water Injection System)
더운 날씨에서는 공기밀도가 감소하기 때문에 추력이 줄어든다. 이것은 압축기입구 또는 디퓨저 케이스에 물을 분사하여 보상시킬 수 있다. 물 분사는 공기온도를 낮추고 공기밀도를 증가시킨다. 연료조정장치(Fuel Control Unit)에 있는 마이크로 스위치는 출력레버(PLA)가 최대출력 위치 쪽으로 이동한 상태에서 조종축(ControlShaft)에 의하여 작동한다.

물 분사 속도 재설정 서보(Speed Reset Servo)는 물 분사 시에 속도 조절을 더 높은 값으로 재설정한다. 이러한 조절이 없으면, 물 분사 중임에도 불구하고 추가적인 추력이 실현되지 않으므로 연료조정장치는 RPM을 감소시킬 것이다. 이 서보(Servo)는 물 분사 중일 때 물 압력에 의해 작동되는 셔틀밸브(Shuttle Valve)이다. 서보의 움직임은 조속기 스피더 스프링(Speed Governor Speeder Spring)에 연결된 캠 작동식 레버(Cam – operated Lever)를 이동시켜서 스피더 스프링의 힘이 증가하고 설정 속도가 증가한다.

이 결과로 RPM은 항상 물 흐름이 있는 동안 더 높아지기 때문에, 물 분사 시에 추력의 증가가 확실하게 되는 것이다. 만약 물분사계통이 조종석에서 작동되지 않거나 이용할 수 있는 물이 없다면, 연료조정장치에 있는 물 분사 스위치를 작동시켜도 아무 일도 일어나지 않는다. 물을 이용할 수 있는 때, 그것의 일부분은 물 분사 속도 재설정 서보(Speed Reset Servo)로 향하게 된다. 물 분사계통은 고(高)바이패스비의 터보팬엔진에는 보통 사용되지 않는다.

정답 20 ②

05 압축기의 구조, 종류, 특징 및 작동

하

01 항공기 가스터빈엔진의 Axial Flow Com-pressor 구성품으로 옳은 것은?

① Rotor, Diffuser ② Rotor, Impeller
③ Stator, Rotor ④ Stator, Diffuser

해설

축류식 압축기는 로터(Rotor)와 스테이터(Stator)로 구성되어 있다.

하

02 항공기 가스터빈엔진에서 콤비네이션 압축기(Combination Compressor)란 무엇을 말하는가?

① 팬과 원심식 압축기를 말한다.
② 팬과 축류식 압축기를 말한다.
③ 저압 압축기와 고압 압축기를 말한다.
④ 축류식 압축기와 원심식 압축기로 구성된 압축기를 말한다.

해설

콤비네이션 압축기(Combination Compressor)는 원심식 압축기와 축류식 압축기의 단점은 제거하고 장점만 취하여 조합형 축류-원심식(Axial-Centrifugal Flow) 압축기가 개발되었다. 이 엔진은 현재 소형 사업용 제트와 헬리콥터에 사용되고 있다.

하

03 가스터빈 기관의 축류식 압축기에 비해 원심식 압축기의 장점으로 틀린 것은?

① 단당 압력비가 높다.
② 가격이 싸고 제작이 용이하다.
③ 축류식 압축기에 비해 구조가 간단하다.
④ 압축기의 입구와 출구의 압력비가 크다.

해설

원심식 압축기(Centrifugal Force Type Comp')의 장점과 단점

(1) 장점
① 단당 압력비가 높다.
② 제작이 쉽고 값이 싸다.
③ 구조가 튼튼하고 경량이다.
④ 물분사 효과가 크고 가속이 빠르다.
⑤ 정비가 쉽고 신뢰성이 높다.

(2) 단점
① 입출구의 압력비가 낮다.
② 대량공기의 처리가 불가능하여 대형으론 불가
③ 효율이 낮고 전면저항이 크다.

하

04 원심식 압축기에서 임펠러(Impeller)의 역할로 맞는 것은?

① 고속으로 회전시켜 공기의 압력을 증가시킨다.
② 고속으로 회전시켜 유입공기의 공기속도를 증가시킨다.
③ 고속으로 회전시켜 압력과 속도 모두 증가시킨다.
④ 고속으로 회전시켜 조기점화를 방지한다.

해설

원심식 압축기는 임펠러(Impeller), 디퓨저(Diffuser), 매니폴드(Manifold) 이 3가지로 구성하는데, 임펠러는 유입된 공기를 고속으로 회전시켜 유입공기의 공기속도를 증가시킨다.

정답 01 ③ 02 ④ 03 ④ 04 ②

중

05 항공기 가스터빈엔진의 압축기 블리드 밸브 조절계통(Compressor Bleed Valve Control System)에 대한 설명 중 옳지 않은 것은?

① 저속시에는 완전히 열린다.
② 시동시에는 완전히 열린다.
③ 역추력시에는 완전히 열린다.
④ 저속시에는 열리고 출력 증가에 따라 서서히 닫힌다.

해설

압축기 블리드 밸브 조절 계통(Compressor Bleed Valve Control Valve)은 엔진 시동시, 저출력시, 역추력시 및 급감속시의 실속 방지를 위한 3가지의 서보 계통(시동, 저출력, 역추력)으로 구성되어 있다.

엔진 시동시 압축기의 공기저항을 감소시키고 시동 용이성과 실속 방지 향상을 위해 N2 rpm이 50%에 도달할 때까지는 블리드 밸브(Bleed Valve)가 완전히 열려있는 상태가 된다.

엔진 저출력시에도 마찬가지로 블리드 밸브는 완전히 열림 상태가 되고, 급감속시에도 완전히 열려서 실속을 방지한다.

역추력 상태에서는 블리드 밸브가 일부만 열려있는 상태로 실속을 방지한다.

하 (출제율이 높은 문제)

06 항공기 가스터빈 엔진(Gas Turbine Engine)의 원심식 압축기(Centrifugal Type Compressor)의 주요 구성품은?

① Fan, Rotor
② Stator, Rotor
③ Rotor, Diffuser, Manifold
④ Impeller, Diffuser, Manifold

해설

4번 문제 해설 참조

중 (출제율이 높은 문제)

07 항공기 가스터빈 엔진의 가변정익베인(VSV) 작동으로 옳은 것은?

① 저속에서 close, 고속에서 open
② 저속에서 open, 고속에서 close
③ 저속에서 고속까지 open
④ 저속에서 고속까지 close

해설

엔진 속도가 저속에서는 압축기로 최소의 공기가 흐르도록 닫힘(Closed) 방향으로 움직이고, 고속에서는 최대 공기흐름을 허용할 수 있도록 열림(Open) 위치로 움직인다. 또한 서지(Surge)가 감지되면 EEC는 VSV를 닫힘 위치로 커맨드 한다.

하

08 터빈 엔진의 디퓨저 위치는 어디인가?

① 터빈 입구
② 압축기 입구
③ 압축기와 연소실 사이
④ 연소실과 터빈 사이

해설

압축기와 연소실 사이에 위치한 디퓨저는 유입공기의 속도를 감소시키고 압력을 증가시키는 역할을 한다.

하

09 축류식 압축기의 내부 공기 흐름으로 맞는 것은?

① 압력증가, 속도증가 ② 압력감소, 속도증가
③ 압력증가, 속도감소 ④ 압력감소, 속도감소

해설

유입 공기가 이 통로를 지나면 베르누이 정리에 의한 확산작용에 의해 유입 공기의 속도 에너지의 일부가 압력 에너지로 변환되기 때문에 속도가 감소하고 압력증가를 얻을 수 있다.

정답 05 ③ 06 ④ 07 ① 08 ③ 09 ③

하 출제율이 높은 문제

10 가스터빈 항공기의 압축기(Compressor)와 연소실(Combustion Chamber) 사이에 위치한 디퓨저의 역할로 옳은 것은?

① 유입속도와 압력 모두 감소
② 유입속도와 압력 모두 증가
③ 유입속도 증가, 압력 감소
④ 유입속도 감소, 압력 증가

해설

8번 문제 해설 참조

중 출제율이 높은 문제

11 항공기 가스터빈 엔진의 가변정익베인(VSV) Actuator는 무슨 힘으로 작동하는가?

① Fuel Pressure
② Electric Power
③ Pneumatic Pressure
④ Hydraulic Pressure

해설

VSV 작동기(Actuator)는 연료압력에 따라서 VSV 시스템을 움직여 주는데, 연료조절장치로부터의 연료압력은 작동기의 머리와 로드의 양쪽으로 공급된다. 피스톤은 덮여 있어서 피스톤의 누설을 방지하는 패킹과 피스톤 로드의 오염을 방지하는 와이퍼 역할을 한다.

하

12 터보 팬 엔진에서 전방 팬의 위치는?

① HPT ② HPC
③ LPC ④ 공기 흡입구

해설

전방 팬 기관에는 일반적으로 저압 압축기의 제1단이나 제2단 외경 부분이 팬 부분(Fan Section)으로 구성되어 있다.

중

13 항공기 가스터빈 엔진의 압축기 출구에서 스테이터 베인(Stator Vane)의 목적은 무엇인가?

① 공기의 흐름을 똑바르게 하며 난류를 감소시키기 위하여
② 공기에 소용돌이 움직임을 주기 위하여
③ 공기의 압력을 감소시키기 위하여
④ 공기의 속도를 증가시키기 위하여

해설

스테이터 베인(Stator Vane)은 공기 흐름의 방향을 변화시켜 로터(Rotor)에 알맞은 각도로 유입시키고 압축기 로터에 압축된 공기는 다음 단계의 스테이터 베인에 보내지므로 공기 흐름의 와류를 최소로 하는 역할을 한다.

하 출제율이 높은 문제

14 항공기 가스터빈엔진 중 축류식 압축기의 실속 방지 구조로 사용되지 않는 것은?

① 디퓨저(Diffuser)
② 다축식 압축기(Multi Spool Engine)
③ 가변 정익 베인(Variable Stator Vane)
④ 가변 블리드 밸브(Variable Bleed Valve)

해설

대표적 실속 방지 방법으로서는 다축식 기관(Multi Spool Engine), 가변 스테이터(Variable Stator) 및 블리드 밸브를 이용하는 3가지 방법이 있고, 현재 사용 중인 기관은 이들을 적당하게 조합시켜서 사용하고 있다.

중

15 터보 팬 엔진의 팬 블레이드에 설치되어 있는 미드 스팬 슈라우드에 대한 설명으로 맞는 것은?

① 진동을 억제한다.
② 중량 증가에 의해 진동을 발생하기 쉽다.
③ 운전 중 슈라우드와 슈라우드 간의 접촉이 없다.
④ 높은 압력비가 얻어진다.

정답 10 ④ 11 ① 12 ③ 13 ① 14 ① 15 ①

해설

팬 블레이드와 같은 큰(긴) 블레이드는 공기력에 의한 비틀림 모멘트를 받는다. Mid Span Shroud는 이 비틀림 모멘트에 의해 블레이드가 변형되는 것을 슈라우드가 서로 이웃하는 슈라우드와 접촉하는 것에 의해서 팬에 발생하는 진동을 억제하고 있다. 엔진 압력비 향상에는 크게 기여하지 않고 주요목적이 아니기 때문에 거의 관계가 없다.

하

16 항공기 가스터빈 엔진에서 Surge Bleed Valve의 주목적은?

① 압축기의 실속(Stall)을 방지한다.
② 윤활유 계통의 압력(Pressure)을 조절한다.
③ 윤활유의 유입을 조절한다.
④ 연소실 내부 압력을 조절한다.

해설

압축기 실속 방지책 중 하나인 블리드 밸브(Bleed Valve)는 FADEC과 같은 슈퍼 전자 제어장치(컴퓨터)로부터 엔진의 공기흐름을 각종 센서로 수감하여 공기 누적현상(Choke) 감지 또는 다른 계통에 필요로 할 때 이 밸브를 열어 압축기 공기 일부를 추출하여 해당 계통에 공급하거나 압축기 실속을 방지해준다.

중

17 항공기 가스터빈 엔진의 가변 정익 구조(VSV)의 목적으로 맞는 것은 무엇인가?

① 유입 공기의 절대 속도를 일정하게 한다.
② 유입 공기의 받음각을 일정하게 한다.
③ 유입 공기의 상대 속도를 일정하게 한다.
④ Rotor의 회전 속도를 일정하게 한다.

해설

이 구조는 유입 공기량(절대 유입 속도)의 변화에 따라 동익에 대한 받음각을 항상 일정하게 유지한다.

중

18 터보 팬 엔진의 Fan Trim Balance는 무엇인가?

① Engine의 출력을 조정하는 것이다.
② 정기적으로 하는 Fan의 균형 시험이다.
③ Fan Blade를 교환하는 작업이다.
④ Fan Blade의 Weight Balance를 수정하는 작업이다.

해설

엔진은 장기간 사용하고 있으면 팬 로터 각 부의 마모나 FOD 등에 의한 진동이 발생하게 되므로 팬 블레이드 루트(Fan Blade Root) 또는 스피너(Spinner)에 밸런스 웨이트(Balance Weight)를 부착하여 수정한다.

이에 필요한 파라미터는 일반적으로 다음과 같다.

- 팬 회전수
- 위상
- 언밸런스량

중

19 터빈 엔진의 원심 압축기에서 단면흡입식 임펠러(Impeller)에 대한 설명으로 옳지 않은 것은?

① 직경을 크게 하여 많은 양의 공기를 보낸다.
② 공기를 받아들이는 데 조금은 효율적이다.
③ 충분한 공기흐름을 위하여 더 빠른 속도로 회전한다.
④ 유도 베인에 직선으로 덕트 구조를 쉽게 배열할 수 있다.

해설

공기를 받아서 디퓨저 바깥쪽으로 가속시키는 기능을 가진 임펠러는 단면흡입식(Single Entry Type)과 양면흡입식(Double Entry Type)의 두 가지가 있다. 이 두 가지 형식 사이의 주요한 차이점은 임펠러 크기와 덕트구조 배열이다. 양면흡입식은 적은 직경을 갖고 있지만, 충분한 공기 흐름을 위하여 더 빠른 회전속도로 작동된다.

단면흡입식은 임펠러 중심(Impeller Eye) 또는 유도베인(Inducer Vane)에 직선으로 덕트 구조를 쉽게 배열할 수 있지만, 반대로 양면흡입식은 후방 부분 공기 흐름을 좋게 하

정답 16 ① 17 ② 18 ④ 19 ③

기 위해서 더 복잡한 덕트 구조를 갖는다. 비록 단면흡입식은 공기를 받아들이는 데 조금은 효율적이지만, 양면흡입식과 같은 양의 많은 공기를 보내기 위해서는 직경이 커져야만 한다. 물론, 이러한 것은 엔진의 전체적인 직경을 증가시키게 된다.

하

20 다음 가스터빈엔진 부품 중 다수의 베인으로 되어 매니폴드로의 확산 통로(Divergent Passage)를 만들어 주는 원통의 공간(Annular Chamber)로 옳은 것은?

① 임펠러(Impeller)
② 디퓨저(Diffuser)
③ 압축기 매니폴드(Manifold)
④ 로터(Rotor)와 스테이터(Stator)

해설

디퓨저는 다수의 베인으로 되어 매니폴드로의 확산 통로(Divergent Passage)를 만들어 주는 원통의 공간(Annular Chamber)이다.

정답 20 ②

06 연소실의 구조, 종류, 특징 및 작동

하 (출제율이 높은 문제)

01 가스터빈 기관 연소실에서 1차 공기에 와류를 형성시켜 화염 전파속도를 증가시키는 부품은 무엇인가?

① Flame Tube ② Inner Liner
③ Outer Liner ④ Swirl Guide Vane

해설

선회 깃/스월 가이드 베인(Swirl Guide Vane)은 연소에 이용되는 1차 공기 흐름에 적당한 소용돌이를 주어 유입속도를 감소시키면서 공기와 연료가 잘 섞이도록 하여 화염 전파속도가 증가되도록 한다. 따라서 기관의 운전조건이 변하더라도 항상 안정되고 연속적인 연소가 가능하다.

하

02 가스터빈 엔진의 연소실 공기 입구에 있는 스월 베인(Swirl Vane)에 관하여 맞는 것은?

① 연소 노즐 부근의 공기 속도를 빠르게 한다.
② 1차 공기에 선회운동을 준다.
③ 화염 전파 속도를 줄여준다.
④ 연소 영역을 길게 한다.

해설

1번 문제 해설 참조

중

03 가스터빈 엔진 연소실 공기 입구부에 있는 선회 깃(Swirl Guide Vane)에 대해 틀린 것은 어느 것인가?

① 화염 전파 속도를 증가시킨다.
② 1차 공기흐름에 선회를 주어 와류를 발생시킨다.
③ 연소 노즐 부근으로 유입되는 공기 속도를 감소시킨다.
④ 연소실 안에 고속의 공기 유입 속도를 줄이고 연소 영역을 길게 한다.

해설

1번 문제 해설 참조

하

04 최신 고성능 기관을 장착한 현대 항공기에 주로 쓰이는 터빈 엔진의 연소실 형태는?

① 캔형 ② 애뉼러형
③ 캔－애뉼러형 ④ 액슬－캔형

해설

연소가 안정되어 연소 정지가 없고 출구 온도 분포가 균일해서 배기 연기도 적은 등 많은 장점을 갖기 때문에 최근의 신형 고성능 기관에는 기관의 크기에 관계 없이 모두가 애뉼러형 연소실을 사용하고 있다. 단, 정비성은 그다지 좋지 않다.

하

05 가스터빈 기관(Gas Turbine Engine)의 연소실(Combustion Chamber)을 통과하는 연소용 공기량은 총 공기량의 몇 % 정도인가?

① 25～30% ② 40~50%
③ 55～60% ④ 75～80%

해설

1차 연소영역

압축기를 통해 유입되는 총 공기 유량의 20～30% 정도를 Swirl Guide Vane에 의해 강한 선회를 주어 유입속도감소 및 화염 전파 속도를 증가시키고 15 : 1 정도(이상적인 공연비)의 혼합비로 직접 연소를 시키는 영역이다.

정답 01 ④ 02 ② 03 ④ 04 ② 05 ①

하

06 항공기 가스터빈 엔진 연소실(Combustion Chamber)에 요구되는 조건으로 틀린 것은?

① 출구 온도가 균일하게 분포되어야 한다.
② 연소 시 연소 부하율이 적어야 한다.
③ 압력 손실이 작아야 한다.
④ 연소 효율이 높아야 한다.

해설

연소실의 필요 조건
연소실(Combustion Chamber) 혹은 연소기(Burner)는 고압 공기 속에 연료를 분사해서 연소시키고 고온 가스를 발생시키는 장치로 구비해야 할 필요조건은 다음과 같다.

- 연소 효율이 높을 것
- 압력 손실이 작을 것
- 연소 부하율이 높을 것(소형 경량)
- 연소가 안정되고 연소정지(Flame Out)가 일어나지 않을 것
- 고공에서의 재점화가 용이할 것
- 출구 온도 분포가 균일할 것
- 내구성이 우수할 것
- 유해 물질 배출이 적을 것

하

07 항공기 가스터빈 엔진 Fuel Nozzle 근처에 있는 Swirl Guide Vane의 역할로 틀린 것은?

① 불꽃이 연소실 벽을 향하지 않도록 중앙으로 모아준다.
② 공기와 연료가 잘 혼합되도록 해준다.
③ Primary Air Flow에 선회를 준다.
④ 혼합공기의 진행속도를 감소시켜 점화를 용이하게 해준다.

해설

1번 문제 해설 참조

상

08 터빈 엔진에서 캔 – 애뉼러 연소실에 대한 설명으로 틀린 것은?

① 캔 – 애뉼러 연소실 공기의 흐름은 다른 형태의 연소실과 거의 동일하다.
② 스월 베인(Swirl Vane)이 장착되어 연소가 잘 되고 더 높은 효율이 되게 한다.
③ 특수한 기류조절장치(Baffling)는 연소실의 공기흐름을 선회시키고 난류를 만들어 주기 위해 사용된다.
④ 차기 시동 시 잔류 연료가 연소되지 않도록 1개의 맨 아래쪽 연소실에 연료배출밸브를 반드시 장착해야 한다.

해설

캔 – 애뉼러 연소실은 적당한 배출과 차기 시동 시 잔류 연료가 연소되지 않도록 2개 이상의 맨 아래쪽 연소실에 연료배출밸브를 반드시 장착해야 한다. 캔 – 애뉼러 연소실의 구멍과 루버를 통한 공기의 흐름은 다른 형태의 연소실과 거의 동일하다.

특수한 기류조절장치(Baffling)는 연소실의 공기흐름을 선회시키고 난류를 만들어 주기 위해 사용된다. 각 연료 노즐 둘레에는 미리 소용돌이를 주기 위한 스월 베인(Swirl Vane)이 있는데, 연료 분사 시 소용돌이 운동을 만들어 더 좋은 연료 분무가 되게 하며 연소가 잘 되어 더 높은 효율이 되도록 해준다.

정답 06 ② 07 ① 08 ④

07 터빈, 배기관의 구조, 종류, 특징 및 작동

하

01 항공기 가스터빈 엔진에서 터빈은 어떤 기능을 하는가?

① 압축기, 보기류 구동

② 압축기 구동

③ 배기가스 압력과 속도 증가

④ 배기가스 압력 증가

해설

터빈의 기능은 배기가스의 운동 에너지 일부와 열 에너지를 기계적인 일로 변형시켜서 압축기와 보기류를 구동시킬 수 있게 한다.

중 (출제율이 높은 문제)

02 가스터빈 기관의 터빈 블레이드 팁의 Shroud에 대해 틀린 것은?

① 구조가 복잡하다.

② 가스가 새는 것을 막는 효과가 있다.

③ 블레이드 단면이 두꺼워서 공력특성이 우수하다.

④ 블레이드의 공진을 방지한다.

해설

현대 항공기는 터빈 블레이드의 팁에 슈라우드가 붙은 구조가 많이 사용되고 있다. 이 팁 슈라우드가 장착된 블레이드의 구조는 복잡하지만, 블레이드의 공진을 방지할 수 있고, 가스가 새는 것을 막는 효과가 있으며, 또 블레이드 단면이 얇아서 공력 특성이 우수한 블레이드가 만들어지는 등 많은 이점이 있다.

중 (출제율이 높은 문제)

03 가스터빈 기관의 Turbine Blade에 장착된 Shroud 역할은?

① 속도를 증가

② 혼합비 증가

③ 공기속도를 증가

④ 블레이드 공진을 방지

해설

2번 문제 해설 참조

중

04 가스의 팽창이 전부 Nozzle에서만 이루어지고 Nozzle의 단면적이 축소 과정이며 Rotor의 유효 단면적은 일정한 특징을 갖는 터빈은?

① Axial Turbine

② Radial Turbine

③ Impulse Turbine

④ Reaction Turbine

해설

충동 터빈

가스의 팽창이 전부 노즐 안에서 이루어지고 로터 안에서는 전혀 가스 팽창이 이루어지지 않는 터빈으로 반동도가 0인 터빈이다.

정답 01 ① 02 ③ 03 ④ 04 ③

하

05 제트 엔진에서 최고 온도에 접하는 곳은 어디인가?

① 터빈 입구 ② 배기 노즐
③ 터빈 출구 ④ 압축기 출구

해설

공기의 온도는 압축기에서 압축되면서 천천히 증가한다. 압축기 출구에서의 온도는 압축기의 압력비와 효율에 따라 결정되는데 일반적으로 대형 기관에서 압축기 출구에서의 온도는 약 300~400℃ 정도이다. 압축기를 거친 공기가 연소실로 들어가 연료와 함께 연소되면 연소실 중심에서의 온도는 약 2,000℃까지 올라가고 연소실을 지나면서 공기의 온도는 점차 감소한다.

중

06 가스터빈 기관에서 배기가스의 분출 속도를 결정하는 요소는 어느 것인가?

① Exhaust Nozzle의 길이
② Exhaust Nozzle의 단면적
③ Compressor의 방출 압력
④ Compressor의 입구 온도

해설

배기 노즐(배기 덕트)은 배기가스를 일정하게 흐르게 하고 동시에 배기가스가 갖는 압력 에너지를 속도 에너지로 변환하며, 추력을 발생시키는 중요한 역할을 갖는다. 또 배기 노즐의 형상과 단면적은 배기가스의 분출 속도를 결정하는 중요한 작용을 하고 있다.

하

07 터보 팬 엔진의 팬을 구동시키는 것은?

① 고압 압축기
② 저압 압축기
③ 저압 터빈
④ 고압 터빈

해설

현대 항공기의 터보 팬 엔진은 다축식 구조(Dual Spool 또는 Multiple Spool)인데, N1(LPC+LPT), N2(HPC+HPT)로 구성되며 전방 팬은 저압 압축기(LPC : Low Pressure Compressor)이며 가장 후방에 있는 저압 터빈(LPT : Low Pressure Turbine)에 의해 구동된다.

하 출제율이 높은 문제

08 초음속 항공기에 사용되는 배기노즐(Exhaust Nozzle)의 형태는?

① Convergent Type
② Divergent Type
③ Convergent－Divergent Type
④ Divergent－Convergent Type

해설

현대 초음속 항공기는 수축－확산형(Convergent－Divergent Type) 배기노즐을 사용하는데, 저속에서는 가스 속도가 느리므로 출구를 좁혀 가스 분출 속도를 높이고, 고속에서는 고속 배기가스가 분출될 때 다량의 가스가 좁은 출구를 통과시 압력이 증가하므로 노즐을 확산시켜 압력을 방출하고 배기속도 그대로를 이용하는 방식이다.

중

09 항공기 가스터빈엔진의 충동형 터빈 블레이드(Impulse Turbine Blade)의 특징으로 옳은 것은?

① 블레이드 팁을 충동형(Impulse) 타입으로 제작된 블레이드이다.
② 공기흐름을 터빈의 가장 효율적인 최대 각도로 터빈 블레이드를 빠르게 지나가게 한다.
③ 공기흐름이 블레이드의 중앙을 가격하면서 에너지 방향을 변화시킨다.
④ 블레이드의 루트 부분을 반동형(Reaction)으로 제작된 블레이드이다.

정답 05 ① 06 ② 07 ③ 08 ③ 09 ③

해설

터빈 블레이드에는 충동형 터빈블레이드(Impulse Turbine Blade), 반동형 터빈블레이드(Reaction Turbine Blade), 반동-충동형 터빈 블레이드(Reaction-impulse Turbine Blade)의 3가지 형태가 있다.

충동형 터빈블레이드는 버킷(Bucket)으로도 불리는데, 그 이유는 공기흐름이 블레이드 중앙을 가격하면서 에너지의 방향을 변화시키기 때문이며, 그 결과 블레이드가 디스크를 회전하고 최종적으로 터빈 로터가 회전하게 된다.

08 보기계통(Gearbox, Bearing) 구조, 종류 및 특징 및 작동

하

01 항공기 Accessory Gear Box의 회전력으로 작동되는 구성품이 아닌 것은?

① 유압 펌프　② 오일 펌프
③ 발전기　④ 냉각기

해설

항공기 보기류(Accessory Gearbox)는 엔진 시동 시 맞물려져 있는 기어들로 인해 함께 작동하는 유압 펌프(엔진 구동 펌프(EDP : Engine Driven Pump)라고도 한다.), 오일 펌프, 연료 펌프, 발전기(현대 항공기에서는 대부분 통합 구동 발전기(IDG : Integrated Drive Generator)를 사용한다.) 등이 있다.
냉각기(Cooler)는 오일 계통의 구성품으로서 연료와 오일의 온도를 상호 교환하는 열교환기(Heat Exchanger) 또는 연료 – 오일 냉각기(FOC : Fuel – Oil Cooler)라는 명칭으로 제작사마다 상이하다.

중 (출제율이 높은 문제)

02 항공기에 사용하는 베어링(Bearing) 취급 시 주의사항으로 잘못된 것은?

① 건조한 베어링을 회전시키지 않는다.
② 공장의 공기(Shop Air)로 베어링을 불지 않는다.
③ 베어링을 증기 세척기(Vapor Degreaser)로 닦아낸다.
④ 점검 시 보풀이 일지 않는 면(Lint Free Cotton)장갑이나 합성 고무 장갑을 이용한다.

해설

베어링 취급과 검사
검사 중에 적절한 베어링 취급을 위해 보푸라기가 일지 않는 면이나 합성 고무 장갑을 사용해서 손에 의해 전달되는 산이나 습기 등이 베어링 표면에 접촉하는 것을 막아야 한다.

(1) 사전 주의사항
베어링 검사 중에 다음과 같은 주의사항을 따라야 한다.
① 먼지가 표면에 긁힘(Scratch)을 만들 수 있기 때문에 건조한 베어링을 회전시키지 말 것
② 공장의 공기로 베어링을 불지 말 것, 공장의 공기에 습기가 있어서 부식을 일으킨다.
③ 베어링을 증기 세척(Vapor Degrease)하지 말 것. 수증기가 오염 물질을 갖고 있다.
④ 베어링에 석유 계열(엔진에 사용하는 것) 오일을 사용하지 말 것. 이것이 화학 작용을 일으킨다.
⑤ 공장의 세척 장비를 이용하지 말 것.
깨끗한 액체에 담군 다음, 보푸라기가 없는 천이나 적합한 종이 타올을 이용해서 깨끗이 닦는다. 인가된 세척 솔벤트를 사용한다.

중 (출제율이 높은 문제)

03 가스터빈 기관의 압축기부 및 터빈부에 사용되는 주 베어링은 무엇인가?

① Ball Bearing, Plain Bearing
② Ball Bearing, Roller Bearing
③ Roller Bearing, Plain Bearing
④ Plain Bearing, Tapered Roller Bearing

해설

가스터빈 기관은 엔진축(Main Shaft)에 총 5개의 베어링들이 지지해주며 No.1, 2, 3, 4, 5 형식으로 되어 있고 No.1, 2는 Ball Bearing, No.3, 4, 5는 Roller Bearing이 장착되어 있다. 이 또한 제작사마다 상이하다.

정답 01 ④ 02 ③ 03 ②

중

04 제트 엔진의 주 베어링은 어떤 방법에 의해 윤활을 하는가?

① 끼얹는다.
② 오일 심지로 한다.
③ 압력 분사방법으로 한다.
④ 오일 속에 부분적으로 잠기게 한다.

해설

오일 펌프에 의해 가압된 오일을 Oil Jet를 통해 분사(고압 분무식)시켜 베어링을 윤활한다.

하

05 가스터빈 기관의 Engine Starter 장착 부위로 맞는 것은?

① Compressor　② Main Gearbox
③ Turbine　④ Fan

해설

항공기 시동기는 주 기어박스(MGB : Main Gearbox)에 장착되어 있으며 대부분 대형 항공기는 공압식 시동기(Pneumatic Type Starter)를 사용한다. 시동기를 구동시키는 공급원은 다른 엔진의 압축기 블리드 에어(Bleed Air)나 보조동력장치(APU : Auxiliary Power Unit)의 블리드 에어(Bleed Air)를 이용하여 시동기의 터빈(Turbine)을 구동시켜 이 구동력을 MGB에 전달하고 엔진 축으로까지 전달하여 엔진을 구동시켜준다.

하

06 고출력 항공기 성형엔진의 크랭크축을 지지하는데 사용되는 베어링으로 옳은 것은?

① Ball Bearing
② Roller Bearing
③ Plain Bearing
④ Slip Bearing

해설

1. 평형 베어링(Plain Bearing) : 방사성 하중(Radial Load)을 받도록 설계되어 있으며 저출력 항공기 엔진의 커넥팅 로드, 크랭크축, 캠 축 등에 사용되고 있다.
2. 롤러 베어링(Roller Bearing) : 직선 롤러 베어링은 방사성 하중에만 사용되고 테이퍼 롤러 베어링은 방사성 및 추력하중에 견딜 수 있다. 롤러 베어링은 고출력 항공기 엔진의 크랭크축을 지지하는 데 주 베어링으로 많이 사용된다.
3. 볼 베어링(Ball Bearing) : 다른 형의 베어링보다 마찰이 적다. 대형 성형 엔진과 가스터빈 엔진의 추력 베어링으로 사용된다.

하

07 항공기 대형 성형왕복엔진(Radial Type)에 일반적으로 사용되는 추력 베어링(Thrust Bearing) 형식으로 옳은 것은?

① Ball Bearing
② Plain Friction Bearing
③ Tapered Roller Bearing
④ Straight Roller Bearing

해설

6번 문제 해설 참조

하

08 항공기 가스터빈 엔진의 Gearbox를 구동하는 것은?

① LPC　② LPT
③ HPC　④ HPT

해설

기관 기어박스는 각종 보기품(EDP, Oil Pump, Fuel Pump, IDG, Pneumatic Starter 등) 등이 장착되어 있는데 기어박스는 이러한 보기품들에 대한 점검과 장탈착이 용이하도록 엔진 전방 하부(예를 들면 터보 팬 엔진은 팬 케이스 하부에)에 장착되어 있다.

정답 04 ③ 05 ② 06 ② 07 ① 08 ③

엔진 시동 원리는 초기에 엔진이 시동 상태가 아니기 때문에 보기품들이 구동 상태가 아니므로 전기, 오일, 연료, 유압 등을 생성하지 않는다.

따라서 B737 항공기의 경우 간략하게 보자면 배터리 전원을 이용하여 보조동력장치(APU)의 전동기 방식인 전기식 시동기를 구동(전기 에너지를 기계적 에너지로 변환)시켜 보조동력장치(APU)를 구동시키고 일정 rpm 도달 시 APU Bleed Air를 추출하여 Main Engine의 공압식 시동기(Pneumatic Starter)로 공급해준다.

이때 공압식 시동기가 구동되면 Main Engine의 악세서리 기어박스(AGB : Accessory Gearbox)에 있는 수평구동축(HDS : Horizon Drive Shaft)이 회전하게 되고 TGB(Tranfer Gearbox)를 통해 HDS의 구동력을 수직축인 RDS(Radial Drive Shaft)로 전달하여 최종적으로 N2 Shaft의 Gear와 연결되어 있는 IGB(Inlet Gearbox)를 통해 HPC를 구동시키게 만든다.

중 (출제율이 높은 문제)

09 항공기 베어링(Beaing) 취급 및 주의사항으로 옳은 것은?

① 증기압력을 이용하는 세척법을 사용한다.
② 보풀이 없는 면이나 장갑을 이용한다.
③ 윤활유를 제거한 상태에서 베어링을 회전시킨다.
④ 표면 불순물을 제거하기 위해 공장의 공기(Shop Air)를 이용하여 베어링을 닦는다.

해설

2번 문제 해설 참조

상

10 대부분 새로운 터빈엔진들은 바깥쪽 레이스(Outer Race)에 얇은 오일 유막으로 감싸진 유압베어링을 사용하는데, 그 주된 이유로 옳은 것은?

① 교환이 용이하기 때문이다.
② 추력과 하중에 잘 견디기 때문이다.
③ 온도상승에 대한 저항이 크기 때문이다.
④ 엔진으로 전달되는 진동을 감소시키기 때문이다.

해설

대다수의 새로운 엔진들은 엔진으로 전달되는 진동을 감소시키기 위해 바깥쪽 레이스(Outer Race)에 얇은 오일 피막으로 감싸진 유압베어링을 사용한다.

중

11 터빈엔진의 미로형(Labyrinth) 오일씰에 대한 설명으로 옳은 것은?

① 여압에 의해 오일의 누설을 방지한다.
② 스프링에 의한 힘을 받아 오일의 누설을 방지한다.
③ 역방향 나사에 의존하여 오일의 누설을 방지한다.
④ 전기모터에 사용되는 카본브러쉬의 재질과 유사하다.

해설

통상적인 오일씰은 미로형(Labyrinth – Type) 또는 나사형(Thread – Type)이다. 이 오일씰들은 압축기 축을 따라 오일이 누설되는 것을 최소화하기 위해 여압을 한다. 미로형 씰은 보통 여압을 한다면 나사형 씰은 역방향의 나사에 의존하여 오일 누설을 방지한다. 이 두 형태의 오일씰들은 매우 비슷하지만 나사의 크기가 다르고 미로형 씰은 여압을 한다는 것이 다를 뿐이다. 근래 개발된 엔진에 사용되는 다른 형태의 오일씰은 카본씰(Carbon Seal)이다. 이 씰은 보통 스프링에 의해서 힘을 받고 있으며, 전기모터에 사용되는 카본브러쉬(Carbon Brush)의 재질과 유사하고 적용되는 면에서 유사하다. 회전하는 물체의 표면과 접촉되는 카본씰은 밀폐된 베어링 공간이나 틈새를 만들어 준다. 그러므로 오일은 압축기 공기 흐름 또는 터빈 안으로 축을 따라 새는 것을 막아 준다.

정답 09 ② 10 ④ 11 ①

09 공기조절, 냉각계통 및 방빙장치

중 (출제율이 높은 문제)

01 항공기 가스터빈엔진 터빈 블레이드의 냉각 방법 중 터빈 블레이드의 내부를 중공으로 제작하여 이곳으로 차가운 공기가 지나가게 함으로써 터빈 깃을 냉각시키는 방법은?

① Impingement Cooling
② Air Film Cooling
③ Convection Cooling
④ Transpiration Cooling

해설

터빈 블레이드 냉각 방법

(1) 대류 냉각(Convection Cooling)
터빈 블레이드 내부를 중공으로 제작하여 중공 속으로 압축기의 블리드 에어(Bleed Air)를 통과시켜 냉각시키는 가장 일반적인 방법

(2) 충돌 냉각(Impingement Cooling)
터빈 블레이드 내부에 작은 공기 통로를 설치하여 블레이드 앞전 냉각에 사용하며, 중공을 통해 블레이드 앞전 안쪽을 향하여 냉각 공기를 부딪쳐 냉각시키는 방법

(3) 공기막 냉각(Air Film Cooling)
터빈 블레이드 내부 중공을 통해 블레이드 표면의 작은 구멍으로 냉각 공기를 내보내 표면에 공기막을 형성하여 연소 가스가 달라붙지 못하도록 하는 방식

(4) 침출 냉각(Transpiration Cooling)
터빈 블레이드를 다공성 재료로 제작하여 내부를 중공으로 하여 차가운 공기가 터빈 블레이드를 통해 스며나오게 하는 방법. 효과는 크지만 강도 문제로 인해 미해결 상태로 현대 항공기에서는 잘 안 쓰는 방식

중 (출제율이 높은 문제)

02 가스터빈엔진 터빈 블레이드(Turbine Blade) 내부에 작은 공기 통로를 설치하여 블레이드 앞전을 향하여 공기를 충돌시켜 냉각하는 방법은?

① Impingement Cooling
② Air Film Cooling
③ Convection Cooling
④ Transpiration Cooling

해설

1번 문제 해설 참조

중 (출제율이 높은 문제)

03 제트엔진 터빈 블레이드의 냉각 방법 중에서 터빈 깃을 다공성 재료로 만들고 터빈 블레이드 내부는 중공으로 하여 차가운 공기가 터빈 블레이드를 통해 스며 나오게 해서 냉각하는 방법은?

① Impingement Cooling
② Air Film Cooling
③ Convection Cooling
④ Transpiration Cooling

해설

1번 문제 해설 참조

중

04 항공기 가스터빈엔진에서 Compressor Bleed Air를 사용하지 않는 것은?

① Turbine Disk Cooling
② Engine Intake Anti-Icing

정답 01 ③ 02 ① 03 ④ 04 ④

③ Air Conditioning System
④ Turbine Case Cooling

해설

터빈 케이스 냉각은 초기에 고압 터빈에만 적용되었으나 나중에 저압으로도 적용이 확대되었다. 냉각에 사용되는 공기는 팬을 통과한 공기(2차 공기)를 사용한다.

상

05 다음 중 가스터빈엔진의 터빈 모듈 케이스 외부에 장착된 ACCS(Active Clearance Control System)의 작동에 대한 설명으로 옳은 것은?

① 이륙 시 터빈 케이스(Turbine Case)를 최대한 수축시켜 터빈 블레이드의 팁(Tip)을 최적의 간격으로 유지시킨다.
② 순항 중 터빈 케이스(Turbine Case)를 최대한 수축시켜 터빈 블레이드의 팁(Tip)을 최적의 간격으로 유지시킨다.
③ 착륙 시 터빈 케이스(Turbine Case)를 최대한 수축시켜 터빈 블레이드의 팁(Tip)을 최적의 간격으로 유지시킨다.
④ 출력과 고도에 상관없이 자동적으로 터빈 케이스(Turbine Case)를 수축시켜 터빈 블레이드의 팁(Tip)을 최적의 간격으로 유지시킨다.

해설

ACCS : Active Clearance Control System – 액티브 클리어런스 컨트롤 시스템
터빈 케이스 안쪽의 에어 시일(Air Seal)과 터빈 블레이드 팁과의 간격이 너무 작으면 서로 접촉해서 시일의 마멸과 손상을 일으키고 반대로 너무 크면 가스가 누출되어 터빈 효율의 저하를 초래한다.

보통 가스터빈엔진은 최대 출력(이륙)시에 높은 연소가스에 노출되는 터빈 블레이드를 냉각시켜 터빈 케이스와 터빈 블레이드의 간격이 최소가 되도록 설계되어 있다. 상승과 순항 출력에서는 터빈 케이스의 열팽창에 비해 터빈 블레이드의 열팽창이 부족하기 때문에 비교적 큰 팁 간격을 만들어 터빈 효율이 떨어진다.

이 대책 방안으로 터빈 케이스의 외부에 공기 매니폴드(Manifold)를 장착하고 이 매니폴드로부터 순항 시에 냉각 공기를 터빈 케이스 외부 표면에 내뿜어서 케이스를 수축시켜 블레이드 팁 간격을 적정하게 보정함으로써 터빈 효율의 향상에 의한 연비의 개선을 목적으로 고안된 것이 바로 액티브 클리어런스 컨트롤 시스템(ACCS:Active Clearance Control System)이다. 이 ACCS는 다른 말로 터빈 케이스 쿨링 시스템(TCCS:Turbine Case Cooling System)이라고도 부른다.

중

06 제트엔진에서 TCCS를 가장 올바르게 설명한 것은?

① 엔진의 추력을 자동적으로 제어해주는 계통을 말한다.
② 터빈 블레이드와 터빈 케이스 사이의 간극을 최소가 되게 해준다.
③ 주로 중, 소형의 터보 팬 엔진에 많이 사용한다.
④ TCCS는 Thrust Case Cooling System이다.

해설

5번 문제 해설 참조

중

07 가스터빈엔진의 ACCS(Active Clearance Control System)에서 터빈 케이스를 최대한 수축시켜 터빈 블레이드의 팁을 최적의 간격으로 조절하는 출력으로 옳은 것은?

① 이륙　② 착륙
③ 순항　④ 급가속

해설

5번 문제 해설 참조

정답 05 ② 06 ② 07 ③

하

08 항공기 가스터빈 엔진 방빙에 주로 사용하는 것은?

① Exhaust Gas ② Fan Bypass Air
③ Turbine Bleed Air ④ Compressor Bleed Air

해설

터보 제트 기관, 터보 팬 기관, 터보샤프트 기관 등의 방빙 계통에는 고온의 압축기 블리드 에어(Bleed Air)가 이용되고 있다.

중

09 터보 팬 엔진 항공기에서 방빙(Anti Icing)을 주로 해주는 대상이 아닌 것은?

① Inlet Guide Vane ② Nose Dome
③ Nose Cowl Lip ④ Bearing Sump

해설

터보 팬 엔진에서 팬과 압축기의 로터는 원심력이 작용하여 결빙이 발생되지 않기 때문에 방빙은 주로 공기 흡입구 끝의 립(Nose Cowl Lip), 노즈 돔, 노즈 불렛(Nose Dome, Nose Bullet), 압축기 인렛 가이드 베인(Compressor Inlet Guide Vane), 전방 압축기 스테이터(Compressor Stator) 등이 대상이 된다.

중

10 다음 가스터빈 기관 중 공기 흡입구 표면에 발열 저항체를 붙여 전류를 흘려 전열로 연속적 혹은 간헐적으로 방빙하는 엔진은?

① Ram Jet ② Turbo Fan
③ Turbo Shaft ④ Turbo Prop

해설

터보프롭 기관의 일부에는 공기 흡입구의 립(Lip)과 프로펠러, 프로펠러 스피너(Propeller Spinner), 오일 냉각기, 공기 흡입구 등의 표면에 합성 고무와 글래스 울(Glass Wool)의 층에 샌드위치 모양으로 끼워 넣은 발열 저항체를 붙여 그것에 전류를 흘려서 전열로 연속적 혹은 간헐적으로 가열하는 방식이 이용되고 있다.

중

11 항공기 가스터빈 엔진의 Turbine Wheel, Turbine Nozzle 등을 Cooling시키는 데 사용하는 공기는?

① Compressor Bleed Air
② Fan Discharge Air
③ Water 혹은 Alcohol
④ Exhaust Air

해설

냉각에 필요한 공기는 압축기 블리드 공기(Bleed Air)가 사용된다. 이것은 압축 공기의 손실과 터빈 열손실보다 터빈입구온도(TIT) 상승에 의한 엔진의 성능 향상이 훨씬 이득이 크다고 볼 수 있다.

중

12 항공기 가스터빈 엔진 방빙계통(Anti-Icing System)에 대한 설명으로 옳은 것은?

① 따뜻한 물을 압축기 IGV(Inlet Guide Vane)로 보낸다.
② 배기가스를 압축기 IGV(Inlet Guide Vane)로 보낸다.
③ 압축기 뒷부분의 고온, 고압의 Bleed Air를 압축기 IGV(Inlet Guide Vane)로 보낸다.
④ 터빈(또는 배기) 뒷부분의 고온의 압축공기를 기관입구 립(Lib)과 압축기 입구 부분으로 보낸다.

해설

팬과 압축기의 로터(Rotor)는 원심력의 작용으로 착빙(Icing)이 없으므로 주로 흡입 덕트의 Lib, Nose Dome, IGV, 압축기 전방 스테이터(Stator) 등에 압축기 후방의 블리드 에어(Bleed Air)를 불어넣어 방빙한다.

정답 08 ④ 09 ④ 10 ④ 11 ① 12 ③

중

13 터빈 블레이드 표면의 작은 공기에서 냉각공기를 내뿜게 하여 고온가스가 직접 블레이드 표면에 닿지 못 하도록 하는 냉각방법은?

① Transpiration Cooling

② Convection Cooling

③ Impingement Cooling

④ Air Film Cooling

해설

1번 문제 해설 참조

정답 13 ④

10 연료계통(구성품의 위치, 역할 등)

상

01 가스터빈 엔진에서 여압 및 덤프 밸브(Pressurizing & Dump Valve)의 설명 내용으로 가장 관계가 먼 것은?

① 기관이 정지되었을 때 매니폴드나 연료 노즐에 남아있는 연료를 외부로 방출하여 다음 시동 시 과열을 방지한다.

② FCU와 연료 매니폴드 사이에 위치하여 연료의 흐름을 1차와 2차로 분리시킨다.

③ 연료의 압력이 일정 압력 이상이 될 때까지 연료의 흐름을 차단하는 역할을 한다.

④ 2차 Pressurizing Valve는 Spring 힘에 열리고 연료압력에 의해 Close된다.

해설

여압 및 덤프 밸브(P & D Valve)는 연료 조절 장치(FCU)와 연료 매니폴드 사이에 위치하며 연료의 흐름을 1차와 2차로 분리시키고 일정 압력이 도달될 때까지 흐름을 제어하며 엔진 Shutdown 시 차후 시동에 있어 과열 시동(Hot Start)을 방지하기 위해 매니폴드나 연료 노즐에 남아 있는 잔여 연료를 모두 배출시켜 버린다.

하

02 4개의 엔진이 장착된 항공기에서 Cross Feed 연료계통의 목적은 무엇인가?

① 연료탱크의 무게를 감소시킨다.

② 급유시간을 줄여준다.

③ 연료의 소모량이 줄어든다.

④ 연료 Balance를 맞춰준다.

해설

Cross Feed System은 Cross Feed Valve를 통해 2개 이상의 엔진이 장착된 항공기에서 한쪽 연료탱크의 연료를 다른 쪽 엔진으로 공급할 때 사용한다. 이 밸브는 각 연료 탱크별로 연료의 이송을 가능하게 하여 연료탱크의 좌우 불균형을 해소시킬 수 있다.

하

03 최근 고성능 대형 기관에 사용하는 디지털 전자식 연료 조정 장치는 무엇인가?

① FCU ② EEC

③ ACCS ④ FADEC

해설

전자식 FCU는 FCU의 센싱부와 컴퓨팅부를 전자화하고 미터링부는 토크 모터 등을 사용해서 미터링하도록 한 장치로 연대순으로 아날로그 전자식(Analog Electronic Type)과 디지털 전자식(Digital Electronic Type)이 있다. 아날로그 전자식 FCU는 주로 일부의 소형 기관과 APU 등에 사용되고 있다. 디지털 전자식 FCU 혹은 FADEC이 유압-기계식 FCU를 대신해서 최근 고성능 대형 기관에 사용하기 시작했으며, 이것을 FADEC(Full Authority Digital Electronic Control)이라 부른다.

중

04 가스터빈 엔진의 유압－기계식 FCU 수감 부분이 수감하는 기관의 주요 작동 변수를 모아놓은 것은?

① RPM－CDP－CIT－ACC

② RPM－CDP－ACC－PLA

③ RPM－CDP－CIT－PLA

④ RPM－ACC－CIT－PLA

정답 01 ④ 02 ④ 03 ④ 04 ③

해설

연료 조정 장치는 항공기 연료 계통과 엔진의 여러 장치들과 서로 연결되어 있어 엔진이 최적의 상태로 작동할 수 있도록 조정해 주며, 조종사가 엔진의 작동 상태를 확인할 수 있도록 계기 등에 각종 자료를 보내주는 역할을 한다.

연료 조정 장치의 수감부에 전달되는 주요 작동 변수로는 엔진 회전수(rpm), 압축기 출구 압력(CDP : Compressor Discharge Pressure), 압축기 입구 온도(CIT : Compressor Inlet Temperature), 동력 레버의 위치(PLA : Power Lever Angle), 연료 조정 장치의 작동 등이다.

하 (출제율이 높은 문제)

05 최신형 터보 팬 엔진의 연료조정장치(FCU) 방식에 사용되는 것은 어느 것인가?

① Hydro – Mechanical Type

② Mechanical Type

③ Electronic Type

④ Analog Type

해설

현재 사용되고 있는 것은 하이드로 메커니컬 및 수퍼바이저리 방식이 가장 많으나 최근 개발되고 있는 엔진에는 일렉트로닉 방식이 사용되고 있다. 이것은 입력 신호를 다수 처리하여 최적의 연료 흐름량을 정해 정밀하게 조종함으로써 엔진 시동에서 가감속, 정상 운전, 정지 등 모든 상태를 제어하는 FADEC(Full Authority Digital Electronic Control)이라고 부르는 마이크로프로세서를 사용해서 디지털 전자 제어 방식으로 된 것이다.

하 (출제율이 높은 문제)

06 일반적으로 항공기 엔진의 FADEC 장착 위치는 어디인가?

① Fan Case

② Compressor Case

③ Exhaust Case

④ Main Gearbox

해설

일반적으로 FADEC은 기관에서 가장 저온의 팬 케이스 부에 장착되어 있다.

하

07 다음 중 FADEC의 원어로 맞는 것은?

① Full Automatic Engine Control

② Full Authority Digital Engine Control

③ Full Auxiliary Device Engine Control

④ Full Auto – Sensing Device Engine Control

해설

FADEC – Full Authority Digital Engine Control

중

08 항공기 가스터빈엔진 연료 계통의 연료 흐름 분할기에서 연료 흐름이 2차 매니폴드로 흐르지 않게 해주는 것은?

① Dump Valve

② Spring에 의해 닫히는 필터

③ Spring 힘을 받는 과압 밸브

④ Poppet Valve

해설

Poppet Valve는 축에 부착된 캠(Cam)으로 선택된 배출구의 Poppet을 눌러 배출구를 열고 다른 배출구들은 닫힘 상태로 유지하는 기능을 한다.

하 (출제율이 높은 문제)

09 항공기 제트엔진의 Main Fuel Pump의 계통 내에서 Over Pressure를 방지하는 밸브는 다음 중 어느 것인가?

① Relief Valve　② Bleed Valve

③ Exhaust Valve　④ Reducing Valve

정답 05 ③ 06 ① 07 ② 08 ④ 09 ①

해설

릴리프 밸브(Relief Valve)
펌프 출구 압력이 규정값 이상으로 높아지면 열려서 연료를 펌프 입구로 되돌려 압력을 조정한다.

하

10 항공기 가스터빈 엔진 연료노즐의 분사각도를 옳게 설명한 것은?

① 1차 연료보다 2차 연료의 분사각도가 더 넓게 분사된다.
② 각도는 1차와 2차가 같고 압력은 2차 연료가 더 높다.
③ 1차 연료보다 2차 연료의 분사온도가 높아 균등한 연소를 이룬다.
④ 1차 연료 분사각도는 2차 연료 분사각도보다 더 넓게 분사된다.

해설

- 1차 연료 : 연료 노즐 중심의 작은 오리피스로부터 150° 각도로 넓게 분사, 시동 시 착화가 용이하도록 하기 위함.
- 2차 연료 : 큰 오리피스로부터 50° 각도로 좁고 멀리 분사, 균등한 연소 가능

상 (출제율이 높은 문제)

11 가스터빈 기관의 기본적인 연료계통 흐름으로 맞는 것은?

㉠ : 연료 매니폴드	㉡ : 연료 노즐
㉢ : 연료 조절장치	㉣ : 여압 및 덤프 밸브
㉤ : 주 연료펌프	㉥ : 연료 여과기
㉦ : 연료 탱크	

① ㉦－㉠－㉣－㉤－㉡－㉢－㉥
② ㉦－㉣－㉠－㉤－㉡－㉢－㉥
③ ㉦－㉥－㉤－㉢－㉣－㉠－㉡
④ ㉦－㉤－㉥－㉢－㉣－㉠－㉡

해설

연료계통은 기체 연료계통과 기관 연료계통으로 대별되며 기체 연료계통은 연료 탱크 – 부스터 펌프 – 선택 및 차단 밸브 – 기관으로 공급된다. 기관 연료계통은 주 연료펌프 – 연료 여과기 – 연료 조절장치 – P&D Valve – 연료 매니폴드 – 연료 노즐로 구성된다.

하

12 항공기 가스터빈 엔진의 연료펌프(Fuel Pump) 출구 압력이 높다면?

① Relief Valve가 열려서 기어펌프 입구 쪽으로 되돌린다.
② Regulator Valve가 닫혀서 연료 압력을 유지한다.
③ Check Valve가 닫혀서 펌프로 흐르는 연료 흐름을 차단한다.
④ Bypass Valve가 열려서 연료조정장치로 연료를 공급한다.

해설

9번 문제 해설 참조

상

13 전자제어식 FADEC을 장착한 항공기 가스터빈 엔진의 특징으로 옳은 것은?

① 항공기 무게가 감소된다.
② 전자식 FCU보다 정밀도가 떨어진다.
③ FCU는 연료 미터링 기능만 수행한다.
④ 신뢰성을 높이기 위해 일괄된 4중 계통으로 구성되어 있다.

해설

FADEC이 장착된 엔진의 경우 엔진으로 공급되는 연료 흐름량 미터링(조절, Metering) 기능은 토크 미터 등의 미터링부 기능만을 갖춘 FCU에 의해 실시된다.

정답 10 ④ 11 ④ 12 ① 13 ③

또한 계통의 신뢰성을 높이기 위해 서로 독립된 2중 계통으로 구성되어 있고, FADEC에서 결함이 발생 시 자가 진단 기능(BITE)에 의해 자동적으로 정상적인 계통으로 기능유지를 하도록 계통을 전환하는 기능도 있다.

FADEC은 유압-기계식 FCU와 아날로그 전자식 FCU와 비교해서 정밀도가 우수하고 연료비 개선 및 안정적인 엔진 운전(엔진 실속, 초과 회전수 및 터빈 입구 온도 초과 등의 이상현상 등을 방지)에 뛰어나기 때문에 최신의 고성능 엔진에 계속 사용되고 있다.

중

14 항공기 가스터빈엔진 유압–기계식 연료조정장치의 기본 요소로 아닌 것은?

① Sensing Section

② Computing Section

③ Control Section

④ Metering Section

해설

연료조정장치(FCU : Fuel Control Unit)은 일반적으로 센싱부(Sensing Section), 컴퓨팅부(Computing Section) 및 미터링부(Metering Section)로 총 3개의 기본 요소로 구성된다.

정답 14 ③

11 연료의 특성(성분), 규격 및 첨가제

하 출제율이 높은 문제

01 가스터빈 기관(Gas Turbine Engine)의 연료 필요조건으로 틀린 것은?

① 발열량이 높을 것
② 점도지수가 낮을 것
③ 산화 안정성이 높을 것
④ 온도변화에 따른 점도변화가 낮을 것

해설

가스터빈 기관 연료 구비조건은 다음과 같다.

- 증기압이 낮을 것
- 빙점이 낮을 것
- 인화점이 높을 것
- 대량생산이 가능하고 가격이 저렴할 것
- 발열량이 크고 부식성이 없을 것
- 점성이 낮고 깨끗할 것
- 점도지수가 높을 것(온도변화에 따른 점도변화 정도를 나타내는 수치로 점도지수가 높으면 온도변화에 따른 점도변화가 낮음)
- 산화 안정성이 높을 것

중 출제율이 높은 문제

02 제트 엔진의 연료 첨가제가 아닌 것은?

① 미생물 성장 억제제
② 금속 불활성제
③ 냉각 방지제
④ 부식 방지제

해설

(1) 산화 방지제(Anti－Oxidant)
저장 중에 연료가 변질하여 검(용해, 불용해 산화물)을 생성하는 수가 있으므로 산화를 방지한다.

(2) 금속 불활성제(Metal Deactivator)
연료 중에 존재하는 부유 금속(특히 동 및 동화합물)을 불활성화하여 부유 금속이 다른 것과 반응해서 연료의 안정성을 해치지 않게 격리한다.

(3) 부식 방지제(Corrosion Inhibitor)
연료 중에 녹아들어가 연료 계통의 구성 부품의 금속 표면에 피막을 형성시켜서 녹이나 부식 발생을 방지한다.

(4) 빙결 방지제(Anti－Icing Additive)
연료 중에 포함되어 있는 수분 중에 녹아들어 그 빙결 온도를 낮추고 저온에서의 연료 동결을 방지한다.

(5) 정전기 방지제(Anti－Static Additive, Electrical Con-ductivity Additive)
연료가 연료 계통 내를 고속으로 통과할 때 정전기가 발생하여 탱크 내에 축적된다. 이것을 막기 위해 연료의 전기 전도도를 높이고 정전기의 축적을 방지한다.

(6) 미생물 살균제(Microbicide)
연료 중에 발생한 박테리아가 증식해서 연료탱크의 부식을 조장하지 않도록 박테리아를 살균한다.

중 출제율이 높은 문제

03 항공기 가스터빈 엔진에 사용되는 연료에 대한 요구 조건 중 틀린 것은?

① 화재 위험성이 적을 것
② 연소성이 좋도록 방향족 탄화수소 입자가 충분히 혼합되어 있을 것
③ 연소계통의 보기들의 각 작동부품에 적절한 윤활유를 제공할 수 있을 것
④ 모든 지상 조건에서 엔진 시동이 가능하고 비행 중 재시동성이 좋을 것

해설

연료의 성분 중 방향족 탄화수소는 발열량이 크지만 연소될 때 연기를 발생하고 그을음을 남기며, 고무 개스킷을 부풀게 하고, 비교적 높은 어는점을 가지기 때문에 양을 제한한다.

정답 01 ② 02 ③ 03 ②

중

04 제트엔진의 연료가 저장 중에 변질되어 Gum 현상이 발생하는 것을 방지하기 위해 사용하는 연료 첨가제는?

① Anti – Oxidant
② Microbicide
③ Corrosion Inhibitor
④ Metal Deactivator

해설

2번 문제 해설 참조

상

05 가스터빈 기관에 쓰이는 연료는 저장 중에 산화 변질되어 Gum이 생성되는데, 그 이유는 무엇인가?

① Aromatics Hydrocarbon와 Anti – Oxidant가 섞였기 때문이다.
② Olefins Hydrocarbon가 포함되어 있기 때문이다.
③ 저장된 연료의 휘발성이 너무 높기 때문이다.
④ 저장된 연료의 휘발성이 너무 낮기 때문이다.

해설

연료 중에 오레핀족 탄화수소(Olefins Hydrocarbon)가 포함되어 있으면 저장 중에 연료가 산화 변질되어 검을 생성한다. 이것을 잠재적인 검(Potential Gum)이라고 부른다.

중

06 제트 엔진의 연료 중에 녹아들어가 연료 계통의 구성 부품의 금속 표면에 피막을 형성시켜서 녹이나 부식 발생을 방지하기 위해 첨가하는 것은?

① Anti – Oxidant
② Microbicide
③ Corrosion Inhibitor
④ Metal Deactivator

해설

2번 문제 해설 참조

하

07 항공기 가스터빈엔진의 연료 구비조건으로 옳지 않은 것은?

① 빙점이 높을 것
② 인화점이 높을 것
③ 증기압이 낮을 것
④ 대량생산이 가능하고 가격이 저렴할 것

해설

1번 문제 해설 참조

중

08 항공기 가스터빈엔진의 연료계통에서 증기폐쇄(Vapor Lock)를 방지하기 위한 방법으로 옳지 않은 것은?

① 연료계통에 증기 분리기를 장착한다.
② 연료계통에 부스터 펌프(Booster Pump)를 장착한다.
③ 연료라인을 열원에 가까이 장착하여 연료라인의 기포생성을 줄인다.
④ 연료라인은 급격한 경사나 방향 변화 또는 직경의 변화를 피해야 한다.

해설

증기폐쇄(Vapor Lock)는 연료 흐름을 완전히 차단시켜 엔진을 정지시킬 정도로 심각한 것이다. 연료입구 라인 속의 아주 적은 양의 기포라도 엔진구동펌프로의 흐름을 막고 연료의 배출압력을 감소시킨다.

증기폐쇄의 가능성을 줄이기 위해서는 연료라인을 열원과 멀리하고 연료라인이 급한 경사나 방향 변화 또는 직경의 변화도 피해야 한다. 추가로, 너무 빠르게 기화하지 못하도록 연료의 휘발성이 제조 단계부터 조정된다.

정답 04 ① 05 ② 06 ③ 07 ① 08 ③

그러나 증기폐쇄를 줄이는 중요한 개선은 연료계통 내에 부스터 펌프(Booster Pump)를 적용시키는 것이다. 대부분의 최신 항공기에 널리 사용되는 부스터 펌프는 엔진구동펌프까지 가는 라인 내에 부스터 펌프 압력으로 연료를 가압함으로써 기포가 발생되지 않도록 한다. 연료에 가해진 압력은 기포 형성을 줄이고 기포 덩어리를 밀어내는 일을 돕는다. 부스터 펌프는 또한 기포 덩어리가 펌프를 거쳐 지나갈 때 연료 속에 있는 기포를 배출시킨다.

증기는 탱크에 있는 연료의 위쪽 방향으로 이동하여 탱크 통풍구를 통해 빠져나간다. 소량의 증기가 연료 속에 남아 계량 작용을 방해하는 것을 방지하기 위해, 어떤 연료계통에서는 증기 분리기(Vapor Eliminator)를 계량장치 앞에 장착하거나 또는 붙박이형을 장착하기도 한다.

12 윤활계통(구성품의 위치, 역할 등)

중

01 항공기 가스터빈 기관의 오일 계통 중 인체의 혈액 계통에서 정맥에 해당하는 계통은?

① Breather System
② Scavenge Oil System
③ Pressure Oil System
④ Vent System

해설

스케벤지 오일 계통은 인체의 혈액 계통에서 정맥에 해당하는 계통으로 베어링부의 윤활과 냉각을 끝낸 오일을 탱크로 되돌리는 작용을 하고 몇 개의 스케벤지 펌프(Scavenge Pump)와 탱크를 연결한 스케벤지 흐름 통로로 되어 있다.

중

02 항공기 가스터빈 기관 오일 계통에서 베어링부의 압력을 대기압에 대해 항상 일정한 차압으로 유지시켜주는 계통은?

① Pressure System
② Vent System
③ Scavenge System
④ Breather System

해설

비행 중 고도 변화에 대응해서 기관 오일 계통의 적절한 오일 흐름량과 완전한 스케벤지 펌프 기능을 유지하기 위한 브리더 계통(Breather System)은 베어링부의 압력을 대기압에 대해서 항상 일정한 차압으로 유지하는 작용을 하고 있다.

중

03 항공기 가스터빈 기관 윤활 계통에서 공기와 오일을 쉽게 분리하기 위해 고온의 Scavenge Oil이 냉각되지 않고 직접 탱크로 돌아가는 방식을 무엇이라 하는가?

① Hot Tank System
② Cold Tank System
③ Vent Tank System
④ Hopper Tank System

해설

고온의 Scavenge Oil이 냉각되지 않고 직접 탱크로 돌아가는 방식을 핫 탱크 계통(Hot Tank System)이라 부른다.

하

04 항공기 가스터빈 엔진 윤활계통에서 Hot Tank와 Cold Tank의 차이점은?

① 탱크의 형태와 크기
② 펌프의 위치와 윤활유 압력
③ 냉각기 위치의 차이
④ 배유 펌프의 위치와 크기

해설

(1) Hot Tank : Oil Cooler가 Pressure Line에 위치하여 고온의 윤활유가 탱크로 되돌아온다.
(2) Cold Tank : Oil Cooler가 Return Line에 위치하여 냉각된 윤활유가 탱크로 되돌아온다.

정답 01 ② 02 ④ 03 ① 04 ③

중

05 가스터빈 엔진 Bearing Sump를 가압하는데 사용되는 공기는 무엇인가?

① Ram Air Flow
② Turbine Cooling Air
③ Compressor Bleed Air
④ Fan Air

해설

대부분의 가스터빈 기관에서는 압축기 블리드 에어를 이용하여 베어링 섬프(Bearing Sump)를 가압시킴으로써 내부 윤활유 누설을 방지한다.

중

06 가스터빈 엔진의 베어링부 압력을 대기압에 대해서 항상 일정한 차압으로 유지하는 작용을 하기 위해 브리더 계통(Breather System)에서는 무엇을 조절하여 유지하는가?

① Vent Oil　　② Orifice Oil
③ Oil Pressure　　④ Scavenge Oil

해설

제트 엔진의 브리더 계통(Breather System)은 적절한 오일 유량과 배유 펌프의 기능을 유지하기 위해 베어링 섬프 내를 가압한다. 그 공기가 오일 속에 혼입되므로 배유에는 공기가 포함되어진다. 또 배유 중의 공기는 일반적으로 원심력을 이용한 분리기(Deairator)에 의해 오일과 분리되어 엔진 밖으로 배출된다.

중

07 일반적으로 항공기 가스터빈 엔진 오일 탱크의 팽창 공간은 전체 탱크의 어느 정도인가?

① 10%　　② 20%
③ 25%　　④ 35%

해설

오일 탱크 여유 공간은 다음 구성에 적합해야 한다.

- 피스톤 발동기에 사용하는 오일 탱크에 있어서는 탱크 용량의 10% 또는 1.9L(0.5Gal) 중에서 큰 쪽 이상이어야 하고 또는 단발 발동기에 사용하는 오일 탱크는 탱크 용량의 10% 이상의 여유 공간을 가져야 한다.
- 발동기에 직접 연결되지 않은 예비 오일 탱크는 탱크 용적의 2% 이상의 여유 공간을 가져야 한다.
- 오일 탱크와 여유 공간은 비행기가 정상인 지상 자세로 있을 때 부주의하게 채워질 위험이 없는 것이어야 한다.

하

08 항공기 가스터빈 엔진의 오일을 냉각하는데 사용되는 것으로 옳은 것은?

① 램 공기　　② 연료
③ 저압 공기　　④ 작동유

해설

과거에는 공기를 이용하여 냉각하였지만 요즘에는 연료를 이용하여 냉각하는 냉각기(Fuel-Oil Cooler 또는 Oil/Fuel Heat Exchanger)를 많이 사용한다.

하

09 항공기 가스터빈엔진(Gas Turbine Engine)의 윤활유 펌프(Oil Pump)로 많이 사용되는 형식은?

① Gear Type, Vane Type, Gerotor Type
② Gear Type, Vane Type, Boost Pump
③ Gear Type, Boost Pump, Gerotor Type
④ Boost Pump, Gear Type, Vane Type

해설

윤활유 펌프에는 기어형(Gear Type), 베인형(Vane Type), 지로터형(Gerotor Type) 등이 사용되는데 기어형과 지로터형 펌프를 많이 사용한다.

정답 05 ③ 06 ① 07 ① 08 ② 09 ①

중

10 제트 엔진의 오일은 배유 중에 공기가 포함되어 있는데, 그 이유는?

① 용적을 늘려 윤활 효과를 높이기 위해
② 공기를 혼입함으로써 냉각효과를 늘리기 위해
③ 브리더(Breather) 계통의 공기가 혼입하므로
④ 배유 펌프(Scavenge Pump)의 용량을 작게 하려고

해설

6번 문제 해설 참조

하 (출제율이 높은 문제)

11 Oil Pressure Relief Valve를 장착하는 목적은?

① Oil을 한쪽 방향으로만 흐르게 한다.
② System 내 압력을 지속적으로 낮춰준다
③ 만약 Filter가 막혔을 경우 Filter를 Bypass 시킨다.
④ System 내 압력을 제한하고 Pump를 보호한다.

해설

계통(System)의 압력이 너무 과할 경우 Pump Inlet으로 Oil을 Return시켜 계통(System)을 보호한다.

상 (출제율이 높은 문제)

12 다음 중 Hot Tank 기관을 흐르는 윤활유의 흐름 순서로 옳은 것은?

㉠ – 윤활유 탱크	㉡ – 윤활유 펌프
㉢ – 기관 윤활	㉣ – 배유 펌프
㉤ – 여과기	㉥ – 냉각기

① ㉠ – ㉡ – ㉢ – ㉣ – ㉤ – ㉥ – ㉠
② ㉠ – ㉡ – ㉤ – ㉥ – ㉢ – ㉣ – ㉠
③ ㉠ – ㉣ – ㉡ – ㉤ – ㉢ – ㉥ – ㉠
④ ㉠ – ㉣ – ㉥ – ㉡ – ㉢ – ㉤ – ㉠

해설

냉각기가 압력 펌프와 기관 사이에 위치하기 때문에 탱크로 돌아오는 것은 높은 온도의 윤활유이다. 계통도는 윤활유 탱크 – 윤활유 압력 펌프 – 여과기 – 냉각기 – 기관 윤활 – 배유 펌프 순이다.

중

13 브리더 공기(Breather Air)로부터 공기와 오일을 분리하기 위해 기어박스(Gearbox) 내에 설치되어 있는 것은?

① Deoiler
② Oil Separate
③ Air Separate
④ Deairer

해설

6번 문제 해설 참조

중

14 항공기 가스터빈 기관 윤활 계통 중 윤활 탱크의 Sump Vent Check Valve의 역할로 맞는 것은?

① Sump에서 들어온 공기를 대기 중으로 방출시킨다.
② Sump 내의 공기압력이 너무 높을 때 탱크로 방출시킨다.
③ 탱크 안의 압력이 너무 클 때 대기 중으로 방출한다.
④ 공기와 오일을 쉽게 분리시키도록 Sump에서 Cooler를 거치지 않고 바로 탱크로 Return시킨다.

해설

윤활 탱크 구성품 중 하나인 Sump Vent Check Valve는 섬프 내의 공기 압력이 과할 경우 윤활유 탱크로 방출시키는 역할을 한다.

정답 10 ③ 11 ④ 12 ② 13 ③ 14 ②

중

15 항공기 가스터빈엔진의 Oil Filter가 이물질로 막혔다면, Oil 흐름은 어떻게 되는가?

① Oil Filter Screen의 틈새를 통해 부분적으로 흐른다.
② Bypass Valve가 작동되어 정상적으로 흐른다.
③ Oil Filter에 압력이 작용하여 Screen을 통해 정상적으로 흐른다.
④ Bypass Valve가 장착되어 전 계통으로 50%만 흐른다.

해설

오일 필터(Oil Filter)가 막혔거나 추운 상태에서 시동 시에 바이패스 밸브(Bypass Valve)를 통해 여과기를 거치지 않고 오일이 직접 엔진으로 공급되도록 하는 역할을 한다.

상

16 항공기 가스터빈엔진의 오일계통에서 압력 릴리프 시스템(Pressure Relief System)에 대한 설명으로 옳은 것은?

① 기계식 압력 릴리프 밸브는 작동하자마자 압력을 유지시킨다.
② 압력릴리프 밸브는 엔진 속도에 따라 변하는 전류식을 사용한다.
③ 짧은 시간 동안 작동하는 표적기(Target Drone)나 미사일 등에는 이 시스템을 사용할 수 없다.
④ 대형 팬 엔진에서 대부분 사용하고 있으며, 주로 전손식(Total Loss System)이 사용된다.

해설

터빈엔진의 오일계통은 어느 정도 일정한 압력을 유지하는 압력 릴리프 시스템(Pressure Relief System)으로 분류되며, 작동 방식에 따라 엔진 속도에 비례하여 압력이 변하는 전류식(Full Flow System), 짧은 시간 동안 작동하는 표적기(Target Drone)나 미사일 등에 사용되는 전손식(Total Loss System) 등이 있다. 전류식과 함께 사용되는 압력 릴리프 시스템은 가장 널리 사용되는 것으로, 대형 팬 엔진에서 대부분 사용하고 있다.

하

17 항공기 가스터빈엔진의 오일 냉각기(Oil Cooler) 또는 연료–오일 열 교환기(Fuel–Oil Heat Exchanger)에서 오일이 규정온도 이하일 때 오일의 흐름으로 옳은 것은?

① 항상 연료로 오일이 냉각되도록 해준다.
② 연료의 흐름을 차단하고 오일을 바이패스시킨다.
③ 연료의 흐름을 차단하고 50%의 오일 유량을 냉각시키도록 해준다.
④ 바이패스 밸브를 통해 냉각하지 않고 오일계통으로 공급하도록 해준다.

해설

항공기 가스터빈엔진의 오일 냉각기(Oil Cooler) 또는 연료–오일 열 교환기(Fuel–Oil Heat Exchanger)는 차가운 연료와 윤활을 마치고 귀환하는 따뜻한 오일을 서로 열 교환을 시켜 연료는 온도를 높여주고, 오일은 냉각시켜주는 장치이다.

이때 오일의 온도가 규정온도보다 이하일 경우 냉각할 필요가 없으므로 이 장치에 장착된 바이패스 밸브(Bypass Valve) 또는 콜드 오일 릴리프 밸브(Cold Oil Relief Valve)에 의해 오일을 바이패스시킨다.

정답 15 ② 16 ② 17 ④

13 윤활유의 특성(성분), 규격 첨가제

중

01 제작사에서 터빈 엔진 오일 보급을 엔진 정지 후 짧은 시간 이내에 하도록 요구하는데, 그 목적은?

① 오일이 과다 보급되는 것을 막기 위해서
② 오일이 희박하게 되는 것을 방지하기 위해서
③ 오일의 오염을 방지하기 위해서
④ 계통에서 오일 누출을 발견하는 데 도움을 주기 때문에

해설

기관 정지 후 짧은 시간 내에 오일 공급을 하여야 하는데 이 것은 과도한 보급을 막기 위한 것이다. 그 이유는 항공기는 운항 상태를 기준으로 제작하므로 오일 탱크에 오일 보급(Oil Servicing)을 했을 때 엔진 Shutdown 후 20~30분 이내에 하게끔 권고한다.

그 이후에 보급하게 되면 가동 중이던 엔진에 의한 열로 팽창되었던 오일이 식으면서 수축되고 그만큼 공간이 확보되어 넉넉히 오일 보급을 할 경우 재운항 시 가동 중인 엔진 열로 오일이 재팽창 됨에 따라 올바르지 못한 보급량으로 인해 과보급(Overflow)이 될 수 있기 때문이다.

상 (출제율이 높은 문제)

02 항공기 엔진에 합성유계 오일 사용상의 주의사항으로 틀린 것은?

① 합성유는 필요량에 따라 1캔씩 열어서 사용한다.
② 합성유는 보통 1쿼트(1/4 갤론)씩 캔에 봉입되어 있다.
③ 합성유는 Type이 같은 것이라도 다른 상품명의 오일과 혼합 사용해서는 안 된다.
④ 합성유는 제조회사가 달라도 같은 Type이면 혼합사용이 가능하다.

해설

합성유계 오일은 보존 중의 이물 혼입이나 변질을 막기 위해 보통 1쿼트(1/4갤론)씩 캔에 봉입되어 있으므로 필요량에 따라 1캔씩 열어서 사용한다. 또 타입이 같은 것이라도 다른 상품명의 오일과 혼합사용은 절대로 해서는 안 된다.

하

03 항공용 오일의 구비조건 중 금속 표면에 양호하게 달라붙는 성질은?

① 유성
② 점도
③ 점도지수
④ 고비열 및 고 열전도율

해설

기름이 금속 표면에 양호하게 달라붙는 성질을 유성(Oiliness)이라고 하고, 유성이 좋고 나쁨은 오일 중에서 금속 표면으로 강력하게 흡착시키는 성분의 존재에 의한다.

중

04 고속 터빈 엔진에 합성 오일을 사용하는 이유는?

① 합성오일은 필터가 필요하지 않고 저렴하기 때문이다.
② 석유계 오일이 하중 지탱 특성이 낮은 화학적 안정성을 지니기 때문이다.
③ 터빈 엔진에 필요한 첨가제가 석유계 오일과 혼합되지 않기 때문이다.
④ 코크(Coke) 또는 Lacquer의 발생 경향을 줄이고 고온에서 기화 경향을 줄여주기 때문이다.

정답 01 ① 02 ④ 03 ① 04 ④

해설

오일은 Type I과 Type II가 있는데, Type I(MIL – L – 7808)은 초기 합성유로 산성이 강하고 점도가 어느 정도 낮은 것이 특징이다. 그 후 가스터빈의 고성능화에 따라 보다 내열성이 우수하고 탄소 찌꺼기 퇴적이 적은 Type II(MIL – L – 23699)가 개발되고 현재 널리 사용되고 있다. Type II는 Type I보다 점도가 낮고 인화점, 유동점 등이 높은 다양한 장점들이 있다.

중

05 항공기에 사용하는 윤활유의 오염 상태 점검에 대한 설명으로 옳지 못한 것은?

① 금속 입자의 양으로 윤활 계통의 상태를 판단한다.
② 윤활유의 비중으로 윤활 계통의 상태를 판단한다.
③ 오염 상태는 경고 장치에 의해 확인된다.
④ 금속 입자는 윤활유 Filter, Magnetic Chip Detector로 수집한다.

해설

윤활유 오염 상태는 윤활 계통 중 Scavenge Pump에 있는 MCD(Magnetic Chip Detector)를 통해 귀환한 오일이 내포하고 있는 금속을 수집하고 주기적으로 비행 후 MCD 점검 및 오일 샘플을 채취하여 SOAP 검사를 통해 금속 성분을 분석한다. 분석한 금속 성분에 따라 어느 부분에서 마모가 심하게 일어났는지도 알 수 있다. 군에서는 SOAP를 JOAP라고도 부른다.

하 (출제율이 높은 문제)

06 가스터빈 기관의 윤활유 구비조건으로 가장 관계가 먼 것은?

① 인화점이 낮아야 한다.
② 점도지수가 높아야 한다.
③ 기화성은 낮아야 한다.
④ 산화 안정성 및 열적 안정성이 높아야 한다.

해설

윤활유 구비조건
- 점성과 유동점이 낮을 것(– 56~250℃)
- 점도지수가 높을 것
- 공기와 윤활유의 분리성이 좋을 것
- 인화점, 산화 안정성, 열적 안정성이 높고 기화성이 낮을 것

하 (출제율이 높은 문제)

07 항공기 엔진에 사용되는 Oil의 구비조건으로 맞지 않는 것은?

① 유동점이 낮아야 한다.
② 인화점이 높아야 한다.
③ 점도지수가 낮아야 한다.
④ 휘발성이 낮아야 한다.

해설

6번 문제 해설 참조

정답 05 ② 06 ① 07 ③

14 점화, 시동계통

중

01 항공기 가스터빈 엔진 점화장치에 대한 설명으로 옳지 않은 것은?

① 엔진을 시동할 때만 점화가 필요하다.
② 하이텐션 리드는 쉴드 케이블을 사용한다.
③ 점화플러그는 엔진 당 2개씩 장착되어 있다.
④ 전원은 항공기의 축전지 직류 28V 또는 교류 115V, 60Hz를 사용한다.

해설

가스터빈 엔진 점화장치(Ignition System)의 특징
- 시동할 때만 점화가 필요하다.
- Ignitor의 교환이 빈번하지 않다.
- Ignitor가 두 개 정도만 필요하다.
- 탑재용 분석 장비가 필요 없다.
- 교류전력(115VAC, 400Hz)을 이용할 수 있다.
- 타이밍 장치가 필요 없다.

하

02 가스터빈 기관(Gas Turbine Engine) 점화장치 중 연소를 안정적으로 하기 위해 연소실 안쪽에 돌출되게 장착되어 있는 것은?

① Constrained Gap Type
② Annular Gap Type
③ Induction Type
④ Annular－Constrained Gap Type

해설

전극에 따른 가스터빈 엔진 점화장치 분류

(1) Annular Gap Type
대부분 엔진에서 널리 쓰이는 것으로 중심전극이 연소실 안쪽으로 돌출되게 장착되며 중심전극이 짧은 특징이 있다.

(2) Constrained Gap Type
Annular Gap Type과는 달리 중심전극이 길고 Annular Gap Type보다 낮은 전압에서 작동하며 원호를 그리면서 튀는 특징이 있다.

중 (출제율이 높은 문제)

03 항공기 가스터빈엔진 점화계통에서 Ignition Exciter와 Ignitor Plug를 접속시켜주는 것으로 옳은 것은?

① High Tension Lead Line
② Low Tension Lead Line
③ Jump Wire
④ Electrical Shielding Cable

해설

익사이터(Exciter)와 점화 플러그(Spark Plug)를 접속하고 있는 고압 전선을 하이텐션 리드(High Tension Lead)라고 부른다.

중 (출제율이 높은 문제)

04 항공기 가스터빈엔진에서 교류 고전압 용량형 점화계통(High Tension Ignition Exciter)에 장착된 블리드 저항(Bleed Resistor)의 역할에 대한 설명으로 옳은 것은?

① 발생된 전압으로 방전극 간의 갭(Gap) 이온화를 돕는다.
② 블리드 저항(Bleed Resistor)은 정류 회로로서 교류를 직류로 정류시킨다.
③ 고전압 트랜스의 1차쪽에서 트리거 커패시터(Trigger Capacitor)로 전류를 보낸다.

정답 01 ④ 02 ② 03 ① 04 ④

④ 점화 이그나이터(Igniter)가 장착되지 않은 상태에서 점화장치를 작동시켰을 때 절연 파괴 현상을 방지한다.

해설

블리드 저항(Bleed Resistor)은 점화 플러그를 접속하지 않은 상태 또는 어떤 원인으로 점화 플러그 전극 사이의 저항이 비정상적으로 높아진 상태에서 점화장치를 작동시켰을 때 전류를 누출(Leak)시켜 절연을 보호하기 위한 것이다.

하

05 가스터빈 엔진에 사용하는 점화 플러그는 왕복 엔진 스파크 플러그(Spark Plug)에 비해 높은 전압이 가해짐에도 불구하고 수명이 길다. 그 이유로 맞는 것은?

① 낮은 온도에서 가동되기 때문이다.

② 전극의 갭(Gap)이 보다 작기 때문이다.

③ 직접적으로 연소지역에 위치하지 않기 때문이다.

④ 계속적으로 가동이 필요하지 않기 때문이다.

해설

가스터빈 엔진의 점화 플러그는 시동 시에만 작동하므로 지속적으로 작동하는 왕복 엔진의 점화 플러그와는 다르다.
가정용 가스레인지를 생각해보면 레버를 돌리거나 누를 때 점화 장치에서 불꽃이 튀기면서 가스가 나오면 공기와 함께 연소 조건이 맞춰져 불이 계속 붙기 시작한다. 그 후에는 점화 장치의 불꽃이 튀기지 않는데, 가스터빈 엔진도 이와 같은 원리이며 수명이 긴 장점이 있다.

하 (출제율이 높은 문제)

06 항공기 가스터빈엔진의 Pneumatic Starter 시동을 위한 압축 공기를 공급해주는 장치로 옳지 않은 것은?

① GTC(Gas Turbine Compressor)

② APU(Auxiliary Power Unit)

③ Ground Power Supply System

④ Engine Cross Feed Bleed Valve

해설

항공기 가스터빈엔진의 공압식 시동기(Pneumatic Starter)의 시동을 위한 압축 공기를 공급해주는 장치

1. 가스터빈 압축기(Gas Turbine Compressor : GTC) : 지상 동력 장치(GPU : Ground Power Unit)의 일종
2. 보조 동력 장치(Auxiliary Power Unit : APU) : 항공기에 장착된 소형 가스터빈 기관
3. 시동이 완료된 엔진에서 크로스 피드 밸브(Cross Feed Valve)에 의해 공압을 공급받도록 사용

상 (출제율이 높은 문제)

07 항공기 가스터빈 엔진 Pneumatic Type Starter의 작동 사이클(Duty Cycle) 시간에 제한을 두는 이유는?

① 베어링의 파손을 방지하기 위해

② Starter의 구동에 의한 내부 열을 발산시키기 위해

③ Engine을 정확한 속도로 작동시켜 Hung Start를 방지하기 위해

④ 낮은 용량의 Splash Type Wet Sump Oil System이 기어 부분에 있어 냉각용량에 제한이 있기 때문

해설

작동 사이클 시간에 제한을 두는 이유는, 이 장치는 링 기어형식 감속 시스템(Ring Gear Type Reduction System)이 있어서 아주 쉽게 마찰열이 발생하고, 낮은 용량의 스플래시형 습식 섬프 오일 시스템(Splash Type Wet Sump Oil System)이 기어 부분에 있어서 냉각용량에 제한이 있기 때문이다.

하

08 대형 상업용 항공기에 가장 많이 쓰이는 시동기의 종류는?

① Starter Generator

② Electric Starter

정답 05 ④ 06 ③ 07 ④ 08 ③

③ Pneumatic Starter

④ Hydraulic Starter

해설

공기식 시동계통(Pneumatic Starting System)은 공기터빈식 시동기(Air Turbine Type)와 가스터빈식 시동기(Gas Turbine Type), 공기충돌식 시동기(Air Impingement Type)가 있는데, 이 중 공기터빈식 시동기가 중량이 전기식의 1/4 정도이고, 순간적으로 큰 출력을 내며 힘을 지속시킬 수 있는 장점이 있어 대형 엔진에 대부분 사용하며 GTC, GPU와 같은 장비로부터 압축 공기를 공급받아 터빈의 고속 회전을 감속기어와 클러치를 통해 엔진을 구동시킨다. 장착 위치로는 Engine Gearbox에 부착된다.

중

09 터빈 엔진 시동 시 결핍 시동(Hung Start)은 엔진의 어떤 상태를 말하는가?

① 엔진의 배기가스 온도(EGT)가 규정치를 넘은 상태이다.

② 엔진이 완속 회전(Idle rpm)에 도달하지 못하고 걸린 상태이다.

③ 엔진의 완속 회전(Idle rpm)이 규정시간 이내에 도달하지 못한 상태이다.

④ 엔진의 압력비가 규정치를 초과한 상태이다.

해설

결핍 시동은 시동 시 Power Lever를 Idle까지 전진시켰으나 rpm이 올라가지 못하는 현상을 말하며 시동기(Starter)에 공급되는 동력의 불충분으로 발생되는 현상이다.

하

10 가스터빈 엔진에서 Hot Start란 무엇인가?

① 시동 중 EGT가 최대 한계를 넘은 현상

② 엔진이 냉각되지 않은 채로 시동을 거는 현상

③ 엔진을 비행 중에 시동하는 현상

④ 시동 중 rpm이 최대 한계를 넘은 현상

해설

과열 시동/핫 스타트(Hot Start)는 엔진 시동 시 배기가스의 온도가 한계치 이상으로 증가하는 현상을 말한다. 원인으로는 연료조정장치(FCU)의 기능 불량, 압축기 입구 부분에서 어떠한 이유로 공기흐름이 제한되거나 연소실에 잔여 연료가 남아있을 때 발생한다.

하

11 항공기 시동이 시작된 다음 엔진의 회전수가 Idle rpm까지 도달하지 않고 이보다 낮은 회전수에 머물러 있는 현상은?

① Hot Start　② Hung Start

③ No Start　④ Idle Start

해설

9번 문제 해설 참조

하

12 항공기 가스터빈 엔진을 시동 시 점화 전에 연료를 먼저 분사하면 무슨 현상이 일어나는가?

① Hot Start　② Hung Start

③ No Start　④ Wet Start

해설

10번 문제 해설 참조

하

13 항공기 가스터빈엔진의 점화계통 중 일반적으로 사용하고 있는 형식으로 옳은 것은?

① 유도형 점화계통　② 용량형 점화계통

③ 저압 점화계통　④ 고압 점화계통

해설

용량형 점화계통은 축전기(Condensor)나 커패시터(Capacitor)에 전하를 저장 후 점화 시 짧은 시간 동안에 방전시켜 고에너지, 고온의 불꽃을 발생시켜주며 가스터빈 기관의 대부분이 현재 사용하고 있는 방법이다.

정답　09 ②　10 ①　11 ②　12 ①　13 ②

15 터빈엔진 계기 및 지시계통

하 출제율이 높은 문제

01 항공기 가스터빈 엔진 시동 중에 항상 주의 깊게 관찰해야 하는 계기는?

① EGT(Exhaust Gas Temperature)
② TIT(Turbine Inlet Temperature)
③ CIT(Compressor Inlet Temperature)
④ CDP(Compressor Discharge Pressure)

해설

가스터빈 엔진 항공기는 시동 시 EGT 값이 한계치를 초과하지 않는지 주의 깊게 살펴야 한다. 그 이유는 EGT가 한계치를 초과하면 과열 시동(Hot Start)은 물론 터빈 블레이드(Turbine Blade)에 악영향을 끼치기 때문이다.

중

02 가스터빈 기관 항공기의 EGT 계기 표시값은 무엇인가?

① 가장 높은 온도 표시
② 평균값
③ 중간값
④ 낮은값

해설

배기가스 온도계는 엔진의 배기가스 온도(EGT : Exhaust Gas Temperature)를 측정하는 것으로 터빈 출구 주위에 일정한 간격으로 몇 개의 열전쌍을 장착하여 평균값을 조종실에 있는 배기가스 온도계로 섭씨 혹은 화씨 등으로 나타내는 계기이다.

하 출제율이 높은 문제

03 제트 엔진의 EGT Indicator에 사용되는 재질은?

① Nickel－Chromium
② Iron－Constantan
③ Sodium－Cadmium
④ Cromel－Alumel

해설

EGT 측정에는 Bulb식을 사용하며 재질의 조합으로는 사용온도 범위가 높은 Cr－Al(크로멜－알루멜)을 사용하며 Thermocouple과 지시계를 연결시켜주는 도선은 Thermo-couple과 동일한 재질의 조합을 사용함이 원칙이다.

하

04 대형 항공기의 연료량 지시 계기 단위 표시는?

① GPH ② PPH
③ GPM ④ PPM

해설

연료 유량계는 연료 조정장치를 통과하는 연료 유량을 시간당 무게(PPH : Pound per Hour) 또는 시간당 부피(GPH : Gallon per Hour) 등의 단위로 지시한다. 일반적으로 대형 항공기는 온도 변화에 민감한 부피보다는 무게(PPH)를 많이 사용한다.

또한 연료 유량계는 시간당 지나가는 연료 유량을 이용하여 엔진의 연료 소모량 및 연료 잔류량 등을 계산하여 엔진 성능을 점검하는 수단으로 사용한다.

정답 01 ① 02 ② 03 ④ 04 ②

중

05 터보 제트 기관의 일반적인 시동절차 중 주 스위치(Starter Switch)를 on 했을 때 확인해야 할 계기는?

① N1, N2 rpm 및 Oil Pressure
② EGT 및 Oil Pressure
③ Fuel Flow 및 N1 rpm
④ N1 rpm 및 N2 rpm

해설

① Power Lever : OFF
② Main Switch : ON
③ Fuel Control Switch : ON or Normal
④ Fuel Boost Pump S/W : ON
⑤ Starter S/W : ON(이때 회전수와 오일압력계기 확인)
⑥ 10~15% rpm에서 Power Lever : IDLE까지 전진(별도의 점화스위치가 있으면 연료가 공급되기 전에 ON할 것)
⑦ 연료압력계와 유량계를 확인하고 배기가스 온도가 상승하는지 확인(EGT Gage가 규정값을 넘지 않도록 주의할 것)

상

06 가스터빈 엔진 작동에 필요로 하는 계기는 무엇인가?

① N1, 오일 온도, 오일 압력, 오일 계통도
② N2, 오일 온도, 오일 압력, 오일 계통도
③ N1, N2, EPR, EGT, 오일 온도, 오일 압력
④ EPR, EGT, 오일 온도, 오일 압력

해설

- 엔진 압력비(EPR)
- 배기가스 온도계(EGT)
- 회전 속도계(N1, N2)
- 연료 유량계
- 윤활유 압력계
- 윤활유 온도계

중

07 Engine Exhaust Gas Temperature는 Thermocouple의 무슨 변화로 지시하는가?

① 전류의 변화
② 기전력의 발생
③ 저항의 변화
④ 팽창계수의 변화

해설

이중 금속, 예를 들면 철선(열기전력이 상당히 작기 때문에 실제로는 이용되지 않는다.)과 동선이 각각 끝에 접속(H점)하여 개방된 다른 끝(L점)에 전압계를 연결하여 H점을 가열하면 전압계의 지침이 흔들려 철선이 (+), 동선이 (−)로 되어 압력이 발생한 것을 나타낸다. 이와 같이 이중 금속을 접속하여 접속점(H)과 개방점(L)의 사이에 온도차를 준 경우에 발생하는 전압을 열기전력이라 부른다. 또 열기전력을 이용할 목적으로 이중 금속을 접합한 것을 Thermocouple이라고 한다.

Thermocouple의 열기전력은 금속의 구성 및 H점과 L점의 온도 차에 의해서 변하지만, 금속의 구성이 결정된 경우에는 H점과 L점의 온도의 차에 의해서 결정된다. 따라서 L점의 온도가 알려져 있는 경우에는 열기전력을 측정하여 H점의 온도를 알 수 있고 이것을 이용하여 온도의 측정에 널리 이용되고 있다.

하

08 항공용 가스터빈엔진의 엔진계기 중 성능지시계는?

① OP(Oil Pressure) 계기
② OT(Oil Temperature) 계기
③ EPR(Engine Pressure Ratio) 계기
④ EGT(Exhaust Gas Temperature) 계기

해설

터빈엔진 계기(Turbine Engine Instruments)

(1) 엔진압력비(EPR : Engine Pressure Ratio) 지시계
엔진압력비(EPR : Engine Pressure Ratio)는 터보 팬 엔진에 의해 발생되는 추력을 지시하는 성능지시계이며

정답 05 ① 06 ③ 07 ② 08 ③

많은 항공기에서 이륙을 위한 출력을 설정하기 위해 사용된다. 이것은 터빈배기(Pt7)의 전압력을 엔진입구(Pt2)의 전압력으로 나눈 값이다.

(2) 토크미터(터보프롭엔진, Torque – meter, Turboprop Engines)
터보프롭엔진에서 배기가스를 통한 제트 추진력에 의해 획득되는 추력은 엔진 전체 추진력의 10∼ 15[%]이다. 따라서 터보프롭엔진은 출력지시 수단으로 엔진압력비(EPR)을 사용하지 않는다. 터보프롭엔진은 터빈엔진의 동력터빈과 가스발생장치에 의해 회전하는 축에 가해지는 토크를 측정하기 위한 토크미터를 장착하고 있다. 토크미터는 동력을 설정하기 때문에 매우 중요하며 조종실에는 토크의 단위인 LB – FT 혹은 마력 백분율로 지시된다.

(3) 회전속도계(Tachometer)
가스터빈엔진의 속도는 압축기와 터빈의 축 회전수, 즉 분당회전속도[RPM]로 측정된다. 대부분의 터보팬엔진은 서로 다른 속도 범위에서 독립적으로 돌아가는 2개 이상의 축을 갖추고 있다. 회전속도계는 회전수가 각기 다른 여러 종류의 엔진을 동일한 기준으로 비교하기 위해 보통 % RPM으로 보정된다. 터보팬엔진을 구성하는 두 개의 축, 즉 저압축과 고압축을 N1, N2로 표시하며 각 축의 분당회전수는 회전속도계에 지시되며 이를 통해 엔진의 회전 상황을 확인한다.

(4) 배기가스온도계 (Exhaust Gas Temperature Indicator)
엔진 운용 중 각 부위에서 감지되는 모든 온도는 엔진을 안전하게 운전하기 위한 제한조건일 뿐만 아니라 엔진의 작동 상황 및 터빈의 기계적인 상태를 감시하는 데 사용된다. 실제로 제1단계 터빈 인렛 가이드 베인으로 들어오는 가스의 온도는 엔진의 많은 파라미터 중에 가장 중요한 인자라고 간주된다. 그러나 대부분의 엔진에서, 터빈입구온도는 너무 높기 때문에 이를 직접 측정하는 것은 불가능하다. 따라서 열전쌍을 온도가 비교적 낮은 터빈출구에 장착하여 터빈입구온도를 비교하여 측정한다. 터빈출구 주위에 일정한 간격으로 몇 개의 열전쌍을 장착하여 평균값을 조종실에 있는 배기가스온도계에 나타낸다.

(5) 연료유량계(Fuel – flow Indicator)
연료유량계는 연료조정장치를 통과하는 연료유량을 시간당 파운드(Pound per hour)[lb/hr] 단위로 지시한다. 대형 가스터빈엔진 항공기는 부피보다 무게가 중요하기 때문에 주요 파라미터인 연료유량을 부피가 아닌 무게(lb/hr)로 측정한다. 연료유량을 이용하여 엔진의 연료소모량 및 연료 잔여량을 계산하여 엔진 성능을 점검하는 수단으로도 사용되고 있다.

(6) 엔진오일압력계 (Engine Oil Pressure Indicator)
엔진 베어링 및 기어 등에 대한 불충분한 윤활과 냉각으로 발생될 수 있는 엔진 손상을 방지하기 위해 윤활이 필요한 중요한 부위에 공급되는 오일의 압력은 면밀히 감시되어야 한다. 오일압력계는 일반적으로 엔진오일펌프의 배출압력을 나타낸다.

(7) 엔진오일온도계 (Engine Oil Temperature Indicator)
엔진오일의 윤활 능력과 냉각 능력은 대부분 공급되는 오일의 양과 오일의 온도로부터 영향을 받는다. 따라서 오일의 윤활 능력 및 엔진오일냉각기의 올바른 작동 여부를 점검하기 위해 오일의 온도를 감시하는 것은 중요한 사항이다.

16 그 밖의 계통(추력증강, 역추진, 소음방지장치)

중

01 항공기 후기 연소기(Afterburner)의 4가지 기본 구성품으로 가장 올바른 것은?

① Flame Holder, Fuel Spray Bar, Swirl Guide Vane, Afterburner Duct
② Afterburner Duct, Fuel Spray Bar, Flame Holder, Variable Area Nozzle
③ Convergent Exhaust Nozzle, Fuel Spray Bar, Flame Holder, After Liner
④ Duct Heater, Nozzle Diaphragm, Flame Holder, After Liner

해설

후기 연소기/애프터버너(Afterburner)는 애프터버너 덕트(Afterburner Duct), 연료 스프레이 바(Fuel Spray Bar), 플레임 홀더(Flame Holder) 및 가변 면적 노즐(Variable Area Nozzle) 등 4개의 기본 구성 부품으로 이루어져 있다.

하 (출제율이 높은 문제)

02 항공기 가스터빈 엔진 후기 연소기(After Burner)에서 배기가스의 속도를 감소시키고 와류를 형성시켜주며 불꽃이 꺼지는 것을 방지하는 것은?

① Blocker Door
② Flame Holder
③ Swirl Guide Vane
④ Variable Stator Vane

해설

후기 연소기/애프터버너(After burner) 구성품 중 플레임 홀더(Flame holder)는 배기가스의 속도를 감소시키고 와류를 형성시켜 불꽃 꺼짐 현상(Blow－Out)을 방지해주는 목적으로 장착한다.

중

03 역추력 장치(Thrust Reverser)는 다음 중 어느 것을 역으로 함으로서 작동되는가?

① 인렛 가이드 베인(Inlet Guide Vane)의 각도
② 배기가스(Exhaust Gas) 또는 팬 공기(Fan Air)의 방향
③ 압축기와 터빈(Compressor, Turbine)의 회전 방향
④ 터빈(Turbine)의 회전방향

해설

항공기 착륙 후 활주로와 Touch－Down 시 조종실에서 Thrust Reverser를 작동시키면 터보 제트 엔진의 경우 배기가스의 방향을, 터보 팬 엔진의 경우 2차 팬 공기의 방향을 역으로 함으로서 제동 역할을 한다.

중

04 터보 팬 기관의 역추력장치 중에서 바이패스(Bypass)되는 공기를 막아주는 장치는?

① Blocker Door
② Cascade Vane
③ Pneumatic Motor
④ Translating Sleeve

해설

터보 팬 기관의 역추력장치는 작동 시 Cowl이 열리면서 작동되는 Blocker Door가 2차 팬 공기의 흐름을 막아 역으로 뿜어지게 나아감으로 Cascade Vane을 통해 공기 흐름을 역으로 방출시켜 버린다.

정답 01 ② 02 ② 03 ② 04 ①

중

05 제트 엔진에 있어서 역추력장치에 의해 실제로 이용할 수 있는 역추력의 크기는 이륙 추력의 몇 %인가?

① 40~50%
② 60~70%
③ 70~90%
④ 100%

해설

역추력장치(Reverse Thrust System)
엔진의 배기가스 또는 팬 배기를 역방향으로 분출시키는 것에 의해 기체의 제동력을 얻는 장치이다. 그러나 그 분출하는 방향은 완전한 역방향이 아니고 엔진의 축에 대하여 어느 각도를 가지는 방향으로 배기가 분출된다. 따라서 실제로 이용할 수 있는 역추력의 크기는 이륙 출력의 40~50%이다.

중 (출제율이 높은 문제)

06 가스터빈 기관 항공기의 역추력장치 사용 시 배기가스가 압축기로 유입되면 어떻게 되는가?

① 엔진성능에 전혀 영향을 주지 않는다.
② 유입공기의 밀도가 감소하여 회전수가 증가하므로 추력이 증가한다.
③ 유입공기의 밀도 변화에 의해 회전수가 변화하여 압축기 실속을 일으킨다.
④ 유입공기의 밀도가 증가하고 회전수가 감소하므로 추력이 변한다.

해설

기속이 느려질 때까지 사용하면 배기가스가 엔진에 재흡입되어 재흡입 실속(Reingestion Stall)을 일으키는 수가 있으므로, 통상 항공기 속도가 60~80[Knots] 정도까지 감속하면 역추력을 원래대로 하는 조작을 한다.

하

07 현대식 항공기에 사용되고 있는 역추진장치의 형태는?

① 수축형과 확산형
② 기계적 차단 방식과 항공 역학적인 차단 방식
③ 로터리 공기 베인식과 고정 공기 베인식
④ 캐스캐이드 베인식과 블록커 도어식

해설

종류
- 항공역학적 차단방식(Cascade Type) : 배기관 내에 차단판을 설치
- 기계적 차단방식(Clam Shell Type) : 배기노즐 끝부분에 차단판 설치

중

08 항공기 터보 팬 엔진의 역추력장치(Reverse Thrust) 레버를 사용할 때 스로틀 레버(Throttle Lever)의 위치는?

① Idle Position
② Taxi Position
③ Cruise Position
④ Takeoff Position

해설

작동 방법은 Idle 상태에서 Reverse Thrust Lever를 당겨 필요로 하는 감속 출력에 맞도록 역추력을 증가시켜준다.

중

09 항공기 가스터빈엔진의 역추력 레버(Reverse Thrust Lever)에 대한 설명 중 옳은 것은?

① 비행 중에도 Reverse Thrust Lever 조작은 가능하다.
② Forward Thrust Lever는 Idle에서만 작동이 가능하다.

정답 05 ① 06 ③ 07 ② 08 ① 09 ④

③ 역추력을 발생하면 엔진의 회전수(rpm)가 급격하게 떨어진다.

④ 역추력을 얻기 위해서는 Lever를 아랫방향으로 밀어낸다.

해설

역추력은 비행기가 착륙 후 활주로에서 속도를 감소시키고자 사용한다. 역추력장치 작동방법은 조종실에 있는 역추력 레버(Reverse Thrust Lever)를 아래로 밀어 내리거나(Airbus 항공기), 역추력 레버를 위로 올려서 작동(Boeing 항공기)시킨다. 이 조작방법은 기종마다 약간의 차이가 있다. 일부 기종들(DC – 9, C – 17)은 비행 중 강하율을 크게 하기 위해 역추력을 사용했었으나 현재는 그렇지 않다. 역추력은 주로 착륙 후 활주로에서 속도를 줄이기 위해 사용된다. 보통 터보팬 엔진의 경우에는 역추력을 사용할 때, 엔진의 2차 공기흐름 방향을 바꾸기 때문에 엔진의 rpm이 급격하게 감소하지도 않는다. Forward Thrust Lever는 비행 중 조종사가 손으로 전, 후 방향으로 조작함에 따라 엔진의 추력을 조절하는데 사용되며, IDLE, CLIMB, MAX T.O, GA/TO 등 여러 가지 출력으로 조절하여 사용할 수가 있다.

17 시동 및 시운전

중

01 바람이 불고 있을 때 지상에서 항공기 엔진 시운전 점검(Run Up Check) 시 엔진의 공기 흡입구 방향은 어디로 향하게 항공기를 위치시켜야 하는가?

① 바람이 불지 않는 방향으로 향한다.
② 바람이 부는 반대 방향으로 향한다.
③ 바람의 부는 방향과는 상관없다.
④ 바람이 부는 정방향으로 향한다.

해설

항공기에 장착된 엔진을 시동 시에는 엔진의 공기 흡입구가 정방향이거나 측풍 방향으로 향하게 항공기를 위치시킨다.

중

02 항공기 가스터빈 엔진을 지상에서 시동 시 압축기에 서지(Surge) 현상을 발견하였다면, 이에 따른 조치사항으로 알맞은 것은?

① 다시 점화한다.
② 엔진 Shutdown 절차를 밟는다.
③ 속도를 증가시켜 이륙을 강행한다.
④ 스로틀 레버의 위치를 재조정한다.

해설

압축기 전체에 걸쳐 발생하는 심한 압축기 실속을 서지(Surge)라고 하는데, 엔진은 큰 폭발음과 진동을 수반한 순간적인 출력 감소를 일으킨다.

또, 경우에 따라서는 이상 연소에 의한 터빈 로터와 스테이터의 열에 의한 손상, 압축기 로터의 파손 등 중대 사고로 발전하는 경우도 있으므로 즉시 출력을 줄이고 엔진을 정지한다.

정답 01 ④ 02 ②

18 점검 및 정비(부품 장탈착, 일반 검사)

중

01 정밀검사를 위해 떼어낸 터보 제트 엔진의 터빈 블레이드(Turbine Blade)는 반드시 어디에 재장착해야 하는가?

① 원래 장탈했던 slot에 그대로 장착
② 180도 간격으로 반시계방향으로 장착
③ 90도 간격으로 시계방향으로 장착
④ 오버홀(Overhaul) 후 상태에 따라 각도 점검을 한 후 장착

해설

터빈 블레이드(Turbine Blade)의 평형이 맞지 않으면 엔진 전체에 진동을 주어 위험한 상태에 이르게 되므로 터빈의 평형에 대하여 주의를 기울여야 한다. 장탈한 터빈은 반드시 제자리에 다시 장착해야 한다.

상

02 가스터빈 엔진 성능에 있어 EPR에 비해 rpm, EGT, Fuel Flow 등이 유난히 낮게 지시되었을 경우 어떠한 검사를 수행해야 하는가?

① High Reading Error이므로 Probe부터 Transmitter까지 Pressure Line Inlet을 검사해야 한다.
② High Reading Error이므로 Probe부터 Transmitter까지 Pressure Line Outlet을 검사해야 한다.
③ Low Reading Error이므로 Probe부터 Transmitter까지 Pressure Line Outlet을 검사해야 한다.
④ Low Reading Error이므로 Probe부터 Transmitter까지 Pressure Line Inlet을 검사해야 한다.

해설

엔진 예상 EPR 수치로 설정했을 때 rpm, EGT, Fuel Flow가 낮은 경우

- 원인 : EPR 지시 장치가 High Reading Error
- 조치사항 : Probe부터 Transmitter까지 Inlet Pressure Line의 누설 여부를 점검해야 한다. EPR Transmitter와 지시계의 정확도를 점검해야 한다.

상

03 Engine Test 장비인 Jetcal Analyzer Trimmer의 기능이 아닌 것은?

① 정지상태에서 EGT System을 점검한다.
② 운전상태에서 rpm System을 점검한다.
③ 운전상태에서 EPR을 점검한다.
④ EGT Circuit의 Continuity와 Resistance를 점검한다.

해설

Jetcal Analyzer는 엔진이 작동 중이거나 작동하지 않을 경우 모두 EGT, 엔진 작동 시 rpm 관련 계통을 점검하는 데 사용한다.

상

04 가스터빈 엔진의 엔진파워 세팅에서 높은 EGT, 높은 연료 흐름, 낮은 rpm 등은 다음 중 어떤 영향 때문일 가능성이 가장 큰가?

① 계기 버스(Bus)로의 불충분한 전기 파워
② FCU의 잘못된 조정
③ EGT 지시계기의 서모 커플 프롭(Probe)의 이상
④ 터빈 손상이나 터빈 효율의 감소

정답 01 ① 02 ① 03 ④ 04 ④

해,설

엔진이 높은 EGT, 높은 Fuel Flow, 낮은 rpm일 경우

- 원인 : Turbine Discharge Pressure Line이나 Restrictor Orifice에 카본 입자들이 축적된 상태, 터빈 손상이나 터빈 효율의 감소
- 조치사항 : 다음을 통해 터빈 손상 징후를 확인한다.
  - 비정상적인 소음과 시간 단축 관련 엔진 출력 감소 점검
  - 터빈부를 빛의 세기가 밝은 플래시로 육안 점검할 것

중

05 터보 제트 엔진을 항공기에 장착하고 엔진 트리밍(Engine Trimming)을 하는데, 그 이유는?

① 정해진 rpm에서 정격출력을 내도록 FCU를 조정하는 것이다.
② 동력 레버를 적절한 위치에 놓이게 한다.
③ 압축기의 최대 압력비를 조절해야 하기 때문이다.
④ Idle rpm과 최대 추력으로 출력이 나오도록 조정하는 것이다.

해,설

Trimming이란 제작사에서 정한 정격에 맞도록 엔진을 조절하는 행위를 말하며 제작사의 지시에 따라 수행하여야 하며 비행기는 정풍이 되도록 하거나 무풍일 때가 좋다. 시기는 주기 검사 시, 엔진교환 시, FCU 교환 시, Exhaust Nozzle 교환 시에 수행한다.

상

06 항공기 엔진을 교환 장착 후 Run Up Check 결과 최대 추력이 나오지 않는다면 어떻게 해야 하는가?

① FCU를 Trimming 한다.
② STBY Valve를 Trimming 한다.
③ 연료펌프를 교체한다.
④ 엔진을 교체한다.

해,설

5번 문제 해설 참조

하

07 Compressor Blade나 Turbine Blade의 끝이 꺼칠꺼칠하게 닳은 것을 무엇이라 하는가?

① Dent ② Burr
③ Gouging ④ Erosion

해,설

손상 용어 중 Burr는 끝이 꺼칠꺼칠하게 닳은 상태를 말한다.

상

08 Engine Ball Bearing을 Inspection할 때 Check 해야 할 항목은?

① 경도
② Out of Balance
③ Metal Distillation
④ Race의 Flaking 또는 Pitting

해,설

베어링 레이스(Race)에 나타나는 Flaking이나 Pitting은 회전부 마찰에 따라 모재로부터 떨어져 나오는 작은 금속조각들이 회전부 표면을 거친 표면으로 만드는 결함으로서 Bearing 회전에 악영향을 끼친다. Ball Bearing 점검 시 육안 및 확대경 검사를 통해 정밀검사를 수행해야 한다.

중 (출제율이 높은 문제)

09 터보 제트 엔진의 연소부분에서 나타나는 열점(Hot Spot) 현상 원인으로 옳은 것은?

① 이물질에 의한 손상
② 연료 노즐 기능의 이상
③ 압축기 블레이드의 더러움
④ 점화 플러그의 결함

해,설

연료 노즐의 작동 분사각도가 불량할 경우 연소실 한 부분에만 연료가 국부적으로 분사되어 해당 부분의 연소에 따른 열응력 발생 및 열점 현상이 일어나게 된다. 이러한 결함은 연소실에 치명적이므로 좋지 않다.

정답 05 ① 06 ① 07 ② 08 ④ 09 ②

중

10 압축기 블레이드에 쌓여있는 탄소찌꺼기(불순물)의 제거 작업 절차를 무엇이라고 하는가?

① Soak Wash
② Field Wash
③ Purging Wash
④ Revered Wash

해설

항공기 엔진 압축기 블레이드에 쌓여있는 불순물을 제거하는 작업을 일반적으로 Field Wash 방법을 사용한다.

중 (출제율이 높은 문제)

11 가스터빈 엔진의 축류식 압축기에서 압축기 블레이드에 숏 피닝을 하는 경우가 있는데, 그 목적으로 맞는 것은?

① 실속을 방지하기 위하여
② 내마모성과 내구성을 증진시키기 위하여
③ 표면을 고르고 깨끗이 하기 위하여
④ 원활한 회전을 위하여

해설

축류식 압축기의 압축기 블레이드에는 회전에 의한 원심력과 공기력에 의한 굽힘 응력이 반복하여 가해진다. 이러한 반복 응력에 따른 피로 누적으로 블레이드가 파단되지 않도록 숏 피닝(Shot Peening)을 하고 피로 강도를 향상시킨다. 참고로 팬 블레이드도 난류 응력을 제거하고 피로 강도를 향상시키고자 숏 피닝을 실시하는 일도 있다.

숏 피닝은 작은 모래 알갱이나 플라스틱 조각을 블레이드 표면에 분사하는 작업을 말한다.

상

12 터빈 엔진의 터빈 블레이드 교환 시 교체되는 터빈 블레이드의 모멘트–중량이 맞지 않을 경우 올바른 교환방법은?

① 손상된 블레이드만 교환한다.
② 손상된 블레이드의 시계방향으로 90° 에 위치한 블레이드를 교체되는 블레이드의 같은 모멘트-중량의 블레이드로 교체한다.
③ 손상된 블레이드의 반시계방향으로 90° 에 위치한 블레이드를 교체되는 블레이드의 같은 모멘트-중량의 블레이드로 교체한다.
④ 손상된 블레이드의 180° 에 위치한 블레이드를 교체되는 블레이드의 같은 모멘트-중량의 블레이드로 교체한다.

해설

터빈 블레이드는 일반적으로 모멘트-중량(Moment-Weight)을 적용하여 개별적으로 교환하며, 다수의 블레이드를 교환해야 하는 경우는 단계별 또는 전체 로터에 대하여 블레이드 숫자를 제한한다.

만약 터빈 어셈블리(Turbine Assembly)의 검사 결과, 교환 가능한 블레이드 수보다 많은 곳에서 결함이 발견되었다면 터빈 어셈블리를 전체적으로 교환한다. 블레이드를 교환하려면 터빈 휠(Turbine Wheel) 균형을 유지하기 위해 동일한 모멘트 – 중량의 블레이드와 교체하여 장착할 수 있다.

교체되는 블레이드의 모멘트-중량이 맞지 않을 경우에는 손상된 블레이드와 정반대에 위치한 블레이드도 같은 모멘트 – 중량을 가진 블레이드로 바꾼다. 각각의 블레이드의 모멘트-중량은 인치-온스 단위로 측정하여 블레이드 전나무형 섹션(Fir-Tree Section) 뒷면에 표기한다. 예시로 블레이드 중 가장 무거운 블레이드의 쌍을 1번과 28번으로, 그다음 무거운 쌍을 2번과 29번, 그다음 무거운 쌍을 3번과 30번으로, 계속해서 모든 27쌍의 블레이드에 번호를 매긴다. 또한 터빈 디스크의 허브 면에 1번을 표시한다.

정답 10 ② 11 ② 12 ④

상

13 터빈 엔진 정지에 대한 사항으로 옳은 것은?

① 터빈케이스와 터빈휠은 엔진이 작동되는 동안 거의 같은 온도에 노출된다.

② 터빈케이스와 터빈휠의 냉각을 고려하여 최대 출력으로 엔진을 5분간 가동 후 정지시킨다.

③ 오일탱크 내의 오일레벨 점검은 엔진 정지 후 1시간 이후에 이루어져야 정확한 오일 분량을 확인할 수 있다.

④ 엔진구동 연료펌프에 윤활유 역할을 하는 연료가 결핍되지 않게 하기 위해서 스로틀 또는 연료차단레버가 OFF 위치에 놓이기 전에 항공기 연료가압펌프가 정지되어야 한다.

해설

터빈케이스와 터빈휠은 엔진이 작동되는 동안 거의 같은 온도에 노출된다. 그러나 터빈케이스는 상대적으로 얇을 뿐만 아니라 안쪽과 바깥쪽 양쪽에서 냉각되는 반면, 터빈휠은 육중하기 때문에 엔진 정지 시 냉각속도가 느리다. 따라서 엔진을 정지하기 전에 냉각시간이 불충분하면 냉각속도가 빠른 터빈케이스는 빨리 수축되고 계속 회전하고 있는 터빈휠은 수축이 늦어지게 되어 심한 경우 터빈케이스와 터빈휠은 고착될 수도 있다.

이를 방지하기 위해 엔진이 일정 시간을 아이들 추력 이상으로 작동되었다면 엔진 정지 전에 5분 이상 아이들 상태로 운전하여 냉각 과정을 거쳐야 한다.

엔진구동연료펌프에 윤활유 역할을 하는 연료가 결핍되지 않게 하기 위해서 스로틀 또는 연료차단 레버가 OFF 위치에 놓인 이후에 항공기 연료가압펌프가 정지되어야 한다.

엔진마다 차이는 있지만 일반적으로 오일탱크 내의 오일량 점검은 엔진 정지 후 30분 이내에 이루어져야 정확한 오일 분량을 확인할 수 있다.

중

14 터빈 엔진의 연료조정장치(FCU : Fuel Control Unit) 트림시기로 옳지 않은 것은?

① 엔진 교환 후

② 최대 출력을 못낼 때

③ 엔진 연료 펌프 교환 후

④ 출력 레버(Power Lever)와 차이가 있을 때

해설

트리밍(Trimming)은 엔진 추력이 정격대로 나오지 않을 때 제작사에 의해 정해진 작업을 마친 후 수행한다. 예를 들면, 엔진 교환, 모듈 교환이나 FCU 교환 등이다.

중

15 항공기 가스터빈엔진의 연소실 검사 및 수리에 대한 설명으로 옳지 않은 것은?

① 연소실 검사는 염색침투탐상검사가 이용된다.

② 연소실 콘(Cone) 부위, 스월베인(Swirl Vane)의 균열은 허용되지 않는다.

③ 연소실의 일부가 집중된 열을 받아 국부적으로 변형된 형태가 나타날 수도 있으나, 그 형태가 구조를 약화시키거나 인접된 용접 부위로 진행되지 않으면 일반적으로 허용된다.

④ 연소실 라이너와 같이 엔진의 가스 경로(Gas Path)에 직접 노출되는 부품 표식에는 카본 함유 연필을 사용한다.

해설

연소실 검사는 염색침투탐상검사(Dye Penetrant Inspection) 혹은 형광침투탐상검사(Fluorescent Penetrant Inspection)를 이용하여 연소실에 대해 다음 사항을 점검하고 수리에 대해 필요한 조치를 한다. 다음과 같은 연소실 결함은 반드시 엔진 제작사 오버홀 매뉴얼에 따라 수리하고 결함 해소 여부를 확인해야 한다.

(1) 연소실 라이너(Liner)의 균열, 찍힘, 패임 등 검사
  ① 연소실 라이너의 양쪽에서 균열(2개)이 진행되면서 교차하게 되면 라이너 조각이 떨어져 나가면서 터빈

정답 13 ① 14 ③ 15 ④

손상을 유발할 수 있으므로 허용되지 않음
② 연소실 라이너 전방의 공기 홀(Air Hole)에서 시작한 균열은 조건부 허용됨
③ 배플에 있는 분리된 균열은 허용되나, 홀을 연결하는 균열은 허용되지 않음
④ 콘(Cone) 부위, 스월 베인(Swirl Vane)의 균열은 허용되지 않음
⑤ 중간 연결부(Interconnector) 및 점화 플러그 장착부(Boss)에서의 원주방향 균열은 조건부 허용되며, 장착부를 둘러싸는 균열은 허용 안됨

(2) 연소실 하부의 연료 배출구(Fuel Drain Boss)에 대한 부식 여부(Corrosion)를 검사한다.
(3) 부주의로 바닥에 떨어뜨리거나 충격을 받은 연소실은 장시간 사용 시 작은 균열로 진전되어 위험한 상태에 도달할 수 있으므로 미세한 균열도 철저하게 검사해야 한다.
(4) 연소실의 일부가 집중된 열을 받아 국부적으로 변형된 형태가 나타날 수도 있으나, 그 형태가 구조를 약화시키거나 인접된 용접 부위로 진행되지 않으면 일반적으로 허용된다.
(5) 연소실 라이너의 경미한 좌굴(Buckling)은 라이너 변형 바로잡기(Straightening)를 하여 수정될 수도 있으나, 라이너가 짧아지거나 경사지는 정도의 심한 좌굴은 수리되어야 한다. 연소실 라이너를 용접하여 수리하면 최대한 원래의 형태로 복원해야 한다.

19 Power와 Parameter 관계

하 (출제율이 높은 문제)

01 터보 팬 엔진에서 N1 Speed란?

① Fan Speed
② LPC
③ HPC
④ HPT

해설

현대 항공기 터보 팬 엔진은 다축식 구조(Dual Spool, Multiple Spool)로 저압축 rpm에 해당되는 N1(LPC+LPT)과 고압축 rpm에 해당되는 N2(HPC+HPT)가 있다.

저압 압축기(LPC : Low Pressure Compressor), 저압 터빈(LPT : Low Pressure Turbine), 고압 압축기(HPC : High Pressure Compressor), 고압 터빈(HPT : High Pressure Turbine)

하

02 가스터빈 엔진 작동 시 다음 엔진 변수 중 어느 것이 가장 중요한 변수인가?

① 압축기 rpm
② 터빈 입구 온도
③ 연소실 압력
④ 압축기 입구 온도

해설

가스터빈 엔진 작동 시 가장 중요하게 보는 Parameter로는 TIT(Turbine Inlet Temperature)와 EGT(Exhaust Gas Temperature)가 있으며 TIT 같은 경우 연소실의 연소가스에 직접적으로 노출되어 있고 이에 따른 배기가스 온도가 한계치 이내에 정상범위인지 EGT Parameter를 확인하는 것이다.

하

03 Turbine Engine에서 Compressor Inlet Temperature(CIT)가 높으면 추력은 어떻게 되는가?

① 감소한다.
② 증가한다.
③ 변화가 없다.
④ 저속에서는 증가하고 고속에서는 감소한다.

해설

압축기 입구 온도(CIT : Compressor Inlet Temperature)가 높으면 공기밀도가 감소하여 출력이 감소하고 압축기 실속(Stall) 발생 원인이 된다.

상

04 항공기 가스터빈엔진은 주어진 환경에서 이륙추력을 계산해야 할 때가 있는데, 이때 정확한 값을 확보하기 위해 주의가 필요한 사항으로 옳지 않은 것은?

① 전온도(TAT)는 엔진 제어에 반영된다.
② 이륙추력은 스로틀을 EPR계기에 나타나는 예상 추력에 맞춤으로써 확인할 수 있다.
③ 압축기 입구에서 측정된 온도와 압력은 FADEC이 감지하여 엔진 제어 계통으로 전달한다.
④ 왕복엔진 출력에 많은 영향을 미치는 상대습도는 터빈엔진의 추력, 연료유량 그리고 회전속도에는 거의 영향을 미치지 않는다.

정답 01 ② 02 ② 03 ① 04 ②

해설

가스터빈엔진은 주어진 환경에서 이륙추력을 계산할 때 압축기입구(Compressor Inlet)의 공기 온도(Air Temperature)와 압력(Air Pressure)에 민감하기 때문에 정확한 값을 확보하기 위해 상당한 주의가 필요하며 중요한 사항은 다음과 같다.

(1) 압축기 입구에서 실측된 온도와 압력(True Barometric Pressure)을 감지한다. 관제소에서 예보하는 고도가 보정된 대기압(Corrected Barometric Pressure)과는 다름에 유의해야 한다. FADEC이 장착된 엔진은 압축기 입구 공기 온도와 압력을 FADEC 컴퓨터가 감지하여 엔진 제어 계통(Engine Control System)으로 전달한다.

(2) 감지된 전온도(TAT, Total Air Temperature)는 엔진제어에 반영된다.

(3) 왕복엔진의 출력에 많은 영향을 미치는 상대습도는 터빈엔진의 추력, 연료유량, 그리고 회전속도에는 거의 영향을 미치지 않으므로 이륙추력 산정 시 고려되지 않는다.

하

05 가스터빈 엔진 작동 중 다른 Parameter는 정상인데 반하여 EGT만 높다면?

① Turbine Blade가 손상되었다.
② Compressor Inlet이 손상되었다.
③ Thermocouple Lead가 손상되었다.
④ Fuel Flow가 과도하게 높기 때문이다.

해설

항공기 가스터빈엔진 배기가스 온도(EGT : Exhaust Gas Temperature)가 최대 한계치를 넘은 경우 원인은 다음과 같이 있다.

- 배기가스 온도계의 결함
- 최대 모터링 속도가 낮은 경우
- 가변정익베인(VSV : Variable Stator Vane) 계통의 리깅(Rigging) 상태 불량
- 일부 엔진에 장착된 가변 바이패스 밸브(VBV : Variable Bypass Valve)의 부정확한 작동
- 압축기 로터 블레이드(Compressor Rotor Blade)나 스테이터 베인(Stator Vane)의 손상
- 연료조정장치(FCU : Fuel Control Unit)의 고장에 의한 과도한 연료 흐름
- 압축기 입구 온도 감지기의 고장

정답 05 ④

20 장기 저장, 보관

상

01 장기간 저장/보관을 위하여 항공용 엔진을 장탈하여 저장하는 이유는?

① 엔진의 성능을 보존하기 위해
② 엔진의 부식을 방지하기 위해
③ 정비를 용이하게 하기 위해
④ 엔진 장착을 보다 편리하게 하기 위해

해설

저장 중이거나 장기간 비행하지 않는 엔진은 습기에 의해 부식될 수 있으므로 엔진의 정상적인 수명 유지가 불가능하다. 따라서 주기적이고 적절한 저장 정비를 수행해야 한다. 특히 해안가, 호수, 강 및 기타 다습한 지역을 인접해서 운항하는 항공기는 건조한 지역에서 운용되는 엔진보다 부식 방지에 각별히 신경 써야 한다.

상

02 터보 팬 엔진을 항공기에서 장탈 후 장기 저장 시 보관 기간으로 옳은 것은?

① 7일～28일
② 30일～90일
③ 90일 이상
④ 180일 이상

해설

엔진 저장 관리에는 단기 저장(Active Storage), 중기 저장(Temporary Storage) 그리고 장기 저장(Indefinite Storage)의 3가지 방법이 있다. 단기 저장은 엔진 오일계통을 온도 165～200 ℉로 1시간 연속 유지한 후 보관 기간이 30일을 넘지 않는 경우를 말하며, 30일 이상 90일 기간의 보관은 중기 저장, 90일 이상을 장기 저장으로 분류한다. 30일 이상 저장하기 위해서는 엔진 오일을 배출하고 저장용 오일(MIL－C－6529 Specifications)로 교체하고 오일 압력을 관리한다.

상 (출제율이 높은 문제)

03 항공기 엔진을 저장할 때 장기간 보관 시 엔진 오일과 부식 방지 컴파운드의 혼합비율은?

① 부식 방지 컴파운드 100%
② 엔진오일 75%와 부식 방지 컴파운드 25%
③ 엔진오일 25%와 부식 방지 컴파운드 75%
④ 엔진오일 25%와 부식 방지 컴파운드 25%

해설

엔진을 저장할 때 사용하는 방부제의 구성
방부제(Corrosion Preventive Mixture : CPM)는 오일(MIL－L－22851 : 1100) 25%와 부식 방지 콤파운드 오일(MIL－C－6529, Type－I) 25%를 혼합한 것

중

04 항공기 가스터빈엔진의 스파크 플러그 홀과 같은 엔진의 열린 부분에 사용되는 탈수제로 옳은 것은?

① 무진 방습제(TYVEK)
② 실리카 겔(Silica Gel)
③ 컨테이너 방습제(SUPER DRY)
④ 엔진 오일과 부식 방지 컴파운드(Corrosion Preventive Compound)

해설

실리카 겔은 물기를 머금어도 용해되지 않기 때문에 방습제로 많이 사용되고 있으며, 이를 자루에 넣어 저장 중인 엔진의 여러 군데에 분산, 배치시킨다.

그것은 또한 스파크 플러그 홀과 같은 엔진의 열린 부분 안으로 끼워 넣을 수 있도록 깨끗한 플라스틱 플러그에 담아 탈수 플러그로 사용하기도 한다.

정답 01 ② 02 ③ 03 ④ 04 ②

실리카 겔이 들어 있는 탈수 플러그에 염화코발트를 첨가하면 공기 중 상대습도에 따라 실리카 겔의 색깔이 변화하는데 낮은 상대습도(30% 이하)에서는 밝은 파란색을 유지하며 상대습도가 증가하면(60% 이상) 핑크색으로 변하게 되어 부식 가능성 여부를 시각적으로 확인할 수 있다.

중

05 항공기 가스터빈엔진에 사용하는 실리카 겔(Silica Gel)이 상대습도에 따라 색상이 어떻게 변화하는가?

① 상대습도가 낮을 때 백색, 높을 때 파란색으로 변하게 된다.
② 상대습도가 낮을 때 핑크색, 높을 때 파란색으로 변하게 된다.
③ 상대습도가 낮을 때 파란색, 높을 때 백색으로 변하게 된다.
④ 상대습도가 낮을 때 파란색, 높을 때 핑크색으로 변하게 된다.

해설

4번 문제 해설 참조

상

06 항공기 가스터빈엔진 저장에 대한 사항으로 옳지 않은 것은?

① 주기적으로 엔진의 온도를 검사해야 한다.
② 저장 컨테이너 내부 압력이 1[psi] 이하로 낮아진 경우는 건조한 공기를 불어 넣어준다.
③ 목재 수송컨테이너에 있는 습도계가 30% 이상의 상대습도 색깔로 나타난다면, 모든 건조제를 교체해야 한다.
④ 점화플러그 홀에 장착된 방습제가 모두 과도한 습기에 의해 변색되었을 때 실린더 내부에 방식 혼합물을 다시 뿌려야 한다.

해설

대부분의 엔진 수리 공장은 저장 중인 엔진에 대한 검사 프로그램을 구축하여 저장된 엔진의 습도와 압력을 정해진 주기로 검사하고 있다.

만약 목재 수송컨테이너에 있는 습도계가 30% 이상의 상대습도 색깔로 나타난다면, 모든 건조제를 교체해야 한다.

금속 컨테이너 내의 습도가 30% 이하이나, 컨테이너 내부 압력이 1[psi] 이하로 낮아진 경우는 건조한 공기(Dehydrated Air)를 불어 넣어 주면 되나, 습도가 높은 경우는 개봉하여 엔진 저장정비를 다시 해야 한다.

상

07 항공기 가스터빈엔진을 저장하기에 앞서 해야할 사항으로 옳은 것은?

① 엔진을 작동시킨 후 오일 시스템에 오일을 공급한다.
② 엔진을 작동하지 않고 방식제를 엔진 외부에 골고루 뿌려 부식을 억제한다.
③ 엔진연료에 방식제(Preventive Corrosion Materials)를 섞은 후 엔진을 작동시켜, 내부부품의 코팅을 통해 부식을 억제한다.
④ 엔진오일에 방식제(Preventive Corrosion Materials)를 섞은 후 엔진을 작동시켜, 내부부품의 코팅을 통해 부식을 억제한다.

해설

터빈엔진을 저장하기에 앞서 오일 시스템을 방식 혼합물(Corrosion – Preventive Oil Mixture)로 채워진 상태에서 엔진을 작동하면 엔진 내부 부품이 혼합물로 코팅되게 하여 부식을 억제한다. 엔진 오일을 배유하고 저장정비 오일 혼합물로 채운 후 정상 작동 온도에 도달할 때까지 1시간 이상 엔진을 작동시킨다.

정답 05 ④ 06 ① 07 ④

21 엔진장착, 엔진조작(Engine Control) 계통

중

01 항공기 가스터빈 기관의 작동 정지는 시동 레버의 어느 위치인가?

① Idle Lever Off
② Start Lever Cut Off
③ Forward Thrust Lever Run
④ Forward Thrust Lever Cut Off

해설

일반적으로 스타트 레버(또는 스위치)에는 "CUT OFF", "RICH" 및 "RUN"(혹은 IDLE)의 3개의 위치가 있다. "CUT OFF"는 기관 정지 시 및 정지 중 그리고 "RICH"는 저온 시동 시 또한 "RUN"은 상온 시동 시 및 운전 중의 위치를 나타낸다.

중

02 항공기 가스터빈 엔진에서 Lever를 손으로 전후 방향으로 조작해서 출력을 증감시키는 Thrust Lever는?

① Engine Start Thrust Lever
② Reverse Thrust Lever
③ Forward Thrust Lever
④ Forward, Reverse Thrust Lever

해설

전진 추력 레버(Forward Thrust Lever)는 손으로 전후 방향을 조작하는 것으로 엔진 출력의 증감을 얻을 수 있다.

상

03 항공기 가스터빈 엔진의 엔진 조절 계통(Engine Control System)에 대한 설명 중 맞는 것은?

① 추력의 증강은 액셀 페달을 통하여 연료를 제어한다.
② 엔진의 시동은 엔진 조절 계통에 포함되지 않는다.
③ 엔진 추력의 증강과 역추력의 사용을 수동으로 조작하기 위한 계통이다.
④ 추력 조절 계통과 연료계통으로 구성되어 있다.

해설

기관의 시동과 정지, 기관 추력의 증감과 역추력의 사용을 수동으로 조작하기 위한 계통이 기관 조절 계통이며, 추력 조절 계통과 시동 조절 계통의 2가지로 되어 있다.

중

04 항공기 가스터빈엔진을 포드형(POD)으로 기체에 장착해주고, 엔진에 작용하는 중력을 지탱하며, 엔진에서 발생되는 추진력을 기체 구조부로 전달해주는 것은?

① Engine Case
② Engine Cowling
③ Engine Mount
④ Engine Case Frame

해설

기관 마운트(Engine Mount)
기관을 기체에 장착하고 기관의 중량 및 기관에 작용하는 중력(g)을 지탱하며, 또한 기관이 발생하는 추진력을 기체의 주구조부에 전달하기 위한 장치이다. 날개 기관에는 파일론으로 기관을 날개 아래에 장착한 포드형 구조가 사용되고 있다.

정답 01 ② 02 ③ 03 ③ 04 ③

상 (출제율이 높은 문제)

05 가스터빈 엔진을 Dry Motoring 점검을 수행하고자 할 때, Control Switch 및 Lever의 조작 위치로 잘못된 것은?

① Ignition OFF

② Fuel Cut Off Lever OFF

③ Fuel Booster Pump OFF

④ Throttle Lever Idle

해설

기종에 따라 약간의 차이는 있으나 엔진 작동에 필요한 스위치 및 스로틀의 위치를 다음과 같이 위치시킨다.

- 점화 스위치 "OFF"
- 연료 차단 레버 "OFF"
- 연료 부스터 펌프 "ON" – 내부 연료계통 부속품 윤활 목적으로 작동, B737NG 항공기 기종 기준 MFP(Main Fuel Pump)와 HMU(Hydro – Mechanical Unit)은 연료로 윤활하며 연료 없이 Motoring 수행할 경우 해당 Part 손상 발생 초래 가능성이 있음, HMU 이후 연료 흐름은 계통으로 전체적으로 흐르지 않도록 HPSOV(High Pressure Shutoff Valve)에 의해 차단됨
- 스로틀 "IDLE"

정 답 05 ③

22 특수검사(SOAP, Borescope, NDI 등)

중 출제율이 높은 문제

01 항공용 가스터빈 엔진을 장탈하거나 분해하지 않고 내부 검사를 할 수 있는 일반적인 방법은?

① 침투탐상검사(Penetrant Inspection)
② 보어스코프 검사(Borescope Inspection)
③ 자분탐상검사(Magnetic Particle Inspection)
④ X선 검사(X－Ray Inspection)

해설

보어스코프 검사(Borescope Inspection)는 일종의 내시경 검사로 가스터빈 엔진을 장탈이나 분해를 하지 않고 내부를 검사할 수 있다. 보통 시간제 검사나 엔진 입출고, 계획/비계획 정비 시 내부에 Core Module, Fan Module, FDT Module 등이 FOD에 의한 손상이나 압축기 블레이드, 터빈 블레이드의 손상 여부, 연소실 열점 현상, 연소실 라이너 크랙(Crack) 등을 모두 확인하는 데 사용한다.

중 출제율이 높은 문제

02 Turbine Blade에 나타난 Creep 현상을 확인할 수 있는 검사는?

① 치수 측정 검사
② 형광 침투 탐상
③ 자분 탐상 검사
④ 와전류 검사

해설

크리프는 일정 하중을 받고 있는 재료의 변형이 시간과 함께 증가하는 현상이고 터빈 블레이드와 같이 고응력이 가해지고 고온에 노출되는 부분은 특히 문제가 된다. 그래서 처음 블레이드의 길이와 늘어난 블레이드의 길이를 측정 후 대조하여 신장의 유무를 검사한다.

상 출제율이 높은 문제

03 비파괴검사 종류 중 색조침투탐상의 작업 순서로 옳은 것은?

㉠ – 침투	㉡ – 세척
㉢ – 건조	㉣ – 현상
㉤ – 전처리	㉥ – 검사
㉦ – 후처리	

① ㉦－㉠－㉡－㉣－㉢－㉥－㉤
② ㉤－㉠－㉡－㉣－㉥－㉢－㉦
③ ㉤－㉠－㉡－㉢－㉣－㉥－㉦
④ ㉦－㉠－㉡－㉢－㉥－㉣－㉤

해설

색조침투탐상 작업 순서

전처리 – 침투 – 세척 – 건조 – 현상 – 검사 – 후처리 순이며, 침투탐상 또한 종류가 여러 가지이며 형광 침투액과 염색 침투액, 현상제(습식, 건식, 속건식, 특수, 무현상법 등), 잉여 침투액 제거 방법에 따라 순서도 다양하다.

상

04 Oil 속의 금속 입자를 분류하는 방법으로 옳지 못한 것은?

① 주석/납 분말 – 용융점 이용(납땜인두로 구분)
② 알루미늄 분말 – 염산
③ 철분 – 융점 이용(납땜인두로 구분)
④ 구리/마그네슘 분말 – 질산

해설

철 금속 성분은 항공기 피스톤 링, 밸브 스프링, 베어링 등의 마모에 의해 나오는 것으로 주석처럼 납땜한 부위로부터 발생된 금속 조각이 아니다.

정답 01 ② 02 ① 03 ③ 04 ③

중

05 항공기 가스터빈엔진의 분광식 오일 분석 프로그램(SOAP)에 대한 설명으로 옳지 않은 것은?

① SOAP 분석을 통해 금속 입자를 판별하고 무게를 백만분율(PPM : Parts per Million)로 나타낸다.
② 마모 금속의 양이 통상적인 범위를 증가했다면, 운영자에게 즉시 알려서 수리나 권고된 특정 정비를 하거나 점검이 이루어지도록 한다.
③ SOAP는 엔진이 고장 나기 전에 문제를 알아내므로 안전성을 높일 수 있다.
④ 엔진이 더 큰 결함이나 작동 불능이 되기 전에 문제점을 미리 알려주지만 비용은 비싸다.

해설

분광식 오일 분석 프로그램(SOAP)은 오일 샘플을 채취하고 분석하여 소량일지라도 오일 내에 존재하는 금속 성분을 탐색하는 오일 분석 기법이다. 오일은 엔진 전체를 순환하면서 윤활하는 동안 오일은 마모 금속(Wear Metal)이라고 불리는 미량의 금속 입자(Microscopic Particles of Metallic Elements)를 함유하게 되는데, 엔진 사용 시간이 늘어남에 따라 오일 속에는 이러한 미세한 입자는 누적된다.

SOAP 분석을 통해 이런 입자를 판별하고 무게를 백만분율(PPM : Parts per million)로 알아낸다. 분석된 입자들을 마모 금속(Wear Metals)나 첨가제(Additives)와 같이 범주로 나누고, 각 범주의 PPM 수치를 제공하면 분석 전문가는 이 자료를 엔진의 상태를 알아내는 많은 수단 중하나로 사용한다. 특정 물질의 PPM이 증가한다면 부분품의 마모나 엔진의 고장이 임박했다는 징조일 수 있다.

시료를 채취할 때 마다 마모 금속의 양은 기록된다. 마모 금속의 양이 통상적인 범위를 넘어 증가했다면, 운영자에게 즉시 알려서 수리나 권고된 특정 정비를 하거나 점검이 이루어지도록 한다.SOAP는 엔진이 고장 나기 전에 문제를 알아내므로 안전성을 높일 수 있다. 또한 엔진이 더 큰 결함이나 작동 불능이 되기 전에 문제점을 미리 알려 줌으로써 비용 절감에도 기여한다.

정답 05 ④

CHAPTER

03

3. 항공기 프로펠러

Aircraft Propeller

[이 장의 특징]

항공기 프로펠러의 원리는 항공뿐만 아니라 선박, 풍차, 선풍기 등 우리 일상생활에서도 흔히 접할 수 있다.

소형 항공기 왕복 엔진에서는 전방에 프로펠러를 장착하여 추력을 발생시키고 중대형 여객기 및 군용 수송기의 가스터빈 엔진에서는 터보 프롭 엔진의 축과 감속기어를 통해 프로펠러를 전방에 장착하여 추력을 발생시키는 원리를 사용하고 있다.

또한 프로펠러도 날개와 같이 날개골(Airfoil) 단면을 형성하여 양력 대신 추진력을 발생시키는 점에서 차이가 있으며 프로펠러의 기본적인 원리와 작동 요소 그리고 종류별 특징과 재질 등에 대해 알아볼 필요가 있다.

01 프로펠러 기본원리

하 (출제율이 높은 문제)

01 프로펠러가 비행 중 한 바퀴 회전하여 이론적으로 전진한 거리는?

① 기하학적 피치 ② 유효 피치
③ 프로펠러 슬립 ④ 회전 피치

해설

기하학적 피치(Geometric Pitch)는 깃을 한 바퀴 회전시켜 프로펠러가 앞으로 전진 할 수 있는 이론적 거리를 말한다.

하 (출제율이 높은 문제)

02 프로펠러가 비행 중 한 바퀴 회전하여 실제적으로 전진한 거리는?

① 기하학적 피치 ② 유효 피치
③ 슬립(Slip) ④ 회전 피치

해설

유효 피치(Effective Pitch)는 공기 중에서 프로펠러가 1회전 할 때 실제로 전진하는 거리로서, 항공기의 진행 거리이다.

하 (출제율이 높은 문제)

03 일반적으로 프로펠러 깃의 위치(Blade Sta-tion)는 어디에서부터 측정하는가?

① 블레이드 생크부터
② 블레이드 허브로부터
③ 블레이드 팁으로부터
④ 블레이드 중심점으로부터

해설

여러 가지 목적으로 Blade는 Segment로 나누는데, 이것의 표시는 Blade Hub 중심으로부터의 거리를 Station Number로 표시한다.

하

04 프로펠러의 받음각은 보통 어느 위치의 받음각으로 하는가?

① 프로펠러 중심에서부터 50%
② 프로펠러 중심에서부터 75%
③ 프로펠러 중심에서부터 80%
④ 프로펠러 중심에서부터 95%

해설

일반적으로 깃 각을 대표하여 표시할 때는 프로펠러 허브 중심에서 75% 되는 위치의 각을 말한다.

하

05 항공기 프로펠러 Blade Station의 일반적인 표시 간격은 얼마인가?

① 1 inch ② 3 inch
③ 6 inch ④ 8 inch

해설

Blade Segment는 각각 6 inch 간격으로 되어 있다. Blade Shank는 Hub 근처의 Propeller Blade의 둥근 부분이다. Blade Butt는 Blade Base나 Root라고도 부르고 Blade의 끝으로 Propeller Hub에 닿는 부분이다. Blade Tip은 Hub로부터 가장 먼 쪽의 끝이고 Blade의 마지막 6 inch 부분이다.

중

06 프로펠러 진행률을 구하는 공식으로 옳은 것은?(단, P : 압력, T : 추력, V : 속도, D : 프로펠러 블레이드의 길이, N : 회전수이다.)

① PT/V ② V/nD
③ V/PT ④ nD/V

정답 01 ① 02 ② 03 ② 04 ② 05 ③ 06 ②

해설

프로펠러 효율 η_p는 기관으로부터 프로펠러에 전달된 축 동력인 입력에 대한 출력의 비로서 다음과 같이 유도된다.

$$\eta_p = \frac{T \cdot V}{P} = \frac{C_t \rho n^2 D^4 V}{C_P \rho n^3 D^5} = \frac{C_t}{C_p} \cdot \frac{V}{nD}$$

여기서, $\frac{V}{nD}$는 진행률(Advance Ratio)이라고 하는데, 이것은 J로 표시되며, 깃의 선속도에 대한 비행 속도와의 관계를 나타낸다.

하 (출제율이 높은 문제)

07 프로펠러 블레이드에 작용하는 가장 큰 힘은?

① 구심력
② 원심력
③ 인장력
④ 비틀림력

해설

원심력에 의한 인장응력
원심력은 프로펠러 회전에 의해 발생하고 블레이드를 허브의 중심에서 밖으로 빠져나가게 하는 힘을 말하며 이 원심력에 의해 프로펠러 블레이드에는 인장 응력이 발생하는데 프로펠러에 작용하는 힘 중 가장 크다.

※ 프로펠러는 회전하므로 가장 큰 힘을 원심력으로 단순히 생각하면 쉽다.

중

08 고정 피치 프로펠러 항공기의 공기속도와 합성속도가 서로 달라서 프로펠러 중심축이 방향과 같지 않을 때 발생하는 응력은?

① 휨 응력 ② 인장 응력
③ 원심 응력 ④ 비틀림 응력

해설

비틀림은 깃에 작용하는 공기 속도의 합성 속도가 프로펠러 중심축의 방향과 일치하지 않기 때문에 생기는 힘으로, 프로펠러 깃에는 비틀림 응력이 발생한다.

하 (출제율이 높은 문제)

09 Propeller Track이란?

① Propeller의 Pitch 각
② Propeller Blade Tip의 회전 궤적
③ Propeller의 끝에 발생하는 소용돌이
④ Propeller가 1회전해서 전진하는 거리

해설

트랙(Track)
프로펠러 블레이드 팁(Blade Tip)의 회전 궤도이며 각 블레이드의 상대 위치를 나타내는 것이다.

하

10 Propeller Blade에 작용되는 힘이 아닌 것은?

① 공기역학적 비틀림력
② 추력에 의한 굽힘력
③ 원심력
④ 중력

해설

프로펠러 깃은 추력에 의해 전진 방향으로 굽히려고 하는 굽힘 모멘트, 회전하는 프로펠러 깃에 발생되는 공기력 비틀림 모멘트, 원심력 비틀림 모멘트가 발생한다. 공기력 비틀림 모멘트는 깃이 회전할 때 공기 흐름에 대한 반작용으로 깃의 피치를 크게 하려는 방향으로 발생하고 원심력 비틀림 모멘트는 깃이 회전하는 동안 원심력이 작용하여 깃의 피치를 작게 하려는 경향이 있다.
원심력은 프로펠러 회전에 의해 발생하고 블레이드를 허브의 중심에서 밖으로 빠져나가게 하는 힘을 말한다. 이 원심력에 의해 프로펠러 블레이드에는 인장 응력이 발생하는데 프로펠러에 작용하는 힘 중 가장 크다.

중

11 회전 중인 Propeller Blade에 받음각의 사잇각에 대한 설명 중 맞는 것은?

① Blade의 시위선과 완전 저 Pitch Blade Angle
② Blade의 시위선과 Blade에 부딪치는 상대공기 흐름

정답 07 ② 08 ④ 09 ② 10 ④ 11 ②

③ Blade의 시위선과 Blade의 회전면

④ Blade의 시위선과 항공기의 진행 방향

해설

공기 흐름의 방향과 날개골의 시위선이 이루는 사잇각, 즉 항공기의 진행 방향과 시위선이 이루는 각을 받음각(AOA : Angle of Attack)/영각이라고 한다.

중

12 프로펠러의 추력(T)를 날개골의 양력에 비유하여 나타내는 관계식은?

① T = (공기 밀도)(프로펠러 선속도)^2(회전넓이)

② T = (공기 온도)(프로펠러 선속도)^2(회전넓이)

③ T = (공기 밀도)(프로펠러 선속도)(회전넓이)

④ T = (공기 온도)(프로펠러 선속도)(회전넓이)

해설

프로펠러의 추력 T는 날개에 작용하는 공기력에 해당된다고 볼 수 있으므로 다음과 같은 관계가 성립된다.

- T = (공기밀도) × (프로펠러 회전면의 넓이) × (프로펠러 깃의 선속도)^2

중

13 프로펠러의 추력을 구하는 공식으로 맞는 것은 어느 것인가?

① 밀도 × 토크

② 토크 × 회전각속도

③ 밀도 × 회전면의 넓이

④ 토크 × 회전면의 넓이

해설

12번 문제 해설 참조

중

14 프로펠러의 기하학적 피치에 대한 다음 설명 중 틀린 것은?

① 일반적으로 유효피치보다 크다.

② 공기 중에서 프로펠러가 1회전할 때 실제로 전진하는 거리이다.

③ 기하학적 피치를 같게 하려면 Blade Tip으로 갈수록 Blade Angle이 작아져야 한다.

④ Blade Angle이 일정하다면 기하학적 피치는 Blade Tip으로 갈수록 커져 Blade는 심한 굽힘 응력을 받게 된다.

해설

깃의 길이에 따라 깃 각이 일정하다면 기하학적 피치는 깃끝으로 갈수록 커져 깃은 심한 휨응력을 받게 된다. 따라서 깃의 전 길이에 걸쳐 기하학적 피치를 같게 하려면 깃끝으로 갈수록 깃 각이 작아지게 비틀리도록 해야 한다.

일반적으로, 기하학적 피치는 유효 피치보다 크며, 이것의 차를 평균 기하학적 피치로 나누어 백분율로 표시한 것을 프로펠러 슬립(Propeller Slip)이라 한다.

정답 12 ① 13 ③ 14 ②

02 프로펠러 구조 및 종류

하 (출제율이 높은 문제)

01 비행 속도나 기관 출력의 변화에 관계 없이 프로펠러를 항상 일정한 속도로 유지시켜주는 것은?

① Constant Speed Pitch
② Reverse Pitch
③ Fixed Pitch
④ Adjustable Pitch

해설

정속 프로펠러(Constant Speed Pitch Propeller)의 조속기(Governor)는 저피치에서 고피치까지 자유롭게 피치를 조정할 수 있어, 비행속도나 기관 출력의 변화에 관계없이 프로펠러를 항상 일정한 속도로 유지하여, 가장 좋은 프로펠러 효율을 가지도록 한다.

하

02 1개 이상의 비행속도에서 최대의 효율을 갖게 하기 위하여 지상에서 깃각을 조정할 수 있는 프로펠러는?

① 조정 피치 프로펠러
② 고정 피치 프로펠러
③ 정속 피치 프로펠러
④ 가변 피치 프로펠러

해설

조정 피치 프로펠러(Adjustable Pitch Propeller)
한 개 이상의 비행속도에서 최대의 효율을 얻을 수 있도록 피치의 조정이 가능하다. 이것은 보통 분할 허브(Split Hub) 형식으로 만들어지며, 지상에서 기관이 작동되지 않을 때 비행 목적에 따라 피치가 조정된다.

상

03 고정 피치 프로펠러 블레이드의 모델번호(Model Number) 및 부품번호(Part Number) 등 정보는 어디에 적혀있는가?

① Propeller Blade Tip
② Propeller Blade Hub
③ Propeller Blade Shank
④ Propeller Blade Face

해설

금속형 고정 피치 프로펠러의 재질은 양극 산화 처리가 된 알루미늄 합금이며, 이 프로펠러는 프로펠러 허브에 일련번호(S/N), 모델번호(Model Number), FAA 형식증명번호, 제작증명번호 그리고 프로펠러의 수리 횟수가 스탬프로 찍어 식별되도록 한다.

중

04 다음 중 프로펠러를 제작할 때 사용하지 않는 재질은?

① Wood
② Bronze
③ Steel Alloy
④ Aluminium Alloy

해설

프로펠러는 목재, 알루미늄 합금, 강(Steel)과 같은 재료로 만들어지며, 피치 변경 방법에 따라 유압식, 전동식 및 기계식으로 나누어진다.

정답 01 ① 02 ① 03 ② 04 ②

상

05 고정 Pitch Propeller에 대한 설명 중 잘못된 것은 어느 것인가?

① Blade Pitch, Blade Angle을 Propeller 제작 이후에는 변경할 수 없다.
② 일반적으로 목재 또는 알루미늄 재질의 일체형 Propeller로 제작된다.
③ 대개 저출력, 저속, 단거리의 소형기에 사용된다.
④ 이륙 시 최대 성능이 나오도록 제작된다.

해설

고정 피치 프로펠러(Fixed Pitch Propeller)
프로펠러 전체가 한 부분으로 만들어지며 깃 각이 하나로 고정되어 피치 변경이 불가능하다. 그러므로 순항 속도에서 프로펠러 효율이 가장 좋도록 깃 각이 결정되며 주로 경비행기에 사용한다.

하 (출제율이 높은 문제)

06 다음 프로펠러 중 가장 우수한 효율을 갖는 프로펠러는 어느 형식인가?

① Fixed Pitch Propeller
② Reverse Pitch Propeller
③ Constant Speed Propeller
④ 2 – Position Controllable Pitch Propeller

해설

1번 문제 해설 참조

하

07 프로펠러 날개의 루트 및 허브를 덮는 유선형 커버로 공기 흐름을 매끄럽게 하여 기관 효율 및 냉각 효과를 돕는 것은?

① Cuffs ② Shroud
③ Governor ④ Spinner

해설

스피너(Spinner)는 프로펠러 블레이드 루트(Root) 및 허브(Hub)를 덮는 유선형의 커버로 중요 역할은 복잡한 형상을 한 허브 부분의 공기 흐름을 매끄럽게 하여 기관 나셀에 다량의 공기를 유입시켜 기관 효율 및 냉각 효과를 향상시킴과 동시에 허브 부분의 저항을 줄이는 공기역학적인 역할도 한다.

상

08 조종실의 Throttle – Propeller – Mixture Control Lever를 표시하는 색깔이 옳게 연결된 것은?

① Red – Black – Blue ② Black – Red – Blue
③ Blue – Black – Red ④ Black – Blue – Red

해설

조종실 중앙부에 위치하며 가장 왼쪽부터 Throttle Lever(Black), Propeller(Blue), Mixture Control Lever(Red)이다.

상

09 Propeller의 재질에 따른 특성이 올바르게 설명된 것은?

① 목재 Propeller는 주로 고출력 왕복 Engine에 사용된다.
② Carbon Fiber와 같은 복합소재 Propeller는 주로 저출력 왕복 Engine에 사용된다.
③ 금속재 Propeller는 대체로 피로 파괴에 취약한 특성이 있다.
④ 목재 Propeller는 통나무로 만든다.

해설

목재 프로펠러는 서양 물푸레나무, 자작나무, 벚꽃나무, 마호가니, 호두나무, 흰 껍질 떡갈나무 등이 사용되고 300마력 이상의 기관에서는 사용할 수 없으며 수명이 길지 못한 단점이 있다. 복합소재나 금속재 프로펠러는 고출력 기관에 주로 쓰이며 금속재 프로펠러는 금속 특성상 주기적인 점검과 관리가 없으면 피로 파괴에 따른 손상 발생 가능성이 있으므로 지침에 따라 수행해야 한다.

정답 05 ④ 06 ③ 07 ④ 08 ④ 09 ③

중

10 고정 Pitch Propeller의 Blade Angle에 대한 설명이 맞는 것은?

① Blade 전체 길이에 걸쳐 일정하다.
② Hub 쪽으로 갈수록 커지고, Tip 쪽으로 갈수록 커진다.
③ Hub 쪽으로 갈수록 커지고, Tip 쪽으로 갈수록 적어진다.
④ Hub에서부터의 거리에 비례하여 일정하게 커진다.

해설

프로펠러 깃 각(Blade Angle)은 프로펠러 회전면과 시위선이 이루는 각을 말하며, 전 길이에 걸쳐 일정하지 않고 깃 뿌리(Blade Root)에서 깃 끝(Blade Tip)으로 갈수록 작아진다.

중

11 프로펠러의 Blade Face란 어느 부분을 말하는가?

① 프로펠러 깃의 캠버된 면
② 프로펠러 깃의 뿌리 끝
③ 프로펠러 깃의 평평한 면
④ 프로펠러 깃의 끝부분

해설

Blade Face : 프로펠러 깃의 평평한 면을 말한다.
Blade Back : 프로펠러 깃의 캠버(Camber)로 된 면을 말한다.

정답 10 ③ 11 ③

03 성능(추력, 출력, 효율)

상

01 프로펠러에 결빙이 생겼을 때의 영향이 아닌 것은?

① 과도한 진동
② 프로펠러 효율 저하
③ 블레이드 날개골의 변형
④ 프로펠러 피치 증가에 따른 엔진 출력 감소

해설

프로펠러 깃의 결빙(Icing)
프로펠러 단면 형상이 거칠게 되어 프로펠러 효율을 저하시키는 원인이 되며 이 얼음은 프로펠러 깃에 비대칭적으로 형성되어 진동과 무게를 증가시킨다.

하

02 Fixed Pitch Propeller의 설계 시 최대 효율 기준은 어느 것인가?

① 이륙 시 ② 상승 시
③ 순항 시 ④ 최대 출력 사용 시

해설

고정 피치 프로펠러(Fixed Pitch Propeller)는 프로펠러 전체가 한 부분으로 만들어지며 깃 각이 하나로 고정되어 피치 변경이 불가능하다. 그러므로 순항 속도에서 프로펠러 효율이 가장 좋도록 깃 각이 결정되며 주로 경비행기에 사용한다.

중

03 Turbo Prop Engine의 Propeller에 Ground Fine Pitch를 두는 목적은?

① 시동 시 Torque를 작게 하기 위해
② High rpm 시 소비 마력을 작게 하기 위해
③ 지상 Engine Run Up 시 Engine 냉각을 돕기 위해
④ 항력을 감소시키고 원활한 회전을 위해

해설

Ground Fine Pitch를 두는 목적
- 시동 시 토크를 적게 하고 시동을 용이하도록 한다.
- 기관의 동력 손실을 방지한다.
- 착륙 시 블레이드의 전면 면적을 넓혀서 착륙거리를 단축시킨다.
- 완속 운전 시 프로펠러에 토크가 적다.

중 (출제율이 높은 문제)

04 Propeller 감속 기어를 사용하는 가장 큰 장점은?

① Engine rpm을 높여 출력을 높이고 Propeller는 더 낮은 효율이 높은 회전속도를 유지하게 한다.
② Engine rpm을 낮추고 Propeller 회전속도를 높여 연료를 절감할 수 있다.
③ Engine rpm과 Propeller 회전속도를 함께 높여 추력을 증가시킬 수 있다.
④ Engine rpm과 Propeller 회전속도를 함께 낮춰 연료를 절감할 수 있다.

해설

프로펠러 감속 기어(Propeller Reduction Gear)의 목적
최대 출력을 위해 고회전 시 프로펠러가 엔진 출력을 흡수하여 가장 효율이 좋은 속도로 회전하게 하는 것이다. 프로펠러는 깃 끝 속도가 표준 해면상태에서 음속에 가깝거나 음속보다 빠르면 효율적인 작용을 할 수 없다. 프로펠러는 감속 기어를 사용 시 항상 엔진보다 느리게 회전한다.

정답 01 ④ 02 ③ 03 ① 04 ①

04 오일 및 동력전달장치

상

01 유압 정속 프로펠러를 장착한 항공기에서 프로펠러가 정속 운전범위 내에서 운전 중이고, Throttle이 고정된 상태에서 Governor Spring 장력을 감소시키면 어떤 현상이 발생하는가?

① 블레이드의 받음각이 작아져서 Engine rpm이 감소한다.
② 블레이드의 받음각이 커져서 Engine rpm이 증가한다.
③ 블레이드의 받음각이 커져서 Engine rpm이 감소한다.
④ Engine rpm은 변화하지 않는다.

해설

엔진 rpm이 감소되면 조속기 플라이 웨이트의 회전 속도가 감소되고 플라이 웨이트는 안쪽으로 움직여 오일 흐름이 중단되고 받음각이 커진다.

상

02 Constant Speed Propeller에서 엔진의 회전속도(rpm)가 Governor의 설정속도보다 빨라졌을 때 나타나는 현상이 아닌 것은?

① Blade Pitch의 증가에 따라 Engine 부하가 증가하여 Engine rpm이 높아진다.
② Governor Fly Weights의 원심력이 증가되어 Spring 장력보다 커진다.
③ Governor 내부 Pilot Valve가 Open되고 Propeller 내부의 Oil Pressure를 배출한다.
④ Propeller 내부 Oil Pressure가 낮아지면 Propeller Counter Weight의 원심력에 의해 Blade Pitch가 커진다.

해설

프로펠러가 설정된 rpm 이상으로 작동하면 블레이드는 정속 작동조건에 필요한 것보다 저 피치각을 이루며 엔진 속도가 조속기(Governor)의 설정 속도보다 높은 rpm으로 커지면 Fly weight가 Speeder Spring을 누르고 바깥쪽으로 움직여서 Pilot Valve를 들어올리며 실린더로부터 Oil을 배출시킨다. 이때 피치각은 고 피치가 되며 회전저항이 커져 회전속도가 떨어지고 정속 회전 상태로 돌아오며, 조속기의 상태도 중립이 된다.

중 (출제율이 높은 문제)

03 정속 프로펠러(Constant Speed Propeller)가 작동 시 정속상태(On Speed) 조건으로 옳은 것은?

① 프로펠러의 Fly Weight가 벌어져 Speeder Spring의 장력이 줄어든다.
② 프로펠러의 Fly Weight가 오므라져서 Speeder Spring의 장력이 늘어난다.
③ 프로펠러의 Fly Weight가 Speeder Spring과 평형을 이룬다.
④ 프로펠러의 Fly Weight가 Relief Valve와 평형을 이룬다.

해설

정속 프로펠러의 정속상태(On Speed Condition)는 Speeder Spring과 Fly Weight가 평형을 이루고 Pilot Valve가 중립 위치에 놓여 가압된 오일이 들어가고 나가는 것을 막는다.

정답 01 ③ 02 ① 03 ③

중 (출제율이 높은 문제)

04 정속 프로펠러에서 조속기의 플라이 웨이트(Fly Weight)가 스피더 스프링(Speeder Spring)의 장력을 이기면 프로펠러는 어떤 상태가 되는가?

① 정속상태
② 과속상태
③ 저속상태
④ 페더상태

해설

정속 프로펠러의 과속상태(Overspeed Condition)는 Fly Weight의 회전이 빨라져 밖으로 벌어지게 되어 Speeder Spring을 압축하여 Pilot Valve는 위로 올라와 프로펠러의 Pitch 조절은 Cylinder로부터 오일이 배출되어 고 피치(High Pitch)가 된다. 고 피치가 되면 프로펠러의 회전저항이 커지기 때문에 회전 속도가 증가하지 못하고 정속상태로 돌아온다.

중 (출제율이 높은 문제)

05 정속 프로펠러를 저 피치에서 고 피치까지 자유롭게 피치를 조정할 수 있도록 해주는 것은?

① Speed Governor
② Speed Governor Pump
③ Pilot Valve
④ Fly Weight

해설

조속기(Speed Governor)는 저 피치에서 고 피치까지 자유롭게 피치를 조정할 수 있어, 비행 속도나 기관 출력의 변화에 관계없이 프로펠러를 항상 일정한 속도로 유지하여, 가장 좋은 프로펠러 효율을 가지도록 한다.

정답 04 ② 05 ①

05 Automatic, Manual, Feathering, Reverse Pitch

하 출제율이 높은 문제

01 Reverse Pitch Propeller의 목적에 대한 설명 중 맞는 것은?

① 착륙 진입 시에 항공기의 속도를 늦게 한다.
② 지상에서 Pitch 변경 기구의 기능을 조사한다.
③ 급 Brake를 필요로 하는 비상 시에 사용한다.
④ 착륙 후 활주거리를 단축하기 위하여 지상에서 공력 Brake를 거는 데 사용된다.

해설

역피치 프로펠러의 목적은 항공기가 착륙 시 프로펠러 피치각을 역방향으로 전환하여 역추력을 발생시키도록 하는 것이며, 이 피치를 이용하여 착륙 활주거리 감소 목적으로 사용한다. 비행기에서는 날개의 스포일러, 역추력 장치와 같은 역할이라고 보면 된다.

하

02 다발 Engine 항공기에서 Engine 고장 시 Propeller의 풍차작용을 방지해주는 장치는?

① 고정Pitch Propeller
② 조정Pitch Propeller
③ 페더링Propeller
④ 정속Propeller

해설

비행 중 정지된 프로펠러는 기관이 프로펠러를 회전시키는 것이 아니고 프로펠러가 기관을 회전시키게 되어 풍차 회전이 생긴다. 프로펠러 페더링(Feathering)이란, 비행 중 기관에 고장이 발생되었을 때, 정지된 프로펠러에 의한 공기 저항을 감소시키고, 프로펠러 회전에 따른 기관의 고장 확대를 방지하기 위해서 프로펠러 깃을 비행방향과 평행하도록 피치를 변경시키는 것을 말하며 프로펠러의 정속 기능에 페더링 기능을 가지게 한 것을 완전 페더링 프로펠러라 한다.

상

03 다발 왕복 Engine이 장착된 항공기에서 자동 Propeller 속도 동기 System을 사용하는 이유는?

① 전체 Propeller들의 Tip 속도를 조절하기 위해
② 전체 Engine들의 회전속도 조절 및 진동 감소를 위해
③ 전체 Engine들의 출력을 조절하기 위해
④ 항공기 연료 절감을 위해

해설

대부분의 다발 항공기는 프로펠러 동기화 장치가 장착되어 있다. 동기화 장치는 엔진 rpm을 제어하여 동기화하고, 동기화는 동기화되지 않은 프로펠러 작동에 의한 진동을 줄이고 불필요한 소음을 제거한다.

중

04 프로펠러 항공기의 페더링(Feathering)을 사용하는 목적으로 아닌 것은?

① 프로펠러로 역추력을 발생시킨다.
② 정지된 프로펠러에 의한 공기 저항을 감소시킨다.
③ 프로펠러의 깃을 비행방향과 평행이 되도록 피치를 변경해준다.
④ 비행 중 기관에 고장이 발생되었을 때 사용한다.

해설

2번 문제 해설 참조

정답 01 ④ 02 ③ 03 ② 04 ①

하 출제율이 높은 문제

05 비행 중 기관에 고장이 발생되었을 때 프로펠러 회전에 따른 기관의 고장 확대를 방지하는 프로펠러는?

① 고정 피치 프로펠러
② 페더 프로펠러
③ 정속 프로펠러
④ 가변 피치 프로펠러

해설

2번 문제 해설 참조

상

06 대부분의 성형엔진 항공기에서 Automatic Propeller Synchronization은 다음 중 무엇을 통해 이루어지는가?

① Blade Switch
② Throttle Lever
③ Propeller Governor
④ Propeller Control Lever

해설

프로펠러 동기화 장치는 스로틀 쿼드란트의 앞쪽 방향에 위치한 2상 스위치에 의해 제어되며 스위치를 ON 하면 전자제어박스로 DC Power가 공급된다. 프로펠러 rpm을 나타내는 입력 신호는 각각의 프로펠러에서 자장 변화로 감지된다. 계산된 입력 신호는 명령 신호로 수정되고, 느린 엔진의 프로펠러 조속기(Governor)에 위치한 rpm 트리밍코일로 보내진다. 이 rpm은 다른 프로펠러의 rpm에 맞춰 조정된다.

중

07 프로펠러 항공기의 페더링(Feathering)이란 무엇을 말하는가?

① 비행 중 해당 비행속도에 가장 효율이 높은 피치각으로 자동변경되어 기관출력의 소모를 줄이면서 최대 효율을 갖게 해준다.
② 깃 각을 변경시킬 수 없도록 Solid로 제작한 프로펠러로 순항속도에서 가장 효율이 우수하다.
③ 엔진고장 시 프로펠러의 깃각을 최대각(90° 가까이)으로 만들어 엔진 정지와 저항감소 효과를 얻게 해준다.
④ 프로펠러가 회전하고 있는 상태에서 깃각 변경은 할 수 없으나 지상에 정지하고 있을 때 비행목적에 따라 분할 허브를 분리하여 깃각을 조절할 수 있다.

해설

2번 문제 해설 참조

정답 05 ② 06 ③ 07 ③

06 동결방지 계통

하 (출제율이 높은 문제)

01 프로펠러 항공기의 방빙장치에서 Anti-Icing Fluid는 어떤 힘으로 분출하는 것인가?

① 펌프 압력 ② 원심력
③ 구심력 ④ 중력

해설

Propeller Ice Control System Fluid System은 일반적인 Fluid System으로 Tank가 있어서 방빙액(Anti-Icing Fluid)을 저장한다. 이 방빙액은 펌프(Pump)에 의해서 각 Propeller에 보내진다. 방빙액은 원심력(Centrifugal Force)의 Pressure로 Nozzle을 통해서 각 Blade Shank로 전달된다.

상

02 프로펠러의 Full-De-Ice Mode Switch는 어떤 방법으로 제빙을 하는가?

① 모든 프로펠러 블레이드의 제빙을 멈춘다.
② 모든 프로펠러 블레이드를 한번에 제빙한다.
③ 한 개의 프로펠러를 제빙한 후 순차적으로 제빙을 한다.
④ 순차적으로 프로펠러 블레이드를 제빙시킨다.

해설

전열식 방빙 계통은 각 블레이드(Blade) 결빙 제거를 균일하게 하기 위해, 각 블레이드 발열체로 흐르는 전류량을 같게 하도록 직렬 결선을 사용하는 경우가 많다. 그러나 계통의 신뢰성 향상에 따라 병렬 회로도 사용되고 있다.

하 (출제율이 높은 문제)

03 다음 중 프로펠러에 일반적으로 사용하는 방빙액은 무엇인가?

① 디클로로에틸 ② 이소프로필 알코올
③ 아세트산 ④ 아세톤

해설

Isopropyl Alcohol이 Anti-Icing System에 사용되는데 쉽게 구할 수 있고 값이 싸기 때문이다.

상

04 Propeller Blade의 전기식 제빙 Boots가 정상적으로 작동하는지 여부를 확인할 수 있는 방법은?

① 전류계 또는 부하계로 전류가 흐르는지 확인한다.
② Boots가 가열되는지를 손으로 만져본다.
③ 지시계를 보며 해당 Blade의 Boots가 가열되는지를 손으로 만져본다.
④ Boots를 눈으로 봐서 확인한다.

해설

전류계(Ammeter) 또는 부하계(Loadmeter)로 회로에 흐르는 전류를 확인(Monitoring)할 수 있으며 전기식 제빙 부츠를 작동시키는 타이머의 작동 여부를 나타낸다.

상

05 방빙액을 사용하는 Propeller에 대한 설명 중 틀린 것은?

① Blade Leading Edge에 고무 재질의 Feed Shoes 또는 Boots를 장착한다.
② Slinger Ring에서 프로펠러의 rpm에 따른 원심력에 의해 방빙액이 뿌려진다.
③ 흔히 사용되는 방빙액은 Isoprophyl Alcohol이다.
④ 방빙 펌프의 출력 조절은 Pressure Relief Valve에 의해 이루어진다.

정답 01 ② 02 ② 03 ② 04 ① 05 ④

해설

Propeller Ice Control System의 Fluid System은 일반적인 Fluid System으로 Tank가 있어서 방빙액(Anti – Icing Fluid)를 저장한다.

이 방빙액은 펌프에 의해 각 Propeller로 공급된다.

Control System은 Pumping Rate를 다르게 해서 Propeller에 공급되는 방빙액의 양을 조절하는데 이것은 얼음상태에 따라 다르다.

방빙액은 Engine Nose Case의 Stationary Nozzle에서 Propeller Assembly 뒤쪽에 붙어있는 원형의 U-Shaped Channel Slinger Ring으로 들어간다.

방빙액은 원심력에 의해 Nozzle을 통해 각 Blade Shank로 전달되고 Blade Shank 주변의 공기흐름이 방빙액을 얼음이 생기지 않는 곳(Blade Leading Edge의 Feed Shoe, Boot)으로 분산시킨다.

이 Feed Shoe는 좁은 Rubber Strip으로 Blade Shank에서 Propeller 반경의 75%에 되는 Blade Station까지 뻗어있다.

Feed Shoe는 몇 개의 Parallel Open Channel이 있어서 방빙액을 Blade Shank에서 Tip 쪽으로 원심력에 의해 퍼져나가도록 한다. 퍼져나간 방빙액은 Channel에서부터 가로 방향으로 블레이드의 앞전(Blade Leading Edge)을 지나 흐른다.

이소프로필 알코올(Isopropyl Alcohol)이 방빙 계통(Anti – Icing System)에 사용되는데, 쉽게 구할 수 있고 값이 싸기 때문이다.

07 점검 및 정비 (Blade 검사, 수리, Balancing 및 Tracking 등)

상

01 프로펠러 수리 중 수리 허용범위 내에서 블레이드 하나의 길이가 짧아졌다면 어떻게 해야 하는가?

① 나머지 블레이드도 길이 및 형상을 같게 맞춘다.
② 불평형이 없으면 그대로 사용해도 된다.
③ 반드시 인가된 수리업체로 보내어 수리해야 한다.
④ 블레이드 각을 수정해야 한다.

해설

프로펠러 깃(Blade)의 길이가 나머지와 맞지 않는다면 길이와 형상(깃각) 모두 일치시켜야 한다. 그렇지 않으면 불평형 상태가 되어 프로펠러 회전 시 진동이 발생된다.

상

02 금속 재질 프로펠러에 있어서 눌림, 찍힘, 패임 등의 작은 표면결함에 대한 점검 및 수리가 중요한 이유는?

① Blade의 피로 파괴를 방지할 수 있다.
② Blade의 부식을 방지할 수 있다.
③ Blade의 공기역학적 불평형을 방지할 수 있다.
④ Blade의 무게 불균형을 방지할 수 있다.

해설

금속재 프로펠러와 깃은 예리한 찍힘, 절단 그리고 긁힘 등 응력의 집중으로 인한 피로 파괴에 영향을 미친다.

중 (출제율이 높은 문제)

03 알루미늄 Propeller Blade를 점검 전 세척할 때 사용하는 것은?

① 이소프로필 알코올
② 세척 솔벤트
③ 메틸 에틸 케톤
④ 비눗물

해설

알루미늄과 스틸 재질의 프로펠러 블레이드, 허브는 보통 적합한 세척 솔벤트를 브러시나 깨끗한 천을 이용하여 세척하는 데 사용한다.

상

04 알루미늄 Propeller에서 균열이나 결함 발생 시 전문 오버홀(Overhaul) 공장 이외에는 수리가 안 되는 곳은?

① Propeller Face
② Propeller Leading Edge
③ Propeller Hub
④ Propeller Shank

해설

프로펠러는 평형 점검(Balancing Check)이 중요한데 프로펠러 허브와 프로펠러 블레이드를 조립하여도 블레이드 깃뿌리(Blade Shank) 부분의 평형 점검이 완료되지 않았을 경우 다시 전문 오버홀 공장으로 돌려보내 작업을 수행한다.

중 (출제율이 높은 문제)

05 Propeller의 평형 점검에서 Propeller의 Blade, Counter Weight 등의 무게 중심이 동일한 회전면에 있지 않을 때 일어나는 현상은?

① 정적 불평형
② 유체역학적 불평형
③ 동적 불평형
④ 중심 불평형

정답 01 ① 02 ① 03 ② 04 ④ 05 ③

해설

동적 불평형(Dynamic Unbalance)은 깃(Blade) 또는 평형추(Counterweight)와 같은, 프로펠러(Propeller) 요소(Element)의 무게중심(C.G : Center of Gravity)이 회전면을 벗어났을 때 발생한다.

상

06 불평형 상태인 Propeller와 Engine 진동과의 관계에 대한 설명 중 맞는 것은?

① Engine 회전속도가 낮을 때 진동이 더 크다
② Engine 회전속도가 높을 때 진동이 더 크다
③ Engine 회전속도와 관계없이 일정하다.
④ 특정 Engine 회전속도에서만 진동이 크다

해설

불평형 상태에서 엔진 회전수를 높이면 그만큼 프로펠러의 진동수도 엄청 커지게 된다. 엔진 진동에 의해 발생되는 프로펠러 진동은 대부분 프로펠러 깃 불평형, 프로펠러의 Tracking이 안맞을 경우, 프로펠러의 깃각이 잘못 조절되었을 경우 나타나므로 이 부분을 확인하고 다시 맞춰주도록 해야 한다.

중

07 항공기 Propeller Tip이 손상되거나 장착이 잘못 되었을 경우 발생되는 문제는?

① 정적 불평형
② 동적 불평형
③ 아무런 영향이 없다
④ 프로펠러 손상(Damage)

해설

5번 문제 해설 참조

상

08 다음 중 Blade Station이 사용되는 점검 방법은?

① Blade Track 점검
② Blade 불평형 여부 점검
③ Blade 각 점검
④ Blade 무게 점검

해설

프로펠러 장착 또는 엔진 성능에 있어 부적절한 프로펠러 각도 setting이 발견되었을 경우 해당 프로펠러 제조업체의 지침에 따라 프로펠러 블레이드 각도 setting 및 블레이드 각도를 확인할 수 있는 Station을 구해야 한다. 이때 프로펠러 블레이드에 블레이드 Station 위치를 표시하거나 참조선을 긋는 목적으로 금속재 스크라이버(Scriber)나 기타 날카로운 공구를 사용해서는 안 된다. 만약 표면에 스크래치가 발생했을 경우 궁극적으로 프로펠러 블레이드의 결함 원인이 될 수도 있다.

중

09 프로펠러 블레이드 팁을 손으로 돌려보는 점검 방법은 무엇인가?

① 궤도 점검
② 진동 점검
③ 육안 점검
④ 시운전 점검

해설

궤도 점검(Tracking)은 블레이드 팁과 한 지점과의 거리를 상대적으로 비교하는 것으로 점검 방법은 날개 앞전이나 적당한 위치에 작은 막대기(혹은 굵은 와이어)를 설치하여 블레이드 팁이 닿을 만큼의 거리를 유지해준다. 프로펠러를 회전시켜 다른 블레이드가 와이어나 막대기에 가까워졌을 때 팁과 기어와의 거리를 측정한다.

정답 06 ② 07 ② 08 ③ 09 ①

CHAPTER

04 전자전기계기

Avionics

[이 장의 특징]

항공기의 신경외과라고 볼 수 있는 전자전기계기 분야는 항공기의 시신경, 감각, 정신 및 두뇌 등 섬세하면서도 엄청난 기술 진보에 따른 자동화 기술력을 보여준다.

항공업무에서는 이러한 분야의 정비사를 Aviation + Electronic의 합성어인 Avionics 정비사로 부른다.

전자전기계기는 현대 항공기 기술에 있어 다양한 과학의 집합체이자 승무원과 승객들에게 안전성과 편리성, 쾌적성 등을 제공해준다.

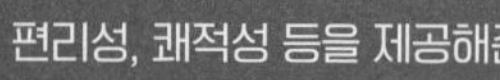

지금의 항공기 완성도에 있어 필수적이며 고장 탐구 또한 정확성과 신뢰성을 높여 항공정비사에게도 없어서는 안 되는 필수적인 시스템이다.

01 전자 및 자기이론

하

01 전자를 전기적으로 설명할 때 어떠한 극성을 나타내는가?

① 중성 ② 양극
③ 음극 ④ 무극성

해설

전자는 음전하를 가지고 있는 기본 입자로서 원자의 구성 성분이기도 하다.

하

02 도체의 전기 발생은 다음의 원자 구성요소들 중 어떤 것의 움직임에 의한 것인가?

① 원자핵 ② 중성자
③ 양성자 ④ 자유전자

해설

모든 물질은 원자핵 주위에 있는 각 궤도에 위치한 여러 전자들이 돌고 있다. 이때 가장 외곽에 있는 궤도에 위치한 전자를 최외곽 전자라 부르며, 이 전자는 원자핵으로부터 구속력이 가장 약해, 외부로부터 에너지가 주어지면 원자의 구속으로부터 쉽게 이탈하게 된다.

따라서, 물질 안에서 자유로이 움직일 수 있게 되므로 이를 자유전자(Free Electron)라고 부른다. 금속의 경우에 대부분, 이 자유전자들이 돌아다니며 전기를 일으킨다. 결국 전기의 여러 가지 현상 및 작용은 대부분 자유전자의 이동에 의한 것이다.

중 (출제율이 높은 문제)

03 전자기력(Line of Electromagnetic Force)에 대한 설명 중 틀린 것은?

① 전자기력은 S극에서 나와서 N극으로 들어간다.
② 전자기력은 서로 겹치거나 교차하지 않는다.
③ 전자기력의 힘은 임의의 한 점을 지나는 수직접선의 방향이다.
④ 전자기력 그 자신은 수축하려 하고 같은 방향의 전자기력은 서로 반발하려 한다.

해설

자력선(Magnetic Line of Force)은 자석의 N극으로부터 나와서 S극에서 끝난다. 또 자력선은 서로 뒤섞이는 일은 없다. 따라서 같은 극(Pole)을 서로 마주 대하면 자력선은 반발한다. N극에서의 자력선은 거의 S극에 들어가 버린다. 또 2개 자석 극간의 자력선이 부풀어 오른 것을 보면 자력선은 서로 반발하는 것을 알 수 있다.

상

04 전류와 자기장의 관계에 대한 설명 중 틀린 것은?

① 직선전류에 의한 자기장의 세기는 도선의 거리에 반비례한다.
② 직선 Wire에 전류가 흐르면 전류를 중심으로 동심원의 자기장이 만들어진다.
③ 자기장의 방향은 오른손 엄지가 전류방향 시 나머지 손가락이 감아지는 방향이다.
④ Coil에 전류가 흐를 시 자기장의 방향은 왼손 네 손가락을 전류 방향으로 가정할 시 엄지가 가리키는 방향이 N극이다.

해설

미국과는 달리 전류의 흐름을 기준으로 하고 있으며 오른손 법칙이 적용된다.

정답 01 ③ 02 ④ 03 ① 04 ④

중

05 자기회로에서 전류의 흐름을 제한하는 요소인 저항과 같은 의미를 나타내는 것은?

① Resistance
② Impedance
③ Reluctance
④ Conductance

해설

자기저항(Reluctance)은 자기회로에서 자기력선속에 대하여 생기는 전기저항력을 말한다.

중

06 전기회로에 적용되는 키르히호프의 법칙을 맞게 설명한 것은?

① 제1법칙은 전압에 관한 법칙이다.
② 제1법칙은 전류에 관한 법칙이다.
③ 제1법칙은 회로망의 임의의 한 폐회로 중의 전압 강하의 대수합과 기전력의 대수합은 같다.
④ 제2의 법칙은 회로망에 유입하는 전류의 합은 유출하는 전류의 합과 같다.

해설

- 키르히호프 제1법칙(전류가 일정) : 회로망에 유입하는 전류의 합은 유출하는 전류의 합과 같다.
- 키르히호프 제2법칙(전압이 일정) : 회로망의 임의의 한 폐회로 중의 전압 강하의 대수합과 기전력의 대수합은 같다.

중

07 도체와 자석의 상대운동에 의해 일어나는 유도 기전력은 그 기전력에 의해 흐르는 유도 전류가 만드는 자계가 상대운동을 방해하는 방향으로 발생하는 법칙은?

① 렌쯔의 법칙
② 키르히호프의 법칙
③ 패러데이의 법칙
④ 플레밍의 왼손법칙

해설

도체와 자석의 상대운동에 의해 일어나는 유도 기전력은 그 기전력에 의해 흐르는 유도 전류가 만드는 자계가 상대운동을 방해하는 방향을 발생한다. 이것을 렌쯔의 법칙(Lenz's Law)이라고 한다.

상

08 다음 중 회로에 적용되는 법칙이 아닌 것은?

① 키르히호프의 법칙
② 중첩의 원리
③ 테브난 정리
④ 렌쯔의 법칙

해설

회로에 관련된 법칙으로는 키르히호프의 법칙, 테브난/노턴의 정리, 밀만의 정리, 중첩의 원리, 블론델의 정리 등이 있다.

상

09 다음 설명 중 틀린 것은?

① 한 가지 원자로만 구성된 물질을 원소(Element)라고 한다.
② 원자는 물질 그 자체의 화학적인 성질을 지닌 채 쪼개어질 수 없는 가장 작은 알맹이다.
③ 원자는 양자와 중성자로 구성된 핵으로 구성되어 있다.
④ 양자의 양전하가 끌어당기므로 쉽게 떨어져 나갈 수 있는 전자를 자유전자라고 한다.

해설

원자는 양성자, 중성자, 전자로 구성된다.

정답 05 ③ 06 ② 07 ① 08 ④ 09 ③

상

10 다음 중 전자석의 세기와 관계가 가장 먼 것은?

① Coil에 흐르는 전류의 양

② Coil의 감은 수

③ Coil Material의 투과율

④ Coil의 굵기

해설

전자석은 코일을 단위길이 당 감은 수가 많으면 많을수록 코일의 자기장이 겹쳐 세기가 강해지고 코일의 재질 즉, 감은 심의 투과율이 높을수록 자화가 잘되어 전자석의 세기 또한 강해진다. 흐르는 전류의 양도 마찬가지로 많을수록 자기장의 세기가 강해져 전자석이 강해진다. 이유는 전류가 흐를 때 전류 주위로 자기장이 발생하기 때문이다.

정답 10 ④

02 전기 일반 및 용어

하 (출제율이 높은 문제)

01 다음 중 전류를 연속적으로 만들어 주는 기전력의 단위는?

① F ② VA
③ V ④ W

해설

기전력은 전지, 발전기 등에서 전압을 연속적으로 만들어주는 능력으로 단위는 전압[V]을 사용한다.

하

02 전위 1V를 높이는데 1쿨롱의 전하량을 필요로 하는 전기 용량의 단위는?

① Farad ② Watt
③ Ohm ④ Henry

해설

패러드(Farad)는 1C(쿨롱)의 전하를 주었을 때 전위가 1V가 되는 전기 용량의 단위이다.

하 (출제율이 높은 문제)

03 다음 중 전력의 단위가 아닌 것은?

① W ② mW
③ kW ④ kWh

해설

전력은 1초 동안 1J의 전기 에너지를 산출하는 일률인 전기의 힘이며 즉, 힘의 세기를 말하고 단위로는 W, mW, kW가 있으며 kWh는 전력량의 단위이다. 전력량은 단위시간당 전기가 한 일의 양이다.

하

04 전기의 전력을 나타내는 단위는?

① Watt ② Ampere
③ Coulomb ④ Volt

해설

3번 문제 해설 참조

하

05 1초 동안 1J의 에너지를 산출하는 일률을 뜻하는 단위는?

① W ② A
③ V ④ Ω

해설

3번 문제 해설 참조

하 (출제율이 높은 문제)

06 다음 중 전류를 측정할 때 쓰이는 단위로 옳은 것은?

① Watt ② Ampere
③ Ohm ④ Volt

해설

전류는 전하의 흐름으로, 일정 시간 내 단면을 통하여 단위 시간 당 흐르는 전하의 양이다. 기호는 I, 단위는 A[Ampere]를 사용한다.

정답 01 ③ 02 ① 03 ④ 04 ① 05 ① 06 ②

하 (출제율이 높은 문제)

07 다음 중 전하를 측정할 때 쓰이는 단위로 옳은 것은?

① Volt ② Ampere
③ Ohm ④ Coulomb

해설

전하의 단위는 C(Coulomb)으로 도선에 1A 전류가 흐를 시 1초 동안 전선을 통과하는 전하량을 1C으로 정한다.

하 (출제율이 높은 문제)

08 플레밍의 오른손 법칙으로 알 수 없는 것은?

① 유도 기전력의 방향
② 자기장의 방향
③ 도체의 운동방향
④ 자속의 방향

해설

플레밍의 오른손 법칙을 사용하면 자기장의 방향과 도선이 움직이는 방향을 알 때 유도기전력 또는 유도전류의 방향을 결정할 수 있다. 방법은 오른손 엄지를 도선의 운동방향, 검지를 자기장의 방향으로 했을 때 중지가 가리키는 방향이 유도기전력 또는 유도전류의 방향이 된다.

하 (출제율이 높은 문제)

09 플레밍의 왼손법칙으로 알 수 없는 것은?

① 유도 기전력의 방향
② 전자력의 방향
③ 자기장의 방향
④ 전류의 방향

해설

왼손의 엄지, 검지, 장지를 서로 수직하게 폈을 때, 검지를 자기장, 장지를 전류의 방향으로 하면 엄지손가락이 가리키는 방향이 힘의 방향이 된다.

상

10 전기 저항기의 기본적인 기능으로 틀린 것은?

① 전류를 제한한다.
② 교류 회로와 직류 회로에 사용된다.
③ 온도의 상승으로 저항치는 재질에 따라 증가 또는 감소한다.
④ 전압을 높이거나 내리거나 하여 적당한 값으로 유지하기 위한 기능을 한다.

해설

전기 저항기를 조합한 전기 회로를 만들어 출력 부하의 전압을 변경할 수도 있으나 전압의 조절은 본래의 목적이 아니다. 전류를 제한하는 것이 사용 목적이다.

상

11 전압생성에 대한 설명 중 틀린 것은?

① Static Electricity : 두 물체 사이의 마찰에 의해 생성되는 전기
② Piezoelectricity : 일부 Crystal에 압력을 가할 시 생성되는 전기
③ Electromagnetic Induct : 자기장 내에서 도체가 움직일 시 도체에 생성되는 전기
④ Thermoelectric : 두 개의 동질 금속을 접합 시키고 열을 가할 시 생성되는 전기

해설

동질 금속이 아니라 Al－Cr과 같은 이질 금속의 경우 미세한 전압이 발생된다.

하

12 다음 중 전자유도 효과에 따라 기계적 에너지를 전기적 에너지로 바꿔주는 것은?

① 전동기 ② 발전기
③ 축전지 ④ 반도체

정답 07 ④ 08 ④ 09 ① 10 ④ 11 ④ 12 ②

해설

발전기는 전자유도 효과에 따라 기계적 에너지를 전기적 에너지로 바꾼다.

하 (출제율이 높은 문제)

13 일반적으로 외부로부터 에너지를 받아 전기에너지를 발생시키는 요소로 아닌 것은?

① 열 ② 빛
③ 화학 ④ 광합성

해설

어떤 중성인 물질이 외부로부터 에너지를 받으면 전기가 발생되는데, 이러한 전기를 발생시키기 위한 에너지로는 마찰, 압력, 열, 빛, 화학, 자기 작용 등이 있으며, 발생된 전기들은 물체의 표면에 정지하고 있는 정전기와 전기가 계속해서 흐르는 동전기로 구분할 수 있으며, 동전기는 교류, 직류, 맥류로 구분된다.

하 (출제율이 높은 문제)

14 도체의 저항 발생에 영향을 미치는 요소가 아닌 것은?

① 길이 ② 단면적
③ 공기 밀도 ④ 온도

해설

도체의 전기저항은 그 재료의 종류(물질의 성질), 길이, 단면적 및 온도의 4가지 요소에 의해 결정된다.

중 (출제율이 높은 문제)

15 전류의 흐름 방향에 대해 틀린 것은?

① −극에서＋극으로 흐른다.
② Plate에서 Cathode로 흐른다.
③ 전자는 흐름의 전류의 흐름과 반대방향으로 흐른다.
④ 콜렉터에서 이미터로 흐른다.

해설

전류의 흐름은 일반적으로＋에서 −로 흐른다. 전자의 흐름이 그 반대이다.

하

16 다음 중 옴의 법칙 공식으로 옳은 것은?

① V=R/I ② V=I/R
③ I=V/R ④ R=I/V

해설

옴의 법칙은 다음과 같이 알아두면 좋다.

<table>
<tr><td colspan="2">전압(V)</td></tr>
<tr><td>전류(I)</td><td>저항(R)</td></tr>
</table>

상

17 전류, 전압, 저항에 대해 서로의 관계를 잘못 설명한 것은?

① Ampere는 1초 동안에 1 Coulomb의 전하량이 통과한 값이다.
② 1 Volt는 1 Ampere의 전류를 1 Ohm의 저항에 흐르게 하는 기전력이다.
③ 1 Ohm은 도체에 1 Volt의 기전력을 가할 시 1 Ampere의 전류가 흐르는 값이다.
④ Volt와 Ampere는 반비례 관계에 있다.

해설

옴의 법칙 V=IR로 전압과 전류는 비례관계임을 알 수 있다.

중

18 전류의 크기를 결정하는 것은?

① 도체의 전선, 전압
② 도체의 저항, 전압

정답 13 ④ 14 ③ 15 ① 16 ③ 17 ④ 18 ②

③ 도체의 전압차, 전선
④ 전압차로 인한 마찰전기, 전류 용량

해설

기본적으로 전류는 옴의 법칙에 의거 전압과 저항과 관계된다.

하

19 다음 중 전류흐름에 대하여 저항이 가장 큰 물체는?

① 도체 ② 절연체
③ 반도체 ④ 양도체

해설

은, 구리, 알루미늄처럼 전류가 잘 흐르는 물질을 도체라고 하고, 종이나 유리처럼 전류가 잘 흐르지 않는 물질을 부도체(절연체)라고 한다.

하 (출제율이 높은 문제)

20 다음 중 일정 시간 내에 도체의 단면에 얼마나 많은 전자가 움직이는가를 나타내는 것은?

① 전류 ② 전압
③ 저항 ④ 전력

해설

6번 문제 해설 참조

21 어떤 도체의 길이를 2배로 하고 단면적을 1/2로 하였다면 저항값은 처음보다 몇 배인가?

① 4 ② 6
③ 8 ④ 12

해설

도체 자체의 전기저항을 고유저항이라 하며 공식은 다음과 같이 있다.

$R = \rho\frac{l}{S}[\Omega]$

*고유저항 : ρ [$\Omega\cdot$m], 도체길이 : l[m²], 단면적 : S[m]

이 공식을 응용하여 대입해보면, $R = \rho\frac{l}{S}[\Omega] = \rho\frac{2l}{\frac{S}{2}}[\Omega] =$ 4R이 된다. 즉, 4배가 되는 것이다.

정답 19 ② 20 ① 21 ①

03 직류 흐름(DC Theory)

하

01 다음 중 항공기에 직류(DC)를 공급해 주는 장비품에 해당되지 않는 것은?

① 납－산 배터리
② 니켈－카드뮴 배터리
③ 직류전동기
④ 직류발전기

해설

전동기는 전기 에너지를 기계 에너지로 변환하며 주로 항공기에서는 시동기(Starter)에 많이 쓰인다.
축전지(Battery, BATT') : 화학 에너지 → 전기 에너지
발전기(Generator, GEN') : 기계 에너지 → 전기 에너지

중

02 다이오드(Diode)의 단락(Short), 단선(Open) 검사 방법은?

① 회로에서 떼어낸 후 검사한다.
② 회로에 연결되어 있는 상태여야 한다.
③ ＋에서 －로 전류를 흘려보내서 검사해야 한다.
④ Milliamp Ammeter를 사용한다.

해설

다이오드의 단선 및 단락을 검사하기 위해서는 최소한 한 부분을 회로에서 분리한 후 실시한다.

하 (출제율이 높은 문제)

03 정류기에 사용하는 부품 중 교류를 직류로 전환시키는 데 사용하는 부품은?

① 저항 ② 다이오드
③ 트랜지스터 ④ 콘덴서

해설

교류를 직류로 전환시키는 데 사용하는 정류기는 여러 가지 종류가 있다. 모든 정류기는 간단한 전자 체크밸브로서 전자의 흐름을 한 방향으로 흐르도록 허용하며 반대방향으로 흐르려는 전자를 막아주는 역할을 한다.

하 (출제율이 높은 문제)

04 전기회로에 쓰이는 다이오드(Diode)의 기능은?

① 정류 작용
② 증폭 작용
③ 전압 조절 작용
④ 스위칭 작용

해설

3번 문제 해설 참조

정답 01 ③ 02 ① 03 ② 04 ①

04 교류 흐름(AC Theory)

상

01 교류회로 내의 축전기(Condensor)의 전압은 회로 자체 전압의 몇 배 정도가 적합한가?

① 가해지는 전압의 1.41배가 되어야 한다.
② 가해지는 전압보다 높거나 같아야 한다.
③ 가해지는 전압의 0.707배가 되어야 한다.
④ 가해지는 전압보다 50%정도 높아야 한다.

해설

교류회로의 전압은 일반적으로 실효값으로 표시를 하는데, 축전기(Condensor)에 인가되는 최대전압값은 실효값이 아닌 회로 전압의 최대값이다. 최대값은 가해지는 전압의 1.41배 이상이 되어야 하므로 축전기 전압은 회로 자체 내의 전압보다 50% 정도 높아야 한다.

중 (출제율이 높은 문제)

02 교류전원에 저항을 연결하여 열을 발생시키거나 그 외에 일을 할 때 동일한 역할을 하는 직류의 값을 사용하는 전압은?

① 순시값　② 실효값
③ 최대값　④ 평균값

해설

실효값이란 교류가 실제로 일을 하는 값으로 직류로 환산한 값이라 할 수 있다. 직류나 교류나 저항을 통과하면 열이 발생하는데, 이때 같은 t초 동안 소비되는 전기 에너지(전력량)는 같다.

하

03 교류전류의 주파수 측정시간 기준으로 옳은 것은?

① 1초　② 1분
③ 1/1000초　④ 1시간

해설

교류는 시간의 경과와 함께 규칙적으로 일정한 주기를 가지고 그 크기와 방향을 바꾸는 전류라 한다. 교반전류라고도 하며, 기호는 AC로 표시한다. 교류의 1회 파형 변화를 1사이클이라고 하고, 1사이클을 완료하는데 필요한 시간을 주기라고 한다. 또 1초간에 반복되는 사이클 수를 주파수라고 하고, 헤르쯔(Hz)로 표기한다.

중

04 교류회로에서 교류의 주파수가 높을수록 유도 리액턴스(Inductive Reactance)가 증가하는 것은?

① 전압(Voltage)
② 저항(Resistance)
③ 콘덴서(Condensor)
④ 커패시턴스(Capacitance)

해설

주파수가 증가하면 자장의 변화가 증가하므로 유도성 리액턴스도 증가된다. 유도성 저항은 회로의 주파수와 인덕턴스의 양으로서 인덕턴스와 주파수와 정비례한다.

하

05 교류회로의 3가지 저항체로 아닌 것은?

① 전류　② 저항
③ 코일　④ 콘덴서

해설

교류의 전기 회로에서 전류가 흐르는 것을 저지하는 것에는 저항, 코일 및 콘덴서가 있다. 이들을 총칭하여 저항체라고 한다. 저항은 주파수의 변화에 대해 값은 변하지 않으나, 코

정답　01 ④　02 ②　03 ①　04 ②　05 ①

일은 주파수의 크기에 비례하여 늘고 콘덴서는 주파수의 크기에 반비례하여 감소한다.

중

06 교류 회로에서의 실효값은?

① 최대 순간 전압과 같다.
② 최대 순간 전압보다 크다.
③ 최대 순간 전압보다 크거나 작다.
④ 최대 순간 전압보다 작다.

해설

실효값이나 평균값은 항상 최대값보다 작으며 가정용 전원(AC 사인파 교류)인 경우 최대 순간 전압의 $\frac{1}{\sqrt{2}}$가 실효값이 된다.

하

07 다음 중 항공기에 교류전력을 제공하는 장비가 아닌 것은?

① GPU에 의해 공급되는 전력
② 변압정류기에 의해 공급되는 전력
③ APU Generator에 의해 공급되는 전력
④ Engine Generator에 의해 공급되는 전력

해설

정류기는 교류전력을 직류 전원으로 변환해주는 역할을 한다.

중

08 코일에서 1초에 4A에서 6A가 되는 전류가 흐를 때 전압이 40V인 코일의 인덕턴스는?

① 10H ② 20H
③ 40H ④ 80H

해설

인덕턴스 공식은 다음과 같다.

$L = V \times \frac{\Delta t}{\Delta i}$ 에서 Δt초 간에 Δi[A]만큼 변화가 발생되면 V가 발생한다.

$L = 40 \times \frac{1}{2} = 20H$

중 (출제율이 높은 문제)

09 교류회로 내의 전류 흐름을 제한하는 요소 모두를 합친 것은 어느 것인가?

① Impedance ② Resistance
③ Capacitance ④ Total Resistance

해설

임피던스(Impedance)는 교류회로에서 전류가 흐르기 어려운 정도를 나타낸다.

중

10 교류회로에서 사인파 교류전압(V)의 식이 'V=Vmsin(ω t)' 인 경우, 각 시간 또는 특정 시간에 발생된 전압값은 무엇인가?

① 순시값 ② 평균값
③ 실효값 ④ 최대순도값

해설

사인파 교류에 발생되는 전압

1. 순시값
   순간순간 변하는 교류의 임의의 시간에 대한 값
   $V = V_m \sin(\omega t)$ [V](V : 전압의 순시값[V], Vm : 전압의 최대값, ω : 각속도[rad/s], t : 주기[s])
2. 실효값
   교류의 크기를 교류와 동일한 일을 하는 직류의 크기로 환산한 값
   $I = \frac{I_m}{\sqrt{2}} \simeq 0.707 I_m$[A]
3. 평균값
   교류 순시값의 1주기 동안의 평균을 취하여 교류의 크기를 나타낸 값
   $V_a = \frac{2}{\pi} V_m \simeq 0.673 V_m$[V]

정답 06 ④ 07 ② 08 ② 09 ① 10 ①

05 아날로그(Analog) 회로

중 (출제율이 높은 문제)

01 다음 중 정류 후 전압이나 전류가 부하변화 또는 교류전원의 변동에도 일정하게 해주는 회로는?

① 정류회로 ② 발진회로
③ 평활회로 ④ 안정화회로

해설

정류회로와 평활회로를 거친 직류 출력은 입력 전원의 변동이나 부하 변동에 의해 변할 수 있는 비안정 전원으로 이를 안정화시키기 위해서는 안정화 회로를 사용해야 한다.

하

02 전자회로의 기본적인 구성은 무엇인가?

① 정류회로, 증폭회로
② 정류회로, 발진회로
③ 증폭회로, 발진회로
④ 정류회로, 발진회로, 증폭회로

해설

전자회로는 교류 전원을 직류 전원으로 변환하는 정류 회로, 공급된 직류 전원을 작은 입력 신호로 제어하여 큰 출력 신호로 변환시키는 증폭 회로, 일정한 진폭, 외부로부터 전기적인 신호가 없어도 교류 신호인 전기 진동을 발생하는 발진 회로가 있다.

중 (출제율이 높은 문제)

03 다음 중 병렬회로를 가장 잘 설명한 것은?

① 합성저항 값은 제일 작은 저항값보다 작다.
② 회로에서 하나의 저항을 제거할 때 합성저항 값은 줄어든다.
③ 합성저항 값은 인가된 전압 값과 같다.
④ 총 전류는 저항과 관계없이 변화가 없다.

해설

병렬회로에서 합성저항을 구하려면 각 저항별로 분수로 하여 분모를 통분 후 계산을 하는데, 이렇게 계산을 한 총 저항(합성저항) 값은 각각 나눠져 있는 가장 작은 저항값보다 작은 특징이 있다.

중 (출제율이 높은 문제)

04 다음 중 병렬회로에 대한 설명으로 맞는 것은?

① 전류는 회로 내의 어느 부분에서도 같다
② 전류는 기전력전압과 회로 내의 총저항의 곱이다.
③ 총 전류는 회로의 각 분선에 흐르는 전류의 총합이다.
④ 전류는 기전력전압에 총 저항으로 나눈 값이다.

해설

1번 경우에는 키르히호프 제2법칙에 의거하여 병렬에서는 전압이 일정하므로 틀렸다.
2번 경우에는 전류값은 전압에 저항을 나눈 값이 전류이므로 틀렸다.
4번 경우에는 전류는 1초당 1C(쿨롱)의 전하량이 움직이는 양을 말하므로 Q/t 공식에 따라 값이 나오므로 틀렸다.

중

05 어떤 전기회로에 저항이 100Ω, 유도 리액턴스가 200Ω, 용량형 리액턴스가 100Ω일 때 임피던스 값은 얼마인가?

① 119.3Ω ② 222.2Ω
③ 303.7Ω ④ 141.4Ω

정답 01 ④ 02 ④ 03 ① 04 ③ 05 ④

해설

임피던스 공식은 다음과 같다.

$Z = \sqrt{R^2 + (XL - XC)^2}$ 에서 R : 저항, XL : 유도 리액턴스, XC : 용량형 리액턴스

$= \sqrt{100^2 + (200-100)^2} = 100\sqrt{2}\ \Omega$

중

06 8Ω 의 저항에 전력이 5,000W일 때 전류는?

① 20A ② 25A
③ 30A ④ 35A

해설

$P = EI,\ I = \frac{E}{R},\ E = RI$이므로

$P = RI^2$

$I^2 = \frac{P}{R} = \frac{5000}{8} = 625$이므로 $I = 25A$

중

07 만약 3Ω, 5Ω, 22Ω 의 저항들이 28V회로에 직렬로 연결되어 있다면 얼마만큼의 전류가 흐르는가?

① 9.3A ② 1.05A
③ 1.03A ④ 0.93A

해설

직렬 회로에서 전류값 구하는 공식은 옴의 법칙에 의거

$I = \frac{V}{R} = \frac{28}{30} = 0.93A$, R값은 총 저항값으로 3+5+22의 합이다.

중

08 28V의 전기 회로에 3개의 직렬 저항만 들어있고, 이들 저항은 각각 10Ω, 15Ω, 20Ω 이다. 이 때 직렬로 삽입한 전류계의 눈금을 읽으면 다음 중 어느 것인가?

① 0.62A ② 1.26A
③ 6.22A ④ 62A

해설

직렬 회로에서 전류값 구하는 공식은 옴의 법칙에 의거

$I = \frac{V}{R} = \frac{28}{45} = 0.62A$, R값은 총 저항값으로 10+15+20의 합이다.

상

09 항공기 통합 구동 발전기(IDG)의 비정상적인 출력으로 인한 손상을 보호하는 회로가 아닌 것은?

① 차전류 보호 회로
② 불평균 전류 보호 회로
③ 과여자 보호 회로
④ 유효출력 및 무효출력 회로

해설

(1) 과전압 및 저전압 보호 회로(Over Voltage and Under Voltage Protection Circuit)
발전기의 출력이 과전압(약 130V 이상)이나 저전압(약 100V 이하)이 되면, 먼저 BTB를 열어(Trip) 그 발전기를 병렬 운전으로부터 차단한다. 이어서 GCB를 열어 발전기를 버스로부터 분리한다.

(2) 과여자 및 저여자 보호 회로(Over Excitation and Under Excitation Protection Circuit)
병렬 운전 중에 과여자나 저여자가 생기면 과전압 및 저전압 보호 회로를 작동시켜 발전기를 메인 버스로부터 분리한다.

(3) 차전류 보호 회로(Difference Current Protection Circuit)
병렬 운전 중에 각 발전기의 부하 전류에 정격의 약 20% 이상의 차가 생기면, BTB를 트립(Trip)시켜 발전기를 병렬 운전으로부터 분리한다.

(4) 접지 사고 보호 회로(Feeder Fault Protection Circuit)
발전기나 버스에 접지 사고가 생겼을 때의 보호 회로로 전류 변압기가 발전기의 접지선과 버스에 들어가 있어서, 이 검출 전류에 정격의 약 10%의 차가 생기면 먼저 GCB를 트립(Trip)시켜 발전기를 회로에서 분리함과 동시에 발전을 정지시킨다. 계속 고장이 나면 BTB를 트립(Trip)시켜 그 버스의 전력을 분리시킨다.

정답 06 ② 07 ④ 08 ① 09 ④

(5) 불평균 전류 보호 회로(Unbalance Current Protection Circuit)

발전기의 부하 전류를 감시하는 것으로 3상 중에서 1상의 전류가 극단적으로 작을 때, 그 상이 어디에서 단락된 것으로 간주하여 먼저 BTB를 트립(Trip)시킨다. 고장이 계속 되는 경우는 GCB를 트립(Trip)시켜 발전을 정지시킨다.

하

10 50Ω 의 저항이 있는 전기회로에 500V 전압을 연결할 때 전류계에 나타나는 전류값은 얼마인가?

① 5A　　② 10A

③ 15A　　④ 25A

해설

옴의 법칙을 응용하여,

V = IR에서 $I = \frac{V}{R} \rightarrow I = \frac{500}{50} = 10A$

중

11 전기회로에서 60Ω 의 저항 3개로 만들 수 있는 가장 적은 수치의 저항 연결법은?

① 직렬 연결로 각각 10Ω

② 병렬 연결로 각각 20Ω

③ 직병렬 연결로 각각 20Ω

④ 직병렬 연결로 각각 10Ω

해설

60Ω의 저항 3개를 병렬로 연결 시 $R_t = \frac{1}{R_1} + \frac{1}{R_2} + \frac{1}{R_3} = \frac{1}{60} + \frac{1}{60} + \frac{1}{60} = \frac{3}{60} = \frac{1}{20}$에서 역수로 바꿔주면 20Ω이 된다. 직렬로 연결한다면 $R_t = R_1 + R_2 + R_3 = 60 + 60 + 60 = 180$Ω이 되므로 가장 적은 수치의 저항값이 나오기 힘들다.

하

12 전원전압이 24V이고 저항이 3Ω 일 때 이때 흐르는 전류는?

① 0.125A　　② 72A

③ 8A　　④ 5A

해설

옴의 법칙을 응용하여,

V = IR에서 $I = \frac{V}{R} = \frac{24}{3} = 8A$

하

13 여러 개의 전구를 동시에 켜고 끌 수 있게 하려면?

① 전구를 직렬, 스위치를 직렬로 연결한다.

② 전구를 직렬, 스위치를 병렬로 연결한다.

③ 전구를 병렬, 스위치를 직렬로 연결한다.

④ 전구를 병렬, 스위치를 병렬로 연결한다.

해설

전구를 병렬로 연결하고 이 연결한 선에서 스위치를 직렬로 연결하면 스위치 조작에 따라 전구를 한번에 여러 개를 동시에 ON/OFF 할 수가 있다.

하

14 3초 동안 36전하가 흐르면 총 몇 암페어의 전류가 흐르는가?

① 5A　　② 8A

③ 12A　　④ 15A

해설

전류 : I[A], 단위시간당 흐른 전하량으로 $I = \frac{Q}{t}$[Q/s]로 나타낼 수 있다.

이 문제를 공식에 대입하면, $I = \frac{36}{3}$으로 12A가 된다.

정답 10 ② 11 ② 12 ③ 13 ③ 14 ③

하

15 전기회로 요소 중 전류가 잘 흐르게 하는 것은?

① Conductance ② Inductance

③ Henry ④ Capacitance

해설

컨덕턴스(Conductance)는 전류가 흐르기 쉬운 정도를 나타낸다. 단위는 모(mho)를 사용한다.

상

16 100V/30W 전구의 저항과 전류로 옳은 것은?

① 33.3Ω, 0.3A

② 33.3Ω, 3.0A

③ 333.3Ω, 0.3A

④ 333.3Ω, 3.0A

해설

전력을 구하는 공식은 전압 × 전류이므로 응용하면 다음과 같다.

$P = VI,\ 30 = 100 \times I,\ I = \frac{30}{100},\ I = 0.3A$

저항값은 옴의 법칙을 응용하여 $R = \frac{V}{I}$를 이용하여,

$R = \frac{100}{0.3},\ R = 333.3$

중

17 정전압 회로에 대한 설명으로 옳은 것은?

① 더욱 안정된 전류를 요구할 때 쓰이는 회로이다.

② 더욱 안정된 전압을 요구할 때 쓰이는 회로이다.

③ 더욱 안정된 저항을 요구할 때 쓰이는 회로이다.

④ 더 많은 전하량을 축적시켜 전압을 높일 때 쓰이는 회로이다.

해설

부하단자 전압을 일정하게 하기 위해서는 정전압 안정화 회로를 사용해야 한다.

중

18 R_1=10Ω, R_2=20Ω, R_3=20의 저항으로만 연결된 병렬직류회로의 전체 저항값으로 옳은 것은?

① 2[Ω]

② 20[Ω]

③ 5[Ω]

④ 50[Ω]

해설

병렬회로에서의 전체저항값 계산은 다음과 같다.

$R_t = \frac{1}{R_1} + \frac{1}{R_2} + \frac{1}{R_3}$

$R_t = \frac{1}{10} + \frac{1}{20} + \frac{1}{20}$

분모를 모두 20으로 통분 후

$R_t = \frac{2}{20} + \frac{1}{20} + \frac{1}{20} = \frac{4}{20} = \frac{1}{5}$

분수를 역수로 취하면 다음과 같이 답이 나온다.

$R_t = 5[\Omega]$

정답 15 ① 16 ③ 17 ② 18 ③

06 디지털(Digital Technology) 기술

하 (출제율이 높은 문제)

01 다음 논리회로 중 모든 입력이 "0"이면 출력이 "0"이고, 모든 입력이 "1"이면 출력이 "1"인 것은?

① Invert(NOT) – Gate
② NAND – Gate
③ OR – Gate
④ NOR – Gate

해설

• OR – Gate

입력		출력
A	B	S
0	0	0
0	1	1
1	0	1
1	1	1

• AND – Gate

입력		출력
A	B	S
0	0	0
0	1	0
1	0	0
1	1	1

• NOR – Gate

입력		출력
A	B	S
0	0	1
0	1	0
1	0	0
1	1	0

• NAND – Gate

입력		출력
A	B	S
0	0	1
0	1	1
1	0	1
1	1	0

중 (출제율이 높은 문제)

02 Digital Comparator를 사용하며 2개의 서로 다른 입력이 들어올 때만 출력이 1이 나오는 Logic Gate는?

① EX – OR Gate
② AND Gate
③ NAND Gate
④ NOT Gate

해설

1번 문제 해설 참조

하

03 디지털 컴퓨터에 기본적으로 쓰이는 진법은?

① 2진수 ② 8진수
③ 10진수 ④ 12진수

해설

2를 기수로 하여 0과 1의 2 종류 숫자로 나타내는 수이며 두 값의 신호(0 or 1)는 컴퓨터 내 정보의 최소단위(1 bit)로서 취급되고 2진수가 기본이 된다.

하

04 다음 중 정보 처리의 최소단위는?

① Bit ② Byte
③ Word ④ Digit

해설

3번 문제 해설 참조

정답 01 ③ 02 ① 03 ① 04 ①

중

05 8진수(112)를 10진수로 변환하면?

① 165 ② 148
③ 132 ④ 74

해설

1(8 exp 2+1(8 exp 1+2(8 exp 0=64+8+2=74

중

06 항공전자 장비 간의 Data 송수신 시 Data Error를 확인하는 방법으로 사용하는 것은?

① Parity Bit
② Label
③ Analog/Digital Converter
④ SDI(Source Destination Identifier)

해설

ARINC 429 프로토콜 기반 항공 데이터 전송 방식 용어

- Parity Bit : 정보의 전달 과정에서 오류가 생겼는지를 검사하기 위해 추가된 Bit이다.
- Label : 하위 8bit로 구성되며 정보 식별자로서 메시지의 의미를 표현한다.
- SDI(Source/Destination Identifier) : 9번, 10번 Bit로 구성되며 송신측(Source)과 수신측(Sink)을 구별하기 위해 사용된다. SDI로서 사용되지 않을 경우 데이터 영역으로 사용 가능하다.
- ADC(Analog/Digital Converter) : 아날로그 신호를 디지털 데이터로 읽기 위해 변환해주는 모듈이다.

중

07 항공기에 사용하는 Computer 중 전원을 Off 해도 Data가 저장되는 Memory Device로 올바른 것은?

① EPROM ② RAM
③ Multiplexer ④ CPU

해설

EPROM(Erasable Programmable Read Only Memory)은 비휘발성 반도체 기억장치로 프로그램 내용을 소거해 다시 프로그램 할 수 있도록 한 읽기용 기억장치이다.

하 (출제율이 높은 문제)

08 다음 중 모든 입력이 "1"이면 출력도 "1"이 되는 논리회로는?

① NAND－Gate
② Invert(NOT)－Gate
③ NOR－Gate
④ AND－Gate

해설

1번 문제 해설 참조

중 (출제율이 높은 문제)

09 다음 중 입력측이 "1"이면 출력측이 "0", 입력측이 "0"이면 출력측이 "1"이 되는 역수를 취하는 것은?

① Invert Gate
② NAND－Gate
③ OR－Gate
④ AND－Gate

해설

Invert(반전) 회로는 NOT 회로라고 부르며 입력에 1(+6V)을 넣으면 출력측에 0(0V)이, 입력에 0(0V)을 넣으면 출력측에 1(+6V)로 반전하는 회로이다.

정답 05 ④ 06 ① 07 ① 08 ④ 09 ①

07 전기계측기 및 계측

하

01 Multimeter를 이용하여 도체의 절연상태를 측정하고자 할 때 사용되는 스위치 위치는?

① A　　② Ω
③ V　　④ MA

해설

일반적으로 멀티미터로 저항(절연상태)을 측정하고자 할 때 스위치를 Ω 위치에 두고 측정한다.

하

02 항공기 정비에 사용되는 다용도 측정계기로서 전기회로의 도통, 전압과 전류 그리고 저항치를 폭넓게 측정이 가능한 것은?

① 볼트미터(Voltmeter)
② 멀티미터(Multimeter)
③ 파워미터(Powermeter)
④ 메가옴미터(Mega Ohmmeter)

해설

멀티미터(Multimeter)는 전류, 전압 및 저항을 하나의 계기로 측정할 수 있는 다용도 측정 기기이고, 제조회사 및 그 형태와 기능에 약간의 차이가 있으며, 아날로그 방식과 디지털 방식이 있다.

상

03 다음 중 디지털 멀티미터의 장점이 아닌 것은?

① 측정값을 쉽게 읽을 수 있다.
② 저항 측정을 위해 0점 조절을 자동으로 할 수 있다.
③ 측정 시 자동으로 측정 범위를 선택할 수 있다.
④ 기본 표본화 전류 신호보다 더 빠른 신호의 변화도 측정이 가능하다.

해설

디지털 멀티미터(DMM : Digital Multimeter)는 눈금을 힘들게 읽을 필요가 없다. 정확하고 크기도 작은 편이며 사용하기 쉽고 기능도 더욱 많다. 대부분의 DMM은 알맞은 측정 범위를 자동적으로 선택할 수 있는데, 이런 자동범위 설정 기능(Autoranging)이 들어있는 DMM에는 보통 AUTO/HOLD라고 표시된 스위치가 있다.

중

04 전자식 멀티미터를 회로와 연결하여 측정하기 전에 측정범위를 선택하는 방법으로 옳은 것은?

① 측정범위와 같은 값을 선택
② 측정범위보다 낮은 값을 선택
③ 측정범위보다 높은 값을 선택
④ 측정범위와 상관없는 값을 선택

해설

자동범위 설정기능이 없는 계측기라면 반드시 회로와 연결하여 측정하기 전에 측정범위를 선택하여야 한다. 전압과 전류의 값을 어림짐작할 수 없다면 계측기에 과부하(Overload : 최대 측정범위를 넘는 전기량)가 걸려 고장 나는 것을 막기 위해 가장 높은 측정범위에서 시작하며, 측정값을 더욱 정확하게 읽기 위해 필요하다면 범위를 차례차례 낮추어 간다.

하 (출제율이 높은 문제)

05 다음 중 높은 저항치를 측정하는데 필요한 계기는?

① 멀티미터　　② 마이크로미터
③ 메가옴미터　　④ 파워미터

정답　01 ②　02 ②　03 ④　04 ③　05 ③

해설

메가옴의 경우 kΩ이나 MΩ으로 표시하는데, 길이의 단위인 m와 같이 생각하면 이해하기 쉽다.
1,000Ω = 1kΩ(길이의 경우 1,000m = 1km), 1,000kΩ = 1MΩ의 관계가 되며 이러한 높은 수치의 저항을 측정하려면 메가옴미터가 있어야 한다.

중

06 다음 중 전기계측 지시계기의 기본요소가 아닌 것은?

① 구동장치
② 제어장치
③ 장력장치
④ 제동장치

해설

계측기의 구성은 3대 요소인 구동장치, 제어장치, 제동장치와 지침, 눈금 부분으로 되어 있다.

구동장치는 구동 토크, 즉 계측량에 따라 계기의 지침과 같은 가동 부분을 움직이게 하는 힘을 발생하는 장치이다.

제어장치는 구동 토크가 발생되어서 가동부가 움직이게 되었을 때, 이에 대하여 반대 방향으로 작용하는 제어 토크 또는 제어력을 발생시키는 장치이다. 즉 가동 부분의 변위나 회전에 맞서 원래의 "0" 위치로 되돌려 보내려는 제어 토크를 발생시키는 장치이다.

제동장치는 지시계기의 가동 부분에 적당한 제동 토크를 가해 지침의 진동을 빨리 멈추게 하는 장치이다.

하 (출제율이 높은 문제)

07 다음 중 다르송발(D'Arsonval) 지시계기가 아닌 것은?

① 전압계
② 저항계
③ 전류계
④ 주파수계

해설

기본적인 직류 측정 계기는 전류계(Ammeter), 전압계(Voltmeter), 저항계(Ohmmeter)인데, 이것들은 다르송발(D'Arsonval) 계기를 이용한 가동 코일형 계기이다.

하 (출제율이 높은 문제)

08 회로의 단락을 측정할 때 주로 사용하는 것은?

① 전압계
② 저항계
③ 전류계
④ 전력계

해설

회로 또는 회로 구성요소의 단선된 곳을 찾아내거나 저항값을 측정할 때에는 저항계를 사용한다.

중

09 다음 중 다르송발 측정기(D'Arsonval Meter) 작동장치를 이용하는 측정계기로 옳은 것은?

① 교류 전압계
② 직류 전기저항계
③ 교류 전류계
④ 주파수계

해설

전기계측을 제조한 프랑스의 과학자 다르송발(D'Arsonval)에 의해 처음 쓰인 기본적인 직류형의 계측기 작동장치는 전류계, 전압계 그리고 전기저항계에서 사용되는 전류측정장치이다.

정답 06 ③ 07 ④ 08 ② 09 ②

08 정전기 및 ESDS 장비품취급

하 (출제율이 높은 문제)

01 정전기를 유발하는 요소가 아닌 것은?

① 물 ② 인체
③ 습도 ④ 먼지

해설

정전기 발생 요소는 기압, 습도, 인체, 먼지, 마찰 등에 의해 일어난다.

중 (출제율이 높은 문제)

02 정전기 방전장치(Static Discharger)의 역할은?

① 승무원들끼리 서로 접촉되지 않도록 해준다.
② 기체 표면에 대전한 정전기를 대기 중으로 방전한다.
③ 고압 점화계통에서 발생하는 무선방해를 없앤다.
④ 기체 각 부의 전위차를 없애고 벼락에 의한 파손을 없앤다.

해설

정전기 방전장치/스태틱 디스차저(Static Discharger)
비행 중 정전기가 기체 표면에 많이 축적될 시 계기 오차 및 무선 통신 잡음을 유발하게 된다. 정전기를 대기 중으로 방전시키는 이 장치는 피뢰침과 같은 장치로 조종면이나 날개 끝부분에 장착한다.

중

03 비행기 외부에 축적되어 있는 정전기(Static Electricity)를 제거하는 이유는?

① 비행기 계기에 손상을 일으키기 때문이다.
② 전자 회로가 실리콘으로 되어있기 때문이다.
③ 인체에 해를 입히기 때문이다.
④ 무선 방해 잡음을 줄이기 위해서이다.

해설

2번 문제 해설 참조

상

04 ESDS(Electro Static Discharge Sensitive) Caution Label이 부착된 장비품 취급 관련 사항 중 틀린 것은?

① ESDS Devices를 포함하는 장비품 취급 시 특별 취급 절차 준수가 요구된다.
② 취급 시 Approved Wrist Strap을 착용하고 ESDS 접지점에 연결한다.
③ 장탈 시 Wiring Connector Pin을 만지면 안 된다.
④ 장탈된 ESDS 장비품은 Non－Conductive Bag에 넣어서 보관한다.

해설

ESDS 품목은 정전기에 민감하므로 포장재와 포장된 품목이 동일한 전위를 유지시켜 축전된 전하가 포장물에 손상을 주지 않고 제거할 수 있도록 쓰이는 Conductive Bag에 넣어서 보관한다.

상 (출제율이 높은 문제)

05 정전기 민감부품(Electro Static Discharge Part)을 정전기로 인한 피해를 방지하고자 정비사의 몸에 저장된 정전기를 제거하기 위한 가장 일반적인 방법은?

① Static－Shielding Bag
② Wrist Strap

정답 01 ① 02 ② 03 ④ 04 ④ 05 ②

③ Conductive Container Box

④ Conductive Connector Cap

해설

항공정비사 몸에 축적된 정전기를 손목에 인가된 Wrist Strap을 착용하여 항공기 기체나 ESDS 접지점에 연결하여 빼낸 후 ESDS 품목을 취급한다.

상

06 정전기로부터 보호하기 위한 장비로서 잘못된 것은?

① Ionized Air Blower

② 접지가 안 된 Table Mat

③ Ground Wrist Strap

④ Conductive PCB Edge Connector

해설

ESDS 품목 방지 대책으로 쓰이는 것은 Wrist Strap, Ionized Air Blower, 접지된 Table Mat와 Floor Mat, Conductive Bag, Conductive Container, Conductive PCB Edge Connector 등이 있다.

상

07 ESDS(Electro Static Discharge Sensitive) 취급 항목 중 틀린 것은?

① Wrist Strap을 항공기의 Ground(기체)에 연결한다.

② ESDS 장비들은 주기적으로 검사한다.

③ 장탈된 부품의 포장 시 Plastic 접착 Tape를 사용한다.

④ 장탈된 부품은 정전기로부터 보호될 수 있는 Conductive Container Box를 사용해 운반한다.

해설

포장 및 보관 시 Conductive Bag이나 Conductive Container에 넣어 보관한다.

하

08 정전기의 특성으로 틀린 것은?

① 전장(Electric Field)을 발생시킨다.

② 항공기 비행 시 기체표면에도 발생한다.

③ 도체에 흐르는 전류에 비례하여 나타난다.

④ 방전할 때 전류의 형태로 에너지를 갖고 있다.

해설

전기는 전자가 정지 상태인지 또는 움직이고 있는 상태인지에 따라 정전기(Static Electricity)와 동전기(Dynamic Electricity)로 구분할 수 있다. 즉, 정전기는 전자가 정지되어 있는 상태로 전자의 부족이나 과잉 상태를 나타내며 전류가 흐르지 않는 상태를 말하는 것이다.

그러나 방전할 때에는 순간적으로 전류가 흐르나 에너지원으로는 이용할 수가 없다.

*도체에 흐르는 전류에 비례한다는 것은 옴의 법칙에 대한 내용으로 정전기와 무관하다.

하

09 ESDS의 원어는 무엇인가?

① Electronic Static Discharge Safety

② Electronic Static Discharger Sensitive

③ Electro Static Discharge Sensitive

④ Electro Static Discharger Sensing Device

해설

ESDS의 원어는 Electro Static Discharge Sensitive이다.

상

10 현대의 상업용 항공기에서 ESDS 취급절차가 필요한 이유로 올바른 것은?

① 정전기로 인한 파괴는 주기적으로 발생하기 때문

② 전자장비의 Digital 회로가 아주 작은 Silicon Chip들로 구성되어 있기 때문

정답 06 ② 07 ③ 08 ③ 09 ③ 10 ②

③ 사람의 몸에 축적된 정전기는 인체에 유해하기 때문
④ 정전기로 인한 장비의 손상은 눈으로 확인할 수 있기 때문

해설

항공기 전자장비는 일반적인 상업용 컴퓨터와 같이 디지털 회로가 실리콘 칩(Silicon Chip)들로 구성되어 있어 작은 정전기 발생으로도 쉽게 손상되기 때문에 ESDS 품목으로 분류하여 취급 시 각별히 주의를 요구한다.

중

11 항공기 기체를 대지와 도선으로 연결하여 기체와 대지와의 전위차를 없애주는 것은?

① 분극 ② 접지
③ 대전 ④ 단락

해설

접지(Grounding)는 항공기 기체를 대지와 도선으로 연결하여 전위차를 없애 정전기로 인한 위험요소를 줄여준다.

중

12 다음 기호는 무엇을 나타내는가?

① 정전기로부터 부품 보호를 의미
② 낙뢰지역을 의미
③ 방사성 동위원소가 내장됨을 의미
④ 작업장 위험요인을 나타냄을 의미

해설

일반적으로 ESDS 품목 주의를 항공정비사가 식별할 수 있도록 나타내는 라벨(Label)/데칼(Decal)은 다음과 같다.

하

13 항공기 ESDS Part를 취급할 때 최소한 지켜야 할 사항은 무엇인가?

① Floor Mat가 있어야 한다.
② Wrist Strap을 착용해야 한다.
③ Ground Cord는 직접 연결해야 한다.
④ 부품취급 시 반드시 진공포장을 해야 한다.

해설

항공기 ESDS Part는 정전기로 인한 손상을 방지해야 하므로 최소한 취급하는 항공정비사는 인가된 Wrist Strap을 손목에 착용하여 항공기 기체나 ESDS 접지점에 연결한 다음 취급해야 한다.

상

14 항공기 본딩 점퍼(Bonding Jumper)에 대한 다음 설명 중 옳은 것은?

① 장착할 때 일반적으로 납땜으로 고정시켜 장착한다.
② 조종면(Control Surface)에 Static Discharger가 있을 경우에는 조종면과 기체 사이에 장착할 필요가 없다.
③ 접지귀로전류(Ground Return Current)를 운반할 때는 정격전류를 적절하게 해야 하며 전압강하는 무시해도 된다.
④ 일반적으로 구리 재질로 된 제품을 사용하며 스테인리스강, 철제 부품 사이를 연결할 경우에는 카드뮴 도금처리가 된 제품을 사용한다.

정답 11 ② 12 ① 13 ② 14 ③

해설

본딩 점퍼 장착(Bonding Jumper Installation)

본딩 점퍼는 가능한 한 짧게 만들어 각각의 접속저항 값이 0.003[Ω]을 초과하지 않도록 해야 한다. 이 본딩 점퍼는 조종면(Control Surface)와 같은 가동부(Movable Aircraft Element)의 작동을 방해하지 말아야 하며 가동부 움직임으로 인한 본딩 점퍼 손상 또한 없어야 한다.

(1) 부식 방지(Corrosion Prevention)
전해작용(Electrolytic Action)은 올바른 예방대책을 취하지 않을 경우 본딩 접속(Bonding Connection)을 빠르게 부식시킨다. 일반적으로 알루미늄 합금 점퍼(Aluminium Alloy Jumper)가 사용되지만 스테인리스강, 카드뮴 도금강(Cadmium-Plated Steel), 구리, 황동 또는 청동으로 제작된 부품을 접합하는 곳에서는 구리 점퍼(Copper Jumper)만을 사용한다. 이질금속(Dissimilar Metal) 간의 접촉을 피할 수 없는 곳은 점퍼와 하드웨어 중 부식이 될 가능성이 있는 부분에 부식이 더 적게 일어나는 점퍼와 관련 하드웨어가 있어야 한다.

(2) 본딩 점퍼 장착(Bonding Jumper Attachment)
본딩 점퍼를 장착할 때 납땜을 해서는 안 된다. 강관 부재(Tubular Member)는 본딩 점퍼가 장착되는 곳에 클램프를 이용하여 고정시켜야 한다. 이때 클램프는 부식을 최소화하도록 올바른 재질을 선정해서 사용해야 한다.

(3) 접지귀로연결(Ground Return Connection)
본딩 점퍼가 실질적인 접지귀로전류(Ground Return Current)를 운반할 때 점퍼의 전류정격이 적절해야 하고, 무시해도 좋을 정도의 전압강하만이 존재해야 한다.

09 전선 및 연결(Electrical Cables and Connection)

상

01 항공기 기내 배선(Wiring) 작업방법 중 틀린 것은?

① 와이어 번들이 서로 접촉하는 일이 없도록 해야 한다.
② 전기 부식이 생기기 어려운 금속으로 조합하여 접지선을 장치한다.
③ 다른 번들 사이의 전선을 접속할 경우에는 전선의 장탈이 가능한 Terminal Block을 사용한다.
④ Clamp의 무게가 무거우므로 가능한 한 멀리 떨어뜨린다.

해설

기내 배선법(Wiring)
와이어 번들이 구조 재료나 배관, 다른 와이어 번들 등에 직접 접촉하는 일이 없도록 주의해야 한다. 기기를 기체 구조에 접지하거나 전기적인 접속이 충분하지 않은 구조 재료를 완전히 접지하기 위해 접지선(Bonding Jumper)이 사용된다. 전기부식이 생기기 어려운 금속으로 조합하여 접지선을 장치할 필요가 있다. 다른 번들 사이의 전선을 접속할 경우에는 전선의 장탈이 가능한 터미널 블록(Terminal Block)을 사용한다.

중 (출제율이 높은 문제)

02 도선이 벌크헤드(Bulkhead)나 리브(Rib) 방화벽 등을 관통 시 도선의 피복이 벗겨지지 않도록 사용하는 것은?

① Vinyl로 감는다.
② Plastic Tube로 감는다.
③ 테플론(Teflon)으로 감는다.
④ 고무 그로밋(Grommet)으로 감는다.

해설

도선이 벌크헤드(Bulkhead)나 리브(Rib) 방화벽 등을 관통 시 도선의 피복이 벗겨지지 않도록 그로밋(Grommet)을 사용한다.

상

03 Wire 및 Terminal 작업 절차에 대해 설명한 것으로 옳지 않은 것은?

① Wire size에 맞는 Terminal 사용 시 Wire 및 Terminal의 재질이 달라도 상관없다.
② Clamping 작업 후 Terminal과 Wire 접속 부위의 장력은 적어도 Wire 장력과 같아야 한다.
③ Wire Striper를 사용하여 Wire 피복 제거 시 Conductor의 손상은 부식을 발생시킨다.
④ 올바른 Clamping 작업은 Terminal Insulation 부위에 나타나는 Tool Code 및 Hush Mark로 확인할 수 있다.

해설

서로 다른 재질을 사용 시 부식을 초래한다.

중 (출제율이 높은 문제)

04 하나의 Terminal Stud에 장착할 수 있는 Terminal의 Maximum 수는?

① 2개 ② 3개
③ 4개 ④ 5개

해설

Terminal Stud에는 오직 4개까지만 장착할 수 있다.

정답 01 ④ 02 ④ 03 ① 04 ③

상

05 다음 중 Electric Wire의 Splicing 작업이 불가능한 장소는?

① 진동이 심한 지역에 위치한 Clamp 내부
② Wire Harness의 특성상 자주 구부러지는 장소가 아닌 곳
③ Conduit 외부
④ ARINC 429 Data Bus Cable

해설

High Vibration Area, Conduit 내부, 조종실 내의 계기판과 같이 Wire가 자주 구부러지는 장소에서는 Splicing 작업을 하면 안 된다.

상

06 Wire Bundle 작업 및 검사에 대한 내용 중 올바르지 않은 것은?

① Wire Bundle의 굽힘 반경은 외부 직경의 10배 이상이어야 한다.
② Wire Bundle 주위온도가 120[℃] 이하이면 Tie－Strap을 사용할 수 있다.
③ High Vibration 지역의 Wire Bundle에 Tie－Strap을 사용할 수 있다.
④ Bulk Head를 통과하는 Wire Bundle은 기체와의 마찰을 피하기 위해 Grommet를 사용한다.

해설

High Vibration 지역, Excessive Heat 지역에는 Tie－Strap을 사용할 수 없다.

상

07 다음의 용어 설명 중 올바르지 않은 것은?

① Bundle : 하나의 피복 내에 2개 또는 그 이상의 Wire로 이루어진 Group
② Conductor : 전류를 전달하는 매개체
③ Wire : 절연체로 보호된 Single Conductor
④ Shield Cable : 라디오 간섭이나 인접한 회로에서의 유도전압을 방지하기 위한 Cable

해설

- Cable : 하나의 피복(Outer Sleeve) 내의 2개 또는 그 이상의 Wire로 이루어진 Group
- Bundle : 2개 또는 그 이상의 Cable 및 Wire의 Group

상

08 Connector에서의 Pin/Socket 작업 절차에 대한 내용 중 올바르지 않은 것은?

① Connector 분리 시 기체와의 단락을 방지하기 위해 일반적으로 회로의 전원공급 방향에 Socket을 사용한다.
② Connector 내의 사용하지 않는 Hole이라도 습기나 이물질로부터 보호하기 위해 Pin/Socket을 장착해 둔다.
③ Pin/Socket와 Wire의 연결 시 Wire의 Conductor는 Inspection Hole을 통해 보여야 한다.
④ 연결 부위의 장력을 크게 하기 위해 Wire의 절연부위가 Pin/Socket의 Insert Hole 내부에 들어가게 한다.

해설

Pin/Socket의 Barrel 끝 부위와 Wire Insulation의 끝 부위는 적어도 1/32～3/32 inch 이상 분리시켜야 한다.

중

09 전기 Connector의 사용 장소에 수분이 많을 경우 취해야 할 처리로 맞는 것은?

① 방수용 Connector를 사용한다.
② Connector 주위에 Tape를 감아준다.
③ Connector를 그리스로 살짝 덮어준다.
④ Connector를 특수방수처리 해준다.

정답 05 ① 06 ③ 07 ① 08 ④ 09 ①

해설

커넥터 취급 시 가장 중요한 것은 수분의 응결로 인해 커넥터 내부에 부식이 생기는 것이다. 따라서 수분의 침투가 우려되는 곳에 커넥터를 설치할 때는 방수용 젤리로 코팅하거나 방수용 커넥터를 사용해야 한다.

하 (출제율이 높은 문제)

10 항공기에 사용하는 전선의 크기(굵기)에서 첫 번째로 고려해야 하는 것은?

① 저항　　② 전압
③ 전류　　④ 전력

해설

항공기에 도선을 배선할 때는 굵기에 따른 도선 번호를 결정해야 하는데, 이때 도선 내로 흐르는 전류에 의한 주울 열(Joule Heat)과 도선의 저항에 의한 전압강하를 고려해야 한다. 전류로 인해 온도가 높아질 경우 저항이 높아지기 때문이다.

중

11 전선을 연결하는 스플라이스(Splice)가 있는데, 사용법의 설명으로 틀린 것은?

① 서모 커플의 보상 도선의 결합에 사용해서는 안 된다.
② 진동이 없는 부분에 사용해야 한다.
③ 납땜을 한 스플라이스(Splice)를 사용하는 게 좋다.
④ 많은 전선을 결합할 경우에는 Stagger 접속을 한다.

해설

전선의 접속은 진동이 있는 장소를 피하거나 최소로 하도록 하고 정기적으로 점검할 수 있는 장소에서 완전히 접속한다. 전선 다발로 많은 스플라이스를 이용할 때는 전선에 따라서 서로 다르게 장치하는 스태거(Stagger) 접속으로 한다. 납땜과 스플라이스는 전선 연결 방법이 별개이다.

중

12 전기 도선의 크기를 선택할 때 고려해야 할 사항으로 아닌 것은?

① 도선에서 발생하는 주울열
② 도선 내에 흐르는 전류의 크기
③ 도선의 저항에 따른 전압강하
④ 도선의 전류 용량

해설

도선 규격(굵기) 선정 시 고려사항
- 도선에서 발생하는 주울 열
- 도선에 흐르는 전류의 크기
- 도선의 저항에 의한 전압강하
- 도선의 저항은 0.005[Ω]까지 허용되고, 본딩 와이어의 저항은 0.003[Ω]까지 허용된다.

하

13 항공기에 사용하는 전선의 굵기가 굵어지면 어떻게 되는가?

① 저항이 낮으므로 전류가 높아진다.
② 저항과 전류는 모두 높아진다.
③ 저항과 전류는 모두 낮아진다.
④ 저항이 높으므로 전류가 낮아진다.

해설

굵기가 굵어지면 단면이 넓어져 전류량은 많아지고 저항은 낮아진다.

중

14 항공기 전기선을 배열할 때 조종케이블로부터 최소한 얼마 이상의 간격을 유지해야 하는가?

① 1 inch　　② 2 inch
③ 3 inch　　④ 4 inch

해설

전기배선(Wiring)은 조종 케이블(Control Cable)로부터 최소 3 inch의 간격은 유지해야 한다.

정답　10 ③　11 ③　12 ④　13 ①　14 ③

중

15 항공기에 일반적으로 사용하는 전기배선 방식으로 옳은 것은?

① 개방 전선(Open Wiring)
② 주 전선(Master Wiring)
③ 연전선(Stranded Wiring)
④ 비전도체 전선(Non－Conductive Wiring)

해설

노출 전선(Open Wiring) 장착 방식
인터커넥팅 와이어(Interconnecting Wire)는 일반적으로 내부 또는 여압 동체에서 2개 지점(point－to－point) 오픈 하네스에 사용되며, 각 와이어는 취급 및 서비스 노출로 인한 손상을 견딜 수 있는 충분한 절연을 제공한다.

전기 배선은 종종 특수 밀폐 수단 없이 항공기에 설치된다. 이 방법은 개방형 배선으로 알려져 있으며 유지 보수가 쉽고 무게가 줄어든다는 장점이 있다.

중

16 전기 배선 작업에서 리드선에 대한 설명으로 맞는 것은?

① 리드선을 구부릴 때에는 롱노즈 플라이어를 사용한다.
② 전선의 용이한 장탈을 위해서는 전선을 270도 돌려준다.
③ 납땜 중에 전선이 움직이지 않도록 하기 위해 360도 감아주는 것이 좋다.
④ 전선의 절연피복과 단자 간의 간격이 전선두께(피복포함)의 1~2배 이내여야 한다.

해설

전기 배선 작업에서 리드선은 전기적인 신호 전달을 위한 선으로써, 올바른 취급과 주의사항을 준수해야 한다. 전선의 절연피복과 단자 간의 간격이 전선두께(피복포함)의 1~2배 이내여야 한다. 이것은 전기적인 안정성과 단자 연결의 안정성을 보장하기 위한 중요한 사항 중 하나이다. 리드선을 구부릴 때에는 롱노즈 플라이어를 사용하는 것이 일반적이지만, 반드시 롱노즈 플라이어를 사용해야 한다는 절대적인 규칙이 있는 것은 아니다. 또한 전선을 장착할 때 휘어짐이나 감김이 없도록 하는 것이 최적의 방법이며, 적절한 길이로 단단하게 고정시키는 것이 중요하다.

정답 15 ① 16 ④

10 축전지

(중) (출제율이 높은 문제)

01 황산-납 배터리에서 상당한 양의 산이 누출되었다면 어떤 조치를 취해야 하는가?

① 오일을 묻힌 헝겊으로 닦아낸다.
② 탄산수소나트륨의 분말을 뿌린다.
③ 탄산수소나트륨을 사용하여 새어나온 산을 중화하거나 물로 닦아낸 후 암모니아수로 닦아낸다.
④ 새어나온 산이 흰색이 될 때까지 물로 닦아낸다.

해설

황산-납 배터리의 전해액이 대량으로 누설됐을 경우 탄산수소나트륨을 중화시켜 닦아내거나 암모니아수를 사용해서 닦아낸다.

(하)

02 항공기에 사용하는 축전지는 몇 시간의 방전율을 적용하는가?

① 1시간 방전율 적용
② 5시간 방전율 적용
③ 10시간 방전율 적용
④ 24시간 방전율 적용

해설

항공기는 5시간으로 방전율을 규정하고 있다. 5시간 방전율은 용량 50AH의 배터리를 10A의 전류로 연속하여 5시간 공급할 수 있는 용량이 있다.

(하) (출제율이 높은 문제)

03 항공기 황산-납 배터리(Lead-Acid Battery)의 전압을 결정하는 요소로 옳은 것은?

① 셀의 수 ② 셀 커버
③ 셀 컨테이너 ④ 양극판 간격

해설

황산-납 배터리의 전압은 직렬로 연결되는 셀의 개수로 정해진다.

(중)

04 배터리를 일정한 전압으로 충전되어 있는 동안 배터리로 흐르는 전류의 양을 결정하는 요인은?

① 배터리의 셀의 수
② 배터리 충전 상태
③ 배터리 총 판면적
④ 배터리 시간당 암페어량

해설

충전 전류 $= \dfrac{\text{입력전압} - \text{배터리 충전전압}}{\text{저항}}$ 이므로 충전 전류는 배터리의 충전 상태에 따라 달라진다.

(중)

05 항공기에서 36AH 용량의 배터리에 60A인 전류를 부하에 공급하면 방전 가능한 방전시간은?

① 25분 ② 1/1200분
③ 36분 ④ 60분

해설

배터리 방전시간

$36 = \dfrac{1}{60}\ \text{T분} \times 60\text{A}$

T = 36분

정답 01 ③ 02 ② 03 ① 04 ② 05 ③

상

06 Nickel－Cadmium Battery에 관한 설명 중 올바르지 않은 것은?

① 사용하는 전해액은 Potassium Hydroxide(KOH)이다.
② 전해액의 비중은 1.24～1.30이다.
③ Battery의 충전상태는 비중을 Check하여 알 수 있다.
④ 전해액의 Level은 Plate의 상단(Top)을 유지해야 한다.

해설

니켈－카드뮴 배터리는 충전 시 전해액의 비중이 변화하지 않으므로 전압계로 각 Cell의 전압을 측정하여 1.2～1.25V의 전압이 나오는지를 확인(Check)한다.

상 (출제율이 높은 문제)

07 완전히 충전된 황산－납 배터리는 아주 추운 날씨에도 잘 얼지 않는데, 그 이유는 무엇인가?

① 용액 위에 가스가 항상 존재하기 때문이다.
② 배터리 내의 내부 저항이 증가함으로써 열을 발생시키기 때문이다.
③ 산이 플레이트(Plate) 내에 들어있기 때문이다.
④ 산이 용액 상태이기 때문이다.

해설

방전 시 전해액은 황산이 화학반응을 하여 물로 바뀌고 충전을 하면 화학반응을 통해 물이 황산으로 변한다. 즉, 물의 양이 줄어들고 황산이 증가하면 그만큼 잘 얼지 않는다.

중 (출제율이 높은 문제)

08 단자로 접속된 배터리에서 전원 코드를 빼는 방법으로 맞는 것은?

① 배터리 스위치를 끈 뒤 뺀다.
② 배터리 스위치를 끄기 전에 뺀다.
③ 전기 부하와 배터리 스위치를 끊고＋에서 먼저 뺀다.
④ 전기 부하와 배터리 스위치를 끊고 －에서 먼저 뺀다.

해설

일반적으로 전원 코드를 빼기 전에는 코드에 흐르는 전류를 차단하여 감전사고를 방지하고, 개폐 시의 스파크 등에 의한 접점의 부상을 방지할 수 있다. 또, 잘못 단락되는 것을 방지하기 위해서도 －에서 먼저 빼는 것이 중요하다.

상

09 다음 중 니켈－카드뮴 축전지에 관한 설명으로 틀린 것은?

① 충전이 끝난 다음 3～4시간이 지난 후 전해액을 조절한다.
② 전해액을 만들 경우는 반드시 물에 수산화칼륨을 조금씩 떨어뜨려야 한다.
③ 충전이 끝난 후 반드시 전해액의 비중을 측정하여야 한다.
④ 각각의 Cell은 서로 직렬로 연결되어 있다.

해설

6번 문제 해설 참조

하

10 항공기에서 사용되는 BATTERY의 용량을 표시하는 단위는?

① A　　② V
③ AH　　④ kWh

해설

축전지 용량의 단위는 암페어아워(AH : Ampere Hour)로 표시하며 이것을 식으로 나타내면 다음과 같다.
용량[AH]＝방전전류[A]×방전시간[H]

정답 06 ③ 07 ④ 08 ④ 09 ③ 10 ③

상

11 Battery의 단자전압과 용량의 관계에 대한 설명 중 틀린 것은?

① 단자전압을 증가시키기 위해 Cell을 직렬로 연결한다.
② 용량을 증가시키기 위해 Cell을 병렬로 연결한다.
③ 단자전압과 용량을 동시에 증가시키기 위해 Cell을 직-병렬로 연결한다.
④ 단자전압은 Cell을 직렬로 연결하여 증가시킬 수 있으나 용량은 Plate의 면적을 증가시켜야만 가능하다.

해설

(1) 직렬연결
전압과 용량이 동일한 축전지 2개 이상을 (+)단자와 다른 축전지의 (-)단자를 서로 연결하는 방식이다. 이때 전압은 연결한 개수만큼 증가하지만, 전류는 일정하다. 그러므로 용량도 일정하다. 전압을 높여서 사용하여야 할 때, 이 직렬접속이 이용된다.

(2) 병렬연결
전압과 용량이 동일한 축전지 2개 이상을 (+)단자는 다른 축전지의 (+)단자에, (-)단자는 (-)단자에, 즉 같은 극을 공통으로 연결하는 것을 병렬연결이라고 한다. 이때의 전압은 1개의 전압과 같지만, 전류는 개수만큼 증가한다. 따라서 용량도 개수만큼 증가한다.
이는 축전지의 용량이 총 유효 극판의 넓이에 비례하기 때문에 축전지를 서로 병렬로 연결하면 용량이 증가하게 되는 것이다. 축전지의 수명도 병렬연결의 수에 비례한다. 다발 항공기와 같이 소모가 많은 항공기에서는 여러 개의 축전지를 병렬로 연결하여 용량을 증가시킨다.

중

12 축전지를 연결할 때 전압은 같고 출력전류만 증가시키는 방법은?

① 불가능하다.
② 축전지를 병렬연결
③ 축전지를 직렬연결
④ 부하에 따른 축전지 따로 연결

해설

11번 문제 해설 참조

상

13 Nickel-Cadmium Battery 취급에 대한 설명 중 틀린 것은?

① Battery Case의 균열 및 손상과 Vent System을 점검한다.
② Battery의 과충전 및 과방전 시 Vent Cap 주위의 하얀색 분말은 Non-Metallic Brush를 사용하여 제거한다.
③ Cell 연결 부위에서 부식 및 과열현상이 발견되었을 때 Battery는 수리해야 한다.
④ 장기간 저장된 Battery를 항공기에 장착 전 전해액의 Level이 낮은 경우 충전 없이 증류수를 보급한다.

해설

충전 후 적어도 2~3시간 이후에 전해액 유량(Level)이 안정화되므로 바로 보급해서는 안 된다.

하

14 축전지는 어떤 에너지를 축적시켜 방전 시에 전기 에너지로 바꿔 방전하는가?

① 빛 에너지
② 전기적 에너지
③ 압력 에너지
④ 화학적 에너지

해설

축전지(Battery)는 화학 에너지로 축적된 에너지를 방전 시 전기 에너지로 바꿔 방전한다.

정답 11 ④ 12 ② 13 ④ 14 ④

상

15 항공기에서 Battery를 사용하는 시기로 적절하지 않은 것은?

① 발전기가 작동하지 않을 때 비상전원으로 사용한다.
② 발전기의 Rpm이 낮은 상태에서 일부 계통에 Battery Power를 공급 시 사용한다.
③ 대형기에서 비행 중 보조 동력원으로 항상 Battery Power가 공급된다.
④ 소화계통의 작동을 위해 항상 Battery Power가 공급된다.

해설

대형기는 보조 동력원으로 필요에 따라 또는 비상시에 Battery 전원을 사용하며 항상 켜져 있지는 않다.

상

16 Battery의 육안검사 시 Battery Cell Cover가 누렇게 변하고 다량의 흰색 분말이 침전되어 있는 것을 확인하였다. 이에 대한 원인 중 가장 거리가 먼 것은?

① 과부하(Overload)에 의한 과방전
② 충전회로의 고장으로 인한 과충전(Overcharging)
③ Battery 내부의 양극판과 음극판의 단락(Short)
④ Battery의 빙결을 방지하기 위한 Heater Plate의 Heater Open

해설

배터리 단자에 생기는 흰색 분말은 전해액이 증발하면서 그 안에 포함된 황산 등의 성분이 단자의 구리 성분과 만나 화학반응을 일으키면서 만들어지는 것이다. 이처럼 전해액이 증발하는 경우는 과충전으로 인해 넘쳐흘렀을 때, 지나친 부하로 과방전되었을 때, 배터리 내부 양극판과 음극판의 단락(Short)이 일어났을 때 나타난다.

중

17 다음 중 온도가 증가하게 되면 일반적으로 감소하는 것으로 옳은 것은?

① 전해액 비중
② 도체의 저항
③ 배터리 각 셀(Cell)의 전압
④ 전기용량식 연료탱크 연료량계의 지시치

해설

황산-납 배터리의 전해액은 온도 변화에 따라 묽은 황산의 체적이 팽창/수축이 발생되어 단위체적당의 중량이 변화하기 때문에 배터리 비중은 온도 변화에 따라 달라진다.

전해액의 온도가 높아지면 배터리 비중은 분자 운동이 활발하여 낮아지고 전해액의 온도가 낮아지면 분자 운동이 둔해져 비중이 높아진다.

정답 15 ③ 16 ④ 17 ①

11 DC Generator and Control

중

01 직류발전기의 전압 조절기는 발전기의 무엇을 조절하는가?

① 출력전압이 과부하 될 시 저항을 감소시켜 전류를 흘려보내 전압을 일정하게 한다.
② 전기자(Amature) 전류를 일정하게 되도록 한다.
③ 회로가 과부하가 되었을 때 발전기의 회전을 내린다.
④ 계자(Field) 전류를 조절하여 출력전압을 일정하게 한다.

해설

직류발전기의 출력전압은 계자 코일에 흐르는 전류와 전기자의 회전수에 따라 변한다. 실제 발전기에서는 회전수만이 아니라 부하 변동에도 출력전압이 변한다. 작동 중 수시로 변하는 회전수와 부하에 관계 없이 전압을 일정하게 유지하려면 전압 조절기가 있어야 한다.

하 (출제율이 높은 문제)

02 직류발전기가 전류를 얻는 기본 발전원리로 맞는 것은?

① 직류를 직류로 정류
② 교류를 직류로 정류
③ 전기장을 직류로 정류
④ 자기장을 직류로 정류

해설

직류발전기에서는 교류를 정류하여 직류로 변환시키기 위하여 자기장을 고정시키고 코일을 회전시키는 방법을 쓴다.

중

03 직류발전기의 출력전압에 영향을 미치지 않는 것은?

① 발전기 회전수 ② 전기자 권선수
③ 계자 전류 ④ 전력 부하

해설

1번 문제 해설 참조

중 (출제율이 높은 문제)

04 직류발전기에서 기전력을 높이는 방법이 아닌 것은?

① 발전기의 RPM을 증가시킨다.
② 계자저항의 크기를 감소시킨다.
③ 자극 전면의 유효자속을 감소시킨다.
④ 계자 코일의 자계강도를 증가시킨다.

해설

발전기의 rpm 상승, 계자저항의 크기를 감소 및 자계 강도를 높이고 자극 전면의 유효자속을 높여야 기전력이 커진다.

하 (출제율이 높은 문제)

05 병렬운전 중인 두 개의 직류발전기의 부하전류를 고르게 분배하기 위해 사용하는 것은?

① 전압조절기(Voltage Regulator)
② 이퀄라이저 회로(Equalizer Circuit)
③ 역전류 차단기(Reverse Current Limiter)
④ 과전압 방지장치(Overvoltage Protection System)

정답 01 ④ 02 ② 03 ② 04 ③ 05 ②

해설

이퀄라이저(Equalizer) 회로는 직류발전기의 병렬운전 조건을 성립하기 위해서 발전기의 출력전압을 같도록 조정해주는 역할을 한다.

중

06 항공기 직류발전기에 대한 설명 중 틀린 것은?

① 직류발전기의 회전부분은 전기자이다.
② 직류발전기의 전기자에서 전류가 발생된다.
③ 직류발전기의 회전부분은 계자이다.
④ 전압은 슬립링과 브러시를 통하여 외부 회로로 전달된다.

해설

직류발전기는 회전부분인 전기자와 고정부분인 계자로 구성되어 있다. 계자의 자기장 속에 도체인 전기자를 회전시키면 자기력선을 방해하는 힘에 의해 유도기전력이 발생되고 그 전압은 슬립링과 브러시를 통하여 외부 회로로 전달된다.

하 (출제율이 높은 문제)

07 항공기 직류발전기의 종류가 아닌 것은?

① 직권형 ② 분권형
③ 복권형 ④ 파권형

해설

직류발전기에 쓰이는 전동기 종류로는 직권, 분권, 복권이 있다.

상

08 항공기 직류발전기의 드럼형 전기자 중 파권형(Wave Winding)에 대한 설명으로 옳은 것은?

① 병렬권이라고도 하며 전기자 코일은 병렬연결이 많다.
② 직렬권이라고도 하며 계자극수가 많고 극 수만큼 브러시가 있다.
③ 높은 출력전압을 발생하는 발전기에 사용되며 브러시(Brush)는 2개이다.
④ 병렬연결이 많을수록 전기자의 코일 굵기를 가늘게 하거나 용량을 크게 할 수 있다.

해설

전기자 권선은 코일을 감는 방법에 따라 파권식(Wave Winding)과 중권식(Lap Winding)으로 나눈다. 파권식은 직렬권이라고도 하며, 자극 수와 관계없이 병렬 회로수가 2개이므로 고전압, 저전류용 발전기나 전동기에 사용된다. 중권은 병렬권이라고 하며, 자극 수와 병렬 회로수가 같게 되므로 저전압, 고전류용 발전기에 사용된다.

정답 06 ③ 07 ④ 08 ③

12 AC Generator and Control

중

01 항공기 정속 구동장치(CSD)에 대한 설명으로 틀린 것은?

① 발전기의 일정한 주파수를 유지시킨다.
② 발전기의 일정한 회전수를 유지시킨다.
③ 발전기의 내부 중앙에 구동축과 함께 설치되어 있다.
④ 유압펌프, 유압모터, 기계식 가버너로 구성되어 있다.

해설

교류 전원 방식에서는 교류발전기를 일정한 속도로 구동시키기 위해, 기관과 발전기의 중간에 정속 구동장치(Constant Speed Drive)가 설치되어 있다. 정속 구동장치는 기관의 회전수가 변해도 발전기를 규정된 회전수로 구동시키는 장치로서 유압 펌프, 유압 모터와 기계식 가버너로 구성되어 있으며 발전기의 주파수를 400±4Hz로 유지시킨다. 장착 위치로는 엔진 구동축과 발전기 사이에 있다.

중

02 2개 이상의 교류발전기가 병렬로 연결되어 작동한다면?

① Watt와 Voltage가 같아야 한다.
② Ampere와 Frequency가 같아야 한다.
③ Frequency와 Voltage가 같아야 한다.
④ Ampere와 Voltage가 같아야 한다.

해설

직류발전기와는 달리, 교류발전기의 병렬 운전 조건은 각 발전기의 전압(기전력의 크기), 주파수, 위상 등이 서로 일치해야 한다. 이들이 서로 일치하는지를 확인하고 나서 이상이 없을 때에만 수동 또는 자동으로 병렬운전한다.

하 (출제율이 높은 문제)

03 병렬운전 중 2개의 발전기에서 1개의 발전기의 주파수가 10hz 이상 차이가 나면 어떻게 되는가?

① 정지한다.
② 아무 영향이 없다
③ CSD가 주파수를 조절한다.
④ 전압 조절기가 주파수를 조절한다.

해설

병렬운전을 할 때는 교류발전기에서 가한 부하 범위를 넘거나, 주위의 작동환경이 매우 나쁜 경우를 제외하고는 일반적으로 주파수의 조절범위가 400±1[Hz]로서, 병렬운전을 할 때 두 발전기의 주파수의 차이가 최대로 2[Hz]가 넘지 않도록 해야 한다.

하 (출제율이 높은 문제)

04 교류발전기를 병렬 운전할 때 출력을 조절하여 부하를 일정하게 분담시켜주는 역할을 하는 장치는?

① Static Inverter
② Transformer Rectifier
③ Constant Speed Drive
④ Variable Inductor

해설

3번 문제 해설 참조

정답 01 ③ 02 ③ 03 ③ 04 ③

중

05 3상 교류발전기를 단상 교류발전기와 비교하였을 경우 장점이 아닌 것은?

① 효율이 우수하다.
② 구조가 간단하다.
③ 높은 전압을 발생시킬 수 있다.
④ 보수, 정비가 용이하다.

해설

3상 교류발전기는 단상 교류발전기에 비해 효율이 우수하고 결선 방식에 따라 전압, 전류에서 이득을 가지며 높은 전력 수요를 감당하는데 적합하다. 또한 보수 및 정비가 용이한 장점이 있다.

중

06 교류발전기에서 Brushless Generator의 장점 중 틀린 것은?

① 구조가 복잡하여 정비 유지비가 많이 든다.
② 출력파형이 안정적이다.
③ Arcing의 우려가 없어 고고도 비행 시 우수한 기능을 발휘한다.
④ Brush Type A.C Generator보다 정비가 용이하다.

해설

무 브러시 발전기(Brushless Generator)는 브러시가 없어 오히려 구조가 간단하고 정비유지 보수비가 적게 든다.

하 (출제율이 높은 문제)

07 교류발전기의 주파수를 결정하는 것은?

① 전자력의 세기
② 여자의 세기
③ 전기자의 세기
④ 계자의 극수와 회전수

해설

교류전압은 교류전압조절기의 전압코일에 의한 자기력의 세기에 의해 카본파일의 저항이 조정되므로 계자의 전압이 조정된다. 교류발전기에서는 전압뿐만 아니라 출력 주파수도 일정해야 한다. 이때, 주파수는 계자의 극수와 회전수에 따라 결정되며, 관계식은 다음과 같다.

$$f = \frac{PN}{2} \times \frac{1}{60} = \frac{PN}{120}[\text{Hz}]$$ (P : 극수, N : 회전수)

하

08 교류발전기의 주파수를 계산하는 공식은?

① (rpm × 극수)/120 ② 상의 수/전압
③ (극수×60) + rpm ④ rpm/(60 × 극수)

해설

7번 문제 해설 참조

하 (출제율이 높은 문제)

09 항공기 정속 구동장치(CSD)의 장착 위치로 옳은 것은?

① 엔진 고압축
② 정류기 제어부
③ 발전기 고정자
④ 구동축과 발전기 사이

해설

1번 문제 해설 참조

중

10 극수가 6개, 주파수가 400Hz인 교류발전기의 회전수는 얼마인가?

① 8,000rpm ② 16,000rpm
③ 20,000rpm ④ 24,000rpm

정답 05 ③ 06 ① 07 ④ 08 ① 09 ④ 10 ①

해설

발전기 주파수 공식을 응용하면

$f = \frac{PN}{120}$ 에서 $N = \frac{f120}{P} = \frac{400 \times 120}{6} = \frac{48000}{6} = 8000$ rpm이 된다.

하

11 항공기 정속 구동장치와 발전기가 하나로 된 구동장치는 무엇인가?

① CSD ② IDG
③ CMC ④ GCU

해설

현재는 대부분의 현대 항공기들은 정속 구동장치(CSD)와 발전기(Generator)가 하나로 통합된 통합 구동 발전기(IDG : Integrated Drive Generator)가 있어 부품의 장착 크기도 줄이고 신뢰성 또한 높여 효율이 좋은 장점이 있다.

중

12 항공기 통합구동발전기(IDG)에 관한 설명 중 맞는 것은?

① 항공기 재시동시 전원 공급을 위해 Generator로부터 전기 에너지를 Starter로 공급해준다.
② 항공기 Generator 회전수와 관계없이 일정한 주파수를 유지시켜준다.
③ 항공기 CSD와 Generator가 하나의 장치 안에 포함되어 있는 Assembly이다.
④ 항공기 Generator가 고장 났을 경우 비상 전력을 공급하기 위해 APU로부터 비상 전력을 공급하도록 Bus를 개방한다.

해설

11번 문제 해설 참조

중

13 항공기 단상 교류발전기의 주파수가 60Hz이고, 회전수가 1,800rpm일 때 극수는 얼마인가?

① 3 ② 4
③ 6 ④ 8

해설

발전기 주파수 공식을 응용하면

$f = \frac{PN}{120}$ 에서 $P = \frac{f120}{N} = \frac{60 \times 120}{1800} = \frac{7200}{1800} = 4$ 가 된다.

중

14 4극짜리 교류발전기가 분당 1800rpm으로 회전할 때 초당 주파수(CPS) 값은 얼마인가?

① 60 ② 100
③ 1050 ④ 2500

해설

발전기 주파수 공식을 응용하면

$f = \frac{PN}{120}$ 에서 $\frac{4 \times 1800}{120} = \frac{7200}{120} = 60$ 이 된다.

중

15 항공기에서 교류발전기들을 병렬운전할 때 더 많은 부하를 감당하는 발전기가 있다면 어떻게 되는가?

① 아무런 영향도 발생하지 않는다.
② 전력 공급 계통에서 제외시킨다.
③ 회전수를 낮춰 과부하 상태에서 벗어나게 한다.
④ 회전수를 높여 과부하 상태에서 벗어나게 한다.

해설

3번 문제 해설 참조

정답 11 ② 12 ③ 13 ② 14 ① 15 ③

13 Motor(AC, DC), Starter, Generator

중 (출제율이 높은 문제)

01 D.C Motor의 회전 방향을 바꾸고자 할 경우 올바른 것은?

① 외부 전원장치로부터 Motor에 연결되는 선을 교환한다.
② 가변저항기(Rheostat)를 이용해 계자 전류를 조절한다.
③ Field 또는 Armature 권선 중 1개의 연결을 바꿔준다
④ Motor에 연결된 3상 중 2상의 연결선을 바꿔준다

해설

전동기의 회전 방향이 반대로 되려면 전기자의 극성 또는 계자의 극성 중에서 어느 하나를 바꾸어야 한다. 전기자와 계자의 극성을 모두 바꾸면 회전 방향은 변하지 않는다.

중

02 직권전동기에 대한 특징으로 틀린 것은?

① 시동용 전동기로 사용된다.
② 시동 회전력(Torque)이 크다.
③ 부하(Load)가 클 때 회전이 빠르다.
④ 코일이 증가하면 전체 회전수가 증가하여 그 값이 변한다.

해설

전기자 코일과 계자 코일이 서로 직렬로 연결되어 있는 직권전동기(Series Motor)의 특징은, 시동할 때에 전기자 코일과 계자 코일 모두에 전류가 많이 흘러 시동 회전력(Torque)이 크다는 것이 장점이다. 회전속도는 부하(Load)의 크기에 따라 다르므로, 부하가 작으면 매우 빠르게, 부하가 크면 천천히 회전한다. 즉 회전속도의 변화가 크다는 것이 단점으로, 특히 부하전류가 매우 작은 무부하 상태에서는 속도가 매우 빨라 위험하므로 무부하 운전은 피해야 한다. 직권 전동기는 시동 시 회전력(Torque)이 크므로, 부하가 크고 시동 토크가 크게 필요한 항공기나 자동차 기관(Engine)의 시동용 전동기로 사용된다. 또한 가정용 청소기, 드라이어, 전동공구용 모터로도 사용되고 있다.

중

03 DC Motor는 계자권선과 전기자 권선의 연결 상태에 따라 각기 다른 특성을 나타낸다. 높은 Torque가 요구되는 Starter에 사용되는 DC Motor는?

① Induction Motor
② Series－Wound Motor
③ Shunt－Wound Motor
④ Compound－Wound Motor

해설

2번 문제 해설 참조

상

04 전동기의 열 보호장치(Thermal Protector)에 대한 설명 중 틀린 것은?

① 충분히 냉각된 후에는 자동으로 회로를 연결시킨다.
② 과속(Overspeed) 감지 시 원심력에 의한 전기자(Armature)의 파괴를 방지하기 위한 전동기를 정지시킨다.
③ 장시간 사용으로 인한 전동기의 과열 시 회로를 개방(Open)시킨다.
④ 과부하(Overload) 시 회로를 차단하여 전동기를 정지시킨다.

정답 01 ③ 02 ③ 03 ② 04 ②

해설

열 보호장치(Thermal Protector)는 열 스위치, 열 제동 계전기라고도 하는데, 전동기 등과 같이 과부하로 인하여 기기가 과열되면 자동으로 공급 전류가 끊어지도록 하는 스위치이다. 열 스위치는 바이메탈 금속원판 또는 금속편으로 되어 있어 과열 시 변형되어 회로를 차단(Open)한다. 시간이 지나 열이 식으면 다시 본래의 위치로 돌아와 회로를 연결시킨다.

상

05 항공기에 사용하는 전동기에 관한 설명으로 맞는 것은?

① 교류정류자 전동기에 직류를 연결하면 작동하지 않는다.
② 항공기에 사용되는 기관의 회전계에 유도전동기를 사용한다.
③ 동기 전동기는 교류에 대한 작동이 용이하고 부하 감당 범위가 크다.
④ 전동기의 회전방향을 바꾸려면 전기자나 계자의 극성 중 하나만 바꿔야 한다.

해설

1. 가역전동기(Reversible Motor)
   전동기의 회전방향이 반대로 되려면, 전기자의 극성 또는 계자의 극성 중에서 어느 하나를 바꾸어야 한다. 전기자와 계자의 극성을 모두 바꾸면 회전 방향은 변하지 않는다. 이와 같이 회전 방향을 필요에 따라 스위치 조작으로 반대로도 할 수 있는 전동기를 가역전동기(Reversible Motor)라고 한다.
2. 교류정류자 전동기(Universal Motor, 만능전동기)
   교류정류자 전동기(Universal Motor)는 유도전동기의 고정자와 직류전동기의 전기자를 조합하여 만든 구조로서, 직류전동기와 작동원리뿐만 아니라 모양과 구조가 같다. 단지 교류와 직류를 겸용으로 사용할 수 있다는 것이다.
3. 유도전동기(Induction Motor)
   현재 거의 대부분이 교류로 배전되어 있는 데다 유도전동기는 교류에 대한 작동 특성도 좋기 때문에, 시동이나 계자 여자(Exciting)에 특별한 조치가 필요 없고 부하 감당 범위가 넓다.
4. 동기전동기(Synchronous Motor)
   항공기에서는 기관(Engine)의 회전 속도를 표시하는 회전계기에 3상 동기전동기를 사용한다. 이 3상 동기전동기는 소형 3상 교류발전기와 전기적으로 연결되어 있다.

상

06 항공기 동기전동기(Synchronous Motor)에 과중한 부하로 인하여 전동기가 멈췄다면, 나타나는 현상으로 옳은 것은?

① 토크가 커지고 과전류가 흘러 코일이 타게 된다.
② 토크는 상실되고 저항이 커지므로 코일이 타게 된다.
③ 토크는 상실되고 전류가 커지므로 코일이 타게 된다.
④ 전류와 토크가 커지므로 코일의 자력선이 강해져서 영구자석이 된다.

해설

동기전동기는 회전 부분이 동기 속도로 회전할 때만 토크를 일으키는 것이 특징으로 무부하나 과중한 부하에서도 같은 속도로 회전한다. 과중한 부하가 걸리면 토크(Torque)가 부족해 속도가 감소하지 않고 그대로 정지한다.

이때 전기자의 리액턴스가 낮아져 과전류가 흐르게 되고 코일이 타게 된다.

상

07 항공기에 사용하는 교류 Motor의 장탈, 장착 그리고 육안검사 시의 항목이 아닌 것은?

① Electrical 연결상태
② Motor 장착 부위의 청결상태
③ Brush 및 Brush Holder
④ Electrical Connector 및 Plug

정답 05 ④ 06 ③ 07 ③

해설

브러시 및 브러시 홀더는 직류전동기의 구성품에 해당된다.

중

08 DC Motor에서 반대방향으로 감은 2개의 계자권선(Field Winding)의 목적은?

① Motor의 속도 증폭
② Motor의 Torque 제어
③ Motor의 회전방향 제어
④ Actuator Motor의 경우 Magnetic Clutch

해설

1번 문제 해설 참조

하 (출제율이 높은 문제)

09 직류발전기에 쓰이는 전동기는 무엇인가?

① 만능형
② 유도형
③ 파권형
④ 직권형

해설

직류발전기에 쓰이는 전동기 종류로는 직권형, 분권형, 복권형이 있다.

중

10 Generator Bearing Fault 경고등은 어떤 결함일 때 켜지는가?

① Main Bearing에 윤활유가 부족할 때
② Main Bearing이 손상되었을 때
③ Main Bearing이 과열되었을 때
④ Main Bearing과 Auxiliary Bearing 사이에 유격이 생겼을 때

해설

발전기를 지지하고 있는 주 베어링이 과도하게 마모되었다면 발전기 회전자(Rotor)는 고정 Winding에 접촉하게 되어 발전기는 상당히 큰 파손이 생기게 된다. 그러므로 주 베어링의 마모를 조기 경고하기 위한 결함 탐지 계통이 동작하게 되며, 이때 보조 베어링이 발전기의 회전자 축을 지지해 준다. 또한 조종실에는 "GEN BRG FAILURE" 경고등이 들어오게 된다.

중

11 발전기의 속도와 부하가 달라짐에도 불구하고 일정한 전압을 유지할 수 있는 것은 다음 중 무엇을 조절함으로써 가능한가?

① 전기자(Armature)가 돌아가는 속도
② 전기자(Armature)의 Conductor 숫자
③ Generator의 계자전류(Field Current)
④ 정류자(Commutator)를 누르는 Brush의 힘

해설

일반적으로 교류발전기는 기관에 의해 구동되므로 기관의 회전수나 부하의 변화에 따라 출력 전압이 변한다. 출력 전압을 일정하게 하려면 회전 계자의 전류를 조절함으로써 출력 전압이 일정하도록 한다.

중

12 항공기에 사용되는 전동기에 관한 설명으로 옳지 않은 것은?

① 전동기의 회전 방향은 바꿀 수 없다.
② 교류 전동기가 직류 전동기보다 효율이 좋다.
③ 동기 전동기, 유도 전동기는 모두 교류 전동기이다.
④ 분권 전동기는 일정한 속도를 요구하는 곳에 사용한다.

해설

5번 문제 해설 참조

정답 08 ③ 09 ④ 10 ② 11 ③ 12 ①

14 Power Distribution, Bus Split, Parallel

상

01 2개의 Engine Generator와 1개의 APU Generator가 장착된 항공기에서 Split Bus System에 대한 설명 중 틀린 것은?

① 2개의 Generator가 동시에 하나의 Bus에 Power를 공급하지 못한다.
② Generator 간에 병렬운전이 가능하다.
③ 1개의 ENG Generator 결함 시 다른 Generator Power가 해당 BUS에 자동으로 공급된다.
④ 1개의 ENG Generator 결함 시 Power Recovery(복구) 기간 중 해당 BUS에서는 BPT가 일어난다.

해설

Split Bus System은 Independent system으로서 병렬운전이 불가능한 System이다.

상

02 Electrical Power Parallel System에 대한 설명 중 잘못된 것은?

① 계통 내의 모든 AC Generator는 하나의 동일 Bus에 Power를 공급할 수 있다.
② Bus에 과부하가 계속 발생시 Generator의 과열을 방지하기 위해 Generator만을 해당 Bus에서 분리시킨다.
③ Generator 간의 출력전압, 주파수는 정상적인 작동을 위해 한계치 이내로 제한된다.
④ 모든 Load는 각각의 Generator에 균등하게 분배되어야 한다.

해설

Bus에 과부하가 계속 발생 시에는 Generator뿐만 아니라 해당 Bus도 System에서 분리시켜야 한다.

상

03 항공기 전력분배계통에 대한 설명 중 잘못된 것은?

① Bus는 Engine Generator로부터의 Power를 Load에 분배하는 곳이다.
② BUS는 AC/DC, Left/Right, Essential/Non－Essential BUS로 세분화된다.
③ Composite 항공기를 제외한 항공기에서 BUS로부터 Load까지의 Power 공급에는 Single Wire System을 사용한다.
④ Left AC BUS가 기체와 단락 시 Power의 복구를 위해 Right AC Bus로부터 Power가 자동으로 공급된다.

해설

Bus와 기체가 Short 시에는 Electrical Fire를 방지하기 위해 해당 BUS로의 Power 공급이 차단된다.

상

04 쌍발(Twin Engine) 항공기의 NBPT(No Break Power System)에 대한 설명 중 틀린 것은?

① Electrical Power Source가 변경되는 동안 순간적인 Power의 끊김이 없는 것을 말한다.
② NBPT 기간 동안 2개의 Electrical Power Source는 병렬운전을 한다.
③ PT와 상반되는 개념으로 BPT가 있다.
④ PT 종료 후 2개의 Electrical Power Source는 병렬운전 상태를 계속 유지한다.

정답 01 ② 02 ② 03 ④ 04 ④

해설

NBPT(No Break Power Transfer) 기간 동안 최대 160~240m/s 기간 동안만 병렬운전을 수행한다. Electrical Power Source가 변경되는 동안 순간적인 Power의 끊김이 없는 것을 말한다.(끊김이 있는 전력 이송방식(Electrical Transfer Type)을 Break Before Make Transfer라고 한다.) NBPT 기간동안 2개의 Electrical Power Source는 병렬운전을 한다.(NBPT는 항공기가 전원이 바뀔 때 순간적으로 정전이 되는 경우가 있는데 정전이 되는 부분을 병렬운전을 하여 보완해주는 역할을 해준다.) PT와 상반되는 개념으로 BPT가 있다.

상

05 Electrical Power Load Shedding의 제어와 관련된 장비와 관계가 없는 것은?

① BPCU(Bus Power Control Unit)

② Load Controller

③ VSCF

④ Current Transformer

해설

VSCF는 발전기 종류 중 하나로 엔진 출력에 따른 출력 주파수 변동을 일정한 주파수로 나오도록 맞춰주는 역할을 한다. 전력 평균 분배(Electrical Power Load Shedding)는 항공기 주요 전력 공급원이 필요로 하는 곳에 전원 공급이 충족하지 못할 경우 다른 곳의 전원 공급을 제한시키는 것이다. 즉, 일상생활에서 노트북이나 휴대폰과 같은 전자장치가 저전력 모드일 경우 일부 기능의 작동을 제한시키는 것이라고 보면 된다.

정답 05 ③

15 전원변환장치 (Inverter, Transformer, Rectifier 등)

중

01 전파 정류기와 반파 정류기에 대한 설명 중 틀린 것은?

① 전파 정류기는 반파 정류기보다 효율이 좋다.
② 반파 정류기는 저전류의 일부 사용에만 제한된다.
③ 전파 정류기는 중간 탭이 없다는 장점을 가지고 있다.
④ 반파 정류기는 간단하고 저렴하다.

해설

전파 정류기는 중간 탭이 있어 반파 정류기에 비해 효율을 높일 수는 있으나 중간 탭 선을 다는 것이 매우 어려워 잘 사용되고 있지는 않다. 현재는 브리지 정류기를 많이 이용한다.

상

02 SCR의 특징과 구성에 대해 잘못 설명한 것은 어느 것인가?

① PN 결합이 되어 있는 부분은 3곳으로, 단자도 3곳이 있다.
② 주로 회로의 스위치에 쓰인다.
③ 양극에 역전압을 가하면 어떤 값에서 갑자기 전류가 흐르기 시작한다.
④ SCR을 off하려면 전원 전압을 '0'으로 하거나, 부하를 크게 하여 유지 전류 이하로 한다.

해설

양극(Zenor Diode)에 역전압을 가하면 어떤 값에서 갑자기 전류가 흐르기 시작하는 소자에는 제너 다이오드 등이 있다.

하 (출제율이 높은 문제)

03 다음 중 직류 전력을 공급받아 교류로 변환시켜주는 장치는?

① Diode ② Rectifier
③ Transformer ④ Static Inverter

해설

비상 시에 배터리로부터 직류 전력을 공급받아 그것을 교류로 변환하여 비상 버스에 전력을 공급하기 위한 비상 인버터를 갖추고 있다.

하

04 교류장치에서 Dynamotor와 같은 기능을 하는 것은?

① Rectifier
② Transformer
③ Static Inverter
④ Constant Speed Drive

해설

Transformer는 교류 전압을 승압 또는 감압하는 장치이고, Dynamotor는 직류 전압을 승압 또는 감압하는 장치이다.

하

05 교류 전압을 승압, 감압하는 장치는 무엇인가?

① Static Inverter ② Rectifier
③ Transformer ④ Volt Regulator

해설

4번 해설 참조

정답 01 ③ 02 ③ 03 ④ 04 ② 05 ③

하

06 다음 중 변압기의 권선비와 유도 기전력과의 관계식으로 옳은 것은?

① E1/E2 = N1/N2
② E2/E1 = N1/N2
③ $E1^2/E2^2$ = N2/N1
④ E1/E2 = $N2^2/N1^2$

해설

$\frac{E_1}{E_2}=\frac{N_1}{N_2}$ (여기서, E1 : 1차 전압, E2 : 2차 전압, N1 : 1차 권선수, N2 : 2차 권선수), E2 = E1 × $\frac{N_2}{N_1}$ 에서 2차 전압은 비례관계이지만, 전류는 변압기에서 다르다. 변압기는 용량을 먼저 고려해야 하므로 전달할 수 있는 최대전력이 가장 먼저 결정되는데, 예시로 변압기 용량이 1kVA(= 1kW)라고 가정하면, 1차와 2차 권선비로 전압을 높이고, 낮추는 것은 가능하나 이때 전력용량은 고정값이므로 출력전압에 따라 전류는 정해진다. 출력전압을 100V로 하면 전류는 10A까지 사용 가능하고, 출력전압을 1,000V로 하면 전류는 1A 이상 사용할 수 없게 된다. 여기서 더 많은 다량의 전류를 사용할 경우 트랜스 코어가 자기 포화되어 발열이 발생하게 되고 코일에서 열이 발생하게 된다.

중 (출제율이 높은 문제)

07 변압기의 2차 권선이 1차 권선의 2배라면 전압과 전류는 어떠한가?

① 2차 권선의 전압이 2배, 1차 권선의 전류는 1/2배가 된다.
② 2차 권선의 전압이 1/2배, 1차 권선의 전류는 2배가 된다.
③ 2차 권선의 전압이 1/2배, 1차 권선의 전류도 1/2배가 된다.
④ 2차 권선의 전압이 4배, 1차 권선의 전류는 2배가 된다.

해설

6번 해설 참조

중 (출제율이 높은 문제)

08 변압기에서 이차권선의 권선수가 일차권선의 2배라면 이차권선의 전압은?

① 일차권선보다 크며 전류는 더 작다.
② 일차권선보다 크며 전류도 더 크다.
③ 일차권선보다 작으며 전류는 더 크다.
④ 일차권선보다 작으며 전류도 더 작다.

해설

6번 해설 참조

하

09 정류기(Rectifier)의 역할은 무엇인가?

① 교류를 직류로 바꿔준다.
② 직류를 교류로 바꿔준다.
③ 전압을 승압시켜준다.
④ 전류를 감압시켜준다.

해설

정류기는 교류전력을 직류 전원으로 변환해주는 역할을 한다.

하

10 직류발전기의 전원을 주로 사용하는 항공기에 있어서 계기계통과 무선계통에 교류전원을 공급해주는 것은?

① 인버터(Inverter)
② 축전기(Condensor)
③ 교류 발전기(AC Generator)
④ 유도 진동기(Induce Vibrator)

해설

3번 문제 해설 참조

정답 06 ① 07 ① 08 ① 09 ① 10 ①

하

11 다음 중 변압기의 전압을 결정해주는 것으로 옳은 것은?

① 전류
② 권선수
③ 회전수
④ 권선의 굵기

해설

변압기는 교류 전압을 승압 또는 감압시켜주는 장치로, 코일의 권선수(감긴 횟수)에 따라 전압의 크기가 결정된다. 보통 1차 코일과 2차 코일로 나눠서 성층철심에 감겨져 있는데, 이때 2차 코일이 1차 코일보다 권선수가 많이 감겨있어 전압을 더욱 높이는 역할을 해준다.

정답 11 ②

16 전원연결, 차단장치(SW, Relay, Fuse 등)

하

01 원거리 조종이 가능한 스위치는?

① Toggle Switch
② Relay
③ Micro Switch
④ Proximity Switch

해설

릴레이(Relay)는 먼 거리의 많은 전류가 흐르는 회로를 직접 개폐시키는 역할을 한다.

하

02 항공기 스위치 중 입력이 한 곳이며 출력이 두 곳인 것은?

① 단극단투(SPST)
② 쌍극단투(DPST)
③ 단극쌍투(SPDT)
④ 쌍극쌍투(DPDT)

해설

SPDT(Single Pole Double Throw)는 전류의 흐름을 공급하는 스위치의 접점 부분이 한 곳이며, 스위치는 두 방향으로 움직이게 되어 있다.

하 (출제율이 높은 문제)

03 전기회로 보호장치 중 규정 용량 이상의 전류를 차단하고, Reset 시켜서 재사용이 가능한 것은?

① 퓨즈(Fuse)
② 전류 제한기(Current Limiter)
③ 회로 차단기(Circuit Breaker)
④ 열 보호장치(Thermal Protection System)

해설

회로 차단기/서킷 브레이커(Circuit Breaker)는 정해진 수치보다 높은 전류가 회로에 흐를 때 전류 흐름을 차단해주는 역할을 한다. 서킷 브레이커는 퓨즈(Fuse)와 달리 스위치가 튀어나와 회로를 차단시키고, Reset시켜서 재사용할 수 있다는 점이 있다.

하 (출제율이 높은 문제)

04 전기회로 보호장치 중 규정 용량 이상의 전류를 차단시키는 장치가 아닌 것은?

① Fuse
② Junction Box
③ Circuit Breaker
④ Current Limiter

해설

전기회로 보호장치의 종류는 퓨즈(Fuse), 전류 제한기(Current Limiter), 회로 차단기(Circuit Breaker), 열 보호장치(Thermal Protector) 등이 있다.

하 (출제율이 높은 문제)

05 전기회로에 쓰이는 퓨즈(Fuse)의 용량 표시 단위는?

① 암페어(Ampere)
② 와트(Watt)
③ 볼트(Volt)
④ 옴(Ohm)

해설

규정 이상으로 전류가 흐르면 녹아 끊어짐으로써 회로에 흐르는 전류를 차단시키는 장치로 용량은 암페어(Ampere)로 나타낸다.

정답 01 ② 02 ③ 03 ③ 04 ② 05 ①

중

06 전기회로 부품 중 릴레이의 Line을 바꾸어서 설치하는 경우 나타나는 현상은?

① 그대로 작동한다.
② 릴레이가 작동하지 못한다.
③ Circuit Breaker가 trip된다.
④ ON – OFF가 반대로 된다.

해설

릴레이는 전자석이나 솔레노이드 코일에 의해 작동되는 일종의 스위치로서 전원을 인가하면 자동으로 ON/OFF 기능이 있는 전기회로 부품으로 정격대로 연결했던 선을 반대로 연결하면 ON/OFF 또한 반대가 된다.

중

07 전기회로의 구성품 중 Relay란 어떤 장치인가?

① 장비 작동 시 전류를 제한하는 Switch
② 과부하 시 차단 역할을 하는 Switch
③ 전자석이나 Solenoid Coil에 의해 작동되는 Switch
④ 신호발생장치에 사용되는 Switch

해설

6번 문제 해설 참조

중

08 다음 중 접점을 이용하지 않으면서 회로를 제어하기 위해 사용하는 Switch는?

① Micro Switch
② Toggle Switch
③ Rotary Selector Switch
④ Proximity Switch

해설

근접 스위치(Proximity S/W)는 예시로 착륙장치 Door가 Open/Close 상태임을 나타내는 일종의 센서 역할로도 쓰이며 착륙장치 Door가 Close 됐을 때 근접 스위치 센서가 피접촉물 접근을 와전류로 감지하여 해당 장치의 상태를 계기판으로 지시해주는 역할을 해준다. 이에 따라 기계요소가 불필요하여 일반적인 S/W처럼 접점이 없다는 특징이 있다.

중

09 항공기 전기계통에서 접점부위가 두 곳이고 두 방향으로 움직이는 스위치 방식은?

① SPST
② DPST
③ SPDT
④ DPDT

해설

여러 스위치 방식 중 DPDT(Double Pole Double Throw)는 전류의 흐름을 공급하는 스위치 접점부가 두 곳이며, 스위치 또한 두 방향으로 움직이게 되어 있다.

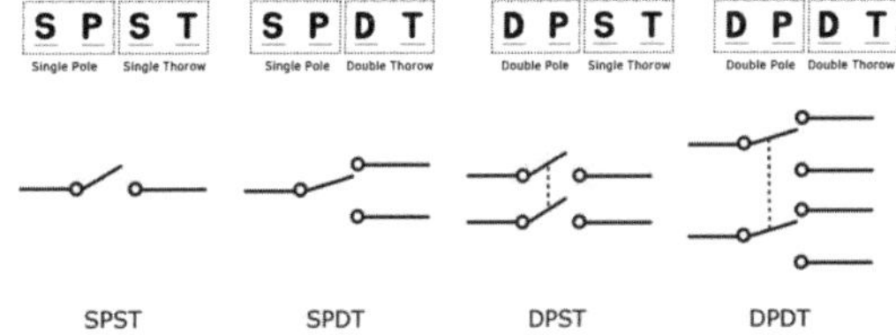

정답 06 ④ 07 ③ 08 ④ 09 ④

17 외부 지상전원 및 정비작업

중

01 지상에서 항공기로 공급되는 External Power의 공급 전원은?

① 단상 교류 ② 2상 교류
③ 3상 교류 ④ 14V 비상직류

해설

지상에서 엔진을 구동하지 않고 시험 및 정비를 수행하기 위하여 외부 전원을 사용할 수도 있다. 115VAC, 3 Phase, 400Hz의 교류전력 또는 28VDC 직류전력을 공급하는 외부 지상 전원 공급장치가 사용된다.

중

02 지상에서 GPU로 항공기에 External Power를 공급하는 것은 언제 가능한가?

① APU 작동 시
② Taxing 중일 때
③ Engine Starting 시
④ APU와 Engine이 off 되어 있을 때

해설

1번 문제 해설 참조

하 출제율이 높은 문제

03 지상에서 항공기의 모든 발전기가 작동하지 않을 시 전원을 공급해주는 장치는?

① GCU(Generator Control Unit)
② GPU(Ground Power Unit)
③ ATC(Air Turbine Compressor)
④ GTC(Gas Turbine Compressor)

해설

GPU(Ground Power Unit)는 지상에서 항공기 엔진이나 APU가 작동 중이지 않을 때 전원공급이 되지 않는 상태이므로 초기에 항공기 전원(외부 전원)을 공급해주는 용도로 쓰인다.

중

04 External Power를 Control 및 Protection 기능을 하는 Part는?

① GCU ② TRU
③ BPCU ④ ELCU

해설

1. GCU(Generator Control Unit)
   대형 가스터빈 엔진 항공기에서 Main Engine에 장착된 IDG(Integrated Drive Generator, CSD+AC Generator)를 통해 생성되는 115VAC 출력 전압을 조절, 감지 및 보호 등 여러 기능을 수행한다.
2. ELCU(Electronic Load Control Unit)
   Generator가 고장 또는 주 전원(Main Power) 오작동 발생 시 부하 안전을 위해 ELCU 또는 Smart Contact를 사용하여 항공기 Primary Bus Bar의 전원을 차단하는 데 사용된다.

   이 ELCU는 전류가 위상 당 20A보다 높을 때 사용되며 GCB(Generator Circuit Breaker) 시스템에 사용되는 ELCU에는 3상의 모든 전류를 측정하는 전류 감지 코일이 있다. 항공기 Primary AC Bus로부터 직접 부하를 공급하고 제어도 한다.
3. BPCU(Bus Power Control Unit)
   대형 가스터빈 엔진 항공기에서 GPU(Ground Power Unit)를 통해 공급되는 외부 전원(External Power) 115VAC 출력 전압을 조절, 감지 및 보호 등 여러 가지 기능들을 수행한다.

정답 01 ③ 02 ④ 03 ② 04 ③

4. TRU(Transformer Rectifier Unit)

항공기에 장착된 TRU는 일반적으로 1, 2차 변압기 권선과 정류기로 구성되며 AC Bus로부터 공급받은 115VAC, 3상, 400Hz 전원을 28VDC로 변환해준다. DC Power를 필요로 하는 곳으로 보내주기 위해 항공기의 주 전원(Main Power)을 변환해주는 것이다.

3상 Star-Star 결선 변압기를 통해 전압강하를 해주고 정류 목적으로 쓰이는 6개의 다이오드에 의해 28VDC로 변환되어 DC Bus로 공급된다.

중

05 항공기에서 예비 전원은 필요무선 설비를 몇 분 동안 동작시킬 수 있어야 하는가?

① 30분 ② 60분

③ 90분 ④ 120분

해설

하나의 발전기가 고장 나서 1대밖에 남지 않은 경우라도, 비행에 필수적인 항법장치, 통신장치, 계기류 등이 Essential Bus에 연결되어 있으므로 전력을 확보할 수 있다. 최후의 1대가 고장난 경우에도 Battery가 Emergency Bus에 전력을 공급하여 안전한 착륙에 필요한 항법, 통신계통을 30분간 작동한다. 이와 같이 항공기의 전원 계통은 충분한 안전성을 갖도록 만들어져 있다.

하

06 항공기를 지상에서 점검하거나 정비하기 위해 항공기 외부에서 전원을 공급하는 용도로 사용되는 전원장치는?

① APU

② GPU

③ IDG

④ BAT

해설

3번 문제 해설 참조

중

10 항공기가 지상에서 항공기 계통에 전원공급을 위해 사용하는 외부전원 접속기(External Power Supplier)를 작동하기 위한 요소로 옳지 않은 것은?

① 전압

② 위상

③ 전력

④ 주파수

해설

직류발전기와는 달리, 교류발전기의 병렬 운전 조건은 각 발전기의 전압(기전력의 크기), 주파수, 위상 등이 서로 일치해야 한다. 이들이 서로 일치하는 지를 확인하고 나서 이상이 없을 때에만 수동 또는 자동으로 병렬운전을 한다.

전압이 서로 일치하지 않으면 전압이 높은 발전기에서 전압이 낮은 발전기로(전위차 발생) 무효순환전류(Reactive Circulating Current)가 흐르게 되어 전력손실을 가져온다. 주파수와 위상이 서로 다를 경우에는 주파수와 위상차를 같게 하려는 동기화 전류(Synchronizing Current)가 흘러 또한 전력손실을 가져온다.

병렬운전 중에 어느 한쪽의 발전기가 다른 발전기에 비하여 회전속도가 느리다면, 이 발전기의 출력은 낮다. 따라서, 다른 발전기로부터 역전류가 흐르게 되어, 이 발전기는 순간적으로 전동기의 구실을 하므로 기관 구동력이 남게 된다. 이 남은 구동력에 의하여 발전기의 속도는 빨라지게 된다. 이와 같은 효과로, 느리던 발전기는 스스로 빨라져 다른 발전기와 마찬가지로 자기 몫의 부하를 감당하게 된다. 이때의 역전류를 동기화 전류라고 한다.

정답 05 ① 06 ② 10 ③

18 조명장치(항공기 내, 외부, 조종실, 객실, 화물실 등)

하 (출제율이 높은 문제)

01 어떤 광원으로부터 방출되는 빛 에너지의 양은?

① 조도 ② 광도
③ 광운 ④ 광속

해설

- 광속(Luminous Flux) : 광원에서 나오는 빛의 에너지의 양을 말한다.
- 광도(Luminous Intensity) : 광원이 갖는 빛의 강도
- 조도(Illumination) : 단위면적당 입사 광속을 말하며 비추는 정도를 말한다.
- 휘도(Brightness) : 광원의 비추는 정도

하

02 항공기 내부 조명등으로 옳은 것은?

① Anti－Collision Light
② Navigation Light
③ Landing Light
④ Dome Light

해설

- Landing Light(착륙등) : 날개 앞전에 장착되어 이륙과 착륙 동안 활주로를 비춰준다.
- Navigation Light(항법등) : 다른 항공기에 대해 해당 항공기의 비행 방향을 알림과 동시에 야간 조명이 없는 상태에서 주기할 때, 항공기의 존재를 알리기 위해 사용되며, 오른쪽 날개 끝에 녹색(Green), 왼쪽 날개에 적색(Red), 꼬리부에 백색(White)등이 장착되어 야간 항공기의 방향을 다른 항공기에 알린다.
- Anti－Collision Light(충돌방지등) : 항공기 동체 상부와 하부에 각각 장착되어, 매분 48회로 적색광을 점멸시켜 해당 항공기의 존재를 알려 충돌을 회피하려는 목적으로 쓰인다.
- Wing Illumination Light(날개조명등) : 날개 앞전과 엔진 나셀을 비춰준다.
- Strobe Light(섬광등) : 충돌 방지를 위한 등으로 높은 광도로 번쩍인다.

중 (출제율이 높은 문제)

03 항공기가 야간비행 중 번개로 인해 조종실 내부가 잘 안 보일 때 조작하는 스위치는?

① Dome Switch
② Lightning Switch
③ Flood Light Switch
④ Thunderstorm Switch

해설

썬더스톰 스위치(Thunderstorm Switch)는 번개로 밖이 밝게 비춰져서 조명이 어두운 조종실 내부가 잘 보이지 않게 되었을 때 실내를 잘 볼 수 있게끔 사용하는 스위치이다.

중 (출제율이 높은 문제)

04 다른 항공기에 대하여 해당 항공기의 비행진행방향을 알려주기 위해서 켜는 등은 무엇인가?

① 로고등(Logo Light)
② 선회등(Turn－off Light)
③ 항법등(Navigation Light)
④ 충돌방지등(Anti－Collision Light)

해설

2번 문제 해설 참조

정답 01 ④ 02 ④ 03 ④ 04 ③

상

05 작업면에 비추는 조도를 말하며, 등기구에서 발산되는 광속의 90% 이상을 천장이나 벽에 투사시켜 이로부터 반사 확산된 광속을 이용하는 방식은?

① 직접식(Direct)
② 간접식(Indirect)
③ 반직접식(Semi－direct)
④ 반간접식(Semi－Indirect)

해설

- 직접조명(Direct) : 작업면을 비추는 조도 중 직사조도가 확산조도보다 높은 경우를 말하며, 등기구에서 발산되는 광속의 90% 이상을 직접 작업면에 투사하는 조명방식이다.
- 반직접조명(Semi－Direct) : 이 방식의 기구로부터의 발산광속은 60~90%의 빛이 아래 방향으로 향하여 작업면에 직사된다. 그리고 위 방향으로 10~40%의 빛이 천장이나 윗벽 부분에서 반사되고 이 반사광이 작업면의 조도를 증가시킨다.
- 간접조명(Indirect) : 작업면을 비추는 조도 중 확산조도가 직사조도보다 높은 경우를 말하며, 등기구에서 발산되는 광속의 90% 이상을 천장이나 벽에 투사시켜 이로부터 반사 확산된 광속을 이용한 방식이다.
- 반간접조명(Semi－Indirect) : 이 방식은 발산광속의 60~90%가 위 방향으로 향하여 천장, 윗벽 부분으로 발산되고, 나머지 부분이 아래 방향으로 향한다.

하

06 항공기 Navigation Light(항법등 또는 자기위치표시등)에 관한 설명으로 맞는 것은?

① 우측날개 끝－녹색, 좌측날개 끝－적색, 동체 끝－백색
② 우측날개 끝－적색, 좌측날개 끝－녹색, 동체 끝－백색
③ 우측날개 끝－적색, 좌측날개 끝－백색, 동체 끝－녹색
④ 우측날개 끝－백색, 좌측날개 끝－적색, 동체 끝－녹색

해설

2번 문제 해설 참조

하

07 다음 중 항공기의 실내등에 해당하는 것은?

① 동체등 ② 날개등
③ 화물실등 ④ 꼬리날개등

해설

2번 문제 해설 참조

중 (출제율이 높은 문제)

08 항공기 비상등(Emergency Light)의 종류가 아닌 것은?

① Exit Emergency Light
② No Smoking Emergency Light
③ Ceiling & Entryway Emergency Light
④ Door－Mounted(Slide) Emergency Light

해설

비상등(Emergency Light) 종류

- Ceiling & Entryway Emergency Light : 비상등 통로를 따라 항공기에서 탈출할 때 승무원과 승객에게 통로를 조명해준다.
- Door Mounted(Slide) Emergency Light : 각 객실 구역별 Door의 안쪽에 장착되어 있으며 Door를 열었을 때 Emergency Evacuation Slide Area를 조명한다.
- Over－Wing Emergency Light : 비상 상황 시 Over－Wing Exit Path를 조명한다.
- Door Frame Mounted Light : 항공기 Door Frame의 Top에 장착되어 Door Sill을 조명한다.
- Exit Sign : 각 Door 상부 또는 근처, 통로 위의 천장 등에 장착되어 Emergency Egress Paths를 알려준다.
- Floor Proximity Light : Main과 Upper Deck Aisle을 따라 Floor Track에 장착된 Aisle Locator Light, Stairway를 따라 장착된 Exit Locator Light, 각 Door 근처에 장착된 Exit Indicator로 구성되어 있다.

정답 05 ② 06 ① 07 ③ 08 ②

19 공함계기(Pitot - Static System, 속도, 고도계 등)

중

01 순간 수직 속도계(IVSI)에서 가속 펌프(Accelera-tion Pump)를 사용하는 이유는?

① 지시 오차를 없게 한다.
② 지시 감도를 좋게 한다.
③ 지시 지연을 없게 한다.
④ 선회 오차를 없게 한다.

해설

승강계의 지시 지연을 거의 없게 만든 것으로 순간 수직 속도계(Instantaneous Vertical Speed Indicator)가 있는데, 이것은 공함 내에 정압을 전달하는 통로에 가속 펌프를 설치하여 순간적으로 압력차가 해소되도록 제어함으로써 지시 지연을 없게 한다.

하 (출제율이 높은 문제)

02 항공기 계기계통에 사용하는 공함(Pressure Capsule)에 대한 설명으로 맞는 것은?

① 압력을 기계적인 변위로 바꿔주는 장치
② 온도의 변화를 전류로 바꿔주는 장치
③ 기계적인 변위를 압력으로 바꿔주는 장치
④ 온도의 변화를 전기저항으로 바꿔주는 장치

해설

공함(Pressure Capsule)은 압력을 기계적인 변위로 변환하는 것으로 널리 사용되고 있으며 종류는 다음과 같다.

• 다이어프램(Diaphragm)
• 벨로즈(Bellows)
• 버든 튜브(Bourden Tube)
• 아네로이드(Aneroid)

하

03 항공기 계기에 쓰이는 공함(Pressure Capsule)의 종류로 아닌 것은?

① 벨로즈　② 버든 튜브
③ 자기 컴퍼스　④ 아네로이드

해설

2번 문제 해설 참조

상

04 항공 계기에 사용하는 공함(Collapsible Chamber)에 대한 설명으로 틀린 것은?

① 고도계와 승강계는 아네로이드를 이용한다.
② 속도계는 다이어프램을 사용한다.
③ 연료압력계는 다이어프램 또는 2개 이상의 벨로즈로 구성되어 있다.
④ 오일압력계는 버든 튜브(부르동관)를 사용한다.

해설

고도계는 아네로이드, 승강계는 다이어프램 공함을 이용한다.

하

05 다음 공함(Pressure Capsule) 중 고도계에 사용하는 것은?

① 아네로이드　② 다이어프램
③ 벨로즈　④ 버든 튜브

해설

4번 문제 해설 참조

정답 01 ③ 02 ① 03 ③ 04 ① 05 ①

하 (출제율이 높은 문제)

06 정압공(STATIC HOLE)에 결빙이 생겼을 경우 정상적으로 작동하는 계기는?

① 고도계
② 수평상황지시계(HSI)
③ 속도계
④ 승강계

해설

Pitot tube System에는 속도계, 고도계, 승강계가 있으며 이 계기들은 정압공(Static Port)에 연결되어 있는 계기이다. 정압공이 얼거나 분리되면 이 3개의 계기들은 모두 낮게 지시한다.(정상 작동 불능)

중

07 여압된 항공기가 정상 비행 중 갑자기 계기 정압 라인(STATIC HOLE)이 차단된다면 어떤 현상이 나타나는가?

① 고도계는 높게 속도계는 낮게 지시한다.
② 고도계와 속도계 모두 높게 지시한다.
③ 고도계와 속도계 모두 낮게 지시한다.
④ 고도계는 낮게 속도계는 높게 지시한다.

해설

6번 문제 해설 참조

중

08 항공기에 사용하는 속도계(Air Speed Indicator)는 어디에 연결되어 있는가?

① Pitot Line
② Static Line
③ Pitot & Static
④ Line Vented Cockpit Air

해설

피토－정압(Pitot－Static) 계통은 일반적으로 고도계, 속도계와 승강계가 장착되어 있으며, 속도계는 피토압과 정압이 연결되어 있고, 고도계와 승강계는 정압만 연결되어 있으며, 그 외에 항공기에서 전압과 정압이 필요한 계통이 연결되어 있다.

하 (출제율이 높은 문제)

09 다음 중 전압(Total Pressure)을 필요로 하는 계기는 어느 것인가?

① 고도계
② 속도계
③ 선회계
④ 수직속도계

해설

속도계는 전압과 정압을 이용하여 속도를 지시해준다.

하

10 등가대기속도에 고도 변화에 따른 공기 밀도를 수정한 속도는?

① CAS　② EAS
③ IAS　④ TAS

해설

- 지시 대기 속도(IAS : Indicated Air Speed) : 속도계가 지시하는 속도
- 수정 대기 속도(CAS : Calibrated Air Speed) : 지시 대기 속도에서 피토 정압관의 장착 위치와 계기 자체에 의한 오차를 수정한 속도
- 등가 대기 속도(EAS : Equivalent Air Speed) : 수정 대기 속도에서 공기의 압축성 효과를 고려한 속도
- 진 대기 속도(TAS : True Air Speed) : 등가 대기 속도에서 다시 밀도를 보정한 속도

정답　06 ②　07 ③　08 ③　09 ②　10 ④

중

11 대기속도계의 다이어프램에 작용하는 차압은?

① 정압　　② 동압
③ 전압　　④ 대기압

해설

속도계와 같이 밀폐된 케이스 안에 개방 공함인 다이어프램이나 벨로즈와 같은 공함이 들어 있는데, 공함 안쪽에는 피토압이 전달되고, 바깥쪽에는 정압이 가해진다. 항공기의 속도에 따라 이 두 압력의 차압, 즉 동압에 의하여 공함이 팽창하며, 이 변위량은 확대 장치에 의하여 확대되어 바늘에 전달된다.

하　출제율이 높은 문제

12 다음 항공계기들 중에서 공기흐름의 동압(Dynamic Pressure)을 이용한 계기는?

① 자세계(Attitude Indicator)
② 고도계(Altitude Indicator)
③ 속도계(Air Speed Indicator)
④ 수직속도계(Vertical Air Speed Indicator)

해설

11번 문제 해설 참조

하

13 PSI 단위의 표현으로 맞는 것은?

① In－lbs　　② lbs/in^2
③ lbs/in^3　　④ lbs

해설

psi(pounds per square inch)는 $1inch^2$ 면적이 받는 pound 단위의 무게로 Ib/in^2 단위로도 표현한다.

하

14 해면상에서부터 항공기까지의 고도로 가장 올바른 것은?

① 절대고도　　② 진고도
③ 밀도고도　　④ 기압고도

해설

고도의 종류

- 기압고도(Pressure Altitude) : 표준 대기압 해면(29.92inHg)으로부터 항공기까지의 높이
- 진고도(True Altitude) : 실제 해면상으로부터 항공기까지의 높이
- 절대고도(Absolute Altitude) : 항공기로부터 그 당시의 지형까지의 높이
- 밀도고도(Density Altitude) : 표준 밀도에 상당하는 고도로서 공기밀도가 대기압과 절대압에 따라 달라지는 것을 감안한 것이다.
- 객실고도(Cabin Altitude) : 객실 내의 기압이 표준 대기압으로 보아 어떤 고도에 해당하는가를 알려주는 것이다.

하

15 항공기 압력계의 압력 수감부로 사용되지 않는 것은?

① 벨로즈
② 자이로스코프
③ 아네로이드
④ 버든 튜브

해설

압력계는 압력을 기계적인 변위로 변환시킨 다음, 이 변위를 다시 압력 단위로 읽을 수 있도록 한 것으로서 압력을 측정할 수 있는 압력 수감부로는 아네로이드(Aneroid), 다이어프램(Diaphragm), 벨로즈(Bellows), 버든 튜브(Bourdon Tube) 등을 이용하고 있다.

정답　11 ②　12 ③　13 ②　14 ②　15 ②

20 온도계기

하 출제율이 높은 문제

01 항공기 가스터빈 기관의 배기가스 온도를 측정하는 계기는?

① 비율식 지시계(Rate Type Indicator)
② 브리지식 지시계(Bridge Type Indicator)
③ 열전쌍식 온도계(Thermocouple Indicator)
④ 전기저항식 온도계(Electronic Resistance Indicator)

해설

열전쌍식 온도계의 재질 종류 중 크로멜 – 알루멜(Cromel (Ni : 90%,Cr10%) – Alumel(Ni95%, Al2%, Mn2%, Si1%))은 최고 1,400℃까지 측정 가능하며 가스터빈 기관의 배기가스 온도계에 사용된다.

하

02 다음 중 측정 원리가 다른 온도 계기는?

① 증기압식 ② 바이메탈식
③ 전기용량식 ④ 열전쌍식

해설

전기용량식은 액체와 기체의 유전율 차이를 이용하여 연료량을 측정하는 액량계 종류 중 하나이다.

하

03 항공기 온도계기를 원격으로 지시해주는 온도 측정방식 중 틀린 것은?

① 빛의 변화에 의한 지시
② 전기저항에 의한 지시
③ 상태변화에 의한 지시
④ 열전쌍에 의한 지시

해설

온도 계기의 측정 방식은 증기압을 이용한 방식, 서로 다른 열팽창률을 이용하여 열에 의해 상태변화에 따른 지시방식, 전기저항을 이용한 방식, 열전쌍을 이용한 방식 등이 있다.

하

04 왕복 기관의 실린더 헤드 온도를 측정하는 열전쌍의 재질은?

① 철 – 콘스탄탄
② 철 – 구리
③ 구리 – 콘스탄탄
④ 크로멜 – 알루멜

해설

열전쌍식 온도계의 재질 종류 중 철–콘스탄탄, Iron(Fe 99.9%) – Constantan(Cu 55%, Ni 45%)은 최고 800℃까지 측정 가능하며 구리 – 콘스탄탄 조합과 마찬가지로 CHT 온도계로 사용된다. 일반적으로 열기전력이 큰 철 – 콘스탄탄 조합을 사용한다.

상

05 전기저항식 온도계(Electric Resistance Indicator)에 대한 주의사항으로 잘못된 것은?

① 전기저항 계수의 변화가 작을 것
② 온도와 저항의 관계가 직선적인 관계일 것
③ 저항은 온도 이외 다른 조건에는 변하지 말 것
④ 니켈 등의 저항체는 300℃ 이상에서 성질이 변하므로 열을 오래도록 가하지 말 것

정답 01 ③ 02 ③ 03 ① 04 ① 05 ①

해설

대부분의 금속은 온도가 증가하면 전기저항이 증가하여 금속선으로 저항계를 만들고 그 저항체에 정해진 전압으로 전류를 흘려보내 주면 그 저항체를 흐르는 전류는 그 저항체의 온도에 영향을 받아 온도와 반비례로 변화할 것이다. 따라서 지시 눈금이 온도 단위인 전류계 형태의 지시계로 그 저항체의 전류량을 측정한다면 그 저항체의 온도를 알 수 있을 것이다. 이때 사용되는 저항체는 다음과 같은 조건을 만족해야 한다.

① 온도와 저항의 관계가 직선적인 관계일 것
② 저항은 온도 이외 다른 조건에는 변하지 말 것
③ 전기저항 계수의 변화가 클 것

이와 같은 조건에 만족한는 금속재료로는 백금, 순수 니켈, 니켈-망간 합금 및 코발트 등이 있고 백금의 가격이 비싸서 주로 니켈을 사용한다. 니켈 같은 경우에는 고온에서 변태점이 있어 산화되므로 사용온도를 300[℃] 이하로 제한하고 있다.

상

06 항공기 엔진의 출력 설정, 결빙 방지, 연료 내의 수분 동결 방지 등의 목적으로 사용되는 온도계는?

① OAT　② TAT
③ TIT　④ EGT

해설

외기 온도계(OAT : Outside Air Temperature)는 기관의 출력 설정, 결빙 방지, 연료 내의 수분 동결 방지 등의 목적으로 사용되고 비행 중인 항공기에 중요한 것이다. 또한 고속 항공기에서는 항법상에 필요한 진대기 속도를 구하는 계산으로 필요한 것이다.

중

07 다음 항공 계기 중 온도차에 따른 수감부에 발생하는 기전력에 의해 지시치를 나타내는 것은?

① 전기식 회전계
② 와전류식 회전계
③ 전기저항식 온도계
④ 열전쌍식 온도계

해설

열전쌍식 온도계의 온도 측정 원리를 예시로 들어보면 항공기 엔진의 Cold Section에서 FADEC과 같은 장치에 연결되고 Hot Section은 배기부에 설치하여 여러 개의 Thermocouple이 병렬 연결되어 배기가스 온도의 평균값을 전기신호로 변환하여 조종실 계기에 나타내도록 한다. 이때 전기신호는 Cold Secion에 연결되어 있는 곳과 Hot Section에 연결되어 있는 곳의 두 온도차로 인한 기전력 발생 원리를 이용한다.

하

08 다음 중 열을 사용하는 스위치에 해당되는 장치는?

① 퓨즈
② 릴레이
③ 토글 스위치
④ 바이메탈 금속편 스위치

해설

서로 다른 열팽창 계수의 두 금속을 조합하여 온도 변화에 따른 휨 변위를 온도 단위로 지시한 형태의 계기 방식인 바이메탈식 온도계는 주로 항공기 외부 대기 온도계(OAT)에 사용되며 이때의 지시 범위는 -60～50℃이다.

정답 06 ① 07 ④ 08 ④ 09 ④

21 회전계기

중

01 항공기 기관에 의해 구동되는 3상 교류발전기를 이용하여 기관의 회전속도에 비례하도록 전압을 발생시키는 원리를 이용한 회전계는?

① 전기식 ② 기계식
③ 맴돌이 전류식 ④ 동기 전동기식

해설

전기식 회전계(Electrical Tachometer)는 지시기 내의 3상 동기 전동기는 기관에 장착된 3상 교류발전기의 회전속도에 비례하여 회전하므로, 결국 기관의 회전속도는 전기적으로 계기까지 전달되어 회전수를 지시하게 되는 것이다.

상 (출제율이 높은 문제)

02 항공기 회전계기(Tachometer)에 대한 설명으로 틀린 것은?

① 회전계기는 기관의 분당 회전수를 지시하는 계기이다.
② 가스터빈 기관에서는 압축기의 RPM을 백분율 RPM으로 나타낸다.
③ 수감부는 기계적인 각 변위 또는 직선 변위를 감지하여 전기적인 신호로 변환한다.
④ 왕복 기관에서는 크랭크축의 회전수를 분당 회전수로 나타낸다.

해설

회전계기는 항공기 기관축의 회전수를 측정하는데 사용된다. 왕복 기관에서는 크랭크축의 회전수를 분당 회전수인 rpm으로 지시하고, 가스터빈 기관에서는 압축기의 회전수를 최대 출력 회전수의 백분율(%)로 나타낸다. 이와 같이 회전축의 회전수를 지시하는 계기를 회전계(Tachometer)라 한다.

상

03 다음 중 와전류식 회전계(Eddy－Current Type Tachometer)에 대한 설명으로 옳은 것은?

① 기관에 의해 구동되는 3상 교류발전기를 이용한다.
② 내부에 3상권선과 영구자석의 3상 동기전동기가 있다.
③ 3상권선과 영구자석으로 구성된 3상 교류발전기를 이용하여 기관의 회전속도에 비례하도록 전압을 발생시킨다.
④ 기관의 구동축에 설치된 가요성 구동축이 계기에 연결되어 기관의 속도와 같은 속도로 영구 자석을 회전시킴으로써 회전 자기장이 형성된다.

해설

와전류식 회전계(Eddy－Current Type Tachometer)는 맴돌이 전류를 이용한 계기로서 회전 자기장 내에 있는 알루미늄 또는 황동의 비자성 양도체로 되어 있는 원판은, 그 판에 유기되는 맴돌이 전류 효과에 의하여 회전 자기장과 같은 방향으로 회전하려는 토크를 받는다. 이때, 토크의 크기는 자기장의 세기와 회전 속도에 비례하며, 자기장의 세기는 영구자석에 의한 것이므로 설계상 주어진 것이어서, 토크는 다만 자기장의 회전 속도에만 비례한다. 자력선은 영구 자석의 N극으로부터 드래그 컵(Drag Cup)을 통하여 s극으로 돌아온다.

기관의 회전축에 연결된 가요성 구동축은 계기에 연결하여 기관의 회전축과 같은 속도로 영구 자석을 회전시킴으로써 회전 자기장이 형성된다. 이로 인해 드래그 컵에는 맴돌이 전류가 유기되며, 이때 유기된 맴돌이 전류는 드래그 컵이 영구 자석을 따라 돌게 하는 회전력을 생기게 한다. 따라서 회전력이 나선형 스프링의 힘과 평형이 된다. 이때, 드래그 컵에 달려 있는 바늘은 구동축 회전력, 즉 기관의 회전수를 지시하게 된다.

정답 01 ① 02 ③ 03 ④

중

04 다발 왕복기관 항공기에서 Master Engine과 타 엔진의 rpm을 비교하여 나타내는 계기는?

① 맴돌이 전류식 회전계
② 원심력식 회전계
③ 전기식 회전계
④ 동기계

해설

쌍발 이상의 항공기에서 Master Engine과 타 엔진의 회전속도를 비교하여 나타내는 계기가 동기계(Synchro−scope)이다. 여러 개의 기관을 장착한 항공기는 기관의 회전속도가 같아지도록 조절할 필요가 있다. 특히, 다발 왕복기관 항공기나 프로펠러를 장착한 다발 항공기의 경우에 각 기관의 회전 속도 차이가 나는 경우에는 기관이나 프로펠러 소음이 발생하여 불쾌감이나 불안감을 줄 수 있다.

상

05 항공기에 사용하는 동기계(Synchroscope)에 대한 설명으로 틀린 것은?

① 회전자가 전부 3상 단자로 되어 있다.
② 유도전동기의 회전축에 지시 바늘을 부착시킨 것이다.
③ 지시 바늘의 회전 속도는 좌우 기관의 회전 속도의 차이에 반비례한다.
④ 쌍발 이상의 항공기에서 Master Engine과 타 엔진의 회전속도를 비교하여 나타내는 계기이다.

해설

동기계는 일종의 유도전동기의 회전축에 지시 바늘을 부착시킨 것이다. 스테이터(Stator) 및 로터(Rotor)에는 모두 3상 권선으로 구성되고, 로터 권선은 3개의 스프링을 통과시켜 전원을 공급한다. 스테이터 및 로터의 권선은 좌우 기관의 회전계 발전기에서 보내져 온 3상 교류 전압에 의해 스테이터 내부 및 로터 표면에 같은 방향의 회전 자장이 발생하도록 여자(Excited)되어 있다.

지시 바늘의 회전속도는 좌우 기관의 회전 속도의 차이에 비례하며, 만일 지시 바늘의 회전이 멈춰진 상태는 두 기관이 서로 동기되었거나 두 기관 중에서 어느 한 기관이 정지되어 있는 것이다.

정답 04 ④ 05 ③

22 액량, 유량계기

하 (출제율이 높은 문제)

01 대부분 중/대형 고정익 항공기에 사용되는 연료탱크 연료량계의 형식으로 옳은 것은?

① 부자식
② 전기저항식
③ 전기용량식
④ 사이트글라스식

해설

정전용량식/전기용량식 액량계(Capacitance-Type Fuel Quantity Indicator)는 공기와 연료 등의 액체의 유전율의 차이를 잘 이용한 액량계이다. 중대형 고정익 항공기의 연료량계에는 거의 정전용량식 액량계가 이용되고 있다.

하

02 공기와 연료 등의 액체의 유전율의 차이를 이용한 액량계는?

① 부자식 액량계
② 전기용량식 액량계
③ 사이트 글라스식
④ 연료량 계기

해설

1번 문제 해설 참조

중

03 탱크와 조종사와의 위치 관계에 의해 제약되므로 비행중에 거의 사용되지 않는 액량계는?

① 부자식
② 액압식
③ 전기용량식
④ 사이트 게이지식

해설

사이트 게이지(Sight-Gauge)식 액량계는 게이지 글래스(Gauge Glass)를 통하여 직접 액면을 보아서 액량을 아는 방식이다. 이 방식의 액량계는 탱크와 조종사와의 위치 관계에 의해 제약되므로 비행 중에 사용되는 액량계로는 거의 사용되지 않으며, 지상에 있어서 정비 작업을 위해서 장착되어 있다.

중

04 Fuel Flow Transmitter의 지침은 어떤 방식으로 전달하도록 설계되었는가?

① 기계적 방식
② 전기적 방식
③ 시각적 방식
④ 유체역학적 방식

해설

연료 유량계는 Desyn을 이용한 방식으로 즉, 전기적인 방식을 말한다.

하

05 항공기 유량계 중 연료 분사식 소형 왕복기관 항공기에 사용하고 있는 것은?

① 베인식 유량계(Vane Type Flowmeter)
② 부자식 유량계(Float Type Flowmeter)
③ 질량 유량계(Mass Flow Type Flowmeter)
④ 차압식 유량계(Differential Pressure Type Flow-meter)

정답 01 ③ 02 ② 03 ④ 04 ② 05 ④

해설

소형 기관(연료 분사식 기관)의 경우에는 연료 분사 노즐에 보내진 연료의 압력과 흡기압과의 차이(저압 분사 방식)를 연료 유량으로 환산하여 표시하고 있다.
항공기용으로 흔히 이용되고 있는 연료 유량계는 다음과 같다.
① 차압식 유량계(Differential Pressure Type Flowmeter)
② 면적식 유량계(Vane Type Flowmeter)
③ 질량 유량계(Mass Flow Type Flowmeter)
대형 기관에 ② 또는 ③이 흔히 이용되고 있고, 연료 분사식의 소형 왕복 기관에는 ①이 이용되고 있다.

중

06 항공기 정전용량식 연료량계의 Probe를 사용하는 것은?

① Selsyn
② Synchro
③ Condensor
④ Generator Control Relay

해설

정전용량식 연료량계는 콘덴서(Condensor)의 축적 능력(정전용량)을 이용하여 액체와 연료의 유전율 차이를 이용해 전기적인 방식으로 계기에 지시하는 방식이다.

중

07 정전용량식 연료계가 실제 연료는 "Full"이 아닌데, "Full"을 지시하면 가능한 원인은 무엇인가?

① Tank Unit Short
② Tank Unit Cut
③ Compensator Short
④ Compensator Cut

해설

정전용량식/전기용량식 연료량계의 수감부로 쓰이는 콘덴서(Condensor)는 액체와 공기의 유전율의 차를 이용하여 연료량을 측정하는데, 이 수감부가 Short될 경우 원활한 연료량을 측정할 수가 없다.

중

08 전기용량식 연료량계의 Capacitance를 좌우하는 요소는?

① 극판의 넓이 ② 유전율
③ 극판의 거리 ④ 저항

해설

콘덴서의 정전용량은 어떠한 형의 콘덴서라도 유전율의 크기에 정비례한다.

중

09 다음 중 현대 항공기에 사용하지 않는 액량계는?

① 부자식 액량계
② 사이트 글라스식
③ 전기용량식 액량계
④ 액압식 액량계

해설

일반적으로 이용되고 있는 액량계는 다음과 같이 구분할 수 있다.
① 사이트 게이지식(Sight Gauge) 액량계
② 부자식(Float Type) 액량계
③ 액압식(Liquid Pressure Type) 액량계
④ 전기 용량식(Electric Capacitance Type) 액량계

액압식 액량계는 피측정액의 밑면에 뚫린 튜브로 공기를 보내어 압력을 가하고 유량을 구하는 방식이다. 이 방식은 운항되는 항공기의 경우에는 지시가 불안정하므로 현재는 이용되지 않고 있다. 항공기의 액량계로는 위의 ①, ② 및 ④의 방식이 이용되고 있다.

정답 06 ③ 07 ① 08 ② 09 ④

23 Synchro System(DC Selsyn, Autosyn)

중 (출제율이 높은 문제)

01 자기동조 계기 중 회전자에 영구자석을 사용하는 것은?

① 대형 Dynamotor
② 소형 Induction Motor
③ 대형 Universal Motor
④ 소형 Synchronous Motor

해설

동기 전동기(Synchronous Motor)의 회전자는 영구자석이나 외부 직류전원에 의한 전자석으로 되어 있다.

상

02 오토신(Autosyn) 원리를 이용한 오일 압력계에서 엔진 운전 시 퓨즈가 단선되면?

① 0을 지시 ② 고온측 지시
③ 저온측 지시 ④ 당시 압력 지시

해설

오토신을 이용한 압력계의 퓨즈가 단선될 경우 당시 지시 바늘이 지시한 압력값을 지시하고 멈춰 있는다.

상 (출제율이 높은 문제)

03 항공계기에 사용하는 원격지시계기의 오토신과 마그네신에 대한 설명 중 틀린 것은?

① 오토신은 400Hz 전원을 필요로 한다.
② 마그네신의 수신기와 발신기의 구조는 동일하다.
③ 오토신은 자기 동기 원격지시 방식이고 발신기와 수신기는 동일 구조이다.
④ 마그네신은 오토신보다 소형 및 경량이고 감도가 좋으므로 모든 기기에 사용된다.

해설

1. 오토신(Autosyn)
   오토신은 벤딕스사(Bendix Aviation Corp.)에서 제작된 동기기 이름으로서, 교류로 작동하는 원격 지시 계기의 한 종류이다. 26V, 400Hz의 단상 교류 전원이 회전자에 연결되고, 고정자는 3상으로서 △ 또는 Y 결선이 되어 서로의 단자 사이를 도선으로 연결한다. 이때, 도선의 길이에 의한 전기 저항값은 계기의 측정값 지시에 영향을 주지 않으며, 회전자는 각각 같은 모양과 같은 치수의 교류 전자석으로 되어 있다.
2. 마그네신(Magensyn)
   마그네신이 오토신과 다른 가장 큰 차이점은, 오토신이 회전자로 전자석을 사용하는 대신 마그네신은 회전자로 강력한 영구자석을 사용한다는 것이다. 마그네신의 발신기와 수신기는 완전히 같은 구조이며 고정자에 감긴 권선은 오픈 델타(Open Delta) 권선이고 오픈 단자에서 교류 전압에 의해 여자되어 있다.

오토신에서는 교류 전압이 회전자에 가해지지만, 마그네신은 고정자에 가해진다. 일반적으로, 마그네신은 오토신보다 작고 가볍기는 하지만, 토크가 약하고 정밀도가 다소 떨어진다.

중

04 싱크로(Synchro)에서 기계적인 입력과 전기적인 입력의 입력차를 이용한 것은?

① 싱크로 수신기
② 싱크로 발신기
③ 차동 싱크로 발신기
④ 차동 수신 발신기

정답 01 ④ 02 ④ 03 ④ 04 ③

해설

차동 싱크로 발신기는 차동 싱크로 제너레이터(Differential Synchro Generator)로도 불리고 'DG'의 기호로 나타낸다. DG에는 두 개의 입력이 있으며, 한 개는 기계적인 입력이고 다른 한 개는 전기적인 입력이다. 출력은 이들 두 개의 입력 차(또는 합, 이 경우는 접속 변경이 필요)를 나타내는 전기적인 출력이다.

중

05 GE사에서 개발한 초기의 Synchro System으로서 플랩(Flap), 강착장치(Landing Gear)의 위치를 가리키는 항공지시계기 시스템은?

① 오토신
② 직류 셀신
③ 펄스계기
④ 회전계기

해설

직류 셀신(DC Selsyn)은 120도 간격으로 분할하여 감겨진 정밀 저항 코일로 되어 있는 전달기와 3상 결선의 코일로 감겨진 원형의 연철로 된 코어 안에 영구자석의 회전자가 들어 있는 지시계로 구성되어 있으며, 착륙장치나 플랩 등의 위치 지시계로 또는 연료의 용량을 측정하는 액량 지시계로 흔히 사용된다.

상

06 항공기 원격지시계기 중 싱크로(Synchro)의 싱크로 발신기(Synchro Transmitter)와 싱크로 수신기(Synchro Receiver) 사이의 각변위를 전달하는 방법으로 옳은 것은?

① Electrical Wire를 사용한 전기식
② Cable Linkage를 이용한 기계식
③ Laser Diode와 Photo Transistor를 이용한 광학식
④ Electrical Wire 없이 영구자석과 전자석의 반발력을 이용한 전자력식

해설

항공기가 대형화, 고성능화 되면서 계기의 수감부와 지시부 사이의 거리가 멀어지게 되었다. 수감부의 기계적인 각변위 또는 직선 변위를 전기적인 신호로 바꾸어 멀리 위치한 지시부에 같은 크기의 변위를 나타낼 필요가 있게 되었다. 이때 사용되는 것이 원격지시계기이다.

원격지시계기 구성은 전동기나 발전기와 같이 고정자와 회전자로 구성되어 있으며, 각도나 회전력과 같은 정보의 전송을 목적으로 한다. 이와 같은 원격지시계기는 항공기 각 계통의 여러 부분에 응용된다.

정답 05 ② 06 ①

24 자이로(Gyroscopic) 계기

하

01 자이로의 섭동성을 이용한 계기는 무엇인가?

① Turn Indicator
② Directional Gyro Indicator
③ Gyro Horizon Indicator
④ Rate Gyro

해설

선회계는 1분 동안 몇 도를 선회했는가를 나타내는 계기로 자이로의 성질 중에서 섭동성만을 이용한 계기이다.

하 (출제율이 높은 문제)

02 항공기 수평상황 지시계(Horizon Situation Indicator)는 자이로의 어떤 특성을 이용한 것인가?

① 강직성(Rigidity)
② 섭동성(Precession)
③ 원심력(Centrifugal)
④ 회전력(Torque)

해설

현대 항공기의 ND(Navigation Display) 계기의 과거 재래식이였던 HSI(Horizon Situation Indicator)는 Gyroscope의 강직성(Rigidity)에 의존하여 작동한다.

하

03 항공기 계기 중 자이로스코프를 이용하지 않는 계기는?

① Heading Indicator
② Attitude Indicator
③ Turn & Slip Indicator
④ Electrical Air Speed Indicator

해설

- 선회계 – 자이로의 섭동성을 이용하여 항공기의 각속도를 알려준다.
- 방향 자이로지시계(방위계) – 자이로의 강직성을 이용하여 항공기의 방위정보를 알려준다. 정침의라고도 한다.
- 수평 자이로지시계(자세계) – 자이로의 강직성과 섭동성 모두를 이용하여 항공기 움직임에 따라 Roll축과 Pitch축을 계기에 알려주며 수직자이로, 인공수평의라고도 한다.

상 (출제율이 높은 문제)

04 항공기 장거리 항법장치에 사용되는 레이저 자이로(Laser – Gyro)의 Beam을 발생시키는 장치가 아닌 것은?

① 게인(Gain)
② 랜덤 드리프터(Random Drifter)
③ 여자 장치(Excitation Mechanism)
④ 피드백 장치(Feed – Back Mechanism)

해설

레이저 빔(Laser Beam)의 발생 장치

1. 여자 장치(Excitation Mechanism)
   고전압이 음극과 양극에 공급된다. 이 전압은 헬륨 – 네온 가스를 이온화시켜서 자이로 주변에서 반대 방향으로 2개의 레이저 빔을 만든다.
2. 게인(Gain)
   게인은 시스템이 갖는 고유의 자연적인 손실을 극복하는데 도움을 준다. 게인은 낮은 압력의 헬륨 – 네온 가스를 고전압으로 이온화시켜서 밝은 고온 상태(Glow Discharge)를 얻는다.
3. 피드백 장치(Feed – Back Mechanism)
   피드백 장치는 글로우 상태가 삼각형 공간에 채워지는 곳에 위치하며, 각각의 코너에 장착된 거울에 의해 반사된다.

정답 01 ① 02 ① 03 ④ 04 ②

4. 출력 커플러(Output Coupler)
삼각형 코너 중 어느 한 곳에 프리즘(Prism)이 있어서 2개의 빔(Beam)을 섞어서 탐지기(Readout Detector)의 역할을 한다. 만약 자이로가 움직이지 않으면 2개의 빛(Light Beam)은 똑같아서 프린지 패턴(Fringe Pattern)이 된다. 프린지 패턴은 자이로 회전이 좌우로 움직일 때와 같은 것이다. 낮은 회전율에서는 2개의 빛이 함께 섞이는데 이 상태를 레이저 락-인(Laser Lock-In)이라고 부른다. 디서 모터(Dither Motor)는 이런 낮은 비율에서 자이로 어셈블리를 진동시켜 정보를 잃지 않도록 막아준다. 락-인 지역은 IRU 케이스에서 느낄 수 있고, 이때는 약한 소리를 들을 수 있다.

상

05 항공기 계기 중 수평의 혹은 Vertical Gyro라고 불리는 계기가 항공기의 어떤 자세를 감지하는가?

① 기수방위
② 롤 축과 피치축
③ 롤 축과 기수방위
④ 피치축과 기수방위

해설

3번 문제 해설 참조

상

06 항공기가 키놀이(Pitch) 자세로 돌입하면 수평 자이로 지시계의 케이스(Case)의 항공기 표시는 어떻게 되는가?

① 자이로와 같이 움직인다.
② 항공기와 같이 움직인다.
③ 움직이지 않는다.
④ 자이로와 항공기의 종류에 따라 틀리다.

해설

3번 문제 해설 참조

상

07 자이로스코프(Gyro-Scope)를 이용한 자이로 계기에 관한 설명 중 틀린 것은?

① 선회계는 자유도가 3인 3축 자이로이다.
② 자이로는 섭동성이라는 특수한 성질이 있다.
③ 자이로는 강직성이라는 특수한 성질이 있다.
④ 자이로수평지시계는 자유도가 3인 3축 자이로이다.

해설

한 점이 고정되어 있는 축 주위를 회전하는 것을 팽이라 하며 그 고정점이 회전체의 중심인 것을 자이로스코프(Gyroscope) 줄여서 자이로(Gyro)라 한다.

회전체가 3축에 대해 모두 자유롭게 움직일 수 있으면 자유도가 3인 3축 자이로이며 정침의(Directional Gyro)와 인공수평의(Gyro Horizon 또는 Vertical Gyro)에 사용한다. 3축 중 한축이 고정된 자이로를 자유도가 2인 2축자이로라 하며 선회계(Turn Indicator)에 사용한다.

자이로는 강직성과 섭동성이라는 특수한 성질이 있으며 이러한 성질을 자이로 계기에 응용하였다.

하

08 항공기 각속도(빠르기)를 측정 또는 검출하는 계기는?

① Vertical Gyro
② Gyro Compass
③ Directional Gyro Indicator
④ Turn Coordinator

해설

선회계(Turn Indicator, Turn Coordinator)는 각 변위의 빠르기(각속도)를 측정 또는 검출한다.

정답 05 ② 06 ② 07 ① 08 ④

상

09 항공기 자이로 계기에 사용하는 수평의의 자이로 축에 발생하는 오차에 관한 설명 중 맞는 것은?

① 항공기가 가속, 감속하면 오차가 생기지만, 선회에 의해서는 오차가 생기지 않는다.
② 항공기가 가속, 감속, 선회시에 오차를 일으킨다.
③ 항공기가 가속, 감속, 선회시에는 오차가 생기지 않는다.
④ 항공기가 가속, 감속에서는 오차가 생기지 않지만, 선회에 의해서는 오차가 생긴다.

해설

수평의는 수직 자이로(VG : Vertical Gyro)의 출력으로 Roll 축과 Pitch 축에 관한 항공기의 자세를 지시하는 것이다. VG의 스핀 축은 자립 장치에 의해 항상 중력 방향을 향하도록 컨트롤되고 있지만 가속, 감속 또는 선회 등에 의해 항공기에 가속도가 생기면 중력 가속도와 합성된 외견상의 중력 방향으로 기울어서 오차를 만들어 버린다. 이 때문에 VG에서는 가속도가 가해졌을 때 일시적으로 자립 회로의 기능을 정지하는 위치 정지 회로를 가지고 있다.

정답 09 ②

25 방향지시계기 (Compass; Direct, Remote Reading Type 등)

하

01 자기 컴퍼스(Magnetic Compass)의 자차가 아닌 것은?

① 반원차
② 사분원차
③ 북선오차
④ 수평분력

해설

항공기의 자기 컴퍼스는 지자기를 탐지해야 하지만 자기 계기 주위에 설치되어 있는 기체구조재 중의 자성체, 전기기구 및 전선 등에 의한 영향과 자기 계기를 제작하거나 계기판에 설치할 때의 잘못으로 인해 지시 오차가 발생하게 되는데 이 것을 자차(Deviation)라 한다. 이것은 조종석 내에 설치되어 있는 자기 컴퍼스에서 비교적 크게 나타나며, 자기 보상 장치로 어느 정도 수정이 가능하다.

자차의 종류

- 정적 오차 : 불이차, 반원차, 사분원차
- 동적 오차 : 북선오차, 가속도오차, 와동오차

하

02 항공기에서 Compass Swing을 수행하는 목적은?

① Magnetic Compass의 자차오차를 수정
② Magnetic Compass의 북선오차(선회오차) 수정
③ Magnetic Compass의 가속도오차를 수정
④ Magnetic Compass의 와동오차를 수정

해설

자차를 줄이기 위해 두 개 이상의 자차 보정용 영구자석(Magnetic Compensator)이 컴퍼스에 설치되는데 이 자기 보상 장치를 적절히 사용하면 자차 수정(Compass Swing)을 할 수 있다.

중

03 자기 컴퍼스(Magnetic Compass)의 자차(Deviation) 오차를 교정하는데 무엇을 함에 따라 조절하는가?

① Compass 자석의 세기를 변화시킨다.
② Compass 자석을 서로 가깝게 하거나 떨어지게 한다.
③ 보상 자석을 회전시켜 자력선에 가깝게 이동시킨다.
④ Compass 카드를 자석에 가깝게 이동시킨다.

해설

2번 문제 해설 참조

중 (출제율이 높은 문제)

04 자기 컴퍼스(Magnetic Compass)의 바울(Bowl)에 표시된 기준선(Reference Marker)은 무엇이라 불리는가?

① 폴 라인(Pole Line)
② 카드 라인(Card Line)
③ 루버 라인(Lubber Line)
④ 리더 라인(Reader Line)

해설

계기 케이스 앞부분에는 유리창이 있으며 그 중앙에 고정된 기준선(Lubber Line)으로 나방위를 읽는다.

정답 01 ④ 02 ① 03 ③ 04 ③

하

05 항공기에서 Magnetic Compass Swing이란?

① 편각수정
② 자차수정
③ 북선오차 수정
④ Magnetic Compass 축을 기축에 돌려 맞추는 행위

해설

2번 문제 해설 참조

중

06 자기 컴퍼스(Magnetic Compass)에서 확장실이 있는 이유는?

① 마찰감소를 방지
② 오차감소를 방지
③ 압력증감을 방지
④ 속도증감을 방지

해설

자기 컴퍼스 확장실 안에는 다이어프램이 있는데 다이어프램의 작은 구멍은 조종실로 통하게 되어 있으며 이것은 고도와 온도차에 의한 컴퍼스 액의 수축, 팽창에 따른 압력 증감을 방지한다.

상

07 자차 수정(Compass Swing) 시 틀린 것은?

① 기내 장비는 비행 상태로 할 것
② 항공기 자세는 수평 상태, 조종면(Control Surface)은 중립으로 할 것
③ 항공기 엔진은 OFF된 상태일 것
④ Compass Rose는 건물에서 50m, 타 항공기에서 10m 이상을 유지할 것

해설

자차 수정 전 준비사항

- 건물에서 50m 이상 다른 항공기에서 10m 이상 떨어진 평평한 곳에 정밀한 나침반을 이용하여 30°, 45° 간격으로 컴퍼스 로즈(Compass Rose)를 그릴 것
- 컴퍼스 수정 시 사용하는 장비나 공구는 비자성체를 사용할 것
- 항공기에서 사용하는 장비는 가급적 비행 상태로 유지할 것
- 엔진은 가동시켜야 하며, Throttle은 순항 위치(Idle Position)로 둘 것
- Door 등은 Close 상태로 두고 항공기 자세는 수평 비행 자세로 하기 위해 조종면은 중립 위치로 둘 것
- 자기 보상 장치는 영효과(Zero Effect)로 할 것, 이것은 자기 보상 장치에서 외부로 자기적 효과를 미치지 않는 위치를 말함
- 컴퍼스 액은 주로 케로신을 사용하며 점검하여 부족할 경우 보충해줄 것
- Radio는 보통 ON 상태에서 수정을 행할 것

중 (출제율이 높은 문제)

08 수평비행 중 자기컴퍼스의 최대 허용 자차는?

① ±4° ② ±6°
③ ±8° ④ ±10°

해설

자기 컴퍼스의 정적 오차에는 반원차, 사분원차 및 불이차의 3개가 있는데, 이들을 더한 것을 자차라고 한다. 자차는 법적으로 ±10° 이하라고 되어 있다.

중

09 자기 컴퍼스의 오차에 있어 편차란 무엇인가?

① 지축과 지자기축의 차이각을 말한다.
② 진북과 진남을 잇는 선 사이의 차이각을 말한다.
③ 자기 자오선과 비행기와의 차이각을 말한다.
④ 나침반과 진 자오선과의 차이각을 말한다.

정답 05 ② 06 ③ 07 ③ 08 ④ 09 ①

해설

편각 또는 편차(Variation, Declination)는 지구의 자전축인 지축과 지자기 축간에 이루는 각이며, 지축에 대한 자오선인 진 자오선과 지자기 축을 기준으로 한 지자기 자오선이 이루는 사이각이다.

하

10 다음 지자기의 오차 중 동적 오차에 해당되지 않는 것은?

① 북선오차 ② 가속도 오차
③ 와동오차 ④ 불이차

해설

1번 문제 해설 참조

하

11 다음 중 자기계기에서 지자기의 3요소가 아닌 것은?

① 편차 ② 복각
③ 불이차 ④ 수평분력

해설

지자기 3요소로는 편각/편차(Variation, Declination), 복각(Dip, Inclination), 수평분력(Horizontal Component)이 있다.

상

12 지자기의 3요소에 관한 내용 중 틀린 것은?

① 지자기의 3요소는 편차, 복각, 수평분력이다.
② 편차는 지축과 지자기 축이 서로 일치하지 않아 발생한다.
③ 복각은 자기 계기의 제작과 설치상의 잘못으로 인하여 발생한다.
④ 수평분력은 지자기의 수평방향의 분력이다.

해설

복각은 지자기 자력선의 방향과 지구 수평선이 이루는 각을 말한다. 지구 적도부근에서는 거의 0이고 양극 지방으로 갈수록 직각에 가까워진다.

중

13 자차 수정을 하는 이유와 관련된 것은?

① 장소에 따른 오차
② 경도에 따른 오차
③ 위도에 따른 오차
④ 비행기 자체에 따른 오차

해설

자차란 항공기 구조상의 자기물질과 전기계통에 관계되는 자력에 의해 생성되는 것으로 이러한 자력은 정상적으로 조절되어 있는 자기 방위를 편향시키며 오차를 야기한다. 자북의 동서 편향에 따라 각각 동, 서 자차로 불리며 자차의 원인은 다음과 같다.

① 영구 자기에 의한 것 : 항공기의 대부분을 이루고 있는 금속에서 발생하는 자기 특성
② 감응 자기에 의한 것 : 항공기에 사용된 연철 봉에서 발생하는 자기 특성
③ 전기적 자기에 의한 것 : 항공기의 전기배선, 전기기기 등에 흐르는 전류에서 발생하는 자기 특성
④ 장착 오차 : 나침의 측선과 항공기의 기축선이 일치하지 않아 발생하는 자기 특성

중

14 자기 컴퍼스 오차 중에서 동쪽 또는 서쪽으로 향하고 있는 경우에 가장 현저히 나타나는 오차는?

① 자차 ② 북선오차
③ 불이차 ④ 가속도오차

해설

가속도 오차는 기체가 동 또는 서로 향하고 있는 경우에 가장 현저히 나타나고 북 또는 남으로 향하고 있는 경우에는 나타나지 않는다. 그 때문에 동서 오차라고도 불린다.

정답 10 ④ 11 ③ 12 ③ 13 ④ 14 ④

중

15 항공기에서 두 개의 절연된 전기도선을 서로 꼬아서 장착하는 이유는?

① 서로 얽매이지 않도록 하기 위해서이다.
② 조그만 구멍을 쉽게 통과시키기 위해서이다.
③ 도선을 좀 더 단단하게 만들기 위해서이다.
④ 도선이 Magnetic Compass 부근에 가까이 지나갈 때 영향을 받지 않게 하기 위해서이다.

해설

전선을 꼬아서 사용함으로써 형성되는 자장을 상쇄시켜 계기의 자장에 의한 오차를 최소화하기 위해서이다.

하

16 자기 컴퍼스의 자차 수정 시 컴퍼스 로즈(Compass Rose)를 설치하려면 건물과 다른 항공기로부터 어느 정도 떨어져야 하는가?

① 100m, 50m ② 20m, 40m
③ 40m, 20m ④ 50m, 10m

해설

7번 문제 해설 참조

상

17 항공기 원격지시 컴파스 중 자이로신 컴파스(Gyrosyn Compass)의 플럭스 밸브(Flux Valve)에 대한 설명으로 맞는 것은?

① 자력선을 만들어내는 장치이다.
② 자이로 방향을 탐지하여 증폭해준다.
③ 지구자기장을 감지하는 액체를 공급하는 장치이다.
④ 지구자기장을 감지하여 전기신호로 변환하는 장치이다.

해설

플럭스 밸브(Flux Valve)는 원격 지시 컴파스(Remote Compass)에서 자이로신 컴파스(Gyrosyn Compass)의 수감부로서 자장을 감지하여 그 방향으로 향하는 전기 신호로 변환하는 장치이다.

하

18 항공기가 비행할 때 자기컴파스의 오차가 적도(Equator)에서는 발생하지 않고 극점에 가까울수록 커지는 것은?

① 불이차(Constant Deviation)
② 편차(Variation)
③ 자차(Deviation)
④ 북선오차(Northen Turning Error)

해설

자기적도 위도에서는 지자기의 수직성분이 존재하고 있다가 항공기가 선회를 하기 위해 경사각(Bank Angle)을 주면 컴파스 카드면이 지자기의 수직성분과 이루는 직각이 흐트러져 자기컴파스는 자방위에서 벗어난 위치를 지시하여 발생되는 오차를 북선오차(Northen Turning Error)라 한다.

정답 15 ④ 16 ④ 17 ④ 18 ④

26 전자지시계기(EFIS EICAS ECAM)

상 (출제율이 높은 문제)

01 항공기에 사용되는 약어의 원어 표시가 틀린 것은?

① PFD : Pilot Flight Display
② ECAM : Electronic Centralized Aircraft Monitor
③ EICAS : Engine Indicating and Crew Alerting System
④ EFIS : Electronic Flight Instrument System

해설

PFD는 Primary Flight Display의 줄임말로 항공기 속도, 고도, 자세, 방위, 자동비행장치 작동 상태, ILS LOC, G/S 작동 여부 등 비행에 관련된 각종 주요 정보들을 조종사와 부조종사에게 제공해준다.

중 (출제율이 높은 문제)

02 EICAS의 설명에 대한 것 중 맞는 것은?

① 엔진 출력의 자동 제어 시스템 장치
② 기체의 자세 정보의 영상 표시장치
③ 지형에 따라서 비행기가 그것에 접근할 때의 경보장치
④ 엔진 계기와 승무원 경보 시스템의 브라운관 표시장치

해설

EICAS(Engine Indicating and Crew Alerting System)는 Engine Parameter를 지시하는 기능, 항공기의 각 System 계통을 Monitor 하는 기능 및 System의 이상 상태 발생시 Display시켜 주며 조종석과 부조종석 사이에 장착되어 있다.

하

03 다음 중 EICAS의 원어로 맞는 것은?

① Engine Indicating and Cockpit Assistance System
② Engine Instrument and Cockpit Advisory System
③ Engine Indicating and Crew Alerting System
④ Engine Integrated and Control Automatic System

해설

2번 문제 해설 참조

상

04 집합 계기의 장점으로 잘못된 것은?

① 필요한 정보를 필요한 때 지시하게 할 수 있다.
② 하나의 화면으로 몇 개의 정보를 바꾸어 지시시킬 수 있다.
③ 계기판의 면적이 적어짐과 동시에 계기 전체에 미치는 시선각을 적게 할 수 있다.
④ 지도와 비행코스, 시스템 계통 등 일부 정보만 도면을 이용하여 알기 쉽게 표시할 수 있다.

해설

종합 전자 계기의 특징

- 필요한 정보를 필요한 때에 지시하게 할 수 있다.(예를 들면 이착륙 시는 조종사의 작업 부담을 고려하여 불필요한 정보 표시를 하지 않도록 한다.)
- 하나의 화면으로 몇 개의 정보를 바꾸어 지시할 수 있다.
- 특히 주의를 필요로 하는 정보에 관해서는 지시의 색을 변화시키거나 소멸시키거나 혹은 우선 순위(Priority)를 정해 지시할 수 있다.
- 지도와 비행 코스, 시스템 계통 등 다양한 정보를 도면을 이용하여 알기 쉽게 표시할 수 있다.

정답 01 ① 02 ④ 03 ③ 04 ④

중

05 항공기의 각 System 계통을 Monitor 하는 기능과 Engine Parameter를 지시하는 기능 및 System의 이상 상태 발생 시 Display 해주는 장치는?

① PFD
② EFIS
③ EICAS
④ ND

해설

2번 문제 해설 참조

상

06 EICAS에서 Main EICAS/AUX EICAS의 항법, 엔진 및 연료 계통 정보를 아날로그 신호에서 디지털 신호로 바꿔서 Display Unit에 보내주는 장치는?

① FMC
② CMC
③ EIU
④ EFIS

해설

EIU(EFIS/EICAS Interface Unit)는 항법 Data, Engine 및 연료 계통의 Data(Analog 또는 Digital Signal)를 Digital Signal로 처리하여 EFIS와 EICAS의 CRT로 보내준다.

상

07 항공기 EICAS(Engine Indicating and Crew Alerting System)에 대한 설명으로 옳은 것은?

① Main EICAS는 각 시스템에 대한 상태를 확인해 볼 수 있는 Status Display 기능이 있다.
② 항공기 시스템에 이상발생 시 이상 상태에 대한 Warning, Caution, Advisory, Memo Message만 나타내며 경고등의 기능은 없다.
③ 무선항법정보 및 시스템에 이상발생 시 운항 승무원에게 알려주고 해당 Data를 기록하는 기능이 있다.
④ Engine Parameter를 지시하는 기능 및 각 System의 이상 상태 발생 시 지시해주는 기능이 있다.

해설

2번 문제 해설 참조

정답 05 ③ 06 ③ 07 ④

27 계기류 정비 및 취급방법

상

01 항공기가 수평으로 돌아와도 승강계가 0을 지시하지 않았다. 그 원인으로 바른 것은?

① 다이어프램의 한쪽 구멍이 막혔다.
② 다이어프램이 찢어졌다.
③ 정압관이 Leak 되었다.
④ 동압관이 Leak 되었다.

해설

기체가 일정한 상승률로 상승하고 있을 때는 다이어프램 내외의 압력 변화의 비율도 일정하고 차압이 변화하지 않으므로 승강계의 지침은 어느 한 점을 지시하고 있다. 수평 비행이 되면 대기압(정압)이 일정하게 되고 다이어프램 내외의 압력은 균형이 되어 차압이 없어지므로 지침은 0이 된다. 모세관이 막히면 다이어프램 내외의 압력차는 해소되지만 계기의 지시가 0으로 되돌아가지 않게 된다.

중

02 Air Speed Indicator Pitot－Static Tube의 누설 Check시 올바른 방법은?

① 피토관에 부압, 정압공에 정압을 건다.
② 피토관에 정압, 정압공에 부압을 건다.
③ 피토관과 정압공에 정압을 건다.
④ 피토관과 정압공에 부압을 건다.

해설

피토 정압 계통의 누설 점검(Leak Check)은 일반적으로 에어 데이터 테스터(ADTS)를 사용한다. 이 장비를 기체의 정압공과 피토관에 연결하면 정압 계통은 부압(－) 상태로, 피토 계통은 정압(＋) 상태로 반대되는 압력을 만들어 각 계통의 누설 여부를 확인할 수가 있다.

하 (출제율이 높은 문제)

03 Engine 계기의 빨간 Radial Line은 무엇을 가리키는가?

① 경계 범위
② 정상작동 범위
③ 최대 및 최저 운용한계
④ 특별한 상태에서만 허락되는 작동범위

해설

(1) 붉은색 방사선(Red Radian)
최대 및 최소 운용한계를 나타내며, 붉은색 방사선이 표시된 범위 밖에서는 절대로 운용을 금지한다.

(2) 녹색 호선(Green Arc)
안전운용범위, 즉 계속 운전 범위를 나타내는 것으로서, 순항 운용 범위를 의미한다.

(3) 노란색 호선(Yellow Arc)
안전운용범위와 초과금지까지의 경계, 경고, 주의 또는 기피 범위를 의미한다.

(4) 흰색 호선(White Arc)
- 흰색호선은 대기 속도계에만 표시하는 색이다.
- 플랩을 조작할 수 있는 속도 범위를 표시한다.
- 최대 착륙 무게(MLW : Maximum Landing Weight)에 대한 플랩을 내리고 비행 가능한 최소속도(Flap Down Power off Stall Speed)를 하한점으로 한다.
- 플랩을 내리더라도 구조 강도상에 무리가 없는 플랩 내림 최대 속도(Maximum Flap Down Speed)를 상한점으로 나타낸다.

정답 01 ① 02 ② 03 ③

중

04 항공기 계기의 백색호선(White Arc)에 대한 설명 중 틀린 것은?

① 대기속도계에만 사용된다.
② 플랩을 내릴 수 있는 속도를 알 수 있다.
③ 최대착륙 중량 시 실속속도를 알 수 있다.
④ 경고(Caution) 범위와 최저 운용 한계를 알 수 있다.

해설

3번 문제 해설 참조

하

05 항공기 계기 색표식(Color Marking) 중 안전 운용 범위, 계속 운용 범위를 나타내는 것은?

① Green Arc
② Red Radian
③ Yellow Arc
④ White Arc

해설

3번 문제 해설 참조

하 (출제율이 높은 문제)

06 항공기 계기 특징 중 아닌 것은?

① 마찰오차가 적다.
② 누설오차가 없다.
③ 온도오차가 거의 없다.
④ Jet Engine 항공기인 경우 Shock Mount가 필요하다.

해설

충격 마운트(Shock Mount)는 실린더 배열이 많아서 방사성 하중을 받기에 진동이 심한 왕복기관 항공기 계기에 장착한다. 가스터빈 기관은 공기흐름이 한 방향이라서 진동이 거의 없기에 Vibrator를 장착한다.

하 (출제율이 높은 문제)

07 항공기 계기에 장치하는 Shock Mount의 역할은?

① 저주파 고진폭 진동 흡수
② 저주파 저진폭 진동 흡수
③ 고주파 고진폭 진동 흡수
④ 고주파 저진폭 진동 흡수

해설

왕복기관의 방사성 하중으로 인해 계기에 진동이 심하게 일어나는 것을 방지하고자 왕복기관 항공기의 계기에는 Shock Mount를 장치하고, 이 Shock Mount는 저주파 고진폭 진동을 흡수해주는 역할을 한다.

하

08 제트 항공기의 계기나 계기판에 설치된 Vibrator와 관련이 있는 것은?

① 북선오차
② 마찰오차
③ 누설오차
④ 온도오차

해설

마찰오차는 계기의 작동 기구가 원활하게 움직이지 못하여 발생하는 오차를 말한다.

정답 04 ④ 05 ① 06 ④ 07 ① 08 ②

하

09 항공기의 선회나 착륙 시 계기의 진동을 완화해 주는 것은 무엇인가?

① Circuit Breaker
② Ground Jumping
③ Static Discharger
④ Shock Mount

해설

일반적으로 계기판은 기체와 기관의 진동으로부터 계기를 보호하기 위하여 계기와 기체 사이에 고무로 된 완충 마운트(Shock Mount)를 장착한다.

중

10 전기식 계기들이 대부분 철 Case에 부착되어 있는데 그 이유는 무엇인가?

① 정비 도중의 계기 손상을 방지하기 위해서이다.
② 장착 및 장탈을 용이하게 하기 위해서이다.
③ 외부 자장의 간섭을 막기 위해서이다.
④ 계기 내의 열이 축적되는 것을 막기 위해서이다.

해설

① 자성체 재질의 케이스 : 항공기 계기판에는 많은 계기들이 모여 있기 때문에 서로 간에 자기적 또는 전기적인 영향을 받을 수 있다. 이러한 영향을 차단하기 위해서는 알루미늄 합금과 같은 비자성체 금속 재료를 이용하여 차단시키며, 자기적인 영향은 강도가 우수한 철재 케이스를 이용하여 차단시킨다. 그러나 이러한 재질의 케이스는 무게가 많이 나가는 단점이 있기 때문에 플라스틱 재료와 금속 재료를 조합하여 케이스 무게를 감소시키기도 한다.
② 비자성체 재질의 케이스 : 알루미늄 합금은 가공성, 기계적인 강도, 무게 등에 유리한 점이 있고 전기적인 차단 효과가 있으므로 비자성체 금속재 케이스로 가장 많이 사용되기도 한다.
③ 플라스틱 재질의 케이스 : 플라스틱 재질을 이용하면 케이스의 제작이 용이하고 표면에 페인트를 칠할 필요가 없으며 무광택으로 하여 계기판 전면에서 유해한 빛의 반사를 방지할 수 있는 특징이 있다. 외부와 내부에서 전기적 또는 자기적인 영향을 받지 않는 계기의 케이스로 가장 많이 사용되기도 한다.

중

11 항공기의 선회운동 및 가속도운동에 따라 온도, 기압, 자세, 중력 등이 여러 가지로 변화하는 항공기 계기에 정확한 지시차를 요구하는 특성은?

① 소형일 것
② 신뢰성이 좋을 것
③ 안전성이 있을 것
④ 경제적이며 내구성이 클 것

해설

항공 계기에 특히 요구되는 것은 신뢰성이다. 이 신뢰성은 지상의 양호한 조건에서 신뢰성만이 아닌 비행 조건이 다른 상황에서도 신뢰성이 유지되어야 한다. 항공기의 경우는 온도, 기압, 자세, 중력 등이 크게 변화하기 때문에 이런 조건에서 충분한 신뢰성이 있어야 한다.

하

12 항공계기의 오차 중 위치 오차(Position Error)는?

① Pitot－Static 위치에 따라 생기는 오차
② 계기판 눈금의 반사에 의한 오차
③ 자북의 변화에 의한 항공기의 위치 오차
④ 항공기 계기상 위치와 실제상의 위치 오차

해설

위치 오차(Position Error)는 계기가 잘못 장착되었거나 항공기 자세 변화에 따라 생기는 오차로 계기 내의 가동부가 불평형하게 되면 이는 진동 오차의 원인이 되기도 한다.

정답 09 ④ 10 ③ 11 ② 12 ①

28 Autopilot, Auto Throttle, Yaw Damper System

중

01 Auto Flight Control System의 유도 기능에 속하지 않는 것은?

① INS ② VOR
③ ILS ④ DME

해설

자동 조종은 VOR, ILS, INS 등의 유도 정보를 기초로 하여 오토 파일럿에 의해 자동적으로 항공기를 비행시키는 것이다. 유도 기능에는 VOR에 의한 유도, ILS에 의한 유도, INS에 의한 유도가 있다.

하 출제율이 높은 문제

02 Auto Pilot System의 Elevator Channel은 비행기의 어느 축을 중심으로 조절하는가?

① Roll 축
② Longitudinal 축
③ Lateral 축
④ Yaw 축

해설

항공기 Pitching Moment는 가로축(Lateral Axis)을 중심으로 Elevator 조종면으로 발생된다. Auto Pilot System에서는 이 Moment를 Elevator Channel을 통해 감지한다.

중

03 Auto－Pilot System의 기본 구성 부분이 아닌 것은?

① 내비게이션부 ② 센서부
③ 서보부 ④ 컴퓨터부

해설

자동 조종장치는 크게 센서부, 정보를 산출하여 조타 신호를 발생하는 컴퓨터부, 그로부터의 전기신호를 기계적 출력으로 변환하여 조종면을 작동시키는 서보, 조종사가 자동 조종장치에 대하여 명령을 가하는 제어부, 자동 조종장치의 상황을 조종사에게 알리는 표시기 등으로 구성되어 있다.

중

04 Auto Pilot System에서 Control Surface로 직접적인 힘을 전달해주는 것은?

① Air Data Computer(ADC)
② Gyro
③ Servo Unit
④ Controller

해설

3번 문제 해설 참조

상

05 항공기 Auto Pilot System Pitch 축 제어 기능(Control Function)이 아닌 것은?

① 고도 유지(Altitude Hold)
② 기수 방위 설정
③ Pitch축 제어
④ Pitch축 조절

정답 01 ④ 02 ③ 03 ① 04 ③ 05 ②

해설

컨트롤 기능 – 피치축(Pitch Axis)

- 버티컬 스피드 모드(Vertical Speed Mode)
  컨트롤러의 Pitch Selector는 오토 파일럿을 작동시키기 전에 보통 VERT SPEED의 위치에 놓여진다. 오토 파일럿이 작동되면 그때의 상승률/하강률이 유지된다. 이 상승률/하강률을 바꿀 경우에는 컨트롤러의 상승률/하강률 컨트롤 휠(Control Wheel)을 상하로 움직이면 된다.
- 앨티튜드 홀드 모드(Altitude Hold Mode : 고도유지)
  항공기가 상승 또는 하강하여 원하는 기압 고도에 근접한 뒤 컨트롤러의 Pitch Selector를 ALT HOLD로 한다.
- 피치 홀드 모드(Pitch Hold Mode)
  난기류 속을 비행하는 경우는 피치의 변화가 심하므로 이 모드를 사용하여 비행한다. 컨트롤러의 Pitch Selector를 Pitch Hold로 하면 실행된다.

중

06 Auto Pilot System의 Servo Motor는 어떤 작용을 하는가?

① 조종면을 작동시켜준다.
② 조종면을 경감시켜준다.
③ 조종면의 조작을 0으로 되돌려준다.
④ 기계적인 힘을 전기적인 힘으로 바꿔준다.

해설

3번 문제 해설 참조

상 (출제율이 높은 문제)

07 Auto Pilot System의 Sensing Device의 기본 작동원리는?

① Applied Force와 Gyro의 Interaction
② Gyro와 Gyro 주위의 것이 관계되는 Motion
③ Gyro Gimbal Ring과 비행기 사이의 Motion의 속도
④ Applied Force로부터 Gyro의 회전 쪽으로 90° 떨어진 곳에서 일어나는 반응

해설

Autopilot은 항공기의 정상적인 비행 상태에서 벗어나는 것을 감지하고 이를 수정하며(Closed Loop Control System) 아래와 같이 요약된다.

- 자이로스코프에 의해 감지된 3축에 대한 자세 변화 감지
- 자세 변화에 비례하는 자이로스코프의 출력 발생
- Controller는 기준 자세 신호와 자이로 신호를 비교하고 자세변화 방향과 비율을 계산하여 서보모터에 전달
- 수정된 값이 자이로스코프에 의해 감지되면 Loop가 끝나고 서보모터는 정상 상태의 위치로 회복

하 (출제율이 높은 문제)

08 Auto Pilot System에서 Pitch Attitude는 어느 채널이 탐지하는가?

① Roll 채널 ② 도움날개 채널
③ 방향키 채널 ④ 승강키 채널

해설

Autopilot은 각축에 대해 Closed(Inner) Loop를 갖으며 Rate Gyro가 항공기 축의 움직임을 감지한다. 1축 Autopilot System의 경우 Inner Control Loop는 항공기 Roll 축에 대한 자세 변화와 비례하는 Rate Gyro의 섭동성을 감지하고 서보모터는 보조날개(Aileron)를 작동시켜 Roll 값을 수정 및 항공기를 평형상태로 유지하도록 한다.

2축 Autopilot System은 Pitch 및 Roll의 자세를 조종한다. Roll Loop와 더불어 Pitch Inner Loop에는 Rate Gyro가 Pitch 축의 움직임을 감지하여 승강키 서보모터를 작동시키기 위한 신호를 제공하고 항공기가 직선 및 평형상태를 유지하도록 한다.

3축 Autopilot System은 자세 제어(Attitude Control) 뿐만 아니라 Yaw Rate Gyro에 의해 방향키 서보모터에 신호를 제공한다.

3축 System은 각각 3개의 Inner Loop 및 Outer Loop로 구성되며 중대형 항공기에는 2~3개의 독립적인 Autopilot System이 장착되어 있고 각각을 Autopilot Channel이라고도 한다.

정답 06 ① 07 ② 08 ④

29 전파이론 (Frequency, Wave Length, Frequency Band 등)

하

01 다음 전파 중 지상파는?

① E층 반사파　② 회절파
③ 전리층파　④ 대류반사파

해설

전파는 그 전파 경로에 따라 크게 나누어 보면 지상파(Ground Wave)와 공간파(Sky Wave)로 나눌 수 있으며, 지상파는 이를 다시 자유 공간 전파 특성을 가지는 직접파(Direct Wave), 대지에서 반사되어 도달되는 대지반사파(Reflected Wave), 지표를 따라 전파되는 지표파(Surface Wave), 산 또는 큰 건물 위에 회절해서 도달하는 회절파(Diffracted Wave) 등으로 구별된다.

공간파는 대류권 내에서 불규칙한 기류에 의해 산란되어 전파되는 대류권 산란파(Tropospheric Wave)와 전리층에서 반사되거나 산란되어 전파되는 전리층파(Ionospheric Wave)로 나누어진다.

※ 직접파
직접파는 대지면에 접촉되지 않고 송신 안테나로부터 직접 수신 안테나에 도달되는 전파이다.

중

02 다음 중 전파의 이상 현상이 아닌 것은?

① 델린저 현상　② 잡음 현상
③ 에코 및 자기폭풍　④ 페이딩 현상

해설

- 페이딩(Fading)이란, 일반적으로 전파의 전파 경로 상태의 변동에 따라 수신 강도가 시간적으로 변화하는 현상이다.
- 자기폭풍(Magnetic Storm)은 지구 자계가 급속히 비정상적으로 변동하는 현상을 말하며, 낮과 밤에 관계 없이 불규칙적으로 일어난다.
- 델린저(Dellinger) 현상은 태양이 비치는 지구는 반면(낮)에 단파의 전파가 가끔 갑자기 10분에서 수십 분 간에 걸쳐 불능이 되는 현상으로서 발생과 회복이 급격하지만, 장파에는 거의 영향을 주지 않는다.

중

03 전파경로에 의한 전파 분류 중 지상파에 대한 설명으로 틀린 것은?

① 지표파 : 지표면에 머무르는 파
② 직접파 : 자유 공간 특성이 있는 파
③ 대지 반사파 : 대지에서 반사되어 도달되는 파
④ 회절파 : 산 또는 큰 건물 위에 회절해서 도달하는 파

해설

1번 문제 해설 참조

중

04 신호에 따라 주파수의 진폭을 변화시키는 변조(Modulation) 방식은?

① PCM
② FM
③ AM
④ PM

해설

변조 방식에는 AM과 FM 방식이 있으며 AM 방식은 주파수의 진폭을 변조시키는 방식이고 FM은 주파수를 변조시키는 방식이다.

정답　01 ②　02 ②　03 ①　04 ③

중 (출제율이 높은 문제)

05 HF(단파) 통신장비의 사용 주파수는 3~30 MHz이다. 이 파장의 길이는?

① 10cm ② 1m

③ 100m ④ 1km

해설

파장 공식

$$\lambda = \frac{빛}{주파수} = \frac{3\times 10^8[m/s]}{3\times 10^6[MHz]} = 100m$$

상

06 다음 중 에코(Echo)현상이란?

① 태양 표면의 폭발 또는 태양 흑점의 활동이 활발할 때 지구 자기장이 갑자기 비정상적으로 변하는 현상

② 대칭점에서 많은 통로를 지나온 전파가 대칭점에 모여 수신 전기장의 강도가 예상 밖으로 커지는 현상

③ 송신 안테나에서 발사된 전파가 수신 안테나에 도달하는데 약간씩 차이가 생겨 같은 신호가 여러 번 반복되는 현상

④ 송신점에서 하나의 수신점에 도달하는 전파는 여러 개가 있고, 또 전파의 도래 시각이나 방향이 다른 것

해설

송신 안테나에서 발사된 전파가 수신 안테나에 도달하는 데에는 여러 경로를 통하여 들어올 수 있으므로 이때 도달하는 시간차에 의하여 같은 신호가 여러 번 나타나는 현상을 에코(Echo)라고 한다. 이러한 시간차가 커지면 수신신호는 일그러져 나타나거나 무선전파일 경우에는 명료도를 떨어뜨려 음질이 나쁘게 하고, 전신의 경우에는 통신 속도를 느리게 하는 결과를 가져온다.

중

07 항공기에 사용되는 비상주파수는?

① 125.1MHz와 234MHz

② 121.5MHz와 243MHz

③ 121.5MHz와 234MHz

④ 125.1MHz와 243MHz

해설

ELT는 항공기가 조난당하였을 때 조난된 항공기의 위치를 구조대에게 자동으로 알려주기 위한 항공기 조난신호 발생기로서 비상주파수 121.5MHz, 243MHz(해수에 의해 작동)를 다른 항공기 또는 ATC Center에 송신한다.

최근에는 충격용 ELT(Automatic Fixed ELT)가 개발되어 산악지역에서 조난 시에도 작동할 수 있도록 설계되어 충격에 의해 작동된 ELT가 위성수신용 406MHz를 인공위성에 송신함으로써 조난된 항공기를 신속하게 구조할 수 있다.

상

08 전파에 대한 설명 중 틀린 것은 무엇인가?

① 전파는 전파 경로에 따라 지상파와 공간파로 나눈다.

② 회절파는 산 또는 큰 건물 위에 회절해서 도달하는 전파이다.

③ 전리층파는 대류권 내에서 불규칙한 기류에 의해 산란되어 전파된다.

④ 직접파는 지표면에 접촉되지 않고 송신 안테나로부터 직접 수신 안테나로 도달한다.

해설

1번 문제 해설 참조

정답 05 ③ 06 ③ 07 ② 08 ③

30 통신장치(VHF, HF, UHF, 위성통신)

중

01 항공기에 사용하는 통신계통 중 VHF 통신의 특징으로 옳은 것은?

① 원거리용 통신이다.
② HF보다 통신품질이 좋지 않다.
③ 고도가 높은 상공의 항공기와 320km(약 200 mile)의 통신 통달 범위를 가진다.
④ 모든 국가의 규정된 할당 주파수가 다르다.

해설

VHF 통신의 특징

- VHF 대역에서는 약 9,000m(30,000ft) 상공의 항공기와 320km(약 200mile)의 통신 통달 범위를 가진다.
- VHF 안테나는 HF 안테나보다 크기가 작아서 항공기에 장착하기가 용이하다.
- VHF는 항공기의 고도에 따라 지상 통신국과의 통신가능 범위가 달라진다.
- 국제적으로 규정된 VHF 항공통신 주파수 118.0~136.975 MHz 대역이며, Localizer와 낮은 출력의 VOR 국은 108.1~111.95MHz 사이의 주파수를 적절히 할당하고, 장거리용 강한 출력의 VOR 국의 주파수는 112.0~117.9MHz를 할당하고 있다.
- VHF 항공통신 주파수는 25kHz의 간격을 두고 통신 채널이 부여된다.
- 관제탑에서 항공기 이착륙 관제를 위하여 사용하는 주파수는 118.0~121.4MHz이다.
- 국제적인 비상주파수는 121.5MHz이며, 이 주파수는 Guard 대역에 의하여 인접 주파수와 격리되어 있다.
- 공항의 지상관제용으로 사용하는 주파수 대역은 121.6~121.9MHz를 사용한다.
- 지표파는 감쇠가 심하여 공간파에 비하여 상대적으로 약하다. 따라서 VHF 대역은 가시거리 통신에만 유효하다.

하 (출제율이 높은 문제)

02 전리층을 뚫고 나가버리는 공간파는?

① HF ② SHF
③ LF ④ VHF

해설

초단파 및 극초단파에서 공간파는 전리층을 뚫고 나가버리고, 지표파도 감쇠가 커서 이용할 수 없으므로 주로 직접파 및 지표 반사파를 이용하여 제한 범위 내의 전파를 한다.

중

03 VHF 통신 특징에 대한 다음 설명 중 옳지 않은 것은?

① VHF 통신 주파수 대역은 118.0~136.975MHz이다.
② VHF 통신 장치는 가시거리에만 유효하고 잡음이 많다.
③ HF 장치보다 안테나 크기가 작아서 항공기에 장치하기가 편리하다.
④ 국내선 및 공항주변에서의 통신은 대부분 VHF 통신 장치가 이용된다.

해설

1번 문제 해설 참조

중 (출제율이 높은 문제)

04 항공기에 각각 다른 코드가 지정되어 있고, 코드를 송신하면 주파수를 수신한 항공기 중에서 지정된 코드와 일치하는 항공기에만 조종실에서 램프에 점등시킴과 동시에 차임을 작동시켜 조종사에게 지상국으로부터 부르고 있는 것을 알리는 장치는?

정답 01 ③ 02 ④ 03 ② 04 ②

① VHF System　② SELCAL System
③ HF System　④ ATC Transponder

해설

선택 호출 장치(SELCAL System)는 지상 무선국이 특정의 항공기와 교신하고 싶을 때 불러내는 장치이다.
각 항공기에는 각각 다른 코드(4개의 저주파의 혼합)가 지정되어 있고, 지상국이 HF 또는 VHF 통신장치를 매개로 한 목적의 항공기에 코드를 송신하면 그것을 수신한 항공기 중에서 지정된 코드와 일치하는 항공기에만 조종실에서 램프에 점등시킴과 동시에 차임을 작동시켜 조종사에게 지상국으로부터 부르고 있는 것을 알리는 것이다.

상

05 다음 중 주파수 별로 사용하는 전파 전달 방식으로 맞는 것은?

① LF(장파) : 지표파, 직접파
② MF(중파) : 대지반사파, 지표파
③ VHF(초단파) : 대지반사파, 직접파
④ UHF(극초단파) : 대지반사파, 회절파

해설

주파수대와 주요 전파 양식

주파수대	주요 전파 양식	
	근거리	원거리
VLF	지표파	공간파
LF	지표파	공간파
MF	지표파	공간파
HF	지표파	공간파
VHF	직접파/지표반사파	대류권파
UHF	직접파/지표반사파	대류권파
SHF	직접파	대류권파

중

06 다음 중 VHF 통신장치에서 수신기의 신호가 없을 때 잡음을 제거하는 회로는?

① Detector(검사기)
② Squelch
③ Modulation(변조)
④ 오디오 증폭기

해설

FM 변조 방식을 이용하는 VHF 통신장치에서 FM 수신기의 신호가 없을 때 잡음을 없애주는 목적으로 Squelch 회로를 사용한다.

하

07 VHF 통신장치의 구성품이 아닌 것은?

① 송수신기　② 안테나
③ 안테나 커플러　④ 조정 패널

해설

VHF 통신장치는 조정 패널, 송수신기, 안테나로 구성되어 있으며, 주파수 118.0~136.975MHz의 VHF 대역을 사용한 근거리 통신장치이다.

상 (출제율이 높은 문제)

08 UHF(극초단파) 통신장치에 대한 다음 설명 중 틀린 것은?

① 장거리 통신에 이용되며 군용 항공기에 한정하여 사용한다.
② 수신기는 수정 제어 다중 슈퍼헤테로다인(Double Superheterodyne) 방식을 사용한다.
③ 225~400MHz 주파수 범위에서, A3 전파의 단일 통화 방식을 이용한다.
④ 수신기는 다단 컬렉터 변조로 수정 발진기를 3체배하여 소정의 주파수를 얻는다.

정답　05 ③　06 ②　07 ③　08 ①

해설

UHF 통신장치는 225MHz에서 400MHz의 주파수 범위에 A3 전파의 단일 통화 방식(송수신을 교대로 한다)에 의해 항공기와 지상국 또는 항공기 상호간의 통신에 사용하고 있으며, 현재 각국에서 군용 항공기에 한정하여 사용하고 있다.

이 장치는 긴급 통신용 단일파의 고정 수신기인 가드 수신기가 장치되어 있어, 항공기는 사용 중인 주파수에 관계 없이 항상 가드 채널(243MHz)을 수신할 수 있다. UHF 통신장치의 가드 채널인 243MHz는 VHF 통신장치의 채널인 121.5 MHz의 거의 2배의 주파수 관계로 되어 있다.

중

09 항공기에 사용하는 통신장치(VHF, HF)에 관한 설명 중 맞는 것은?

① HF는 단거리에 사용되고 VHF는 원거리에 사용된다.
② VHF는 단거리용이며 주파수는 118～136MHz의 대역을 사용한다.
③ HF는 초단파, VHF는 단파를 말한다.
④ VHF는 조정 패널, 안테나, 송수신기, 안테나 커플러로 구성된다.

해설

HF(단파) System 같은 경우 장거리 통신에 이용되며 파장길이가 커서 안테나 크기 또한 커지므로 안테나 커플러로 이를 보상해주어 장착해야 한다.

하

10 국내 항공로의 근거리 통신으로 사용되는 것은?

① VHF Receiver
② HF Receiver
③ VOR Receiver
④ Altitude Alert System

해설

1번 문제 해설 참조

중

11 전리층과 전파에 대한 설명으로 옳지 않은 것은?

① HF 대의 전파는 보통 F층에서 반사된다.
② VLF, LF, MF 대의 전파는 보통 E층에서 반사된다.
③ VHF 대의 전파는 보통 전리층을 뚫고 나가 반사되지 않는다.
④ VHF보다 높은 주파수 대의 전파는 E, F층에서 반사된다.

해설

항공통신에 주로 사용하는 공간파는 HF와 VHF 대의 전파를 사용한다. HF는 3～30MHz의 주파수 범위 대역으로, VHF 대의 전파보다 파장이 길고 에너지가 약해 전파가 지구의 전리층 F층에서 반사되고 이로 인해 원거리 지역까지도 통신이 가능(장거리 통신)하게 된다. VHF는 30～300MHz의 주파수 대역으로, 파장이 짧은 대신 에너지가 강한 특성이 있어 전리층을 뚫고 나가 반사되지 않는다.
이외에도 VLF, LF, MF 대의 전파는 전리층 E층에서 반사되는 특징이 있고 VHF보다 높은 주파수 대역의 전파들(UHF, SHF, EHF 등)의 경우 VHF보다 에너지가 더욱 더 강해 전리층을 마찬가지로 뚫고 나가버린다.

정답 09 ② 10 ① 11 ④

31 PA, Interphone 계통

하 출제율이 높은 문제

01 항공기 PA(Passenger Address)의 순서가 가장 우선권인 것은?

① 기내 음악
② 자동녹음방송
③ 객실 승무원의 방송
④ 조종실에서의 방송

해설

기내 방송(PA : Passenger Address)은 한꺼번에 방송을 할 수 없기 때문에 동시에 방송이 될 때는 우선순위(Priority)가 있어 높은 우선순위(Priority)만 방송이 되고 낮은 것은 중지된다.

① Flight Deck Announcement(Priority 1)
② Cabin Attendant Announcement(Priority 2)
③ PRAM(Pre－Recorded Announcement)(Priority 3)
④ Boarding Music(Priority 4)
⑤ Chime(No Priority)

하 출제율이 높은 문제

02 항공기 PA(Passenger Address) 중 가장 나중에 방송하는 것은?

① 부기장의 기내방송
② 승객을 위한 기내 음악
③ 객실승무원의 기내방송
④ 기장의 기내방송

해설

1번 문제 해설 참조

중

03 승객에게 필요한 정보를 방송하기 위한 기내 장치로 방송에 우선 순위를 부여하는 기능을 가지고 있는 것은?

① Interphone ② PSS
③ PES ④ PAS

해설

PA 시스템(Passenger Address System)은 조종사 또는 객실 승무원이 승객들에게 각종 안내 방송을 하기 위한 시스템으로써 항공기 탑승 시 배경 음악(Back Ground Music)방송에도 이용할 수 있다. 이것은 비상 사태가 발생한 경우 위급 방송에도 이용할 수 있는 중요한 시스템으로 제1순위는 Cockpit 방송, 제2순위는 Cabin 방송, 제3순위는 Music 순으로 우선 순위가 정해져 있다.

하 출제율이 높은 문제

04 항공기에 장치되는 상호통화장치(Interphone)가 아닌 것은?

① Flight Interphone
② Service Interphone
③ Cabin Interphone
④ Ground Interphone

해설

항공기 Interphone System은 Flight Interphone System, Service Interphone System, Cabin Interphone System으로 이루어져 있다.

정답 01 ④ 02 ② 03 ④ 04 ④

상

05 각 좌석 그룹에는 복조기(Demultiplexer)가 있고 좌석마다 장착되어 있는 PCU를 사용하여 승객이 원하는 채널을 다시 조절하면 승객의 헤드폰을 통하여 음성을 보내주는 시스템은?

① Service Interphone
② Passenger Address System
③ Passenger Entertainment System
④ Audio Control Panel

해설

오락 프로그램 제공 시스템(Passenger Entertainment System)은 각 좌석 그룹에 복조기(Demultiplexer)가 있고 좌석마다 장착되어 있는 PCU(Passenger(or Seat) Control Unit)를 사용하여 승객이 원하는 채널을 다시 조절하면 승객의 헤드폰을 통하여 음성을 보내고 있다.

중

06 다음 중 항공기에 사용하는 인터폰이 아닌 것은?

① 조종실 내의 승무원간에 통화 연락하는 Flight Interphone
② 조종실과 객실 승무원 또는 지상과의 통화 연락을 하는 Service Interphone
③ 항공기가 지상에 있을 시에 지상 근무자들 간에 연락하는 Maintenance Interphone
④ 조종실 승무원 또는 객실 승무원 상호간 통화하는 Cabin Interphone

해설

통화장치의 종류

① 운항 승무원 상호간 통화장치(Flight Interphone System) : 조종실 내에서 운항 승무원 상호 간의 통화 연락을 위해 각종 통신이나 음성 신호를 각 운항 승무원석에 배분한다.
② 승무원 상호간 통화장치(Service Interphone System) : 비행 중에는 조종실과 객실 승무원석 및 갤리(Galley)간의 통화 연락을, 지상에서는 조종실과 정비 및 점검상 필요한 기체 외부와의 통화 연락을 하기 위한 장치이다.
③ 객실 통화장치(Cabin Interphone System) : 조종실과 객실 승무원석 및 각 배치로 나누어진 객실 승무원 상호간의 통화 연락을 하기 위한 장치이다.

중

07 조종실 내에서 운항 승무원 상호간의 통화 연락을 위해 각종 통신이나 음성 신호를 각 운항 승무원석에 배분하는 장치는 무엇인가?

① Flight Interphone System
② Service Interphone System
③ Maintenance Interphone System
④ Cabin Interphone System

해설

6번 문제 해설 참조

중

08 객실 승무원 상호간의 통화장치를 무엇이라 하는가?

① Flight Interphone
② Service Interphone
③ Cabin Interphone
④ Crew Interphone

해설

6번 문제 해설 참조

정답 05 ③ 06 ③ 07 ① 08 ③

상

09 항공기 PA(Passenger Address)에 대한 설명 중 틀린 것은?

① PA는 비상사태를 대비하기 위하여 우선순위가 정해져 있다.

② Service Interphone은 운항 승무원과 객실 승무원 및 지상 조업자와의 통화장치이다.

③ 조종사가 이착륙 시 조종간에서 손을 뗄 수 없는 경우에는 마이크와 헤드 세트가 일체가 된 붐 마이크(Boom Mike)를 이용한다.

④ Service Interphone Jack은 조종실 내부에 있는 Audio Control Panel(ACP)에만 설치되어 있다.

해설

(1) 플라이트 인터폰(Flight Interphone)
플라이트 인터폰은 항공기의 통신계통을 제어하는 시스템으로써 운항 승무원 상호 통화와 통신 항법 시스템의 오디오 신호를 각 승무원에게 분배하여 자유로이 선택하여 청취시키고, 또 마이크로폰을 통신장치에 접속하는 기능을 가지고 있다. 이들의 조작은 오디오 셀렉트 패널(Audio Select Panel)로 한다. 통상 핸드 마이크(Hand Mike)와 헤드 세트(Head Set)로 통신하지만, 이착륙 등에서 조종간에서 손을 뗄 수 없는 경우에는 마이크와 헤드 세트가 일체가 된 붐 마이크(Boom Mike)를 이용한다. 이 마이크를 이용하여 송신하려면 조종간에 붙어 있는 PTT(Press To Talk) 스위치를 사용한다.

(2) 서비스 인터폰(Service Interphone)
이 인터폰은 항공기 기체 내부 및 외부의 여러 곳에 정비 목적으로 Interphone Jack들이 설치되어 있으며 각 Jack 위치에서 Interphone을 통해 서로 통신할 수 있다. Jack의 위치는 항공기에 적절하게 잘 배치되어 있어 정비를 하면서 원하는 임의의 곳에서 사용이 가능하다.

서비스 인터폰은 내장 전화로서 다음과 같은 장소의 연락에 이용된다.
① 조종실과 객실 승무원과의 연락
② 조종실과 지상 정비사와의 연락(이착륙 때, 지상 서비스할 때 사용)
③ 객실 승무원 간 상호 연락

(3) PA 시스템(Passenger Address System)
조종사 또는 객실 승무원이 승객들에게 각종 안내 방송을 하기 위한 시스템으로서 항공기 탑승 시 배경 음악(Back Ground Music) 방송에도 이용할 수 있다. 이것은 비상사태가 발생한 경우 위급 방송에도 이용할 수 있는 중요한 시스템으로 제1순위는 Cockpit 방송, 제2순위는 Cabin 방송, 제3순위는 Music순으로 우선 순위가 정해져 있다.

상

10 ACP(Audio Control Panel)에 나타나지 않는 것은?

① PA System

② Interphone

③ CVR System

④ Radio Communication/Navigation System

해설

ACP는 각 통신계통의 전송기 선택, 수신기 선택 및 음량을 조절할 수 있는 스위치가 장착되어 있다.
Call Light, Transfer S/W, MIC Light, Receive Light, Receiver Control, Push－To－Talk(PTT) S/W, Cockpit Speaker control 등

정답 09 ④ 10 ③

32 통신취급(법적 규제 포함)

중 (출제율이 높은 문제)

01 항공기 통신기기의 사용 목적 중 틀린 것은?

① 조난통신, 구조통신(구난기관과 통화)
② 운항관리를 위한 통신(소속 항공사와 통화)
③ 항공교통관제를 위한 통신(관제기관과 통화)
④ 운항과 상관없는 내용의 항공기간의 통신(항공기간 통화)

해설

통신기기가 국제 규격에 맞게 만들어져도 제멋대로 써서는 쓸데없이 혼란을 초래하게 되므로 통신, 항법 기기의 사용 목적도 엄밀히 정해져 있다. 특히 통신기기의 사용 목적은,
(1) 항공교통관제를 위한 통신(관제기관과의 통신)
(2) 운항관리를 위한 통신(소속 항공회사와의 통신)
(3) 조난 통신, 긴급 통신(구난기관과의 통신)
으로 한정되어 있다.

중

02 항공업무에 할당되어 있는 적은 수의 전파를 유효하게 사용하기 위해서 취하고 있는 통화방식은?

① 편통화방식
② 쌍방통화방식
③ 상시통화방식
④ 무지향통화방식

해설

전파의 주파수나 무선용 기기를 절약하기 위하여 한쪽이 송신하고 있는 동안 다른 한쪽에서는 이것을 수신하고 상대편의 송화가 끝난 후 송신하여야만 하는 통신 방식을 단신법/편통화방식(Simplex System) 또는 PTT 방식이라고 하는데, 항공기와 같은 이동 통신에서는 이 방식이 많이 사용된다.

정답 01 ④ 02 ①

33 ADF, VOR, DME, RMI 및 장거리항법장치 (INS, GPS 등)

하 (출제율이 높은 문제)

01 자동방향탐지기(ADF)의 구성품이 아닌 것은?

① 수, 발신기
② 안테나
③ 안테나 커플러
④ 고니오미터

해설

자동방향탐지기(ADF : Automatic Direction Finder)는 일반적으로 지상에는 무지향 표지시설(NDB : Non－Direction Beacon)이 있고, 항공기에는 안테나, 수신기, 방위 지시기 및 전원 장치로 구성되는 수신장치가 있다.

하 (출제율이 높은 문제)

02 자동방향탐지기(ADF)의 지상국으로 이용되는 설비는 무엇인가?

① NDB
② ILS
③ M/B
④ VOR

해설

1번 문제 해설 참조

중

03 ADF에 대한 다음 설명 중 옳은 것은?

① 전방향 무선표지시설의 전파를 받는다.
② 비행기의 진행경로를 탐지하는 장치이다.
③ 송신하는 전파국의 방향을 탐지하는 장치이다.
④ 상대 비행기의 진행방향을 탐지하는 장치이다.

해설

자동방향탐지기(ADF)는 전자파의 직진성을 이용하여 항공기의 루프 안테나(Loop Antenna)를 이용하여 전파를 수신하고 도래 방향을 파악하여 항공기의 기체축을 기준으로 항공기와 선택한 전파 송신 지상국과의 상대방위(Relative Bearing)를 찾게 된다. 이때 지상국으로 이용되는 설비는 ADF용으로 구축한 NDB국 또는 일반 중파 방송국이 이용된다.

하 (출제율이 높은 문제)

04 자동방향탐지기(ADF)에 사용하는 안테나는 무엇인가?

① 애드콕 안테나
② 다이폴 안테나
③ 루프 안테나
④ 포물선 안테나

해설

3번 문제 해설 참조

중

05 항공기의 방향탐지와 일반 라디오 방송을 들을 수 있는 장치는?

① INS ② VOR
③ ADF ④ VHF System

해설

사용 주파수의 범위는 190～1750kHz(중파)이며, 190～415kHz까지는 NDB 주파수로 이용되고 그 이상의 주파수에서는 방송국 방위 및 방송국 전파를 수신하여 기상 예보도 청취할 수 있다.

정답 01 ① 02 ① 03 ③ 04 ③ 05 ③

중

06 왕복 기관 소형 항공기에서 VOR 로컬라이저 수신용 안테나가 설치되는 곳은?

① 객실 전방동체 상면
② 동체 뒤쪽 끝부분
③ 날개끝(Wing Tip)
④ 동체 아랫부분

해설

VOR 안테나는 항공기 동체 앞쪽의 위쪽이나 수직 안정판의 위쪽에 장착한다.

하

07 항공기 항법장치 중 VOR의 원어표시로 맞는 것은?

① Vertical Operating Radio Range
② VHF－Operating Receiver
③ VHF－Omnidirectional Range
④ VHF－Omnidirectional Range radio beacon

해설

VOR은 VHF－Omnidirectional Range의 줄임말이다.

상

08 항공기 항법장치로 사용하는 VOR에 관한 설명 중 맞는 것은?

① 지상 NDB국으로부터 송신 전파를 항공기에 장착된 수신 장치로 전파 도래 방향을 수신한다.
② 지상국 중심으로 360° 전방향에 대하여 비행방향을 항공기에 지시한다.
③ 완전한 자립 항법장치로서 지상 보조 시설이 필요 없다.
④ 항공기가 지상국으로 질문 펄스를 송신하면 지상국으로부터 응답 펄스가 수신될 때까지의 시간을 측정하여 거리를 측정한다.

해설

VOR은 지상 무선국 VOR국을 중심으로 자북 기준 360° 전방향에 대하여 자북으로부터 항공기 현재 위치 방위각이 몇인지를 지시해주도록 정보를 제공해준다.

중

09 무선자기계(RMI)가 지시하는 방위 종류가 아닌 것은?

① VOR ② DME
③ ADF ④ INS

해설

무선자기계(RMI : Radio Magnetic Indicator)는 컴퍼스 시스템에서 받은 자방위(Magnetic Heading 또는 INS에서 받은 진방위)와 ADF(Automatic Direction Finder) 또는 VOR(VHF Omni Directional Radio Range)에서 받은 무선 방위를 조합하여 방위에 관한 지시를 정리하여 지시하는 것이다.

중

10 자기 컴퍼스에서 받은 자방위에 ADF나 VOR에서 받은 무선 방위를 조합하여, 비행기의 방위에 관하여 종합적인 지시를 해주는 장치는?

① RMI ② PFD
③ ND ④ EICAS

해설

9번 문제 해설 참조

상

11 항공기 거리측정장치(DME)에 대한 설명으로 틀린 것은?

① Transmitting Frequency는 두 개의 group으로 962～1024MHz와 1151～1024MHz이다.
② DME는 Distance－Measuring Equipment의 약어이다.

정답 06 ① 07 ③ 08 ② 09 ② 10 ① 11 ③

③ 항공기와 지상국 간의 Signal 왕복시간의 시간 간격이 클수록 거리가 짧아진다.
④ DME를 통해 얻은 거리 정보는 Cockpit 계기에 Nautical Miles로 나타난다.

해설

DME(Distance－Measuring Equipment)의 목적은 지상 무선국으로부터 항공기까지의 거리를 Visual Landication으로 나타낸다. 송신 주파수(Transmitting Frequency)는 두 개의 Group으로 962～1024MHz와 1151～1212MHz이고, 수신 주파수(Receiving Frequency)는 1025～1149MHz이다. 송신기(Transceiver)는 한 쌍의 펄스 간격(Spaced Pulse)을 지상 무선국으로 보낸다. 펄스의 간격은 신호를 실제의 DME 요구사항인지를 식별한다. 이 펄스를 받은 후에 지상 무선국은 분리된 주파수로 펄스 전파를 항공기에 보낸다. 송신기(Transceiver)에 신호를 받은 직후 신호의 왕복시간을 결정한다. 이 시간의 간격으로 항공기와 지상 간의 거리를 측정한다. 조종실 계기에 Nautical Miles로 나타낸다.

중

12 DME(Distance Measuring Equipment)에 대한 설명 중 틀린 것은?

① DME 거리는 지상과의 수평거리를 측정한다.
② DME 응답 펄스 주파수는 962～1024MHz이다.
③ 거리의 단위는 Nautical Mile이다.
④ 질문해서 응답된 시간차를 거리로 환산한다.

해설

거리측정장치(DME)는 항공기와 지상국간의 경사거리를 지시해준다.

중

13 관성 항법 장치에서 항공기의 이동거리를 측정하여 위치를 알아내는 데 필요한 기본 데이터는 무엇인가?

① 방위　　② 가속도
③ 진북　　④ 자북

해설

가속도를 적분하면 속도가 구해지며, 이것을 다시 한번 더 적분하면 이동한 거리가 나온다는 사실을 이용한 항법장치를 관성항법장치(INS)라 한다.

하 (출제율이 높은 문제)

14 다음 중 인공위성을 이용한 항법전자장치는?

① LNS　　② INS
③ ONS　　④ GPS

해설

위성항법장치에서 인공위성을 이용한 대표적인 항공기의 항법장치는 GPS이다.

상 (출제율이 높은 문제)

15 다음 중 GPS에 대한 설명으로 틀린 것은?

① GPS는 전세계를 커버하는 위성 항법 장치이다.
② 4개의 궤도를 각 8개의 위성을 모두 32개로 구성된다.
③ 이용자는 위성에서의 전파 시간을 측정하는 것에 의해 측정 위치를 안다.
④ GPS는 우주 부분, 제어 부분, 이용자 부분의 3개 부분으로 구성되어 있다.

해설

GPS(Global Positioning System)는 1987년에 운용 개시된 전세계를 커버하는 위성 항법 장치로서 이용자는 위성에서 전파 시간을 측정하는 것에 의해 측정 위치를 안다. GPS는 우주 부분, 제어 부분, 이용자 부분의 3개 부분으로 구성되어 있다. 3개의 궤도에 각 8개의 위성을 배치한 합계 24개의 위성으로 구성되어 있다.

정답 12 ① 13 ② 14 ④ 15 ②

하

16 항공기 항법의 중요한 3가지 요소와 가장 거리가 먼 것은?

① 위치의 확인
② 침로의 결정
③ 도착 예정 시간의 산출
④ 비행항로의 기상상태 예측

해설

항법 3요소는 다음과 같다.
- 항공기 위치의 확인(현재 위치)
- 침로의 결정(방위)
- 도착 예정 시간의 산출(이동거리)

정답 16 ④

34 항법계기류(FDI, ADI, ND, PFD, LRRA 등)

상 출제율이 높은 문제

01 항공기 PFD(Primary Flight Display)의 비행자세(Attitude) 지시부에 표시되지 않는 것은?

① Altitude
② Route Data
③ Command Bar
④ Flight Path Vector

해설

비행 자세(Attitude) 지시와 비행 지시 장치(FD : Flight Director)의 커맨드 바(Command Bar), ILS의 표시는 종래의 ADI와 같지만, 그밖의 플라이트 패스(Flight Path) 각과 드리프트(Drift) 각에 비례하여 상하좌우로 움직이고 항공기의 중심 위치의 이동 방향을 감각적으로 잡을 수 있게 한 FPV(Flight Path Vector), 마커등(Marker Beacon)을 표시한다.

중

02 항공기 ND(Navigation Display)에 표시되지 않는 모드는?

① 루트
② 비행 방향
③ 기상 레이더
④ 자동조종장치

해설

비행기의 현위치, 기수방위, 비행 방향, 비행 예정 코스, 도중 통과 지점까지의 거리 및 방위, 소요 시간의 계산과 지시, 설정 코스에서 얼마나 벗어났는지, 기상 레이더의 역할 등을 한다. 또한 각종 항법장치 ADF, VOR, DME, GPS, IRS 등을 모두 나타내준다.

하 출제율이 높은 문제

03 항공기의 진로, 위치, 방위를 지시해주는 계기는?

① 항법계기 ② 항로계기
③ 순항계기 ④ 비행계기

해설

항법계기(ND : Navigation Display)는 항공기의 진로, 위치, 방위 등을 알아내는 데 필요한 계기이다.

중

04 다음 항공기 계기들 중 HSI의 모든 기능을 포함하고 있는 것은?

① PFD ② ND
③ EADI ④ EICAS

해설

ND는 HSI(Horizontal Situation Indicator)의 모든 기능을 포함하고 있다.
ND(Navigation Display)에는 APP(Approach), VOR, MAP, PLAN의 각 모드가 있다.

상

05 전파 고도계에 대한 설명으로 틀린 것은?

① 측정고도는 절대고도이다.
② 일종의 고도를 측정하는 레이더 고도계이다.
③ 송수신기가 항공기 앞쪽에 1개만 장착되어 있다.
④ GPWS와 AFCS를 통해 기체의 고도와 강하율을 알려준다.

정답 01 ② 02 ④ 03 ① 04 ② 05 ③

해설

절대고도(Terrene Clearance Altitude)를 측정하는 전파 고도계(LRRA)는 주로 착륙할 때 이용된다.
항공기의 고도를 구하는 일종의 레이더이며 한 쌍의 송수신기와 두 개의 안테나 1~2개의 고도 지시계로 구성되어 있다. 지상 근접 경보 장치(GPWS)와 자동 조종장치(AFCS)에 기체의 고도와 강하율을 알려주는 중요한 장비이다.

하

06 전파 고도계(Radio Altimeter)는 일반적으로 어느 고도를 지시하는가?

① 절대고도 ② 객실고도
③ 기압고도 ④ 진고도

해설

5번 문제 해설 참조

중

07 착륙고도를 결정하는 결심고도를 나타내는 계기는 무엇인가?

① PFD ② ADI
③ ND ④ ILS

해설

PFD 기능 중 하나는 EFIS Control Panel로 설정한 항공기의 결정고도(DA : Decision Altitude)/최저 강하고도(MDA : Minimum Descent Altitude)가 테이프 좌측 하단에 디지털 출력 및 테이프의 포인터(Pointer)로 나타낸다.

상

08 항공기의 상태 및 기종 Data 등을 그림, 숫자 또는 도면으로 표시하여 항공기 항행에 도움이 되도록 표시해주는 계기가 아닌 것은?

① ND(Navigation Display)
② PFD(Primary Flight Display)
③ IDU(Integrated Display Unit)
④ RAD(Range Altitude Unit)

해설

항공기 상태 및 기종 Data 등 그림, 숫자 또는 도면으로 표시하여 항공기 항행 및 지시장치에 시현되는 장치들은 다음과 같다.
IDU(Integrated Display Unit) = EFIS(Electronic Flight Instrument System) + EICAS(Engine Indicating & Crew Alerting System)/ECAM(Electronic Centrailized Aircraft Monitor)
EFIS(Electronic Flight Instrument System) = PFD(Primary Flight Display) + ND(Navigation Display)
여기서, EICAS는 Boeing 항공기에서, ECAM은 Airbus 항공기에서 부르는 용어로 차이가 있다.

중

09 다음 중 조종석 PFD(기본모드)에서 알 수 있는 정보가 아닌 것은?

① 고도 Data
② 기수방위 Data
③ 기상 레이더 Data
④ AFDS(Auto Pilot/Flight Director) Data

해설

PFD(Primary Flight Display) 계기는 비행에 대한 주요 정보들을 제공해주는 전자 계기로 조종석과 부조종석에 하나씩 있다. 과거 자세계(ADI : Attitude Direction Indicator)에서 기술 진보에 따라 하나의 화면에 다양한 Data들을 집약시켜 발전되어 온 것이 PFD이다. 이 계기에서는 항공기 속도, 고도, 승강률, 기수방위, 자세, ILS Data, AFDS(Auto Pilot/Flight Director) Data 등을 조종사에게 제공해준다.

기상 레이더 Data는 항법에 대한 주요 정보들을 나타내주는 ND(Navigation Display)에서 시현된다.

정답 06 ① 07 ① 08 ④ 09 ③

중

10 다음 중 ADI(Attitude Direction Indicator)에 지시되지 않는 정보는?

① ADF 정보
② ILS 정보
③ INS 정보
④ Turn & Slip 정보

해설

ADI는 다음 상황을 지시하기 위한 계기이다.
① 현재의 비행 자세(Attitude)
② 미리 설정된 모드(Mode)로 비행하기 위한 명령 장치(Flight Director : FD) 컴퓨터의 출력

현재의 비행 자세는 롤(Roll), 피치(Pitch), 요(Yaw) 변화율 및 슬립(Slip)의 4개의 요소로 표시하고 있는 것이 많다. 조작 명령은 기종에 따라서 설정 가능한 모드는 다르지만 다음과 같은 모드가 널리 이용되고 있다.

(1) 롤 커맨드(Roll Command)
① 기수 방위를 일정하게 유지하여 비행하는 모드(Heading Mode)
② VOR, INS 또는 ONS 등에 의해서 설정된 코스를 따라서 비행하는 모드(Navigation Mode)
③ ILS의 로컬라이저(Localizer)에 의해서 설정된 코스를 따라서 이착륙, 진입하는 모드(Approach Mode)

(2) 피치 커맨드(Pitch Command)
① 기압 고도를 일정하게 유지하며 비행하는 모드(Altitude Hold Mode)
② 상승 강하 속도를 일정하게 유지하며 비행하는 모드(Vertical Speed Mode)
③ ILS의 글라이드 패스(Glide Path)를 따라서 착륙 진입하는 모드(Approach Mode)

(3) 그 외의 다른 기능
착륙을 중지하고 다시 상승하는 모드(Go Around Mode)

정 답 10 ①

35 기록장치(CVR, FDR, DFDR 등)

중 (출제율이 높은 문제)

01 CVR 및 FDR과 같은 기록장치(Recorder Unit)는 보통 항공기 동체 후미에 장착하는데, 그 이유가 무엇인가?

① 음성기록과 비행정보기록이 잘 되기 위함이다.
② 비행정보기록을 위한 승무원의 조작이 용이하기 때문이다.
③ 사고발생 시 눈에 잘 띄고, 파손이 잘 안 되기 때문이다.
④ 항공기 구조 설계상 통상적으로 동체 후미에 장착하기 때문이다.

해설

기록장치는 항공기 동체 후미에 장착을 하게 되는데, 이러한 이유는 항공기가 추락 시 날개와 동체에 있는 연료로부터의 화재 폭발 위험성 및 충격에 의한 파손율이 적기 때문이다.

하 (출제율이 높은 문제)

02 다음 중 항공기 비상 녹음 장치가 아닌 것은?

① CVR　② AVR
③ FDR　④ DFDR

해설

항공기 기록장치(Black－Box)는 FDR(Flight Data Recorder), DFDR(Digital Flight Data Recorder), CVR(Cockpit Voice Recorder)이 있다.

상 (출제율이 높은 문제)

03 항공기 사고 탐구 장치 중 CVR에 대한 설명으로 틀린 것은?

① 최소한 30분간 기록할 수 있는 녹음장치이다.
② 조종실 내에서의 대화, 엔진 등의 Back Ground 노이즈가 기록된다.
③ 열이나 충격에 견디도록 동체 후미에 있는 캡슐 용기(Capsule)에 저장되어 있다.
④ 원리는 보통의 테이프 리코더와 같으나 동시에 6채널의 녹음이 가능하다.

해설

조종실 음성 기록장치(CVR : Cockpit Voice Recorder)는 조종실 내의 소음, 말, 조작음이나 기장, 부조종사 등의 대지 통신, 기내 통화의 내용을 최소한 30분간 기록할 수 있는 녹음장치이다. 이것은 대형 항공기에 장착이 의무화 되어 있으며 보통의 녹음장치와 달리 사고나 화재에 의해 기록을 잃어버리지 않도록 테이프나 헤드 등은 열이나 충격에 견디는 캡슐에 저장되어 있다. 기록장치의 원리는 보통의 테이프 리코더와 같으나 동시에 4채널의 녹음이 가능하며 다음과 같이 사용되고 있다.

- 채널 1 : 조종사의 마이크로폰, 헤드셋 또는 스피커로부터의 음원
- 채널 2 : 부조종사의 마이크로폰, 헤드셋 또는 스피커로부터의 음원
- 채널 3 : 조종실 내의 소음, 말, 조작음
- 채널 4 : 제3 및 제4 승무원석의 헤드셋의 음원. 이것은 미연방 항공국(FAA)에서 TSO－C123으로 지정되어 있다.

하

04 사고예방을 위해 조종실 음성 및 음향들을 녹음하는 장치는?

① FDR　② AVR
③ CVR　④ DFDR

해설

3번 문제 해설 참조

정답　01 ③　02 ②　03 ④　04 ③

36 착륙유도장치(ATC, ILS, GS, NDB 등)

중 (출제율이 높은 문제)

01 관제기관이 항공기 위치를 확인하는 레이더의 질문에 응답하는 장치로 항공기에는 아무런 정보도 제공하지 않는 장치는?

① ADF Receiver
② VOR Receiver
③ DME Transponder
④ ATC Transponder

해설

ATC(Air Traffic Control) Transponder 장치는 항공기를 지상에서 관제하기 위해 해당 항공기에 탑재된 장치로써 모든 항공기에 100% 탑재되어 있다. 해당 항공기는 이것을 이용하여 통신 또는 항법 등을 하는 것은 아니다. 즉 해당 항공기는 이 장치로부터는 아무런 정보도 얻을 수 없다. 그러나 항공기에 이 장치를 탑재하고 있으므로 항공 교통이 매우 근대화되어 비행 안전에 기여하고 있는 중요한 장치이다.

상

02 항공기 계기착륙장치(ILS)에 대한 설명 중 틀린 것은?

① 글라이드 패스 하강각은 1.5~3°로 만들어졌다.
② 글라이드 패스 주파수는 329~335MHz 중 할당된다.
③ ILS의 로컬라이저 주파수는 108~112MHz 중 40채널로 할당된다.
④ 로컬라이저 코스의 코스중심선 상에는 90Hz와 150Hz 변조도가 같다.

해설

계기착륙장치(ILS : Instrument Landing System)

- 구성 : 로컬라이저(LOC), 글라이드 슬로프(G/S), 마커 비콘(M/B)
- ILS 주파수 : 108~112MHz
- 로컬라이저(LOC)와 글라이드 슬로프(G/S)는 주파수 설정 시 서로 연동되어 설정된다.
- 수신기를 통해 90Hz와 150Hz의 변조파 레벨을 지시하여 중심선과 하강 각을 정확하게 유도해준다.

① 로컬라이저(LOC : Localizer)
  - 항공기를 활주로와의 중심선 및 수평 위치 유도
  - 주파수 : 108.10~111.95MHz 사이 40개 채널 중 1개로 작동

② 글라이드 슬로프(G/S : Glide Slope)=글라이드 패스(Glide Path)
  - Glide Path 투사각은 수평면으로부터 상부 3°(Glide Path Beam 폭(높이)은 1.4°)로 조정하여 활주로 표고 위 약 200ft 상공의 Middle Marker와 1400ft 상공의 Outer Marker와 교차
  - 주파수 : 329~335.00MHz 사이 40개 채널 중 1개로 작동, 특별한 언급 없는 한 안테나(활주로의 접근 쪽 끝 가까이에 위치)로부터 10NM 이내에서 신빙성
  - 활주로로 접근하는 비행기의 하강 각도 유도

③ 마커 비콘(M/B : Marker Beacon)
  구성 : 내측 마커(IM : Inner Marker), 중앙 마커(MM : Middle Marker), 외측 마커(Outer Marker)
  - 내측 마커(IM : Inner Marker) : 3000Hz, 백색등
  - 중앙 마커(MM : Middle Marker) : 1300Hz, 주황색등
  - 외측 마커(OM : Outer Marker) : 400Hz, 청록색등

정답 01 ④ 02 ①

하 (출제율이 높은 문제)

03 Localizer의 설명으로 맞는 것은?

① 활주로 끝과 비행기 사이의 거리를 알려준다.
② 활주로와 적당한 접근 각도로 비행기를 맞춰 준다.
③ 활주로에 방황하는 비행기의 위치를 알려준다.
④ 활주로의 중심과 비행기를 일자로 맞춰준다.

해설

2번 문제 해설 참조

중

04 Localizer Frequency는?

① 108.00~135.00MHz
② 108.10~111.90MHz Odd Tenth
③ 108.00~120.00MHz Even Tenth
④ 108.00~117.95MHz

해설

2번 문제 해설 참조

중

05 글라이드 슬로프(Glide Slope)의 목적은?

① 활주로 끝과 비행기 사이의 거리를 지시해준다.
② 관제탑에게 자동적으로 비행기의 고도를 알려 준다.
③ 활주로의 중심과 비행기를 일직선으로 만들어 준다.
④ 활주로로 접근하는 비행기의 내려가는 각도를 알맞게 해준다.

해설

2번 문제 해설 참조

중

06 글라이드 슬로프(착륙 시 강하각 유지)의 주파수는 어떻게 선택하는가?

① VHF 통신 주파수를 선택하면 자동적으로 선택된다.
② 마커비콘의 주파수를 선택하면 자동적으로 선택된다.
③ 로컬라이저 주파수를 선택하면 자동적으로 선택된다.
④ 경사각을 따라 수직면으로 진입하게 되면 자동적으로 선택된다.

해설

2번 문제 해설 참조

하

07 지표면에 대하여 수평을 맞추어 비행진입 코스를 유도하는 장치는 무엇인가?

① 마커 비콘
② 글라이드 슬로프
③ 로컬라이저
④ ATC Transponder

해설

2번 문제 해설 참조

정답 03 ④ 04 ② 05 ④ 06 ③ 07 ③

CHAPTER

05

헬리콥터

Helicopter

[이 장의 특징]

항공의 수많은 기술들의 진보와 발달은 현재까지도 진행 중이며 종류와 용도에 따라서도 다양하게 분류된다.

그중에서 날개의 Airfoil 단면을 회전시켜서 양력을 발생시키는 일명 회전날개라 불리는 로터로 양력을 얻어 제자리비행(Hovering)까지도 할 수 있는 항공기도 개발되었다.

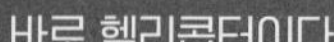

바로 헬리콥터이다.

헬리콥터는 여러 산업에서 다양하게 쓰이며 군사용으로도 실용성이 높아 비행기의 제한된 부분을 해소시키는 장점들이 있다.

비행기의 기본 이론과 크게 다르지 않은 헬리콥터 또한 헬리콥터를 공부하고자 하는 항공종사자나 헬리콥터 정비사들에게도 이론적인 내용에 도움을 주고자 해당 Chapter를 추가하였다

01 주회전익 구조 계통

하

01 헬리콥터 Main Rotor Blade 제작에 사용되는 재료로 맞는 것은?

① 나무, 고무, 플라스틱
② 나무, 복합재료, 플라스틱
③ 나무, 금속, 복합재료
④ 나무, 고무, 금속

해설

주로 쓰이는 재질은 나무와 금속 그리고 복합재료가 있으며 현대 헬리콥터 로터 블레이드는 대부분 복합재료가 쓰인다.

상

02 헬리콥터 Main Rotor Blade의 보존과 보관 방법에 대한 설명 중 틀린 것은?

① 수리할 수 없는 손상을 입은 로터 블레이드(Rotor Blade)라면 모두 폐기처분한다.
② 습기와 부식으로부터 블레이드(Blade)의 내부를 보호하기 위해 길이 방향 손상(Tree Damage), 또는 외부 충격 손상(FOD, Foreign Object Dam－age)과 같은 로터 블레이드(Rotor Blade)에 있는 모든 구멍을 테이프로 붙인다.
③ 자극성이 있는 비눗물로 로터 블레이드(Rotor Blade) 전체의 외부표면에서 이물질을 완전히 제거한다.
④ 부식 방지제(Corrosion Preventive)의 엷은 도료 또는 프라이머 코팅(Primer Coating)으로 로터 블레이드(Rotor Blade) 외부침식면을 보호한다.

해설

로터 블레이드(Rotor Blade) 보존과 보관에 대해 다음의 조건을 만족해야 한다.

① 수리할 수 없는 손상을 입은 로터 블레이드(Rotor Blade)라면 모두 폐기처분한다.
② 습기와 부식으로부터 블레이드(Blade)의 내부를 보호하기 위해 길이 방향 손상(Tree Damage), 또는 외부 충격 손상(FOD, Foreign Object Damage)과 같은 로터 블레이드(Rotor Blade)에 있는 모든 구멍을 테이프로 붙인다.
③ 자극성이 없는 비눗물로 로터 블레이드(Rotor Blade) 전체의 외부표면에서 이물질을 완전히 제거한다.
④ 부식 방지제(Corrosion Preventive)의 엷은 도료 또는 프라이머 코팅(Primer Coating)으로 로터 블레이드(Rotor Blade) 외부침식면을 보호한다.
⑤ 부식 방지제(Corrosion Preventive)의 엷은 도료로 로터 블레이드 주 볼트 구멍 부싱(Bushing), 드래그 브레이스 리텐션 볼트(Drag Brace Retention Bolt) 구멍 부싱, 노출된 금속 부품 등을 보호한다.
⑥ 완충 마운트 지주에 로터 블레이드를 고정시키고 컨테이너(Container)의 뚜껑을 고정한다.

하

03 Flapping 현상에 의해서 Blade Tip의 회전방향이 전후로 떨리는 진동을 없애기 위해 사용되는 것은?

① Flapping Hinge
② Lead-Lag Hinge
③ Feathering Hinge
④ Swash Plate

해설

헬리콥터는 블레이드 플래핑(Blade Flapping) 운동으로 인해 코리올리스 효과(Coriolis Effect)가 발생하게 되는데 이때

정답 01 ③ 02 ③ 03 ②

블레이드가 상향 플래핑(Up Flapping)일 때에는 블레이드 질량 중심이 회전축 중심(Main Rotor Drive Shaft) 쪽으로 가까워져서 회전속도가 증가하여 블레이드가 앞서가려는 Blade Lead 현상이 발생하게 되고 하향 플래핑(Down Flapping)일 때에는 질량 중심이 회전축 중심으로부터 멀어져서 늦어지는 반대 현상이 발생됨에 따라 메인 로터 블레이드(Main Rotor Blade)가 원심력에 견딜 수 있도록 강성과 무게를 견디는 강도를 갖도록 제작되며 메인 로터 블레이드가 구조적 한계를 초과하지 않도록 최대 회전수를 제한한다.

이러한 현상을 대응하기 위해 리드 – 래그 힌지(Lead – Lag Hinge)가 있는 것이며 일부 기종에서는 Main Rotor가 저속이거나 정지 시 회전 관성에 의해 발생되는 과도한 Lead 현상을 없애도록 Lead Stop을 장착하기도 한다.

04 헬리콥터 로터 계통(Rotor System)에 대한 설명으로 틀린 것은?

① 완전 관절형 로터(Fully Articulated Rotor)는 2개 이상의 블레이드(Blade)를 가지고 있는 항공기에서 찾아볼 수 있고 3개 방향으로 각각의 블레이드들이 움직인다. 각각의 블레이드는 양력을 변화시키기 위해 피치축(Pitch Axis)에 대하여 회전할 수 있는데 평면으로 전후방(Lead – Lag) 움직임은 물론 독자적인 힌지를 통해 위아래로 상승/하강(Flapping)을 할 수가 있다.

② 세미 – 리지드형 로터(Semi – Rigid Rotor)는 2개의 로터 블레이드(Two Rotor Blade)를 가지고 있는 항공기에서 찾아볼 수 있다. 블레이드는 위로 상승(Flapping)하게 하고, 반대쪽은 아래로 하강 하는 방식으로 구성되어 있다.

③ 세미 – 리지드형 로터(Semi – Rigid Rotor)는 2개의 로터 블레이드(Two Rotor Blade)를 가지고 있는 항공기에서 찾아볼 수 있다. 블레이드는 위로 상승(Flapping)하게 하고, 반대쪽은 고정되게 하는 방식으로 구성되어 있다.

④ 리지드형 로터(Rigid Rotor System)는 희귀한 설계이지만 완전 관절형 로터와 세미 – 리지드형 로터의 장점을 접목한 것이다. 블레이드는 Lead – Lag 또는 Flapping을 위한 힌지를 갖고 있지 않다. 대신에 블레이드는 탄성 베어링을 사용한다.

해설

1. 완전 관절형 로터(Fully Articulated Rotor)
   완전 관절형 로터(Fully Articulated Rotor)는 2개 이상의 블레이드(Blade)를 가지고 있는 항공기에서 찾아볼 수 있고 3개 방향으로 각각의 블레이드들이 움직인다. 각각의 블레이드는 양력을 변화시키기 위해 피치축(Pitch Axis)에 대하여 회전할 수 있는데 평면으로 전후방(Lead – Lag) 움직임은 물론 독자적인 힌지를 통해 위아래로 상승/하강(Flapping)을 할 수가 있다.
2. 세미 – 리지드형 로터(Semi – Rigid Rotor)
   세미 – 리지드형 로터(Semi – Rigid Rotor)는 2개의 로터 블레이드(Two Rotor Blade)를 가지고 있는 항공기에서 찾아볼 수 있다. 블레이드는 위로 상승(Flapping)하게 하고, 반대쪽은 아래로 하강하는 방식으로 구성되어 있다.
3. 리지드형 로터(Rigid Rotor)
   리지드형 로터(Rigid Rotor System)는 희귀한 설계이지만 완전 관절형 로터와 세미 – 리지드형 로터의 장점을 접목한 것이다. 블레이드는 Lead – Lag 또는 Flapping을 위한 힌지를 갖고 있지 않다. 대신에 블레이드는 탄성 베어링을 사용한다. 일반적인 베어링처럼 회전하는 대신에 블레이드의 적당한 움직임을 허용하도록 비틀리거나(Twist) 구부러지도록(Flex) 설계되었다.

05 헬리콥터의 리드래그 힌지(Lead – Lag Hinge)는 어떤 효과를 감소시키는 것인가?

① 토크 효과(Torque Effect)
② 자이로 효과(Gyro Effect)
③ 플래핑 효과(Flapping Effect)
④ 코리올리스 효과(Coriolis Effect)

해설

3번 문제 해설 참조

정답 04 ③ 05 ④

02 헬리콥터 착륙장치계통

하

01 헬리콥터 동체를 높게 유지하여 테일 로터가 지상에 부딪히는 가능성을 적게 해주기 위해 쓰이는 것은?

① Ground Skid Gear
② Parking Skid Gear
③ High Skid Gear
④ Float Skid Gear

해설

헬리콥터의 High Skid Gear는 헬리콥터가 아무 곳이나 쉽게 착륙할 수 있다는 점과 동체를 높게 유지해서 테일 로터가 지상에 부딪히는 가능성을 줄여주는 장점이 있다.

중

02 헬리콥터 토잉(Towing) 시 유의사항으로 맞는 것은?

① 헬리콥터 토잉 전 시동을 건다.
② Tow Bar를 장착하면 회전할 때 허용 회전반경 이내에 회전해야 한다.
③ Towing 시 주변 경계는 그다지 중요하지 않다.
④ 회전익 고정은 기체 주변부에 위험을 줄 수 있으므로 하면 안 된다.

해설

헬리콥터 견인 작업(Towing) 시 주의사항은 다음과 같다.

1. Nose Landing Gear 혹은 Tail Landing Gear에 Towbar를 연결해준다.
2. 바퀴에 있는 고임목(Chock)을 제거해준다.
3. 지정된 위치로 인원을 배치시킨다. 기종마다 상이하지만 보통 조종실 1명, Main Rotor Blade Tip에서 약간 이격된 거리에 좌우로 1명씩, Towing Car 운전자 1명, Towing 감독관 1명으로 한다.
4. 조종실 탑승 인원은 Parking Brake를 Release 후 Release를 완료하였음을 신호를 보낸다.
5. Towing Car 운전자는 해당 신호를 인지 후 항공기를 8km/h를 넘지 않는 속도로 천천히 Towing을 하며 이때 회전할 때 허용 회전반경 이내에 회전해야 한다. 지나친 회전은 Landing Gear를 손상시키기 때문이다.
6. 주변 사주경계를 철저히 하며 비상 상황 시 바로 상황을 인지할 수 있도록 수신호를 보낸다.
7. 항공기를 지정된 위치로 위치시키면 Parking Brake를 Set하고 바퀴에 Chock를 고인 후 Towing Bar를 제거해 준다.

중

03 육상 헬리콥터가 수상면을 착륙할 때 사용되며 필요 시 압축공기(Air Bottle)를 이용하여 스키드에 질소 가스로 충전된 고무 튜브(Rubber Tube)를 장착한 것은 무엇인가?

① Pop-out Float
② Overwater Float
③ Permanent Float
④ Emergency Float

해설

Pop-out Float는 주로 High Skid Gear에 장착하여 해면이나 수면 비행 시에 사용한다. 압축 공기통(Air Bottle)이 화물칸(Baggage Area)에 있어 필요 시 조종사에 의해 부풀어지게 할 수 있으며 부풀어 오른 이 Float는 부력에 의해 수상면에 착륙하도록 해준다.

정답 01 ③ 02 ② 03 ①

하

04 육상형 헬리콥터가 해수면에 착륙할 때 착륙 장치에 어떤 장치를 부착시켜야 하는가?

① 플로트(Float)

② 공기 탱크(Air Bottle)

③ 팽창 튜브(Expansion Tube)

④ 방수 스키드(Water Proof Skid)

해설

3번 문제 해설 참조

정답 04 ①

03 헬리콥터 조종계통

하

01 헬리콥터의 일정한 회전날개 회전수를 유지하기 위해 필요로 하는 것은?

① 조속기(Governor)
② 스로틀(Throttle)
③ 동시 피치 조종(Collective Pitch Control)
④ 주기 피치 조종(Cyclic Pitch Control)

해설

만약 상관기 장치(Correlator System) 또는 조속기 장치(Governor System)가 Collective Control Stick의 움직임(위 아래로 움직임)에 따라 요구된 rpm을 유지하지 못하거나 이러한 장치들이 장착되지 않은 경우 일부 기종에서는 스로틀(Throttle)을 비트는 방식 또는 버튼식으로 조작하는 방식이 있으며 rpm 유지를 위해 트위스트 그립(Twist Grip)을 수동으로 비틀어서 조작하여 가속기를 조작하거나 Engine RPM Control Switch를 통해 Engine RPM 조절을 하도록 해준다.

비트는 방식의 스로틀 조종장치는 마치 모터사이클 스로틀과 아주 유사하고 거의 같은 방식으로 작동하는데, 왼쪽으로 스로틀을 비틀면 rpm은 증가하고, 오른쪽으로 스로틀을 비틀면 rpm은 감소한다.

중

02 헬리콥터 회전날개의 플래핑 힌지의 움직임을 조작하도록 Cyclic Control Stick과 Collective Control Stick의 움직임을 서로 간섭이 없도록 해주는 장치는?

① Bell Crank
② Mixing Unit
③ Governor System
④ Swash Plate Assembly

해설

대부분의 헬리콥터에서 믹싱 유닛(Mixing Unit) 또는 믹서(Mixer)는 스와시플레이트(Swashplate) 이전에 Cyclic과 Collective의 입력을 위한 것이며 Cyclic 입력에 미치는 Collective 입력을 막아주는 역할을 한다.

만약 이 장치가 없으면 Collective 움직임은 스와시플레이트(Swashplate)의 Cyclic Setting에 따라 높이를 변하게 되어 Collective 움직임에 변화를 주는 간섭이 발생할 수가 있다.

중

03 헬리콥터 제어장치에 포함되지 않는 것은?

① 경사판(Swashplate Assembly)과 반토크페달(Anti-Torque Pedals)
② 오프셋 플래핑 힌지(Offset Flapping Hinge)
③ 스로틀 조종(Throttle Control)과 조속기/상관기(Governor/Correlator)
④ 주기 피치 조종(Cyclic Pitch Control)

해설

헬리콥터 제어장치(Helicopter Controls) 종류로는 스와시플레이드 어셈블리(Swash Plate Assembly), 콜렉티브 피치 조종장치(Collective Pitch Control), 스로틀 조종(Throttle Control), 조속기/상관기(Governor/Correlator), 사이클릭 피치 조종장치(Cyclic Pitch Control), 안티토크 페달(Anti-Torque Pedals) 등이 있다.

정답 01 ② 02 ② 03 ②

하

04 헬리콥터 Tail Rotor의 Pitch를 변화시키는 조종 장치는?

① 방향 조종 장치
② 가로 조종 장치
③ 주기 피치 조종 장치
④ 동시 피치 조종 장치

해설

단일 로터 방식의 헬리콥터의 경우 방향 조종계통 중에서도 Pedal과 밀접한 관계가 있다.

하

05 헬리콥터에서 페달(Pedal)의 역할은 무엇인가?

① 수직꼬리날개의 Rudder를 변화시킨다.
② Tail Rotor의 출력을 변화시킨다.
③ Tail Rotor Blade의 Pitch를 변화시킨다.
④ Rotor의 Torque를 변화시켜 방향을 변화시킨다.

해설

4번 문제 해설 참조

하

06 단일 로터형(Single Rotor Type) 헬리콥터는 어떻게 방향을 전환하는가?

① Rotor의 Torque를 조정한다.
② Tail Rotor의 Pitch를 조정한다.
③ Rotor의 Cyclic Pitch Control을 조정한다.
④ Rotor의 Collective Pitch Control을 조정한다.

해설

4번 문제 해설 참조

중

07 헬리콥터 비행조종계통(Flight Control Sys-tem)에서 Mixer Box의 주 목적은?

① Cyclic Input이 Collective Input의 영향을 미치는 것을 방지
② Collective Input이 Cyclic Input의 영향을 미치는 것을 방지
③ Cyclic Input이 Swashplate의 움직임에 영향을 미치는 것을 방지
④ Collective Input이 Swashplate의 움직임에 영향을 미치는 것을 방지

해설

2번 문제 해설 참조

정답 04 ① 05 ③ 06 ② 07 ②

04 Blade Tracking 작업

중

01 헬리콥터 주 회전날개의 Tracking을 점검하는 목적은?

① 회전 중 Blade 간의 상대 위치를 점검하기 위해
② 회전 중 Blade의 불평형 상태를 점검하기 위해
③ 회전 중 Blade의 비행 궤적을 점검하기 위해
④ 회전 중 Blade의 플래핑을 점검하기 위해

해설

헬리콥터 Tracking 작업은 헬리콥터 로터 블레이드(Rotor Blade)가 동적 상태(Dynamic Condition, 회전 중인 상태)에 있을 때 각각의 블레이드들이 모두 공통면으로 회전하도록 만족스러운 상태로 만들기 위한 것으로 블레이드의 회전 상태를 보고 상대 위치를 파악하는 것이다.

모든 블레이드가 공통면으로 회전하지 못할 경우 진동 발생의 원인이 될 수도 있다. 이러한 상태는 항공기 운항에 있어 안정성과 조종사의 조종력에 피로를 주게 된다.

중

02 헬리콥터 주 회전날개의 깃 끝 경로면의 궤적 상에서 깃 끝 경로면의 궤적이 일치하지 않는 경우를 무엇이라 하는가?

① Out of Trim ② Out of Pitch
③ Out of Track ④ Out of Blade

해설

Rotor Blade Tip Path Plane(깃 끝 경로면)의 궤적 상에서 Main Rotor 각각의 Blade Tip들이 일치하는 경우를 궤적 일치(in Track)라 하고 Blade Tip Path Plane(깃 끝 경로면)의 궤적이 일치하지 않는 경우를 깃의 궤적 불일치(Out of Track)라 하며, 이러한 상태는 Rotor System에 진동을 발생시키게 된다.

중

03 헬리콥터 Main Rotor Blade의 Track을 Electronic Strobe 방법으로 점검할 때 사용되지 않는 것은?

① Reflector
② Interrupter
③ Oscilloscope
④ Magnetic Pickup

해설

메인 로터 블레이드(Main Rotor Blade)의 궤적(Track) 점검 방식은 다양하게 있지만 현재 사용 중인 방식으로는 메인 로터 블레이드에 반사 테이프를 감지하고 자석을 이용하여 회전수를 감지하는 방식인 Electronic Strobe 방식이 널리 쓰이고 있다.

이 방식은 메인 로터나 테일 로터의 반사 테이프를 감지하는 광선 반사식의 리플렉터(Reflector), 로터의 궤적(Track)이 일정한지 스와시플레이트(Swashplate)의 경사도를 보는 인터럽터(Interrupter)와 마그네틱 픽업(Magnetic Pickup) 등으로 구성된다.

상

04 Main Rotor Blade의 Tracking 점검에 대한 설명 중 잘못된 것은?

① Flag 또는 Strobe Light가 흔히 사용된다.
② Tracking이 벗어난 Rotor Blade는 Trim Tab의 각도를 조절하여 Tracking을 조절한다.
③ 새 Rotor Blade 또는 오버홀한 Blade는 Trim Tab의 각도를 0°로 맞춘 후 Tracking 점검을 수행한다.
④ 사용하던 Blade도 Trim Tab 각도를 0°로 맞춘 후 Tracking 점검을 수행한다.

정답 01 ① 02 ③ 03 ③ 04 ④

해설

사용하던 Blade는 장착 시 Tracking을 위해 Trim Tab이 조절된 상태이며 각도를 교범에 따라 조절해주어야 하며 회전 시 동일 선상에 블레이드가 회전하지 않을 경우 해당 Blade의 Trim Tab 각도나 PCR(Pitch Control Rod) 길이를 조절하여 맞춰준다.

상

05 Main Rotor Tracking 방식 중 제작사에서 Rotor를 Master Blade에 맞추어 회전시험을 하고, 운용사에서는 Pitch Change Rod 길이만 조절해주는 방식은?

① 프리 트랙 방법(Pre – Track Method)
② 트림 트랙 방법(Trim Track Method)
③ 플래그 트랙 방법(Flag Track Method)
④ 마스터 트랙 방법(Master Track Method)

해설

헬리콥터 Main Rotor Tracking 방법

1. 스틱 트랙 방법(Stick Track Method)
   지상에서만 수행 가능한 방법이며, 막대기를 들어서 블레이드 끝단에 접촉시켜 블레이드의 표식을 점검하는 방법이다. 만약 어떠한 블레이드도 표식이 없다면 어느 블레이드가 트랙이 벗어났는지를 알 수가 없다.
2. 플래그 트랙 방법(Flag Track Method)
   지상에서만 수행 가능한 방법이며, 블레이드 끝단을 각자 다른 색으로 표시하고 플래그(깃발)에 접촉시켜 플래그에 표시된 색을 보고 판단한다.
3. 라이트 리플렉트 트랙 방법(Light Reflect Track Method)
   지상과 비행 중 모두 수행 가능한 방법이며, 블레이드 끝단에 줄무늬, 일반 무늬 반사판을 부착한 후 객실에서 불빛을 로터 디스크 끝단에 비춰 줄무늬, 일반 반사판의 위치를 확인하는 방법이다.
4. 전자식 스트로브 트랙 방법(Electronic Strobe Track Method)
   이 방식은 라이트 리플렉트 트랙 방법과 마찬가지로 지상과 비행 중 모두 트랙 검사를 수행할 수 있으며, 반사판(Reflector)을 블레이드 끝단에서 객실을 향하도록 장착한다. 보통 트랙을 조절하는데 가장 큰 문제점이 회전 중에 블레이드의 위치를 결정할 수 없는 것이였는데, 스트로브 라이트(Strobe Light)는 이 반사판을 볼 수 있도록 하여 트랙 점검의 문제점을 해소시킨다.
   이 스트로브는 인터럽터(Interrupter)와 스와시플레이트(Swashplate)의 마그네틱 픽업 센서(Magnetic Pickup Sensor)에 의해 작동된다. 이 장비는 스트로브 라이트를 이용하여 일정 지점을 지나는 블레이드를 반짝이게 하여 정지된 것과 같은 블레이드의 모습이 반사판에 의해 겹쳐지게 보이도록 하며, 어떤 블레이드가 트랙에 벗어나는지를 식별할 수 있도록 데이터를 제공해준다. 이때 트랙이 맞지 않은 블레이드는 피치컨트롤로드(PCR : Pitch Control Rod)의 높이 조절을 하면 된다.
5. 프리 트랙 방법(Pre – Track Method)
   제작사마다 방법이 다양하며, 제작사에서 미리 궤적 점검(Track Check)을 마친 마스터 블레이드(Master Blade)을 이용하여 단순히 피치컨트롤로드(Pitch Change Rod)의 길이만 조절하여 궤적 점검을 하는 방식이다.

중

06 헬리콥터 Semi – Rigid Rotor에서 Blade와 Hub의 상호 위치관계를 조정하여 Rotor Blade의 무게중심과 풍압중심을 조정하는 작업으로 옳은 것은?

① Blade Tracking
② Blade Alignment
③ Blade Sweeping
④ Blade Balancing

해설

블레이드 얼라인먼트(Blade Alignment)는 세미 리지드 로터(Semi – Rigid Type Rotor)에 필요하다. 이 작업은 세로 방향 평형(Chordwise Balance)이라고도 부르며, 블레이드를 드래그 브레이스(Drag Brace)나 래치 핀(Latch Pin)을 움직이면서 리드 – 래그(Lead – Lag)축에 대해 블레이드를 움직이는 것이다.

이 움직임은 블레이드가 로터의 허브와 정확한 위치 관계가 되도록 움직이는 것이며 이 위치 관계는 무게중심과 풍압중심을 조정하는 것이다. 만약 이 위치 관계가 부정확하면 블레이드의 안정성을 잃게 된다.

정답 05 ① 06 ②

05 헬리콥터 기체구조 및 계통

하

01 다음 중 헬리콥터의 비행계기와 관계 없는 것은?

① 회전계 ② 고도계
③ 대기 속도계 ④ 마하계

해설

헬리콥터는 비행기처럼 마하 속도로 비행할 수 없으므로 마하계가 불필요하다.

중

02 헬리콥터에 장착되는 2개 이상의 회전속도계(Dual Tachometer)는 무엇을 지시하는가?

① Main Rotor, Tail Rotor
② Engine Rotor, Main Rotor
③ Engine Rotor, Tail Rotor
④ Main Rotor, 트랜스미션

해설

헬리콥터의 Dual Tachometer는 Engine의 회전수와 Main Rotor의 회전수를 지시하는 1차 엔진 계기이다.

하

03 일반적으로 헬리콥터의 객실부(Cabin Sec-tion)에 사용되는 재질로 적합한 것은?

① 철강재료
② 나무
③ 복합소재
④ 알루미늄 합금

해설

캐노피나 캐빈은 보통 합성(Synthetic) 재질로 만든다. 이 부분(Cabin Section)은 캐빈 지붕, 전방(Nose), 수직부재(Vertical Member) 등으로 구성되며 폴리카보네이트(Polycarbonate)에 유리 섬유(Glass Fiber)로 보강한 것이다.

하

04 다음 중 전투용 헬리콥터 동체에 부착되어 있어 각종 무기를 장착할 수 있는 짧은 날개는?

① 고정 날개(Fixed Wing)
② 스터브 날개(Stub Wing)
③ 가로 날개(Lateral Wing)
④ 파일런 날개(Pylon Wing)

해설

헬리콥터에 장착되는 날개 명칭

(1) 스터브 날개(Stub Wing)
전투용 헬리콥터 동체에 부착되어 있어 각종 무기를 장착할 수 있는 짧은 날개이다.

(2) 파일런(Pylon)
일반적으로 헬리콥터의 수직 핀(Vertical Fin)은 본래의 목적 외에 주로 테일 로터(Tail Rotor)를 지지해주며 테일 파일런(Tail Pylon)이라고도 부른다. 비행기에서는 수직 안정판(Vertical Stabilizer)과 유사하다.

정답 01 ④ 02 ② 03 ③ 04 ②

06 헬리콥터 연료, 오일, 유압, 방빙/동결방지 및 환기계통

상

01 다음 중 주 회전날개 제동장치를 사용할 경우가 아닌 것은?

① 기관 정지 시 주 회전날개의 회전을 방지하기 위하여
② 헬리콥터를 계류 시
③ Autorotation 시
④ 기관의 작동 점검 시

해설

헬리콥터 Main Rotor Brake System은 항공기 시동 정지 시 Main Rotor의 회전속도를 감속 및 회전 방지를 위해 사용되며 항공기가 계류(Mooring) 중에 강풍에 의해 Main Rotor가 회전하지 않도록 잡아주는 역할도 해준다.

그 외에도 Engine을 교환 장착한 후 Engine 기능점검을 하고자 할 때 Main Rotor가 회전하지 않도록 잡아주는 역할도 해준다. 보통 Idle rpm까지 Rotor Brake로 Main Rotor가 못 움직이도록 고정시켜 준다.

Auto Rotation(자전강하)은 Engine의 이상으로 Engine 출력이 더이상 공급되지 못한 상태에서 Main Rotor가 바람개비처럼 풍차작용이 되어 회전하는 상태를 말한다.

이때 무동력 비행 상태가 되며 Main Rotor의 자전강하 상태에서 최대한 양력을 얻어내야 하므로 Rotor Brake를 사용하면 사고로 이어질 수가 있어서 매우 위험하다.

상

02 가스터빈 Engine을 장착한 헬리콥터의 Engine을 시동하기 전에 Main Rotor Brake의 Lever 위치는?

① 최소 열림　　② 정상
③ 작동　　④ 차단

해설

일반적으로, 가스 터빈 기관을 갖춘 헬리콥터의 시동 절차는 다음과 같다.

시동하기 전에 Main Rotor Brake의 레버를 '차단(OFF)' 위치로 놓은 후 스로틀을 '완전 열림(Full Open)' 위치로 놓는다. 다시 '닫힘(Shut Off)' 위치로 되돌려 놓은 후 Main Rotor Brake의 레버를 '작동(ON)' 위치에 놓는다.

그리고 보조 동력 장치(APU)를 작동시킨 다음 스타터 스위치(Starter Switch)를 작동시킨다. 엔진의 회전수가 10%에 도달했을 때 스로틀을 '지상 완속(Ground IDLE)' 위치로 놓는다. 이때 점화계통과 연료계통이 작동하게 된다. 엔진이 시동되면 부하 계기(Load Meter)를 점검하여 스타터(Starter)의 작동 상태에 따른 부하의 변화를 확인하고 엔진의 오일 압력 계기를 점검하여 지상 완속 상태(Ground Idle)에서의 규정 압력이 지시되는지를 확인한다.

또 배기가스 온도계기(EGT 또는 TGT)를 점검하여 규정 온도 이상으로 온도가 상승하지는 않는지를 살피고, 만일 규정 온도 이상으로 온도가 상승하거나 온도 상승률이 과대한 경우에는 시동을 포기한다.

그 후에 필요에 따라 시동기 및 점화 시험 스위치를 조작하여 엔진의 작동 상태를 점검한다.

상

03 Main Rotor Brake System의 구성 요소가 아닌 것은?

① 작동유 저장 탱크 및 유압 실린더
② 제동장치 Lever
③ 제동원판
④ 기어박스

정답 01 ③ 02 ④ 03 ④

해설

Main Rotor Brake System는 제동장치 레버 또는 로터 브레이크 레버(Rotor Brake Lever), 유압 실린더, 피스톤, 축압기(Accumulator), 제동 원판 또는 브레이크 디스크(Brake Disk) 및 작동유 저장탱크(Reservoir)로 구성된다.

상

04 대중적인 Bell 206 헬리콥터의 연료계통에서 연료승압펌프 경고등(Fuel Boost Pump Caution Light)의 경고신호는 다음 중 어떤 장치로부터 얻는가?

① 연료 탐침

② 연료 유량 측정기

③ 승압펌프 온도 센서

④ 승압펌프 압력스위치

해설

연료계통의 연료 탱크 하부에 위치한 연료 승압 펌프는 기종마다 상이하지만 보통 Boost Pump Pressure Switch가 있어 펌프 압력이 초기 작동 시 부족하거나 혹은 정상 작동 이후에도 압력이 한계치에 도달하지 못할 경우 펌프 경고등을 점등시켜 조종사나 정비사에게 알려주는 역할을 한다.

중

05 다음 중 헬리콥터 Turbo Shaft Lubrication System의 구성품으로 해당되지 않는 것은?

① Oil Filter and Bypass Valve

② Oil Pump Assembly

③ Indicating Device and Sensor

④ Lubrication Icing Detector

해설

헬리콥터 터보 샤프트 엔진의 윤활 계통 구성품은 크게 Oil Tank, Oil Pump(Pressure and Scavenge), Oil Filter, Oil Cooler, Oil Pressure Transmitter, Oil Temperature Sensor, Last Chance Filter, Cold Oil Relief Valve 등이 있다.

하

06 헬리콥터 Turboshaft Engine Inlet Anti-Icing에 이용하는 방식은?

① 전기식

② 전자식

③ 연소 가열기식

④ 엔진 블리드 에어식

해설

헬리콥터 터보 샤프트 엔진의 흡입구 방빙은 일반적으로 압축기의 고온, 고압의 공기인 Bleed Air가 이용된다.

정답 04 ④ 05 ④ 06 ④

07 Vibration, Balancing 작업

상

01 헬리콥터의 고주파수 진동 원인으로 아닌 것은?

① Engine이나 Transmission 등에 의해 주기적으로 발생된다.
② Main Rotor가 1회전 하는 동안 Rotor Blade 수만큼 발생한다.
③ Tail Rotor Drive Shaft의 불평형 상태 또는 베어링의 상태가 좋지 않은 경우에 발생한다.
④ Transmission 진동은 Transmission에 연결된 보조 기기, 보조동력장치, 냉각 송풍기 및 Freewheeling Unit 등의 여러 가지 기어박스로부터 발생한다.

해설

고주파수 진동은 회전 날개에 의해 발생되는 것이 아니며, 엔진(Engine)이나 트랜스미션(Transmission) 등에 의해 발생되는 것으로, 다른 진동과 쉽게 구별될 수 있다. 테일 로터 구동축(Tail Rotor Drive Shaft)의 진동은 테일 로터 구동축(Tail Rotor Drive Shaft)의 불평형 상태 또는 베어링의 상태가 좋지 않은 경우에 발생되며, 이러한 진동은 지상에서 엔진(Engine)을 작동시키면서 테일 붐(Tail Boom)에 손을 대어보면 찾아낼 수 있다.

트랜스미션(Transmission) 진동은 트랜스미션(Transmission)에 연결된 보조 기기, 보조 동력장치, 냉각 송풍기 및 프리휠링 유닛(Freewheeling Unit) 등의 여러 가지 기어박스로부터 발생되는 진동으로서, 주로 소리로 감지할 수 있다.

엔진(Engine) 진동은 지속적으로 나타나는 고주파수 진동으로서, 정상적인 엔진의 진동과 비교하여 비정상적인 진동을 경험에 의해 감지할 수 있으며, 불량 상태를 수정하여 감소시킬 수 있다.

하

02 헬리콥터에 발생하는 진동 종류는?

① 비틀림 진동, 굽힘 진동
② 저, 중, 고 주파수 진동
③ 축 진동, 비틀림 진동, 굽힘 진동
④ Chord 방향의 진동

해설

헬리콥터에는 여러 가지 원인에 의해 진동이 발생하며, 일반적으로 Main Rotor와 Tail Rotor의 회전 운동과 기관 및 동력 구동 계통(Drive System)의 기계적인 작동에 의해 주로 일어난다.

진동의 종류에는 진동수에 따라 저주파수 진동, 중간 주파수 진동 및 고주파수 진동 등이 있다.

상

03 헬리콥터의 저주파 진동은?

① 변속기나 기관에 이상이 있을 때 발생한다.
② 주로 Tail Rotor의 Tracking 이상이나 평형 이상 시 또는 Pitch 변환 장치 이상 시 발생한다.
③ Main Rotor 1회전 당 한번 일어나는 진동으로 1:1 진동이라 한다.
④ 착륙 장치나 냉각 팬 같은 부품의 고정 부분이 이완되었을 때도 발생한다.

해설

헬리콥터의 저주파수 진동은 Main Rotor 1회전 당 한번 일어나는 진동으로 1:1 진동이라 하며, 이는 가장 보편적인 것으로 쉽게 느낄 수 있고 깃의 개수에 따라 기체에 전달되는 진동의 빈도수도 달라진다. 이 진동은 종진동 혹은 횡진동이 될 수 있으며 종진동은 궤도(Track)에 관계가 있고, 횡진동은 Blade의 평형이 맞지 않을 때에 발생한다.

정답 01 ② 02 ② 03 ③

상

04 헬리콥터의 저주파 진동 중에서 Main Rotor Blade의 평형이 맞지 않을 때 발생하는 진동은?

① 동체가 좌우로 흔들리는 횡진동
② 동체가 상하로 흔들리는 종진동
③ Tail Rotor 1 회전당 Blade 개수 만큼 발생하는 진동
④ Tail Rotor 1 회전당 1회의 진동

해설

3번 문제 해설 참조

하

05 헬리콥터의 진동을 줄이는 방법은?

① Blade의 수를 적게 한다.
② Blade의 수를 많게 한다.
③ Blade를 2개로 한다.
④ Blade를 3개로 한다.

해설

헬리콥터의 진동 수를 적게 하기 위해서는 깃의 수가 많아야 한다.

상

06 헬리콥터 진동에 대한 설명으로 틀린 것은?

① 초단파 진동(Extreme Low Frequency Vibration)은 파일론(Pylon)에서 발생하는 흔들림이다. 2~3cps의 파일론 흔들림은 로터(Rotor), 마스트(Mast) 그리고 트랜스미션(Transmission)에서 본래부터 가지고 있는 것이다. 주목할 만한 수준에까지 이르는 진동을 막기 위해 트랜스미션 마운트(Transmission Mount) 완충장치가 흔들림을 흡수하도록 결합되어 있다.
② 저주파 진동(Low Frequency Vibration)은 로터(Rotor) 자체에 의해 발생한다. 1/rev 진동은 두 가지 기본 형태로 수직 진동(Vertical)과 횡진동(Lateral)이 있다. 1/rev는 단순히 동일한 지점에서 발생하는 다른 로터 블레이드(Rotor Blade)보다 주어진 지점에서 더 많은 양력을 발생시키는 하나의 로터 블레이드(Rotor Blade)에 의해 발생한다.
③ 중주파 진동(Medium Frequency Vibration)은 대부분 로터(Rotor)에서 본래부터 갖고 있는 또 다른 진동이다. 이 주파수에서 진동하는 진동값의 증가 원인은 진동을 흡수하기 위해 동체 설계를 변화시키거나 착륙 시 사용하는 스키드(Skid)와 같은 기체 구성품에 의해 발생한다.
④ 고주파 진동(High Frequency Vibration)은 고속으로 회전하는 상태이거나 헬리콥터가 진동이 있는 상태에서 발생할 수 있다. 가장 보편적이고 알기 쉬운 원인은 스와시플레이트 혼(Swash Plate Horn)에서 느슨한 Elevator Connector System, 느슨한 Elevator 또는 테일로터(Tail Rotor) 평형(Balance)과 궤도(Track)이다.

해설

헬리콥터의 진동은 여러 가지 형태가 있다.

1. 극저주파 진동(Extreme Low Frequency Vibration)
극저주파 진동(extreme low frequency vibration)은 파일론(Pylon)에서 발생하는 흔들림이다. 2~3cps의 파일론 흔들림은 로터(Rotor), 마스트(Mast) 그리고 트랜스미션(Transmission)에서 본래부터 가지고 있는 것이다. 주목할 만한 수준에까지 이르는 진동을 막기 위해 트랜스미션 마운트(Transmission Mount) 완충장치가 흔들림을 흡수하도록 결합되어 있다.
2. 저주파 진동(Low Frequency Vibration)
1/rev와 2/rev, 저주파 진동(Low Frequency Vibration)은 로터(Rotor) 자체에 의해 발생한다. 1/rev 진동은 두 가지 기본 형태로 수직 진동(Vertical)과 횡진동(Lateral)이 있다. 1/rev는 단순히 동일한 지점에서 발생하는 다른 로터 블레이드(Rotor Blade)보다 주어진 지점에서 더 많은 양력을 발생시키는 하나의 로터 블레이드(Rotor Blade)에 의해 발생한다.

정답 04 ① 05 ② 06 ①

3. 중주파 진동(Medium Frequency Vibration)
4/rev에서 6/rev, 중주파 진동(Medium Frequency Vibration)은 대부분 로터(Rotor)에서 본래부터 갖고 있는 또 다른 진동이다. 이 주파수에서 진동하는 진동값의 증가 원인은 진동을 흡수하기 위해 동체 설계를 변화시키거나 착륙 시 사용하는 스키드(Skid)와 같은 기체 구성품에 의해 발생한다.
4. 고주파 진동(High Frequency Vibration)
고주파 진동(High Frequency Vibration)은 고속으로 회전하는 상태이거나 헬리콥터가 진동이 있는 상태에서 발생할 수 있다. 가장 보편적이고 알기 쉬운 원인은 스와시플레이트 혼(Swash Plate Horn)에서 느슨한 Elevator Connector System, 느슨한 Elevator 또는 테일로터(Tail Rotor) 평형(Balance)과 궤도(Track)이다.

중

07 헬리콥터 Main Rotor에 발생하는 중간 주파수 영역은 얼마인가?(단위 CPM은 Cycle per Minute이다.)

① 500－1,000CPM ② 500－1,500CPM
③ 500－2,000CPM ④ 500－2,500CPM

해설

중간 주파수 진동(Medium Frequency Vibration)은 500~2000 CPM의 범위에 해당되며 메인 로터에 동시다발적으로 몇 번 이상의 치는 소리(Multiple Beat)와 냉각 팬의 이상 현상이 이 범위의 원인에 속한다.

중

08 헬리콥터 Main Rotor System의 정적 균형(Static Balance)에 영향을 미치는 진동은?

① 길이 방향(Span)의 진동
② 세로 방향(Chord)의 진동
③ 축방향(Axial)의 진동
④ 길이 방향(Span)과 세로 방향(Chord)의 진동

해설

헬리콥터 로터는 가로 방향이나 세로 방향 진동에 영향을 받기 때문에 양쪽 방향으로 로터 밸런싱(Balancing) 작업을 수행해야 한다. 정적 균형이 동적 균형을 바로 잡는 것은 아니지만 처음에 정적 균형을 맞추면 일부 바꾸는 작업에서 발생되는 문제점들을 피할 수가 있다.

밸런싱(Balancing) 절차는 방법에 관계 없이 가로 방향과 세로 방향 밸런싱을 하는데 세로 방향 밸런스(Chordwise Balance)는 이름과 같이 블레이드의 시위선 방향이고 길이 방향 밸런스(Spanwise Balance)는 블레이드의 스팬에 관계된다.

중

09 헬리콥터의 양쪽 Landing Skid 높이가 서로 다른 경우 Engine을 시동할 때 발생하는 진동은 무엇인가?

① 가로 롤 진동(Lateral Roll Vibration)
② 가로 피치 진동(Lateral Pitch Vibration)
③ 세로 롤 진동(Longitudinal Roll Vibration)
④ 세로 피치 진동(Longitudinal Pitch Vibration)

해설

헬리콥터의 착륙 스키드(Landing Skid)의 높이 차이 등에 의해 팽이가 비틀거리며 쓰러지는 듯한 진동을 가로 롤 진동(Lateral Roll Vibration)이라 한다.

중

10 헬리콥터에 발생하는 진동(Vibration)에 대한 설명으로 옳은 것은?

① 모든 진동은 제대로 정비하면 제거된다.
② 고주파 진동은 다양한 원인으로 발생하기 때문에 무시해도 좋다.
③ 진동의 종류는 다양하고 근본적인 진동수정이 되지 않는 고유진동이 있다.
④ 저주파 진동은 탑승자에게 불쾌감을 주기 때문에 곧 바로 수정하여야 한다.

정답 07 ③ 08 ④ 09 ① 10 ③

해설

모든 회전하는 구성품들은 본래의 주파수(Natural Frequency)가 있으며, 어떤 경우는 피할 수 없는 상황에서는 특정범위(Transit Range)를 설정하여 구성품을 이 범위에서 계속 작동시키지 않고, 이 범위를 지나서 필요한 작동 속도를 얻도록 한다.

이런 범위는 정비교범에 표시되거나 회전계(Tachometer) 등에 적색 호선(Red Arc)으로 계기 rpm 범위 부근에 표시한다. 헬리콥터의 진동은 또한 3개의 그룹으로 분류하는데, 그 종류로는 저주파(Low Frequency), 중주파(Medium Frequency), 고주파(High Frequency)가 있다.

08 Rotor Head 특성 및 Rigging 작업

상

01 Main Rotor Blade가 제한 속도 이상으로 회전하였을 경우 점검 사항이 아닌 것은?

① 동력 구동축의 손상과 변형 여부 점검
② 구동축 Coupling의 균열 여부 점검
③ Tail Rotor 구동축 지지 Bracket Bolt의 균열 여부 점검
④ Magnetic Chip Detector의 금속 입자 성분 검출 여부 점검

해설

Magnetic Chip Detector는 Transmission, Gearbox, Engine 등 각종 Gear부나 Bearing부의 마모상태를 알기 위해 사용하는 것으로 금속 입자 성분 검출 여부 점검 용도로 사용하기 때문에 Main Rotor Blade의 과속 현상과는 관련성이 없다.

상

02 헬리콥터의 Tail Rotor가 Main Rotor의 Torque를 정확히 보상할 수 없을 때 그 원인은?

① Tail Rotor의 Rigging 불량
② Power Transmission의 고장
③ Engine 출력의 감소
④ Main Rotor가 Track을 벗어남

해설

Tail Rotor의 Rigging 상태가 올바르지 못할 경우에는 Main Rotor에 의한 Torque를 온전히 상쇄시키지 못하며 이로 인해 Main Rotor가 반시계로 회전하는 헬리콥터의 경우 뉴턴의 제3법칙인 작용 반작용 법칙으로 인하여 시계 방향으로 회전하려 한다.

중

03 헬리콥터 조종계통의 조종로드로서 리깅 작업(Rigging) 시 길이 조절이 가능하며 로드 끝에는 아무런 표시가 없는 것은?

① 고정 로드(Fixed Rod)
② 조절 로드(Adjustable Rod)
③ 준 고정 로드(Semi－Fixed Rod)
④ 준 조절 로드(Semi－Adjustable Rod)

해설

1. 고정 로드(Fixed Rod)
   헬리콥터 조종계통의 조종로드로서 리깅 작업(Rigging) 시 길이를 조절하지 못하며 로드 끝에는 흰색 테이프가 감긴 로드이다.
2. 준 고정 로드(Semi－Fixed Rod)
   헬리콥터 조종계통의 조종로드로서 리깅 작업(Rigging) 시 처음 한 번만 길이 조절이 가능하며 로드 끝에 검은색 테이프가 감겨있는 로드이다.
3. 조절 로드(Adjustable Rod)
   헬리콥터 조종계통의 조종로드로서 리깅 작업(Rigging) 시 길이 조절이 가능하며 로드 끝에는 아무런 표시가 없는 로드이다.

중

04 헬리콥터 조종계통의 조종로드로서 리깅작업(Rigging) 시 길이를 조절하지 못하며 로드 끝에는 흰색 테이프가 감겨 있는 것은?

① 고정 로드(Fixed Rod)
② 조절 로드(Adjustable Rod)
③ 준 고정 로드(Semi－Fixed Rod)
④ 준 조절 로드(Semi－Adjustable Rod)

해설

3번 문제 해설 참조

정답 01 ④ 02 ① 03 ② 04 ①

상

05 헬리콥터 Rotor Head의 Fully Articulated System에 대한 설명으로 옳지 않은 것은?

① Drag Hinge Bearing은 큰 원심력을 받는다.
② Flapping Hinge로 인해 돌풍의 영향을 많이 받지 않는다.
③ Blade Root에서 Flapping Hinge로 인해 굽힘 모멘트를 경감시킨다.
④ Drag Hinge로 인해 Rotor가 가속할 때 굽힘 응력을 균일하게 해준다.

해설

헬리콥터 Rotor Head 종류 중 전관절형(Fully Articulated System)은 다음과 같은 장단점들이 있다.

(1) 장점
① Drag Hinge는 Rotor가 가속하는 동안 굽힘 응력을 감소시킨다.
② Flapping Hinge로 인해 Mast를 기울이지 않고도 Rotor Disc를 기울일 수 있도록 한다.
③ Flapping Hinge는 각각의 Blade Flapping으로 인한 돌풍 민감도(Gust Sensitivity)를 감소시킨다.
④ Flapping Hinge는 Blade Root에서의 굽힘력을 감소시키고 Flapping과 Coning 운동을 허용하도록 한다.

(2) 단점
① Drag Hinge Bearing은 큰 원심력을 받는다.
② Flapping Hinge Bearing은 큰 원심력을 받는다.
③ Flapping Hinge는 기하학적 불평형(Geometric Im-balance)을 발생시킨다. 이에 따라 Drag Hinge와 Damper를 필요로 하며 무게가 증가한다.

정답 05 ④

09 동력장치 및 동력전달계통 일반

상

01 헬리콥터에 사용되는 왕복엔진과 비행기에 사용되는 왕복엔진의 다른 점으로 아닌 것은?

① 수직으로 장착해야 한다.
② 윤활계통의 섬프 위치가 다르다.
③ 일반적으로 냉각 소요가 커서 출력을 높여야 한다.
④ Rotor의 회전속도가 낮으므로 엔진의 회전속도도 낮추어야 한다.

해설

헬리콥터에 쓰이는 대부분의 왕복엔진은 수평보다는 수직으로 장착해야 한다. 이로 인해 윤활계통이 바뀌었는데, 특히 Scavenge System으로 흐르는 오일의 Sump를 다른 위치로 옮겨야 했다. 또 다른 변화가 속도로서 엔진은 헬리콥터가 요구하는 마력으로 작동해야 하므로 회전속도를 증가시켜서 출력을 높인 특징이 있다.

중

02 헬리콥터 Transmission 역할로 맞는 것은?

① Overspeed를 방지한다.
② Power Turbine의 Speed를 일정하게 해준다.
③ Power Turbine의 Speed를 Main Rotor의 Speed로 맞추도록 한다.
④ Gas Generator의 Speed를 Power Turbine Speed로 감소시킨다.

해설

헬리콥터의 Transmission은 Turbo Shaft Engine의 Power Turbine Shaft 축동력을 Main Rotor로 적절한 회전수를 제공해주도록 감속 및 실속 방지를 제공해주는 역할을 한다.

그 외에도 Engine의 축동력을 이용하여 각종 보기류들(발전기, 유압펌프, 오일펌프 등)을 구동시켜준다.

중

03 헬리콥터에 있어서 트랜스미션에 대한 설명 중 틀린 것은?

① Engine의 출력을 Main Rotor에 전달한다.
② Engine 회전수를 감속하여 Main Rotor Blade가 실속되는 것을 방지한다.
③ 발전기, 유압펌프, 오일펌프 등의 부품을 구동시킨다.
④ 자체 윤활 장치가 없어 별도의 윤활 장치가 요구된다.

해설

2번 문제 해설 참조

하

04 헬리콥터에서 Accessory Gearbox의 회전력으로 작동되는 구성품이 아닌 것은?

① 오일펌프
② 유압펌프
③ 발전기
④ 테일 로터

해설

테일 로터는 Main Transmission의 Main Module을 통해 Tail Rotor Drive Shaft의 동력을 전달받아 회전한다.

각종 보기류들(발전기, 유압펌프, 오일펌프 등)은 Main Transmission의 Accessory Module에 장착되어 있으며 Engine의 축동력을 전달받아 구동된다.

정답 01 ④ 02 ③ 03 ④ 04 ④

하

05 다음 중 헬리콥터에 사용하는 가스터빈 엔진 종류는?

① Turbo Jet ② Turbo Fan
③ Turbo Shaft ④ Turbo Prop

해설

터보 샤프트 기관(Turbo Shaft Engine)의 원리는 터보 프롭 기관과 같으나, 터보 프롭 기관을 변형시킨 것으로서, 이를 자유 터빈 기관(Free Turbine Engine)이라고도 한다. 이 기관은 주로 헬리콥터에 이용되며, 지상용이나 선박용으로도 이용된다.

중

06 헬리콥터 Main Rotor Transmission에 대한 설명으로 옳은 것은?

① Engine의 Torque와 Main Rotor의 Torque가 같도록 유지
② Engine의 Torque를 최적의 Main Rotor의 Torque로 변환
③ Engine의 rpm과 Main Rotor의 rpm이 같도록 유지
④ Engine의 rpm을 최적의 Main Rotor의 rpm으로 변환

해설

2번 문제 해설 참조

중

07 항공기 Turbo Shaft Engine의 주요요소(Main Element)는 어떻게 구성되는가?

① Fan Module, HPT Module, HPC Module, LPT Module
② Compressor, HPT Module, Gas Generator, Fan Module
③ Compressor, Combustion Chamber, Gas Generator, Fan Module
④ Compressor, Combustion Chamber, Gas Generator, Power Turbine

해설

헬리콥터에 사용되는 터보 샤프트 엔진(Turbo Shaft Engine)은 모듈 구조로 되어 있으며 주요요소(Main Element)도 다음과 같이 분류된다.

- 모듈(Module) : 콜드 섹션 모듈(Cold Section Module), 핫 섹션 모듈(Hot Section Module), 악세서리 기어박스 모듈(Accessory Gearbox Module), 파워 터빈 모듈(Power Turbine Module)
- 주요요소(Main Element) : 압축기(Compressor), 연소실(Combustion Chamber), 가스 제너레이터(Gas Generator), 파워 터빈(Power Turbine)

상

08 헬리콥터 Turboshaft Engine Control System의 기능에 대한 설명으로 틀린 것은?

① Engine Lubrication
② Overspeed Protection
③ Controlled Acceleration
④ Constant Power Turbine Speed

해설

헬리콥터에 사용되는 터보 샤프트 엔진(Turbo Shaft Engine)에서 Control System의 기능은 DECU(Digital Engine Control Unit)나 FADEC(Full Authority Digital Engine Control)이라는 슈퍼 컴퓨터에 의해 엔진의 전기적 기능들을 제어하고 조종실로 엔진 작동 상태에 대한 정보들을 변환하여 제공해 준다.

이 장치는 보통 항공기 주 전원 115VAC 또는 120VAC, 400Hz를 이용하거나 엔진에 장착된 알터네이터(Alternator, 교류발전기)에 의해 전원을 공급받아 작동되며 항공기 운항 시 발생되는 메인로터(Main Rotor)의 급격한 양항력 변화에 따른 대응을 하도록 엔진에 장착된 알터네이터(Alternator), 써모커플 하네스(Thermocouple Harness), Np Sensor, Torque and Overspeed Sensor, RPM R Sensor, Collective Position Transducer 등으로부터 신호들을 받는다.

정답 05 ③ 06 ④ 07 ④ 08 ①

운항 중 메인로터의 피치를 변경할 경우 양력이 급증하거나 급감소함에 따라 엔진 출력도 급격히 변화하게 되고 이로 인해 연료 분사량도 일정하지 않아 엔진 작동 성능에 영향을 줄 수가 있다.

Np Sensor는 터보 샤프트 엔진 파워 터빈축(Power Turbine Shaft)의 회전속도를 감지하기 위한 센서이며 파워 터빈축의 회전속도는 메인 트랜스미션(Main Transmission)과 연결되어 메인로터로 직접적인 동력을 변환 및 전달해주는 매개체 역할을 한다.

Torque and Overspeed Sensor는 Np Sensor와 마찬가지로 파워 터빈축의 오버토크(Overtorque) 및 과속(Overspeed)을 방지하기 위해 장착되어 있다.

이 Sensor들은 파워 터빈축에 있는 마그네틱 픽 업(Magnetic Pick Up)을 이용하여, 축 회전에 따른 발생되는 자력 감지량을 파워 터빈축의 속도와 비틀림 발생에 따른 토크로 감지하여 측정한다.

RPM R Sensor는 메인로터의 회전속도를 감지하는 Sensor로, 엔진에 결함이 발생되어 Auto Rotation 상황 발생 시 RPM R Sensor와 Np Sensor의 회전속도량의 차이를 보고 식별이 가능하다. 메인로터의 회전속도가 파워 터빈축 속도보다 빠를 경우 엔진으로부터 동력 전달이 더 이상 전달되지 않고 풍차작용에 의해 로터 블레이드가 회전하고 있음을 알 수 있는 것이다. 이에 따라 Auto Rotation 상황에 따른 조치사항을 취해야 한다.

그 외에도 시스템 안정화를 위해 HMU(Hydromechanical Unit)의 Feedback 신호, 엔진 상호간에 부하 공유(Load Sharing)를 위한 Torque 신호, Np Demand Speed Reference를 위한 엔진 스피드 트림 버튼(Engine Speed Trim Button) 등에 의한 신호들도 받아 엔진을 제어한다.

10 동력 구동축의 구성

중

01 헬리콥터 Engine 시동 시 Clutch로 동력을 차단하는 이유는?

① 충분한 Engine 회전속도에 도달하지 않으면 양력이 원심력보다 커져 지나치게 위로 들리므로
② Engine 시동 시 Engine에 부하를 주지 않기 위해
③ Tail Rotor Blade로 동력이 전달되는 것을 방지하기 위해
④ 지상의 안전성이 확립된 후 동력을 연결시키기 위해

해설

일반적으로 비행기에서는 엔진과 프로펠러가 고정되어 있으나 헬리콥터에서는 엔진과 Rotor를 고정시킬 수가 없다. 그 이유는 비행기의 경우 엔진의 동력에 비해 프로펠러의 무게가 상대적으로 가볍지만, 헬리콥터의 경우 Rotor의 무게가 무겁기 때문에 엔진을 시동 시 엔진에 부하를 주지 않도록 Rotor를 분리시켜야 한다.

중

02 헬리콥터 구동계통(Drive System)에 있는 프리휠링 유닛(Freewheeling Unit)의 목적은 무엇인가?

① 엔진이 정지하거나 로터 회전수에 상응하는 회전수 이하일 때마다 로터 연결을 끊는다.
② Starting을 위해 로터 브레이크(Rotor Brake)를 푼다.
③ Starting할 동안 로터 블레이드에서의 굽힘 응력(Bending Stress)을 완화시킨다.
④ 랜딩을 위해 엔진이 과회전할 수 있게 한다.

해설

엔진 구동축(Engine Drive Shaft)은 엔진의 동력을 Transmission에 전달하는 구동축으로서 엔진 구동축과 Transmission 사이에 Free Wheeling Unit이 있다.

이 Free Wheeling Unit은 엔진의 회전수가 Main Rotor Blade를 회전시킬 수 있는 회전수보다 낮거나 엔진이 정지하였을 때 헬리콥터의 자동 회전 비행(Auto Rotation)이 가능하도록 엔진의 구동과 Transmission의 구동을 분리시키는 역할을 한다.

하

03 헬리콥터 엔진 출력축에 있는 과회전 클러치(Overrunning Clutch)는 엔진이 고장났을 경우 어떤 작용을 하는가?

① 회전수가 증가한다.
② 회전수가 감소한다.
③ 로터축에 연결된다.
④ 로터축에 자동이탈된다.

해설

2번 문제 해설 참조

중

04 헬리콥터 Freewheeling Unit 또는 Overrunning Clutch에 대한 설명으로 옳은 것은?

① Starter가 Engine에 의해 구동되는 것을 방지한다.
② Engine과 Rotor의 회전속도를 동일하게 유지한다.
③ Engine이 Rotor를 구동시키는 것과 Rotor가 Engine을 구동시키는 것을 허용해준다.

정답 01 ② 02 ① 03 ④ 04 ④

④ Engine이 Rotor를 구동시키는 것을 허용하지만 Rotor가 Engine을 구동시키는 것을 허용하지 않는다.

해설

2번 문제 해설 참조

중

05 헬리콥터에서 Freewheeling Unit Clutch에 대한 설명으로 옳지 않은 것은?

① Engine에 결함이 발생하면 Rotor의 회전을 허용한다.

② Engine과 Transmission 사이에 있는 Drive Coupl－ing에 있다.

③ Engine Output Shaft와 Rotor의 회전수가 다르면 동일하게 한다.

④ Engine이 Failure되었을 경우 Autorotation De－cent를 허용한다.

해설

2번 문제 해설 참조

정답 05 ③

11 꼬리날개 구동축

중

01 헬리콥터 Tail Rotor Gearbox(TGB)에 대한 설명 중 아닌 것은?

① 헬리콥터 뒤쪽에 있다.
② 헬리콥터 회전축의 방향을 변경시킨다.
③ Tail Rotor의 피치를 변경하는 역할을 한다.
④ Transmission로부터 구동력을 Tail Rotor로 전달하는 역할을 한다.

해설

Tail Rotor의 Gearbox인 TGB(Tail Gearbox)는 Engine의 출력을 Main Transmission에서 감속되어 Tail Rotor Drive Shaft로 전달되는 동력을 Tail Rotor로 전달 및 구동각도를 바꿔주는 역할을 해준다.

Tail Rotor의 Pitch를 변경하는 것은 Tail Rotor의 PCR(Pitch Control Rod)과 Tail Rotor Servo가 해준다.

중

02 헬리콥터 테일 로터(Tail Rotor)에 대한 설명으로 틀린 것은?

① 독립적으로 블레이드의 피치나 플랩을 바꿀 수 있다.
② 테일 로터에는 리드－래그 계통(Lead－Lag System)이 있다.
③ 테일 로터 블레이드는 정상 비행 중이나 자동 활공(Auto Rotation) 중에 방향 조종을 위해 역피치(－)와 정상피치(＋)능력을 갖고 있다.
④ 방향 조종은 페달(Foot Pedal)에 의해 이루어지며 비행기의 방향타(Rudder)와 비슷하다.

해설

Tail Rotor는 Main Rotor와 달리 Bearlingless Type의 Rotor 방식으로 Lead-Lag나 Flapping Hinge 같은 구조부가 없다.

중

03 Tail Rotor가 장착된 헬리콥터가 정지비행(Hovering) 중일 때 방향 조종은 어떻게 이루어지는가?

① 페달을 차서 Tail Rotor Blade의 Pitch 각도를 조절함에 따라서
② 콜렉티브 스틱의 스로틀을 돌려 Tail Rotor Blade의 회전속도를 조절함에 따라서
③ 싸이클릭 스틱으로 Main Rotor Disk를 원하는 방향으로 기울임에 따라서
④ 콜렉티브 스틱을 당겨 Tail Rotor Pitch 각도를 조절함에 따라서

해설

헬리콥터의 방향 조종을 하기 위해서는 헬리콥터 꼬리에 수직으로 설치되어 있는 Tail Rotor의 Pitch 각도를 변화시킨다. Tail Rotor의 Pitch각을 증가 또는 감소시킴에 따라 헬리콥터 기수(Heading)가 왼쪽과 오른쪽으로 방향 전환이 이루어진다. 그리고 이러한 조작은 조종사의 방향 조종 페달(Directional Control Pedal)에 의해 이루어진다.

정답 01 ③ 02 ② 03 ①

중

04 헬리콥터의 Tail Rotor Blade의 Pitch 각도가 감소하면?

① 헬리콥터의 Tail이 Main Rotor의 Torque 회전 방향과 반대로 회전한다.
② 헬리콥터의 Tail이 Main Rotor의 Torque 회전 방향과 같은 방향으로 회전한다.
③ 헬리콥터가 전방으로 전진한다.
④ 헬리콥터가 후방으로 후진한다.

해설

반시계로 회전하는 Main Rotor의 헬리콥터는 Tail Rotor Blade의 Pitch각이 감소되면 Tail Rotor Blade의 양력이 줄어들게 되며 꼬리부분이 Main Rotor의 회전 방향과 반대 방향으로 움직이려는 힘이 발생된다.

정답 04 ①

12 진동 및 방진장치계통

중

01 일부 헬리콥터 블레이드(Blade)의 균열(Crack)을 탐지해주는 장치는?

① BIS
② BIT
③ BIM
④ BIC

해설

헬리콥터 Main Rotor Blade는 일부 기종에서 내부에 가압된 질소를 채워 넣어 Blade 내부 Spar에 균열이 있는지 여부를 확인하는 용도로 쓰이는 BIM(Blade Inspection Method) Indicator가 있다.

중

02 헬리콥터 Turboshaft Engine의 Over-speed 또는 Torque Protection을 위한 Sensor가 장착되는 곳은?

① Compressor Shaft
② Power Turbine Shaft
③ Gas Generator Shaft
④ Main Gearbox Drive Shaft

해설

헬리콥터 터보 샤프트 엔진은 축동력을 이용하여 메인 트랜스미션을 통해 메인 로터를 구동시킨다. 이때 엔진의 축동력은 파워 터빈의 동력이며 파워 터빈축(Power Turbine Shaft)이 회전하면서 발생되는 토크값이나 과속 방지 기능을 감지하기 위해 Sensor들이 장착된다.

파워 터빈축에는 마그네틱 픽 업(Magnetic Pick Up)이 부착되어 있기 때문에 회전하면서 발생되는 자력으로 파워 터빈축의 속도와 비틀림 발생에 따른 토크를 Sensor로 측정한다.

측정된 값은 엔진의 첨단장치이자 핵심장치인 DECU(Digital Engine Control Unit) 또는 FADEC(Full Authority Digital Engine Control)으로 전송하여 엔진을 주기적으로 상태를 감시하고 이상 발생 시 엔진 회전수를 제어하도록 해준다.

정답 01 ③ 02 ②

13 윤활계통 및 냉각계통

중

01 헬리콥터 Transmission Oil 압력이 낮게 지시되는 경우의 고장 원인이 아닌 것은?

① 변속기 구동축 Coupling 손상
② 윤활유 Pump의 윤활유 보급량이 부족
③ 윤활유 Pump의 고장
④ 방열기의 막힘

해설

트랜스미션의 오일 압력이 낮게 지시하는 경우에는 오일 섬프의 오일량이 낮거나 오일 펌프의 고장일 수 있으며, 그 밖에 방열기(Oil Cooler)가 막혔을 수도 있다. 오일 섬프의 오일량이 낮을 경우에는 트랜스미션에 오일을 공급하고, 오일 펌프가 고장이라고 생각되면 오일 펌프의 외부 도관을 분리하고 압력 계기를 연결한 후 보조동력장치(APU)를 작동시켜 오일 압력을 점검한다.

이때, 이상이 있으면 트랜스미션을 교환한다. 그리고 방열기가 막힌 경우에는 방열기 외부 도관을 분리하고 압력 계기를 연결한 후 보조동력장치(APU)를 작동시켜서 오일 압력을 점검해보고 이상이 있을 경우 방열기를 교환한다.
트랜스미션의 구동축 커플링(Drive Shaft Coupling)이 손상되면 테일 로터(Tail Rotor)로 전달되는 동력이 완전하지 못하고 진동이 많이 발생되며 이로 인해 구동축까지 손상되게 만든다.

상

02 헬리콥터의 Oil System에서 Oil의 오염 상태 점검에 대한 설명으로 옳지 못한 것은?

① 금속 입자의 양으로 Oil System의 상태를 판단한다.
② Oil의 비중으로 Oil System의 상태를 판단한다.
③ 오염 상태는 경고 장치에 의해 확인된다.
④ 금속 입자는 Oil Filter, Magnetic Chip Detector로 수집한다.

해설

윤활유 오염 상태는 윤활 계통 중 Scavenge Pump에 있는 MCD(Magnetic Chip Detector)를 통해 귀환한 오일이 내포하고 있는 금속을 수집하고 비행 후 주기적으로 MCD 점검 및 오일 샘플을 채취하여 SOAP 검사를 통해 금속 성분을 분석한다. 분석한 금속 성분에 따라 어느 부분에서 마모가 심하게 일어났는지도 알 수 있다. 군에서는 SOAP를 JOAP라고도 부른다.

상

03 항공기 Turbo Shaft Engine Oil System의 Magnetic Plug에 대한 설명으로 틀린 것은?

① 주로 Scavenge 유로에 장착되어 있다.
② Oil Temp Sensor와 겸용으로 사용한다.
③ Oil System에 있는 Metal Particle을 모아주는 장치이다.
④ 필요에 따라 Oil Tank에 장착하여 내부 Metal Particle을 모아준다.

해설

Engine Oil System에 있는 Magnetic Plug 또는 Magnetic Chip Detector(MCD)는 주로 오일이 탱크로 되돌아가는 Scavenge Line에 장착되어 있으며 오일이 각종 기어부나 베어링부를 윤활하고 마친 뒤 탱크로 돌아오는 오일에 내포된 금속 칩 입자(Metal Chip Particle)들을 자석을 이용하여 수집해주는 역할을 한다.

금속 칩 입자량이 일정 한계치를 초과할 경우 회로를 작동시켜 조종실로 Caution Light를 점등시켜준다. 만약 Caution Light가 들어왔을 경우 해당 Chip Detector를 분해해서 금속 칩 입자가 얼마나 많이 있는지, 크기는 어떤지 등을 정비 매뉴얼을 보고 올바른 조치사항을 취해야 한다.

정답 01 ① 02 ② 03 ④

또한 Oil Tank에도 항상 장착되어 있으며 Oil Tank 내부에 있는 오일의 금속 칩 입자들을 수집한다.

보통은 정기적인 계획 정비 시 일정 주기마다 Chip Detector를 분해해서 금속 칩 입자에 대한 검사를 수행해보며 오일도 일부 추출하여 오일 샘플(Oil Sample)을 분광기에 넣고 입자량을 확인하는 오일분광검사(SOAP : Spectrometic Oil Analysis Program)를 수행하기도 한다.

14 검사, 점검 및 정비

중

01 헬리콥터 동력전달장치에 결함이 있을 경우 발생되는 현상은?

① Tail Rotor는 정상적으로 작동한다.
② Rotor Shaft Free Wheel에 진동이 발생한다.
③ Gas Generator Speed를 Control하기 어려워진다.
④ Rotor Speed를 일정하게 Control하기 어려워진다.

해설

헬리콥터의 동력전달장치(Transmission)에 결함이 발생하면 Engine Output Shaft로부터 전달받은 축동력인 Power Turbine의 높은 회전수를 감속기어로 감속도 하지 못할뿐더러 항공기에 많은 진동을 유발하게 된다.

중

02 헬리콥터 Main Rotor Blade의 Tracking 점검은 언제 하는가?

① Blade 교환 시에
② 급강하(Hard Landing) 시에
③ 급제동 시에
④ 급가속 시에

해설

Tracking 점검을 수행하는 시기는 Main Rotor Blade 교환 시, Main Rotor Head 교환 시, Pitch Control Rod 교환 시에 수행한다.

정답 01 ④ 02 ①

15 항공기의 성능

중

01 헬리콥터가 전진비행 시 양력이 더욱 커지며 특히 항공기 속도가 16~24knot 사이에서 더욱 커지는 현상은?

① Transverse Lift
② Transitional Lift
③ Effect Horizontal Lift
④ Effect Translational Lift

해설

유효 전이 양력(Effect Translational Lift(ETL)
대략 16~24 Knots에서 전진비행하는 동안 헬리콥터는 유효 전이 양력(Effect Translational Lift)을 경험하게 되며 전이 양력은 로터가 전진 대기속도가 증가할 경우에 더욱 효율적인 효과를 나타낸다.

상

02 공중정지비행 시 Single Main Rotor Type 헬리콥터는 편류하려는 경향이 있거나 Tail Rotor의 추력 방향으로 이동하려는 경향이 있다. 이 편류 경향(Drifting Tendency) 또는 평행 이동 경향(Translating Tendency)이라고 부르는 이 현상을 방해하기 위한 다음 설명 중 옳지 않은 것은?

① Main Transmission은 Rotor가 Tail Rotor 추력에 반대하기 위해 Rigid 경사를 갖도록 뒤에서 보았을 때 오른쪽으로 약간의 각을 주어 설치된다.
② Flight Control System은 Rotor Disc가 회전할 때 약간 오른쪽으로 기울어져 있도록 조립하거나 조절할 수 있다.
③ 만약 Transmission이 로터축이 동체에 대하여 수직이 되도록 장착된다면 헬리콥터 공중정지비행 시 근소한 미끄럼 효과를 발생시킨다.
④ 전진비행에서 Tail Rotor는 계속 오른쪽으로 밀어주는 힘이 발생되고 헬리콥터의 Rotor는 수평일 때 슬립 볼(Slip Ball)이 중간에 있으면 바람에 의해 작은 각도를 만든다.

해설

공중정지비행(Hovering) 시 Single Main Rotor Type 헬리콥터는 편류하려는 경향이 있거나 Tail Rotor의 추력 방향으로 이동하려는 경향이 있다. 이 편류 경향(Drifting Tendency)은 평행 이동 경향(Translating Tendency)이라고 부른다.

이 편류를 상쇄시키기 위해 다음과 같은 방법들이 사용되는데, 다음의 내용들은 Main Rotor가 반시계방향으로 회전하는 항공기에 해당하는 내용들이다.

① 메인 트랜스미션(Main Transmission)은 로터(Rotor)가 테일 로터(Tail Rotor) 추력을 상쇄시키기 위해 리지드(Rigid) 경사를 갖도록 뒤에서 보았을 때 왼쪽으로 약간의 각을 주어 설치된다.
② 비행조종계통(Flight Control System)은 로터 디스크(Rotor Disc)가 회전할 때 약간 오른쪽으로 기울어져 있도록 조립하거나 조절할 수 있다.
③ 만약 트랜스미션(Transmission)의 로터축(Rotor Shaft)이 동체에 대하여 수직이 되도록 장착된다면 헬리콥터 공중정지비행(Hovering) 시 근소한 미끄럼 효과를 발생시킨다.
④ 전진비행에서 테일 로터(Tail Rotor)는 계속 오른쪽으로 밀어주는 힘이 발생되고, 헬리콥터의 로터(Rotor)가 수평일 때는 슬립 볼(Slip Ball)이 중간에 있으면 바람에 의해 작은 각도를 만든다. 이것은 헬리콥터 고유의 옆미끄럼(Side Slip) 현상이라고 부른다.

정답 01 ④ 02 ①

중

03 다음 중 헬리콥터 Main Rotor의 세차성(Precession)과 관련있는 것은?

① Tail Rotor가 필요하다.
② Rotor가 회전할 때 Coriolis Effect가 발생한다.
③ 항공기가 지면과 가까워지면 양력이 증가한다.
④ 전진할 때 Rotor Blade의 Tip-Path Plane 앞쪽이 아래방향으로 뒤쪽은 위로 올라간다.

해설

헬리콥터의 메인 로터(Main Rotor)는 자이로스코프(Gyros-cope)처럼 작용하며 섭동성 또는 세차성(Precession)을 가지고 있다. 만약 사이클릭 컨트롤 스틱(Cyclic Control Stick)을 전방으로 움직이면 로터의 회전면은 수평으로부터 기울어지게 된다. 이러한 원리는 반시계 방향으로 회전하는 메인 로터일 경우, 9시 방향에 위치한 후퇴 블레이드의 받음각을 높여 전방이 기울어지도록 한다. 이때 9시 방향에서 받음각을 높였다고 해서 바로 항공기 기수가 기울어지는 것이 아닌 자이로스코프의 섭동성(세차성) 성질에 의해 90° 지난 지점 즉, 6시 방향에서 받음각이 높게 작용하므로 메인 로터 블레이드가 상향 플래핑을 하게 된다. 이때 3시 방향에 위치한 전진 블레이드의 받음각은 감소하고 실제 작용은 12시 방향에서 작용하므로 전진 블레이드는 하향 플래핑을 하게 되면서 메인 로터의 회전면이 기울어지기 시작하는 것이다. 이로 인해 항공기 기수가 앞쪽으로 기울기가 발생하여 앞으로 움직임이 발생한다. 다른 방향으로 조작할 때도 마찬가지로 해당 지점에서 받음각을 높이거나 줄였을 때 바로 작용하는 것이 아닌 90° 지난 지점에서 작용하게 된다.

04 경량 헬리콥터의 가로 방향 무게중심(Lateral C.G)을 측정하기 위한 측정치가 다음과 같을 때, 이 항공기는 중심선에서 가로 방향 C.G가 얼마인가?

- 항공기 자체중량 : 1,550kg, 중심위치와 일치
- 조종사 : 70kg, 기준선에서 우측으로 50m
- 승객 1명 : 80kg, 기준선에서 좌측으로 50m
- 연료/오일 : 300kg, 기준선에서 좌측으로 30m

(필요 시 소숫점 둘째 자리 이하에서 반올림을 해도 된다.)

① 좌측 2.0m ② 우측 3.0m
③ 우측 2.0m ④ 좌측 4.0m

해설

헬리콥터의 가로 방향 무게중심을 구하기 위해서는 다음과 같이 정리한다.

항목	중량	가로 거리	가로 모멘트
항공기 자체중량	1,550	1	1,550
조종사	70	50	3,500
승객	80	−50	−4,000
연료/오일	300	−30	−9,000
총합(Total)	2,000		−7,950

$$\text{가로 방향 무게중심} = \frac{\text{총 모멘트}}{\text{총 무게}} = \frac{-7,950}{2,000} = -3.975$$

항공기 기준선 중심으로 가로 방향에서 좌측은 −, 우측은 +를 나타내므로 반올림해서 약 −4.0m라고 보면 된다.

정답 03 ④ 04 ④

CHAPTER

06

항공법규

Aviation Legislation

[이 장의 특징]

항공법은 전 세계 모든 국가에 존재하는 법률로서 이 법을 제정함에 따라 항공기의 운항 안전성과 항공시설 관리 및 효율성 증진 그리고 항공발전에 이바지하는 데 기여해왔다.

따라서 항공업에 종사하고자 하는 항공종사자는 항공시설물 취급과 안전사항 준수 그리고 보안 관련 사항까지 법적으로 준수하지 못할 경우 공항시설 운영은 물론 항공업무를 올바르게 수행해낼 수 없기 때문에 매우 중요하다.

항공법을 잘 숙지하고 이해하는 것 또한 항공종사자로서 기본적인 사항 중 하나이다.

01 목적

하 (출제율이 높은 문제)

01 항공안전법 목적으로 아닌 것은?

① 항공기의 항행 안전을 돕는다.
② 항공기의 효율적인 항행에 기여한다.
③ 항공운송사업을 관리 및 제작산업의 발전을 도모한다.
④ 항공종사자 등의 의무 등에 관한 사항을 규정한다.

해설

항공안전법 제1조(목적)
국제민간항공협약(ICAO) 및 같은 협약의 부속서에서 채택된 표준과 권고되는 방식에 따라 항공기, 경량항공기 또는 초경량비행장치의 안전하고 효율적인 항행을 위한 방법과 국가, 항공사업자 및 항공종사자 등의 의무 등에 관한 사항을 규정함을 목적으로 한다.

하

02 항공안전법 시행령의 목적은 무엇인가?

① 국제민간항공협약 및 같은 협약의 부속서에서 채택된 표준과 권고되는 방식에 따라 항공기, 경량항공기 또는 초경량비행장치의 안전하고 효율적인 항행을 위한 방법과 국가, 항공사업자 및 항공종사자 등의 의무 등에 관한 사항을 규정한다.
② 항공안전법에서 위임된 사항과 그 시행에 필요한 사항을 규정함을 목적으로 한다.
③ 항공안전법 및 같은 법 시행령에서 위임된 사항과 그 시행에 필요한 사항을 규정함을 목적으로 한다.
④ 국제민간항공협약 등 국제협약에 따라 공항시설, 항행안전시설 및 항공기 내에서의 불법행위를 방지하고 민간항공의 보안을 확보하기 위한 기준, 절차 및 의무사항 등을 규정함을 목적으로 한다.

해설

항공안전법 시행령 제1조(목적)
이 영은 「항공안전법」에서 위임된 사항과 그 시행에 필요한 사항을 규정함을 목적으로 하며 대통령령으로 발표된다.

하

03 항공안전법 시행규칙에 대한 설명 중 맞는 것은?

① 대통령령으로 발표된다.
② 국회 국토교통부위원회의 이름으로 발표된다.
③ 국제조약에서 규정된 사항을 시행하기 위해 필요한 사항을 제공한다.
④ 항공안전법 및 시행령에서 위임된 사항과 그 시행에 관해 필요한 사항을 규정한다.

해설

항공안전법 시행규칙 제1조(목적)
이 규칙은 「항공안전법」 및 같은 법 시행령에서 위임된 사항과 그 시행에 필요한 사항을 규정함을 목적으로 한다.

중

04 항공기, 경량항공기 또는 초경량비행장치의 안전하고 효율적인 항행을 위한 방법과 국가, 항공사업자 및 항공종사자 등의 의무 등에 관한 사항을 규정함을 목적으로 하는 법령은?

① 항공사업법 ② 항공보안법
③ 공항시설법 ④ 항공안전법

정답 01 ③ 02 ② 03 ④ 04 ④

해설

1번 문제 해설 참조

하

05 항공사법을 국제적으로 통일하는 조약체결의 주체는 무엇인가?

① 국가 ② 항공사
③ 항공기 제작사 ④ 정비조직인증자

해설

국가는 항공사법을 국제적으로 통일하는 조약체결의 주체이기도 하며, 때로는 사법의 적용과 통일이 국가의 관여 하에 사법의 통일적 적용이 보장되고 있다. 1929년 바르샤바 협약과 후속 관련 조약, 2001년 케이프타운 협약 등 대다수 협약이 국가가 당사자로 되어 있다.

하

06 항공 · 철도사고조사에 관한 법률의 목적으로 옳은 것은?

① 항공사고 및 철도사고 등에 대한 독립적이고 공정한 조사를 통하여 사고 원인을 정확하게 규명함으로써 항공사고 및 철도사고 등의 예방과 안전 확보에 이바지함을 목적으로 한다.
② 항공사고 및 철도사고 등에 대한 종속적이고 일방적인 조사를 통하여 사고 원인을 정확하게 규명함으로써 항공사고 및 철도사고 등의 예방과 안전 확보에 이바지함을 목적으로 한다.
③ 항공사고 및 철도사고 등에 대한 독립적이고 편파적인 조사를 통하여 사고 원인을 정확하게 규명함으로써 항공사고 및 철도사고 등의 예방과 안전 확보에 이바지함을 목적으로 한다.
④ 항공사고 및 철도사고 등에 대한 종속적이고 공정한 조사를 통하여 사고 원인을 정확하게 규명함으로써 항공사고 및 철도사고 등의 예방과 안전 확보에 이바지함을 목적으로 한다.

해설

항공철도사고조사에 관한 법률 제1조(목적)
이 법은 항공 · 철도사고조사위원회를 설치하여 항공사고 및 철도사고 등에 대한 독립적이고 공정한 조사를 통하여 사고 원인을 정확하게 규명함으로써 항공사고 및 철도사고 등의 예방과 안전 확보에 이바지함을 목적으로 한다.

중

07 법은 사회질서를 유지하기 위한 규범으로서 통일된 국가의사를 표현하는 것으로 보편적으로 타당한 것이어야 한다. 이에 따라 모든 법령은 통일된 법체계로서의 질서가 있어야 하며, 상호 간에 충돌이 발생하지 않아야 한다. 대한민국의 법률체계순서로 옳은 것은?

① 법률 – 헌법 – 시행령 – 시행규칙
② 헌법 – 법률 – 시행령 – 시행규칙
③ 시행령 – 시행규칙 – 법률 – 헌법
④ 시행규칙 – 시행령 – 헌법 – 법률

해설

법은 사회질서를 유지하기 위한 규범으로서 통일된 국가의사를 표현하는 것으로 보편적으로 타당한 것이어야 한다. 이에 따라 모든 법령은 통일된 법체계로서의 질서가 있어야 하며, 상호 간에 충돌이 발생하지 않아야 한다. 대한민국의 기본적인 법령체계 및 법령 입안의 기본원칙은 다음과 같다.

법령체계 및 법령입안 기본원칙

대한민국의 법령체계	법령 입안의 기본 원칙
• 헌법(Constitution) • 법률(Act), 조약(treaty) • 대통령령(Presidential Decree) = 시행령(Enforcement Decree) • 총리령(Ordinance of the Prime Minister) · 부령(Ordinance of the Ministry of 각 부) = 시행규칙(Enforcement Rule) • 조례(Municipal Ordinance) · 규칙(Municipal Rule) • 행정규칙(Administrative Rule)	• 입법조치의 필요성과 타당성 • 입법내용의 정당성과 법적합성 • 입법내용의 체계성 · 통일성과 조화성 • 표현의 명료성과 평이성

정답 05 ① 06 ① 07 ②

하

08 항공기 및 항공기 운항과 관련된 법률분야 중 사법상의 법률관계를 정한 법규의 총체인 항공사법에 해당되는 것으로 옳지 않은 것은?

① 항공보험
② 노선개설허가
③ 항공기 제조업자의 책임 등
④ 항공기에 의한 제3자의 피해

해설

항공사법은 항공기 및 항공기 운항과 관련된 법률분야 중 사법상의 법률관계를 정한 법규의 총체를 말하며, 항공 사고가 발생하여 항공기, 여객, 화물 등의 손해에 대해 운항자 또는 소유자의 책임관계 규율 및 항공기의 사법상의 지위, 항공운송계약, 항공기에 의한 제3자의 피해, 항공보험, 항공기 제조업자의 책임 등은 항공사법에 해당한다.

정답 08 ②

02 용어의 정의(항공기의 종류, 업무, 정비 등)

하

01 다음 중 항공기 종류에 해당되지 않는 것은?

① 비행기 ② 비행선
③ 수상기 ④ 항공우주선

해설

항공안전법 제2조(정의)에 따라 항공기 종류는 다음과 같다.
1. 비행기
2. 헬리콥터
3. 비행선
4. 활공기(滑空機)

하 (출제율이 높은 문제)

02 항공제정법규에서 정하는 항공기의 종류는?

① 여객용 항공기, 화물용 항공기
② 육상단발, 육상다발, 수상단발, 수상다발
③ 수상기, 특수 활공기, 초급 활공기, 중급 활공기
④ 비행기, 헬리콥터, 활공기, 비행선

해설

1번 문제 해설 참조

하

03 항공안전법에서 규정하는 항공업무에 속하지 않는 것은?

① 항공교통관제
② 항공기의 운항 관리
③ 조종연습
④ 무선설비의 조작

해설

항공안전법 제2조(정의) 5항
"항공업무"란 다음 각 목의 어느 하나에 해당하는 업무를 말한다.
가. 항공기의 운항(무선설비의 조작을 포함한다) 업무(제46조에 따른 항공기 조종연습은 제외한다)
나. 항공교통관제(무선설비의 조작을 포함한다) 업무(제47조에 따른 항공교통관제연습은 제외한다)
다. 항공기의 운항관리 업무
라. 정비 · 수리 · 개조(이하 "정비등"이라 한다)된 항공기 · 발동기 · 프로펠러(이하 "항공기등"이라 한다), 장비품 또는 부품에 대하여 안전하게 운용할 수 있는 성능(이하 "감항성"이라 한다)이 있는지를 확인하는 업무 및 경량항공기 또는 그 장비품 · 부품의 정비사항을 확인하는 업무

하 (출제율이 높은 문제)

04 다음 중 항공기 정의로 알맞은 것은?

① 공기의 반작용(지표면 또는 수면에 대한 공기의 반작용은 제외한다.)으로 뜰 수 있는 기기로서 최대이륙중량, 좌석 수 등 국토교통부령으로 정하는 기준에 해당하며 그 밖에 대통령령으로 정하는 기기를 말한다.
② 공기의 반작용으로 뜰 수 있는 기기로서 최대이륙중량, 좌석 수 등 국토교통부령으로 정하는 기준에 해당하는 비행기, 헬리콥터, 자이로플레인 및 동력패러슈트 등을 말한다.
③ 국가, 지방자치단체, 그 밖에 공공기관의 운영에 관한 법률에 따른 공공기관으로서 대통령령으로 정하는 공공기관(이하 "국가기관등"이라 한다)이 소유하거나 임차한 것을 말한다.

정답 01 ③ 02 ④ 03 ③ 04 ①

④ 공기의 반작용으로 뜰 수 있는 장치로서 자체중량, 좌석 수 등 국토교통부령으로 정하는 기준에 해당하는 동력비행장치, 행글라이더, 패러글라이더, 기구류 및 무인비행장치 등을 말한다.

해설

항공안전법 제2조(정의)
"항공기"란 공기의 반작용(지표면 또는 수면에 대한 공기의 반작용은 제외한다. 이하 같다)으로 뜰 수 있는 기기로서 최대이륙중량, 좌석 수 등 국토교통부령으로 정하는 기준에 해당하는 다음 각 목의 기기와 그 밖에 대통령령으로 정하는 기기를 말한다.

하

05 항공기 감항류별 기호가 옳지 않은 것은?

① N : 보통 ② U : 실용
③ K : 곡기 ④ T : 수송

해설

항공기 감항류별 기호는 다음과 같다.
- 곡기(A:Acrobatic)
- 실용(U:Utility)
- 보통(N:Normal)
- 수송기(T:Transport)

중

06 항공기 사고로 인한 사망, 중상 등의 적용기준으로 아닌 것은?

① 항공기에 탑승한 사람이 사망한 경우
② 항공기 엔진의 후류로 인하여 사망하는 경우
③ 자기 자신이나 타인에 의하여 발생된 경우
④ 항공기로부터 이탈된 부품으로 인하여 사망하는 경우

해설

항공안전법 시행규칙 제6조(사망, 중상 등의 적용기준)
1. 항공기에 탑승한 사람이 사망하거나 중상을 입은 경우. 다만, 자연적인 원인 또는 자기 자신이나 타인에 의하여 발생된 경우와 승객 및 승무원이 정상적으로 접근할 수 없는 장소에 숨어있는 밀항자 등에게 발생한 경우는 제외한다.
2. 항공기로부터 이탈된 부품이나 그 항공기와의 직접적인 접촉 등으로 인하여 사망하거나 중상을 입은 경우
3. 항공기 발동기의 흡입 또는 후류(後流 : 뒤쪽 바람)로 인하여 사망하거나 중상을 입은 경우

중

07 다음 중 중상의 범위에 포함되지 않는 것은?

① 부상을 입은 날부터 7일 이내에 24시간을 초과하는 입원치료를 요하는 부상
② 심한 출혈, 신경, 근육 또는 힘줄의 손상
③ 골절
④ 내장의 손상

해설

항공안전법 시행규칙 제7조(사망 · 중상의 범위) – 중상의 범위
1. 항공기사고, 경량항공기사고 또는 초경량비행장치사고로 부상을 입은 날부터 7일 이내에 48시간을 초과하는 입원치료가 필요한 부상
2. 골절(코뼈, 손가락, 발가락 등의 간단한 골절은 제외한다)
3. 열상(찢어진 상처)으로 인한 심한 출혈, 신경 · 근육 또는 힘줄의 손상
4. 2도나 3도의 화상 또는 신체표면의 5%를 초과하는 화상(화상을 입은 날부터 7일 이내에 48시간을 초과하는 입원치료가 필요한 경우만 해당한다)
5. 내장의 손상
6. 전염물질이나 유해방사선에 노출된 사실이 확인된 경우

정답 05 ③ 06 ③ 07 ①

하

08 다음 중 초경량비행장치의 범위에 속하지 않는 것은?

① 행글라이더
② 패러글라이더
③ 동력활공기
④ 무인비행장치

해설

항공안전법 시행규칙 제5조(초경량비행장치의 기준)
법 제2조제3호에서 "자체중량, 좌석 수 등 국토교통부령으로 정하는 기준에 해당하는 동력비행장치, 행글라이더, 패러글라이더, 기구류 및 무인비행장치 등"이란 다음 각 호의 기준을 충족하는 동력비행장치, 행글라이더, 패러글라이더, 기구류, 무인비행장치, 회전익비행장치, 동력패러글라이더 및 낙하산류 등을 말한다. 〈개정 2020. 12. 10., 2021. 6. 9.〉

하

09 항공안전법에서 규정한 국가항공기의 종류로 아닌 것은?

① 응급환자 후송 항공기
② 경찰업무용 항공기
③ 세관업무용 항공기
④ 군용 항공기

해설

항공안전법 제2조(정의)
"국가기관등 항공기"란 국가, 지방자치단체, 그 밖에 「공공기관의 운영에 관한 법률」에 따른 공공기관으로서 대통령령으로 정하는 공공기관(이하 "국가기관등"이라 한다)이 소유하거나 임차(賃借)한 항공기로서 다음 각 목의 어느 하나에 해당하는 업무를 수행하기 위하여 사용되는 항공기를 말한다. 다만, 군용·경찰용·세관용 항공기(국가항공기)는 제외한다.
가. 재난·재해 등으로 인한 수색(搜索)·구조
나. 산불의 진화 및 예방
다. 응급환자의 후송 등 구조·구급활동
라. 그 밖에 공공의 안녕과 질서유지를 위하여 필요한 업무

하

10 항공기사고에 해당되지 않는 것은?

① 부상을 입은 날부터 7일 이내에 24시간을 초과하는 입원치료를 요하는 부상
② 사람의 사망, 중상 또는 행방불명
③ 항공기의 파손 또는 구조적 손상
④ 항공기의 위치를 확인할 수 없거나 항공기에 접근이 불가능한 경우

해설

항공안전법 제2조(정의)
"항공기사고"란 사람이 비행을 목적으로 항공기에 탑승하였을 때부터 탑승한 모든 사람이 항공기에서 내릴 때까지[사람이 탑승하지 아니하고 원격조종 등의 방법으로 비행하는 항공기(이하 "무인항공기"라 한다)의 경우에는 비행을 목적으로 움직이는 순간부터 비행이 종료되어 발동기가 정지되는 순간까지를 말한다] 항공기의 운항과 관련하여 발생한 다음 각 목의 어느 하나에 해당하는 것으로서 국토교통부령으로 정하는 것을 말한다.
가. 사람의 사망, 중상 또는 행방불명
나. 항공기의 파손 또는 구조적 손상
다. 항공기의 위치를 확인할 수 없거나 항공기에 접근이 불가능한 경우

하

11 "항공기"란 공기의 반작용(지표면 또는 수면에 대한 공기의 반작용은 제외한다. 이하 같다)으로 뜰 수 있는 기기로서 최대이륙중량, 좌석 수 등 국토교통부령으로 정하는 기준에 해당하는 다음 각 목의 기기와 그 밖에 대통령령으로 정하는 기기를 말한다. 다음 중 해당되지 않는 것은?

① 비행기 ② 헬리콥터
③ 비행선 ④ 경량항공기

해설

1번 문제 해설 참조

정답 08 ③ 09 ① 10 ① 11 ④

상

12 다음 중 비행정보구역에 대한 설명으로 옳은 것은?

① "비행정보구역"이란 대한민국의 영토와 「영해 및 접속수역법」에 따른 내수 및 영해의 상공을 말한다.

② "비행정보구역"이란 국토교통부장관이 항공기, 경량항공기 또는 초경량비행장치의 항행에 적합하다고 지정한 지구의 표면상에 표시한 공간의 길을 말한다.

③ "비행정보구역"이란 항공기, 경량항공기 또는 초경량비행장치의 안전하고 효율적인 비행과 수색 또는 구조에 필요한 정보를 제공하기 위한 공역(空域)으로서 「국제민간항공협약」 및 같은 협약 부속서에 따라 국토교통부장관이 그 명칭, 수직 및 수평범위를 지정 · 공고한 공역을 말한다.

④ "비행정보구역"이란 항공기의 자세 · 고도 · 위치 및 비행방향의 측정을 항공기에 장착된 계기에만 의존하여 비행하는 것을 말한다.

해설

항공안전법 제2조(정의)

11. "비행정보구역"이란 항공기, 경량항공기 또는 초경량비행장치의 안전하고 효율적인 비행과 수색 또는 구조에 필요한 정보를 제공하기 위한 공역(空域)으로서 「국제민간항공협약」 및 같은 협약 부속서에 따라 국토교통부장관이 그 명칭, 수직 및 수평 범위를 지정 · 공고한 공역을 말한다.
12. "영공"(領空)이란 대한민국의 영토와 「영해 및 접속수역법」에 따른 내수 및 영해의 상공을 말한다.
13. "항공로"(航空路)란 국토교통부장관이 항공기, 경량항공기 또는 초경량비행장치의 항행에 적합하다고 지정한 지구의 표면상에 표시한 공간의 길을 말한다.
18. "계기비행"(計器飛行)이란 항공기의 자세 · 고도 · 위치 및 비행방향의 측정을 항공기에 장착된 계기에만 의존하여 비행하는 것을 말한다.

하

13 사람이 비행을 목적으로 항공기에 탑승하였을 때부터 탑승한 모든 사람이 항공기에서 내릴 때까지[사람이 탑승하지 아니하고 원격조종 등의 방법으로 비행하는 항공기(이하 "무인항공기"라 한다)의 경우에는 비행을 목적으로 움직이는 순간부터 비행이 종료되어 발동기가 정지되는 순간까지를 말한다] 항공기의 운항과 관련하여 발생하는 것을 무엇이라 하는가?

① 항공기파손

② 항공기사고

③ 항공기준사고

④ 항공안전장애

해설

10번 문제 해설 참조

중

14 안전관리시스템(Safety Management Sys-tem)에 대한 설명으로 옳은 것은?

① 정책과 절차, 책임 및 필요한 조직구성을 포함한 안전관리를 위한 하나의 체계적인 접근방법을 말한다.

② 항공안전을 확보하고 안전목표를 달성하기 위한 항공 관련 제반 규정 및 안전 활동을 포함한 종합적인 안전관리체계를 말한다.

③ 항공기 운항과 관련되거나 직접적 지원 시 항공활동과 관련된 위험 상태가 수용 가능한 수준으로 줄어들고 통제가 가능한 상태를 말한다.

④ 폭파, 납치, 위해정보 제공 등 불법 방해 행위(Acts of Unlawful Interference)에 맞서 행하는 항공기 및 항행안전시설 등 민간항공을 보호하기 위한 제반 활동을 말한다.

정답 12 ③ 13 ② 14 ①

해설

시카고협약 부속서 19 안전관리(Safety Management)에서는 항공안전과 관련하여 다음과 같이 용어를 정의하고 있다.

1. 안전(Safety) : 항공기 운항과 관련되거나 직접적 지원 시 항공활동과 관련된 위험상태가 수용 가능이고, 통제가 가능한 상태.
2. 안전관리시스템(Safety Management System, SMS) : 정책과 절차, 책임 및 필요한 조직구성을 포함한 안전관리를 위한 하나의 체계적인 접근 방법.
3. 국가안전프로그램(State Safety Program, SSP) : 항공안전을 확보하고 안전목표를 달성하기 위한 항공 관련 제반 규정 및 안전 활동을 포함한 종합적인 안전관리체계.

03 국제민간항공기구 및 부속서(ICAO Annex)

하

01 국제민간항공협약 부속서는 몇 개의 부속서로 이어져 있는가?

① 14개 ② 16개
③ 19개 ④ 21개

해설

국제민간항공기구(ICAO) 국제조약 부속서(Annex)는 총 19개가 있다.

구분	내용
부속서 1(Annex 1)	항공종사자 자격(Personnel Licensing)
부속서 2(Annex 2)	항공법규(Rules of the Air)
부속서 3(Annex 3)	항공기상(Meteorological Service for International Air Navigation)
부속서 4(Annex 4)	항공지도(Aeronautical Charts)
부속서 5(Annex 5)	공중 및 지상 운영에 사용되는 측정단위(Units of Measurement to be Used in Air and Ground Operations)
부속서 6(Annex 6)	항공기운항(Operation of Aircraft)
부속서 7(Annex 7)	항공기국적 및 등록기호(Aircraft Nationality and Registration Marks)
부속서 8(Annex 8)	항공기 감항성(Airworthiness of Aircraft)
부속서 9(Annex 9)	출입국간소화(Facilitation)
부속서 10(Annex 10)	항공통신(Aeronautical Telecommunications)
부속서 11(Annex 11)	항공교통업무(Air Traffic Service)
부속서 12(Annex 12)	수색 및 구조(Search and Rescue)
부속서 13(Annex 13)	항공기 사고조사(Aircraft Accident and Incident Investigation)
부속서 14(Annex 14)	비행장(Aerodromes)
부속서 15(Annex 15)	항공정보업무(Aeronautical Information Services)
부속서 16(Annex 16)	환경보호(Environmental Protection)
부속서 17(Annex 17)	항공보안(Security)
부속서 18(Annex 18)	위험물 안전수송(The Safe Transport of Dangerous Goods by Air)
부속서 19(Annex 19)	국가 안전(Safety Management)

하

02 다음 중 항공기 소음에 관한 국제민간항공협약 부속서는?

① Annex 8 ② Annex 12
③ Annex 16 ④ Annex 18

해설

1번 문제 해설 참조

하

03 항공종사자의 자격증명에 관한 국제민간항공협약 부속서는?

① Annex 1 ② Annex 7
③ Annex 8 ④ Annex 13

해설

1번 문제 해설 참조

하

04 항공기 사고에 관한 조사, 보고, 통지 등의 기준을 정하고 있는 국제민간항공협약(ICAO) 부속서는?

① Annex 6 ② Annex 8
③ Annex 11 ④ Annex 13

해설

1번 문제 해설 참조

정답 01 ③ 02 ③ 03 ① 04 ④

하

05 다음 중 항공기 감항성에 관한 국제민간항공 협약 부속서는?

① Annex 1　② Annex 5
③ Annex 8　④ Annex 12

해설

1번 문제 해설 참조

상

06 국제민간항공기구(ICAO)의 이사국 종류로 틀린 것은?

① PART Ⅰ : States of chief importance in air transport(항공이사국 20개)
② PART Ⅰ : States of chief importance in air transport(항공이사국 11개)
③ PART Ⅱ : States which make the largest contribution to the provision of facilities for international civil air navigation(항공이사국 12개)
④ PART Ⅲ : States ensuring geographic represen－tation(항공이사국 13개)

해설

국제민간항공기구(ICAO)의 이사국은 다음과 같다.

- 항공운송에서 가장 중요한 국가(The States of chief importance in air transport, Part I, 11 States)
- 국제민간항공을 위한 시설의 설치에 가장 큰 공헌을 한 국가(The States which make the largest contribution to the provision of facilities for international civil air navigation, Part II, 12 States)
- 이사회의 구성을 지역적으로 망라하기 위한 특정 지역을 대표하는 국가(The States ensuring geographic representa－tion, Part III, 13 States)

하

07 국제민간항공협약에 따라 체약국의 항공기가 사고가 발생했을 경우 사고조사의 책임은?

① 항공기 운영국가
② 항공기 등록국가
③ 항공기 제작국가
④ 항공기 사고가 발생한 국가

해설

국제민간항공협약 제4장 제26조 사고의 조사
체약국의 항공기가 타 체약국의 영역에서 사고를 발생시키고 또 그 사고가 사망 혹은 중상을 포함하든가 또는 항공기 또는 항공보안시설의 중대한 기술적 결함을 표시하는 경우에는 사고가 발생한 국가는 자국의 법률이 허용하는 한 국제민간항공기구가 권고하는 절차에 따라 사고의 진상 조사를 개시한다. 그 항공기의 등록국에는 조사에 임석할 입회인을 파견할 기회를 준다. 조사를 하는 국가는 등록 국가에 대하여 그 사항에 관한 보고와 소견을 통보하여야 한다.

하

08 국제민간항공기구(ICAO)의 소재지는 어디인가?

① 프랑스 파리　② 미국 시카고
③ 스위스 제네바　④ 캐나다 몬트리올

해설

국제민간항공기구(ICAO) 사무국은 본부를 캐나다 몬트리올에 두고 있으며, 사무총장 및 사무국 직원으로 구성된다.

하

09 항공기술, 운송, 시설 등의 합리적인 발전을 보장 및 증진을 위한 목적으로 설립된 UN 산하의 전문기구인 것은?

① ICAO　② IATA
③ FAA　④ EASA

해설

국제민간항공기구(ICAO)는 항공기술, 운송, 시설 등의 합리적인 발전을 보장 및 증진을 위한 목적으로 설립된 UN 산하의 전문기구이다.

정답　05 ③　06 ①　07 ④　08 ④　09 ①

하

10 국제민간항공기구(ICAO) 내에서 최고기관인 총회의 강제적 권한과 의무가 아닌 것은?

① 예산 및 협약 승인
② 이사국 선출
③ 이사회의 보고서 심의
④ 연차 보고서 제출

해설

총회(Assembly)는 이사국 선출, 분담금, 예산 및 협약 승인 등을 결정하는 ICAO의 최고의사결정기구이다. 체약국은 협약 제62조에 따른 분담금을 지불하지 않은 경우 등으로 인해 총회에서 투표권을 상실할 수 있는 것을 제외하고는 1국 1표의 동등한 투표권을 행사한다. 총회는 통상 3년마다 개최되지만 이사회나 체약국의 1/5 이상의 요청에 의하여 특별총회가 소집될 수 있다. 시카고협약은 ICAO의 최고기관인 총회의 강제적 권한과 의무를 다음과 같이 규정하고 있다.

① 이사국 선출(제50~55조)
② 이사회의 보고서를 심의하고 적의 조처하며 이사회가 제기하는 모든 문제에 관하여 결정
③ 자체의사 규칙을 채택하며 필요시 보조기구를 설치
④ 예산안 투표 및 협약 제12장 규정에 따른 ICAO의 재정분담 결정
⑤ ICAO의 지출을 심사하고 계정을 승인
⑥ 이사회 또는 자체 보조기구에 자체 심의안건을 이송하고, 이사회에 기구의 임무수행 권한을 위임
⑦ 기타 유엔 기구와의 협정 체결권 등을 규정한 협약 제13장의 규정을 이행
⑧ 협약의 개정안 심의 및 체약국에 대한 동 권고
⑨ 이사회에 부여되지 않은 기구 관할 사항인 모든 문제

하

11 국제항공사법에 해당하는 국제조약으로 해당되지 않는 것은?

① 바르샤바협약(1929)
② 로마협약(1933)
③ 헤이그의정서(1955)
④ 동경협약(1963)

해설

국제항공사법에 해당하는 국제조약으로는 바르샤바협약(1929), 로마협약(1933), 헤이그의정서(1955), 과달라하라협약(1961), 몬트리올추가의정서 1/2/3/4(1975), 몬트리올협약(1999), 항공기 유발 제3자 피해 배상에 관한 몬트리올 2개 협약(2009) 등이 있다.

하

12 시카고협약 제31조 및 제33조, 항공법에 규정하며 항공법상의 항공기의 감항성에 대한 기준은 시카고협약 및 부속서 등에서 정한 기준을 준거하여 규정하는 감항증명의 부속서로 옳은 것은?

① Annex 1　② Annex 8
③ Annex 13　④ Annex 16

해설

1번 문제 해설 참조

하

13 시카고 협약은 총 4부(Part)로 구성되며, 각 부별에 대한 설명으로 옳지 않은 것은?

① Part 1(Air Navigation)
② Part 2(The International Civil Aviation Organiza-tion)
③ Part 3(Domestic Air Transport)
④ Part 4(Final Provisions)

해설

시카고 협약은 4부(Parts), 22장(Chapters), 96조항(Articles)으로 구성되어 있으며 동 협약 부속서로 총 19개의 부속서(Annex)를 채택하고 있다. 시카고 협약에서 규정하고 있는 주요내용은 다음과 같다.

① Part 1 Air Navigation
② Part 2 The International Civil Aviation Organization
③ Part 3 International Air Transport
④ Part 4 Final Provisions

정답　10 ④　11 ④　12 ②　13 ③

하

14 항공범죄와 관련화여 통일적 적용을 위한 주요 국제 조약 중 항공기 내에서 행하여진 범죄 및 기타 행위에 관한 협약으로 옳은 것은?

① 동경협약(1963)
② 시카고협약(1944)
③ 헤이그협약(1970)
④ 몬트리올협약(1971)

해설

항공사업이 발달하고 그 규모가 커짐에 따라 항공범죄도 다양한 형태로 발생하게 되었고 항공범죄를 규율하기 위한 국제조약도 이에 상응하는 발전을 가져왔다. 항공범죄와 관련하여 통일적 적용을 위한 주요 국제 조약은 다음과 같다.

- 항공기 내에서 행하여진 범죄 및 기타 행위에 관한 협약(약칭, 1963 동경협약)
  Convention on Offenses and Certain Other Acts Committed on Board Aircraft
- 항공기의 불법 납치 억제를 위한 협약(약칭, 1970 헤이그협약)
  Convention for the Suppression of Unlawful Seizure of Aircraft
- 민간항공의 안전에 대한 불법적 행위의 억제를 위한 협약(약칭, 1971 몬트리올협약)
  Convention for the Suppression of Unlawful Acts against the Safety of Civil Aviation
- 1971년 9월 23일 몬트리올에서 채택된 민간항공의 안전에 대한 불법적 행위의 억제를 위한 협약을 보충하는 국제민간항공에 사용되는 공항에서의 불법적 폭력행위의 억제를 위한 의정서(약칭, 1971 국제민간항공의 공항에서의 불법적 행위 억제에 관한 의정서)
  Protocol for the Suppression of Unlawful Acts of Violence at Airports Serving International Civil Aviation, Supplementary to the Convention for the Suppression of Unlawful Acts against the Safety of Civil Aviation, done at Montreal on 23 September 1971
- 탐색목적의 플라스틱 폭발물의 표지에 관한 협약 (약칭, 1991 플라스틱 폭발물 표지협약)
  Convention on the Marking of Plastic Explosives for the Purpose of Detection
- 국제민간항공에 관한 불법행위 억제를 위한 협약 (약칭, 2010 북경협약)
  Convention on the Suppression of Unlawful Acts Relating to International Civil Aviation
- 항공기의 불법 납치 억제를 위한 협약 보충의정서 (약칭, 2010 북경의정서)
  Protocol Supplementary to the Convention for the Suppression of Unlawful Seizure of Aircraft Done
- 항공기 내에서 행하여진 범죄 및 기타 행위에 관한 협약에 관한 개정 의정서(약칭, 2014 몬트리올 의정서)
  Protocol to amend the convention on offences and certain other acts committedon board aircraft
- 국제민간항공협약 부속서 17 항공보안
  Convention on International Civil Aviation (Annex 17 Security)

정답 14 ①

04 군용/국가기관등 항공기의 적용특례

상

01 "공중 충돌 등을 예방하기 위하여, 긴급출동을 제외한 경우 또는 세관업무와 경찰업무에 사용하는 항공기 또는 이에 종사하는 사람"에 대하여 적용하는 항공안전법은?

① 제53조 항공기의 연료
② 제70조 위험물 운송 등
③ 제51조 무선설비 설치 및 운용 의무
④ 제52조 항공계기 등의 설치, 탑재 및 운용 등

해설

항공안전법 제3조(군용항공기 등의 적용 특례)

② 세관업무 또는 경찰업무에 사용하는 항공기와 이에 관련된 항공업무에 종사하는 사람에 대하여는 이 법을 적용하지 아니한다. 다만, 공중 충돌 등 항공기사고의 예방을 위하여 제51조, 제67조, 제68조제5호, 제79조 및 제84조 제1항을 적용한다.

중

02 항공안전법에 따라 항공안전의 확보를 위해 국토교통부장관에게 보고를 해야 하는 대상자로 아닌 것은?

① 항공기등, 장비품 또는 부품의 제작 또는 정비등을 하는 자
② 비행장, 이착륙장, 공항, 공항시설 또는 항행안전시설의 설치자 및 관리자
③ 항공종사자, 경량항공기 조종사 및 초경량비행장치 조종자
④ 언론을 통해 항공사고를 인지한 항공종사자

해설

항공안전법 시행규칙 제132조(항공안전 활동)

① 국토교통부장관은 항공안전의 확보를 위하여 다음 각 호의 어느 하나에 해당하는 자에게 그 업무에 관한 보고를 하게 하거나 서류를 제출하게 할 수 있다. 〈개정 2020.6.9〉

1. 항공기등, 장비품 또는 부품의 제작 또는 정비등을 하는 자
2. 비행장, 이착륙장, 공항, 공항시설 또는 항행안전시설의 설치자 및 관리자
3. 항공종사자, 경량항공기 조종사 및 초경량비행장치 조종자
4. 항공교통업무증명을 받은 자
5. 항공운송사업자(외국인국제항공운송사업자 및 외국항공기로 유상운송을 하는 자를 포함한다. 이하 이 조에서 같다), 항공기사용사업자, 항공기정비업자, 초경량비행장치사용사업자, 「항공사업법」 제2조제22호에 따른 항공기대여업자, 「항공사업법」 제2조제27호에 따른 항공레저스포츠사업자, 경량항공기 소유자등 및 초경량비행장치 소유자등
6. 제48조에 따른 전문교육기관, 제72조에 따른 위험물 전문교육기관, 제117조에 따른 경량항공기 전문교육기관, 제126조에 따른 초경량비행장치 전문교육기관의 설치자 및 관리자
7. 그 밖에 항공기, 경량항공기 또는 초경량비행장치를 계속하여 사용하는 자

정답 01 ③ 02 ④

05 항공기 등록, 인증 등

중

01 다음 중 등록기호표에 대한 설명 중 맞는 것은?

① 등록기호표에 적어야 할 사항은 국적 기호 및 등록기호와 제작년월일이다.

② 등록기호표는 강철 등과 같은 내화금속으로 만든다.

③ 등록기호표는 항공기 출입구 윗부분의 바깥쪽 보기 쉬운 곳에 부착한다.

④ 등록기호표의 크기는 가로 5cm, 세로 7cm의 직사각형이다.

해설

항공안전법 시행규칙 제12조(등록기호표의 부착)

① 항공기를 소유하거나 임차하여 사용할 수 있는 권리가 있는 자(이하 "소유자등"이라 한다)가 항공기를 등록한 경우에는 법 제17조제1항에 따라 강철 등 내화금속(耐火金屬)으로 된 등록기호표(가로 7센티미터 세로 5센티미터의 직사각형)를 다음 각 호의 구분에 따라 보기 쉬운 곳에 붙여야 한다.

1. 항공기에 출입구가 있는 경우 : 항공기 주(主)출입구 윗부분의 안쪽
2. 항공기에 출입구가 없는 경우 : 항공기 동체의 외부 표면

② 제1항의 등록기호표에는 국적기호 및 등록기호(이하 "등록부호"라 한다)와 소유자등의 명칭을 적어야 한다.

중 (출제율이 높은 문제)

02 다음 중 소유하거나 임차한 항공기를 등록할 수 있는 경우는?

① 외국정부 또는 외국의 공공단체

② 외국의 법인 또는 단체

③ 외국의 국적을 가진 항공기를 임차한 대한민국 국민 또는 법인

④ 외국인이 주식이나 지분의 2분의 1 이상을 소유하고 있는 법인

해설

항공안전법 제10조(항공기 등록의 제한)

① 다음 각 호의 어느 하나에 해당하는 자가 소유하거나 임차한 항공기는 등록할 수 없다. 다만, 대한민국의 국민 또는 법인이 임차하여 사용할 수 있는 권리가 있는 항공기는 그러하지 아니하다. 〈개정 2021. 12. 7.〉

1. 대한민국 국민이 아닌 사람
2. 외국정부 또는 외국의 공공단체
3. 외국의 법인 또는 단체
4. 제1호부터 제3호까지의 어느 하나에 해당하는 자가 주식이나 지분의 2분의 1 이상을 소유하거나 그 사업을 사실상 지배하는 법인(「항공사업법」 제2조제1호에 따른 항공사업의 목적으로 항공기를 등록하려는 경우로 한정한다)
5. 외국인이 법인 등기사항증명서상의 대표자이거나 외국인이 법인 등기사항증명서상의 임원 수의 2분의 1 이상을 차지하는 법인

② 제1항 단서에도 불구하고 외국 국적을 가진 항공기는 등록할 수 없다.

하 (출제율이 높은 문제)

03 다음 중 항공기 등록제한 규정에 해당되지 않는 항공기는?

① 외국의 법인 또는 단체에서 사용하는 항공기

② 외국정부 또는 외국의 공공단체에서 사용하는 항공기

③ 외국인이 법인 등기사항증명서상의 임원 수의 2분의 1 이상을 차지하는 법인의 항공기

정답 01 ② 02 ③ 03 ④

④ 외국 국적을 가진 항공기를 대한민국 국민 또는 법인이 임차한 항공기

해설

2번 문제 해설 참조

중

04 항공기의 등록에 대한 설명 중 틀린 것은?

① 등록된 항공기는 대한민국의 국적을 취득한다.
② 세관이나 경찰업무에 사용하는 항공기는 등록할 필요가 없다.
③ 항공기에 대한 임차권은 등록하여 제3자에게 효력이 있다.
④ 국토교통부장관의 허가를 필요로 한다.

해설

항공안전법 제7조(항공기 등록)

① 항공기를 소유하거나 임차하여 항공기를 사용할 수 있는 권리가 있는 자(이하 "소유자등"이라 한다)는 항공기를 대통령령으로 정하는 바에 따라 국토교통부장관에게 등록을 하여야 한다. 다만, *대통령령으로 정하는 항공기는 그러하지 아니하다. 〈개정 2020. 6. 9.〉
② 제90조제1항에 따른 운항증명을 받은 국내항공운송사업자 또는 국제항공운송사업자가 제1항에 따라 항공기를 등록하려는 경우에는 해당 항공기의 안전한 운항을 위하여 국토교통부령으로 정하는 바에 따라 필요한 정비 인력을 갖추어야 한다. 〈신설 2020. 6. 9.〉

항공안전법 제8조(항공기 국적의 취득)

제7조에 따라 등록된 항공기는 대한민국의 국적을 취득하고, 이에 따른 권리와 의무를 갖는다.

항공안전법 시행령 제4조(등록을 필요로 하지 않는 항공기의 범위)

법 제7조제1항 단서에서 "대통령령으로 정하는 항공기"란 다음 각 호의 항공기를 말한다. 〈개정 2021. 11. 16.〉

1. 군 또는 세관에서 사용하거나 경찰업무에 사용하는 항공기
2. 외국에 임대할 목적으로 도입한 항공기로서 외국 국적을 취득할 항공기
3. 국내에서 제작한 항공기로서 제작자 외의 소유자가 결정되지 아니한 항공기
4. 외국에 등록된 항공기를 임차하여 법 제5조에 따라 운영하는 경우 그 항공기
5. 항공기 제작자나 항공기 관련 연구기관이 연구 · 개발 중인 항공기

[제목개정 2021. 11. 16.]

하

05 항공기 등록기호표의 부착은 누가 하는가?

① 유자격 정비사 ② 항공기 제작자
③ 항공기 소유자등 ④ 감항성 관리자

해설

1번 문제 해설 참조

중 (출제율이 높은 문제)

06 항공기의 등록원부에 기재해야 할 사항이 아닌 것은?

① 항공기의 형식
② 항공기의 등록기호
③ 항공기의 부품일련번호
④ 소유자 또는 임차인의 성명, 명칭과 주소

해설

항공안전법 제11조(항공기 등록사항)

① 국토교통부장관은 제7조에 따라 항공기를 등록한 경우에는 항공기 등록원부(登錄原簿)에 다음 각 호의 사항을 기록하여야 한다.
  1. 항공기의 형식
  2. 항공기의 제작자
  3. 항공기의 제작번호
  4. 항공기의 정치장(定置場)
  5. 소유자 또는 임차인 · 임대인의 성명 또는 명칭과 주소 및 국적
  6. 등록 연월일
  7. 등록기호
② 제1항에서 규정한 사항 외에 항공기의 등록에 필요한 사항은 대통령령으로 정한다.

정답 04 ④ 05 ③ 06 ③

하 출제율이 높은 문제

07 다음 중 등록기호표의 크기로 맞는 것은?

① 가로 2cm, 세로 5cm
② 가로 5cm, 세로 7cm
③ 가로 7cm, 세로 5cm
④ 가로 10cm, 세로 15cm

해설

1번 문제 해설 참조

하

08 헬리콥터의 등록부호 표시에 대한 각 문자와 숫자의 높이는?

① 동체 아랫면 50cm 이상, 동체 옆면 20cm 이상
② 동체 아랫면 50cm 이상, 동체 옆면 30cm 이상
③ 동체 아랫면 20cm 이상, 동체 옆면 50cm 이상
④ 동체 아랫면 30cm 이상, 동체 옆면 50cm 이상

해설

항공안전법 시행규칙 제15조(등록부호의 높이)
등록부호에 사용하는 각 문자와 숫자의 높이는 같아야 하고, 항공기의 종류와 위치에 따른 높이는 다음 각 호의 구분에 따른다.
2. 헬리콥터에 표시하는 경우
  가. 동체 아랫면에 표시하는 경우에는 50센티미터 이상
  나. 동체 옆면에 표시하는 경우에는 30센티미터 이상

중

09 다음 중 등록이 필요하지 않은 항공기로 옳은 것은?

① 법 제145조 단서의 규정에 의해 허가를 받은 항공기
② 국내에서 제작되거나 외국으로부터 수입하는 항공기
③ 국내에서 수리, 개조 또는 제작한 후 수출할 항공기
④ 외국에 임대할 목적으로 도입한 항공기로서 외국 국적을 취득할 항공기

해설

항공안전법 시행령 제4조(등록을 필요로 하지 않는 항공기의 범위)
법 제7조제1항 단서에서 "대통령령으로 정하는 항공기"란 다음 각 호의 항공기를 말한다. 〈개정 2021. 11. 16.〉
1. 군 또는 세관에서 사용하거나 경찰업무에 사용하는 항공기
2. 외국에 임대할 목적으로 도입한 항공기로서 외국 국적을 취득할 항공기
3. 국내에서 제작한 항공기로서 제작자 외의 소유자가 결정되지 아니한 항공기
4. 외국에 등록된 항공기를 임차하여 법 제5조에 따라 운영하는 경우 그 항공기
5. 항공기 제작자나 항공기 관련 연구기관이 연구·개발 중인 항공기

[제목개정 2021. 11. 16.]

중

10 항공기를 등록하기 위해 항공기 등록원부에 기록되어야 할 사항으로 맞는 것은?

① 등록기호, 등록 연월일, 소유자 명칭
② 항공기 계류장, 제작자, 항공기 형식
③ 항공기 제작업체, 감항증명 등록번호, 소음기준 적합증명 번호
④ 등록 연월일, 등록기호, 항공기 일련번호

해설

6번 문제 해설 참조

하 출제율이 높은 문제

11 항공기 등록기호표의 부착시기는?

① 항공기를 등록할 때
② 감항증명을 신청할 때
③ 형식증명을 신청할 때
④ 감항증명을 받았을 때

정답 07 ③ 08 ② 09 ④ 10 ① 11 ①

해설

1번 문제 해설 참조

하

12 비행기 주 날개에 등록부호를 표시할 경우 사용하는 각 문자와 숫자의 높이는 얼마인가?

① 30센티미터 이상
② 20센티미터 이상
③ 50센티미터 이상
④ 15센티미터 이상

해설

항공안전법 제15조(등록부호의 높이)
등록부호에 사용하는 각 문자와 숫자의 높이는 같아야 하고, 항공기의 종류와 위치에 따른 높이는 다음 각 호의 구분에 따른다.
1. 비행기와 활공기에 표시하는 경우
  가. 주 날개에 표시하는 경우에는 50센티미터 이상
  나. 수직 꼬리 날개 또는 동체에 표시하는 경우에는 30센티미터 이상

하

13 다음 중 항공기 등록기호표의 크기로 옳은 것은?

① 가로 5센티미터, 세로 3센티미터의 직사각형
② 가로 5센티미터, 세로 7센티미터의 직사각형
③ 가로 7센티미터, 세로 5센티미터의 직사각형
④ 가로 3센티미터, 세로 5센티미터의 직사각형

해설

1번 문제 해설 참조

정답 12 ③ 13 ③

06 항공기 변경 · 이전 · 말소등록 등

출제율이 높은 세목

하

01 항공기 이전등록은 그 사유가 있는 날부터 며칠 이내에 신청하여야 하는가?

① 7일 이내 ② 10일 이내
③ 15일 이내 ④ 20일 이내

해설

항공안전법 제14조(항공기 이전등록)
등록된 항공기의 소유권 또는 임차권을 양도 · 양수하려는 자는 그 사유가 있는 날부터 15일 이내에 대통령령으로 정하는 바에 따라 국토교통부장관에게 이전등록을 신청하여야 한다.

하

02 변경등록과 말소등록은 그 사유가 있는 날로부터 며칠 이내에 신청하여야 하는가?

① 10일 ② 15일
③ 20일 ④ 25일

해설

항공안전법 제13조(항공기 변경등록)
소유자등은 제11조제1항제4호 또는 제5호의 등록사항이 변경되었을 때에는 그 변경된 날부터 15일 이내에 대통령령으로 정하는 바에 따라 국토교통부장관에게 변경등록을 신청하여야 한다.

항공안전법 제15조(항공기 말소등록)
① 소유자등은 등록된 항공기가 다음 각 호의 어느 하나에 해당하는 경우에는 그 사유가 있는 날부터 15일 이내에 대통령령으로 정하는 바에 따라 국토교통부장관에게 말소등록을 신청하여야 한다.

하

03 다음 중 항공기 등록의 종류가 아닌 것은?

① 말소등록 ② 변경등록
③ 임차등록 ④ 이전등록

해설

항공기 등록의 종류로는 항공안전법 제13조(항공기 변경등록), 항공안전법 제14조(항공기 이전등록), 항공안전법 제15조(항공기 말소등록)가 있다.

하

04 항공기의 정치장이 부산에서 서울로 옮겨졌을 때 해야 할 등록은?

① 신규등록 ② 변경등록
③ 임차등록 ④ 이전등록

해설

항공안전법 제13조(항공기 변경등록)
소유자등은 제11조제1항제4호 또는 제5호의 등록사항이 변경되었을 때에는 그 변경된 날부터 15일 이내에 대통령령으로 정하는 바에 따라 국토교통부장관에게 변경등록을 신청하여야 한다.

제11조(항공기 등록사항) ① 국토교통부장관은 제7조에 따라 항공기를 등록한 경우에는 항공기 등록원부(登錄原簿)에 다음 각 호의 사항을 기록하여야 한다.

1. 항공기의 형식
2. 항공기의 제작자
3. 항공기의 제작번호
4. 항공기의 정치장(定置場)
5. 소유자 또는 임차인 · 임대인의 성명 또는 명칭과 주소 및 국적
6. 등록 연월일
7. 등록기호

정답 01 ③ 02 ② 03 ③ 04 ②

② 제1항에서 규정한 사항 외에 항공기의 등록에 필요한 사항은 대통령령으로 정한다.

하

05 다음 중 말소등록을 해야 하는 경우는?

① 항공기를 Mock-Up을 위해 해체한 경우
② 항공기를 공공기관에 기부한 경우
③ 임차기간이 만료된 경우
④ 외국인 법인 및 단체의 임원수가 1/2 이상을 차지한 경우

해설

항공안전법 제15조(항공기 말소등록)
① 소유자등은 등록된 항공기가 다음 각 호의 어느 하나에 해당하는 경우에는 그 사유가 있는 날부터 15일 이내에 대통령령으로 정하는 바에 따라 국토교통부장관에게 말소등록을 신청하여야 한다.
1. 항공기가 멸실(滅失)되었거나 항공기를 해체(정비등, 수송 또는 보관하기 위한 해체는 제외한다)한 경우
2. 항공기의 존재 여부를 1개월(항공기사고인 경우에는 2개월) 이상 확인할 수 없는 경우
3. 제10조제1항 각 호의 어느 하나에 해당하는 자에게 항공기를 양도하거나 임대(외국 국적을 취득하는 경우만 해당한다)한 경우
4. 임차기간의 만료 등으로 항공기를 사용할 수 있는 권리가 상실된 경우
② 제1항에 따라 소유자등이 말소등록을 신청하지 아니하면 국토교통부장관은 7일 이상의 기간을 정하여 말소등록을 신청할 것을 최고(催告)하여야 한다.
③ 제2항에 따른 최고를 한 후에도 소유자등이 말소등록을 신청하지 아니하면 국토교통부장관은 직권으로 등록을 말소하고, 그 사실을 소유자등 및 그 밖의 이해관계인에게 알려야 한다.

하

06 항공기 정치장의 변경을 신청하려는 자가 신청하는 것은?

① 신규등록 ② 말소등록
③ 변경등록 ④ 이전등록

해설

4번 문제 해설 참조

하

07 항공기 말소등록을 하지 않아도 되는 경우는 다음 중 무엇인가?

① 항공기를 정비등의 목적으로 해체한 경우
② 항공기의 존재 여부를 1개월 이상 확인할 수 없는 경우
③ 항공기가 멸실된 경우
④ 임차기간이 만료 등으로 항공기를 사용할 수 있는 권리가 상실된 경우

해설

5번 문제 해설 참조

하

08 항공기 소유자등은 등록된 항공기가 멸실되었거나 존재 여부를 1개월 이상 확인할 수 없는 경우에 말소등록을 며칠 이내에 신청해야 하는가?

① 3일 이내 ③ 7일 이내
③ 10일 이내 ④ 15일 이내

해설

5번 문제 해설 참조

정답 05 ③ 06 ③ 07 ① 08 ④

07 감항증명(감항검사, 범위, 기술기준 등)

중

01 감항증명의 유효기간을 연장할 수 있는 경우는?

① 항공기 형식 및 소유자등의 감항성 유지능력 등을 고려하여 국토교통부령으로 정하는 바에 따라 유효기간을 연장할 수 있다.
② 정비조직인증을 받은 자의 정비능력을 고려하여 기종별 소음등급에 따라 유효기간을 연장할 수 있다.
③ 정비조직인증을 받은 자에게 정비 등을 위탁하는 경우 유효기간을 연장할 수 있다.
④ 항공기의 감항성을 지속적으로 유지하기 위하여 관련 규정에 따라 정비 등이 이루어지는 경우 유효기간을 연장할 수 있다.

해설

항공안전법 제23조(감항증명 및 감항성 유지)
⑤ 감항증명의 유효기간은 1년으로 한다. 다만, 항공기의 형식 및 소유자등(제32조제2항에 따른 위탁을 받은 자를 포함한다)의 감항성 유지능력 등을 고려하여 국토교통부령으로 정하는 바에 따라 유효기간을 연장할 수 있다. 〈개정 2017. 12. 26.〉

중

02 감항증명에 대한 설명 중 틀린 것은?

① 감항증명을 받은 경우 유효기간 이내에는 감항성 유지에 대한 확인을 받지 않는다.
② 국토교통부장관이 승인한 경우를 제외하고는 대한민국 국적을 가진 항공기만 감항증명을 받을 수 있다.
③ 유효기간은 1년이며, 항공기의 형식 및 소유자 등의 감항성 유지능력 등을 고려하여 연장이 가능하다.
④ 안정성검사 결과 안정성 확보가 곤란하다고 인정하는 경우에는 감항증명의 효력을 정지시키거나 유효기간을 단축시킬 수 있다.

해설

항공안전법 제23조(감항증명 및 감항성 유지)
② 감항증명은 대한민국 국적을 가진 항공기가 아니면 받을 수 없다. 다만, 국토교통부령으로 정하는 항공기의 경우에는 그러하지 아니하다.
⑤ 감항증명의 유효기간은 1년으로 한다. 다만, 항공기의 형식 및 소유자등(제32조제2항에 따른 위탁을 받은 자를 포함한다)의 감항성 유지능력 등을 고려하여 국토교통부령으로 정하는 바에 따라 유효기간을 연장할 수 있다. 〈개정 2017. 12. 26.〉
⑦ 국토교통부장관은 다음 각 호의 어느 하나에 해당하는 경우에는 해당 항공기에 대한 감항증명을 취소하거나 6개월 이내의 기간을 정하여 그 효력의 정지를 명할 수 있다. 다만, 제1호에 해당하는 경우에는 감항증명을 취소하여야 한다. 〈개정 2017. 12. 26.〉
1. 거짓이나 그 밖의 부정한 방법으로 감항증명을 받은 경우
2. 항공기가 감항증명 당시의 항공기기술기준에 적합하지 아니하게 된 경우

하 (출제율이 높은 문제)

03 감항증명은 누구에게 신청하여야 하는가?

① 국토교통부장관
② 항공안전본부장
③ 항공교통관제소장
④ 해당 자치단체장

정답 01 ① 02 ① 03 ①

해설

항공안전법 제23조(감항증명 및 감항성 유지)

① 항공기가 감항성이 있다는 증명(이하 "감항증명"이라 한다)을 받으려는 자는 국토교통부령으로 정하는 바에 따라 국토교통부장관에게 감항증명을 신청하여야 한다.

중 출제율이 높은 문제

04 감항증명을 발급할 때 검사의 일부를 생략할 수 있는 항공기가 아닌 것은?

① 형식증명을 받은 항공기
② 제한형식증명을 받은 항공기
③ 제작증명을 받은 제작자가 제작한 항공기
④ 항공기를 수입하는 외국정부로부터 감항성이 있다는 승인을 받아 수출하는 항공기

해설

항공안전법 제23조(감항증명 및 감항성 유지)

④ 국토교통부장관은 제3항 각 호의 어느 하나에 해당하는 감항증명을 하는 경우 국토교통부령으로 정하는 바에 따라 해당 항공기의 설계, 제작과정, 완성 후의 상태와 비행성능에 대하여 검사하고 해당 항공기의 운용한계(運用限界)를 지정하여야 한다. 다만, 다음 각 호의 어느 하나에 해당하는 항공기의 경우에는 국토교통부령으로 정하는 바에 따라 검사의 일부를 생략할 수 있다. 〈신설 2017. 12. 26.〉

1. 형식증명, 제한형식증명 또는 형식증명승인을 받은 항공기
2. 제작증명을 받은 자가 제작한 항공기
3. 항공기를 수출하는 외국정부로부터 감항성이 있다는 승인을 받아 수입하는 항공기

하

05 항공기의 감항성이란?

① 항공기가 안전하게 비행할 수 있는 성능
② 기술기준을 충족한다는 것
③ ICAO 기준을 충족한다는 것
④ 항공기가 비행 중에 나타내는 성능

해설

항공기의 감항성이란 항공기가 안전하게 비행할 수 있다는 성능을 말하는 것으로 이 성능을 증명하는 것이 바로 감항증명이다.

중

06 감항증명 신청 시 첨부하여야 할 서류가 아닌 것은?

① 비행교범
② 정비교범
③ 당해 항공기의 정비방식을 기재한 서류
④ 그 밖에 감항증명과 관련하여 국토교통부장관이 필요하다고 인정하여 고시하는 서류

해설

항공안전법 제35조(감항증명의 신청)

① 법 제23조제1항에 따라 감항증명을 받으려는 자는 별지 제13호서식의 항공기 표준감항증명 신청서 또는 별지 제14호서식의 항공기 특별감항증명 신청서에 다음 각 호의 서류를 첨부하여 국토교통부장관 또는 지방항공청장에게 제출하여야 한다. 〈개정 2020. 12. 10.〉

1. 비행교범(연구 · 개발을 위한 특별감항증명의 경우에는 제외한다)
2. 정비교범(연구 · 개발을 위한 특별감항증명의 경우에는 제외한다)
3. 그 밖에 감항증명과 관련하여 국토교통부장관이 필요하다고 인정하여 고시하는 서류

하

07 감항증명의 검사범위가 아닌 것은?

① 항공기 정비과정
② 설계, 제작과정
③ 완성 후의 상태
④ 비행성능

정답 04 ④ 05 ① 06 ③ 07 ①

해설

항공안전법 제23조(감항증명 및 감항성 유지)

④ 국토교통부장관은 제3항 각 호의 어느 하나에 해당하는 감항증명을 하는 경우 국토교통부령으로 정하는 바에 따라 해당 항공기의 설계, 제작과정, 완성 후의 상태와 비행성능에 대하여 검사하고 해당 항공기의 운용한계(運用限界)를 지정하여야 한다.

상 (출제율이 높은 문제)

08 다음 중 특별감항증명의 대상이 아닌 것은?

① 항공기 제작자 및 항공기 관련 연구기관 등이 연구, 개발 중인 항공기의 시험비행

② 항공기의 제작, 정비, 수리 또는 개조 후 행하는 시험비행

③ 항공기의 정비 또는 수리, 개조를 위한 장소까지 승객, 화물을 싣지 않는 비행

④ 현지답사를 위해 일시적으로 행하는 비행

해설

항공안전법 시행규칙 제37조(특별감항증명의 대상)

법 제23조제3항제2호에서 "항공기의 연구, 개발 등 국토교통부령으로 정하는 경우"란 다음 각 호의 어느 하나에 해당하는 경우를 말한다. 〈개정 2018. 3. 23., 2020. 12. 10.〉

1. 항공기 및 관련 기기의 개발과 관련된 다음 각 목의 어느 하나에 해당하는 경우
   가. 항공기 제작자 및 항공기 관련 연구기관 등이 연구·개발 중인 경우
   나. 판매·홍보·전시·시장조사 등에 활용하는 경우
   다. 조종사 양성을 위하여 조종연습에 사용하는 경우
2. 항공기의 제작·정비·수리·개조 및 수입·수출 등과 관련한 다음 각 목의 어느 하나에 해당하는 경우
   가. 제작·정비·수리 또는 개조 후 시험비행을 하는 경우
   나. 정비·수리 또는 개조(이하 "정비등"이라 한다)를 위한 장소까지 승객·화물을 싣지 아니하고 비행하는 경우
   다. 수입하거나 수출하기 위하여 승객·화물을 싣지 아니하고 비행하는 경우
   라. 설계에 관한 형식증명을 변경하기 위하여 운용한계를 초과하는 시험비행을 하는 경우
   마. 삭제 〈2018.3.23〉
3. 무인항공기를 운항하는 경우
4. 특정한 업무를 수행하기 위하여 사용되는 다음 각 목의 어느 하나에 해당하는 경우
   가. 재난·재해 등으로 인한 수색·구조에 사용되는 경우
   나. 산불의 진화 및 예방에 사용되는 경우
   다. 응급환자의 수송 등 구조·구급활동에 사용되는 경우
   라. 씨앗 파종, 농약 살포 또는 어군(魚群)의 탐지 등 농·수산업에 사용되는 경우
   마. 기상관측, 기상조절 실험 등에 사용되는 경우
   바. 건설자재 등을 외부에 매달고 운반하는 데 사용되는 경우(헬리콥터만 해당한다)
   사. 해양오염 관측 및 해양 방제에 사용되는 경우
   아. 산림, 관로(管路), 전선(電線) 등의 순찰 또는 관측에 사용되는 경우
5. 제1호부터 제4호까지 외에 공공의 안녕과 질서유지를 위한 업무를 수행하는 경우로서 국토교통부장관이 인정하는 경우

중 (출제율이 높은 문제)

09 다음 중 국토교통부령으로 정하는 항공기의 경우 예외적으로 감항증명을 받을 수 있는 항공기가 아닌 것은?

① 국내에서 수리, 개조, 제작 후 수출할 항공기

② 국내에서 수리, 개조, 제작 후 시험비행을 할 항공기

③ 국내에서 제작하거나 외국에서 수입하려는 항공기

④ 대한민국의 국적을 취득하기 전에 감항증명을 위한 검사를 신청한 항공기

해설

항공안전법 시행규칙 제36조(예외적으로 감항증명을 받을 수 있는 항공기)

법 제23조제2항 단서에서 "국토교통부령으로 정하는 항공기"란 다음 각 호의 어느 하나에 해당하는 항공기를 말한다.

1. 법 제101조 단서에 따라 허가를 받은 항공기

정답 08 ④ 09 ②

2. 국내에서 수리 · 개조 또는 제작한 후 수출할 항공기
3. 국내에서 제작되거나 외국으로부터 수입하는 항공기로서 대한민국의 국적을 취득하기 전에 감항증명을 신청한 항공기

하

10 항공기 감항증명 시 운용한계는 무엇에 의하여 지정하는가?

① 항공기 종류, 등급, 형식
② 항공기의 중량
③ 항공기의 사용연수
④ 항공기의 감항분류

해설

항공안전법 시행규칙 제39조(항공기의 운용한계 지정)
① 국토교통부장관 또는 지방항공청장은 법 제23조제4항 각 호 외의 부분 본문에 따라 감항증명을 하는 경우에는 항공기기술기준에서 정한 항공기의 감항분류에 따라 다음 각 호의 사항에 대하여 항공기의 운용한계를 지정하여야 한다. 〈개정 2018. 6. 27.〉
  1. 속도에 관한 사항
  2. 발동기 운용성능에 관한 사항
  3. 중량 및 무게중심에 관한 사항
  4. 고도에 관한 사항
  5. 그 밖에 성능한계에 관한 사항

하

11 항공기의 항행안전을 확보하기 위한 "기술상의 기준" 은 누가 정하여 고시하는가?

① 국토교통부장관
② 교통안전공단 이사장
③ 항공기제작사 사장
④ 항공감항당국

해설

항공안전법 제19조(항공기기술기준)
국토교통부장관은 항공기등, 장비품 또는 부품의 안전을 확보하기 위하여 다음 각 호의 사항을 포함한 기술상의 기준(이하 "항공기기술기준"이라 한다)을 정하여 고시하여야 한다.
1. 항공기등의 감항기준
2. 항공기등의 환경기준(배출가스 배출기준 및 소음기준을 포함한다)
3. 항공기등이 감항성을 유지하기 위한 기준
4. 항공기등, 장비품 또는 부품의 식별 표시 방법
5. 항공기등, 장비품 또는 부품의 인증절차

중

12 감항증명 신청 시 신청서에 첨부되는 비행교범에 포함되는 사항으로 옳지 않은 것은?

① 항공기 성능 및 운용한계에 관한 사항
② 항공기 계통별 설명, 분해, 세척, 검사, 수리 및 조립절차, 성능점검 등에 관한 사항
③ 항공기의 종류, 등급, 형식 및 제원에 관한 사항
④ 항공기 조작방법 등 그 밖에 국토교통부장관이 정하여 고시하는 사항

해설

항공안전법 시행규칙 제35조(감항증명의 신청)
② 제1항제1호에 따른 비행교범에는 다음 각 호의 사항이 포함되어야 한다.
  1. 항공기의 종류 · 등급 · 형식 및 제원(諸元)에 관한 사항
  2. 항공기 성능 및 운용한계에 관한 사항
  3. 항공기 조작방법 등 그 밖에 국토교통부장관이 정하여 고시하는 사항

정답 10 ④ 11 ① 12 ②

08 소음기준 · 설정 · 소음기준적합증명서

하 출제율이 높은 문제

01 소음기준적합증명은 언제 받아야 하는가?

① 감항증명을 받을 때
② 항공기를 등록할 때
③ 수리, 개조승인을 받을 때
④ 운용한계를 지정할 때

해설

항공안전법 제25조(소음기준적합증명)

① 국토교통부령으로 정하는 항공기의 소유자등은 감항증명을 받는 경우와 수리 · 개조 등으로 항공기의 소음치(騷音値)가 변동된 경우에는 국토교통부령으로 정하는 바에 따라 그 항공기가 제19조제2호의 소음기준에 적합한지에 대하여 국토교통부장관의 증명(이하 "소음기준적합증명"이라 한다)을 받아야 한다.

중

02 다음 중 소음기준적합증명 대상 항공기는?

① 국제민간항공조약 부속서 16에 규정한 항공기
② 항공운송사업에 사용되는 터빈발동기를 장착한 항공기
③ 최대이륙중량 5,700kg을 초과하는 항공기
④ 터빈발동기를 장착한 항공기로서 국토교통부장관이 정하여 고시하는 항공기

해설

항공안전법 시행규칙 제49조(소음기준적합증명 대상 항공기)

법 제25조제1항에서 "국토교통부령으로 정하는 항공기"란 다음 각 호의 어느 하나에 해당하는 항공기로서 국토교통부장관이 정하여 고시하는 항공기를 말한다. 〈개정 2021. 8. 27.〉

1. 터빈(높은 압력의 액체 · 기체를 날개바퀴의 날개에 부딪히게 함으로써 회전하는 힘을 얻는 기계를 말한다) 발동기를 장착한 항공기
2. 국제선을 운항하는 항공기

중

03 소음기준적합증명 신청 시 첨부하여야 할 서류가 아닌 것은?

① 규정에 따른 소음기준에 적합함을 입증하는 비행교범
② 규정에 따른 소음기준에 적합함을 입증하는 정비교범
③ 소음기준에 적합하다는 사실을 입증할 수 있는 서류
④ 수리 또는 개조 등에 관한 기술사항을 적은 서류

해설

항공안전법 시행규칙 제50조(소음기준적합증명 신청)

① 법 제25조제1항에 따라 소음기준적합증명을 받으려는 자는 별지 제23호서식의 소음기준적합증명 신청서를 국토교통부장관 또는 지방항공청장에게 제출하여야 한다.
② 제1항에 따른 신청서에는 다음 각 호의 서류를 첨부하여야 한다.
  1. 해당 항공기가 법 제19조제2호에 따른 소음기준(이하 "소음기준"이라 한다)에 적합함을 입증하는 비행교범
  2. 해당 항공기가 소음기준에 적합하다는 사실을 입증할 수 있는 서류(해당 항공기를 제작 또는 등록하였던 국가나 항공기 제작기술을 제공한 국가가 소음기준에 적합하다고 증명한 항공기만 해당한다)
  3. 수리 · 개조 등에 관한 기술사항을 적은 서류(수리 · 개조 등으로 항공기의 소음치(騷音値)가 변경된 경우에만 해당한다)

정답 01 ① 02 ④ 03 ②

상 (출제율이 높은 문제)

04 다음 중 소음기준적합증명에 대한 설명으로 틀린 것은?

① 국제선을 운항하는 항공기는 소음기준적합증명을 받아야 한다.
② 소음기준적합증명은 감항증명을 받을 때 받는다.
③ 소음기준적합증명으로 운용한계를 지정할 수 있다.
④ 항공기의 감항증명을 반납해야 하는 경우 소음기준적합증명도 반납해야 한다.

해설

항공안전법 시행규칙 제54조(소음기준적합증명서의 반납)
법 제25조제3항에 따라 항공기의 소음기준적합증명을 취소하거나 그 효력을 정지시킨 경우에는 지체 없이 항공기의 소유자등에게 해당 항공기의 소음기준적합증명서의 반납을 명하여야 한다.

항공안전법 제25조3항
③ 국토교통부장관은 다음 각 호의 어느 하나에 해당하는 경우에는 소음기준적합증명을 취소하거나 6개월 이내의 기간을 정하여 그 효력의 정지를 명할 수 있다. 다만, 제1호에 해당하는 경우에는 소음기준적합증명을 취소하여야 한다.
1. 거짓이나 그 밖의 부정한 방법으로 소음기준적합증명을 받은 경우
2. 항공기가 소음기준적합증명 당시의 항공기기술기준에 적합하지 아니하게 된 경우

하

05 소음기준적합증명을 받으려는 자는 국토교통부장관 또는 지방항공청장에게 무엇을 제출해야 하는가?

① 항공기 등록증명서
② 항공기 감항증명서
③ 항공기 소음기준적합증명 신청서
④ 항공기 기술기준적합증명서

해설

항공안전법 시행규칙 제50조(소음기준적합증명 신청)
① 법 제25조제1항에 따라 소음기준적합증명을 받으려는 자는 별지 제23호서식의 소음기준적합증명 신청서를 국토교통부장관 또는 지방항공청장에게 제출하여야 한다.

중

06 항공기 소음기준적합증명 신청서에 첨부해야 할 서류로 옳지 않은 것은?

① 해당 항공기가 소음기준에 적합함을 입증하는 비행교범
② 수리, 개조 등에 관한 기술사항을 적은 서류
③ 해당 항공기가 소음기준에 적합함을 입증하는 정비교범
④ 해당 항공기가 소음기준에 적합하다는 사실을 입증할 수 있는 서류

해설

3번 문제 해설 참조

정답 04 ④ 05 ③ 06 ③

09 형식증명, 제작증명 인증 등

하 (출제율이 높은 문제)

01 다음 중 형식증명의 대상이 아닌 것은?

① 항공기 ② 장비품
③ 발동기 ④ 프로펠러

해설

항공안전법 제21조(형식증명승인)

① 항공기등의 설계에 관하여 외국정부로부터 형식증명을 받은 자가 해당 항공기등에 대하여 항공기기술기준에 적합함을 승인(이하 "형식증명승인"이라 한다)받으려는 경우 국토교통부령으로 정하는 바에 따라 항공기등의 형식별로 국토교통부장관에게 형식증명승인을 신청하여야 한다. 다만, 다음 각 호의 어느 하나에 해당하는 항공기의 경우에는 장착된 발동기와 프로펠러를 포함하여 신청할 수 있다. 〈개정 2017. 12. 26.〉

1. 최대이륙중량 5천700킬로그램 이하의 비행기
2. 최대이륙중량 3천175킬로그램 이하의 헬리콥터

중 (출제율이 높은 문제)

02 항공기등의 형식증명을 위한 검사 시 검사 범위는?

① 해당 형식의 설계, 제작과정 및 완성 후의 상태와 비행성능
② 해당 형식의 설계, 제작과정 및 완성 후의 비행성능
③ 해당 형식의 설계, 제작과정 및 완성 후의 상태
④ 해당 형식의 설계, 완성 후의 상태와 비행성능

해설

항공안전법 시행규칙 제20조(형식증명 등을 위한 검사범위)

국토교통부장관은 법 제20조제2항에 따라 형식증명 또는 제한형식증명을 위한 검사를 하는 경우에는 다음 각 호에 해당하는 사항을 검사하여야 한다. 다만, 형식설계를 변경하는 경우에는 변경하는 사항에 대한 검사만 해당한다. 〈개정 2018. 6. 27.〉

1. 해당 형식의 설계에 대한 검사
2. 해당 형식의 설계에 따라 제작되는 항공기등의 제작과정에 대한 검사
3. 항공기등의 완성 후의 상태 및 비행성능 등에 대한 검사

하

03 형식증명을 받은 항공기등을 제작하고자 할 때 국토교통부장관으로부터 받을 수 있는 것은?

① 감항증명 ② 형식증명승인
③ 제작증명 ④ 부품등제작자증명

해설

항공안전법 제22조(제작증명)

① 형식증명 또는 제한형식증명에 따라 인가된 설계에 일치하게 항공기등을 제작할 수 있는 기술, 설비, 인력 및 품질관리체계 등을 갖추고 있음을 증명(이하 "제작증명"이라 한다)받으려는 자는 국토교통부령으로 정하는 바에 따라 국토교통부장관에게 제작증명을 신청하여야 한다. 〈개정 2017. 12. 26.〉

중

04 다음 중 형식증명을 위한 검사범위에 해당되지 않는 것은?

① 해당 형식의 설계에 대한 검사
② 제작과정에 대한 검사
③ 완성 후의 상태 및 비행성능에 대한 검사
④ 제작공정의 설비에 대한 검사

해설

2번 문제 해설 참조

정답 01 ② 02 ① 03 ③ 04 ④

중 (출제율이 높은 문제)

05 다음 중 형식증명승인을 받았다고 볼 수 있는 것은?

① 대한민국과 항공기등의 감항성에 관해 항공안전협정을 체결한 국가로부터 형식증명을 받은 항공기
② 항공법에 대한 형식증명을 받은 항공기
③ 항공법에 대한 감항증명을 받은 항공기
④ 항공법에 대한 수리, 개조승인을 받은 항공기

해설

항공안전법 제21조(형식증명승인)
② 제1항에도 불구하고 대한민국과 항공기등의 감항성에 관한 항공안전협정을 체결한 국가로부터 형식증명을 받은 제1항 각 호의 항공기 및 그 항공기에 장착된 발동기와 프로펠러의 경우에는 제1항에 따른 형식증명승인을 받은 것으로 본다. 〈신설 2017. 12. 26.〉

중 (출제율이 높은 문제)

06 다음 중 형식증명승인이 필요로 하는 경우가 아닌 것은?

① 변경된 설계 개요서
② 외국정부의 부가형식증명서
③ 항공기가 기술기준에 적합함을 입증하는 자료
④ 대한민국과 항공안전에 관한 협정을 체결한 국가로부터 형식증명을 받은 항공기

해설

5번 문제 해설 참조

상 (출제율이 높은 문제)

07 형식증명 또는 제한형식증명에 따라 인가된 설계에 일치하게 항공기등을 제작할 수 있는 ( ), ( ), ( ), ( ) 등을 갖추고 있음을 증명받으려는 자는 국토교통부령으로 정하는 바에 따라 국토교통부장관에게 신청하여야 한다. ( )에 들어갈 알맞은 말은 무엇인가?

① 기술, 설비, 인원, 기술관리체계
② 기술, 설비, 인력, 품질관리체계
③ 기술, 설비, 인원, 품질관리체계
④ 기술, 설비, 인력, 기술관리체계

해설

3번 문제 해설 참조

중 (출제율이 높은 문제)

08 다음 중 형식승인을 받아야 하는 기술표준품은?

① 규정에 따라 감항증명을 받은 항공기에 포함되어 있는 기술표준품
② 규정에 따라 제작증명을 받은 항공기에 포함되어 있는 기술표준품
③ 규정에 따라 형식증명을 받은 항공기에 포함되어 있는 기술표준품
④ 규정에 따라 형식증명승인을 받은 항공기에 포함되어 있는 기술표준품

해설

항공안전법 시행규칙 제56조(형식승인이 면제되는 기술표준품)
법 제27조제1항 단서에서 "국토교통부령으로 정하는 기술표준품"이란 다음 각 호의 기술표준품을 말한다.
〈개정 2018. 6. 27.〉
1. 법 제20조에 따라 형식증명 또는 제한형식증명을 받은 항공기에 포함되어 있는 기술표준품
2. 법 제21조에 따라 형식증명승인을 받은 항공기에 포함되어 있는 기술표준품
3. 법 제23조제1항에 따라 감항증명을 받은 항공기에 포함되어 있는 기술표준품

정답 05 ① 06 ④ 07 ② 08 ②

중 (출제율이 높은 문제)

09 기술표준품의 형식승인을 위한 검사범위가 아닌 것은?

① 설계적합성
② 제작관리체계
③ 품질관리체계
④ 기술표준품관리체계

해설

① 국토교통부장관은 법 제27조제2항에 따라 기술표준품형식승인을 위한 검사를 하는 경우에는 다음 각 호의 사항을 검사하여야 한다.
  1. 기술표준품이 기술표준품형식승인기준에 적합하게 설계되었는지 여부
  2. 기술표준품의 설계 · 제작과정에 적용되는 품질관리체계
  3. 기술표준품관리체계

중 (출제율이 높은 문제)

10 항공기 기술표준품에 대한 형식승인을 받고자 하는 경우 기술표준품형식승인 신청서에 첨부하여야 할 서류가 아닌 것은?

① 기술표준품 관리체계를 설명하는 자료
② 감항성 확인서
③ 제조규격서 및 제품사양서
④ 기술표준품의 품질관리규정

해설

항공기 기술표준품 형식승인 기준 제6조(기술표준품 형식승인 신청)

① 「항공안전법」(이하 "법"이라 한다) 제27조제1항에 따라 기술표준품형식승인을 얻고자 하는 자는 규칙 별지 제26호서식의 기술표준품형식승인 신청서 및 별지1호 기술표준품 형식승인 적합성 확인서를 작성하여 국토교통부장관에게 제출하여야 한다.
② 제1항의 규정에 의한 기술표준품 형식승인 신청서에는 규칙 제55조제2항에 따른 다음 각 호의 첨부서류가 포함되어야 한다. 단, 필요한 경우 별지1호의 기술표준품 형식승인 적합성 확인서는 적절한 시기에 작성하여 국토교통부장관에게 제출하여도 무방하다.
  1. 기술표준품 인증계획서
  2. 설계도면 · 설계도면목록 및 부품목록
  3. 제조규격서 및 제품사양서
  4. 품질관리규정
  5. 해당 기술표준품의 감항성 유지 및 관리체계(이하 "기술표준품 관리체계"라 한다)를 설명하는 자료
  6. 그 밖의 참고사항을 기재한 서류

상 (출제율이 높은 문제)

11 항공기 제작증명을 받으려는 자가 국토교통부장관에게 제출하는 제작증명 신청서에 기재되는 사항이 아닌 것은?

① 제작일련번호
② 신청인 주소
③ 제작공장 위치
④ 설계자 성명 또는 명칭

해설

항공안전법 시행규칙 제32조(제작증명의 신청)

① 법 제22조제1항에 따라 제작증명을 받으려는 자는 별지 제11호서식의 제작증명 신청서를 국토교통부장관에게 제출하여야 한다.

[별지 제11호서식]
제작증명 신청서의 신청인란에는 성명 또는 명칭, 생년월일, 주소, 신청인의 자격 등을 기입
항공기, 발동기, 프로펠러 중 제작증명 신청서를 제출할 신청 대상을 선택하고 형식 또는 모델, (제한)형식증명/부가형식증명번호, 제작자 성명 또는 명칭, 제작공장 위치, 제작증명번호, 설계자 성명 또는 명칭, 설계자 주소 등을 기입

정답 09 ② 10 ② 11 ①

상

12 기술표준품 형식승인에 관한 설명 중 옳지 않은 것은?

① 대한민국과 기술표준품의 형식승인에 관한 항공안전협정을 체결한 국가로부터 형식승인을 받은 기술표준품으로서 국토교통부령으로 정하는 기술표준품은 기술표준품형식승인을 받은 것으로 본다.

② 국토교통부장관은 기술표준품형식승인을 할 때에는 기술표준품의 설계、제작에 대하여 기술표준품형식승인기준에 적합한지를 검사한 후 적합하다고 인정하는 경우에는 국토교통부령으로 정하는 바에 따라 기술표준품형식승인서를 발급하여야 한다.

③ 거짓이나 부정한 방법으로 기술표준품형식승인을 받은 경우 해당 기술표준품형식승인을 취소하거나 3개월 이내의 기간을 정하여 효력의 정지를 명할 수 있다.

④ 누구든지 기술표준품형식승인을 받지 아니한 기술표준품을 제작·판매하거나 항공기등에 사용해서는 아니 된다.

해설

항공안전법 제27조(기술표준품 형식승인)

① 항공기등의 감항성을 확보하기 위하여 국토교통부장관이 정하여 고시하는 장비품(시험 또는 연구 · 개발 목적으로 설계 · 제작하는 경우는 제외한다. 이하 "기술표준품"이라 한다)을 설계 · 제작하려는 자는 국토교통부장관이 정하여 고시하는 기술표준품의 형식승인기준(이하 "기술표준품형식승인기준"이라 한다)에 따라 해당 기술표준품의 설계 · 제작에 대하여 국토교통부장관의 승인(이하 "기술표준품형식승인"이라 한다)을 받아야 한다. 다만, 대한민국과 기술표준품의 형식승인에 관한 항공안전협정을 체결한 국가로부터 형식승인을 받은 기술표준품으로서 국토교통부령으로 정하는 기술표준품은 기술표준품형식승인을 받은 것으로 본다.

② 국토교통부장관은 기술표준품형식승인을 할 때에는 기술표준품의 설계 · 제작에 대하여 기술표준품형식승인기준에 적합한지를 검사한 후 적합하다고 인정하는 경우에는 국토교통부령으로 정하는 바에 따라 기술표준품형식승인서를 발급하여야 한다.

③ 누구든지 기술표준품형식승인을 받지 아니한 기술표준품을 제작 · 판매하거나 항공기등에 사용해서는 아니된다.

④ 국토교통부장관은 다음 각 호의 어느 하나에 해당하는 경우에는 해당 기술표준품형식승인을 취소하거나 6개월 이내의 기간을 정하여 그 효력의 정지를 명할 수 있다. 다만, 제1호에 해당하는 경우에는 기술표준품형식승인을 취소하여야 한다.

1. 거짓이나 그 밖의 부정한 방법으로 기술표준품형식승인을 받은 경우
2. 기술표준품이 기술표준품형식승인 당시의 기술표준품형식승인기준에 적합하지 아니하게 된 경우

중

13 다음 중 제작증명 신청 시 첨부해야 할 서류로 옳지 않은 것은?

① 품질관리규정

② 제작 설비 및 인력 현황

③ 제작 공장 조직에 대한 자료

④ 제작하려는 항공기등의 제작 방법 및 기술 등을 설명하는 자료

해설

항공안전법 시행규칙 제32조(제작증명의 신청)

① 법 제22조제1항에 따라 제작증명을 받으려는 자는 별지 제11호서식의 제작증명 신청서를 국토교통부장관에게 제출하여야 한다.

② 제1항에 따른 신청서에는 다음 각 호의 서류를 첨부하여야 한다.

1. 품질관리규정
2. 제작하려는 항공기등의 제작 방법 및 기술 등을 설명하는 자료
3. 제작 설비 및 인력 현황
4. 품질관리 및 품질검사의 체계(이하 "품질관리체계"라 한다)를 설명하는 자료
5. 제작하려는 항공기등의 감항성 유지 및 관리체계(이하 "제작관리체계"라 한다)를 설명하는 자료

정답 12 ③ 13 ③

③ 제2항제1호에 따른 품질관리규정에 담아야 할 세부내용, 같은 항 제4호 및 제5호에 따른 품질관리체계 및 제작관리체계에 대한 세부적인 기준은 국토교통부장관이 정하여 고시한다.

중

14 제한형식증명을 신청할 수 있는 특정한 업무 종류로 옳지 않은 것은?

① 산불 진화 및 예방 업무
② 재난, 재해 등으로 인한 수색, 구조 업무
③ 응급환자의 수송 등 구조, 구급 업무
④ 범죄자 수색 및 추적 업무

해설

항공안전법 시행규칙 제20조(형식증명 등을 위한 검사범위 등)

② 법 제20조제2항제2호 가목 및 나목에서 "산불진화, 수색구조 등 국토교통부령으로 정하는 특정한 업무"란 각각 다음 각 호의 업무를 말한다. 〈신설 2022. 6. 8.〉
1. 산불 진화 및 예방 업무
2. 재난 · 재해 등으로 인한 수색 · 구조 업무
3. 응급환자의 수송 등 구조 · 구급 업무
4. 씨앗 파종, 농약 살포 또는 어군(魚群)의 탐지 등 농 · 수산업 업무
5. 기상관측, 기상조절 실험 등 기상 업무
6. 건설자재 등을 외부에 매달고 운반하는 업무(헬리콥터만 해당한다)
7. 해양오염 관측 및 해양 방제 업무
8. 산림, 관로(管路), 전선(電線) 등의 순찰 또는 관측 업무

[제목개정 2022. 6. 8.]

정답 14 ④

10 항공기의 정비·수리·개조 승인

중

01 항공기등의 수리 및 개조 승인의 범위는?

① 수리 또는 개조과정 및 완성 후의 상태
② 수리 또는 개조과정 및 완성 후의 상태와 비행성능
③ 수리 또는 개조과정 및 완성 후의 비행성능
④ 계획서를 통하여 수리 또는 개조가 항공기기술기준에 적합한지 여부를 확인

해설

항공안전법 시행규칙 제67조(항공기등 또는 부품등의 수리·개조승인)

① 지방항공청장은 제66조에 따른 수리·개조승인의 신청을 받은 경우에는 수리계획서 또는 개조계획서를 통하여 수리·개조가 항공기기술기준에 적합한지 여부를 확인한 후 승인하여야 한다. 다만, 신청인이 제출한 수리계획서 또는 개조계획서만으로 확인이 곤란한 경우에는 수리·개조가 시행되는 현장에서 확인한 후 승인할 수 있다.
② 지방항공청장은 제1항에 따라 수리·개조승인을 하는 때에는 별지 제32호서식의 수리·개조 결과서에 작업지시서 수행본 1부를 첨부하여 제출하는 것을 조건으로 신청자에게 승인하여야 한다.

중 (출제율이 높은 문제)

02 수리, 개조 승인을 위한 검사의 범위가 아닌 것은?

① 수리계획서의 수리가 기술기준에 적합하게 이행될 수 있을지의 여부
② 개조계획서의 개조가 기술기준에 적합하게 이행될 수 있을지의 여부
③ 수리, 개조의 과정 및 완성 후의 상태
④ 수리, 개조 결과서 확인

해설

1번 문제 해설 참조

중 (출제율이 높은 문제)

03 감항증명을 받은 항공기를 수리, 개조하는 경우 국토교통부장관의 수리, 개조승인을 받아야 하는 경우는?

① 정비조직인증을 받은 업무범위 안에서 항공기를 수리, 개조하는 경우
② 정비조직인증을 받은 업무범위를 초과하여 항공기를 수리, 개조하는 경우
③ 형식승인을 얻지 않은 기술표준품을 사용하여 항공기를 수리, 개조하는 경우
④ 수리, 개조승인을 받지 않은 장비품 또는 부품을 사용하여 항공기를 수리, 개조하는 경우

해설

항공안전법 시행규칙 제65조(항공기등 또는 부품등의 수리, 개조 승인의 범위)

법 제30조제1항에 따라 승인을 받아야 하는 항공기등 또는 부품등의 수리·개조의 범위는 항공기의 소유자등이 법 제97조에 따라 정비조직인증을 받아 항공기등 또는 부품등을 수리·개조하거나 정비조직인증을 받은 자에게 위탁하는 경우로서 그 정비조직인증을 받은 업무 범위를 초과하여 항공기등 또는 부품등을 수리·개조하는 경우를 말한다.

정답 01 ④ 02 ③ 03 ②

11 항공기의 정비 · 수리 · 개조 및 승인 신청

중

01 수리, 개조 승인 신청 시 첨부하는 수리, 개조 계획서에 포함하여야 할 사항이 아닌 것은?

① 수리, 개조에 필요한 인력 및 장비, 시설 및 자재 목록
② 수리, 개조 작업지시서
③ 수리, 개조 품질관리절차
④ 작업을 수행하려는 인증된 정비조직의 업무범위

해설

항공안전법 시행규칙 제66조(수리 · 개조승인의 신청)
법 제30조제1항에 따라 항공기등 또는 부품등의 수리 · 개조 승인을 받으려는 자는 별지 제31호서식의 수리 · 개조승인 신청서에 다음 각 호의 내용을 포함한 수리계획서 또는 개조 계획서를 첨부하여 작업을 시작하기 10일 전까지 지방항공청장에게 제출하여야 한다. 다만, 항공기사고 등으로 인하여 긴급한 수리 · 개조를 하여야 하는 경우에는 작업을 시작하기 전까지 신청서를 제출할 수 있다.
1. 수리 · 개조 신청사유 및 작업 일정
2. 작업을 수행하려는 인증된 정비조직의 업무범위
3. 수리 · 개조에 필요한 인력, 장비, 시설 및 자재 목록
4. 해당 항공기등 또는 부품등의 도면과 도면 목록
5. 수리 · 개조 작업지시서

중 (출제율이 높은 문제)

02 수리 또는 개조의 승인 신청 시 첨부하여야 할 서류는?

① 수리 또는 개조의 방법과 기술 등을 설명하는 자료
② 수리 또는 개조설비, 인력현황
③ 수리 또는 개조규정
④ 수리 또는 개조계획서

해설

1번 문제 해설 참조

중 (출제율이 높은 문제)

03 수리, 개조승인 신청서는 작업을 시작하기 며칠 전까지 제출하여야 하는가?

① 7일 이내로 지방항공청장에게 제출해야 한다.
② 10일 이내로 지방항공청장에게 제출해야 한다.
③ 15일 이내로 국토교통부장관에게 제출해야 한다.
④ 30일 이내로 국토교통부장관에게 제출해야 한다.

해설

1번 문제 해설 참조

중 (출제율이 높은 문제)

04 항공기사고 등으로 인하여 긴급한 수리 · 개조를 해야 하는 경우에는 수리 · 개조승인 신청서를 며칠 이내에 제출해야 하는가?

① 7일
② 10일
③ 15일
④ 작업착수 전

해설

1번 문제 해설 참조

정답 01 ③ 02 ④ 03 ② 04 ④

상

05 항공기등의 수리 · 개조승인의 신청 및 승인의 범위에 대한 설명 중 틀린 것은?

① 수리 또는 개조승인을 받고자 하는 자는 수리 · 개조승인 신청서에 수리계획서 또는 개조계획서를 첨부하여 국토교통부장관에게 제출하여야 한다.

② 수리 · 개조승인 신청서는 작업착수 10일 전까지 제출하여야 하며, 항공기사고 등으로 인한 긴급한 수리 또는 개조를 요하는 경우에는 작업을 시작하기 전까지 이를 제출할 수 있다.

③ 수리 또는 개조승인의 신청을 받은 경우에는 수리계획서 또는 개조계획서를 통하여 수리 또는 개조가 항공기기술기준에 적합한지 여부를 확인한 후 승인하여야 한다.

④ 수리계획서 또는 개조계획서만으로 확인이 곤란한 경우에는 수리 또는 개조가 시행되는 현장에서 확인한 후 승인할 수 있다.

해설

항공안전법 시행규칙 제66조(수리 · 개조승인의 신청)
법 제30조제1항에 따라 항공기등 또는 부품등의 수리 · 개조승인을 받으려는 자는 별지 제31호서식의 수리 · 개조승인 신청서에 다음 각 호의 내용을 포함한 수리계획서 또는 개조계획서를 첨부하여 작업을 시작하기 10일 전까지 지방항공청장에게 제출하여야 한다. 다만, 항공기사고 등으로 인하여 긴급한 수리 · 개조를 하여야 하는 경우에는 작업을 시작하기 전까지 신청서를 제출할 수 있다.

항공안전법 시행규칙 제67조(항공기등 또는 부품등의 수리 · 개조승인)

① 지방항공청장은 제66조에 따른 수리 · 개조승인의 신청을 받은 경우에는 수리계획서 또는 개조계획서를 통하여 수리 · 개조가 항공기기술기준에 적합한지 여부를 확인한 후 승인하여야 한다. 다만, 신청인이 제출한 수리계획서 또는 개조계획서만으로 확인이 곤란한 경우에는 수리 · 개조가 시행되는 현장에서 확인한 후 승인할 수 있다.

하

06 항공기등 또는 부품등의 수리, 개조 승인을 받으려는 자는 수리계획서 또는 개조계획서를 누구에게 제출하여야 하는가?

① 국토교통부장관
② 항공기 제작사 사장
③ 지방항공청장
④ 수리개조업체품질관리사

해설

1번 문제 해설 참조

정답 05 ① 06 ③

12 항공기의 정비 · 수리 · 개조 승인 및 확인

하 (출제율이 높은 문제)

01 감항증명을 받은 항공기의 소유자등은 해당 항공기를 국토교통부령이 정하는 범위에서 수리하거나 개조하려면 누구의 승인을 받아야 하는가?

① 국토교통부장관 ② 항공정비사
③ 공장검사원 ④ 항공기사

해설

항공안전법 제30조(수리 · 개조승인)
① 감항증명을 받은 항공기의 소유자등은 해당 항공기등, 장비품 또는 부품을 국토교통부령으로 정하는 범위에서 수리하거나 개조하려면 국토교통부령으로 정하는 바에 따라 그 수리 · 개조가 항공기기술기준에 적합한지에 대하여 국토교통부장관의 승인(이하 "수리 · 개조승인"이라 한다)을 받아야 한다.

하

02 국토교통부장관은 제20조부터 제25조까지, 제27조, 제28조, 제30조 및 제97조에 따른 증명 · 승인 또는 정비조직인증을 할 때에는 국토교통부장관이 정하는 바에 따라 미리 해당 항공기등 및 장비품을 검사하거나 이를 제작 또는 정비하려는 조직, 시설 및 인력 등을 검사하여야 하며, 항공기등 및 장비품에 대한 검사관의 임명 또는 위촉할 수 있는 해당사항으로 옳지 않은 것은?

① 항공정비사 자격증명을 받은 사람
② 국가기술자격법에 의한 항공기사 이상의 자격을 취득한 사람
③ 국가기관등 항공기의 설계, 제작, 정비업무에 3년 이상 종사한 경력이 있는 사람
④ 항공기술 관련 학사 이상의 학위를 취득한 후 항공업무에 3년 이상 경력이 있는 사람

해설

항공안전법 제31조(항공기등의 검사 등)
② 국토교통부장관은 제1항에 따른 검사를 하기 위하여 다음 각 호의 어느 하나에 해당하는 사람 중에서 항공기등 및 장비품을 검사할 사람(이하 "검사관"이라 한다)을 임명 또는 위촉한다.
1. 제35조제8호의 항공정비사 자격증명을 받은 사람
2. 「국가기술자격법」에 따른 항공분야의 기사 이상의 자격을 취득한 사람
3. 항공기술 관련 분야에서 학사 이상의 학위를 취득한 후 3년 이상 항공기의 설계, 제작, 정비 또는 품질보증 업무에 종사한 경력이 있는 사람
4. 국가기관등 항공기의 설계, 제작, 정비 또는 품질보증 업무에 5년 이상 종사한 경력이 있는 사람

중

03 전문검사기관에서 증명 또는 승인을 위한 검사업무를 수행하는 사람으로 임명 또는 위촉할 수 있는 조건으로 옳지 않은 것은?

① 항공정비사 자격증명을 받은 사람
② 국가기술자격법에 따른 항공기사 이상의 자격을 취득한 사람
③ 항공기술 관련 분야에서 학사 이상의 학위를 취득한 후 2년 이상 항공기의 설계, 제작, 정비 또는 품질보증 업무에 종사한 경력이 있는 사람
④ 국가기관등항공기의 설계, 제작, 정비 또는 품질보증 업무에 5년 이상 종사한 경력이 있는 사람

해설

2번 문제 해설 참조

정답 01 ① 02 ③ 03 ③

상

04 다음 중 국외 정비확인자의 자격요건으로 맞는 것은?

① 외국정부가 발급한 경력 자격증명을 받은 사람
② 법 제138조의 규정에 의한 정비조직인증을 받은 외국의 항공기정비업자
③ 외국정부가 인정한 항공기의 수리사업자로서 항공정비사 자격증명을 받은 사람과 같은 이상의 능력이 있다고 국토교통부장관이 인정한 사람
④ 외국정부가 인정한 항공기정비사업자에 소속된 사람으로서 항공정비사 자격증명을 받은 사람과 동등하거나 그 이상의 능력이 있는 사람

해설

항공안전법 시행규칙 제71조(국외 정비확인자의 자격인정)
법 제32조제1항 단서에서 "국토교통부령으로 정하는 자격요건을 갖춘 자"란 다음 각 호의 어느 하나에 해당하는 사람으로서 국토교통부장관의 인정을 받은 사람(이하 "국외 정비확인자"라 한다)을 말한다.
1. 외국정부가 발급한 항공정비사 자격증명을 받은 사람
2. 외국정부가 인정한 항공기정비사업자에 소속된 사람으로서 항공정비사 자격증명을 받은 사람과 동등하거나 그 이상의 능력이 있는 사람

하

05 국외 정비확인자 인정의 유효기간은?

① 1년
② 2년
③ 3년
④ 국토교통부장관이 정하는 기간

해설

항공안전법 시행규칙 제73조(국외 정비확인자 인정서의 발급)
① 국토교통부장관은 제71조에 따른 인정을 하는 경우에는 별지 제33호서식의 국외 정비확인자 인정서를 발급하여야 한다.
② 국토교통부장관은 제1항에 따라 국외 정비확인자 인정서를 발급하는 경우에는 국외 정비확인자가 감항성을 확인할 수 있는 항공기등 또는 부품등의 종류 · 등급 또는 형식을 정하여야 한다.
③ 제1항에 따른 인정의 유효기간은 1년으로 한다.

중 (출제율이 높은 문제)

06 감항증명을 받은 소유자등이 항공기등을 정비를 한 경우 수행해야 할 사항으로 옳은 것은?

① 감항증명 검사범위 내에 있으므로 검사를 받지 않는다.
② 항공정비사의 확인을 받아야 한다.
③ 국토교통부장관에게 허가를 받아야 한다.
④ 감항증명 검사범위 내에 적합한지 국토교통부장관에게 검사를 받아야 한다.

해설

항공안전법 제32조(항공기등의 정비등의 확인)
① 소유자등은 항공기등, 장비품 또는 부품에 대하여 정비등(국토교통부령으로 정하는 경미한 정비 및 제30조제1항에 따른 수리 · 개조는 제외한다. 이하 이 조에서 같다)을 한 경우에는 제35조제8호의 항공정비사 자격증명을 받은 사람으로서 국토교통부령으로 정하는 자격요건을 갖춘 사람으로부터 그 항공기등, 장비품 또는 부품에 대하여 국토교통부령으로 정하는 방법에 따라 감항성을 확인받지 아니하면 이를 운항 또는 항공기등에 사용해서는 아니 된다. 다만, 감항성을 확인받기 곤란한 대한민국 외의 지역에서 항공기등, 장비품 또는 부품에 대하여 정비등을 하는 경우로서 국토교통부령으로 정하는 자격요건을 갖춘 자로부터 그 항공기등, 장비품 또는 부품에 대하여 감항성을 확인받은 경우에는 이를 운항 또는 항공기등에 사용할 수 있다.

정답 04 ④ 05 ① 06 ②

13 부품등제작자증명의 신청 · 검사 범위

중 출제율이 높은 문제

01 부품등제작자증명 신청 시 필요 없는 것은?

① 품질관리규정
② 적합성 계획서 또는 확인서
③ 제작자, 제작번호 및 제작 연월일
④ 장비품 및 부품의 식별서

해설

항공안전법 시행규칙 제61조(부품등제작자증명의 신청)

① 법 제28조제1항에 따른 부품등제작자증명을 받으려는 자는 별지 제29호서식의 부품등제작자증명 신청서를 국토교통부장관에게 제출하여야 한다.
② 제1항에 따른 신청서에는 다음 각 호의 서류를 첨부하여야 한다.

1. 장비품 또는 부품(이하 "부품등"이라 한다)의 식별서
2. 항공기기술기준에 대한 적합성 입증 계획서 또는 확인서
3. 부품등의 설계도면 · 설계도면 목록 및 부품등의 목록
4. 부품등의 제조규격서 및 제품사양서
5. 부품등의 품질관리규정
6. 해당 부품등의 감항성 유지 및 관리체계(이하 "부품등 관리체계"라 한다)를 설명하는 자료
7. 그 밖에 참고사항을 적은 서류

상

02 다음 중 부품등제작자증명의 정의로 올바른 것은?

① 형식증명 또는 제한형식증명에 따라 인가된 설계에 일치하게 항공기등을 제작할 수 있는 기술, 설비, 인력 및 품질관리체계 등을 갖추고 있음을 증명을 말한다.
② 국토교통부령으로 정하는 항공기의 소유자등은 감항증명을 받는 경우와 수리 · 개조 등으로 항공기의 소음치가 변동된 경우에는 국토교통부령으로 정하는 바에 따라 그 항공기가 제19조 제2호의 소음기준에 적합한지에 대하여 국토교통부장관의 증명을 말한다.
③ 항공기등에 사용할 장비품 또는 부품을 제작하려는 자는 국토교통부령으로 정하는 바에 따라 항공기기술기준에 적합하게 장비품 또는 부품을 제작할 수 있는 인력, 설비, 기술 및 검사체계 등을 갖추고 있는지에 대하여 국토교통부장관의 증명을 말한다.
④ 항공기가 감항성이 있다는 증명을 말한다.

해설

항공안전법 제28조(부품등제작자증명)

① 항공기등에 사용할 장비품 또는 부품을 제작하려는 자는 국토교통부령으로 정하는 바에 따라 항공기기술기준에 적합하게 장비품 또는 부품을 제작할 수 있는 인력, 설비, 기술 및 검사체계 등을 갖추고 있는지에 대하여 국토교통부장관의 증명(이하 "부품등제작자증명"이라 한다)을 받아야 한다. 다만, 다음 각 호의 어느 하나에 해당하는 장비품 또는 부품을 제작하려는 경우에는 그러하지 아니하다.

1. 형식증명 또는 부가형식증명 당시 또는 형식증명승인 또는 부가형식증명승인 당시 장착되었던 장비품 또는 부품의 제작자가 제작하는 같은 종류의 장비품 또는 부품
2. 기술표준품형식승인을 받아 제작하는 기술표준품
3. 그 밖에 국토교통부령으로 정하는 장비품 또는 부품

정답 01 ③ 02 ③

중

03 부품등제작자증명을 받지 않아도 되는 부품등에 해당되지 않는 것은?

① 산업표준화법에 따라 인증받은 항공분야 부품등
② 전시・연구 또는 교육목적으로 제작되는 부품등
③ 국제적으로 공인된 규격에 합치하는 부품등 중 국토교통부장관이 정하여 고시하는 부품등
④ 형식증명 또는 형식증명승인을 받은 항공기등에 장착하는 개조 또는 교환용 부품등을 생산하여 판매하는 부품등

해설

항공안전법 시행규칙 제63조(부품등제작자증명을 받지 아니하여도 되는 부품등)

법 제28조제1항제3호에서 "국토교통부령으로 정하는 장비품 또는 부품"이란 다음 각 호의 어느 하나에 해당하는 것을 말한다.

1. 「산업표준화법」 제15조제1항에 따라 인증받은 항공 분야 부품등
2. 전시・연구 또는 교육목적으로 제작되는 부품등
3. 국제적으로 공인된 규격에 합치하는 부품등 중 국토교통부장관이 정하여 고시하는 부품등

중

04 다음 중 부품등제작자증명의 대상 범위로 옳지 않은 것은?

① 기술표준품형식승인을 받아 제작하는 기술표준품
② 형식증명 또는 부가형식증명을 받은 개조 또는 교환 부품등
③ 형식증명 또는 형식증명승인을 받은 항공기등에 장착하기 위해 판매 목적으로 생산하는 개조 또는 교환용 부품등
④ 제작증명 소지자 또는 기술표준품형식승인 소지자가 승인받은 설계 및 품질관리체계에 따라 생산하는 교환 부품등

해설

부품등제작자증명 기준 제4조(부품등제작자증명 대상)

① 제2항에 해당되는 경우를 제외하고, 다음 각 호의 어느 하나에 해당하는 경우 당해 부품등은 부품등제작자 증명 대상이다.

1. 법 제20조 또는 제21조의 규정에 따라 형식증명 또는 형식증명승인을 받은 항공기등에 장착하기 위하여 판매목적으로 개조 또는 교환용 부품등을 생산하고자 하는 경우
2. 법 제20조 제4항의 규정에 따라 부가형식증명을 받은 개조 또는 교환 부품등을 생산하고자 하는 경우.
3. 항공기등의 형식설계에 포함되어 있는 부품등으로서, 법 제27조의 규정에 따라 기술표준품형식승인을 받은 기술표준품에 대한 교환 부품을 생산・판매 하고자 하는 경우. 다만, 생산하고자 하는 교환용 부품등이 해당 기술표준품에 대한 설계변경을 필요로 하는 경우에는 법 제27조의 규정에 따라 기술표준품형식승인 대상이다.

정답 03 ④ 04 ④

14 항공종사자 자격 및 자격증명 종류, 업무범위

상 (출제율이 높은 문제)

01 항공작전기지에서 근무하는 군인이 자격증명이 없더라도 국방부장관으로부터 자격인정을 받아 수행할 수 있는 업무는?

① 조종
② 관제
③ 항공정비
④ 급유 및 배유

해설

항공안전법 제34조(항공종사자 자격증명 등)

③ 제1항 및 제2항에도 불구하고 「군사기지 및 군사시설 보호법」을 적용받는 항공작전기지에서 항공기를 관제하는 군인은 국방부장관으로부터 자격인정을 받아 항공교통관제 업무를 수행할 수 있다.

하

02 항공정비사 자격증명에 대한 한정은?

① 항공기의 종류에 의한다.
② 항공기, 경량항공기의 종류 및 정비분야에 의한다.
③ 항공기, 경량항공기의 등급 및 정비분야에 의한다.
④ 항공기, 경량항공기의 종류, 등급 또는 형식에 의한다.

해설

항공안전법 제37조(자격증명의 한정)

① 국토교통부장관은 다음 각 호의 구분에 따라 자격증명에 대한 한정을 할 수 있다. 〈개정 2019. 8. 27.〉

1. 운송용 조종사, 사업용 조종사, 자가용 조종사, 부조종사 또는 항공기관사 자격의 경우 : 항공기의 종류, 등급 또는 형식
2. 항공정비사 자격의 경우 : 항공기·경량항공기의 종류 및 정비분야

중 (출제율이 높은 문제)

03 항공종사자 자격증명 응시연령에 관한 설명 중 맞는 것은?

① 자가용 조종사의 자격은 만 18세, 다만 자가용 활공기 조종사의 경우에는 만 16세로 한다.
② 사업용 조종사, 항공사, 항공기관사 및 항공정비사의 자격은 만 20세로 한다.
③ 운송용 조종사 및 운항관리사의 자격은 만 21세로 한다.
④ 부조종사 및 항공사의 자격은 만 20세로 한다.

해설

항공안전법 제34조(항공종사자 자격증명 등)

② 다음 각 호의 어느 하나에 해당하는 사람은 자격증명을 받을 수 없다.

1. 다음 각 목의 구분에 따른 나이 미만인 사람
   가. 자가용 조종사 자격 : 17세(제37조에 따라 자가용 조종사의 자격증명을 활공기에 한정하는 경우에는 16세)
   나. 사업용 조종사, 부조종사, 항공사, 항공기관사, 항공교통관제사 및 항공정비사 자격 : 18세
   다. 운송용 조종사 및 운항관리사 자격 : 21세

하

04 자격증명에 있어서 모든 형식의 항공기별로 형식을 한정해야 하는 항공종사자는?

① 조종사
② 항공기관사
③ 항공정비사
④ 경량항공기 조종사

정답 01 ② 02 ② 03 ③ 04 ②

해설

항공안전법 시행규칙 제81조(자격증명의 한정)

① 국토교통부장관은 법 제37조제1항제1호에 따라 항공기의 종류 · 등급 또는 형식을 한정하는 경우에는 자격증명을 받으려는 사람이 실기시험에 사용하는 항공기의 종류 · 등급 또는 형식으로 한정하여야 한다.

④ 제1항에 따라 한정하는 항공기의 형식은 다음 각 호와 같이 구분한다.

1. 조종사 자격증명의 경우에는 다음 각 목의 어느 하나에 해당하는 형식의 항공기
   가. 비행교범에 2명 이상의 조종사가 필요한 것으로 되어 있는 항공기
   나. 가목 외에 국토교통부장관이 지정하는 형식의 항공기
2. 항공기관사 자격증명의 경우에는 모든 형식의 항공기

하 (출제율이 높은 문제)

05 항공정비사 자격증명시험의 응시제한 연령은?

① 16세　② 17세
③ 18세　④ 21세

해설

3번 문제 해설 참조

하 (출제율이 높은 문제)

06 항공종사자의 자격증명의 종류 중 아닌 것은?

① 항공사
② 항공교통관제사
③ 화물적재관리사
④ 항공정비사

해설

항공안전법 제35조(자격증명의 종류)

자격증명의 종류는 다음과 같이 구분한다.

1. 운송용 조종사
2. 사업용 조종사
3. 자가용 조종사
4. 부조종사
5. 항공사
6. 항공기관사
7. 항공교통관제사
8. 항공정비사
9. 운항관리사

상

07 군사기지 및 군사시설 보호법을 적용받는 공군작전기지에서 항공기를 관제하는 군인은 국방부장관으로부터 자격인정을 받아 (　　) 업무를 수행할 수 있다. 빈 칸에 들어갈 알맞은 말은?

① 항공교통관제　② 항공정비
③ 항공조종　④ 항공급유

해설

1번 문제 해설 참조

상

08 항공종사자에 대한 설명으로 틀린 것은?

① 항공업무에 종사하려는 사람은 국토교통부령으로 정하는 바에 따라 국토교통부장관으로부터 항공종사자 자격증명을 받아야 한다.
② 항공종사자 자격증명은 항공안전법 제32조에 의거한다.
③ 운송용 조종사 및 운항관리사 자격 취득은 21세 이상부터 취득할 수 있다.
④ 자가용 조종사 자격 취득은 17세 이상부터 취득할 수 있다.

해설

항공안전법 제34조(항공종사자 자격증명 등)

① 항공업무에 종사하려는 사람은 국토교통부령으로 정하는 바에 따라 국토교통부장관으로부터 항공종사자 자격증명(이하 "자격증명"이라 한다)을 받아야 한다. 다만, 항공업무 중 무인항공기의 운항 업무인 경우에는 그러하지 아니하다.

정답 05 ③ 06 ③ 07 ① 08 ②

② 다음 각 호의 어느 하나에 해당하는 사람은 자격증명을 받을 수 없다.
1. 다음 각 목의 구분에 따른 나이 미만인 사람
가. 자가용 조종사 자격 : 17세(제37조에 따라 자가용 조종사의 자격증명을 활공기에 한정하는 경우에는 16세)
나. 사업용 조종사, 부조종사, 항공사, 항공기관사, 항공교통관제사 및 항공정비사 자격 : 18세
다. 운송용 조종사 및 운항관리사 자격 : 21세
2. 제43조제1항에 따른 자격증명 취소처분을 받고 그 취소일부터 2년이 지나지 아니한 사람(취소된 자격증명을 다시 받는 경우에 한정한다)

중 (출제율이 높은 문제)

09 항공정비사의 업무범위는?

① 정비한 항공기에 대한 확인
② 정비등을 한 항공기등, 장비품 또는 부품에 대하여 감항성을 확인하는 행위
③ 수리등을 한 항공기등, 장비품 또는 부품에 대하여 감항성을 확인하는 행위
④ 수리 또는 개조등을 한 항공기등, 장비품 또는 부품에 대하여 감항성을 확인하는 행위

해설

항공안전법 [별표] 자격증명별 업무범위(제36조제1항 관련)
항공정비사
다음 각 호의 행위를 하는 것
1. 제32조제1항에 따라 정비등을 한 항공기등, 장비품 또는 부품에 대하여 감항성을 확인하는 행위
2. 제108조제4항에 따라 정비를 한 경량항공기 또는 그 장비품 · 부품에 대하여 안전하게 운용할 수 있음을 확인하는 행위

중

10 항공기관사의 업무범위는?

① 항공기에 탑승하여 그 위치 및 항로의 측정과 항공상의 자료를 산출하는 행위
② 항공기에 탑승하여 운항에 필요한 사항을 확인하는 행위
③ 항공기에 탑승하여 비행계획의 작성 및 변경을 하는 행위
④ 항공기에 탑승하여 조종장치의 조작을 제외한 발동기 및 기체를 취급하는 행위

해설

항공안전법 [별표] 자격증명별 업무범위(제36조제1항 관련)
항공기관사
항공기에 탑승하여 발동기 및 기체를 취급하는 행위(조종장치의 조작은 제외한다)

중

11 국토교통부령(항공안전법 시행규칙 제68조)으로 정하는 경미한 정비에 해당되는 것으로 옳은 것은?

① 감항성에 미치는 영향이 경미한 개조작업
② 복잡한 결합작용을 필요로 하는 규격장비품의 교환작업
③ 감항성에 미치는 영향이 경미한 수리작업으로서 동력장치의 작동점검이 필요한 작업
④ 간단한 보수를 하는 예방작업으로 리깅(Rigging) 또는 간극의 조정작업

해설

항공안전법 시행규칙 제68조(경미한 정비의 범위)
법 제32조제1항 본문에서 "국토교통부령으로 정하는 경미한 정비"란 다음 각 호의 어느 하나에 해당하는 작업을 말한다. 〈개정 2021. 8. 27.〉
1. 간단한 보수를 하는 예방작업으로서 리깅(Rigging : 항공기 정비를 위한 조절작업을 말한다) 또는 간극의 조정작업 등 복잡한 결합작용을 필요로 하지 않는 규격장비품 또는 부품의 교환작업
2. 감항성에 미치는 영향이 경미한 범위의 수리작업으로서 그 작업의 완료 상태를 확인하는 데에 동력장치의 작동점검과 같은 복잡한 점검을 필요로 하지 아니하는 작업
3. 그 밖에 윤활유 보충 등 비행 전후에 실시하는 단순하고 간단한 점검 작업

정답 09 ② 10 ④ 11 ④

중

12 다음 중 "국토교통부령으로 정하는 경미한 정비"가 아닌 것은?

① 복잡하고 특수한 장비를 필요로 하는 작업
② 감항성에 미치는 영향이 경미한 범위의 수리작업
③ 복잡한 결합작용을 필요로 하지 아니하는 규격 장비품 또는 부품의 교환작업
④ 간단한 보수를 하는 예방작업으로서 리깅 또는 간극의 조정작업

해설

11번 문제 해설 참조

상 (출제율이 높은 문제)

13 감항증명 승인을 받은 항공기가 운항에 사용하도록 확인하는 사람은 누구인가?

① 국토교통부 항공기술과장
② 항공기 담당 정비 주임
③ 교통안전공단 과장
④ 항공정비사 자격증명을 받은 자

해설

항공안전법 제32조(항공기등의 정비등의 확인)

① 소유자등은 항공기등, 장비품 또는 부품에 대하여 정비등(국토교통부령으로 정하는 경미한 정비 및 제30조제1항에 따른 수리 · 개조는 제외한다. 이하 이 조에서 같다)을 한 경우에는 제35조제8호의 항공정비사 자격증명을 받은 사람으로서 국토교통부령으로 정하는 자격요건을 갖춘 사람으로부터 그 항공기등, 장비품 또는 부품에 대하여 국토교통부령으로 정하는 방법에 따라 감항성을 확인받지 아니하면 이를 운항 또는 항공기등에 사용해서는 아니 된다. 다만, 감항성을 확인받기 곤란한 대한민국 외의 지역에서 항공기등, 장비품 또는 부품에 대하여 정비등을 하는 경우로서 국토교통부령으로 정하는 자격요건을 갖춘 자로부터 그 항공기등, 장비품 또는 부품에 대하여 감항성을 확인받은 경우에는 이를 운항 또는 항공기등에 사용할 수 있다.

상 (출제율이 높은 문제)

14 항공기의 종류 · 등급 또는 형식을 한정하는 경우에는 자격증명을 받으려는 사람이 실기시험에 사용하는 항공기의 종류 · 등급 또는 형식으로 한정하여야 하는데, 한정하는 항공기의 종류로 아닌 것은?

① 비행기 ② 비행선
③ 수상 비행기 ④ 항공우주선

해설

항공안전법 시행규칙 제81조(자격증명의 한정)

① 국토교통부장관은 법 제37조제1항제1호에 따라 항공기의 종류 · 등급 또는 형식을 한정하는 경우에는 자격증명을 받으려는 사람이 실기시험에 사용하는 항공기의 종류 · 등급 또는 형식으로 한정하여야 한다.
② 제1항에 따라 한정하는 항공기의 종류는 비행기, 헬리콥터, 비행선, 활공기 및 항공우주선으로 구분한다.

중

15 항공정비사 업무범위에 대한 설명으로 틀린 것은?

① 항공정비사 업무범위에 관한 법률은 시행령에 있다.
② 자격증명을 받은 사람은 그가 받은 자격증명의 종류에 따른 업무범위 외의 업무에 종사해서는 아니 된다.
③ 새로운 종류, 등급 또는 형식의 항공기에 탑승하여 시험비행 등을 하는 경우로서 국토교통부령으로 정하는 바에 따라 국토교통부장관의 허가를 받은 경우에는 업무범위에 제한되지 않는다.
④ 제108조제4항에 따라 정비를 한 경량항공기 또는 그 장비품, 부품에 대하여 안전하게 운용할 수 있음을 확인하는 행위를 하는 항공종사자이다.

정답 12 ① 13 ④ 14 ③ 15 ①

해설

항공안전법 제36조(업무범위)

① 자격증명의 종류에 따른 업무범위는 별표와 같다.

② 자격증명을 받은 사람은 그가 받은 자격증명의 종류에 따른 업무범위 외의 업무에 종사해서는 아니 된다.

③ 다음 각 호의 어느 하나에 해당하는 경우에는 제1항 및 제2항을 적용하지 아니한다.

1. 국토교통부령으로 정하는 항공기에 탑승하여 조종(항공기에 탑승하여 그 기체 및 발동기를 다루는 것을 포함한다. 이하 같다)하는 경우
2. 새로운 종류, 등급 또는 형식의 항공기에 탑승하여 시험비행 등을 하는 경우로서 국토교통부령으로 정하는 바에 따라 국토교통부장관의 허가를 받은 경우

항공안전법 [별표]자격증명별 업무범위(제36조 제1항 관련)
항공정비사는 다음 각 호의 행위를 하는 것을 말한다.
제32조제1항에 따라 정비등을 한 항공기등, 장비품 또는 부품에 대하여 감항성을 확인하는 행위
제108조제4항에 따라 정비를 한 경량항공기 또는 그 장비품, 부품에 대하여 안전하게 운용할 수 있음을 확인하는 행위

하

16 종류 한정에 대한 자격증명 중 항공기에 포함되는 것은?

① 여객기
② 수상기
③ 항공우주선
④ 상급 단발기

해설

14번 문제 해설 참조

정답 16 ③

15 국적등의 표시(등록부호 표시)

상 (출제율이 높은 문제)

01 항공기 등록기호표에 대한 설명이 아닌 것은?

① 국적기호는 로마자 대문자로 표시한다.
② 국적기호는 등록기호 앞에 있다.
③ 등록기호는 영어로 표시한다.
④ 등록기호는 지워지지 않도록 선명하게 한다.

해설

항공안전법 시행규칙 제13조(국적 등의 표시)
② 법 제18조제2항에 따른 국적 등의 표시는 국적기호, 등록기호 순으로 표시하고, 장식체를 사용해서는 아니 되며, 국적기호는 로마자의 대문자 "HL"로 표시하여야 한다.
③ 등록기호의 첫 글자가 문자인 경우 국적기호와 등록기호 사이에 붙임표(-)를 삽입하여야 한다.
④ 항공기에 표시하는 등록부호는 지워지지 아니하고 배경과 선명하게 대조되는 색으로 표시하여야 한다.
⑤ 등록기호의 구성 등에 필요한 세부사항은 국토교통부장관이 정하여 고시한다.

상

02 등록부호에 사용하는 각 문자와 숫자의 크기에 대한 설명 중 잘못된 것은?

① 폭은 문자 및 숫자의 높이의 2/3로 한다.
② 선의 굵기는 문자 및 숫자의 높이의 1/6로 한다.
③ 간격은 문자 및 숫자의 폭의 1/4 이상 1/2 이하로 한다.
④ 폭과 붙임표의 길이는 문자 및 숫자의 높이의 1/3로 한다.

해설

항공안전법 시행규칙 제16조(등록부호의 폭 · 선 등)
등록부호에 사용하는 각 문자와 숫자의 폭, 선의 굵기 및 간격은 다음 각 호와 같다.

1. 폭과 붙임표(－)의 길이 : 문자 및 숫자의 높이의 3분의 1
2. 다만 영문자 I와 아라비아 숫자 1은 제외한다.
2. 선의 굵기 : 문자 및 숫자의 높이의 6분의 1
3. 간격 : 문자 및 숫자의 폭의 4분의 1 이상 2분의 1 이하

하 (출제율이 높은 문제)

03 다음 중 대한민국 항공기의 국적기호는?

① OZ ② KR
③ HL ④ ZK

해설

1번 문제 해설 참조

상 (출제율이 높은 문제)

04 항공기의 국적기호 및 등록기호 표시 방법으로 맞는 것은?

① 항공기에 표시하는 국적기호는 지워지지 아니하고 배경과 선명하게 대조되는 색으로 표시하여야 한다.
② 등록기호의 첫 글자가 문자인 경우 국적기호와 등록기호 사이에 붙임표(+)를 삽입하여야 한다.
③ 등록기호의 구성 등에 필요한 세부사항은 지방항공청장이 정하여 고시한다.
④ 국적 등의 표시는 장식체를 사용해서는 아니 되며, 국적기호는 로마자의 대문자로 표시하여야 한다.

해설

1번 문제 해설 참조

정답 01 ③ 02 ① 03 ③ 04 ④

16 탑재일지, 비치서류, 구급용구 및 항공일지 등

중 (출제율이 높은 문제)

01 항공기에 탑재해야 할 서류가 아닌 것은?

① 항공기 등록증명서
② 무선국 허가증명서
③ 화물적재분포도
④ 운용한계지정서

해설

항공안전법 시행규칙 제113조(항공기에 탑재하는 서류)
법 제52조제2항에 따라 항공기(활공기 및 법 제23조제3항 제2호에 따른 특별감항증명을 받은 항공기는 제외한다)에는 다음 각 호의 서류를 탑재하여야 한다.

1. 항공기등록증명서
2. 감항증명서
3. 탑재용 항공일지
4. 운용한계 지정서 및 비행교범
5. 운항규정(별표 32에 따른 교범 중 훈련교범 · 위험물교범 · 사고절차교범 · 보안업무교범 · 항공기 탑재 및 처리교범은 제외한다)
6. 항공운송사업의 운항증명서 사본(항공당국의 확인을 받은 것을 말한다) 및 운영기준 사본(국제운송사업에 사용되는 항공기의 경우에는 영문으로 된 것을 포함한다)
7. 소음기준적합증명서
8. 각 운항승무원의 유효한 자격증명서 및 조종사의 비행기록에 관한 자료
9. 무선국 허가증명서(radio station license)
10. 탑승한 여객의 성명, 탑승지 및 목적지가 표시된 명부(passenger manifest)(항공운송사업용 항공기만 해당한다)
11. 해당 항공운송사업자가 발행하는 수송화물의 화물목록(cargo manifest)과 화물 운송장에 명시되어 있는 세부 화물신고서류(detailed declarations of the cargo)(항공운송사업용 항공기만 해당한다)
12. 해당 국가의 항공 당국 간에 체결한 항공기 등의 감독 의무에 관한 이전협정서 사본(법 제5조에 따른 임대차 항공기의 경우만 해당한다)
13. 비행 전 및 각 비행단계에서 운항승무원이 사용해야 할 점검표
14. 그 밖에 국토교통부장관이 정하여 고시하는 서류

중

02 다음 중 항공에 사용하는 항공기에 탑재해야 할 서류가 아닌 것은?

① 형식증명서
② 감항증명서
③ 항공기등록증명서
④ 탑재용 항공일지

해설

1번 문제 해설 참조

하

03 다음 중 활공기의 소유자가 갖추어야 할 서류는?

① 활공기용 항공일지
② 탑재용 항공일지
③ 지상비치용 발동기 항공일지
④ 지상비치용 프로펠러 항공일지

해설

항공안전법 제108조(항공일지)
① 법 제52조제2항에 따라 항공기를 운항하려는 자 또는 소유자등은 탑재용 항공일지, 지상 비치용 발동기 항공일지 및 지상 비치용 프로펠러 항공일지를 갖추어 두어야 한다. 다만, 활공기의 소유자등은 활공기용 항공일지를, 법 제102조 각 호의 어느 하나에 해당하는 항공기의 소유자등은 탑재용 항공일지를 갖춰 두어야 한다.

정답 01 ③ 02 ① 03 ①

하 출제율이 높은 문제

04 항공기 소유자등이 갖추어야 할 항공일지가 아닌 것은?

① 기체 항공일지
② 발동기 항공일지
③ 프로펠러 항공일지
④ 탑재용 항공일지

해설

3번 문제 해설 참조

상 출제율이 높은 문제

05 탑재용 항공일지의 수리, 개조 또는 정비의 실시에 관한 기록 사항이 아닌 것은?

① 실시 연월일 및 장소
② 실시 이유, 수리, 개조 또는 정비의 위치 및 교환 부품명
③ 교환할 부품의 위치
④ 확인 연월일, 확인자 서명 또는 날인

해설

항공안전법 시행규칙 제108조(항공일지)

② 항공기의 소유자등은 항공기를 항공에 사용하거나 개조 또는 정비한 경우에는 지체 없이 다음 각 호의 구분에 따라 항공일지에 적어야 한다.
1. 탑재용 항공일지(법 제102조 각 호의 어느 하나에 해당하는 항공기는 제외한다)
(1) 수리 · 개조 또는 정비의 실시에 관한 다음의 기록
1) 실시 연월일 및 장소
2) 실시 이유, 수리 · 개조 또는 정비의 위치 및 교환 부품명
3) 확인 연월일 및 확인자의 서명 또는 날인

중

06 지상비치용 발동기 항공일지에 기록하여야 할 사항이 아닌 것은?

① 제작자, 제작 연월일
② 감항증명 번호
③ 실시 이유, 수리, 개조 또는 정비의 위치 및 교환 부품명
④ 사용 연월일 및 시간

해설

항공안전법 시행규칙 제108조(항공일지)

3. 지상 비치용 발동기 항공일지 및 지상 비치용 프로펠러 항공일지
가. 발동기 또는 프로펠러의 형식
나. 발동기 또는 프로펠러의 제작자 · 제작번호 및 제작 연월일
다. 발동기 또는 프로펠러의 장비교환에 관한 다음의 기록
1) 장비교환의 연월일 및 장소
2) 장비가 교환된 항공기의 형식 · 등록부호 및 등록증 번호
3) 장비교환 이유
라. 발동기 또는 프로펠러의 수리 · 개조 또는 정비의 실시에 관한 다음의 기록
1) 실시 연월일 및 장소
2) 실시 이유, 수리 · 개조 또는 정비의 위치 및 교환 부품명
3) 확인 연월일 및 확인자의 서명 또는 날인
마. 발동기 또는 프로펠러의 사용에 관한 다음의 기록
1) 사용 연월일 및 시간
2) 제작 후의 총 사용시간 및 최근의 오버홀 후의 총 사용시간

정답 04 ① 05 ③ 06 ②

하 (출제율이 높은 문제)

07 항공운송사업용 항공기에 비치해야 할 도끼의 수는?

① 1개 ② 2개
③ 3개 ④ 4개

해설

항공안전법 시행규칙 제110조 [별표 15]
항공운송사업용 및 항공기사용사업용 항공기에는 사고 시 사용할 도끼 1개를 갖춰 두어야 한다.

중 (출제율이 높은 문제)

08 헬리콥터가 수색구조가 특별히 어려운 산악지역, 외딴지역 및 국토교통부장관이 정한 해상 등을 횡단 비행하는 경우 갖추어야 할 구급용구는?

① 불꽃조난신호장비 ② 구명동의
③ 도끼 ④ 구급의료용품

해설

항공안전법 시행규칙 제110조(구급용구 등) [별표 15]
수색구조가 특별히 어려운 산악지역, 외딴지역 및 국토교통부장관이 정한 해상 등을 횡단 비행하는 비행기(헬리콥터를 포함한다)
- 불꽃조난신호장비
- 구명장비

상

09 항공기에 장비하여야 할 구급용구에 대한 설명 중 틀린 것은?

① 승객이 200명일 때 소화기 3개
② 승객이 500명일 때 소화기 5개
③ 항공운송사업용 및 항공기사용사업용 항공기에는 도끼 1개
④ 항공운송사업용 여객기의 승객이 200명 이상일 때 손확성기 3개

해설

항공안전법 시행규칙 제110조 [별표 15]
1. 소화기

승객 좌석 수	소화기의 수량
1) 6석부터 30석까지	1
2) 31석부터 60석까지	2
3) 61석부터 200석까지	3
4) 201석부터 300석까지	4
5) 301석부터 400석까지	5
6) 401석부터 500석까지	6
7) 501석부터 600석까지	7
8) 601석 이상	8

2. 항공운송사업용 및 항공기사용사업용 항공기에는 사고 시 사용할 도끼 1개를 갖춰 두어야 한다.
3. 항공운송사업용 여객기에는 다음 표의 손확성기를 갖춰 두어야 한다.

승객 좌석 수	손확성기의 수
61석부터 99석까지	1
100석부터 199석까지	2
200석 이상	3

중 (출제율이 높은 문제)

10 다음 중 불꽃조난신호장비를 갖추어야 하는 항공기는?

① 수상비행기
② 수색구조가 어려운 산악지역이나 외딴지역을 비행하는 비행기
③ 착륙에 적합한 해안으로부터 93km 이상의 해상을 비행하는 비행기
④ 해안으로부터 활공거리를 벗어난 해상을 비행하는 육상단발 비행기

해설

8번 문제 해설 참조

정 답 07 ① 08 ① 09 ② 10 ②

중

11 수상비행기 소유자 등이 갖추어야 할 구급용구에 해당되지 않는 것은?

① 불꽃조난신호장비
② 음성신호발생기
③ 해상용 닻
④ 일상용 닻

해설

항공안전법 시행규칙 제110조 [별표 15]

1. 구급용구

구 분	품 목	수 량	
		항공운송사업 및 항공기 사용사업에 사용하는 경우	그 밖의 경우
수상비행기 (수륙 양용 비행기를 포함한다)	• 구명동의 또는 이에 상당하는 개인부양 장비	탑승자 한 명당 1개	탑승자 한 명당 1개
	• 음성신호발생기	1기	1기
	• 해상용 닻	1개	1개 (해상이동에 필요한 경우만 해당한다)
	• 일상용 닻	1개	1개

정답 11 ①

17 항공기의 등불 및 항공기 연료 등

하

01 항공기가 야간에 공중과 지상 또는 수상을 항행하는 경우와 비행장의 이동지역 안에서 이동하거나 엔진이 작동 중인 경우 항공기 위치를 나타낼 때 쓰이는 것은?

① 우현등, 좌현등, 회전지시등
② 우현등, 좌현등, 충돌방지등
③ 우현등, 좌현등, 미등
④ 우현등, 좌현등, 미등, 충돌방지등

해설

항공안전법 시행규칙 제120조(항공기의 등불)
① 법 제54조에 따라 항공기가 야간에 공중 · 지상 또는 수상을 항행하는 경우와 비행장의 이동지역 안에서 이동하거나 엔진이 작동 중인 경우에는 우현등, 좌현등 및 미등(이하 "항행등"이라 한다)과 충돌방지등에 의하여 그 항공기의 위치를 나타내야 한다.

중 (출제율이 높은 문제)

02 항공운송사업용 비행기가 시계비행을 할 경우 최초착륙예정 비행장까지 비행에 필요한 연료의 양에 순항속도로 몇 분간 더 비행할 수 있는 연료를 실어야 하는가?

① 30분 ② 45분
③ 60분 ④ 90분

해설

항공안전법 시행규칙 제119조 [별표 17]
항공운송사업용 및 항공기사용사업용 비행기
1. 시계비행을 할 경우
다음 각 호의 양을 더한 양
① 최초 착륙예정 비행장까지 비행에 필요한 양
② 순항속도로 45분간 더 비행할 수 있는 양

상 (출제율이 높은 문제)

03 항공운송사업용 헬리콥터가 시계비행을 할 경우 실어야 할 연료의 양이 아닌 것은?

① 최초 착륙예정 비행장까지 비행에 필요한 양
② 최초 착륙예정 비행장까지 비행예정시간의 10%의 시간을 비행할 수 있는 양
③ 최대항속속도로 20분간 더 비행할 수 있는 양
④ 이상사태가 발생 시 연료의 소모가 증가할 것에 대비하여 운항기술기준에서 정한 추가의 양

해설

항공안전법 시행규칙 제119조 [별표 17]
항공운송사업용 및 항공기사용사업용 헬리콥터
1. 시계비행을 할 경우
다음 각 호의 양을 더한 양
① 최초 착륙예정 비행장까지 비행에 필요한 양
② 최대항속속도로 20분간 더 비행할 수 있는 양
③ 이상사태 발생 시 연료소모가 증가할 것에 대비하기 위한 것으로서 운항기술기준에서 정한 연료의 양

중

04 항공운송사업용 비행기가 시계비행 시 최초 착륙예정 비행장까지 비행에 필요한 연료의 양에 추가로 실어야 할 연료는?

① 순항속도로 30분간 더 비행할 수 있는 양
② 순항속도로 45분간 더 비행할 수 있는 양
③ 순항속도로 60분간 더 비행할 수 있는 양
④ 순항속도로 90분간 더 비행할 수 있는 양

해설

2번 문제 해설 참조

정답 01 ④ 02 ② 03 ② 04 ②

상 (출제율이 높은 문제)

05 항공운송사업용 헬리콥터가 시계비행을 할 경우 필요한 연료의 양이 아닌 것은?

① 최초 착륙예정 비행장까지 비행에 필요한 양
② 최대항속속도로 20분간 더 비행할 수 있는 양
③ 운항기술기준에서 정한 추가 연료의 양
④ 소유자가 정한 추가의 양

해설

3번 문제 해설 참조

상 (출제율이 높은 문제)

06 헬리콥터가 계기비행으로 적당한 교체비행장이 없을 경우 비행장 상공에서 2시간 동안 체공하는데 필요한 양 이외에 추가로 필요한 연료 탑재량은?

① 이상사태 발생시에 대비하여 국토교통부장관이 정한 추가의 양
② 최초 착륙예정 비행장까지 비행 예정시간에 10%의 시간을 더 비행할 수 있는 양
③ 최초 착륙예정 비행장까지 비행에 필요한 양
④ 최대항속속도로 20분간 더 비행할 수 있는 양

해설

항공안전법 시행규칙 제119조 [별표 17]
항공운송사업용 및 항공기사용사업용 헬리콥터
1. 계기비행으로 적당한 교체비행장이 없을 경우 제186조제7항제2호의 경우에는 다음 각 호의 양을 더한 양
 ① 최초 착륙예정 비행장까지 비행에 필요한 양
 ② 그 비행장의 상공에서 체공속도로 2시간 동안 체공하는데 필요한 양

상

07 항공운송사업용 및 항공기사용사업용 헬리콥터가 계기비행으로 교체비행장이 요구될 경우 실어야 할 연료의 양은?

① 최초의 착륙예정 비행장까지 비행예정시간의 10%의 시간을 비행할 수 있는 양
② 최초 착륙예정 비행장의 상공에서 체공속도로 2시간 동안 체공하는데 필요한 양
③ 교체비행장에서 표준기온으로 450m(1,500ft)의 상공에서 30분간 체공하는데 필요한 양에 그 비행장에 접근하여 착륙하는데 필요한 양을 더한 양
④ 최대항속속도로 20분간 더 비행할 수 있는 양

해설

항공안전법 시행규칙 제119조 [별표 17]
항공운송사업용 및 항공기사용사업용 헬리콥터
1. 계기비행으로 교체비행장이 요구될 경우 다음 각 호의 양을 더한 양
 ① 최초 착륙예정 비행장까지 비행하여 한 번의 접근과 실패접근을 하는 데 필요한 양
 ② 교체비행장까지 비행하는 데 필요한 양
 ③ 표준대기 상태에서 교체비행장의 450m(1,500ft)의 상공에서 30분간 체공하는 데 필요한 양에 그 비행장에 접근하여 착륙하는 데 필요한 양을 더한 양
 ④ 이상사태 발생 시 연료 소모가 증가할 것에 대비하여 소유자등이 정한 추가의 양

상

08 다음 중 "헬리콥터가 계기비행으로 교체비행장이 요구되는 경우" 항공기에 실어야 할 연료의 양은?

① 교체비행장까지 비행하는 데 필요한 연료의 양
② 교체비행장으로부터 60분간 더 비행할 수 있는 연료의 양
③ 교체비행장의 상공에서 30분간 체공하는데 필요한 연료의 양
④ 이상사태 발생 시 연료소모가 증가할 것에 대비하여 항공감항당국에서 정한 추가 연료의 양

해설

7번 문제 해설 참조

정답 05 ④ 06 ③ 07 ③ 08 ①

하

09 항공기가 야간에 비행장의 이동지역 안에서 이동하거나 엔진이 작동 중인 경우에는 그 항공기의 위치를 나타내기 위해 사용되는 것은?

① 착륙등
② 선회등
③ 착빙 감시등
④ 항행등과 충돌방지등

해설

1번 문제 해설 참조

정답 09 ④

18 위험물 등 운송 및 휴대금지, 사용제한

출제율이 높은 세목

하

01 항공기를 이용하여 운송하고자 하는 경우, 국토교통부장관의 허가를 받아야 하는 품목이 아닌 것은?

① 비밀 문서
② 인화성 액체
③ 산화성 물질류
④ 방사성 물질류

해설

항공안전법 시행규칙 제209조(위험물 운송허가 등)
① 법 제70조제1항에서 "폭발성이나 연소성이 높은 물건 등 국토교통부령으로 정하는 위험물"이란 다음 각 호의 어느 하나에 해당하는 것을 말한다.
1. 폭발성 물질
2. 가스류
3. 인화성 액체
4. 가연성 물질류
5. 산화성 물질류
6. 독물류
7. 방사성 물질류
8. 부식성 물질류
9. 그 밖에 국토교통부장관이 정하여 고시하는 물질류

하

02 위험물의 운송에 사용되는 포장 및 용기를 제조 또는 수입하여 판매하려는 자는 포장 및 용기의 안전성에 대하여 검사를 누구에게 받아야 하는가?

① 국토교통부장관
② 지방항공청장
③ 교통안전공단 이사장
④ 검사주임

해설

항공안전법 제71조(위험물 포장 및 용기의 검사 등)
① 위험물의 운송에 사용되는 포장 및 용기를 제조·수입하여 판매하려는 자는 그 포장 및 용기의 안전성에 대하여 국토교통부장관이 실시하는 검사를 받아야 한다.

하

03 항공기로 운송 시 폭발성이나 연소성이 높은 물건 등 국토교통부령으로 정하는 위험물이 아닌 것은?

① 인화성 액체
② 비가연성 물질류
③ 산화성 물질류
④ 부식성 물질류

해설

1번 문제 해설 참조

정답 01 ① 02 ① 03 ②

19 긴급항공기(수색 또는 구조등의 특례)

출제율이 높은 세목

중

01 긴급항공기를 운항한 자가 운항이 끝난 후 24시간 이내에 제출하여야 할 사항이 아닌 것은?

① 조종사 성명과 자격
② 조종사 외의 탑승자 인적사항
③ 긴급한 업무의 종류
④ 항공기의 형식 및 등록부호

해설

항공안전법 제207조(긴급항공기의 운항절차)

② 제1항에 따라 긴급항공기를 운항한 자는 운항이 끝난 후 24시간 이내에 다음 각 호의 사항을 적은 긴급항공기 운항결과 보고서를 지방항공청장에게 제출하여야 한다.
1. 성명 및 주소
2. 항공기의 형식 및 등록부호
3. 운항 개요(이륙 · 착륙 일시 및 장소, 비행목적, 비행경로 등)
4. 조종사의 성명과 자격
5. 조종사 외의 탑승자의 인적사항
6. 응급환자를 수송한 사실을 증명하는 서류(응급환자를 수송한 경우만 해당한다)
7. 그 밖에 참고가 될 사항

중

02 다음 중 긴급항공기로 지정받을 수 없는 것은?

① 화재 진화 항공기
② 응급환자 후송 항공기
③ 해난 신고로 인한 수색 및 구조 항공기
④ 재난, 재해 등으로 인한 수색 및 구조 항공기

해설

항공안전법 시행규칙 제207조(긴급항공기의 지정)

① 법 제69조제1항에서 "응급환자의 수송 등 국토교통부령으로 정하는 긴급한 업무"란 다음 각 호의 어느 하나에 해당하는 업무를 말한다.
1. 재난 · 재해 등으로 인한 수색 · 구조
2. 응급환자의 수송 등 구조 · 구급활동
3. 화재의 진화
4. 화재의 예방을 위한 감시활동
5. 응급환자를 위한 장기(臟器) 이송
6. 그 밖에 자연재해 발생 시의 긴급복구

중

03 긴급항공기의 지정을 취소 받은 경우 얼마 동안 지정을 받을 수 없는가?

① 최소 6개월
② 최소 1년
③ 최소 2년
④ 최소 3년

해설

항공안전법 제69조(긴급항공기의 지정 등)

④ 국토교통부장관은 긴급항공기의 소유자등이 다음 각 호의 어느 하나에 해당하는 경우에는 그 긴급항공기의 지정을 취소할 수 있다. 다만, 제1호에 해당하는 경우에는 그 긴급항공기의 지정을 취소하여야 한다.
1. 거짓이나 그 밖의 부정한 방법으로 긴급항공기로 지정받은 경우
2. 제3항에 따른 운항절차를 준수하지 아니하는 경우

⑤ 제4항에 따라 긴급항공기의 지정 취소처분을 받은 자는 취소처분을 받은 날부터 2년 이내에는 긴급항공기의 지정을 받을 수 없다.

정답 01 ③ 02 ③ 03 ③

중

04 긴급항공기의 지정취소처분을 받은 자는 얼마가 지나야 다시 긴급항공기의 지정을 받을 수 있는가?

① 최소 6개월 후
② 최소 1년 후
③ 최소 1년 6개월 후
④ 최소 2년 후

해설

3번 문제 해설 참조

중

05 긴급항공기의 지정신청서에 기재해야 할 사항으로 아닌 것은?

① 항공기의 형식 및 등록부호
② 긴급한 업무의 종류
③ 장비내역 및 정비방식
④ 긴급한 업무수행에 관한 업무규정

해설

항공안전법 시행규칙 제207조(긴급항공기의 지정)

③ 제2항에 따른 지정을 받으려는 자는 다음 각 호의 사항을 적은 긴급항공기 지정신청서를 지방항공청장에게 제출하여야 한다.

1. 성명 및 주소
2. 항공기의 형식 및 등록부호
3. 긴급한 업무의 종류
4. 긴급한 업무수행에 관한 업무규정 및 항공기 장착장비
5. 조종사 및 긴급한 업무를 수행하는 사람에 대한 교육훈련 내용
6. 그 밖에 참고가 될 사항

하

06 다음 중 "국토교통부령으로 정하는 긴급한 업무"에 해당되지 않는 것은?

① 화재의 진화
② 긴급업무를 위한 서류수송
③ 응급환자의 수송 등 구조, 구급활동
④ 재난, 재해 등으로 인한 수색 및 구조

해설

2번 문제 해설 참조

정답 04 ④ 05 ③ 06 ②

20 운항기술기준 등

하

01 국토교통부장관이 정하여 고시하는 운항기술기준에 포함되는 사항이 아닌 것은?

① 항공기 계기 및 장비
② 항공종사자의 자격증명
③ 항공종사자의 훈련
④ 항공운송사업의 운항증명

해설

항공안전법 제77조(항공기의 안전운항을 위한 운항기술기준)

① 국토교통부장관은 항공기 안전운항을 확보하기 위하여 이 법과 「국제민간항공협약」 및 같은 협약 부속서에서 정한 범위에서 다음 각 호의 사항이 포함된 운항기술기준을 정하여 고시할 수 있다.

1. 자격증명
2. 항공훈련기관
3. 항공기 등록 및 등록부호 표시
4. 항공기 감항성
5. 정비조직인증기준
6. 항공기 계기 및 장비
7. 항공기 운항
8. 항공운송사업의 운항증명 및 관리
9. 그 밖에 안전운항을 위하여 필요한 사항으로서 국토교통부령으로 정하는 사항

하

02 다음 중 항공기 안전운항을 위하여 국토교통부장관이 고시하는 운항기술기준에 포함되는 사항이 아닌 것은?

① 항공기 운항
② 요금인가 기준
③ 항공기 감항성
④ 항공운송사업의 운항증명

해설

1번 문제 해설 참조

하 (출제율이 높은 문제)

03 항공교통의 안전을 위하여 항공기의 비행을 금지하거나 제한할 필요가 있는 공역은?

① 관제공역
② 비관제공역
③ 통제공역
④ 주의공역

해설

항공안전법 제78조(공역 등의 지정)

① 국토교통부장관은 공역을 체계적이고 효율적으로 관리하기 위하여 필요하다고 인정할 때에는 비행정보구역을 다음 각 호의 공역으로 구분하여 지정 · 공고할 수 있다.

1. 관제공역 : 항공교통의 안전을 위하여 항공기의 비행 순서 · 시기 및 방법 등에 관하여 제84조제1항에 따라 국토교통부장관 또는 항공교통업무증명을 받은 자의 지시를 받아야 할 필요가 있는 공역으로서 관제권 및 관제구를 포함하는 공역
2. 비관제공역 : 관제공역 외의 공역으로서 항공기의 조종사에게 비행에 관한 조언 · 비행정보 등을 제공할 필요가 있는 공역
3. 통제공역 : 항공교통의 안전을 위하여 항공기의 비행을 금지하거나 제한할 필요가 있는 공역
4. 주의공역 : 항공기의 조종사가 비행 시 특별한 주의 · 경계 · 식별 등이 필요한 공역

정답 01 ③ 02 ② 03 ③

중 (출제율이 높은 문제)

04 항공기로 활공기를 예항하는 경우 안전상의 기준이 아닌 것은?

① 예항줄 길이의 50%에 상당하는 고도 이상의 고도에서 예항줄을 이탈시킬 것
② 구름 속에서나 야간에는 예항을 하지 말 것
③ 예항줄의 길이는 40m 이상 80m 이하로 할 것
④ 항공기에 연락원을 탑승시킬 것

해설

항공안전법 시행규칙 제171조(활공기 등의 예항)

① 법 제67조에 따라 항공기가 활공기를 예항하는 경우에는 다음 각 호의 기준에 따라야 한다.
  1. 항공기에 연락원을 탑승시킬 것(조종자를 포함하여 2명 이상이 탈 수 있는 항공기의 경우만 해당하며, 그 항공기와 활공기 간에 무선통신으로 연락이 가능한 경우는 제외한다)
  2. 예항하기 전에 항공기와 활공기의 탑승자 사이에 다음 각 목에 관하여 상의할 것
     가. 출발 및 예항의 방법
     나. 예항줄 이탈의 시기 · 장소 및 방법
     다. 연락 신호 및 그 의미
     라. 그 밖에 안전을 위하여 필요한 사항
  3. 예항줄의 길이는 40미터 이상 80미터 이하로 할 것
  4. 지상연락원을 배치할 것
  5. 예항줄 길이의 80퍼센트에 상당하는 고도 이상의 고도에서 예항줄을 이탈시킬 것
  6. 구름 속에서나 야간에는 예항을 하지 말 것(지방항공청장의 허가를 받은 경우는 제외한다)

② 항공기가 활공기 외의 물건을 예항하는 경우에는 다음 각 호의 기준에 따라야 한다.
  1. 예항줄에는 20미터 간격으로 붉은색과 흰색의 표지를 번갈아 붙일 것
  2. 지상연락원을 배치할 것

상

05 항공기로 활공기를 예항하는 방법 중 맞는 것은?

① 항공기와 활공기 간에 무선통신으로 연락이 가능한 경우에는 항공기에 연락원을 탑승시킬 것
② 예항줄의 길이는 60m 이상 80m 이하로 할 것
③ 야간에 예항을 하려는 경우에는 국토교통부장관의 허가를 받을 것
④ 예항줄 길이의 80%에 상당하는 고도 이상의 고도에서 예항줄을 이탈시킬 것

해설

4번 문제 해설 참조

하

06 항공기의 운항에 필요한 준비가 끝난 것을 확인하지 않고 항공기를 출발시키면 누구의 책임인가?

① 확인 정비사
② 기장
③ 항공교통관제사
④ 항공기 소유자

해설

항공안전법 제43조(자격증명, 항공신체검사증명의 취소 등)

19. 제65조제2항을 위반하여 기장이 운항관리사의 승인을 받지 아니하고 항공기를 출발시키거나 비행계획을 변경한 경우

항공안전법 제65조(운항관리사)

① 항공운송사업자와 국외운항항공기 소유자등은 국토교통부령으로 정하는 바에 따라 운항관리사를 두어야 한다.
② 제1항에 따라 운항관리사를 두어야 하는 자가 운항하는 항공기의 기장은 그 항공기를 출발시키거나 비행계획을 변경하려는 경우에는 운항관리사의 승인을 받아야 한다.

정답 04 ① 05 ④ 06 ②

하 (출제율이 높은 문제)

07 항공기가 비행장 안의 이동지역에서 이동할 때 따라야 하는 기준이 아닌 것은?

① 교차하거나 이와 유사하게 접근하는 항공기 상호 간에는 다른 항공기를 좌측으로 보는 항공기가 진로를 양보할 것
② 앞지르기하는 항공기는 다른 항공기의 통행에 지장을 주지 않도록 충분한 분리 간격을 유지할 것
③ 기동지역에서 지상이동하는 항공기는 정지선등(Stop Bar Lights)이 꺼져 있는 경우에 이동할 것
④ 기동지역에서 지상이동하는 항공기는 관제탑의 지시가 없는 경우에는 활주로진입전대기지점(Runway Holding Position)에서 정지 및 대기할 것

해설

항공안전법 시행규칙 제162조(항공기의 지상이동)
법 제67조에 따라 비행장 안의 이동지역에서 이동하는 항공기는 충돌예방을 위하여 다음 각 호의 기준에 따라야 한다. 〈개정 2021. 8. 27.〉

1. 정면 또는 이와 유사하게 접근하는 항공기 상호간에는 모두 정지하거나 가능한 경우에는 충분한 간격이 유지되도록 각각 오른쪽으로 진로를 바꿀 것
2. 교차하거나 이와 유사하게 접근하는 항공기 상호간에는 다른 항공기를 우측으로 보는 항공기가 진로를 양보할 것
3. 앞지르기하는 항공기는 다른 항공기의 통행에 지장을 주지 않도록 충분한 분리 간격을 유지할 것
4. 기동지역에서 지상이동 하는 항공기는 관제탑의 지시가 없는 경우에는 활주로진입전 대기지점(Runway Holding Position)에서 정지 · 대기할 것
5. 기동지역에서 지상이동하는 항공기는 정지선등(Stop Bar Lights)이 켜져 있는 경우에는 정지 · 대기하고, 정지선등이 꺼질 때에 이동할 것

정답 07 ①

21 공항시설관리규칙(목적, 정의), 제한구역

출제율이 높은 세목

중

01 대통령령으로 정하는 공항의 시설 중 지원시설은?

① 도심공항터미널 ② 화물처리시설
③ 기상관측시설 ④ 항공기 급유시설

해설

공항시설법 시행령 제3조(공항시설의 구분)
2. 다음 각 목에서 정하는 지원시설
 가. 항공기 및 지상조업장비의 점검 · 정비 등을 위한 시설
 나. 운항관리시설, 의료시설, 교육훈련시설, 소방시설 및 기내식 제조 · 공급 등을 위한 시설
 다. 공항의 운영 및 유지 · 보수를 위한 공항 운영 · 관리 시설
 라. 공항 이용객 편의시설 및 공항근무자 후생복지시설
 마. 공항 이용객을 위한 업무 · 숙박 · 판매 · 위락 · 운동 · 전시 및 관람집회 시설
 바. 공항교통시설 및 조경시설, 방음벽, 공해배출 방지시설 등 환경보호시설
 사. 공항과 관련된 상하수도 시설 및 전력 · 통신 · 냉난방 시설
 아. 항공기 급유시설 및 유류의 저장 · 관리 시설
 자. 항공화물을 보관하기 위한 창고시설
 차. 공항의 운영 · 관리와 항공운송사업 및 이와 관련된 사업에 필요한 건축물에 부속되는 시설
 카. 공항과 관련된 「신에너지 및 재생에너지 개발 · 이용 · 보급 촉진법」 제2조제3호에 따른 신에너지 및 재생에너지 설비
3. 도심공항터미널
4. 헬기장에 있는 여객시설, 화물처리시설 및 운항지원시설
5. 공항구역 내에 있는 「자유무역지역의 지정 및 운영에 관한 법률」 제4조에 따라 지정된 자유무역지역에 설치하려는 시설로서 해당 공항의 원활한 운영을 위하여 필요하다고 인정하여 국토교통부장관이 지정 · 고시하는 시설
6. 그 밖에 국토교통부장관이 공항의 운영 및 관리에 필요하다고 인정하는 시설

중

02 공항시설법의 목적으로 맞는 것은?

① 국제민간항공협약 및 같은 협약의 부속서에서 채택된 표준과 권고되는 방식에 따라 항공기, 경량항공기 또는 초경량비행장치의 안전하고 효율적인 항행을 위한 방법과 국가, 항공사업자 및 항공종사자 등의 의무 등에 관한 사항을 규정한다.
② 국제민간항공협약 등 국제협약에 따라 공항시설, 항행안전시설 및 항공기 내에서의 불법행위를 방지하고 민간항공의 보안을 확보하기 위한 기준 · 절차 및 의무사항 등을 규정한다.
③ 공항, 비행장 및 항행안전시설의 설치 및 운영 등에 관한 사항을 정함으로써 항공산업의 발전과 공공복리의 증진에 이바지한다.
④ 항공정책의 수립 및 항공사업에 관하여 필요한 사항을 정하여 대한민국 항공사업의 체계적인 성장과 경쟁력 강화 기반을 마련하는 한편, 항공사업의 질서유지 및 건전한 발전을 도모하고 이용자의 편의를 향상시켜 국민경제의 발전과 공공복리의 증진에 이바지한다.

해설

공항시설법 제1조(목적)
이 법은 공항 · 비행장 및 항행안전시설의 설치 및 운영 등에 관한 사항을 정함으로써 항공산업의 발전과 공공복리의 증진에 이바지함을 목적으로 한다.

정답 01 ④ 02 ③

중

03 다음 공항시설 중 대통령령으로 정하는 기본시설이 아닌 것은?

① 활주로, 유도로, 계류장, 착륙대
② 공항운영, 지원시설
③ 기상관측시설
④ 항행안전시설

해설

공항시설법 시행령 제3조(공항시설의 구분)
법 제2조제7호 각 목 외의 부분에서 "대통령령으로 정하는 시설"이란 다음 각 호의 시설을 말한다.
1. 다음 각 목에서 정하는 기본시설
   가. 활주로, 유도로, 계류장, 착륙대 등 항공기의 이착륙시설
   나. 여객터미널, 화물터미널 등 여객시설 및 화물처리시설
   다. 항행안전시설
   라. 관제소, 송수신소, 통신소 등의 통신시설
   마. 기상관측시설
   바. 공항 이용객을 위한 주차시설 및 경비 · 보안시설
   사. 공항 이용객에 대한 홍보시설 및 안내시설

중

04 다음 중 대통령령으로 정하는 시설 중 기본시설인 것은?

① 항공기 및 지상조업장비의 점검, 정비 등을 위한 시설
② 공항의 운영 및 유지, 보수를 위한 공항운영, 관리시설
③ 공항 이용객에 대한 홍보시설 및 안내시설
④ 항공기 급유시설 및 유류의 저장, 관리 시설

해설

3번 문제 해설 참조

중

05 항공안전법에 따라 국토교통부령으로 정하는 항행안전시설이 아닌 것은?

① 항행안전무선시설
② 항공등화
③ 항공정보통신시설
④ 항공장애 주간표지

해설

공항시설법 시행규칙 제5조(항행안전시설)
법 제2조제15호에서 "국토교통부령으로 정하는 시설"이란 다음 항공등화, 항행안전무선시설 및 항공정보통신시설을 말한다.

하

06 항공안전법에서 규정하는 항공기의 이륙 · 착륙 및 항행을 위한 시설과 항공 여객 및 화물의 운송을 위한 시설과 그 부대시설 및 지원시설을 무엇이라고 하는가?

① 공항시설
② 활주로
③ 비행장
④ 화물터미널

해설

공항시설법 제2조(정의)
"공항시설"이란 공항구역에 있는 시설과 공항구역 밖에 있는 시설 중 대통령령으로 정하는 시설로서 국토교통부장관이 지정한 다음 각 목의 시설을 말한다.
가. 항공기의 이륙 · 착륙 및 항행을 위한 시설과 그 부대시설 및 지원시설
나. 항공 여객 및 화물의 운송을 위한 시설과 그 부대시설 및 지원시설

정답 03 ② 04 ③ 05 ④ 06 ①

상

07 공항시설법에 따른 이착륙장의 관리기준에 대한 설명으로 틀린 것은?

① 이착륙장 시설의 기능 유지를 위하여 점검, 청소 등을 할 것
② 이착륙장에 사람, 차량 등이 임의로 출입하지 않도록 할 것
③ 기상악화, 천재지변이나 그 밖의 원인으로 인하여 항공기의 안전한 이륙 또는 착륙이 곤란할 우려가 있는 경우에는 지체 없이 폐쇄시킬 것
④ 개량이나 그 밖의 공사를 하는 경우에는 필요한 표지의 설치 또는 그 밖의 적절한 조치를 하여 항공기의 이륙 또는 착륙을 방해하지 말 것

해설

공항시설법 시행령 제34조(이착륙장의 관리기준)
① 법 제25조제2항에 따른 이착륙장의 관리기준은 다음 각 호와 같다.
1. 제33조에 따른 이착륙장의 설치기준에 적합하도록 유지할 것
2. 이착륙장 시설의 기능 유지를 위하여 점검 · 청소 등을 할 것
3. 개량이나 그 밖의 공사를 하는 경우에는 필요한 표지의 설치 또는 그 밖의 적절한 조치를 하여 경량항공기 또는 초경량비행장치의 이륙 또는 착륙을 방해하지 아니할 것
4. 이착륙장에 사람 · 차량 등이 임의로 출입하지 아니하도록 할 것
5. 기상악화, 천재지변이나 그 밖의 원인으로 인하여 경량항공기 또는 초경량비행장치의 안전한 이륙 또는 착륙이 곤란할 우려가 있는 경우에는 지체 없이 해당 이착륙장의 사용을 일시 정지하는 등 위해를 예방하기 위하여 필요한 조치를 할 것
6. 관계 행정기관 및 유사시에 지원하기로 협의된 기관과 수시로 연락할 수 있는 설비 또는 비상연락망을 갖출 것
7. 그 밖에 국토교통부장관이 정하여 고시하는 이착륙장 관리기준에 적합하게 관리할 것

하

08 다음 중 국토교통부령으로 정하는 항행안전무선시설이 아닌 것은?

① 무지향표지시설(NDB)
② 자동방향탐지기(ADF)
③ 다변측정감시시설(MLAT)
④ 전방향표지시설(VOR)

해설

공항시설법 시행규칙 제7조(항행안전무선시설)
법 제2조제17호에서 "국토교통부령으로 정하는 시설"이란 다음 각 호의 시설을 말한다.
1. 거리측정시설(DME)
2. 계기착륙시설(ILS/MLS/TLS)
3. 다변측정감시시설(MLAT)
4. 레이더시설(ASR/ARSR/SSR/ARTS/ASDE/PAR)
5. 무지향표지시설(NDB)
6. 범용접속데이터통신시설(UAT)
7. 위성항법감시시설(GNSS Monitoring System)
8. 위성항법시설(GNSS/SBAS/GRAS/GBAS)
9. 자동종속감시시설(ADS, ADS-B, ADS-C)
10. 전방향표지시설(VOR)
11. 전술항행표지시설(TACAN)

하

09 활주로와 항공기가 활주로를 이탈하는 경우 항공기와 탑승자의 피해를 줄이기 위하여 활주로 주변에 설치하는 것은 무엇인가?

① 안전지대 ② 비행장시설
③ 착륙대 ④ 항행안전시설

해설

공항시설법 제2조(정의)
"착륙대"(着陸帶)란 활주로와 항공기가 활주로를 이탈하는 경우 항공기와 탑승자의 피해를 줄이기 위하여 활주로 주변에 설치하는 안전지대로서 국토교통부령으로 정하는 크기로 이루어지는 활주로 중심선에 중심을 두는 직사각형의 지표면 또는 수면을 말한다.

정답 07 ③ 08 ② 09 ③

상

10 공항시설법에서 규정한 용어의 정의 중 틀린 것은?

① 공항운영자란 항공안전법에 따른 공항운영자를 말한다.

② 비행장구역이란 비행장으로 사용되고 있는 지역과 공항, 비행장개발예정지역 중 국토의 계획 및 이용에 관한 법률에 따라 도시, 군계획시설로 결정되어 국토교통부장관이 고시한 지역을 말한다.

③ 비행장이란 항공기의 이륙(이수)과 착륙(착수)을 위하여 사용되는 육지 또는 수면의 일정한 구역으로서 대통령령으로 정하는 것을 말한다.

④ 공항이란 공항시설을 갖춘 공공용 비행장으로서 국토교통부장관이 그 명칭, 위치 및 구역을 지정, 고시한 것을 말한다.

해설

공항시설법 제2조(정의)

이 법에서 사용하는 용어의 뜻은 다음과 같다.

2. "비행장"이란 항공기 · 경량항공기 · 초경량비행장치의 이륙[이수(離水)를 포함한다. 이하 같다]과 착륙[착수(着水)를 포함한다. 이하 같다]을 위하여 사용되는 육지 또는 수면(水面)의 일정한 구역으로서 대통령령으로 정하는 것을 말한다.
3. "공항"이란 공항시설을 갖춘 공공용 비행장으로서 국토교통부장관이 그 명칭 · 위치 및 구역을 지정 · 고시한 것을 말한다.
5. "비행장구역"이란 비행장으로 사용되고 있는 지역과 공항 · 비행장개발예정지역 중 「국토의 계획 및 이용에 관한 법률」 제30조 및 제43조에 따라 도시 · 군계획시설로 결정되어 국토교통부장관이 고시한 지역을 말한다.
11. "공항운영자"란 「항공사업법」 제2조제34호에 따른 공항운영자를 말한다.

중

11 항행안전시설 중 항공등화에 대해 "국토교통부령으로 정하는 사항"을 변경하려는 경우 해당 사항으로 아닌 것은?

① 운용시간

② 관리책임자의 변경

③ 등의 규격 또는 광도

④ 비행장 등화의 배치 및 조합

해설

공항시설법 시행규칙 제39조(항행안전시설의 변경)

① 법 제46조제1항에서 "국토교통부령으로 정하는 사항"이란 다음 각 호의 사항을 말한다. 〈개정 2021. 6. 11., 2021. 8. 27.〉

1. 항공등화에 관한 다음 각 목의 사항
   가. 등의 규격 또는 광도
   나. 비행장 등화의 배치 및 조합
   다. 운용시간

중

12 항행안전무선시설 중 전파를 이용하여 항공기의 항행을 돕기 위한 시설이 아닌 것은?

① 거리측정시설(DME)

② 전방향표지시설(VOR)

③ 디지털 항공정보방송시설(D-ATIS)

④ 자동종속감시시설(ADS, ADS-B, ADS-C)

해설

8번 문제 해설 참조

정답 10 ① 11 ② 12 ③

13 전파를 이용하여 항공기의 항행을 돕기 위한 항행안전무선시설이 아닌 것은?

① 거리측정시설(DME)
② 전방향표지시설(VOR)
③ 무지향표지시설(NDB)
④ 항공고정통신시스템(AFTN/MHS)

해설

8번 문제 해설 참조

정답 13 ④

22 공항내 차량 등록, 사용, 취급 등

출제율이 높은 세목

하

01 보호구역등을 차량을 운행하여 출입하려는 항공정비사는 누구에게 차량출입허가신청서를 제출하여야 하는가?

① 대통령
② 공항운영자
③ 국토교통부장관
④ 지방항공청장

해설

항공보안법 시행규칙 제6조(보호구역등에 대한 출입허가 등)

① 법 제13조에 따라 보호구역등을 출입하려는 사람은 공항운영자가 정하는 출입허가신청서를 공항운영자에게 제출하여야 한다. 이 경우 차량을 운행하여 출입하려는 사람은 그 차량에 대하여 따로 차량출입허가신청서를 제출하여야 한다.

상

02 공항 안에서 차량의 사용 및 취급에 대한 다음 설명 중 틀린 것은?

① 보호구역에서는 공항운영자가 승인한 이외의 자는 차량 등을 운전할 수 없다.
② 배기에 대한 방화장치가 있는 차량은 모두 격납고 내에서 운전할 수 있다.
③ 공항에서 차량 등을 주차하는 경우에는 공항운영자가 정한 주차구역 안에서 공항운영자가 정한 규칙에 따라 주차한다.
④ 공항구역에 정기로 출입하는 버스 및 택시 등은 공항운영자가 승인한 장소 이외의 장소에서 승객을 승강시킬 수 없다.

해설

공항시설법 시행규칙 [별표 4] 공항시설 · 비행장시설 관리기준(제19조제1항 관련)

17. 공항구역에서 차량 또는 장비의 사용 및 취급에 대하여는 다음 각 호에 따를 것. 다만, 긴급한 경우에는 예외로 한다.
  가. 보호구역에서는 공항운영자가 승인한 (항공보안법 제13조에 따라 차량 등의 출입허가를 받은 자를 포함한다) 이외의 자는 차량 등을 운전하지 아니할 것
  나. 격납고 내에 있어서는 배기에 대한 방화장치가 있는 트랙터를 제외하고는 차량 등을 운전하지 아니할 것
  다. 공항에서 차량 등을 주차하는 경우에는 공항운영자가 정한 주차구역 안에서 공항운영자가 정한 규칙에 따라 이를 주차하지 아니할 것
  라. 차량 등의 수선 및 청소는 공항운영자가 정하는 장소 이외의 장소에서 행하지 아니할 것
  마. 공항구역에 정기로 출입하는 버스 및 택시 등은 공항운영자가 승인한 장소 이외의 장소에서 승객을 승강시키지 아니할 것

하

03 다음 중 긴급상황을 제외하고 방화장치가 없는 자동차가 운행해서는 안 되는 지역은?

① 계류대
② 격납고
③ 보호구역
④ 활주로

해설

2번 문제 해설 참조

정답 01 ② 02 ② 03 ②

상

04 공항 내의 차량의 사용 및 취급에 대한 사항 중 틀린 것은?

① 차량 등의 수선 및 청소는 공항운영자가 정하는 장소에서만 수행되어야 한다.
② 보호구역에서는 공항운영자가 승인한 자만이 차량 등을 운전할 수 있다.
③ 격납고 내에서 방화장치가 있는 트랙터 외에는 사용할 수 없다.
④ 공항에서 자동차량을 주차하는 경우 지방항공청장과 공단의 이사장이 지정한 곳에서만 주차가 가능하다.

해설

2번 문제 해설 참조

상

05 공항 보호구역에서 사용되는 차량 등록 시 필요한 서류는 무엇인가?

① 자동차 보험등록증
② 제작증 또는 자동차등록증 원본
③ 자동차 안전검사서
④ 차량의 앞면 및 옆면 사진 각 1매

해설

공항시설법 시행규칙 [별표 4] 공항시설 · 비행장시설 관리기준(제19조제1항 관련)

16. 항공보안법 제12조에 따른 보호구역(이하 "보호구역"이라 한다)에서 지상조업, 항공기의 견인 등에 사용되는 차량 및 장비는 공항운영자에게 다음 각 호의 서류를 갖추어 등록해야 하며, 등록된 차량 및 장비는 공항관리 · 운영기관이 정하는 바에 의하여 안전도 등에 관한 검사를 받을 것
   가. 차량 및 장비의 제원과 소유자가 기재된 등록신청서 1부
   나. 소유권 및 제원을 증명할 수 있는 서류
   다. 차량 및 장비의 앞면 및 옆면 사진 각 1매
   라. 허가 등을 받았음을 증명할 수 있는 서류의 사본 1부(당해 차량 및 장비의 등록이 허가 등의 대상이 되는 사업의 수행을 위하여 필요한 경우에 한정한다)

정답 04 ④ 05 ④

23 공항내 급유 또는 배유 등 출제율이 높은 세목

하

01 급유 또는 배유작업 중인 항공기로부터 몇 m 이내에서 담배를 피워서는 안 되는가?

① 25m 이내
② 30m 이내
③ 35m 이내
④ 40m 이내

해설

공항시설법 시행령 제50조(금지행위)에 의거 기름을 넣거나 배출하는 작업 중인 항공기로부터 30미터 이내의 장소에서 담배를 피우는 행위는 금지행위에 해당된다.

상

02 다음 중 급유 또는 배유를 할 수 있는 경우는?

① 항공기가 격납고 기타 폐쇄된 장소 내에 있을 경우
② 발동기가 운전 중이거나 가열상태에 있는 경우
③ 항공기가 격납고 기타 건물의 외측 20m에 있는 경우
④ 필요한 위험 예방조치가 강구되었을 경우를 제외하고 여객이 항공기 내에 있을 경우

해설

공항시설법 시행규칙 [별표 4] 공항시설 · 비행장시설 관리기준(제19조제1항 관련)

14. 항공기의 급유 또는 배유를 하는 경우에는 다음 각 호에 따라 시행할 것
  가. 다음의 경우에는 항공기의 급유 또는 배유를 하지 말 것
    1) 발동기가 운전 중이거나 또는 가열상태에 있을 경우
    2) 항공기가 격납고 기타 폐쇄된 장소 내에 있을 경우
    3) 항공기가 격납고 기타의 건물의 외측 15 미터 이내에 있을 경우
    4) 필요한 위험예방조치가 강구되었을 경우를 제외하고 여객이 항공기 내에 있을 경우
  나. 급유 또는 배유중의 항공기의 무선설비, 전기설비를 조작하거나 기타 정전, 화학방전을 일으킬 우려가 있을 물건을 사용하지 말 것
  다. 급유 또는 배유장치를 항상 안전하고 확실히 유지할 것
  라. 급유 시에는 항공기와 급유장치 간에 전위차(電位差)를 없애기 위하여 전도체로 연결(Bonding)할 것. 다만, 항공기와 지면과의 전기저항 측정치 차이가 1 메가옴 이상인 경우에는 추가로 항공기 또는 급유장치를 접지(Grounding)시킬 것

상

03 다음 중 항공기의 급유 또는 배유를 할 수 없는 것은?

① 항공기의 무선설비를 조작하는 경우
② 항공기로부터 35m 떨어져서 담배를 피우는 경우
③ 정전, 화학방전을 일으킬 우려가 있을 물건을 사용하지 않는 경우
④ 필요한 위험 예방조치가 강구된 상태에서 여객이 항공기 내에 있을 경우

해설

2번 문제 해설 참조

정답 01 ② 02 ③ 03 ①

하

04 다음 중 항공기 급유 또는 배유를 할 수 없는 경우로 옳은 것은?

① 발동기를 장탈한 경우
② 항공기가 격납고 내부에 있는 경우
③ 항공기와 급유장치 간에 접지된 경우
④ 항공기가 건물 외측 30미터에 있는 경우

해설

2번 문제 해설 참조

정답 04 ②

24 공항내 금지행위 등 (출제율이 높은 세목)

중

01 다음 중 공항에서 금지되는 행위가 아닌 것은?

① 내화구조나 통풍설비를 갖춘 장소 외의 장소에서 기계칠을 하는 행위
② 항공정비사가 정비 또는 시운전 중의 항공기로부터 30m 이내로 들어오는 행위
③ 격납고 또는 건물의 바닥을 청소하는 경우에 휘발성 또는 가연성 물질을 사용하는 행위
④ 기름이 묻은 걸레 등의 폐기물을 전용 용기 이외에 버리는 행위

해설

공항시설법 시행령 제50조(금지행위)
법 제56조제6항제4호에서 "대통령령으로 정하는 행위"란 다음 각 호의 행위를 말한다. 〈개정 2021. 3. 16.〉

1. 노숙(露宿)하는 행위
2. 폭언 또는 고성방가 등 소란을 피우는 행위
3. 광고물을 설치 · 부착하거나 배포하는 행위
4. 기부를 요청하거나 물품을 배부 또는 권유하는 행위
5. 공항의 시설이나 주차장의 차량을 훼손하거나 더럽히는 행위
6. 공항운영자가 지정한 장소 외의 장소에 쓰레기 등의 물건을 버리는 행위
7. 무기, 폭발물 또는 가연성 물질을 휴대하거나 운반하는 행위(공항 내의 사업자 또는 영업자 등이 그 업무 또는 영업을 위하여 하는 경우는 제외한다)
8. 불을 피우는 행위
9. 내화구조와 소화설비를 갖춘 장소 또는 야외 외의 장소에서 가연성 또는 휘발성 액체를 사용하여 항공기, 발동기, 프로펠러 등을 청소하는 행위
10. 공항운영자가 정한 구역 외의 장소에 가연성 액체가스 등을 보관하거나 저장하는 행위
11. 흡연구역 외의 장소에서 담배를 피우는 행위
12. 기름을 넣거나 배출하는 작업 중인 항공기로부터 30미터 이내의 장소에서 담배를 피우는 행위
13. 기름을 넣거나 배출하는 작업, 정비 또는 시운전 중인 항공기로부터 30미터 이내의 장소에 들어가는 행위(그 작업에 종사하는 사람은 제외한다)
14. 내화구조와 통풍설비를 갖춘 장소 외의 장소에서 기계칠을 하는 행위
15. 휘발성 · 가연성 물질을 사용하여 격납고 또는 건물 바닥을 청소하는 행위
16. 기름이 묻은 걸레 등의 폐기물을 해당 폐기물에 의하여 부식되거나 훼손될 수 있는 보관용기에 담거나 버리는 행위
17. 「드론 활용의 촉진 및 기반조성에 관한 법률」 제2조제1항제1호에 따른 드론을 공항이나 비행장에 진입시키는 행위

[전문개정 2018. 8. 21.]

중

02 다음 중 공항에서 금지되는 행위가 아닌 것은?

① 공항의 시설이나 주차장의 차량을 훼손하거나 더럽히는 행위
② 내화성 구역에서 항공기 청소를 하는 행위
③ 지정된 장소 외의 장소에 쓰레기 등의 물건을 버리는 행위
④ 기름이 묻은 걸레 등의 폐기물을 전용 용기 이외에 버리는 행위

해설

1번 문제 해설 참조

정답 01 ② 02 ②

상

03 다음 중 공항 내에서 "항행에 위험을 일으킬 우려"가 있는 행위로 옳지 않은 것은?

① 착륙대, 유도로 또는 계류장에 금속편, 직물 또는 그 밖의 물건을 방치하는 행위

② 격납고 내에 금속편, 직물 또는 그 밖의 물건을 방치하는 행위

③ 지방항공청장의 승인 없이 레이저광선을 방사하는 행위

④ 운항 중인 항공기에 장애가 되는 방식으로 항공기나 차량 등을 운행하는 행위

해설

공항시설법 시행규칙 제47조(금지행위 등)

② 법 제56조제3항에 따른 항행에 위험을 일으킬 우려가 있는 행위는 다음 각 호와 같다. 〈개정 2018. 2. 9.〉

1. 착륙대, 유도로 또는 계류장에 금속편 · 직물 또는 그 밖의 물건을 방치하는 행위
2. 착륙대 · 유도로 · 계류장 · 격납고 및 사업시행자 등이 화기 사용 또는 흡연을 금지한 장소에서 화기를 사용하거나 흡연을 하는 행위
3. 운항 중인 항공기에 장애가 되는 방식으로 항공기나 차량 등을 운행하는 행위
4. 지방항공청장의 승인 없이 레이저 광선을 방사하는 행위

정답 03 ②

25 항공운송사업 및 정비규정의 인가, 내용 등

하

01 항공운송사업자 최소장비목록, 승무원 훈련 프로그램 등 국토교통부령으로 정하는 사항을 제정하거나 변경하려는 경우에는?

① 국토교통부장관의 인가를 받아야 한다.
② 국토교통부장관의 승인을 받아야 한다.
③ 국토교통부장관에게 신고하여야 한다.
④ 국토교통부장관에게 제출하여야 한다.

해설

항공안전법 제93조(항공운송사업자의 운항규정 및 정비규정)

② 항공운송사업자는 제1항 본문에 따라 인가를 받은 운항규정 또는 정비규정을 변경하려는 경우에는 국토교통부령으로 정하는 바에 따라 국토교통부장관에게 신고하여야 한다. 다만, 최소장비목록, 승무원 훈련프로그램 등 국토교통부령으로 정하는 중요사항을 변경하려는 경우에는 국토교통부장관의 인가를 받아야 한다.

중

02 다음 중 운항 중에 전자기기의 사용을 제한하지 않는 항공기는?

① 시계비행방식으로 비행 중인 항공운송사업용 항공기
② 시계비행방식으로 비행 중인 항공기
③ 계기비행방식으로 비행 중인 항공기
④ 항공운송사업용으로 비행 중인 항공기

해설

항공안전법 시행규칙 제214조(전자기기의 사용제한)

법 제73조에 따라 운항 중에 전자기기의 사용을 제한할 수 있는 항공기와 사용이 제한되는 전자기기의 품목은 다음 각 호와 같다.

1. 다음 각 목의 어느 하나에 해당하는 항공기
   가. 항공운송사업용으로 비행 중인 항공기
   나. 계기비행방식으로 비행 중인 항공기

중

03 다음 중 운항증명을 받으려는 자는 운항증명 신청서를 며칠 이내에 제출해야 하는가?

① 운항 개시 예정일 30일 전까지
② 운항 개시 예정일 60일 전까지
③ 운항 개시 예정일 90일 전까지
④ 운항 개시 예정일 120일 전까지

해설

항공안전법 시행규칙 제257조(운항증명의 신청 등)

① 법 제90조제1항에 따라 운항증명을 받으려는 자는 별지 제89호서식의 운항증명 신청서에 별표 32의 서류를 첨부하여 운항 개시 예정일 90일 전까지 국토교통부장관 또는 지방항공청장에게 제출하여야 한다.
② 국토교통부장관 또는 지방항공청장은 제1항에 따른 운항증명의 신청을 받으면 10일 이내에 운항증명검사계획을 수립하여 신청인에게 통보하여야 한다.

중

04 국내항공운송사업 또는 국제항공운송사업자의 운항증명을 위한 검사의 구분은?

① 상태검사, 서류검사
② 현장검사, 시설검사
③ 상태검사, 현장검사
④ 현장검사, 서류검사

정답 01 ① 02 ② 03 ③ 04 ④

해설

항공안전법 시행규칙 제258조(운항증명을 위한 검사기준)
법 제90조제1항에 따라 항공운송사업자의 운항증명을 하기 위한 검사는 서류검사와 현장검사로 구분하여 실시하며, 그 검사기준은 별표 33과 같다.

하

05 국내 또는 국제항공운송사업자가 운항을 시작하기 전에 국토교통부장관으로부터 인력, 장비, 시설, 운항 관리지원 및 정비관리지원 등 안전운항체계에 대하여 받아야 하는 것은?

① 운항증명
② 항공운송사업면허
③ 운항개시증명
④ 항공운송사업증명

해설

항공안전법 제90조(항공운송사업자의 운항증명)
① 항공운송사업자는 운항을 시작하기 전까지 국토교통부령으로 정하는 기준에 따라 인력, 장비, 시설, 운항관리지원 및 정비관리지원 등 안전운항체계에 대하여 국토교통부장관의 검사를 받은 후 운항증명을 받아야 한다.

중 (출제율이 높은 문제)

06 시계비행 항공기에 갖추어야 할 항공계기가 아닌 것은?

① 기압고도계　② 속도계
③ 승강계　④ 시계

해설

항공안전법 시행규칙 제117조(항공계기장치 등)
① 법 제52조제2항에 따라 시계비행방식 또는 계기비행방식(계기비행 및 항공교통관제 지시 하에 시계비행방식으로 비행을 하는 경우를 포함한다)에 의한 비행을 하는 항공기에 갖추어야 할 항공계기 등의 기준은 별표 16과 같다.

[별표 16]
항공계기 등의 기준(제117조제1항 관련)

비행 구분	계기명	수 량			
		비행기		헬리콥터	
		항공운송 사업용	항공운송 사업용 외	항공운송 사업용	항공운송 사업용 외
시계 비행 방식	나침반 (Magnetic Compass)	1	1	1	1
	시계(시, 분, 초의 표시)	1	1	1	1
	정밀기압고도계 (Sensitive Pressure Altimeter)	1	–	1	1
	기압고도계 (Pressure Altimeter)	–	1	–	–
	속도계 (Airspeed Indicator)	1	1	1	1

중 (출제율이 높은 문제)

07 계기비행방식(IFR)에 의한 비행을 하는 항공운송사업용 비행기에 갖추어야 할 항공계기가 아닌 것은?

① 기압고도계
② 나침반
③ 시계
④ 선회 및 경사지시계

해설

항공안전법 시행규칙 제117조(항공계기장치 등)
① 법 제52조제2항에 따라 시계비행방식 또는 계기비행방식(계기비행 및 항공교통관제 지시 하에 시계비행방식으로 비행을 하는 경우를 포함한다)에 의한 비행을 하는 항공기에 갖추어야 할 항공계기 등의 기준은 별표 16과 같다.

정답　05 ①　06 ③　07 ①

[별표 16]

항공계기 등의 기준(제117조제1항 관련)

비행 구분	계기명	수량			
		비행기		헬리콥터	
		항공운송 사업용	항공운송 사업용 외	항공운송 사업용	항공운송 사업용 외
계기 비행 방식	나침반 (Magnetic Compass)	1	1	1	1
	시계(시, 분, 초의 표시)	1	1	1	1
	정밀기압고도계 (Sensitive Pressure Altimeter)	2	1	2	1
	기압고도계 (Pressure Altimeter)	–	1	–	–
	동결방지장치가 되어 있는 속도계 (Airspeed Indicator)	1	1	1	1
	선회 및 경사지시계 (Turn and Slip Indicator)	1	1	–	–
	경사지시계 (Slip Indicator)	–	–	1	1
	인공수평자세지시계 (Attitude Indicator)	1	1	조종석당 1개 및 여분의 계기 1개	
	자이로식 기수방향지시계 (Heading Indicator)	1	1	1	1
	외기온도계 (Outside Air Temperature Indicator)	1	1	1	1
	승강계 (Rate of Climb and Decent Indicator)	1	1	1	1
	안정성유지시스템 (Stabilization System)	–	–	1	1

상

08 시계비행을 하는 항공기에 장착해야 할 항공계기로 알맞게 구성된 것은?

① 기압고도계, 나침반, 시계, 정밀기압고도계, 속도계

② 나침반, 시계, 선회계, 정밀기압고도계, 속도계

③ 시계, 선회계, 정밀기압고도계, 속도계, 승강계

④ 기압고도계, 나침반, 시계, 정밀기압고도계, 선회계

해설

6번 문제 해설 참조

하 (출제율이 높은 문제)

09 다음 중 항공운송사업에 포함되지 않는 것은?

① 소형항공운송사업

② 중형항공운송사업

③ 국제항공운송사업

④ 국내항공운송사업

해설

항공사업법 제2조(정의)

이 법에서 사용하는 용어의 뜻은 다음과 같다.

7. "항공운송사업"이란 국내항공운송사업, 국제항공운송사업 및 소형항공운송사업을 말한다.

9. "국내항공운송사업"이란 타인의 수요에 맞추어 항공기를 사용하여 유상으로 여객이나 화물을 운송하는 사업으로서 국토교통부령으로 정하는 일정 규모 이상의 항공기를 이용하여 다음 각 목의 어느 하나에 해당하는 운항을 하는 사업을 말한다.
   가. 국내 정기편 운항 : 국내공항과 국내공항 사이에 일정한 노선을 정하고 정기적인 운항계획에 따라 운항하는 항공기 운항
   나. 국내 부정기편 운항 : 국내에서 이루어지는 가목 외의 항공기 운항

11. "국제항공운송사업"이란 타인의 수요에 맞추어 항공기를 사용하여 유상으로 여객이나 화물을 운송하는 사업으로서 국토교통부령으로 정하는 일정 규모 이상의 항공기를 이용하여 다음 각 목의 어느 하나에 해당하는 운항을 하는 사업을 말한다.
   가. 국제 정기편 운항 : 국내공항과 외국공항 사이 또는 외국공항과 외국공항 사이에 일정한 노선을 정하고 정기적인 운항계획에 따라 운항하는 항공기 운항
   나. 국제 부정기편 운항 : 국내공항과 외국공항 사이 또는 외국공항과 외국공항 사이에 이루어지는 가목 외의 항공기 운항

13. "소형항공운송사업"이란 타인의 수요에 맞추어 항공기를 사용하여 유상으로 여객이나 화물을 운송하는 사업으로서 국내항공운송사업 및 국제항공운송사업 외의 항공운송사업을 말한다.

정답 08 ① 09 ②

하 (출제율이 높은 문제)

10 항공운송사업 외의 사업으로서 타인의 수요에 맞추어 항공기를 사용하여 유상으로 농약살포, 건설자재 등의 운반, 사진촬영 또는 항공기를 이용한 비행훈련 등 국토교통부령으로 정하는 업무를 하는 사업은 무엇인가?

① 초경량비행장치사용사업
② 항공기대여업
③ 항공기사용사업
④ 항공기정비업

해설

항공사업법 제2조(정의)에 의거 "항공기사용사업"이란 항공운송사업 외의 사업으로서 타인의 수요에 맞추어 항공기를 사용하여 유상으로 농약살포, 건설자재 등의 운반, 사진촬영 또는 항공기를 이용한 비행훈련 등 국토교통부령으로 정하는 업무를 하는 사업을 말한다.

상

11 정비규정에 포함되어야 할 사항 중 틀린 것은?

① 품질관리 사항
② 직무 적성검사, 교육 훈련
③ 감항성을 유지하기 위한 정비 프로그램
④ 항공기등, 장비품 및 부품의 정비방법 및 절차

해설

항공안전법 시행규칙 [별표 37]
정비규정에 포함되어야 할 사항(제266조제2항제2호 관련)으로는 다음과 같다.
1) 일반사항
2) 직무 및 정비조직
3) 항공기의 감항성을 유지하기 위한 정비 프로그램(CAMP)
4) 항공기 검사프로그램
5) 품질관리
6) 기술관리
7) 항공기등, 장비품 및 부품의 정비방법 및 절차
8) 계약정비
9) 장비 및 공구 관리
10) 정비 시설
11) 정비 매뉴얼, 기술문서 및 정비 기록물의 관리방법
12) 정비 훈련 프로그램
13) 자재 관리
14) 안전 및 보안에 관한 사항
15) 그 밖에 항공운송사업자 또는 항공기 사용사업자가 필요하다고 판단하는 사항

상

12 다음 중 정비규정 품질관리 사항에 포함되는 내용은?

① 교육과정의 종류, 과정별 시간 및 실시 방법
② 중량 및 평형계측 절차
③ 수행된 정비 등의 확인 절차
④ 수행하려는 정비의 범위

해설

항공안전법 시행규칙 [별표 37] 품질관리 사항
가. 품질관리 기준 및 방침
나. 지속적인 분석 및 감시 시스템(CASS)과 품질심사에 관한 절차
다. 신뢰성관리절차
라. 필수 검사제도
마. 필수 검사항목 지정
바. 일반 검사제도
사. 항공기 고장, 결함 및 부식 등에 대한 조사 분석 및 항공당국/제작사 보고 절차
아. 정비프로그램의 유효성 및 효과분석 방법
자. 수령검사 및 자재품질기준
차. 정비작업의 면제처리 및 예외 적용에 관한 사항
카. 중량 및 평형계측 절차
타. 사고조사장비(FDR/CVR) 운용 절차

정답 10 ③ 11 ② 12 ②

하 (출제율이 높은 문제)

13 다음 중 운항 중인 항공기의 항행 및 통신장비에 대한 전자파 간섭 등의 영향을 방지하기 위하여 여객이 지닌 전자기기의 사용을 제한할 수 있는 권한을 가진 자는?

① 기장 ② 객실 승무원
③ 항공운송사업자 ④ 국토교통부장관

해설

항공안전법 제73조(전자기기의 사용제한)
국토교통부장관은 운항 중인 항공기의 항행 및 통신장비에 대한 전자파 간섭 등의 영향을 방지하기 위하여 국토교통부령으로 정하는 바에 따라 여객이 지닌 전자기기의 사용을 제한할 수 있다.

중

14 항공운송사업자가 취항하고 있는 공항에 대한 정기적인 안전성검사 항목이 아닌 것은?

① 공항 내 비행절차
② 비상계획 및 항공보안사항
③ 항공기 부품과 예비품의 보관 및 급유시설
④ 항공기운항, 정비 및 지원에 관련된 업무, 조직 및 교육훈련

해설

항공안전법 시행규칙 제315조(정기안전성검사)
① 국토교통부장관 또는 지방항공청장은 법 제132조제3항에 따라 다음 각 호의 사항에 관하여 항공운송사업자가 취항하는 공항에 대하여 정기적인 안전성검사를 하여야 한다.
1. 항공기 운항 · 정비 및 지원에 관련된 업무 · 조직 및 교육훈련
2. 항공기 부품과 예비품의 보관 및 급유시설
3. 비상계획 및 항공보안사항
4. 항공기 운항허가 및 비상지원절차
5. 지상조업과 위험물의 취급 및 처리
6. 공항시설
7. 그 밖에 국토교통부장관이 항공기 안전운항에 필요하다고 인정하는 사항

하

15 운항증명을 위한 서류검사 기준에 포함되는 교범의 종류가 아닌 것은?

① 정치장을 위한 부동산을 사용할 수 있음을 증명하는 서류
② 지속감항정비프로그램(CAMP)
③ 비상탈출절차교범
④ 최소장비목록 및 외형변경목록(MEL/CDL)

해설

항공안전법 시행규칙 [별표 33] 운항증명의 검사기준(제258조 관련)
바. 별표 36에서 정한 내용이 포함되도록 구성된 다음의 구분에 따른 교범
1) 운항일반교범(Policy and Administration Manual)
2) 항공기운영교범(Aircraft Operating Manual)
3) 최소장비목록 및 외형변경목록(MEL/CDL)
4) 훈련교범(Training Manual)
5) 항공기성능교범(Aircraft Performance Manual)
6) 노선지침서(Route Guide)
7) 비상탈출절차교범(Emergency Evacuation Procedures Manual)
8) 위험물교범(Dangerous Goods Manual)
9) 사고절차교범(Accident Procedures Manual)
10) 보안업무교범(Security Manual)
11) 항공기 탑재 및 처리교범(Aircraft Loading and Handling Manual)
12) 객실승무원업무교범(Cabin Attendant Manual)
13) 비행교범(Airplane Flight Manual)
14) 지속감항정비프로그램(Continuous Airworthiness Mainte-nance Program)
15) 지상조업 협정 및 절차

하

16 외국인 국제항공운송사업을 하려는 자는 운항개시 예정일 며칠 전까지 허가신청서를 제출하여야 하는가?

① 30일 ② 60일
③ 90일 ④ 120일

정답 13 ④ 14 ① 15 ① 16 ②

해설

항공사업법 시행규칙 제55조(외국인 국제항공운송사업의 허가 신청)
법 제54조에 따라 외국인 국제항공운송사업을 하려는 자는 운항개시예정일 60일 전까지 별지 제30호서식의 신청서(전자문서로 된 신청서를 포함한다)에 다음 각 호의 서류(전자문서를 포함한다)를 첨부하여 국토교통부장관에게 제출하여야 한다.

상 (출제율이 높은 문제)

17 다음 중 외국인 국제항공운송사업의 허가신청서에 첨부하여야 할 서류가 아닌 것은?

① 자본금과 그 출자자의 국적별 및 국가, 공공단체, 법인, 개인별 출자액의 비율에 관한 명세서
② 최근의 손익계산서와 대차대조표
③ 사업경영 자금의 내역과 조달방법
④ 신청인이 신청 당시 경영하고 있는 항공운송사업의 개요를 적은 서류

해설

항공사업법 시행규칙 제55조(외국인 국제항공운송사업의 허가 신청)
법 제54조에 따라 외국인 국제항공운송사업을 하려는 자는 운항개시예정일 60일 전까지 별지 제30호서식의 신청서(전자문서로 된 신청서를 포함한다)에 다음 각 호의 서류(전자문서를 포함한다)를 첨부하여 국토교통부장관에게 제출하여야 한다.
1. 자본금과 그 출자자의 국적별 및 국가 · 공공단체 · 법인 · 개인별 출자액의 비율에 관한 명세서
2. 신청인이 신청 당시 경영하고 있는 항공운송사업의 개요를 적은 서류(항공운송사업을 경영하고 있는 경우만 해당한다)
3. 다음 각 목의 사항을 포함한 사업계획서
  가. 노선의 기점 · 기항지 및 종점과 각 지점 간의 거리
  나. 사용 예정 항공기의 수, 각 항공기의 등록부호 · 형식 및 식별부호, 사용 예정 항공기의 등록 · 감항 · 소음 · 보험 증명서
  다. 운항 횟수 및 출발 · 도착 일시
  라. 정비시설 및 운항관리시설의 개요
4. 신청인이 해당 노선에 대하여 본국에서 받은 항공운송사업 면허증 사본 또는 이를 갈음하는 서류
5. 법인의 정관 및 그 번역문(법인인 경우만 해당한다)
6. 최근의 손익계산서와 대차대조표
7. 운송약관 및 그 번역문
8. 「항공안전법 시행규칙」 제279조제1항 각 목의 제출서류
9. 「항공보안법」 제10조제2항에 따른 자체 보안계획서
10. 그 밖에 국토교통부장관이 정하는 사항

하 (출제율이 높은 문제)

18 국토교통부장관은 운항증명의 신청을 받으면 며칠 이내에 운항증명검사계획을 수립하여 신청인에게 통보하여야 하는가?

① 7일 이내　② 10일 이내
③ 30일 이내　④ 60일 이내

해설

3번 문제 해설 참조

중

19 운항 중에 전자기기의 사용을 제한할 수 있는 항공기는 어느 것인가?

① 시계비행방식으로 비행 중인 항공기
② 계기비행방식으로 비행 중인 항공기
③ 항공기사용사업으로 시계비행을 하는 항공기
④ 자가용으로 시계비행방식으로 비행 중인 항공기

해설

2번 문제 해설 참조

정답 17 ③ 18 ② 19 ②

26 항공기 취급업 및 정비업

하 (출제율이 높은 문제)

01 다음 중 항공기 취급업의 구분이 바르지 못한 것은?

① 항공기급유업
② 지상조업사업
③ 항공기정비업
④ 항공기하역업

해설

항공사업법 시행규칙 제5조(항공기취급업의 구분)
법 제2조제19호에 따른 항공기취급업은 다음 각 호와 같이 구분한다.

1. 항공기급유업 : 항공기에 연료 및 윤활유를 주유하는 사업
2. 항공기하역업 : 화물이나 수하물(手荷物)을 항공기에 싣거나 항공기에서 내려서 정리하는 사업
3. 지상조업사업 : 항공기 입항·출항에 필요한 유도, 항공기 탑재 관리 및 동력 지원, 항공기 운항정보 지원, 승객 및 승무원의 탑승 또는 출입국 관련 업무, 장비 대여 또는 항공기의 청소 등을 하는 사업

하

02 항공기 취급업 또는 항공기 정비업 등록신청서의 내용이 명확하지 아니하거나 첨부서류가 미비한 경우 지방항공청장은 며칠 이내에 그 보완을 요구하여야 하는가?

① 3일 이내 ② 5일 이내
③ 7일 이내 ④ 10일 이내

해설

항공사업법 시행규칙 제41조와 제43조에 의거 취급업 또는 정비업 등록신청서 내용이 명확하지 않거나 미비한 경우에는 지방항공청장은 7일 이내에 그 보완을 요구해야 한다.

하 (출제율이 높은 문제)

03 항공기 정비업에 대한 설명으로 맞는 것은?

① 타인의 수요에 맞추어 항공기, 발동기, 프로펠러, 장비품 또는 부품을 정비·수리 또는 개조하는 업무를 하는 사업을 말한다.
② 타인의 수요에 맞추어 항공기에 대한 급유, 항공화물 또는 수하물의 하역과 그 밖에 국토교통부령으로 정하는 지상조업을 하는 사업을 말한다.
③ 타인의 수요에 맞추어 유상으로 항공기, 경량항공기 또는 초경량비행장치를 대여하는 사업을 말한다.
④ 타인의 수요에 맞추어 국토교통부령으로 정하는 초경량비행장치를 사용하여 유상으로 농약살포, 사진촬영 등 국토교통부령으로 정하는 업무를 하는 사업을 말한다.

해설

항공사업법 제2조(정의)
"항공기정비업"이란 타인의 수요에 맞추어 다음 각 목의 어느 하나에 해당하는 업무를 하는 사업을 말한다.

가. 항공기, 발동기, 프로펠러, 장비품 또는 부품을 정비·수리 또는 개조하는 업무
나. 가목의 업무에 대한 기술관리 및 품질관리 등을 지원하는 업무

정답 01 ③ 02 ③ 03 ①

중

04 항공기정비업을 하려는 자가 지방항공청장에게 제출해야 할 사업계획서에 포함되지 않는 것은?

① 종사자의 수
② 필요한 자금 및 조달방법
③ 사용시설, 설비 및 장비 개요
④ 부동산을 사용할 수 있음을 증명하는 서류

해설

항공사업법 제41조(항공기정비업의 등록)

① 법 제42조에 따른 항공기정비업을 하려는 자는 별지 제26호서식의 등록신청서(전자문서로 된 신청서를 포함한다)에 다음 각 호의 서류(전자문서를 포함한다)를 첨부하여 지방항공청장에게 제출하여야 한다. 이 경우 지방항공청장은 「전자정부법」 제36조제1항에 따른 행정정보의 공동이용을 통하여 법인 등기사항증명서(신청인이 법인인 경우만 해당한다) 및 부동산 등기사항증명서(타인의 부동산을 사용하는 경우는 제외한다)를 확인하여야 한다.

1. 해당 신청이 법 제42조제2항에 따른 등록요건을 충족함을 증명하거나 설명하는 서류
2. 다음 각 목의 사항을 포함하는 사업계획서
   가. 자본금
   나. 상호 · 대표자의 성명과 사업소의 명칭 및 소재지
   다. 해당 사업의 취급 예정 수량 및 그 산출근거와 예상 사업수지계산서
   라. 필요한 자금 및 조달방법
   마. 사용시설 · 설비 및 장비 개요
   바. 종사자의 수
   사. 사업 개시 예정일
3. 부동산을 사용할 수 있음을 증명하는 서류(타인의 부동산을 사용하는 경우만 해당한다)

정답 04 ④

27 정비조직(AMO) 인증 및 취소 등

상 출제율이 높은 문제

01 정비조직인증을 받은 후 규정 위반 시 행정적 처리로 옳은 것은?

① 과징금은 50억원을 초과하면 안 된다.
② 중대한 규정 위반시 업무정지와 과징금을 받는다.
③ 업무정지를 할 수 있으며, 과징금을 부과할 수 있다.
④ 과징금을 기간 이내에 납부하지 않으면 국토교통부령에 의하여 이를 징수한다.

해설

항공안전법 제99조(정비조직인증을 받은 자에 대한 과징금의 부과)

① 국토교통부장관은 정비조직인증을 받은 자가 제98조제1항제2호부터 제4호까지의 어느 하나에 해당하여 그 효력의 정지를 명하여야 하는 경우로서 그 효력을 정지하는 경우 그 업무의 이용자 등에게 심한 불편을 주거나 공익을 해칠 우려가 있는 경우에는 효력정지처분을 갈음하여 5억원 이하의 과징금을 부과할 수 있다.
② 제1항에 따른 과징금 부과의 구체적인 기준, 절차 및 그 밖에 필요한 사항은 대통령령으로 정한다.
③ 국토교통부장관은 제1항에 따라 과징금을 내야 할 자가 납부기한까지 과징금을 내지 아니하면 국세 체납처분의 예에 따라 징수한다.

중 출제율이 높은 문제

02 다음 중 정비조직인증을 취소하여야 하는 경우는?

① 정비조직인증 기준을 위반한 경우
② 고의 또는 중대한 과실에 의하여 항공기 사고가 발생한 경우
③ 승인을 받지 아니하고 항공안전관리시스템을 운용한 경우
④ 부정한 방법으로 정비조직인증을 받은 경우

해설

항공안전법 제98조(정비조직인증의 취소 등)

① 국토교통부장관은 정비조직인증을 받은 자가 다음 각 호의 어느 하나에 해당하는 경우에는 정비조직인증을 취소하거나 6개월 이내의 기간을 정하여 그 효력의 정지를 명할 수 있다. 다만, 제1호 또는 제5호에 해당하는 경우에는 그 정비조직인증을 취소하여야 한다.
  1. 거짓이나 그 밖의 부정한 방법으로 정비조직인증을 받은 경우
  2. 제58조제2항을 위반하여 다음 각 목의 어느 하나에 해당하는 경우
    가. 업무를 시작하기 전까지 항공안전관리시스템을 마련하지 아니한 경우
    나. 승인을 받지 아니하고 항공안전관리시스템을 운용한 경우
    다. 항공안전관리시스템을 승인받은 내용과 다르게 운용한 경우
    라. 승인을 받지 아니하고 국토교통부령으로 정하는 중요사항을 변경한 경우
  3. 정당한 사유 없이 정비조직인증기준을 위반한 경우
  4. 고의 또는 중대한 과실에 의하거나 항공종사자에 대한 관리 · 감독에 관하여 상당한 주의의무를 게을리함으로써 항공기사고가 발생한 경우
  5. 이 조에 따른 효력정지기간에 업무를 한 경우
② 제1항에 따른 처분의 기준은 국토교통부령으로 정한다.

정답 01 ③ 02 ④

중

03 대한민국 국적을 취득한 항공기와 이에 사용되는 발동기, 프로펠러, 장비품 또는 부품의 정비등의 업무 등 국토교통부령으로 정하는 업무를 하려는 항공기정비업자 또는 외국의 항공기정비업자는 정비조직인증 신청서에 포함되는 정비조직절차교범 내용으로 아닌 것은?

① 수행하려는 업무범위
② 항공기등, 부품등에 대한 정비방법 및 절차
③ 항공기등, 부품등에 대한 정비에 종사하는 자의 훈련방법
④ 항공기등, 부품등의 정비에 관한 기술관리 및 품질관리 방법 및 절차

해설

항공안전법 시행규칙 제271조(정비조직인증의 신청)

① 법 제97조에 따른 정비조직인증을 받으려는 자는 별지 제98호서식의 정비조직인증 신청서에 정비조직절차교범을 첨부하여 지방항공청장에게 제출하여야 한다.
② 제1항의 정비조직절차교범에는 다음 각 호의 사항을 적어야 한다.
  1. 수행하려는 업무의 범위
  2. 항공기등 · 부품등에 대한 정비방법 및 그 절차
  3. 항공기등 · 부품등의 정비에 관한 기술관리 및 품질관리의 방법과 절차
  4. 그 밖에 시설 · 장비 등 국토교통부장관이 정하여 고시하는 사항

중

04 정비조직인증을 받아야 하는 대상의 업무로 옳은 것은?

① 항공기등 또는 부품등의 정비등의 업무
② 항공정비업무를 초과한 업무
③ 항공운송사업 등의 업무
④ 항공기등, 부품등의 정비에 관한 운항기술기준 및 품질관리의 방법과 절차

해설

항공안전법 시행규칙 제270조(정비조직인증을 받아야 하는 대상 업무)

법 제97조제1항 본문에서 "국토교통부령으로 정하는 업무"란 다음 각 호의 어느 하나에 해당하는 업무를 말한다.

1. 항공기등 또는 부품등의 정비등의 업무
2. 제1호의 업무에 대한 기술관리 및 품질관리 등을 지원하는 업무

하

05 대한민국 국적을 취득한 항공기와 이에 사용되는 발동기, 프로펠러, 장비품 또는 부품의 정비등의 업무 등 국토교통부령으로 정하는 업무를 하려는 항공기정비업자 또는 외국의 항공기정비업자는 누구에게 인증을 받아야 하는가?

① 국토교통부장관
② 한국교통안전공단 이사장
③ 지방항공청장
④ 공항관리자

해설

항공안전법 제97조(정비조직인증 등)

① 제8조에 따라 대한민국 국적을 취득한 항공기와 이에 사용되는 발동기, 프로펠러, 장비품 또는 부품의 정비등의 업무 등 국토교통부령으로 정하는 업무를 하려는 항공기정비업자 또는 외국의 항공기정비업자는 그 업무를 시작하기 전까지 국토교통부장관이 정하여 고시하는 인력, 설비 및 검사체계 등에 관한 기준(이하 "정비조직인증기준"이라 한다)에 적합한 인력, 설비 등을 갖추어 국토교통부장관의 인증(이하 "정비조직인증"이라 한다)을 받아야 한다. 다만, 대한민국과 정비조직인증에 관한 항공안전협정을 체결한 국가로부터 정비조직인증을 받은 자는 국토교통부장관의 정비조직인증을 받은 것으로 본다.

정답 03 ③ 04 ① 05 ①

중

06 정비조직인증을 받으려는 자가 제출하는 정비조직절차교범에 포함되는 사항으로 옳지 않은 것은?

① 정비방법 및 그 절차
② 품질관리의 방법과 절차
③ 항공기등, 부품등에 대한 상태와 성능
④ 수행하려는 업무범위 또는 수행능력 목록

해설

정비조직인증 심사지침 제8조(신청)

2. 시행규칙 제271조제2항 및 정비조직인증기준에 따른 정비조직절차교범에 다음 각 목의 사항 포함 여부. 다만, 외국 감항당국으로부터 인가된 정비조직의 경우에는 해당 감항당국이 승인한 매뉴얼(MOE 등)의 보충판(Supple－ment)을 제출할 수 있다.
   가. 수행하려는 업무범위 또는 수행능력목록
   나. 정비방법 및 그 절차
   다. 품질관리 방법 및 그 절차 (별도의 품질관리교범으로 운영하는 경우에는 그 자료를 제출할 수 있다)
   라. 조직도 및 업무분장
   마. 정비확인자 및 검사원 인력명부
   바. 건물 및 시설의 주소 및 배치도
   사. 교육훈련프로그램
   아. 위탁하려는 정비작업 목록

하

07 대한민국 국적을 취득한 항공기와 이에 사용되는 발동기, 프로펠러, 장비품 또는 부품의 정비등의 업무 등 국토교통부령으로 정하는 업무를 하려는 자가 받아야 하는 것은?

① 정비조직인증
② 감항증명
③ 수리, 개조 승인
④ 정비안전성 승인

해설

5번 문제 해설 참조

하

08 대한민국과 정비조직인증에 관한 항공안전협정을 체결한 국가로부터 정비조직인증을 받은 자에 대한 설명으로 옳은 것은?

① 정비조직인증을 받은 것으로 본다.
② 항공정비사에게 확인을 받아야 한다.
③ 국토교통부장관에게 신고하고 확인받아야 한다.
④ 협정체결과 상관없이 외국 정부로부터 정비조직인증을 받으면 국토교통부장관의 정비조직인증을 받은 것으로 본다.

해설

5번 문제 해설 참조

중

09 다음 중 정비조직인증 효력정지 사유에 해당되는 것으로 옳지 않은 것은?

① 업무를 시작하기 전까지 항공안전관리시스템을 마련하지 못한 경우
② 승인을 받지 않고 항공안전관리시스템을 운용한 경우
③ 정비조직인증 효력정지기간에 업무를 한 경우
④ 항공안전관리시스템을 승인받은 내용과 다르게 운용한 경우

해설

2번 문제 해설 참조

정답 06 ③ 07 ① 08 ① 09 ③

28 외국항공기 항행, 국내사용, 유상운송 및 국내운송 금지

하 (출제율이 높은 문제)

01 외국 국적을 가진 항공기의 사용자(외국, 외국의 공공단체 또는 이에 준하는 자를 포함한다)는 외국 국적의 항공기가 국토교통부 장관의 허가를 받아 항행하는 경우가 아닌 것은?

① 영공 밖에서 이륙하여 영공 밖에 착륙하는 항행
② 영공 밖에서 이륙하여 대한민국에 착륙하는 항행
③ 대한민국에서 이륙하여 영공 밖에 착륙하는 항행
④ 영공 밖에서 이륙하여 대한민국에 착륙하지 아니하고 영공을 통과하여 영공 밖에 착륙하는 항행

해설

항공안전법 제100조(외국항공기의 항행)

① 외국 국적을 가진 항공기의 사용자(외국, 외국의 공공단체 또는 이에 준하는 자를 포함한다)는 다음 각 호의 어느 하나에 해당하는 항행을 하려면 국토교통부장관의 허가를 받아야 한다. 다만, 「항공사업법」 제54조 및 제55조에 따른 허가를 받은 자는 그러하지 아니하다.
  1. 영공 밖에서 이륙하여 대한민국에 착륙하는 항행
  2. 대한민국에서 이륙하여 영공 밖에 착륙하는 항행
  3. 영공 밖에서 이륙하여 대한민국에 착륙하지 아니하고 영공을 통과하여 영공 밖에 착륙하는 항행

상

02 외국항공기의 국내사용허가 신청서에 기재하여야 할 사항이 아닌 것은?

① 항공기의 등록부호, 형식 및 식별부호
② 운항의 목적
③ 여객의 성명, 국적 및 여행의 목적
④ 목적 비행장 및 총 예상 소요비행시간

해설

항공안전법 시행규칙 [별지 제104호서식] 외국항공기 국내사용허가 신청서

기재해야 할 사항으로는 다음과 같다.
1) 항공기 등록부호, 형식 및 식별부호
2) 운항의 경로(기항지를 명확하게 기록할 것) 및 일시
3) 이륙, 착륙하려는 국내 비행장등의 명칭, 위치 및 그 일시
4) 운항의 목적
5) 운항승무원의 성명 및 자격
6) 여객의 성명, 국적 및 여행의 목적
7) 화물의 명세

중

03 다음 중 외국의 국적을 가진 항공기로 수송해서는 안 되는 군수품은?

① 군용기의 부품
② 군용 의약품
③ 병기와 탄약
④ 전쟁에 사용되는 물품 전체

해설

항공사업법 제58조(군수품 수송의 금지)

외국 국적을 가진 항공기(「대한민국과 아메리카합중국 간의 상호방위조약」 제4조에 따라 아메리카합중국정부가 사용하는 항공기와 이에 관련된 항공업무에 종사하는 사람은 제외한다)로 「항공안전법」 제100조제1항 각 호의 어느 하나에 해당하는 항행을 하여 국토교통부령으로 정하는 군수품을 수송해서는 아니 된다. 다만, 국토교통부령으로 정하는 바에 따라 국토교통부장관의 허가를 받은 경우에는 그러하지 아니한다.

항공사업법 시행규칙 제58조(수송 금지 군수품)

법 제58조 본문에서 "국토교통부령으로 정하는 군수품"이란 병기와 탄약을 말한다.

정답 01 ① 02 ④ 03 ③

중

04 다음 중 외국항공기를 국내에서 사용하기 위해서는 어떻게 해야 하는가?

① 국토교통부장관의 허가를 받아야 한다.
② 국토교통부장관의 승인을 받아야 한다.
③ 지방항공청장의 허가를 받아야 한다.
④ 지방항공청장의 승인을 받아야 한다.

해설

1번 문제 해설 참조

정답 04 ①

29 항공안전의무보고 범위 등 출제율이 높은 세목

하

01 다음 중 항공안전의무보고 범위로 아닌 것은?

① 항공기사고
② 항공기준사고
③ 항공기대사고
④ 의무보고 대상 항공안전장애

해설

항공안전법 제59조(항공안전 의무보고)

① 항공기사고, 항공기준사고 또는 항공안전장애 중 국토교통부령으로 정하는 사항(이하 "의무보고 대상 항공안전장애"라 한다)을 발생시켰거나 항공기사고, 항공기준사고 또는 의무보고 대상 항공안전장애가 발생한 것을 알게 된 항공종사자 등 관계인은 국토교통부장관에게 그 사실을 보고하여야 한다. 다만, 제33조에 따라 고장, 결함 또는 기능장애가 발생한 사실을 국토교통부장관에게 보고한 경우에는 이 조에 따른 보고를 한 것으로 본다. 〈개정 2019. 8. 27.〉

하

02 항공안전장애를 발생시키거나 발견한 자는 얼마 이내에 국토교통부장관에게 그 사실을 보고해야 하는가?

① 72시간 이내　② 24시간 이내
③ 즉시　④ 10일 이내

해설

항공안전법 시행규칙 제134조(항공안전 의무보고의 절차 등)

2. 항공안전장애
   가. 별표 20의2 제1호부터 제4호까지, 제6호 및 제7호에 해당하는 의무보고 대상 항공안전장애의 경우 다음의 구분에 따른 때부터 72시간 이내(해당 기간에 포함된 토요일 및 법정공휴일에 해당하는 시간은 제외한다). 다만, 제6호가목, 나목 및 마목에 해당하는 사항은 즉시 보고해야 한다.
      1) 의무보고 대상 항공안전장애를 발생시킨 자 : 해당 의무보고 대상 항공안전장애가 발생한 때
      2) 의무보고 대상 항공안전장애가 발생한 것을 알게 된 자 : 해당 의무보고 대상 항공안전장애가 발생한 사실을 안 때

하

03 경미한 항공안전장애를 발생시킨 사람이 며칠 이내에 보고를 한 경우 처벌을 면할 수 있는가?

① 5일
② 7일
③ 10일
④ 15일

해설

항공안전법 제61조(항공안전 자율보고)

④ 국토교통부장관은 자율보고대상 항공안전장애 또는 항공안전위해요인을 발생시킨 사람이 그 발생일부터 10일 이내에 항공안전 자율보고를 한 경우에는 고의 또는 중대한 과실로 발생시킨 경우에 해당하지 아니하면 이 법 및 「공항시설법」에 따른 처분을 하여서는 아니 된다. 〈개정 2019. 8. 27., 2020. 6. 9.〉

※ 항공안전 자율보고
경미한 항공안전장애를 발생시켰거나 경미한 항공안전장애가 발생한 것을 안 사람 또는 경미한 항공안전장애가 발생될 것이 예상된다고 판단하는 사람(항공종사자 등 관계인, 항공기탑승·공항이용 등 항공교통서비스를 이용하는 항공교통이용자 등 전 국민을 말한다)을 위한 법률

정답 01 ③ 02 ① 03 ③

중

04 국토교통부령으로 정하는 항공안전장애의 범위에 포함되지 않는 것은?

① 운항 중 엔진 덮개가 풀리거나 이탈한 경우
② 항행안전무선시설의 운영이 중단된 경우
③ 공중충돌경보장치 회피조언에 따른 항공기 기동이 있었던 경우
④ 항공기가 지상에서 운항 중 다른 항공기나 장애물과 접촉 또는 충돌하여 감항성이 손상되지 않은 경우

해설

항공안전법 시행규칙 [별표 20의2] 의무보고 대상 항공안전장애의 범위(제134조 관련) 〈개정 2021.11.19.〉

1. 비행 중 – 해당 항공안전장애 발생 시 보고서 제출을 72시간 이내에 해야 한다.
   가. 항공기간 분리최저치가 확보되지 않았거나 다음의 어느 하나에 해당하는 경우와 같이 분리최저치가 확보되지 않을 우려가 있었던 경우.
      1) 항공기에 장착된 공중충돌경고장치 회피기동(ACAS RA)이 발생한 경우 – 4번 문제, 6번 문제 참고
      2) 항공교통관제기관의 항공기 감시 장비에 근접충돌경고(Short-Term Conflict Alert)가 표시된 경우. 다만, 항공교통관제사가 항공법규 등 관련 규정에 따라 항공기 상호 간 분리최저치 이상을 유지토록 하는 관제지시를 하였고 조종사가 이에 따라 항행을 한 것이 확인된 경우는 제외한다.
   나. 지형 · 수면 · 장애물 등과 최저 장애물회피고도(MOC, Minimum Obstacle Clearance)가 확보되지 않았던 경우(항공기준사고에 해당하는 경우는 제외한다) – 6번 문제 참고
   다. 비행금지구역 또는 비행제한구역에 허가 없이 진입한 경우를 포함하여 비행경로 또는 비행고도 이탈 등 항공교통관제기관의 사전 허가를 받지 아니한 항행을 한 경우. 다만, 허용된 오차범위 내의 운항 등 일시적인 경미한 고도 · 경로 이탈은 제외한다.
2. 이륙, 착륙 – 해당 항공안전장애 발생 시 보고서 제출을 72시간 이내에 해야 한다.
   가. 다음의 어느 하나에 해당하는 형태의 이륙 또는 착륙을 한 경우
      1) 활주로 또는 착륙표면에 항공기 동체 꼬리, 날개 끝, 엔진덮개, 착륙장치 등의 비정상적 접촉
      2) 비행교범 등에서 정한 강하속도(Vertical Speed), "G" 값(착륙표면 접촉충격량) 등을 초과한 착륙(Hard Landing) 또는 최대착륙중량을 초과한 착륙(Heavy Landing)
      3) 활주로 · 헬리패드(헬리콥터 이착륙장을 말한다) 등에 착륙접지했으나, 다음의 어느 하나에 해당하는 착륙을 한 경우
         가) 정해진 접지구역(Touch-Down Zone)에 못 미치는 착륙(Short Landing)
         나) 정해진 접지구역(Touch-Down Zone)을 초과한 착륙(Long Landing)
   나. 항공기가 다음의 어느 하나에 해당하는 사유로 이륙활주를 중단한 경우 또는 이륙을 강행한 경우
      1) 부적절한 기재 · 외장 설정
      2) 항공기 시스템 기능장애 등 정비요인
      3) 항공교통관제지시, 기상 등 그 밖의 사유
   다. 항공기가 이륙활주 또는 착륙활주 중 착륙장치가 활주로표면측면 외측의 포장된 완충구역(Runway Shoulder 이내로 한정한다)으로 이탈하였으나 활주로로 다시 복귀하여 이륙활주 또는 착륙활주를 안전하게 마무리한 경우 – 6번 문제 참고
3. 지상운항 – 해당 항공안전장애 발생 시 보고서 제출을 72시간 이내에 해야 한다.
   가. 항공기가 지상운항 중 다른 항공기나 장애물, 차량, 장비 등과 접촉 · 충돌하였거나, 공항 내 설치된 항행안전시설 등을 포함한 각종 시설과 접촉 · 추돌한 경우
   나. 항공기가 주기(駐機) 중 또는 가목의 지상운항 이외의 목적으로 이동 중 다른 항공기나 장애물, 차량, 장비 등과 접촉 · 충돌한 경우. 다만, 항공기의 손상이 없거나 운항허용범위 이내의 손상인 경우는 제외한다. – 4번 문제 참고
   다. 항공기가 유도로를 이탈한 경우
   라. 항공기, 차량, 사람 등이 허가 없이 유도로에 진입한 경우
   마. 항공기, 차량, 사람 등이 허가 없이 또는 잘못된 허가로 항공기의 이륙 · 착륙을 위해 지정된 보호구역 또는 활주로에 진입하였으나 다른 항공기의 안전운항에 지장을 주지 않은 경우

정답 04 ④

4. 운항 준비 – 해당 항공안전장애 발생 시 보고서 제출을 72시간 이내에 해야 한다.
   가. 지상조업 중 비정상 상황(급유 중 인위적으로 제거해야 하는 다량의 기름유출 등)이 발생한 경우 – 6번 문제 참고
   나. 위험물 처리과정에서 부적절한 라벨링, 포장, 취급 등이 발생한 경우
5. 항공기 화재 및 고장
   가. 운항 중 다음의 어느 하나에 해당하는 경미한 화재 또는 연기가 발생한 경우
      1) 운항 중 항공기 구성품 또는 부품의 고장으로 인하여 조종실 또는 객실에 연기 · 증기 또는 중독성 유해가스가 축적되거나 퍼지는 현상이 발생한 경우
      2) 객실 조리기구 · 설비 또는 휴대전화기 등 탑승자의 물품에서 경미한 화재 · 연기가 발생한 경우. 다만, 단순 이물질에 의한 것으로 확인된 경우는 제외한다.
      3) 화재경보시스템이 작동한 경우. 다만, 탑승자의 일시적 흡연, 스프레이 분사, 수증기 등의 요인으로 화재경보시스템이 작동된 것으로 확인된 경우는 제외한다.
   나. 운항 중 항공기의 연료공급시스템(Fuel System)과 연료덤핑시스템(Fuel Dumping System : 비행 중 항공기 중량 감소를 위해 연료를 공중에 배출하는 장치)에 영향을 주는 고장이나 위험을 발생시킬 수 있는 연료누출이 발생한 경우
   다. 지상운항 중 또는 이륙 · 착륙을 위한 지상 활주 중 제동력 상실을 일으키는 제동시스템 구성품의 고장이 발생한 경우
   라. 운항 중 의도하지 아니한 착륙장치의 내림이나 올림 또는 착륙장치의 문 열림과 닫힘이 발생한 경우
   마. 제작사가 제공하는 기술자료에 따른 최대허용범위(제작사가 기술자료를 제공하지 않는 경우에는 법 제19조에 따라 고시한 항공기기술기준에 따른 최대 허용범위를 말한다)를 초과한 항공기 구조의 균열, 영구적인 변형이나 부식이 발생한 경우
   바. 대수리가 요구되는 항공기 구조 손상이 발생한 경우
   사. 항공기의 고장, 결함 또는 기능장애로 결항, 항공기 교체, 회항 등이 발생한 경우
   아. 운항 중 엔진 덮개가 풀리거나 이탈한 경우 – 4번 문제 참고
   자. 운항 중 다음의 어느 하나에 해당하는 사유로 발동기가 정지된 경우
      1) 발동기의 연소 정지
      2) 발동기 또는 항공기 구조의 외부 손상
      3) 외부 물체의 발동기 내 유입 또는 발동기 흡입구에 형성된 얼음의 유입
   차. 운항 중 발동기 배기시스템 고장으로 발동기, 인접한 구조물 또는 구성품이 파손된 경우
   카. 고장, 결함 또는 기능장애로 항공기에서 발동기를 조기(非계획적)에 떼어 낸 경우
   타. 운항 중 프로펠러 페더링시스템(프로펠러 날개깃 각도를 조절하는 장치) 또는 항공기의 과속을 제어하기 위한 시스템에 고장이 발생한 경우(운항 중 프로펠러 페더링이 발생한 경우를 포함한다)
   파. 운항 중 비상조치를 하게 하는 항공기 구성품 또는 시스템의 고장이 발생한 경우. 다만, 발동기 연소를 인위적으로 중단시킨 경우는 제외한다.
   하. 비상탈출을 위한 시스템, 구성품 또는 탈출용 장비가 고장, 결함, 기능장애 또는 비정상적으로 전개한 경우(훈련, 시험, 정비 또는 시현 시 발생한 경우를 포함한다)
   거. 운항 중 화재경보시스템이 오작동 한 경우
6. 공항 및 항행서비스 – 해당 항공안전장애 발생 시 보고서 제출을 72시간 이내에 해야 한다.
   가. 「공항시설법」 제2조제16호에 따른 항공등화시설에 다음의 어느 하나에 해당하는 상황이 발생한 경우 – 항공안전법 시행규칙 제134조 제4항 제2호에 의거 즉시 보고 대상
      1) 「공항시설법」 제47조에 따라 국토교통부장관이 정하여 고시한 규정 중 항공등화 운영 및 유지관리 수준에 미달한 경우
      2) 항공등화시설의 운영이 중단되어 항공기 운항에 지장을 주는 경우 – 7번 문제 참고
   나. 활주로, 유도로 및 계류장이 항공기 운항에 지장을 줄 정도로 중대한 손상을 입었거나 화재가 발생한 경우 – 항공안전법 시행규칙 제134조 제4항 제2호에 의거 즉시 보고 대상
   다. 안전운항에 지장을 줄 수 있는 물체 또는 위험물이 활주로, 유도로 등 공항 이동지역에 방치된 경우
   라. 다음의 어느 하나에 해당하는 항공교통통신 장애가 발생한 경우

1) 항공기와 항공교통관제기관 간 양방향 무선통신이 두절되어 안전운항을 위해 필요로 하는 관제교신을 하지 못한 상황
2) 항공기에 대한 항공교통관제업무가 중단된 상황

마. 다음의 어느 하나에 해당하는 상황이 발생한 경우 – 항공안전법 시행규칙 제134조 제4항 제2호에 의거 즉시 보고 대상
1) 「공항시설법」 제2조제15호에 따른 항행안전무선시설, 항공고정통신시설 · 항공이동통신시설 · 항공정보방송시설 등 항공정보통신시설의 운영이 중단된 상황(예비장비가 작동한 경우도 포함한다) – 4번 문제 참고
2) 「공항시설법」 제2조제15호에 따른 항행안전무선시설, 항공고정통신시설 · 항공이동통신시설 · 항공정보방송시설 등 항공정보통신시설과 항공기 간 신호의 송 · 수신 장애가 발생한 상황
3) 1) 및 2) 외의 예비장비(전원시설을 포함한다) 장애가 24시간 이상 발생한 상황

바. 활주로 또는 유도로 등 공항 이동지역 내에서 차량과 차량, 장비 또는 사람이 충돌하거나 장비와 사람이 충돌하여 항공기 운항에 지장을 초래한 경우

7. 기타 – 해당 항공안전장애 발생 시 보고서 제출을 72시간 이내에 해야 한다.

가. 운항 중 항공기가 다음의 어느 하나에 해당되는 충돌 · 접촉, 또는 충돌 우려 등이 발생한 경우
1) 우박, 그 밖의 물체. 다만, 항공기 손상이 없거나 운항허용범위 이내의 손상인 경우는 제외한다.
2) 드론, 무인비행장치 등

나. 운항 중 여압조절 실패, 비상장비의 탑재 누락, 비정상적 문 · 창문 열림 등 객실의 안전이 우려된 상황이 발생한 경우(항공기준사고에 해당하는 사항은 제외한다)

다. 제127조제1항 단서에 따라 국토교통부장관이 정하여 고시한 승무시간 등의 기준 내에서 해당 운항승무원의 최대승무시간이 연장된 경우

라. 비행 중 정상적인 조종을 할 수 없는 정도의 레이저 광선에 노출된 경우

마. 항공기의 급격한 고도 또는 자세 변경 등(난기류 등 기상요인으로 인한 것을 포함한다)으로 인해 객실승무원이 부상을 당하여 업무수행이 곤란한 경우

바. 항공기 운항 관련 직무를 수행하는 객실승무원의 신체 · 정신건강 또는 심리상태 등의 사유로 해당 객실승무원의 교체 또는 하기(下機)를 위하여 출발지 공항으로 회항하거나 목적지 공항이 아닌 공항에 착륙하는 경우

사. 항공기가 조류 또는 동물과 충돌 한 경우(조종사 등이 충돌을 명확히 인지하였거나, 충돌 흔적이 발견된 경우로 한정한다) – 7번 문제 참고

중

05 다음 중 항공기준사고의 범위에 포함되지 않는 것은?

① 다른 항공기와 충돌위험이 있었던 것으로 판단되는 근접비행이 발생한 경우
② 조종사가 연료량 또는 연료배분 이상으로 비상선언을 한 경우
③ 운항 중 엔진에서 화재가 발생한 경우
④ 운항 중 엔진 덮개가 풀리거나 이탈한 경우

해설

운항 중 엔진 덮개가 풀리거나 이탈한 경우는 항공안전장애에 포함된다.

항공안전법 시행규칙 [별표 2] 〈개정 2021. 8. 27.〉
항공기준사고의 범위(제9조 관련)

1. 항공기의 위치, 속도 및 거리가 다른 항공기와 충돌위험이 있었던 것으로 판단되는 근접비행이 발생한 경우(다른 항공기와의 거리가 500피트 미만으로 근접하였던 경우를 말한다) 또는 경미한 충돌이 있었으나 안전하게 착륙한 경우 → ①에 해당
2. 항공기가 정상적인 비행 중 지표, 수면 또는 그 밖의 장애물과의 충돌(Controlled Flight into Terrain)을 가까스로 회피한 경우
3. 항공기, 차량, 사람 등이 허가 없이 또는 잘못된 허가로 항공기 이륙 · 착륙을 위해 지정된 보호구역에 진입하여 다른 항공기와의 충돌을 가까스로 회피한 경우
4. 항공기가 다음 각 목의 장소에서 이륙하거나 이륙을 포기한 경우 또는 착륙하거나 착륙을 시도한 경우
가. 폐쇄된 활주로 또는 다른 항공기가 사용 중인 활주로
나. 허가받지 않은 활주로
다. 유도로(헬리콥터가 허가를 받고 이륙하거나 이륙을

정답 05 ④

포기한 경우 또는 착륙하거나 착륙을 시도한 경우는 제외한다)

라. 도로 등 착륙을 의도하지 않은 장소

5. 항공기가 이륙 · 착륙 중 활주로 시단(始端)에 못 미치거나(Undershooting) 또는 종단(終端)을 초과한 경우(Overrunning) 또는 활주로 옆으로 이탈한 경우(다만, 항공안전장애에 해당하는 사항은 제외한다)
6. 항공기가 이륙 또는 초기 상승 중 규정된 성능에 도달하지 못한 경우
7. 비행 중 운항승무원이 신체, 심리, 정신 등의 영향으로 조종업무를 정상적으로 수행할 수 없는 경우(Pilot Incapacitation)
8. 조종사가 연료량 또는 연료배분 이상으로 비상선언을 한 경우(연료의 불충분, 소진, 누유 등으로 인한 결핍 또는 사용 가능한 연료를 사용할 수 없는 경우를 말한다) → ②에 해당
9. 항공기 시스템의 고장, 항공기 동력 또는 추진력의 손실, 기상 이상, 항공기 운용한계의 초과 등으로 조종상의 어려움(Difficulties in Controlling)이 발생했거나 발생할 수 있었던 경우
10. 다음 각 목에 따라 항공기에 중대한 손상이 발견된 경우(항공기사고로 분류된 경우는 제외한다)
    가. 항공기가 지상에서 운항 중 다른 항공기나 장애물, 차량, 장비 또는 동물과 접촉 · 충돌
    나. 비행 중 조류(鳥類), 우박, 그 밖의 물체와 충돌 또는 기상 이상 등
    다. 항공기 이륙 · 착륙 중 날개, 발동기 또는 동체와 지면의 접촉 · 충돌 또는 끌림(dragging). 다만, 꼬리 스키드(tail skid : 항공기 꼬리 아래 장착되는, 지면 접촉 시 기체 손상 방지장치)의 경미한 접촉 등 항공기 이륙 · 착륙에 지장이 없는 경우는 제외한다.
    라. 착륙바퀴가 완전히 펴지지 않거나 올려진 상태로 착륙한 경우
11. 비행 중 운항승무원이 비상용 산소 또는 산소마스크를 사용해야 하는 상황이 발생한 경우
12. 운항 중 항공기 구조상의 결함(Aircraft Structural Failure)이 발생한 경우 또는 터빈발동기의 내부 부품이 외부로 떨어져 나간 경우를 포함하여 터빈발동기의 내부 부품이 분해된 경우(항공기사고로 분류된 경우는 제외한다)
13. 운항 중 발동기에서 화재가 발생하거나 조종실, 객실이나 화물칸에서 화재 · 연기가 발생한 경우(소화기를 사용하여 진화한 경우를 포함한다) → ③에 해당
14. 비행 중 비행 유도(Flight Guidance) 및 항행(Navigation)에 필요한 다중(多衆) 시스템(Redundancy System) 중 2개 이상의 고장으로 항행에 지장을 준 경우
15. 비행 중 2개 이상의 항공기 시스템 고장이 동시에 발생하여 비행에 심각한 영향을 미치는 경우
16. 운항 중 비의도적으로 항공기 외부의 인양물이나 탑재물이 항공기로부터 분리된 경우 또는 비상조치를 위해 의도적으로 항공기 외부의 인양물이나 탑재물이 항공기로부터 분리한 경우

비고 : 항공기준사고 조사결과에 따라 항공기사고 또는 항공안전장애로 재분류할 수 있다.

상

06 국토교통부령으로 정하는 항공안전장애에 해당되지 않는 것은?

① 공중충돌경고장치 회피기동(ACAS RA)이 발생한 경우

② 지형, 수면, 장애물 등과 최저 장애물회피고도(MOC, Minimum Obstacle Clearance)가 확보되지 않았던 경우

③ 항공기가 이륙활주 또는 착륙활주 중 착륙장치가 활주로표면 측면 외측의 포장된 완충구역으로 이탈하지 않았으나 활주로로 다시 복귀하여 이륙활주 또는 착륙활주를 안전하게 마무리한 경우

④ 지상조업 중 비정상 상황이 발생하여 항공기의 안전에 영향을 준 경우

해설

4번 문제 해설 참조

정답 06 ③

상

07 항공안전의무보고서 제출 시기로 틀린 것은?

① 항공기사고 : 즉시
② 항공기준사고 : 즉시
③ 항공안전장애 : 72시간 이내(항공기가 조류 또는 동물과 충돌한 경우)
④ 항공안전장애 : 72시간 이내(항공등화시설의 운영이 중단되어 항공기 운항에 지장을 주는 경우)

해설

항공안전법 시행규칙 제134조(항공안전 의무보고의 절차 등)
1. 항공기사고 및 항공기준사고 : 즉시
2. 항공안전장애:
   가. 별표 20의2 제1호부터 제4호까지, 제6호 및 제7호에 해당하는 의무보고 대상 항공안전장애의 경우 다음의 구분에 따른 때부터 72시간 이내(해당 기간에 포함된 토요일 및 법정공휴일에 해당하는 시간은 제외한다). 다만, 제6호가목, 나목 및 마목에 해당하는 사항은 즉시 보고해야 한다.
      1) 의무보고 대상 항공안전장애를 발생시킨 자 : 해당 의무보고 대상 항공안전장애가 발생한 때
      2) 의무보고 대상 항공안전장애가 발생한 것을 알게 된 자 : 해당 의무보고 대상 항공안전장애가 발생한 사실을 안 때

*별표 20의2는 4번 문제 해설을 참조할 것

상

08 항공안전 의무보고에 관한 설명 중 옳지 않은 것은?

① 항공기사고, 항공기준사고 또는 항공안전장애 중 국토교통부령으로 정하는 사항을 발생시켰거나 항공기사고, 항공기준사고 또는 의무보고 대상 항공안전장애가 발생한 것을 알게 된 항공종사자 등 관계인은 국토교통부장관에게 그 사실을 보고하여야 한다.
② 국토교통부장관은 항공안전 의무보고를 통하여 접수한 내용을 이 법에 따른 경우를 제외하고는 제3자에게 제공하거나 일반에게 공개해도 무방하다.
③ 국토교통부장관은 항공안전 의무보고를 통하여 접수한 내용을 이 법에 따른 경우를 제외하고는 제3자에게 제공하거나 일반에게 공개해서는 아니 된다.
④ 누구든지 항공안전 의무보고를 한 사람에 대하여 이를 이유로 해고、전보、징계、부당한 대우 또는 그 밖에 신분이나 처우와 관련하여 불이익한 조치를 취해서는 아니 된다.

해설

항공안전법 제59조(항공안전 의무보고)
① 항공기사고, 항공기준사고 또는 항공안전장애 중 국토교통부령으로 정하는 사항(이하 "의무보고 대상 항공안전장애"라 한다)을 발생시켰거나 항공기사고, 항공기준사고 또는 의무보고 대상 항공안전장애가 발생한 것을 알게 된 항공종사자 등 관계인은 국토교통부장관에게 그 사실을 보고하여야 한다. 다만, 제33조에 따라 고장, 결함 또는 기능장애가 발생한 사실을 국토교통부장관에게 보고한 경우에는 이 조에 따른 보고를 한 것으로 본다. 〈개정 2019. 8. 27.〉
② 국토교통부장관은 제1항에 따른 보고(이하 "항공안전 의무보고"라 한다)를 통하여 접수한 내용을 이 법에 따른 경우를 제외하고는 제3자에게 제공하거나 일반에게 공개해서는 아니 된다. 〈신설 2019. 8. 27.〉
③ 누구든지 항공안전 의무보고를 한 사람에 대하여 이를 이유로 해고 · 전보 · 징계 · 부당한 대우 또는 그 밖에 신분이나 처우와 관련하여 불이익한 조치를 취해서는 아니 된다. 〈신설 2019. 8. 27.〉
④ 제1항에 따른 항공종사자 등 관계인의 범위, 보고에 포함되어야 할 사항, 시기, 보고 방법 및 절차 등은 국토교통부령으로 정한다. 〈개정 2019. 8. 27.〉

정답 07 ④ 08 ②

30 보칙 및 벌칙 출제율이 높은 세목

하

01 항공 업무 정지를 받은 자가 항공 업무에 종사하는 경우의 벌칙은?

① 1년 이하의 징역 또는 1천만원 이하의 벌금
② 2년 이하의 징역 또는 2천만원 이하의 벌금
③ 3년 이하의 징역 또는 3천만원 이하의 벌금
④ 3년 이하의 징역 또는 5천만원 이하의 벌금

해설

항공안전법 제148조(무자격자의 항공업무 종사 등의 죄) 〈개정 2017. 1. 17., 2021. 5. 18.〉
해당 법령에 의거 제34조를 위반하여 자격증명을 받지 아니하고 항공업무에 종사한 사람한 사람은 2년 이하의 징역 또는 2천만원 이하의 벌금에 처한다.

하

02 다음 중 무자격자가 항공업무에 있어 항공기 정비를 수행하였을 때 벌칙은?

① 1년 이하의 징역 또는 1천만원 이하의 벌금
② 1년 이하의 징역 또는 2천만원 이하의 벌금
③ 2년 이하의 징역 또는 1천만원 이하의 벌금
④ 2년 이하의 징역 또는 2천만원 이하의 벌금

해설

1번 문제 해설 참조

하

03 주류 등을 섭취 후 항공업무에 종사한 경우의 벌칙은?

① 2년 이하의 징역 또는 2천만원 이하의 벌금
② 2년 이하의 징역 또는 3천만원 이하의 벌금
③ 3년 이하의 징역 또는 3천만원 이하의 벌금
④ 3년 이하의 징역 또는 4천만원 이하의 벌금

해설

항공안전법 제146조(주류등의 섭취, 사용 등의 죄)
다음 각 호의 어느 하나에 해당하는 사람은 3년 이하의 징역 또는 3천만원 이하의 벌금에 처한다. 〈개정 2020. 6. 9., 2021. 5. 18.〉

1. 제57조제1항(제106조제1항에 따라 준용되는 경우를 포함한다)을 위반하여 주류등의 영향으로 항공업무(제46조에 따른 항공기 조종연습 및 제47조에 따른 항공교통관제연습을 포함한다) 또는 객실승무원의 업무를 정상적으로 수행할 수 없는 상태에서 그 업무에 종사한 항공종사자(제46조에 따른 항공기 조종연습 및 제47조에 따른 항공교통관제연습을 하는 사람을 포함한다. 이하 이 조에서 같다) 또는 객실승무원
2. 제57조제2항(제106조제1항에 따라 준용되는 경우를 포함한다)을 위반하여 주류등을 섭취하거나 사용한 항공종사자 또는 객실승무원
3. 제57조제3항(제106조제1항에 따라 준용되는 경우를 포함한다)을 위반하여 국토교통부장관의 측정에 따르지 아니한 항공종사자 또는 객실승무원

하

04 국토교통부령으로 지정한 비행장 및 항행안전시설관리, 공항운영의 검사 등 항공안전 활동까지의 안전성검사 또는 출입을 거부, 방해하거나 기피한 자에 대한 처벌은?

① 500만원 이하의 벌금
② 300만원 이하의 벌금
③ 1년 이하의 징역 또는 1천만원 이하의 벌금
④ 3년 이하의 징역 또는 3천만원 이하의 벌금

정답 01 ② 02 ④ 03 ③ 04 ①

해설

항공안전법 제163조(검사 거부 등의 죄)
제132조제2항 및 제3항에 따른 검사 또는 출입을 거부 · 방해하거나 기피한 자는 500만원 이하의 벌금에 처한다.

하

05 항공기준사고 등에 관한 보고를 하지 않았을 경우 벌금은?

① 200만원 이하
② 300만원 이하
③ 400만원 이하
④ 500만원 이하

해설

항공안전법 제158조(기장 등의 보고의무 등의 위반에 관한 죄)
제158조(기장 등의 보고의무 등의 위반에 관한 죄) 다음 각 호의 어느 하나에 해당하는 자는 500만원 이하의 벌금에 처한다. 〈개정 2019. 8. 27.〉

1. 제62조제5항 또는 제6항을 위반하여 항공기사고 · 항공기준사고 또는 의무보고 대상 항공안전장애에 관한 보고를 하지 아니하거나 거짓으로 한 자
2. 제65조제2항에 따른 승인을 받지 아니하고 항공기를 출발시키거나 비행계획을 변경한 자

하

06 다음 중 감항증명을 받지 않고 항공기를 사용한 경우의 벌칙은?

① 1년 이하의 징역 또는 1천만원 이하의 벌금
② 3년 이하의 징역 또는 5천만원 이하의 벌금
③ 5년 이하의 징역 또는 5천만원 이하의 벌금
④ 3천만원 이하의 벌금

해설

항공안전법 제144조(감항증명을 받지 아니한 항공기 사용 등의 죄) 다음 각 호의 어느 하나에 해당하는 자는 3년 이하의 징역 또는 5천만원 이하의 벌금에 처한다.

1. 제23조 또는 제25조를 위반하여 감항증명 또는 소음기준적합증명을 받지 아니하거나 감항증명 또는 소음기준적합증명이 취소 또는 정지된 항공기를 운항한 자
2. 제27조제3항을 위반하여 기술표준품형식승인을 받지 아니한 기술표준품을 제작 · 판매하거나 항공기등에 사용한 자
3. 제28조제3항을 위반하여 부품등 제작자 증명을 받지 아니한 장비품 또는 부품을 제작 · 판매하거나 항공기등 또는 장비품에 사용한 자
4. 제30조를 위반하여 수리 · 개조승인을 받지 아니한 항공기등, 장비품 또는 부품을 운항 또는 항공기등에 사용한 자
5. 제32조제1항을 위반하여 정비등을 한 항공기등, 장비품 또는 부품에 대하여 감항성을 확인받지 아니하고 운항 또는 항공기등에 사용한 자

하

07 수리, 개조승인을 받지 아니한 항공기등, 장비품 또는 부품을 운항 또는 항공기등에 사용한 자의 벌칙은?

① 1년 이하의 징역 또는 1천만원 이하의 벌금
② 2년 이하의 징역 또는 2천만원 이하의 벌금
③ 3년 이하의 징역 또는 5천만원 이하의 벌금
④ 5년 이하의 징역 또는 8천만원 이하의 벌금

해설

6번 문제 해설 참조

하

08 항행 중인 항공기를 추락 또는 전복시키거나 파괴한 사람에 대한 처벌은?

① 사형, 무기징역 또는 5년 이상의 징역에 처한다.
② 사형, 무기징역 또는 7년 이상의 징역에 처한다.
③ 사형 또는 7년 이상의 징역이나 금고에 처한다.
④ 사형 또는 5년 이상의 징역이나 금고에 처한다.

정답 05 ④ 06 ② 07 ③ 08 ①

해설

항공안전법 제138조(항행 중 항공기 위험 발생의 죄)

① 사람이 현존하는 항공기, 경량항공기 또는 초경량비행장치를 항행 중에 추락 또는 전복(顚覆)시키거나 파괴한 사람은 사형, 무기징역 또는 5년 이상의 징역에 처한다.

② 제140조의 죄를 지어 사람이 현존하는 항공기, 경량항공기 또는 초경량비행장치를 항행 중에 추락 또는 전복시키거나 파괴한 사람은 사형, 무기징역 또는 5년 이상의 징역에 처한다.

하

09 국토교통부장관이 감항증명 취소 처분을 하기 전에 필히 실시하여야 하는 절차는?

① 의견 청취
② 통보
③ 청문
④ 공청회

해설

항공안전법 제134조에 의거 제23조제7항에 따른 감항증명의 취소사항에 해당 시 국토교통부장관은 청문을 하여야 한다. 〈개정 2017. 10. 24., 2017. 12. 26., 2021. 5. 18.〉

하

10 국토교통부장관이 지정하여 고시하는 전문검사기관은 무엇인가?

① 한국항공우주산업
② 한국항공우주연구원
③ 항공안전기술원
④ 한국항공교통안전공단

해설

항공안전법 시행령 제26조(권한 및 업무의 위임 · 위탁)

③ 국토교통부장관은 법 제135조제2항에 따라 각종 증명 또는 승인을 위한 검사에 관한 업무를 국토교통부령으로 정하는 기술인력, 시설 및 장비 등을 확보한 비영리법인 중에서 국토교통부장관이 지정하여 고시하는 전문검사기관(항공안전기술원)에 위탁한다.

정답 09 ③ 10 ③

31 항공사고조사 관련 법규 등

중 (출제율이 높은 문제)

01 항공 · 철도 사고조사위원회의 업무로 아닌 것은?

① 규정에 따른 안전권고
② 사고조사에 필요한 조사, 연구
③ 규정에 따른 사고조사보고서 작성, 의결, 공표
④ 규정에 따른 사고조사 관련 연구, 교육기관 지정

해설

항공 · 철도 사고조사에 관한 법률 제5조(위원회의 업무)
위원회는 다음 각 호의 업무를 수행한다. 〈개정 2020. 6. 9.〉
1. 사고조사
2. 제25조에 따른 사고조사보고서의 작성 · 의결 및 공표
3. 제26조에 따른 안전권고 등
4. 사고조사에 필요한 조사 · 연구
5. 사고조사 관련 연구 · 교육기관의 지정
6. 그 밖에 항공사고조사에 관하여 규정하고 있는 「국제민간항공조약」 및 동 조약부속서에서 정한 사항

하

02 항공 · 철도사고조사위원회의 목적으로 옳지 않은 것은?

① 사고원인에 대한 규명
② 항공사고의 재발 방지
③ 항공기 항행의 안전 확보
④ 사고항공기에 대한 고장 탐구

해설

항공 · 철도 사고조사에 관한 법률 제1조(목적)
이 법은 항공 · 철도사고조사위원회를 설치하여 항공사고 및 철도사고 등에 대한 독립적이고 공정한 조사를 통하여 사고 원인을 정확하게 규명함으로써 항공사고 및 철도사고 등의 예방과 안전 확보에 이바지함을 목적으로 한다.

중

03 항공 · 철도 사고조사에 관한 법률의 적용범위로 아닌 것은?

① 대한민국 영역 안에서 발생한 항공 · 철도사고등
② 국가기관등항공기의 수리 · 개조가 불가능하게 파손된 경우
③ 국가기관등항공기의 위치를 확인할 수 없거나 국가기관등항공기에 접근이 불가능한 경우
④ 군용, 세관용 및 경찰용 항공기의 사고등

해설

항공 · 철도 사고조사에 관한 법률 제3조(적용범위 등)
① 이 법은 다음 각 호의 어느 하나에 해당하는 항공 · 철도사고등에 대한 사고조사에 관하여 적용한다.
1. 대한민국 영역 안에서 발생한 항공 · 철도사고등
2. 대한민국 영역 밖에서 발생한 항공사고등으로서 「국제민간항공조약」에 의하여 대한민국을 관할권으로 하는 항공사고등
② 제1항에도 불구하고 「항공안전법」 제2조제4호에 따른 국가기관등항공기에 대한 항공사고조사는 다음 각 호의 어느 하나에 해당하는 경우 외에는 이 법을 적용하지 아니한다. 〈개정 2009. 6. 9., 2016. 3. 29., 2020. 6. 9.〉
1. 사람이 사망 또는 행방불명된 경우
2. 국가기관등항공기의 수리 · 개조가 불가능하게 파손된 경우
3. 국가기관등항공기의 위치를 확인할 수 없거나 국가기관등항공기에 접근이 불가능한 경우

정답 01 ④ 02 ④ 03 ④

하

04 항공 · 철도사고조사위원회는 사고조사를 종결한 때에는 사고조사보고서를 작성해야 하는데 보고서에 포함되는 사항으로 아닌 것은?

① 사고 개요
② 사실 정보
③ 사고조사 원인
④ 규정에 따른 권고 및 건의사항

해설

항공 · 철도 사고조사에 관한 법률 제25조(사고조사보고서의 작성 등)

① 위원회는 사고조사를 종결한 때에는 다음 각 호의 사항이 포함된 사고조사보고서를 작성하여야 한다. 〈개정 2020. 6. 9.〉
1. 개요
2. 사실정보
3. 원인분석
4. 사고조사결과
5. 제26조에 따른 권고 및 건의사항

상

05 항공 · 철도 사고조사위원회는 사고조사 과정에서 얻은 정보가 공개됨으로써 해당 또는 장래의 정확한 사고조사에 영향을 줄 수 있거나, 국가의 안전보장 및 개인의 사생활이 침해될 우려가 있는 경우에는 이를 공개하지 아니할 수 있는데, 이때 공개하지 않는 정보의 범위로 옳지 않은 것은?

① 항공기운항과 관계된 자들 사이에 행하여진 통신기록
② 항공사고등과 관계된 자들에 대한 의학적인 정보 또는 사생활 정보
③ 항공교통관제실의 영상기록 및 그 녹취록
④ 조종실 음성기록 및 그 녹취록

해설

항공 · 철도 사고조사에 관한 법률 시행령 제8조(공개를 금지할 수 있는 정보의 범위)

법 제28조제2항에 따라 공개하지 아니할 수 있는 정보의 범위는 다음 각 호와 같다. 다만, 해당정보가 사고분석에 관계된 경우에는 법 제25조제1항에 따른 사고조사보고서에 그 내용을 포함시킬 수 있다. 〈개정 2013. 2. 22.〉
1. 사고조사과정에서 관계인들로부터 청취한 진술
2. 항공기운항 또는 열차운행과 관계된 자들 사이에 행하여진 통신기록
3. 항공사고등 또는 철도사고와 관계된 자들에 대한 의학적인 정보 또는 사생활 정보
4. 조종실 및 열차기관실의 음성기록 및 그 녹취록
5. 조종실의 영상기록 및 그 녹취록
6. 항공교통관제실의 기록물 및 그 녹취록
7. 비행기록장치 및 열차운행기록장치 등의 정보 분석과정에서 제시된 의견

정답 04 ③ 05 ③

CHAPTER

07 실전모의고사

01 항공정비사 비행기 제1회 모의고사

과 목 항공기체(Airframe)

01 중대형 항공기에 사용하는 화물실의 화재 감지 장치는?

① Smoke Detector
② Kidde Type Detector
③ Fenwall Type Detector
④ Grabiner Detector

02 Drawing Title Block에 표시되지 않는 것은?

① 소요자재 ② 회사명
③ Drawing Number ④ Date

03 리벳 작업 후 반대편에 생기는 돌출머리(Bucktail)의 지름은 얼마인가?

① 리벳 지름의 0.5배
② 리벳 지름의 1.5배
③ 리벳 지름의 2.0배
④ 리벳 지름의 3.0배

04 항공기에서 작동유나 연료의 규격(Identification Main of Fluid Line)을 표시할 때 주로 사용하는 것은?

① 데칼(Decal) ② Paint
③ Placard ④ Marker

05 다음 설명 중 탄소강이 아닌 것은?

① 탄소강의 함유량은 0.025~2.2%이다.
② 탄소강은 저탄소강, 중탄소강, 고탄소강으로 나눌 수 있다.
③ 탄소강은 비재료성이 좋아서 항공기 기체구조재에 사용하기 적합하다.
④ 탄소강에는 탄소 함유량이 증가하면 경도는 증가하나 인성과 내충격성이 나빠진다.

06 다음 중 항공기 케이블의 절단 방법은?

① 튜브 절단기로 절단한다.
② 용접 불꽃으로 절단한다.
③ 전용의 케이블 절단기를 사용한다.
④ 토치램프를 사용하여 절단한다.

07 에폭시 수지와 촉매제를 혼합하여 사용 시 올바른 사용방법은?

① 수지와 촉매제의 정확한 무게 비율로 섞는다.
② 저장수명(Shelf Life) 내에서는 촉매제를 많이 쓸수록 좋다.
③ 섞을 때 왁스를 첨가하여 부드럽게 섞이도록 한다
④ 많은 양이 요구될 때는 한번에 많은 양을 동시에 섞는다.

08 항공기 견인작업(Towing)에 대한 주의사항으로 틀린 것은?

① 견인요원은 자격이 있는 정비요원이 해야 한다.
② 견인요원들은 Radio Communication 절차를 준수해야 한다.
③ 혼잡한 곳에서 견인할 때는 양날개 끝(Wing Tip)으로 사람을 배치시켜 충돌을 방지한다.
④ 견인작업이 완료되었을 때 인원의 안전을 위하여 견인봉(Towing Bar)을 제거한 후 앞바퀴에 고임목(Chock)을 한다.

09 판재의 굽힘작업(Bending) 시 고려해야 할 사항이 아닌 것은?

① 판재의 두께
② 판재의 거칠은 표면
③ Bend Allowance
④ Set Back

10 아크(Arc) 용접봉에 있는 피복제의 역할로 맞는 것은?

① 전기전도 작용을 한다.
② 용착금속의 용융을 방지한다.
③ 용착금속의 냉각을 빠르게 한다.
④ 대기 중의 질소, 산소의 침입을 방지한다.

11 항공기 화학적 방빙계통에서 결빙부분에 분사하는 분사액은?

① 나프타 솔벤트
② 메틸에틸케톤
③ 메틸 클로로프롬
④ 이소프로필 알코올

12 다음 중 항공기 날개에 사용하는 부재가 아닌 것은?

① Bulkhead ② Rib
③ Spar ④ Stringer

13 항공기 여압계통의 객실고도가 항공기 고도보다 높게 되는 것을 방지하는 주요부품은?

① Flow Control Valve
② Positive Pressure Relief Valve
③ Negative Pressure Relief Valve
④ Cabin Rate of Descent Control

14 유압계통 중 유압유를 한 방향으로만 흐르게 하는 것은?

① Relief Valve ② Safety Valve
③ Check Valve ④ Selector Valve

15 다음 중 크랭크 축의 편심상태를 확인하기 위하여 사용하는 측정 기구는?

① Bore Gage ② Dial Gage
③ Micrometer ④ Vernier Calipers

16 비행기 주 조종면(Primary Control Surface)이 아닌 것은?

① 승강타(Elevator)
② 방향타(Rudder)
③ 도움날개(Aileron)
④ 고양력장치(Flap)

17 항공기 조종케이블 계통에서 케이블 장력을 조절하는 이유는?

① 정비지침서에서 지시하기 때문이다.
② 항공기 사용시한에 따라 늘어나기 때문이다.
③ 항공기 특성상 케이블에 녹이 슬어 늘어나기 때문이다.
④ 항공기 동체 및 케이블의 재료특성 차이로 온도 변화에 따라 늘어나기 때문이다.

18 항공기 호스(Hose)의 점검방법으로 틀린 것은?

① 호스가 꼬이지 않게 장착해야 한다.
② 교환 시 같은 재질, 크기의 호스를 사용해야 한다.
③ 가급적 팽팽하게 연결하여 근처 구조부에 접촉하지 않게 한다.
④ 호스의 파손을 방지하기 위해 60cm마다 클램프(Clamping) 작업을 해야 한다.

19 항공기를 옥외에 장기간 계류시킬 경우 외부 바람 등에 의해 기체를 보호하기 위해 수행해야 하는 작업은?

① Lifting ② Leveling
③ Jacking ④ Mooring

20 항공기에 사용하는 Integral Fuel Tank의 장점으로 맞는 것은?

① 화재 위험성이 적다.
② 급유 및 배유가 용이하다.
③ 연료 누설이 적어서 좋다.
④ 날개의 내부 공간을 그대로 사용할 수 있어 무게를 줄일 수 있다.

21 타이어 용어에 대한 설명으로 옳지 않은 것은?

① 브레이커(Breaker) : 휠(Wheel)로부터 전해지는 열을 코드 바디(Cord Body)로 보내준다.
② 코드 바디(Cord Body) : 고압 및 하중에 견디도록 타이어의 강도를 제공한다.
③ 트레드(Tread) : 홈이 파여져 있고, 마찰 특성을 부여한다.
④ 와이어 비드(Wire Bead) : 타이어가 플랜지로부터 이탈되지 않도록 해준다.

22 항공기 연료 중 "Jet－B"와 거의 같은 성질의 연료는?

① Jet－A1 ② JP4
③ JP5 ④ JP6

23 유압계통의 엔진 구동 펌프(Engine Driven Pump)의 축에 있는 전단면(Shear Section)의 목적은?

① Engine Accessory Driven Spline으로 홈이 있는 구동축의 정렬을 용이하게 해준다.
② Engine RPM 또는 유압계통의 압력상승으로 인한 급격한 변화로 발생된 충격하중을 흡수한다.
③ 유압계통 내의 압력 서지(Surge)가 펌프 부품을 과부하시키는 것을 방지한다.
④ 펌프가 비정상 상태에서 작동하지 않을 때 축이 전단력으로 끊어진다.

24 전기로 가열시키는 Windshield Panel의 Arcing은 다음 중 무슨 결함을 지시하는 것인가?

① Conductive Coating
② Auto Transformer
③ Electronic Amplifier
④ Thermal Sensor

25 열을 사용하는 방빙장치(Thermal Anti-Icing System)에 있는 Duct에 대한 설명으로 틀린 것은?

① Duct의 재질로는 알루미늄 합금, Titanium, Stainless Steel 등이 사용된다.
② Duct는 Sealing ring으로 밀폐되어야 하므로 Sealing ring의 상태를 확인해야 한다.
③ Air Leak는 소리로 결함 부분을 판별할 수 있으나 소리로 판별하기 어려운 경우에는 Oil 또는 Hydraulic Fluid를 이용한다.
④ 열에 의한 손상을 방지하고자 얇은 water heat anti-ice를 부착하고 최근에는 Stainless Steel Expansion Bellows를 부착한 경우도 있다.

정답

01	①	02	①	03	②	04	①	05	③
06	③	07	①	08	④	09	②	10	④
11	④	12	①	13	③	14	③	15	②
16	④	17	④	18	③	19	④	20	④
21	①	22	②	23	④	24	①	25	③

과 목 정비일반(General)

01 항공기 날개에 상반각을 주는 목적으로 맞는 것은?

① 공기저항을 줄여준다.
② 상승 성능을 좋게 해준다.
③ 날개 끝 익단 실속을 방지한다.
④ 옆미끄럼을 방지한다.

02 비행기 날개에 후퇴각을 주는 이유로서 가장 옳은 것은?

① 선회 안정성을 향상시키기 위함
② 방향 안정성을 향상시키기 위함
③ 세로 안정성을 향상시키기 위함
④ 가로 안정성을 향상시키기 위함

03 리벳식별 표시번호 중 AN 470과 같은 AN, NAS 문자 표기법이 의미하는 것은 무엇인가?

① 리벳의 사용 용도를 나타낸다.
② 리벳 제작사의 기호를 나타낸다.
③ 리벳의 재질 및 형상종류를 나타낸다.
④ 리벳에 대한 표준형식을 말한다.

04 솔리드 생크 리벳(Solid Shank Rivet)의 머리 표식(Rivet Head Marking)으로 알 수 있는 것은?

① 리벳 재료의 종류 ② 리벳 재료의 강도
③ 리벳의 직경 ④ 리벳 머리의 모양

05 다음 중 턴버클(Turn Buckle) Safety Lock의 종류가 아닌 것은?

① Locking Pin
② Locking Clip
③ Single－Wrap
④ Double Wrap

06 금속 재료 중 구리 합금의 부식 형태는 어떤 것인가?

① 회색 및 흰색의 침전물이 형성된다.
② 녹색 산화 피막이 생긴다.
③ 붉은색 녹을 형성한다.
④ 흑색을 띈 가루가 나타난다.

07 항공기 동체와 날개에 사용할 수 있는 알루미늄 재료로 옳은 것은?

① 2024, 2017
② 2024, 7075
③ 2017, 2117
④ 2017, 7075

08 상대습도가 어느 정도 될 때가 인체에 가장 나쁜가?

① 30% 미만 또는 70% 이상
② 30% 미만 또는 80% 이상
③ 40% 미만 또는 60% 이상
④ 50% 미만 또는 70% 이상

09 다음 중 제트기가 비행하기 좋은 대기는 무엇인가?

① 대류권 계면 ② 성층권 계면
③ 중간권 계면 ④ 열권

10 항공기에 사용되는 가요성 호스(Flexible Hose) 장착에 대한 다음 설명 중 틀린 것은?

① 비틀림이 있어도 호스에 영향이 없다.
② 비틀림이 너무 과하면 호스의 Fitting이 풀린다.
③ 비틀림을 확인할 수 있도록 호스에 확인선이 있다.
④ 비틀림이 과하면 호스의 수명이 줄어든다.

11 비행기 날개에서 받음각이란 무엇을 말하는가?

① 수평면과 날개골의 시위선이 이루는 각
② 기체 세로축과 날개 시위선이 이루는 각
③ 날개골 시위선과 꼬리날개의 시위가 이루는 각
④ 공기 흐름의 속도 방향과 날개골의 시위선이 이루는 각

12 자분탐상검사 시 종축과 원형자화 방법이 모두 사용되어야 하는 이유는?

① 검사하는 부품을 충분히 자화시키기 위함
② 검사하는 부품에 균일한 전류를 흐르게 하기 위함
③ 검사하는 부품에 균일한 자장을 형성시키기 위함
④ 결함의 방향에 직각으로 자장을 걸어 가능한 모든 결함을 탐지하기 위함

13 항공기 중량과 평형 정보가 기록된 문서 종류 중 초도에 항공기 제작사에서 측정하여 제공하고 항공기 운용자(정비사)가 주기적으로 측정하여 수정 및 보완하여 발행하는 것은 무엇인가?

① 항공기설계명세서(Aircraft Specifications)
② 항공기운용한계(Aircraft Operating Limitations)
③ 항공기 형식증명자료집(Aircraft Type Certifi－cate Data Sheet)
④ 항공기 중량 및 평형 보고서(Aircraft Weight and Balance Report)

14 항공기를 옥외에 장기간 계류시킬 경우 외부 바람 등으로부터 기체를 보호하기 위해 수행해야 할 작업은?

① Lifting
② Leveling
③ Jacking
④ Mooring

15 Drawing Title Block에 표시되지 않는 것은?

① Date
② 회사명
③ 부품자재
④ Drawing Number

16 볼트에서 그립(Grip)의 위치를 의미하는 것은?

① 볼트 머리의 지름
② 볼트의 길이와 지름
③ 나사가 나 있는 부분의 길이
④ 나사가 나 있지 않은 부분의 길이

17 무게중심전방한계의 앞쪽에 2개의 좌석과 수하물실이 있다면 어떻게 해야 하는가?

① 170Ib 중량 한 사람은 좌석에 앉고, 최소허용수하물을 탑재 후 무게중심전방한계 뒤쪽의 좌석 또는 수하물실은 비워둔다.
② 170Ib 중량 두 사람은 좌석에 앉고, 최대허용수하물을 탑재 후 무게중심전방한계 뒤쪽의 좌석 또는 수하물실은 비워둔다.
③ 170Ib 중량 한 사람은 좌석에 앉고, 최소허용수하물을 탑재 후 무게중심전방한계 앞쪽의 좌석 또는 수하물실을 채워둔다.
④ 170Ib 중량 두 사람은 좌석에 앉고, 최대허용수하물을 탑재 후 무게중심전방한계 앞쪽의 좌석 또는 수하물실을 채워둔다.

18 항공 인적요소 내용에서 항공종사자들의 행태 변화를 유도하는 교육 및 훈련에 관한 설명으로 틀린 것은?

① 계획적으로 실시한다.
② 체계적이며 주기적으로 실시한다.
③ 사후에도 세심한 관리와 관찰을 통해 수시로 교정한다.
④ 단기간의 일과 성적을 이루어 내도록 한다.

19 항공교통에서 인적요소에 대한 교육, 훈련 목적에 해당하지 않는 것은?

① 인적과실에 의한 사고예방
② 항공기 운항의 효율성과 능률성 제고
③ 인간의 능력 극대화
④ 항공기 사고조사의 효율화

20 인간의 뇌로 공급되는 혈액의 양은?

① 1/2~1/3　　② 1/3~1/4
③ 1/4~1/5　　④ 1/5~1/6

21 항공기 무게를 측정한 결과 그림과 같다면, 이때 중심위치는 MAC의 몇 %에 있는가?(단, 단위는 cm이다.)

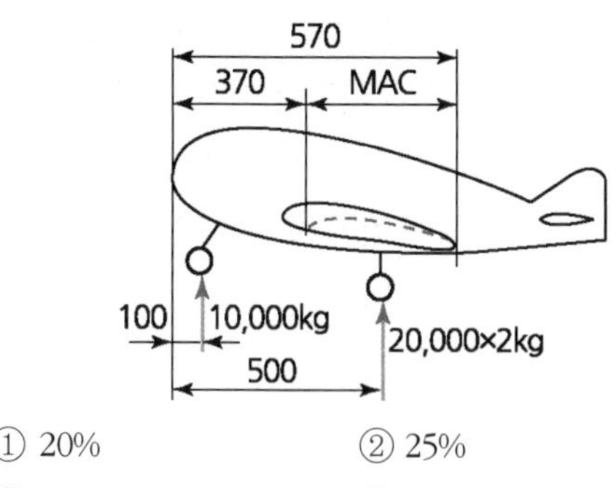

① 20%　　② 25%
③ 30%　　④ 35%

22 다음 중 코터핀(Cotter Pin)이 장착 가능한 것은?

① 평너트　　② 나비너트
③ 캐슬너트　　④ 체크너트

23 다음 설명 중 탄소강이 아닌 것은?

① 탄소강의 함유량은 0.025~2.0%이다.
② 탄소강의 종류에는 저탄소강, 중탄소강, 고탄소강이 있다.
③ 탄소강은 비강도면에서 우수하므로 항공기 기체구조재에 사용하기 좋다.
④ 탄소강에는 탄소 함유량이 많을수록 경도는 증가하나 인성과 내충격성이 나빠진다.

24 항공기 운항 중 번개가 음속 28.02m/s의 속도로 치고 2초 만에 소리가 들렸다. 번개가 친 곳은 얼마나 떨어진 곳인가?

① 278m
② 440m
③ 710m
④ 736m

25 다음 중 캐슬너트를 고정할 때 사용하는 것은?

① 코터핀
② Lock Nut
③ 블라인드 리벳
④ Lock Bolt

정답

01	④	02	②	03	③	04	①	05	①
06	②	07	②	08	②	09	①	10	①
11	④	12	④	13	④	14	④	15	③
16	④	17	②	18	④	19	④	20	③
21	②	22	③	23	③	24	④	25	①

과 목 발동기(Powerplant)

01 항공기 가스 터빈 기관 중 특히 소음이 제일 심한 엔진은?

① Turbo Fan
② Turbo Jet
③ Turbo Prop
④ Turbo Shaft

02 왕복 기관 항공기 시동 시 준비사항으로 아닌 것은?

① 시동 확인을 위해 지상 점검원을 항공기 후방에 배치시킨다.
② 반드시 바퀴고임목(Chock)를 하고, 항공기의 접지상태를 확인한다.
③ 시동 전 인원과 소화기 1개 이상을 지정된 위치에 배치하여 화재 발생과 장애접근에 대비한다.
④ 시동 장소는 프로펠러의 회전으로 작은 돌이 튀거나 먼지 등이 발생하여 기체 등에 손상을 줄 수 있으므로 평평하고 깨끗하여야 한다.

03 항공기 과급기(Supercharger)의 사용 목적으로 옳은 것은?

① 추력을 증가시켜준다.
② 고고도에서 고출력으로 유지시켜 준다.
③ 착륙 시 매니폴드 압력(Manifold Pressure)을 증가시켜준다.
④ 저고도에서 저출력으로 유지 및 연료를 절감시켜준다.

04 항공기가 지상이나 비행 중 자력으로 회전하는 최소 출력 상태는?

① Idle Rating
② Maximum Climb Rating
③ Maximum Cruise Rating
④ Maximum Continuous Rating

05 가스 터빈 기관 항공기의 역추력장치 사용 시 배기가스가 압축기로 유입되면 어떻게 되는가?

① 엔진성능에 전혀 영향을 주지 않는다.
② 유입공기의 밀도가 감소하여 회전수가 증가하므로 추력이 증가한다.
③ 유입공기의 밀도 변화에 의해 회전수가 변화하여 압축기 실속을 일으킨다.
④ 유입공기의 밀도가 증가하고 회전수가 감소하므로 추력이 변한다.

06 왕복기관 항공기에 사용하는 가솔린(AV Gas) 연료의 색깔이 의미하는 것은?

① 연료의 가격　② 연료의 등급
③ 연료의 발열량　④ 연료의 증기압력

07 항공기 베어링(Bearing) 취급 및 주의사항으로 옳은 것은?

① 증기압력을 이용하는 세척법을 사용한다.
② 보풀이 없는 면이나 장갑을 이용한다.
③ 윤활유를 제거한 상태에서 베어링을 회전시킨다.
④ 표면 불순물을 제거하기 위해 작업장에서 제공하는 압축공기를 이용하여 베어링을 닦는다.

08 항공기 가스터빈엔진의 열역학적 기본 사이클인 브레이턴 사이클(Brayton Cycle)의 연소 형태는?

① 정적 연소
② 등온 연소
③ 정압 연소
④ 정적 – 정압 연소

09 일반적으로 프로펠러의 깃 위치는 어디서부터 측정하는가?

① 블레이드 생크부터
② 블레이드 허브부터
③ 블레이드 팁부터
④ 허브부터 생크까지

10 터보 프롭 항공기에서 일반적으로 프로펠러에서 얻는 추력은?

① 30～40%
② 40～60%
③ 60～70%
④ 80～90%

11 터보 팬 기관의 추진효율을 높이는 방법은?

① 배기가스의 속도를 빠르게 한다.
② 바이패스비를 높인다.
③ 추진 속도와 비행 속도의 차이를 크게 한다.
④ 압축기 출구 압력(Compressor Discharge Pressure)을 높인다.

12 항공기 가스 터빈 기관의 압축기부 및 터빈부에 사용되는 주 베어링(Main Bearing)은 무엇인가?

① Ball Bearing, Plain Bearing
② Ball Bearing, Roller Bearing
③ Roller Bearing, Plain Bearing
④ Plain Bearing, Tapered Roller Bearing

13 항공기 방빙에 주로 사용하는 것은?

① Exhaust Gas
② Turbine Bleed Air
③ Fan Bypass Air
④ Compressor Bleed Air

14 가스 터빈 기관의 Turbine Blade에 장착된 Shroud의 역할은?

① 공기속도를 증가
② 속도를 증가
③ 혼합비 증가
④ 블레이드 공진을 방지

15 가스 터빈 항공기의 압축기(Compressor)와 연소실(Combustion Chamber) 사이에 위치한 디퓨저(Diffuser)의 역할로 옳은 것은?

① 유입속도와 압력 모두 감소
② 유입속도와 압력 모두 증가
③ 유입속도 증가, 압력 감소
④ 유입속도 감소, 압력 증가

16 가스터빈 엔진 작동에 필요로 하는 계기는 무엇인가?

① N1, 오일 온도, 오일 압력, 연료 흐름 계기
② N2, 오일 온도, 오일 압력, 연료 흐름 계기
③ N1, N2, EPR, EGT, 오일 온도, 오일 압력
④ EPR, EGT, 오일 온도, 오일 압력

17 다음 중 6기통 대향형(Opposed Type) 엔진의 점화순서로 옳은 것은?

① 1－4－5－2－3－6
② 1－2－5－3－6－4
③ 1－6－4－5－3－2
④ 1－5－3－6－4－2

18 고정피치 프로펠러 항공기의 공기속도와 합성속도가 서로 달라서 프로펠러 중심축이 방향과 같지 않을 때 발생하는 응력은?

① 휨 응력
② 원심 응력
③ 인장 응력
④ 비틀림 응력

19 터보 팬 엔진을 항공기에서 장탈 후 장기 저장 시 보관 기간으로 옳은 것은?

① 7일～28일
② 30일～90일
③ 90일 이상
④ 180일 이상

20 왕복 기관 항공기의 기관 장탈 시 준비사항이 아닌 것은?

① 항공기 주 바퀴에 고임목(Chock)을 한다.
② 뒷바퀴형 항공기는 동체 후미를 지지대로 사용한다.
③ 작업 시 통풍이나 환기가 잘되고 최소 1개 이상의 소화기를 배치한다.
④ 항공기의 강착장치(Landing Gear)의 완충장치(Shock Strut)를 수축시켜 놓는다.

21 가스 터빈 기관(Gas Turbine Engine)의 연료 필요조건으로 틀린 것은?

① 발열량이 높을 것
② 점도지수가 낮을 것
③ 산화 안정성이 높을 것
④ 온도변화에 따른 점도변화가 낮을 것

22 왕복 기관 항공기의 실린더 내에서 작용하는 피스톤의 직선 왕복운동을 크랭크축에 전달하여 회전운동으로 변화시키는 것은 무엇인가?

① Crank Pin
② Connecting Rod
③ Crank Shaft
④ Piston

23 밸브 오버랩의 효과로 얻을 수 있는 게 아닌 것은?

① 공기 체적 증가
② 냉각효과 증대
③ 배기효과 증대
④ 역화(Back Fire) 방지

24 항공기 가스터빈 엔진에 사용되는 연료에 대한 요구조건 중 틀린 것은?

① 화재 위험성이 낮을 것
② 연소성이 좋도록 방향족 탄화수소가 충분히 혼합되어 있을 것
③ 연료계통 보기들의 각 작동부품에 적절한 윤활유를 제공할 수 있을 것
④ 모든 지상 조건에서 엔진 시동이 가능하고 비행 중 재시동성이 좋을 것

25 고정피치 왕복엔진 항공기 흡기계통에서 기화기 결빙(Carburetor Icing) 발생 시 나타나는 현상으로 옳은 것은?

① 추력 감소
② 추력과 매니폴드 압력(Manifold Pressure) 감소
③ 추력 감소, 매니폴드 압력(Manifold Pressure) 증가
④ 추력 증가, 매니폴드 압력(Manifold Pressure) 감소

정답

01	②	02	①	03	②	04	①	05	③
06	②	07	②	08	③	09	②	10	④
11	②	12	②	13	④	14	④	15	④
16	③	17	①	18	④	19	③	20	②
21	②	22	②	23	④	24	②	25	②

과 목 전자전기계기(Avionics)

01 항공기 통신기기의 사용 목적 중 틀린 것은?

① 조난통신, 구조통신(구난기관과 통화)
② 운항관리를 위한 통신(소속항공사와 통화)
③ 항공교통관제를 위한 통신(관제기관과 통화)
④ 운항과 상관없는 내용의 항공기간의 통신(항공기간 통화)

02 교류발전기의 주파수를 결정하는 것은?

① 전자력의 세기
② 여자의 세기
③ 전기자의 세기
④ 계자의 극수와 회전수

03 항공기 계기계통에 사용하는 공함(Pressure Capsule)에 대한 설명으로 맞는 것은?

① 압력을 기계적인 변위로 바꿔주는 장치
② 온도의 변화를 전류로 바꿔주는 장치
③ 기계적인 변위를 압력으로 바꿔주는 장치
④ 온도의 변화를 전기저항으로 바꿔주는 장치

04 항공기에 장치되는 상호통화장치(Interphone)가 아닌 것은?

① Service Interphone
② Cabin Interphone
③ Flight Interphone
④ Ground Interphone

05 다음 중 직류발전기에 쓰이는 전동기는 무엇인가?

① 만능형 ② 유도형
③ 직권형 ④ 동기형

06 정전기 방전장치(Static Discharger)의 역할은?

① 승무원들끼리 서로 접촉되지 않도록 해준다.
② 기체 표면에 대전한 정전기를 대기 중으로 방전한다.
③ 고압 점화계통에서 발생하는 무선 잡음을 없앤다.
④ 기체 각부의 전위차를 없애고 벼락에 의한 파손을 없앤다.

07 병렬운전 중인 두 개의 직류발전기의 부하전류를 고르게 분배하기 위해 사용하는 것은?

① 맥스웰 회로(Maxwell Gate)
② 이퀄라이저 회로(Equalizer Gate)
③ 휘트스톤 회로(Wheatstone Gate)
④ 싱크로 회로(Synchro－Scope Gate)

08 수평비행 중 자기컴퍼스의 최대 자차는?

① ±4° ② ±6°
③ ±8° ④ ±10°

09 로컬라이저(Localizer)의 설명으로 맞는 것은?

① 활주로 끝과 항공기 사이의 거리를 알려준다.
② 활주로와 적당한 접근 각도로 비행기를 맞춰준다.
③ 활주로에 방황하는 항공기의 위치를 알려준다.
④ 활주로의 중심과 비행기를 일자로 맞춰준다.

10 항공기 계기 특징 중 아닌 것은?

① 마찰오차가 적다.
② 누설오차가 없다.
③ 온도오차가 거의 없다.
④ Jet Engine 항공기인 경우 Shock Mount가 필요하다.

11 직류발전기가 전류를 얻는 기본 발전원리로 옳은 것은?

① 직류를 직류로 정류
② 교류를 직류로 정류
③ 자기장을 직류로 정류
④ 전기장을 직류로 정류

12 다음 중 인공위성을 이용한 항법전자장치는?

① LNS ② INS
③ ONS ④ GPS

13 교류회로에서 교류의 주파수가 높을수록 유도리액턴스(Inductive Reactance)가 증가하는 것은?

① 전류(Ampere)
② 저항(Resistance)
③ 콘덴서(Condensor)
④ 커패시턴스(Capacitance)

14 항공기 가스 터빈 기관의 배기가스 온도를 측정하는데 사용되는 계기는?

① 비율식 지시계(Rate Type Indicator)
② 브리지식 지시계(Bridge Type Indicator)
③ 열전대식 온도계(ThermoCouple Indicator)
④ 전기저항식 온도계(Electronic Resistance Indicator)

15 도체의 저항에 영향을 미치는 요소가 아닌 것은?

① 길이 ② 단면적
③ 공기 밀도 ④ 온도

16 1초 동안 1J의 에너지를 산출하는 일률을 뜻하는 단위는?

① W ② A
③ V ④ Ω

17 축전지를 연결할 때 전압은 같고 출력전류만 증가시키는 방법은?

① 불가능하다
② 축전지를 병렬연결
③ 축전지를 직렬연결
④ 부하에 따른 축전지 따로 연결

18 Multimeter를 이용하여 도체의 절연상태를 측정하고자 할 때 사용되는 스위치 위치는?

① A ② Ω
③ V ④ MA

19 전자기력(Line of Electromagnetic Force)에 대한 설명으로 틀린 것은?

① 전자기력은 S극에서 나와서 N극으로 들어간다.
② 전자기력은 서로 겹치거나 교차하지 않는다.
③ 전자기력의 힘은 임의의 한 점을 지나는 수직 접선의 방향이다.
④ 전자기력 그 자신은 수축하려 하고 같은 방향의 전자기력은 서로 반발하려 한다.

20 다음 논리회로 중 모든 입력이 "0"이면 출력이 "0"이고, 모든 입력이 "1"이면 출력이 "1"인 것은?

① Invert(NOT) – Gate
② NAND – Gate
③ OR – Gate
④ NOR – Gate

21 작업 면에 비추는 조도를 말하며 등기구에서 발산되는 광속의 90% 이상을 천장이나 벽에 투사시켜 이로부터 반사 확산된 광속을 이용하는 방식은?

① 직접식(Direct)
② 간접식(Indirect)
③ 반직접식(Semi – Direct)
④ 반간접식(Semi – Indirect)

22 항공기 장거리 항법장치에 사용되는 레이저 자이로(Laser – Gyro)의 Beam을 발생시키는 장치로 아닌 것은?

① 게인(Gain)
② 랜덤 드리프터(Random Drifter)
③ 여자 장치(Excitation Mechanism)
④ 피드백 장치(Feed – Back Mechanism)

23 다음 중 맴돌이 전류식 회전계(Eddy-Current Type Tachometer)에 대한 설명으로 옳은 것은?

① 기관에 의해 구동되는 3상교류발전기를 이용한다.
② 내부에 3상권선과 영구자석의 3상동기전동기가 있다.
③ 3상권선과 영구자석으로 구성된 3상교류발전기를 이용하여 기관의 회전속도에 비례하도록 전압을 발생시킨다.
④ 기관의 구동축에 설치된 가요성 구동축이 계기에 연결되어 기관의 속도와 같은 속도로 움직여 영구자석의 전압을 생성한다.

24 전류의 크기를 결정하는 것은?

① 도체의 전선, 전압
② 도체의 저항, 전압
③ 도체의 전압차, 전선
④ 전압차로 인한 마찰전기, 전류 용량

25 교류회로의 3가지 저항체로 아닌 것은?

① 전류　　② 저항
③ 코일　　④ 콘덴서

정답

01	④	02	④	03	①	04	④	05	③
06	②	07	②	08	④	09	④	10	④
11	②	12	④	13	②	14	③	15	③
16	①	17	②	18	②	19	①	20	③
21	②	22	②	23	④	24	②	25	①

과 목 항공법규

01 다음 중 대한민국 항공기의 국적기호는?

① OZ　　② KR
③ HL　　④ ZK

02 항공기 정비업에 대한 설명으로 맞는 것은?

① 타인의 수요에 맞추어 항공기, 발동기, 프로펠러, 장비품 또는 부품을 정비 · 수리 또는 개조하는 업무를 하는 사업을 말한다.
② 타인의 수요에 맞추어 항공기에 대한 급유, 항공화물 또는 수하물의 하역과 그 밖에 국토교통부령으로 정하는 지상조업을 하는 사업을 말한다.
③ 타인의 수요에 맞추어 유상으로 항공기, 경량항공기 또는 초경량비행장치를 대여하는 사업을 말한다.
④ 타인의 수요에 맞추어 국토교통부령으로 정하는 초경량비행장치를 사용하여 유상으로 농약살포, 사진촬영 등 국토교통부령으로 정하는 업무를 하는 사업을 말한다.

03 변경등록과 말소등록은 그 사유가 있는 날로부터 며칠 이내에 신청하여야 하는가?

① 10일　　② 15일
③ 20일　　④ 25일

04 다음 중 말소등록을 해야 하는 경우는?

① 항공기를 Mock-Up을 위해 해체한 경우
② 항공기를 공공기관에 기부한 경우

③ 임차기간이 만료된 경우
④ 외국인 법인 및 단체의 임원수가 1/2 이상을 차지한 경우

05 다음 중 "국토교통부령으로 정하는 긴급한 업무"에 해당되지 않는 것은?

① 화재의 진화
② 긴급업무를 위한 서류수송
③ 응급환자의 수송 등 구조, 구급활동
④ 재난, 재해 등으로 인한 수색 및 구조

06 다음 중 항공기 등록기호표의 크기로 맞는 것은?

① 가로 2cm, 세로 5cm
② 가로 5cm, 세로 7cm
③ 가로 7cm, 세로 5cm
④ 가로 10cm, 세로 15cm

07 다음 중 항공운송사업에 포함되지 않는 것은?

① 소형항공운송사업
② 중형항공운송사업
③ 국제항공운송사업
④ 국내항공운송사업

08 시계비행 항공기에 갖추어야 할 항공계기가 아닌 것은?

① 기압고도계
② 승강계
③ 나침반
④ 시계

09 다음 중 정비조직인증을 취소하여야 하는 경우는?

① 정비조직인증 기준을 위반한 경우
② 고의 또는 중대한 과실에 의하여 항공기 사고가 발생한 경우
③ 승인을 받지 아니하고 항공안전관리시스템을 운용한 경우
④ 부정한 방법으로 정비조직인증을 받은 경우

10 항공기 감항증명 시 운용한계는 무엇에 의하여 지정하는가?

① 항공기 종류, 등급, 형식
② 항공기의 중량
③ 항공기의 사용연수
④ 항공기의 감항분류

11 다음 중 무선설비를 사용할 수 없는 곳은?

① 유도로
② 급유 또는 배유작업 중인 항공기로부터 30m 이내의 장소
③ 격납고 기타 건물의 15m 이내에 있는 경우
④ 격납고 내부

12 다음 중 소음기준적합증명에 대한 설명으로 틀린 것은?

① 국제선을 운항하는 항공기는 소음기준적합증명을 받아야 한다.
② 소음기준적합증명은 감항증명을 받을 때 받는다.
③ 소음기준적합증명으로 운용한계를 지정할 수 있다.

④ 항공기의 감항증명을 반납해야 할 때 소음기준 적합증명도 반납해야 한다.

13 특별감항증명의 대상이 아닌 것은?

① 항공기의 설계에 관한 형식증명을 변경하기 위하여 운용한계를 초과하지 않는 시험비행을 하는 경우
② 항공기를 수입하거나 수출하기 위하여 승객이나 화물을 싣지 아니하고 비행하는 경우
③ 항공기의 제작 또는 개조 후 시험비행을 하는 경우
④ 항공기의 정비 또는 개조를 위한 장소까지 승객이나 화물을 싣지 아니하고 비행하는 경우

14 활주로와 항공기가 활주로를 이탈하는 경우 항공기와 탑승자의 피해를 줄이기 위하여 활주로 주변에 설치하는 것은 무엇인가?

① 안전지대　② 비행장시설
③ 착륙대　④ 항행안전시설

15 다음 중 금속편, 직물 등을 보관할 수 있는 장소로 알맞은 것은?

① 착륙대　② 유도로
③ 격납고　④ 계류장

16 형식증명 또는 제한형식증명에 따라 인가된 설계에 일치하게 항공기등을 제작할 수 있는 ( ), ( ), ( ), ( ) 등을 갖추고 있음을 증명 받으려는 자는 국토교통부령으로 정하는 바에 따라 국토교통부장관에게 신청하여야 한다. ( )에 들어갈 알맞은 말은 무엇인가?

① 기술, 설비, 인원, 기술관리체계
② 기술, 설비, 인력, 품질관리체계
③ 기술, 설비, 인원, 품질관리체계
④ 기술, 설비, 인력, 기술관리체계

17 국제민간항공기구(ICAO)의 이사국 종류로 틀린 것은?

① PART Ⅰ : States of chief importance in air transport(항공이사국 20개)
② PART Ⅰ : States of chief importance in air transport(항공이사국 11개)
③ PART Ⅱ : States which make the largest contribu－tion to the provision of facilities for inter－nationalcivil air navigation(항공이사국 12개)
④ PART Ⅲ : States ensuring geographic represen－tation(항공이사국 13개)

18 항공안전의무보고서 제출 시기로 틀린 것은?

① 항공기사고 : 즉시
② 항공기준사고 : 즉시
③ 항공안전장애 : 72시간 이내(항공기가 조류 또는 동물과 충돌한 경우)
④ 항공안전장애 : 72시간 이내(항공등화시설의 운영이 중단되어 항공기 운항에 지장을 주는 경우)

19 항공안전법에 따라 항공안전의 확보를 위해 국토교통부장관에게 보고를 해야 하는 대상자로 아닌 것은?

① 항공기등, 장비품 또는 부품의 제작 또는 정비등을 하는 자

② 비행장, 이착륙장, 공항, 공항시설 또는 항행안전시설의 설치자 및 관리자
③ 항공종사자, 경량항공기 조종사 및 초경량비행장치 조종자
④ 언론을 통해 항공사고를 인지한 항공종사자

20 항공 · 철도 사고조사에 관한 법률의 적용범위로 아닌 것은?

① 대한민국 영역 안에서 발생한 항공 · 철도사고등
② 국가기관등항공기의 수리 · 개조가 불가능하게 파손된 경우
③ 국가기관등항공기의 위치를 확인할 수 없거나 국가기관등항공기에 접근이 불가능한 경우
④ 군용, 세관용 및 경찰용 항공기의 사고등

21 수리, 개조 승인 신청 시 첨부하는 수리, 개조 계획서에 포함하여야 할 사항이 아닌 것은?

① 수리, 개조에 필요한 인력 및 장비, 시설 및 자재 목록
② 수리, 개조 작업지시서
③ 수리, 개조 품질관리절차
④ 작업을 수행하려는 인증된 정비조직의 업무범위

22 항공기로 활공기를 예항하는 경우 안전상의 기준이 아닌 것은?

① 예항줄 길이의 50%에 상당하는 고도 이상의 고도에서 예항줄을 이탈시킬 것
② 구름 속에서나 야간에는 예항을 하지 말 것
③ 예항줄의 길이는 40m 이상 80m 이하로 할 것
④ 항공기에 연락원을 탑승시킬 것

23 다음 중 항공기에 탑재해야 할 서류로 옳지 않은 것은?

① 형식증명서
② 감항증명서
③ 항공기등록증명서
④ 탑재용 항공일지

24 항공기의 등록원부에 기재해야 할 사항이 아닌 것은?

① 항공기의 형식
② 항공기의 등록기호
③ 항공기의 부품일련번호
④ 소유자 또는 임차인의 성명, 명칭과 주소

25 항공기 사고에 관한 조사, 보고, 통지 등의 기준을 정하고 있는 국제민간항공협약(ICAO) 부속서는?

① Annex 6 ② Annex 8
③ Annex 11 ④ Annex 13

정답

01	③	02	①	03	②	04	③	05	②
06	③	07	②	08	②	09	④	10	④
11	④	12	④	13	①	14	③	15	③
16	②	17	①	18	④	19	④	20	④
21	③	22	①	23	①	24	③	25	④

02 항공정비사 비행기 제2회 모의고사

과목 항공기체(Airframe)

01 철강재료 분류번호의 SAE 1025에서 25가 의미하는 것은?

① 탄소강의 종류
② 탄소의 함유량
③ 탄소강의 합금번호
④ 합금 원소의 백분율

02 지구상에서 규소 다음으로 많이 매장되어 있으며, 항공기 기체구조부에 많이 사용하는 재료는?

① 구리 ② 알루미늄
③ 니켈과 티탄 ④ 마그네슘과 탄소

03 대부분 대형기에서 Integral Fuel Tank를 사용하는 이유는?

① 무게를 줄이기 위하여
② 화재위험을 줄이기 위하여
③ 누설을 방지하기 위하여
④ 연료 공급을 용이하게 하기 위하여

04 항공기에 사용하는 측정공구인 컴비네이션 세트(Combination Set)의 구성품이 아닌 것은?

① Barrel ② Stock Head
③ Center Head ④ Protractor Head

05 항공기 조종케이블 계통에서 케이블 장력을 조절하는 이유로 맞는 것은?

① 정비지침서에서 지시하기 때문이다.
② 항공기 사용시한에 따라 늘어나기 때문이다.
③ 항공기 특성상 케이블에 녹이 슬어 늘어나기 때문이다.
④ 항공기 동체 및 케이블의 재료특성 차이로 인해 온도변화로 늘어나기 때문이다.

06 항공구조물에 작용하는 내력(하중)이 아닌 것은?

① 변형(Strain) ② 비틀림(Torsion)
③ 전단력(Shear) ④ 압축력(Compressed)

07 여객용 항공기의 연료는 대부분 주 날개에 저장되며, 주 날개의 동체 가까운 부분에 들어가 있는 연료부터 사용하기 시작하여 날개 끝부분에 들어있는 연료는 마지막으로 사용하게 되는데 그 이유는?

① 동체를 가볍게 하기 위해서이다.
② 날개의 연료를 다 써서 날개가 탈락하는 것을 방지하기 위해서이다.
③ 대형 항공기의 연료를 절약하기 위해서이다.
④ 동체와 날개의 접합부가 양력에 의한 굽힘 모멘트를 받는 것을 연료를 사용함으로써 상쇄시키기 위해서이다.

08 항공기 타이어(Tire)의 저장방법으로 맞는 것은?

① 저온에서 보관
② 빈(Bin)이나 선반 위에 수평으로 보관
③ 타이어 랙(Rack)에 보관
④ 서늘하고 건조하며 햇빛이 들지 않는 곳에 보관

09 아크릴 수지(Acylic Resin)로 제작된 객실의 Window에 대한 설명으로 틀린 것은?

① 유리보다 딱딱하지 않고 표면에 흠집이 생기기 쉽다.
② 전기를 통해서 방빙, 제빙을 할 수 있으므로 승객에게 좋은 시야를 제공한다.
③ 화학적용제를 사용하면 균열이 생길 수 있으므로, Painting이나 페인트 제거 시 주의해야 한다.
④ 비교적 유리보다 비중이 약 1/2정도이며, 균열이 발생하면 유리보다 급하게 진행되지 않는다.

10 카본 스틸 가요성 케이블(Carbon Steel Flexible Cable)에 알루미늄튜브를 스웨이징(Swaging)한 락 클래드 케이블(Lock Clad Cable)에 대한 설명으로 틀린 것은?

① 케이블에 내식성이 생긴다.
② 케이블의 조작범위가 좋아진다.
③ 하중에 의한 케이블 신장이 작아진다.
④ 굴곡진 곳이나 진동이 있는 부분에 완충역할을 하여 주로 사용한다.

11 항공기 내식강 튜브(Tube)에 대한 설명으로 틀린 것은?

① 3000psi의 고압배관, 유압배관에 사용한다.
② 상대운동을 하는 배관 사이에 장착한다.
③ 3000psi의 고압배관 및 유압배관에 열을 받는 고온부에 사용한다.
④ 기관에 사용되는 가요성 유압배관 및 유압계통 이외에 내화성이 요구되는 곳에 사용한다.

12 철강재료의 열처리 방법 중 담금질인 것은?

① 작업하다가 생긴 내부 응력을 제거하는 방법이다.
② 철강재료의 경도와 강도를 증가시키는 방법이다.
③ 가열시킨 암모니아를 이용하여 표면을 강화시키는 방법이다.
④ 500~600℃로 가열한 후 공기와 접촉시키는 방법이다.

13 항공기 내부나 공기저항을 받지 않는 곳에 사용하는 일반 리벳은?

① 폭발 리벳
② 체리 리벳
③ 체리 고정 리벳
④ 유니버셜 머리 리벳

14 항공기 타이어를 교환할 때 한쪽을 들여 올려야할 때 필요로 하는 장비는?

① 고정 받침 잭
② 싱글 베이스 잭
③ 삼각받침이 없는 잭
④ 삼각받침이 있는 잭

15 항공기 화학적 방빙계통에서 결빙부분에 분사하는 분사액은?

① 나프타 솔벤트
② 메틸에틸케톤
③ 메틸클로로프롬
④ 이소프로필 알코올

16 지상에서 수행되는 항공기 제빙작업(De-Icing)에 대한 설명 중 틀린 것은?

① 동체나 날개에 눈(Snow)의 양이 많을 때는 제빙액(De-Icing Fluid)을 뿌려서 눈을 제거한다.
② 항공기 날개에 쌓인 눈을 제빙할 때 뾰족한 공구나 장비를 사용하면 안 된다.
③ 기체에 서리(Frost)가 많이 있으면 실내(Hanger)로 입고시키거나 제빙액(De-Icing Fluid)을 사용한다.
④ 항공기에 Heavy Ice와 서리의 양이 적을 시에는 Hot Air를 이용하거나 실내(Hanger)로 입고시켜서 제거한다.

17 일반적으로 Hydraulic System Schematic Drawing이 보여주는 것은?

① 항공기에서 Hydraulic System 부품의 위치
② 항공기에서 Hydraulic System 부품의 장착 방법
③ Hydraulic System 내에서 Hydraulic Fluid의 이동 방향
④ Hydraulic System 부품 및 Line 내의 Hydraulic Fluid Pressure

18 항공기 화물실(Baggage or Cargo Compart-ment)에 사용되는 화재탐지장치(Fire Detector System)는 무엇인가?

① Flame Detector
② Thermal Raise Detector
③ Smoke Detector
④ Overheat Detector

19 허니컴(Honeycomb) 샌드위치 구조에서 코어(Core)의 자재가 아닌 것은?

① 알루미늄 합금
② 종이
③ 고무
④ 복합재료(FRP)

20 다음 중 조종면을 작동하면 서로 반대로 움직이고 항공기의 세로축 운동에 영향을 주는 것은?

① 승강타(Elevator)
② 방향타(Rudder)
③ 도움날개(Aileron)
④ 슬롯플랩(Slotted Flap)

21 비행기 주 조종면(Primary Control System)이 아닌 것은?

① 승강타(Elevator)
② 방향타(Rudder)
③ 도움날개(Aileron)
④ 고양력장치(Flap)

22 유압계통 중 유압유를 한 방향으로만 흐르게 하는 것은?

① Relief Valve
② Safety Valve
③ Check Valve
④ Selector Valve

23 다음 중 볼트규격이 NAS6603DH10의 볼트의 지름은?

① 66/8 ② 3/16
③ 3/4 ④ 3/32

24 다음은 A의 직경이 5[inch], B의 직경이 15[inch]인 서로 다른 직경의 관이 연결되어 있다고 할 때 A에서 B로 200[lbs]의 힘을 가했을 경우 B에서 받는 힘은 얼마인가?

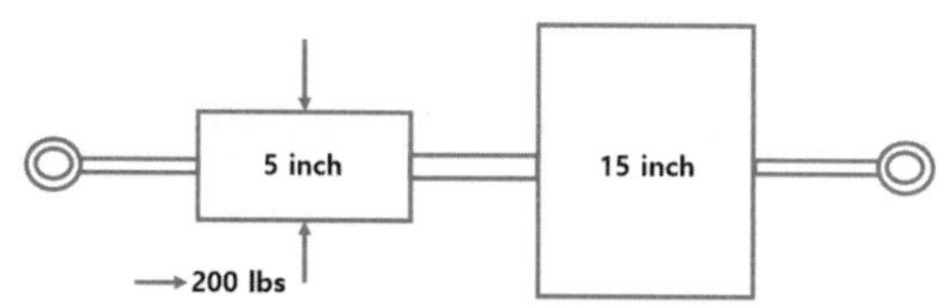

① 520[PSI] ② 980[PSI]
③ 1380[PSI] ④ 1770[PSI]

25 신형 민간 항공기에서 Water Waste System에 대한 설명 중 맞는 것은?

① Galley에서 사용한 물은 Waste Tank에 저장한다.
② Toilet에서 사용한 물은 Drain Mast를 통해 기외로 배출시킨다.
③ Galley에서 사용한 물은 Drain Mast를 통해 기외로 배출시킨다.
④ Galley와 Toilet에서 사용한 물은 모두 Waste Tank로 저장한다.

정답

01	②	02	②	03	①	04	①	05	④
06	①	07	④	08	④	09	②	10	④
11	②	12	②	13	④	14	②	15	④
16	④	17	③	18	③	19	③	20	③
21	④	22	③	23	②	24	④	25	③

과목 정비일반(General)

01 초음파 검사의 특징 중 틀린 것은?

① 판독이 객관적이다.
② 균열과 같이 평면적인 결함 검사에 적합하다.
③ 소모품이 거의 없으므로 검사비가 싸다.
④ 검사 표준 시험편이 필요 없다.

02 압축성 유체에서 도관이 좁아질 때 속도와 정압의 관계는?

① 속도는 감소하고 정압은 증가한다.
② 속도는 증가하고 정압은 감소한다.
③ 속도와 정압 모두 증가한다.
④ 속도와 정압 모두 감소한다.

03 항공기 견인작업(Towing)에 대한 주의사항으로 틀린 것은?

① 견인요원은 자격이 있는 정비요원이 해야 한다.
② 견인하는 요원들은 Radio Communication 절차를 준수해야 한다.
③ 혼잡한 곳으로 이동할 때 양날개 끝(Wing Tip)으로 사람을 배치시켜 충돌을 방지한다.
④ 견인작업이 완료되었을 때 인원의 안전을 위하여 견인봉(Towing Bar)을 제거한 후 앞바퀴에 고임목(Chock)을 한다.

04 선회비행 중인 비행기에 작용하는 원심력과의 관계로 옳은 것은?

① 비행기 속도, 선회각과 모두 비례
② 비행기 속도 제곱, 선회각과 모두 비례
③ 비행기 속도 제곱에 비례, 선회각과 반비례
④ 비행기 속도 제곱에 반비례, 선회각과 비례

05 솔리드 생크 리벳(Solid Shank Rivet)의 머리 표식(Rivet Head Marking)으로 알 수 있는 것은?

① 리벳 재료의 종류
② 리벳 재료의 강도
③ 리벳의 직경
④ 리벳 머리의 모양

06 동일고도에서 기온이 같을 경우 습도가 높은 날의 공기밀도와 건조한 날의 공기밀도의 관계는?

① 습도가 높은 날이 건조한 날보다 공기밀도는 작아진다.
② 습도가 높은 날이 건조한 날보다 공기밀도는 높아진다.
③ 습도와 상관없이 밀도는 일정하다.
④ 습도가 높은 날과 건조한 날의 공기밀도는 비례한다.

07 양력과 항력을 결정하는 요소는?

① 시위선 ② 캠버
③ 평균 캠버선 ④ 날개의 최대두께

08 다음 중 복합소재의 강화재로 쓰이지 않는 것은?

① 보론 섬유 ② 쿼츠 섬유
③ 유리 섬유 ④ 아라미드 섬유

09 항공기 평형추(Ballast)에 관한 설명 중 틀린 것은?

① 평형을 얻기 위하여 항공기에 사용된다.
② 무게 중심 한계 이내로 무게 중심이 위치하도록, 최소한의 중량으로 가능한 전방에서 가까운 곳에 둔다.
③ 영구적 평형추는 장비 제거 또는 추가 장착에 대한 보상 중량으로 장착되어 오랜기간 동안 항공기에 남아 있는 평형추이다.
④ 임시 평형추 또는 제거가 가능한 평형추는 변화하는 탑재 상태에 부합하기 위해 사용된다.

10 다음 중 Micrometer Calipers의 종류가 아닌 것은?

① Hermaphrodite Micrometer
② Outside Micrometer
③ Depth Micrometer
④ Thread Micrometer

11 다음 그림 중 알맞게 장착된 항공기 가요성 호스(Flexible Hose)는?

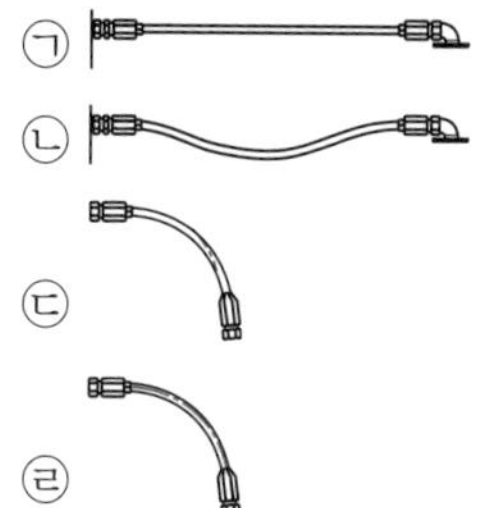

① ㉠과 ㉢　　② ㉡과 ㉢
③ ㉡과 ㉣　　④ ㉠과 ㉣

12 다음 특수강 중 탄소를 제일 많이 함유하고 있는 강은?

① SAE 1025　　② SAE 2330
③ SAE 6150　　④ SAE 4340

13 항공기 중량과 평형 정보가 기록된 문서 종류 중 초도에 항공기 제작사에서 측정하여 제공하고 항공기 운용자(정비사)가 주기적으로 측정하여 수정 및 보완하여 발행하는 것은 무엇인가?

① 항공기설계명세서(Aircraft Specifications)
② 항공기운용한계(Aircraft Operating Limitations)
③ 항공기 형식증명자료집(Aircraft Type Certificate Data Sheet)
④ 항공기 중량 및 평형 보고서(Aircraft Weight and Balance Report)

14 항공기를 옥외에 장기간 계류시킬 경우 외부 바람 등으로부터 기체를 보호하기 위해 수행해야 할 작업은?

① Lifting　　② Leveling
③ Jacking　　④ Mooring

15 항공기용 와셔의 사용 목적 중 틀린 것은?

① 볼트의 머리를 보호
② 볼트의 그립 길이를 조절
③ 볼트가 받는 하중을 분산
④ 볼트의 풀림을 방지

16 항공기가 비행하기 위해 날개에 작용하는 정압 압력의 차이는?

① 날개 상부는 압력이 높고, 날개 하부는 압력이 낮다.
② 날개 상부의 압력이 낮고, 날개 하부의 압력이 높다.
③ 날개 상부와 하부의 압력은 같다.
④ 압력차는 상관없다.

17 항공기 날개에 상반각을 주는 목적으로 맞는 것은?

① 공기저항을 줄여준다.
② 상승 성능을 좋게 해준다.
③ 날개 끝 익단 실속을 방지한다.
④ 옆미끄럼을 방지한다.

18 항공기 강착장치(Landing Gear) Landing 시 쉽게 변화하지 않는 항력은?

① 유도항력　② 유해항력
③ 간섭항력　④ 형상항력

19 일반적으로 Hydraulic System Schematic Drawing이 보여주는 것은?

① 항공기에서 Hydraulic System 부품의 위치
② 항공기에서 Hydraulic System 부품의 장착 방법
③ Hydraulic System 내에서 Hydraulic Fluid의 이동방향
④ Hydraulic System 부품 및 Line 내의 Hydraulic Fluid Pressure

20 다음 중 마하수를 구하는 공식으로 올바른 것은?

① 속도×밀도 / 음속　② 음속 / 속도
③ 속도 / 음속　④ 속도^2 / 밀도

21 항공기 기체 수리의 기본원칙으로 틀린 것은?

① 원래의 재료보다 패치 두께의 치수를 한 치수 크게 만들어 장착한다.
② 수리가 된 부분은 원래의 윤곽과 표면의 매끄러움을 유지해야 한다.
③ 원래의 강도를 유지하도록 수리재의 재질은 원래의 재료와 같은 것을 사용한다.
④ 금속의 경우, 부식 방지를 위해 모든 접촉면에 정해진 절차에 따라 방식처리를 한다.

22 다음 항공기 축 중심으로 운동하는 것 중 맞는 것은?

① 가로축 – 옆놀이(Rolling)
② 세로축 – 옆놀이(Rolling)
③ 수직축 – 키놀이(Pitching)
④ 세로축 – 키놀이(Pitching)

23 다음 설명 중 탄소강이 아닌 것은?

① 탄소강의 함유량은 0.025～2.0%이다.
② 탄소강의 종류에는 저탄소강, 중탄소강, 고탄소강이 있다.
③ 탄소강은 비강도면에서 우수하므로 항공기 기체구조재에 사용하기 좋다.
④ 탄소강에는 탄소 함유량이 많을수록 경도는 증가하나 인성과 내충격성이 나빠진다.

24 항공기 금속재료 부식의 일반적인 분류의 형태에서 직접화학침식의 원인이 되는 일반적인 부식 원인은 무엇인가?

① 엎질러진 배터리 용액, 부적당한 세척, 용접, 땜질 또는 납땜 접합부에 존재하는 잔여 용제, 고여 있는 가성의 세척용액 등이다.
② 전기도금, 양극산화처리 또는 드라이셀 배터리(Dry－Cell Battery)에서 일어나는 전해반응에 의해 일어난다.
③ 합금의 결정경계(Grain Boundary)로 침식이 발생되며, 보통은 합금구조물 성분의 불균일성이 그 원인이다.
④ 지속적인 인장응력이 집중되고 부식 발생이 높은 환경이 공존하면서 발생한다.

25 대형 항공기 주기(Parking) 시 주의사항으로 올바른 것은?

① BATT Switch On 할 것
② Rudder Trim Handle은 Zero Set 할 것
③ Flap은 Full－Down 위치에 놓을 것
④ 항공기가 주기장에 가까워지면 일직선으로 천천히 끌고 올 것

정답

01	④	02	①	03	④	04	②	05	①
06	①	07	①	08	②	09	②	10	①
11	③	12	③	13	④	14	④	15	①
16	②	17	④	18	③	19	③	20	③
21	①	22	②	23	③	24	①	25	②

과목 발동기(Powerplant)

01 왕복 엔진의 기본이 되는 이상적인 사이클은 무엇인가?

① 브레이턴 사이클 ② 카르노 사이클
③ 오토 사이클 ④ 디젤 사이클

02 제작사에서 터빈 엔진 오일 보급을 엔진 정지 후 짧은 시간 이내에 하도록 요구하는데, 그 목적은?

① 오일이 과다 보급되는 것을 막기 위해서
② 오일이 희박하게 되는 것을 방지하기 위해서
③ 오일의 오염을 방지하기 위해서
④ 계통에서 오일 누출을 발견하는데 도움을 주기 때문에

03 가스 터빈 기관(Gas Turbine Engine)의 연료 필요조건으로 틀린 것은?

① 발열량이 높을 것
② 점도지수가 낮을 것
③ 산화 안정성이 높을 것
④ 온도변화에 따른 점도변화가 낮을 것

04 항공기 엔진을 저장할 때 장기간 보관 시 엔진 오일과 부식 방지 컴파운드의 혼합비율은?

① 부식 방지 컴파운드 100%
② 엔진오일 75%와 부식 방지 컴파운드 25%
③ 엔진오일 25%와 부식 방지 컴파운드 75%
④ 엔진오일 25%와 부식 방지 컴파운드 25%

05 Turbine Engine에서 Compressor Inlet Temperature(CIT)가 높으면 추력은 어떻게 되는가?

① 감소한다.
② 증가한다.
③ 변화가 없다.
④ 저속에서는 증가하고 고속에서는 감소한다.

06 Propeller Blade에 작용되는 힘이 아닌 것은?

① 추력에 의한 굽힘력
② 공기역학적 비틀림력
③ 원심력
④ 중력

07 가스터빈 항공기의 압축기(Compressor)와 연소실(Combustion Chamber) 사이에 위치한 디퓨저(Diffuser)의 역할로 옳은 것은?

① 유입속도와 압력 모두 감소
② 유입속도와 압력 모두 증가
③ 유입속도 증가, 압력 감소
④ 유입속도 감소, 압력 증가

08 왕복 기관 항공기의 기관 장탈 작업 시 준비사항으로 아닌 것은?

① 항공기의 주 바퀴에 고임목(Chock)을 한다.
② 뒷바퀴형 항공기는 동체 후미를 지지대로 사용한다.
③ 작업 시 통풍이나 환기가 잘되는 곳에서 한다.
④ 항공기 강착장치(Landing Gear)의 완충장치(Shock－Strut)를 수축시켜 놓는다.

09 항공기가 지상이나 비행 중 자력으로 회전하는 최소 출력 상태는?

① Idle Rating
② Maximum Climb Rating
③ Maximum Cruise Rating
④ Maximum Continuous Rating

10 Compressor Blade나 Turbine Blade의 끝이 꺼칠꺼칠하게 닳은 것을 무엇이라 하는가?

① Dent ② Burr
③ Gouging ④ Erosion

11 항공기 엔진 온도를 측정하는데 사용하는 Thermocouple의 금속 재질로 아닌 것은?

① Iron－Cu
② Iron－Constantan
③ Cu－Constantan
④ Cromel－Alumel

12 왕복 기관의 4행정 중 폭발이 일어나는 시기는?

① 흡입 상사점 전 ② 배기 하사점 후
③ 압축 상사점 전 ④ 압축 상사점 후

13 항공기 제트엔진의 Main Fuel Pump의 계통 내에서 Over Pressure를 방지하는 밸브는?

① Relief Valve ② Bleed Valve
③ Exhaust Valve ④ Reducing Valve

14 프로펠러의 Full－De－Ice Mode Switch는 어떤 방법으로 제빙을 하는가?

① 모든 프로펠러 블레이드의 제빙을 멈춘다.
② 모든 프로펠러 블레이드를 한번에 제빙한다.
③ 한 개의 프로펠러를 제빙한 후 순차적으로 제빙을 한다.
④ 순차적으로 프로펠러 블레이드를 제빙시킨다.

15 항공기 가스터빈 엔진의 연소실 균열(Crack) 검사에 속하지 않는 것은?

① 초음파검사
② 자분탐상검사
③ 형광침투탐상
④ 육안검사

16 항공기 기관 본체에 해당하는 ATA 시스템 넘버는 무엇인가?

① ATA－72　② ATA－74
③ ATA－76　④ ATA－78

17 가스 터빈 기관 윤활 계통에서 고온의 Scavenge Oil이 냉각되지 않고 직접 탱크로 돌아가는 방식을 무엇이라 하는가?

① Hot Tank System
② Cold Tank System
③ Vent Tank System
④ Hopper Tank System

18 항공기 Propeller Tip이 손상되거나 장착이 잘못 되었을 경우 발생되는 문제는?

① 정적 불평형
② 동적 불평형
③ 아무런 영향이 없다
④ 프로펠러 손상(Damage)

19 다음 중 터보 팬 기관의 역추력장치로 가장 많이 쓰이는 것은 무엇인가?

① Fan Reverser
② Cascade Vane
③ Pneumatic Motor
④ Translating Sleeve

20 왕복 기관 항공기에 사용하는 가솔린(AV Gas) 연료 등급이 100LL일 때 연료의 색깔은 무엇인가?

① 적색　② 녹색
③ 청색　④ 자색

21 다음 중 항공기 가스터빈 엔진의 브레이턴 사이클 과정 중 각 지점에서 하는 과정으로 맞는 것은?

① 압축기에서 팽창, 연소실에서 온도상승, 터빈에서 냉각을 한다.
② 압축기에서 압축, 연소실에서 온도상승, 터빈에서 팽창을 한다.
③ 압축기에서 압축, 연소실에서 냉각, 터빈에서 방출을 한다.
④ 압축기에서 팽창, 연소실에서 냉각, 터빈에서 온도상승을 한다.

22 항공기 가스터빈 엔진 시동 시 결핍 시동(Hung Start)은 엔진의 어떤 상태를 말하는가?

① 엔진의 배기가스 온도(EGT)가 규정치를 넘은 상태이다.
② 엔진이 완속 회전(Idle rpm)에 도달하지 못하고 걸린 상태이다.
③ 엔진의 완속 회전(Idle rpm)이 규정시간 이내에 도달하지 못한 상태이다.
④ 엔진의 압력비가 규정치를 초과한 상태이다.

23 터보제트엔진의 추진효율에 대한 설명 중 가장 올바른 것은?

① 추진효율은 배기구 속도가 클수록 커진다.
② 추진효율은 기관의 내부를 통과한 1차 공기에 의하여 발생되는 추력과 2차 공기에 의하여 발생되는 추력의 합이다.
③ 추진효율은 기관에 공급된 열에너지와 기계적 에너지로 바뀐 양의 비이다.
④ 추진효율은 공기가 기관을 통과하면 얻는 운동 에너지에 의한 동력과 추진 동력의 비이다.

24 가스 터빈 기관에서 기관 조절(Engine Trimm-ing)이란 용어의 뜻은 무엇인가?

① 기관이 특정의 추력 또는 rpm으로 작동할 수 있도록 FCU를 조절하는 것을 말한다.
② 기관 속도를 표준일 조건으로 수정하는 것을 말한다.
③ 연료계통과 윤활 계통을 전체적으로 점검하는 것을 말한다.
④ 작동 조건을 충족하기 위해 연료 흐름을 감소하는 것을 말한다.

25 항공기 후기 연소기의 디퓨저 후부에 장착되는 Flame Holder의 역할은?

① 배기가스 속도를 증가시켜줌으로써 추력이 증가되도록 한다.
② 배기가스 속도 감소와 와류를 형성시켜줌으로써 연료와 공기가 연소하지 않은 상태로 배출되는 것을 방지한다.
③ 고온, 고압의 배기가스로 인하여 배기덕트의 재질이 손상되는 것을 방지한다.
④ 압력을 감소시키고 속도를 증가시켜 배기가스가 빨리 배출되도록 한다.

정답

01	③	02	①	03	②	04	④	05	①
06	④	07	④	08	②	09	①	10	②
11	①	12	③	13	①	14	②	15	②
16	①	17	①	18	②	19	①	20	③
21	②	22	②	23	④	24	①	25	②

과 목 전자전기계기(Avionics)

01 항공기 통신기기의 사용 목적 중 틀린 것은?

① 조난통신, 구조통신(구난기관과 통화)
② 운항관리를 위한 통신(소속항공사와 통화)
③ 항공교통관제를 위한 통신(관제기관과 통화)
④ 운항과 상관없는 내용의 항공기간의 통신(항공기간 통화)

02 항공기 정속 구동 장치(CSD)의 장착 위치로 옳은 것은?

① 엔진 고압축
② 정류기 제어부
③ 발전기 고정자
④ 구동축과 발전기 사이

03 다음 중 인공위성을 이용한 항법전자장치는?

① LNS ② INS
③ ONS ④ GPS

04 항공기 사고 탐구 장치 중 CVR에 대해 틀린 것은?

① 최소한 30분간 기록할 수 있는 녹음장치이다.
② 조종실 내에서의 대화, 엔진 등의 Back Ground 노이즈가 기록된다.
③ 열이나 충격에 견디도록 동체 후미에 있는 캡슐용기(Capsule)에 저장되어 있다.
④ 원리는 보통의 테이프 리코더와 같으나 동시에 6채널의 녹음이 가능하다.

05 항공기에 사용하는 전선의 크기(굵기)에서 첫 번째로 고려해야 하는 것은?

① 저항
② 전압
③ 전류
④ 전력

06 관제기관이 항공기 위치를 확인하는 레이더의 질문에 응답하는 장치로 항공기에는 아무런 정보도 제공하지 않는 장치는?

① ADF Receiver
② VOR Receiver
③ DME Transponder
④ ATC Transponder

07 항공기 가스 터빈 기관의 배기가스 온도를 측정하는 계기는?

① 비율식 지시계(Rate Type Indicator)
② 브리지식 지시계(Bridge Type Indicator)
③ 열전쌍식 온도계(Thermocouple Indicator)
④ 전기저항식 온도계(Electronic Resistance Indicator)

08 다음 항공계기들 중에서 공기흐름의 동압(Dynamic Pressure)을 이용한 계기는?

① 자세계(Attitude Indicator)
② 고도계(Altitude Indicator)
③ 속도계(Air Speed Indicator)
④ 수직속도계(Vertical Air Speed Indicator)

09 교류발전기를 병렬 운전할 때 출력을 조절하여 부하를 일정하게 분담시켜주는 역할을 하는 장치는?

① Static Inverter
② Transformer Rectifier
③ Constant Speed Drive
④ Variable Inductor

10 항공기의 Navigation Light(항법등 또는 자기위치표시등)에 관한 설명으로 맞는 것은?

① 우측날개 끝 – 녹색, 좌측날개 끝 – 적색, 동체 끝 – 백색
② 우측날개 끝 – 적색, 좌측날개 끝 – 녹색, 동체 끝 – 백색
③ 우측날개 끝 – 백색, 좌측날개 끝 – 적색, 동체 끝 – 녹색
④ 우측날개 끝 – 적색, 좌측날개 끝 – 백색, 동체 끝 – 녹색

11 항공기의 수평상황지시계(Horizon Situation Indicator)는 자이로의 어떤 특성을 이용한 것인가?

① 섭동성(Precession)
② 강직성(Rigidity)
③ 원심력(Centrifugal)
④ 회전력(Torque)

12 전류와 자기장의 관계에 대한 설명 중 올바르지 않은 것은?

① 직선전류에 의한 자기장의 세기는 도선의 거리에 반비례한다.
② 직선 Wire에 전류가 흐르면 전류를 중심으로 동심원의 자기장이 만들어진다.
③ 자기장의 방향은 오른손 엄지가 전류방향 시 나머지 손가락이 감아지는 방향이다.
④ Coil에 전류가 흐를 시 자기장의 방향은 왼손 네 손가락을 전류방향으로 가정할 시 엄지가 가리키는 방향이 N극이다.

13 도체의 저항 발생 요소와 관계가 없는 것은?

① 길이 ② 단면적
③ 공기 밀도 ④ 온도

14 항공기 정전용량식 연료량계의 Probe를 사용하는 것은?

① Selsyn
② Synchro
③ Condensor
④ Generator Control Relay

15 다음 중 직류 전력을 교류로 변환시켜주는 장치는?

① Diode ② Rectifier
③ Transformer ④ Static Inverter

16 전기회로 보호장치 중 규정 용량 이상의 전류를 차단시키고, Reset을 시켜서 재사용이 가능한 것은?

① 퓨즈(Fuse)
② 전류 제한기(Current Limiter)
③ 회로 차단기(Circuit Breaker)
④ 열 보호장치(Thermal Protection System)

17 회로의 단락을 측정할 때 주로 사용하는 것은?

① 전압계 ② 전류계
③ 저항계 ④ 전력계

18 다음 논리회로 중 모든 입력이 "0"이면 출력이 "0"이고, 모든 입력이 "1"이면 출력이 "1"인 것은?

① Invert(NOT) – Gate
② NAND – Gate
③ OR – Gate
④ NOR – Gate

19 항공기 Auto Pilot System Pitch 축제어기능(Control Function)이 아닌 것은?

① Pitch축 조절
② 기수방위 설정
③ Pitch축 제어
④ 고도 유지(Altitude Hold)

20 항공기에 사용되는 약어의 원어 표시가 틀린 것은?

① PFD : Pilot Flight Display
② ECAM : Electronic Centralized Aircraft Monitor
③ EICAS : Engine Indicating and Crew Alerting System
④ EFIS : Electronic Flight Instrument System

21 항공기 PFD(Primary Flight Display)의 비행자세(Attitude) 지시부에 표시되지 않는 것은?

① Altitude
② Route Data
③ Command Bar
④ Flight Path Vector

22 항공기에 각각 다른 코드가 지정되어 있고, 코드를 송신하면 주파수를 수신한 항공기 중에서 지정된 코드와 일치하는 항공기에만 조종실에서 램프에 점등시킴과 동시에 차임을 작동시켜 조종사에게 지상국으로부터 부르고 있는 것을 알리는 장치는?

① VHF System
② SELCAL System
③ HF System
④ ATC Transponder

23 항공기에 사용되는 전동기에 대한 설명으로 맞는 것은?

① 교류 정류자 전동기에 직류를 연결하면 작동하지 않는다.
② 항공기에 사용되는 기관의 회전계기에 유도 전동기를 사용한다.
③ 동기 전동기는 교류에 대한 작동이 용이하고 부하 감당 범위가 크다.
④ 전동기의 회전방향을 바꾸려면 전기자나 계자의 극성 중 하나만 바꿔야 한다.

24 만약 5Ω, 13Ω, 24Ω의 저항들이 28V 회로에 직렬로 연결되어 있다면 5Ω의 저항에는 얼마만큼의 전류가 흐르는가?

① 0.65A ② 3.2A
③ 5.6A ④ 0.93A

25 다음 중 전류흐름에 대하여 저항이 가장 큰 물체는?

① 도체
② 절연체
③ 반도체
④ 양도체

정답

01	④	02	④	03	④	04	④	05	③
06	④	07	③	08	③	09	③	10	①
11	②	12	④	13	③	14	③	15	④
16	③	17	③	18	③	19	②	20	①
21	②	22	②	23	④	24	①	25	②

과목 항공법규

01 항공 · 철도 사고조사에 관한 법률의 적용범위로 아닌 것은?

① 대한민국 영역 안에서 발생한 항공 · 철도사고등
② 국가기관등항공기의 수리 · 개조가 불가능하게 파손된 경우
③ 국가기관등항공기의 위치를 확인할 수 없거나 국가기관등항공기에 접근이 불가능한 경우
④ 군용, 세관용 및 경찰용 항공기의 사고등

02 "공중 충돌 등을 예방하기 위하여 세관업무와 경찰업무에 사용하는 항공기 또는 이에 종사하는 사람"에 대하여 적용하는 항공안전법은?

① 제53조 항공기 연료 등
② 제70조 위험물 운송 등
③ 제51조 무선설비 설치 및 운용 등
④ 제52조 항공계기 설치, 장착 및 운용 등

03 급유 또는 배유작업 중인 항공기로부터 몇 m 이내에서 담배를 피워서는 안 되는가?

① 25m 이내 ② 30m 이내
③ 15m 이내 ④ 40m 이내

04 국토교통부장관은 운항증명의 신청을 받으면 며칠 이내에 운항증명검사계획을 수립하여 신청인에게 통보하여야 하는가?

① 7일 이내 ② 10일 이내
③ 30일 이내 ④ 90일 이내

05 항공기등 또는 부품등의 수리 · 개조승인을 받으려는 자는 수리 · 개조승인 신청서에 수리 또는 개조의 승인 신청 시 첨부하여야 할 서류는?

① 수리 또는 개조의 방법과 기술 등을 설명하는 자료
② 수리 또는 개조설비, 인력현황
③ 수리 또는 개조규정
④ 수리 또는 개조계획서

06 대한민국 국적을 취득한 항공기와 이에 사용되는 발동기, 프로펠러, 장비품 또는 부품의 정비등의 업무 등 국토교통부령으로 정하는 업무를 하려는 항공기정비업자 또는 외국의 항공기정비업자는 정비조직인증 신청서에 포함되는 정비조직절차교범 내용으로 아닌 것은?

① 수행하려는 업무의 범위
② 항공기등 · 부품등에 대한 정비방법 및 그 절차
③ 항공기등, 부품등에 대한 정비에 종사하는 자의 훈련방법
④ 항공기등, 부품등의 정비에 관한 기술관리 및 품질관리 방법 및 절차

07 다음 중 형식증명의 대상이 아닌 것은?

① 항공기 ② 장비품
③ 발동기 ④ 프로펠러

08 다음 중 소음기준적합 증명에 대한 설명으로 틀린 것은?

① 국제선을 운항하는 항공기는 소음기준적합증명을 받아야 한다.
② 소음기준적합증명은 감항증명을 받을 때 받는다.
③ 소음기준적합증명으로 운용한계를 지정할 수 있다.
④ 항공기의 감항증명을 반납해야 하는 경우 소음기준적합증명도 반납해야 한다.

09 부품등제작자증명을 받지 않아도 되는 부품등에 해당되지 않는 것은?

① 산업표준화법에 따라 인증받은 항공 분야 부품등
② 전시 · 연구 또는 교육목적으로 제작되는 부품등
③ 국제적으로 공인된 규격에 합치하는 부품등 중 국토교통부장관이 정하여 고시하는 부품등
④ 대한민국과 부품등제작자증명에 관한 협정을 체결한 국가에서 형식증명을 받아 대한민국으로 수입되는 부품등

10 항공기를 이용하여 운송하고자 하는 경우, 국토교통부장관의 허가를 받아야 하는 품목이 아닌 것은?

① 비밀 문서
② 인화성 액체
③ 산화성 물질류
④ 방사성 물질류

11 다음 중 "국토교통부령으로 정하는 긴급한 업무"에 해당되지 않는 것은?

① 화재의 진화
② 긴급업무를 위한 서류수송

③ 응급환자의 수송 등 구조, 구급활동
④ 재난, 재해 등으로 인한 수색 및 구조

12 다음 중 금속편, 직물 등을 보관할 수 있는 방소로 알맞은 것은?

① 착륙대 ② 유도로
③ 격납고 ④ 계류장

13 항공기술, 운송, 시설 등의 합리적인 발전을 보장 및 증진을 위한 목적으로 설립된 UN 산하의 전문기구인 것은?

① ICAO ② IATA
③ FAA ④ EASA

14 항공기, 경량항공기 또는 초경량비행장치의 안전하고 효율적인 항행을 위한 방법과 국가, 항공사업자 및 항공종사자 등의 의무 등에 관한 사항을 규정함을 목적으로 하는 법령은?

① 항공사업법 ② 항공보안법
③ 공항시설법 ④ 항공안전법

15 "항공기"란 공기의 반작용(지표면 또는 수면에 대한 공기의 반작용은 제외한다. 이하 같다)으로 뜰 수 있는 기기로서 최대이륙중량, 좌석 수 등 국토교통부령으로 정하는 기준에 해당하는 다음 각 목의 기기와 그 밖에 대통령령으로 정하는 기기를 말한다. 다음 중 해당되지 않는 것은?

① 비행기 ② 헬리콥터
③ 비행선 ④ 경량항공기

16 비행기 주 날개에 등록부호를 표시할 경우 사용하는 각 문자와 숫자의 높이는 얼마인가?

① 30센티미터 이상
② 20센티미터 이상
③ 50센티미터 이상
④ 15센티미터 이상

17 항공기 말소등록을 하지 않아도 되는 경우로 아닌 것은?

① 항공기의 존재 여부를 15일 이상 확인할 수 없는 경우
② 항공기를 정비등, 수송 또는 보관의 목적으로 해체한 경우
③ 임차기간의 만료 등으로 항공기를 사용할 수 있는 권리가 상실된 경우
④ 외국 국적을 취득하지 못한 항공기의 경우 임대를 목적으로 한 경우

18 항행안전무선시설 중 전파를 이용하여 항공기의 항행을 돕기 위한 시설이 아닌 것은?

① 거리측정시설(DME)
② 전방향표지시설(VOR)
③ 디지털 항공정보방송시설(D-ATIS)
④ 자동종속감시시설(ADS, ADS-B, ADS-C)

19 전파를 이용하여 항공기의 항행을 돕기 위한 항행안전무선시설이 아닌 것은?

① 거리측정시설(DME)
② 전방향표지시설(VOR)

③ 무지향표지시설(NDB)
④ 항공고정통신시스템(AFTN/MHS)

20 외국 국적을 가진 항공기의 사용자(외국, 외국의 공공단체 또는 이에 준하는 자를 포함한다)는 외국 국적의 항공기가 국토교통부 장관의 허가를 받아 항행하는 경우가 아닌 것은?

① 영공 밖에서 이륙하여 영공 밖에 착륙하는 항행
② 영공 밖에서 이륙하여 대한민국에 착륙하는 항행
③ 대한민국에서 이륙하여 영공 밖에 착륙하는 항행
④ 영공 밖에서 이륙하여 대한민국에 착륙하지 아니하고 영공을 통과하여 영공 밖에 착륙하는 항행

21 감항증명 승인을 받은 항공기가 운항에 사용하도록 확인하는 사람은 누구인가?

① 국토교통부 항공기술과장
② 항공기 담당 정비 주임
③ 교통안전공단 과장
④ 항공정비사 자격증명을 받은 자

22 항공기의 종류 · 등급 또는 형식을 한정하는 경우에는 자격증명을 받으려는 사람이 실기시험에 사용하는 항공기의 종류 · 등급 또는 형식으로 한정하는 항공기의 종류로 아닌 것은?

① 비행기　② 비행선
③ 수상 비행기　④ 항공우주선

23 항공기 사고에 관한 조사, 보고, 통지 등의 기준을 정하고 있는 국제민간항공협약(ICAO) 부속서는?

① Annex 6　② Annex 8
③ Annex 11　④ Annex 13

24 항공교통의 안전을 위하여 항공기의 비행을 금지하거나 제한할 필요가 있는 공역은?

① 관제공역　② 비관제공역
③ 통제공역　④ 주의공역

25 항공기취급업 또는 항공기정비업 등록신청서의 내용이 명확하지 아니하거나 첨부서류가 미비한 경우 지방항공청장은 며칠 이내에 그 보완을 요구하여야 하는가?

① 3일 이내　② 5일 이내
③ 7일 이내　④ 10일 이내

정답

01	④	02	③	03	②	04	②	05	④
06	③	07	②	08	④	09	④	10	①
11	②	12	③	13	①	14	④	15	④
16	③	17	③	18	③	19	④	20	①
21	④	22	③	23	④	24	③	25	③

03 항공정비사 비행기 제3회 모의고사

과목 항공기체(Airframe)

01 항공기 연료 중 "Jet－B"와 거의 같은 성질인 것은?

① Jet－A1 ② JP3
③ JP4 ④ JP5

02 항공기 화학적 방빙계통에서 결빙부분에 분사하는 분사액은?

① 나프타 솔벤트
② 메틸에틸케톤
③ 메틸클로로프롬
④ 이소프로필 알코올

03 항공기 내부나 공기 저항을 받지 않는 곳에 사용하는 일반 리벳은?

① 폭발 리벳 ② 체리 리벳
③ 체리 고정 리벳 ④ 유니버셜 머리 리벳

04 비행기의 Empennage란 무엇을 말하는가?

① 비행기 꼬리 부분에서 조종면(Elevator＋Rudder)을 말한다.
② 비행기 꼬리 부분으로 안정판(수평＋수직)을 말한다.
③ 비행기 꼬리 부분으로 Elevator와 수평 안정판을 제외한 나머지를 말한다.
④ 비행기 꼬리 부분에서 안정판(수평＋수직)과 조종면(승강키＋방향키)을 말한다.

05 다음 설명 중 탄소강이 아닌 것은?

① 탄소강의 함유량은 0.025～2.0%이다
② 탄소강은 저탄소강, 중탄소강, 고탄소강으로 나눌 수 있다
③ 탄소강은 비재료성이 좋아서 항공기 기체구조재에 사용하기 적합하다.
④ 탄소강에는 탄소 함유량이 증가하면 경도는 증가하나 인성과 내충격성이 나빠진다.

06 항공기용 와셔의 사용 목적 중 틀린 것은?

① 볼트의 머리를 보호
② 볼트의 그립 길이를 조절
③ 볼트가 받는 하중을 분산
④ 볼트의 풀림을 방지

07 Radome의 샌드위치 구조 부위의 손상에 대한 분류가 맞게 짝지어진 것은?

① Class 1－한쪽 면의 가장 바깥쪽 플라이에만 발생된 경미한 손상
② Class 2－한쪽 면에 발생된 구멍, 층 분리, 오염과 같은 손상

③ Class 3 – 한쪽 면과 Core까지 손상된 구멍, 균열
④ Class 4 – 양쪽 면이 관통된 손상

08 항공기에 사용하는 Integral Fuel Tank의 장점으로 맞는 것은?

① 화재 위험성이 적다.
② 급유 및 배유가 용이하다.
③ 연료 누설이 적어서 좋다.
④ 날개의 내부 공간을 그대로 사용할 수 있어 무게를 줄일 수 있다.

09 항공기에 사용하는 케이블(Cable)검사 준비 및 방법에 관한 설명 중 틀린 것은?

① 고착되지 않은 녹이나 먼지는 마른 헝겊으로 닦아낸다.
② 고착된 녹이나 먼지는 메틸에틸케톤으로 닦아낸다.
③ 케이블을 깨끗한 천으로 문질러서 끊어진 가닥을 찾아낸다.
④ 케이블은 육안과 확대경 검사 후 타당성을 따져서 교환할 수 있다.

10 철강재료 분류번호의 SAE 1025에서 25가 의미하는 것은?

① 탄소강의 종류
② 탄소의 함유량
③ 탄소강의 합금번호
④ 합금 원소의 백분율

11 토크 렌치(Torque Wrench)를 사용할 때 주의사항으로 틀린 것은?

① 토크 렌치는 사용 전 0점 조정(Zero Set)을 해야 한다.
② 토크 렌치를 사용하기 전 검교정 유효기간 이내인지 확인한다.
③ 토크 렌치는 사용 중 필요에 따라 다른 토크 렌치로 교환해서 사용할 수 있다.
④ 규정 토크로 조여진 체결 부품에 안전결선이나 코터핀을 위하여 풀거나 더 조이면 안 된다.

12 중대형 항공기에 사용하는 화물실의 화재 감지 장치는?

① Smoke Detector
② Kidde Type Detector
③ Fenwall Type Detector
④ Grabiner Type Detector

13 지상에서 수행되는 항공기 제빙작업(De–Icing)에 대한 설명 중 틀린 것은?

① 동체나 날개에 눈(Snow)의 양이 많을 때는 제빙액(De–Icing Fluid)을 뿌려서 눈을 제거한다.
② 항공기 날개에 쌓인 눈을 제빙할 때 뾰족한 공구나 장비를 사용하면 안 된다.
③ 기체에 서리(Frost)가 많이 있으면 실내(Hanger)로 입고시키거나 제빙액(De–Icing Fluid)을 사용한다.
④ 항공기에 Heavy Ice와 서리의 양이 적을 시에는 Hot Air를 이용하거나 실내(Hanger)로 입고시켜서 제거한다.

14 항공기의 타이어를 교환할 때 한쪽을 들어 올려야할 때 필요로 하는 장비는?

① 고정 받침 잭
② 싱글 베이스 잭
③ 삼각받침이 있는 잭
④ 삼각받침이 없는 잭

15 여압된 항공기의 덤프 밸브(Dump Valve)의 목적은?

① 대기압보다 높은 기내의 압력을 대기로 방출시킨다.
② Negative Pressure의 차이를 제거한다.
③ Compressor의 Load를 제거한다.
④ 최대 압력 차이 이상의 압력을 제거한다.

16 항공기에 사용하는 복합소재에 대한 설명 중 맞는 것은?

① 가격이 고가이다.
② 일반 금속 재료에 비해 가격이 저렴한 금속 재료이다.
③ 두 종류 이상의 재료를 사용하여 합금 처리한 재료이다.
④ 두 종류 이상의 재료를 인위적으로 배합하여 각각의 물질보다 뛰어난 성질을 가지도록 한 합금 재료이다.

17 양극처리(Anodizing)는 금속의 어떤 작용을 이용한 것인가?

① 전해 이온화 작용
② 전해 산화 작용
③ 전해 분리 작용
④ 전해 이온 작용

18 대형 항공기 주기(Parking) 시 주의사항으로 올바른 것은?

① BATT Switch On 할 것
② Rudder Trim Handle은 Zero Set 할 것
③ Flap은 Full－Down 위치에 놓을 것
④ 항공기가 주기장에 가까워지면 일직선으로 천천히 끌고 올 것

19 현대 항공기 유압계통에 사용하지 않는 작동유는 무엇인가?

① 합성유　② 동물성유
③ 식물성유　④ 광물성유

20 다음 밸브 중 역할이 3개와 다른 것은?

① Relief Valve
② Thermal Relief Valve
③ Wing Flap Overload Valve
④ Pressure Reduce Valve

21 다음 중 측정 기구가 아닌 것은?

① Rules
② Scriber
③ Combination Set
④ Vernier Calipers

22 앞 착륙장치에 마찰을 일으키면서 타이어가 미끄러져 마모되는 것을 방지하는 것은?

① 시미 댐퍼
② 테일 스키드
③ 퓨즈 플러그
④ 안티 스키드

23 항공기에 사용되는 가요성 호스(Flexible Hose) 장착에 대한 다음 설명 중 틀린 것은?

① 비틀림이 있어도 호스에 영향이 없다.
② 비틀림이 너무 과하면 호스의 Fitting이 풀린다.
③ 비틀림을 확인할 수 있도록 호스에 확인선이 있다.
④ 비틀림이 과하면 호스의 수명이 줄어든다.

24 현대 여객용 항공기의 Master Drain에 관한 설명 중 맞는 것은?

① Cabin Floor에 위치하며 화장실의 물을 Flushing 한다.
② 날개 끝에 위치하며 잔여 연료를 배출시켜준다.
③ 기체가 지상에 있을 때는 저전압, 비행 중에는 고전압을 공급한다.
④ 일반적으로 Flushing Type이지만, 저장 탱크를 갖는 순환식으로 되어 있다.

25 항공기 견인작업(Towing)에 대한 주의사항으로 틀린 것은?

① 견인요원은 자격이 있는 정비요원이 해야 한다.
② 견인하는 요원들은 Radio Communication절차를 준수해야 한다.
③ 혼잡한 곳으로 이동할 때 양날개 끝(Wing Tip)으로 사람을 배치시켜 충돌을 방지한다.
④ 견인작업이 완료되었을 때 인원의 안전을 위하여 견인봉(Towing Bar)을 제거한 후 앞바퀴에 고임목(Chock)을 한다.

정답

01	③	02	④	03	④	04	④	05	③
06	①	07	①	08	④	09	②	10	②
11	③	12	①	13	④	14	②	15	①
16	④	17	②	18	②	19	②	20	③
21	②	22	④	23	①	24	③	25	④

과 목 정비일반(General)

01 상대습도가 어느 정도 될 때가 인체에 가장 나쁜가?

① 30% 미만 또는 70% 이상
② 30% 미만 또는 80% 이상
③ 40% 미만 또는 60% 이상
④ 50% 미만 또는 70% 이상

02 다음 중 턴버클(Turn Buckle)의 사용목적으로 맞는 것은?

① 케이블의 장력을 온도에 따라 보정하여 장력을 일정하게 한다.
② 조종면을 고정시킨다.
③ 케이블의 부식을 방지해준다.
④ 조종계통 케이블의 장력을 조절한다.

03 다음 중 Micrometer Calipers의 종류가 아닌 것은?

① Hermaphrodite Micrometer
② Outside Micrometer
③ Depth Micrometer
④ Thread Micrometer

04 철강재료 구분번호의 SAE 1025에서 25가 의미하는 것은 무엇인가?

① 탄소강의 종류
② 탄소의 함유량
③ 탄소강의 합금번호
④ 합금 원소의 백분율

05 금속 부식 중 강한 인장응력과 부식조건이 합금에 작용하여 내부에 복합적으로 변형되는 부식의 종류는?

① 응력 부식 ② 입자 간 부식
③ 이질금속 간 부식 ④ 마찰 부식

06 아크릴과 같은 플라스틱 판의 보관에 대한 설명 중 틀린 것은?

① 가능한 수직면에 10도의 경사를 가진 보관함에 보관한다.
② 서늘하고 건조한 장소에 보관한다.
③ 수평으로 보관 시에는 가능한 많이 함께 보관하여 자중에 의해 변형되지 않게 한다.
④ 표면에 흠집이 발생하지 않도록 보호막을 입혀 보관한다.

07 무게중심전방한계의 앞쪽에 2개의 좌석과 수하물실이 있다면 어떻게 해야 하는가?

① 170Ib 중량 한 사람은 좌석에 앉고, 최소허용수하물을 탑재 후 무게중심전방한계 뒤쪽의 좌석 또는 수하물실은 비워둔다.
② 170Ib 중량 두 사람은 좌석에 앉고, 최대허용수하물을 탑재 후 무게중심전방한계 뒤쪽의 좌석 또는 수하물실은 비워둔다.
③ 170Ib 중량 한 사람은 좌석에 앉고, 최소허용수하물을 탑재 후 무게중심전방한계 앞쪽의 좌석 또는 수하물실을 채워둔다.
④ 170Ib 중량 두 사람은 좌석에 앉고, 최대허용수하물을 탑재 후 무게중심전방한계 앞쪽의 좌석 또는 수하물실을 채워둔다.

08 비압축성 유체가 좁은 단면의 도관을 지나갈 경우 어떻게 되는가?

① 속도가 증가되고 정압이 감소된다.
② 속도가 감소되고 정압이 증가한다.
③ 속도와 정압 모두 증가한다.
④ 속도와 정압 모두 감소한다.

09 제트 기류가 존재하고 대기가 안정되며, 구름이 없고 기온이 낮아 항공기 순항에 이용되는 층은?

① 대류권 계면 ② 대류권
③ 성층권 계면 ④ 성층권

10 다음 중 항력 감소 장치는?

① Winglet ② Spoiler
③ Fowler Flap ④ Dosal Fin

11 항공기 케이블을 윤활하는 방법으로 맞는 것은?

① 케이블에 윤활유를 충분히 바른 뒤 헝겊으로 닦아 유막이 남는 정도로 한다.
② 케이블을 일정시간 동안 윤활유에 침지시킨다.
③ 케이블을 자주 마른 헝겊으로 닦는다.
④ 케이블에 윤활유를 바른다.

12 비행기의 양력에 가장 큰 영향력을 끼치는 것은?

① 받음각 ② 비행속도
③ 날개면적 ④ 공기의 밀도

13 항공기 잭킹(Jacking) 작업에 대한 주의사항으로 옳은 것은?

① 바람의 영향을 받지 않는 곳에서 실시한다.
② 모든 착륙장치를 접어 올리고 실시한다.
③ 착륙장치의 파손을 막기 위해서 고정 안전핀을 제거한다.
④ 항공기 동체 구조 부재 하단에 가장 두꺼운 곳에 Jack을 설치한다.

14 외부에서 인장 하중이 작용하는 곳에 사용하는 볼트로서 볼트 머리에 있는 고리에 턴버클(Turn Buckle)과 케이블 샤클(Shackle)과 같은 장치를 부착할 수 있는 것은?

① 아이 볼트 ② 클레비스 볼트
③ 내부 렌칭 볼트 ④ 외부 렌칭 볼트

15 항공기 기체구조부위의 복합소재 부품에 가장 많이 사용되는 모재는?

① 폴리이미드(PI) 수지
② 세라믹 수지
③ 에폭시 수지
④ 비스말레이미드(BMI) 수지

16 항공기 내부나 공기저항을 받지 않는 곳에 사용하는 일반 리벳은?

① 폭발 리벳
② 체리 리벳
③ 체리 고정 리벳
④ 유니버셜 머리 리벳

17 항공업무에서 일반적인 검사(확인)기법 및 실시하기 전 준비사항으로 아닌 것은?

① 검사 대상 항공기의 기술도서, 각종 지침이나 정보에 대한 검사를 실시하기 전에 검토한다.
② 항공일지(Flight&Maintenance Logbook)의 정비이력을 검토한다.
③ 검사 부위를 세척 후 윤활유, 유압유 등 액체의 누설 여부를 확인한다.
④ 검사지침이나 정보는 서면 또는 전자도서로 이용할 수 있어야 한다.

18 단면도는 물체의 한 부분을 절단하고 그 절단면의 모양과 구조를 보여주기 위한 도면이다. 절단 부품이나 부분은 단면선(해칭)을 이용하여 표시한다. 다음 중 단면의 종류가 아닌 것은?

① 조립 단면(Assembly Section)
② 반 단면(Half Section)
③ 회전 단면(Revolved Section)
④ 전단면(Full Section)

19 항공기 중량 측정의 신중한 준비는 시간을 절약하고 실수를 방지한다. 다음 중 측정 장비의 종류가 아닌 것은?

① 저울, 호이스트, 잭, 수평장비
② 저울 위에 항공기를 고정하는 블록, 받침대 또는 모래주머니
③ 바람이 불고 습기가 있는 옥외의 항공기 계류장
④ 항공기설계명세서와 중량과 평형 계산 양식

20 푸시 풀 로드(Push Pull Rod)의 길이를 조절할 때 사용되며 엔드 피팅(End Fitting)이 풀리지 않도록 고정시켜주는 것은?

① Anchor Nut
② Barrel Nut
③ Check Nut
④ Plain Wing Nut

21 항공기 평형비행제어(Trim Controls)에 대한 설명 중 틀린 것은?

① 트림 탭(Trim Tab)은 항공기가 원하지 않는 비행자세 쪽으로 움직이려는 경향을 수정하기 위해 사용된다. 트림 탭(Trim Tab)의 목적은 1차 조종장치에 어떤 압력을 가하지 않고, 비행 중 존재하는 불균형 상황을 조종사가 균형을 잡도록 하는 것이다.
② 서보 탭(Servo Tab)은 주 조종면을 움직이고 원하는 위치에 그것을 유지하는 것을 돕는다. 오직 서보 탭(Servo Tab)만 1차 비행조종장치 중 조종사의 움직임에 반응하여 움직인다.
③ 밸런스 탭(Balance Tab)은 1차 비행조종장치 중 반대방향으로 움직이도록 설계되었다. 그래서 밸런스 탭(Balance Tab)에 작용하는 공기력은 1차 조종면을 움직이게 돕는다.
④ 스프링 탭(Spring Tab)은 트림 탭(Trim Tab)과 유사하지만 완전히 다른 목적을 위해 적용된다. 스프링 탭(Spring Tab)은 2차 조종면을 움직이도록 조종사를 도와주기 위해 유압작동기와 같은 목적으로 사용된다.

22 아음속흐름에서 에어포일의 공기역학적 중심(MAC)은 대략 코드(Chord)의 몇 % 지점에 위치하는가?

① 15% ② 20%
③ 25% ④ 30%

23 다음 중 Seal의 Main Class에 속하지 않는 것은?

① Ream ② Packing
③ Gasket ④ Wiper

24 항공분야에서 인적요소(Human Factors)란?

① 항공기의 성능을 극대화하기 위한 것이다.
② 인간의 능력과 주변 제요소와의 상호관계를 최적화하기 위한 것이다.
③ 항공기 사고발생 시보다 정확한 원인을 규명하기 위한 것이다.
④ 인체의 생리 및 심리가 행동에 미치는 원인을 규명하기 위한 것이다.

25 업무로 인한 스트레스를 유발하는 원인으로 아닌 것은?

① 개인 업무에 대한 부담감
② 불합리한 행정
③ 업무의 능률 향상을 위한 아이디어 회의
④ 집안일이나 사회생활에 영향을 미치는 교대근무

정답

01	②	02	④	03	①	04	②	05	①
06	③	07	②	08	①	09	①	10	①
11	①	12	②	13	①	14	①	15	③
16	④	17	③	18	①	19	③	20	③
21	④	22	③	23	①	24	②	25	③

과 목 발동기(Powerplant)

01 항공기 제트엔진의 Main Fuel Pump의 계통 내에서 Over Pressure를 방지하는 Valve는?

① Relief Valve ② Bleed Valve
③ Check Valve ④ Bypass Valve

02 제트엔진의 EGT Indicator에 사용되는 재질은?

① Chromel과 Iron
② Chromel과 Alumel
③ Constantan과 Iron
④ Constantan과 Alumel

03 경비행기의 왕복엔진 마운트 볼트를 너무 꽉 조이면 어떤 현상이 일어나는가?

① 엔진의 진동이 감소한다.
② 아무 이상이 없다.
③ 고무 패드나 부싱이 약간 변형될 뿐 구조물에는 영향을 주지 않는다.
④ 마운트 구조물에 엔진 진동이 기체로 전달되어 엔진 마운트부가 손상될 수 있다.

04 가솔린 왕복엔진의 기본이 되는 사이클은?

① 오토 사이클
② 디젤 사이클
③ 브레이턴 사이클
④ 정압 사이클

05 알루미늄 프로펠러에서 균열이나 결함 발생 시 전문 오버홀(Overhaul) 고장 이외에는 수리가 안 되는 곳은?

① Propeller Face
② Propeller Leading Edge
③ Propeller Hub
④ Propeller Shank

06 항공기가 지상이나 비행 중 자력으로 회전하는 최소 출력상태는?

① Idle Rating
② Maximum Climb Rating
③ Maximum Cruise Rating
④ Maximum Continuous Rating

07 항공기 왕복엔진에서 점화 플러그 전극이 과열된 경우 발생할 수 있는 현상은?

① Magneto가 탄다.
② Pre－Ignition이 된다.
③ Engine이 파손된다.
④ Spark Plug가 더러워진다.

08 항공기 가스터빈 엔진의 연소실에 요구되는 조건으로 틀린 것은?

① 연소 효율이 높아야 한다.
② 출구 온도가 균일하게 분포되어야 한다.
③ 압력 손실이 작아야 한다.
④ 연소 시 연소 부하율이 적어야 한다.

09 왕복엔진 윤활계통에서 Dry Sump System에 대한 설명으로 틀린 것은?

① Tank와 Sump가 분리되어 있다.
② Oil Pressure Pump와 Scavenge Pump가 있다.
③ Sump 속에 Oil을 저장하므로 별도의 Tank를 필요로 하지 않는다.
④ Oil은 Scavenge Pump와 Oil Tank 사이의 Oil Cooler에서 냉각된다.

10 왕복 기관 항공기 시동 시 준비사항으로 아닌 것은?

① 시동 확인을 위해 지상 점검원을 항공기 후방에 배치시킨다.
② 반드시 바퀴고임목(Chock)을 하고, 항공기의 접지상태를 확인한다.
③ 시동 전 인원과 소화기 1개 이상을 지정된 위치에 배치하여 화재 발생과 장애접근에 대비한다.
④ 시동 장소는 프로펠러의 회전으로 작은 돌이 튀거나 먼지 등이 발생하여 기체 등에 Damage를 줄 수 있으므로 평평하고 깨끗하여야 한다.

11 프로펠러의 기하학적 피치에 대한 다음 설명 중 틀린 것은?

① 일반적으로 유효피치보다 크다.
② 공기 중에서 프로펠러가 1회전 할 때 실제로 전진하는 거리이다.
③ 기하학적 피치를 같게 하려면 Blade Tip으로 갈수록 Blade Angle이 작아져야 한다.
④ Blade Angle이 일정하다면 기하학적 피치는 Blade Tip으로 갈수록 커져 Blade는 심한 굽힘 응력을 받게 된다.

12 항공기 기관에서 기어 구동형 Centrifugal Supercharger Diffuser의 목적은?

① 흡입 공기의 압력을 증가시키고 속도를 증가시킨다.
② 흡입 공기의 압력을 증가시키고 속도를 감소시킨다.
③ 흡입 공기의 압력을 감소시키고 속도를 증가시킨다.
④ 흡입 공기의 압력을 감소시키고 속도를 감소시킨다.

13 항공기 가스터빈 엔진에 사용되는 연료에 대한 요구조건 중 틀린 것은?

① 화재 위험성이 낮을 것
② 연소성이 좋도록 방향족 탄화수소가 충분히 혼합되어 있을 것
③ 연료계통 보기들의 각 작동부품에 적절한 윤활유를 제공할 수 있을 것
④ 모든 지상 조건에서 엔진 시동이 가능하고 비행 중 재시동성이 좋을 것

14 연료 흐름 분할기에서 연료 흐름이 2차 매니폴드로 흐르지 않게 하는 것은?

① Dump Valve
② Spring에 의해 닫히는 Filter
③ Spring 힘을 받는 과압 밸브
④ Poppet Valve

15 항공기 가스터빈 엔진의 터빈 블레이드에 나타난 Creep 현상을 확인할 수 있는 검사는?

① 치수 측정 검사　② 파괴 검사
③ 자분 탐상 검사　④ 형광 침투 탐상

16 항공기 프로펠러 방빙계통(Anti-Icing System)에 사용되는 Fluid는?

① Hot Water
② Isopropyl Alcohol
③ Engine Scavenge Oil
④ Compressor Bleed Air

17 항공기 가스 터빈 기관의 압축기부 및 터빈부에 사용되는 주 베어링(Main Bearing)은 무엇인가?

① Ball Bearing, Plain Bearing
② Ball Bearing, Roller Bearing
③ Roller Bearing, Plain Bearing
④ Plain Bearing, Tapered Roller Bearing

18 항공기 가스터빈 엔진 후기 연소기에서 배기가스의 속도를 감소시키고 와류를 형성시켜주며 불꽃이 꺼지는 것을 방지하는 것은?

① Tail Cone
② Swirl Guide Vane
③ Flame Holder
④ Variable Stator Vane

19 터보 제트 엔진의 특징으로 옳은 것은?

① 항공기 속도가 빠를수록 효율이 낮다.
② 저속에서 효율이 낮고, 연료 소비가 많으며 소음이 심하다.
③ 천음속부터 낮은 초음속 범위까지 우수한 성능을 갖고 있다.
④ 비교적 빠른 속도로 다량의 배기가스를 분사하여 중, 고도 비행에 적합하다.

20 항공기 왕복엔진의 윤활유가 갖추어야 할 구비조건에 해당되지 않는 것은?

① 높은 윤활성
② 가능한 높은 점도
③ 높은 산화안정성
④ 저온에서 최대의 유동성

21 항공용 왕복엔진의 마그네토식 점화계통에서 마그네토 접지선이 끊긴 경우 어떤 현상이 발생하는가?

① 엔진이 꺼지지 않는다.
② 시동이 걸리지 않는다.
③ 역화(Back Fire)현상이 발생한다.
④ 후화(After Fire)현상이 발생한다.

22 항공기 가스터빈 엔진의 엔진 조절 계통(Engine Control System)에 대한 설명 중 맞는 것은?

① 추력의 증감은 액셀 페달을 통하여 연료를 제어한다.
② 엔진의 시동은 엔진 조절 계통에 포함되지 않는다.
③ 엔진 추력의 증감과 역추력의 사용을 수동으로 조작하기 위한 계통이다.

④ 추력 조절 계통과 연료 제어 장치로 나뉘어 있다.

23 항공용 왕복엔진 최대 출력상태에서 엔진에 물/알코올 혼합 용액을 분사하면 추가 출력이 발생하는 이유는?

① 혼합기 열량이 증가되기 때문
② 연료의 옥탄가를 높여주기 때문
③ 연료/공기 혼합비 연소시 화염전파속도가 빨라지기 때문
④ 연료/공기 혼합비가 농후 최대 출력혼합비로 감소되기 때문

24 항공기의 왕복 기관에 사용하는 청색 항공용 가솔린의 등급은?

① 50　② 100
③ 80　④ 100LL

25 왕복 기관에서 공기 중에 분사된 연료의 증발에 의해 흡기계통 내에서 발생하는 얼음은?

① 임팩트 아이스
② 스로틀 아이스
③ 매니폴드 아이스
④ 이베포레이션 아이스

정답

01	①	02	②	03	④	04	①	05	④
06	①	07	②	08	④	09	③	10	①
11	②	12	②	13	②	14	④	15	①
16	②	17	②	18	③	19	②	20	②
21	①	22	③	23	④	24	④	25	④

과 목　전자전기계기(Avionics)

01 항공기 정속 구동 장치(CSD)의 장착 위치로 옳은 것은?

① 엔진 고압축
② 정류기 제어부
③ 발전기 고정자
④ 구동축과 발전기 사이

02 항공기 통신기기의 사용 목적 중 틀린 것은?

① 조난통신, 구조통신(구난기관과 통화)
② 운항관리를 위한 통신(소속항공사와 통화)
③ 항공교통관제를 위한 통신(관제기관과 통화)
④ 운항과 상관없는 내용의 항공기 간의 통신(항공기간 통화)

03 다음 중 전하를 측정할 때 쓰이는 단위로 옳은 것은?

① Ohm
② Volt
③ Ampere
④ Coulomb

04 디지털 컴퓨터에 기본적으로 쓰이는 진법은?

① 2진수
② 8진수
③ 10진수
④ 12진수

05 항공기 수평상황지시계(Horizon Situation Indicator)는 자이로의 어떤 특성을 이용한 것인가?

① 섭동성(Precession)
② 강직성(Rigidity)
③ 원심력(Centrifugal)
④ 회전력(Torque)

06 직류발전기에서 기전력을 높이는 방법이 아닌 것은?

① 발전기의 RPM을 증가시킨다
② 계자저항의 크기를 감소시킨다
③ 자극전면의 유효자속을 감소시킨다
④ 계자코일의 자계강도를 증가시킨다

07 항공기가 야간비행 중 번개로 인해 조종실 내부가 잘 안 보일 때 조작하는 스위치는?

① Dome Switch
② Lightning Switch
③ Flood Light Switch
④ Thunderstorm Switch

08 다음 중 다르송발(D'Arsonval)의 지시계기가 아닌 것은?

① 전압계
② 저항계
③ 전류계
④ 주파수계

09 교류전원에 저항을 연결하여 열을 발생시키거나 그 외에 일을 할 때 동일한 역할을 하는 직류의 값을 사용하는 전압은?

① 순시값 ② 실효값
③ 최대값 ④ 평균값

10 항공기 PA(Passenger Address)의 순서가 가장 우선권인 것은?

① 자동녹음방송
② 기내 음악
③ 객실 승무원의 방송
④ 조종실에서의 방송

11 전류의 흐름 방향에 대해 틀린 것은?

① －극에서＋극으로 흐른다.
② Plate에서 Cathode로 흐른다.
③ 전자는 흐름의 전류의 흐름과 반대방향으로 흐른다.
④ 콜렉터에서 이미터로 흐른다.

12 직류 Motor의 회전 방향을 바꾸고자 할 경우 올바른 것은?

① 외부 전원장치로부터 Motor에 연결되는 선을 교환한다.
② 가변 저항기(Rheostat)를 이용해 계자 전류를 조절한다.
③ Field 또는 Armature 권선중 1개의 연결을 바꿔준다.
④ Motor에 연결된 3상 중 2상의 연결선을 바꿔준다.

13 Engine 계기의 빨간 Radial Line은 무엇을 가리키는가?

① 정상작동 범위
② 경계 범위
③ 최대 및 최저 운용한계
④ 특별한 상태에서만 허락되는 작동범위

14 지상에서 항공기의 모든 발전기가 작동하지 않을 시 전원을 공급해주는 장치는?

① ATC(Air Turbine Compressor)
② GPU(Ground Power Unit)
③ GCU(Generator Control Unit)
④ GTC(Gas Turbine Compressor)

15 100V/30W 전구의 저항과 전류로 옳은 것은?

① 33.3Ω, 0.3A
② 33.3Ω, 3.0A
③ 333.3Ω, 0.3A
④ 333.3Ω, 3.0A

16 다음 중 전력의 단위가 아닌 것은?

① W　② mW
③ kW　④ kWh

17 항공기의 진로, 위치, 방위를 지시해주는 계기는?

① 항법계기　② 비행계기
③ 순항계기　④ 항로계기

18 항공기에 사용되는 약어의 원어 표시가 틀린 것은?

① PFD : Pilot Flight Display
② ECAM : Electronic Centralized Aircraft Monitor
③ EICAS : Engine Indicating and Crew Alerting System
④ EFIS : Electronic Flight Instrument System

19 다음 중 에코(Echo)현상이란?

① 태양표면의 폭발 또는 태양 흑점의 활동이 활발할 때에 지구 자기장이 갑자기 비정상적으로 변하는 현상
② 대칭점에서 많은 통로를 지나온 전파가 대칭점에서 모여 수신 전기장의 강도가 예상 밖으로 커지는 현상
③ 송신 안테나에서 발사된 전파가 수신 안테나에 도달하는데 약간씩 차이가 생겨 같은 신호가 여러 번 반복되는 현상
④ 송신점에서 하나의 수신점에 도달하는 전파는 여러 개가 있고, 또 전파의 도래 시각이나 방향이 다른 것

20 다음 중 전압(Total Pressure)을 필요로 하는 계기는 어느 것인가?

① 고도계　② 속도계
③ 선회계　④ 수직속도계

21 항공기 회전계기(Tachometer)에 대한 설명으로 틀린 것은?

① 회전계기는 기관의 분당 회전수를 지시하는 계기이다.

② 가스 터빈 기관에서는 압축기의 RPM을 백분율 RPM으로 나타낸다.
③ 수감부는 기계적인 각 변위 또는 직선 변위를 감지하여 전기적인 신호로 변환한다.
④ 왕복 기관에서는 크랭크 축의 회전수를 분당 회전수로 나타낸다.

22 항공기에서 36AH 용량의 배터리에 60A인 전류를 부하에 공급하면 방전 가능한 시간은?

① 6분 ② 1/1200분
③ 36분 ④ 60분

23 정전기민감부품(Electro Static Discharge Part)을 정전기로 인한 피해를 방지하고자 정비사의 몸에 저장된 정전기를 제거하기 위한 가장 일반적인 방법은?

① Static－Shielding Bag
② Wrist Strap
③ Conductive Container Box
④ Conductive Connector Cap

24 항공기 전력분배계통(Power Distribution System)에 대한 설명 중 잘못된 것은?

① Bus는 Engine Generator로부터의 Power를 Load에 분배하는 곳이다.
② Composite 항공기를 제외한 항공기에서 Bus로부터 Load까지 Power 공급에는 Single Wire System을 사용한다.
③ Bus는 AC/DC, Left/Right, Essential/Non－Essential Bus로 세분화된다.
④ Left AC Bus가 기체와 단락 시 Power의 복구를 위해 Right AC Bus로부터 Power가 자동으로 공급된다.

25 항공기 스위치 중 입력이 한 곳이며 출력이 두 곳인 것은?

① 단극단투(SPST)
② 쌍극단투(DPST)
③ 단극쌍투(SPDT)
④ 쌍극쌍투(DPDT)

정답

01	④	02	④	03	④	04	①	05	②
06	③	07	④	08	④	09	②	10	④
11	①	12	③	13	③	14	②	15	③
16	④	17	①	18	①	19	③	20	②
21	③	22	③	23	②	24	④	25	③

과 목 항공법규

01 국제민간항공기구(ICAO) 내에서 최고 기관인 총회의 권한 및 의무가 아닌 것은?

① 예산 및 분담금 결정
② 이사국 선출
③ 의사규칙 결정
④ 연차 보고서 제출

02 외국 국적을 가진 항공기의 사용자(외국, 외국의 공공단체 또는 이에 준하는 자를 포함한다)는 외국 국적의 항공기가 국토교통부 장관의 허가를 받아 항행하는 경우가 아닌 것은?

① 영공 밖에서 이륙하여 영공 밖에 착륙하는 항행
② 영공 밖에서 이륙하여 대한민국에 착륙하는 항행
③ 대한민국에서 이륙하여 영공 밖에 착륙하는 항행
④ 영공 밖에서 이륙하여 대한민국에 착륙하지 아니하고 영공을 통과하여 영공 밖에 착륙하는 항행

03 항공기에 탑재해야 할 서류가 아닌 것은?

① 항공기 등록증명서
② 무선국 허가증명서
③ 화물적재분포도
④ 운용한계지정서

04 항공기사고 등으로 인하여 긴급한 수리 · 개조를 해야 하는 경우에는 수리 · 개조승인 신청서를 며칠 이내에 제출해야 하는가?

① 7일 ② 10일
③ 15일 ④ 작업착수 전

05 부품등제작자증명을 받지 않아도 되는 부품등에 해당되지 않는 것은?

① 규정에 따라 인증받은 항공분야 부품등
② 전시 · 연구 또는 교육목적으로 제작되는 부품등
③ 국제적으로 공인된 규격에 합치하는 부품등 중 국토교통부장관이 정하여 고시하는 부품등
④ 규정에 따라 항공기등에 장착하는 개조 또는 교환용 부품등을 생산하여 판매하는 부품등

06 감항증명 승인을 받은 당해 항공기가 운항을 위해 기술기준에 적합성을 확인하는 사람은 누구인가?

① 국토교통부 항공기술과장
② 한국교통안전공단 정비 주임
③ 기술부 주임 기술자
④ 항공정비사 자격증명을 받은 자

07 국토교통부장관이 지정하여 고시하는 전문검사기관으로 옳은 것은?

① 한국항공우주산업
② 한국항공우주연구원
③ 항공안전기술원
④ 한국항공교통안전공단

08 항공기 등록원부에 기재해야 할 사항으로 옳은 것은?

① 국적기호, 등록기호, 항공기 형식
② 국적기호, 등록기호, 항공기 제작자
③ 국적기호, 등록기호, 항공기의 정치장
④ 등록기호, 등록 연월일, 소유자 성명 또는 명칭과 주소

09 다음 중 급유 또는 배유를 할 수 있는 경우는?

① 항공기가 격납고 기타 폐쇄된 장소 내에 있을 경우
② 발동기가 운전 중이거나 가열상태에 있는 경우
③ 항공기가 격납고 기타 건물의 외측 20m에 있는 경우
④ 필요한 위험 예방조치가 강구되었을 경우를 제외하고 여객이 항공기 내에 있을 경우

10 다음 중 공항 내에서 "항행에 위험을 일으킬 우려"가 있는 행위로 옳지 않은 것은?

① 착륙대, 유도로 또는 계류장에 금속편, 직물 또는 그 밖의 물건을 방치하는 행위
② 격납고 내에 금속편, 직물 또는 그 밖의 물건을 방치하는 행위
③ 지방항공청장의 승인 없이 레이저광선을 방사하는 행위
④ 운항 중인 항공기에 장애가 되는 방식으로 항공기나 차량 등을 운행하는 행위

11 위험물의 운송에 사용되는 포장 및 용기를 제조 또는 수입하여 판매하려는 자는 포장 및 용기의 안전성에 대하여 검사를 누구에게 받아야 하는가?

① 국토교통부장관
② 지방항공청장
③ 교통안전공단 이사장
④ 검사주임

12 긴급항공기의 지정을 취소 받은 경우 얼마 동안 지정을 받을 수 없는가?

① 최소 6개월
② 최소 1년
③ 최소 2년
④ 최소 3년

13 다음 중 항행안전무선시설이 아닌 것은?

① 무지향표지시설(NDB)
② 자동방향탐지기(ADF)
③ 위성항법시설(GNSS/SBAS/GRAS/GBAS)
④ 자동종속감시시설(ADS, ADS－B, ADS－C)

14 다음 중 대통령령으로 정하는 시설 중 기본시설인 것은?

① 항공기 및 지상조업장비의 점검, 정비 등을 위한 시설
② 공항의 운영 및 유지, 보수를 위한 공항 운영, 관리시설
③ 공항 이용객에 대한 홍보시설 및 안내시설
④ 항공기 급유시설 및 유류의 저장, 관리시설

15 항공 · 철도 사고조사에 관한 법률의 적용범위로 아닌 것은?

① 대한민국 영역 안에서 발생한 항공 · 철도사고등
② 국가기관등 항공기의 수리 · 개조가 불가능하게 파손된 경우
③ 대한민국 영역 밖에서 발생한 항공사고등(국제민간항공조약에 의하여 대한민국 관할권으로 하는 항공사고등)
④ 군용, 세관용 및 경찰용 항공기의 사고등

16 국제항공사법에 해당하는 국제조약으로 해당되지 않는 것은?

① 바르샤바협약(1929)
② 로마협약(1933)
③ 헤이그의정서(1955)
④ 동경협약(1963)

17 항공 · 철도사고조사위원회는 사고조사를 종결한 때에는 사고조사보고서를 작성해야 하는데 보고서에 포함되는 사항으로 아닌 것은?

① 사고 개요
② 사실 정보
③ 사고조사 원인
④ 규정에 따른 권고 및 건의사항

18 소음기준적합증명은 언제 받아야 하는가?

① 감항증명을 받을 때
② 항공기를 등록할 때
③ 수리, 개조승인을 받을 때
④ 운용한계를 지정할 때

19 다음 중 소유하거나 임차한 항공기를 등록할 수 있는 경우는?

① 외국정부 또는 외국의 공공단체
② 외국의 법인 또는 단체
③ 외국의 국적을 가진 항공기를 임차한 법인 또는 단체
④ 외국인이 주식이나 지분의 2분의 1 이상을 소유하고 있는 법인

20 국제민간항공협약에 따라 체약국의 항공기에 사고가 발생했을 경우 사고조사의 책임은?

① 항공기 운영국가
② 항공기 등록국가
③ 항공기 제작국가
④ 항공기 사고가 발생한 국가

21 항공기등 또는 부품등의 수리 · 개조승인을 받으려는 자는 수리 · 개조승인 신청서를 작업을 시작하기 며칠 전까지 제출하여야 하는가?

① 7일 이내 ② 10일 이내
③ 15일 이내 ④ 30일 이내

22 대한민국 국적을 취득한 항공기와 이에 사용되는 발동기, 프로펠러, 장비품 또는 부품의 정비등의 업무 등 국토교통부령으로 정하는 업무를 하려는 항공기정비업자 또는 외국의 항공기정비업자는 누구에게 인증을 받아야 하는가?

① 국토교통부장관
② 한국교통안전공단 이사장
③ 지방항공청장
④ 공항관리자

23 항공정비사 업무범위에 대한 설명으로 틀린 것은?

① 항공정비사 업무범위에 관한 법률은 시행령에 있다.
② 자격증명을 받은 사람은 그가 받은 자격증명의 종류에 따른 업무범위 외의 업무에 종사해서는 아니 된다.
③ 새로운 종류, 등급 또는 형식의 항공기에 탑승하여 시험비행 등을 하는 경우로서 국토교통부령으로 정하는 바에 따라 국토교통부장관의 허가를 받은 경우에는 업무범위에 제한되지 않는다.
④ 제108조제4항에 따라 정비를 한 경량항공기 또는 그 장비품, 부품에 대하여 안전하게 운용할 수 있음을 확인하는 행위를 하는 항공종사자이다.

24 항공기정비업을 하려는 자가 지방항공청장에게 제출해야 할 사업계획서에 포함되지 않는 것은?

① 종사자의 수
② 필요한 자금 및 조달방법
③ 사용시설, 설비 및 장비 개요
④ 부동산을 사용할 수 있음을 증명하는 서류

25 다음 중 국토교통부령으로 정하는 항공기의 경우 예외적으로 감항증명을 받을 수 있는 항공기가 아닌 것은?

① 국내에서 수리, 개조, 제작 후 수출할 항공기
② 국내에서 수리, 개조, 제작 후 시험비행을 할 항공기
③ 국내에서 제작하거나 외국에서 수입하려는 항공기
④ 대한민국의 국적을 취득하기 전에 감항증명을 위한 검사를 신청한 항공기

정답

01	④	02	①	03	③	04	④	05	④
06	④	07	③	08	④	09	③	10	②
11	①	12	③	13	②	14	③	15	④
16	④	17	③	18	①	19	③	20	④
21	②	22	①	23	①	24	④	25	②

04 항공정비사 비행기 제4회 모의고사

과 목 항공기체(Airframe)

01 도면에서 부품의 위치를 참조용으로 표시하고자 할 때 사용되는 선의 종류는?

① 스티치선(Stitch Line)
② 파단선(Break Line)
③ 숨김선(Hidden Line)
④ 가상선(Phantom Line)

02 항공기 타이어를 교환할 때 한쪽을 들어 올려야할 때 필요로 하는 장비는?

① 고정 받침 잭
② 싱글 베이스 잭
③ 삼각받침이 있는 잭
④ 삼각받침이 없는 잭

03 앞 착륙장치에 마찰을 일으키면서 타이어가 미끄러져 마모되는 것을 방지하는 것은?

① 시미 댐퍼
② 테일 스키드
③ 퓨즈 플러그
④ 안티 스키드

04 항공기 Air Condition System 내에 있는 혼합 밸브(Mixing Valve)의 기능은?

① 비상 램 에어와 조절된 공기로 혼합한다.
② 뜨거운 공기, 찬 공기, 냉각공기의 공급을 조정한다.
③ 조절된 공기를 기내의 모든 장치에 분배한다.
④ 건조한 공기와 혼합시켜 기내 공기의 습기를 제거한다.

05 알루미늄 금속을 AL–CLAD 처리 후 비닐로 포장을 하는 경우가 있는데 이때 비닐의 역할을 무엇인가?

① 회사를 표시하기 위함
② 먼지가 침투되는 것을 방지
③ 제품을 포장하기 위한 비닐로 사용
④ 표면을 손상으로부터 보호하기 위함

06 항공기 공압계통(Pneumatic System)의 장점으로 틀린 것은?

① 불연성이고 깨끗하다.
② 레저버와 리턴 라인이 필요 없다.
③ 서보 계통으로서 정밀한 조종이 가능하다.
④ 압력, 온도, 유량으로 이용되는 범위가 제한된다.

07 고무로 제작된 항공기 부품 중 Seal 또는 Gasket을 보관하는 방법 중 적절하지 않은 것은?

① 일반적으로 보관장소의 온도 24[℃] 이하, 습도는 50～55[%]가 가장 적당하다.
② 고무의 노화의 원인인 오존, 열, 산소에 노출되지 않도록 한다.
③ 빛에 노출되지 않도록 어두운 곳에 보관한다.
④ 점검 시 내부가 보이도록 투명 비닐로 포장하여 보관한다.

08 다음의 측정단위 중 성격이 다른 것은 무엇인가?

① Quart ② Gallon
③ Pint ④ Pound

09 지상에서 수행되는 항공기 제빙작업(De－Icing)에 대한 설명 중 틀린 것은?

① 동체나 날개에 눈(Snow)의 양이 많을 때는 제빙액(De－Icing Fluid)을 뿌려서 눈을 제거한다.
② 항공기 날개에 쌓인 눈을 제빙할 때 뾰족한 공구나 장비를 사용하면 안 된다.
③ 기체에 서리(Frost)가 많이 있으면 실내(Hanger)로 입고시키거나 제빙액(De－Icing Fluid)을 사용한다.
④ 항공기에 Heavy Ice와 서리의 양이 적을 시에는 Hot Air를 이용하거나 실내(Hanger)로 입고시켜서 제거한다.

10 Aluminium Alloy Casting으로 만들어진 부품의 표면에 균열을 검사하는 방법으로 부적절한 것은?

① 육안검사
② 형광침투검사
③ 자분탐상검사
④ 와전류 탐상

11 용접봉의 피복재가 녹는 용접으로 옳은 것은?

① TIG Welding
② MIG Welding
③ Electric Arc Welding
④ Plasma Arc Welding

12 다음 중 항공유 특징에 대한 설명으로 옳지 않은 것은?

① 발열량이 커야하고, 휘발성이 좋으며 증기폐색(Vapor Lock)을 일으키지 않아야 한다.
② 안티 노킹(Anti－Knocking)값이 작아야 한다.
③ 안정성이 좋아야 하고, 부식성이 적어야 한다.
④ 저온에 강해야 한다.

13 항공기 페어링(Fairing)에 대한 역할로 틀린 것은?

① 모양을 보기 좋게 해준다.
② 구성품을 외부 이물질로부터 보호해준다.
③ 공기저항을 감소시켜 항공기 성능을 향상시켜 준다.
④ 이음새를 고정하는 부분에 사용하므로 고강도 재질을 사용해야 한다.

14 판금가공에서 성형점과 굴곡접선과의 거리는 무엇인가?

① 굽힘 여유(Bend Allowance)
② 세트 백(Set Back)
③ 브레이크 라인(Brake Line)
④ 범핑(Bumping)

15 다음 사진을 보고 알 수 있는 것은?

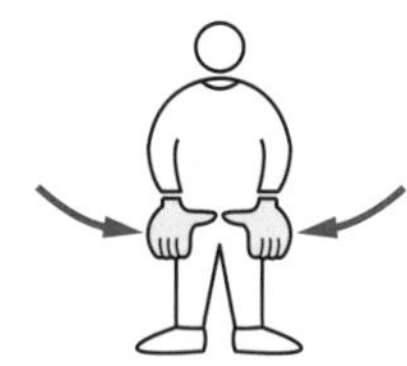

① Engine Starting
② 서행
③ 바퀴 고임목(Chock) 삽입
④ 파킹 브레이크

16 항공기에 사용하는 가요성 호스(Flexible Hose)의 장착방법으로 맞는 것은?

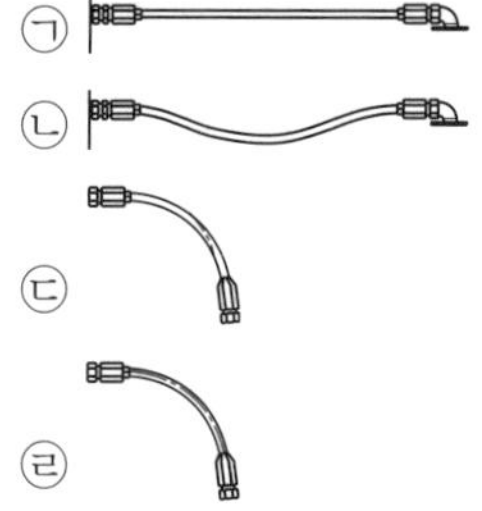

① ㉠과 ㉢
② ㉡과 ㉢
③ ㉡과 ㉣
④ ㉠과 ㉣

17 토크 렌치(Torque Wrench)에 대한 설명으로 틀린 것은?

① 교정일자가 사용 전 유효한지 확인해야 한다.
② 토크값에 적합한 범위의 토크 렌치를 사용해야 한다.
③ 리미트식 토크 렌치는 사용 후 토크 값을 중간 범위의 눈금으로 돌려놓는다.
④ 토크 렌치를 떨어뜨리거나 충격을 주었을 경우 정밀도가 떨어지므로 재점검을 하고 사용해야 한다.

18 다음 중 Bleed Air를 사용하지 않는 곳은?

① Cabin Window Air
② Engine Starting
③ Wing Anti－Icing
④ Air Condition System

19 항공기에 사용하는 케이블(Cable)검사 준비 및 방법에 관한 설명 중 틀린 것은?

① 고착되지 않은 녹이나 먼지는 마른 헝겊으로 닦아낸다.
② 고착된 녹이나 먼지는 메틸에틸케톤으로 닦아낸다.
③ 케이블을 깨끗한 천으로 문질러서 끊어진 가닥을 찾아낸다.
④ 케이블은 육안과 확대경 검사 후 타당성을 따져서 교환할 수 있다.

20 항공기 화학적 방빙계통에서 결빙부분에 분사하는 분사액은?

① 나프타 솔벤트
② 메틸에틸케톤
③ 메틸 클로로프롬
④ 이소프로필 알코올

21 항공기 유압계통이나 공압계통에 있는 체크밸브(Check Valve)의 역할은 무엇인가?

① 작동유의 순서를 결정해준다.
② 계통의 순서를 결정해준다.
③ 압력을 일정하게 해준다.
④ 작동유를 한 방향으로 흐르게 해준다.

22 항공기 조종계통에서 조종케이블의 방향을 변환하는 것은?

① Pulley
② Fairlead
③ Turn buckle
④ Quadrant

23 항공기 기체구조재에 사용되는 재질 중 금속이 아닌 것은?

① 구리 ② 탄소
③ 티탄 ④ 니켈

24 금속의 성질 중 탄성(Elasticity)에 대해 옳은 것은?

① 재료가 균열이나 파손이 되지 않고 굽혀지거나 늘어나는 능력을 말한다.
② 재료가 굽혀지거나 변형이 될 때 깨지는 현상을 말한다.
③ 재료의 질긴 성질을 말한다.
④ 외력이 없어질 때 원래의 형태로 되돌아가려는 성질이다.

25 항공기에 사용하는 작동유 구비조건으로 아닌 것은?

① 점도지수가 낮아야 한다.
② 내열성이 있어야 한다.
③ 윤활성이 있어야 한다.
④ 온도 변화에 따른 점도 변화가 낮아야 한다.

정답

01	④	02	②	03	④	04	④	05	④
06	④	07	④	08	④	09	④	10	③
11	③	12	②	13	④	14	②	15	③
16	③	17	③	18	①	19	②	20	④
21	④	22	①	23	②	24	④	25	①

과목 정비일반(General)

01 허니컴(Honeycomb) 샌드위치 구조에서 코어(Core)의 자재가 아닌 것은?

① 알루미늄 합금
② 종이
③ 고무
④ 복합재료(FRP)

02 일반용 볼트보다 더 정밀하게 가공된 것으로 육각머리(AN-173에서 186까지) 또는 100° 접시머리(NAS-80에서 NAS-86까지)로 되어 있으며 단단히 끼워 맞춰야 하는 곳에 사용하도록 12~14 온스(ounce) 정도의 망치로 쳐서 원하는 위치까지 집어넣는 것은?

① 표준 육각 볼트
② 정밀 공차 볼트
③ 내부 렌칭 볼트
④ 드릴 헤드 볼트

03 비행기의 세로 안정성을 좋게 하는 방법 중 틀린 것은?

① 날개가 중심보다 높은 위치에 있을 때(High Wing) 좋아진다.
② 수평 안정판의 면적이 크면 좋아진다.
③ 무게중심 위치가 날개의 공력중심 후방에 위치할수록 좋아진다.
④ 꼬리 날개 효율이 클수록 좋아진다.

04 최초로 충격파가 발생하는 속도는 언제인가?

① 아음속 ② 천음속
③ 극초음속 ④ 임계 마하수

05 항공분야에서 인적요소(Human Factors)란?

① 항공기의 성능을 극대화하기 위한 것이다.
② 인간의 능력과 주변 제요소와의 상호관계를 최적화하기 위한 것이다.
③ 항공기 사고발생 시보다 정확한 원인을 규명하기 위한 것이다.
④ 인체의 생리 및 심리가 행동에 미치는 원인을 규명하기 위한 것이다.

06 금속부품들을 서로 결합시키기 위한 방법으로 옳지 않은 것은?

① 가스켓(Gasket)
② 볼트체결(Bolting)
③ 납땜(Brazing)
④ 용접(Welding)

07 항공기 중량 측정, 자중무게중심을 산출하기 위해서, 항공기에 관한 중량과 평형 정보가 기록된 문서 종류가 아닌 것은?

① 항공기 설계명세서(Aircraft Specifications)
② 항공기 형식증명자료집(Aircraft Type Certificate Data Sheet)
③ 항공기 중량 및 평형보고서(Aircraft Weight and Balance Report)
④ 항공기 수평 및 최대 중량 매뉴얼(Aircraft Level and Maximum Weight Manual)

08 부식 발생이 쉬운 부분(Corrosion Prone Area)에 해당되지 않는 것은?

① 전자장비실 ② 주방
③ 화장실 ④ 화물실

09 비파괴검사 종류에 해당되지 않는 것은?

① 육안 검사 ② 내시경 검사
③ 분해 검사 ④ 음향방출검사

10 금속 또는 플라스틱의 표면 및 내부의 결함을 발견하기 위한 검사방법으로 적합한 것은?

① 형광 침투 검사 ② 자분 탐상 검사
③ 와전류 탐상 ④ 초음파 탐상

11 항공기에 대한 지속 검사(Continuous Inspec-tions)의 방편으로 정시점검 또는 Letter Check 라고 부르는 것에 해당되지 않는 것은?

① 비행 전/후 검사(PR/PO Flight Inspections)
② A Check
③ B Check
④ C Check

12 항공기에 사용되는 가요성 호스(Flexible Hose) 장착에 대한 다음 설명 중 틀린 것은?

① 비틀림이 있어도 호스에 영향이 없다.
② 비틀림이 너무 과하면 호스의 Fitting이 풀린다.
③ 비틀림을 확인할 수 있도록 호스에 확인선이 있다.
④ 비틀림이 과하면 호스의 수명이 줄어든다.

13 비행기 날개의 캠버가 증가하면 나타나는 현상으로 옳은 것은?

① 양력계수는 증가하고 항력계수는 감소된다.
② 양력계수는 감소하고 항력계수는 증가된다.
③ 양력계수와 항력계수 모두 증가한다.
④ 양력계수와 항력계수 모두 감소한다.

14 탄소강에 대한 설명 중 틀린 것은?

① 탄소의 함유량이 높을수록 용접하기 쉽다.
② 탄소의 함유량이 높을수록 인성이 나빠진다.
③ 탄소의 함유량이 높을수록 경도가 증가한다.
④ 탄소의 함유량이 높을수록 내충격성이 감소한다.

15 항공기 플랩 전방에 있는 슬롯(Slot)의 역할로 옳은 것은?

① 간섭항력을 감소시킨다.
② 유도항력을 감소시킨다.
③ 양력을 증가시키고 박리를 지연시킨다.
④ 양력을 증가시키고 조종성을 향상시킨다.

16 항공기 부품의 치수를 측정할 때 치수오차를 최소화하기 위한 방법으로 틀린 것은?

① 측정자와 눈금판은 수직이 되어야 한다.
② 측정값을 여러 번 측정하여 평균값을 구한다.
③ 온도 변화를 여러 번 주어 측정한 측정값을 평균값으로 반영한다.
④ 측정 장비 사용 전 측정기의 자체오차에 대한 여부를 검사하고 확인한다.

17 다음 중 비교적 큰 응력을 받으면서 정비를 하기 위해 분해, 조립을 반복적으로 수행할 필요가 있는 부분에 사용되는 체결용 기계요소로 옳은 것은?

① 너트 ② 볼트
③ 와셔 ④ 스크루

18 항공기 일지(Aircraft Logs)에 대한 설명으로 옳지 않은 것은?

① 운항증명서(Air Operator Certificate)를 소지한 회사는 항공기 일지를 작성하여 보존해야 한다.
② 항공일지 크기와 형태는 정해진 기준에 정확히 맞추어야 한다.
③ 검사원은 감항성을 인정하는 인증문을 쓰고 서명하거나 검사인을 날인하여 완료한다.
④ 인증 문구는 누가 그것을 읽든 확실하게 이해할 수 있는 글씨체로 ICAO 인정 공용언어로 쓴다.

19 다음 중 열가소성 플라스틱 수지의 종류 중 아닌 것은?

① 폴리에스테르
② 폴리염화비닐
③ 폴리에틸렌
④ 폴리메틸메타크릴 레이트

20 항공 인적요인 모델 중 작업자, 작업환경, 작업자 행동, 작업에 필요한 자원 등 4가지 요소를 설명하는 것으로 옳은 것은?

① SHELL 모델(The SHELL Model)
② 페어 모델(The Pear Model)
③ 더티 도즌(The "Dirty Dozen")
④ 스위스 치즈 모델(The Swiss Cheese Model)

21 대기권을 순서대로 나열한 것은?

① 대류권 – 성층권 – 중간권 – 열권
② 대류권 – 중간권 – 성층권 – 열권
③ 성층권 – 대류권 – 중간권 – 열권
④ 성층권 – 중간권 – 대류권 – 열권

22 항공기에 작용하는 항력계수에 대한 설명으로 맞는 것은?

① 항력계수는 항상 양의 값으로 받음각이 커지면 작아진다.
② 항력계수는 항상 양의 값으로 받음각이 커지면 증가한다.
③ 항력계수는 항상 음의 값으로 받음각이 작아지면 작아진다.
④ 항력계수는 항상 음의 값으로 받음각이 작아지면 증가한다.

23 어떤 항공기가 등속도 수평비행을 하다가 감속도 운동이 되는 조건으로 맞는 것은?

① 추력이 항력보다 작을 때
② 항력이 추력보다 작을 때
③ 중력이 추력보다 작을 때
④ 양력이 중력보다 작을 때

24 터보프롭 엔진 작동 중 주의사항으로 옳지 않은 것은?

① 항상 시동기 듀티 사이클(Duty Cylce)을 준수하라
② 시동을 시도하기 전에 공기압 또는 전력량이 충분한지 확인하라
③ 터빈입구온도가 제작사에서 명시된 규정값 이상이라면 지상시동을 수행하지 마라
④ 증기폐쇄(Vapor Lock) 발생을 방지하기 위하여 엔진의 연료펌프에 높은 압력으로 연료를 공급하라

25 일반적으로 Hydraulic System Schematic Drawing이 보여주는 것은?

① 항공기에서 Hydraulic System 부품의 위치
② 항공기에서 Hydraulic System 부품의 장착 방법
③ Hydraulic System 내에서 Hydraulic Fluid의 이동방향
④ Hydraulic System 부품 및 Line 내의 Hydraulic Fluid Pressure

정답

01	③	02	②	03	③	04	④	05	②
06	①	07	④	08	①	09	③	10	④
11	①	12	①	13	③	14	①	15	③
16	③	17	②	18	②	19	①	20	②
21	①	22	②	23	①	24	④	25	③

과 목 발동기(Powerplant)

01 가스 터빈 기관(Gas Turbine Engine)의 연료 필요조건으로 틀린 것은?

① 발열량이 높을 것
② 점도지수가 낮을 것
③ 산화 안정성이 높을 것
④ 온도변화에 따른 점도변화가 낮을 것

02 항공기 가스 터빈 기관 중 특히 소음이 가장 심한 기관은?

① Turbo Fan
② Turbo Jet
③ Turbo Prop
④ Turbo Shaft

03 다음 프로펠러 중 가장 우수한 효율을 갖는 프로펠러는 어느 형식인가?

① Fixed Pitch Propeller
② Reverse Pitch Propeller
③ Constant Speed Propeller
④ 2－Position Controllable Pitch Propeller

04 왕복 기관 항공기 시동 시 준비사항으로 아닌 것은?

① 시동 확인을 위해 지상 점검원을 항공기 후방에 배치시킨다.
② 반드시 바퀴고임목(Chock)을 하고, 항공기의 접지상태를 확인한다.

③ 시동 전 인원과 소화기 1개 이상을 지정된 위치에 배치하여 화재 발생과 장애물 접근에 대비한다.
④ 시동 장소는 프로펠러의 회전으로 작은 돌이 튀거나 먼지 등이 발생하여 기체 등에 손상을 줄 수 있으므로 평평하고 깨끗하여야 한다.

05 왕복엔진 항공기에 사용하는 연료 혼합비가 너무 농후한 상태로 연소 속도가 느려져 배기 행정 후까지 연소가 진행되어 배기관을 통하여 불꽃이 배출되는 현상을 무엇이라 하는가?

① Detonation ② Pre－Ignition
③ Backfire ④ Afterfire

06 다음 중 6기통 대향형(Opposed Type) 엔진의 점화순서로 옳은 것은?

① 1－4－5－2－3－6
② 1－2－5－3－6－4
③ 1－6－4－5－3－2
④ 1－5－3－6－4－2

07 오일 계통에서 High Pressure Oil이 Relief Valve를 거쳤을 경우 어디로 가는가?

① Oil Tank ② Pump Inlet
③ Pump Outlet ④ Actuator

08 왕복엔진 과급기(Supercharger)를 압축기 형식으로 나누었을 때 아닌 것은?

① Rear Supercharger
② Vane Supercharger
③ Roots Supercharger
④ Centrifugal Supercharger

09 항공기 엔진에 사용되는 Oil의 구비조건으로 맞지 않는 것은?

① 유동점이 낮아야 한다.
② 인화점이 높아야 한다.
③ 점도지수가 낮아야 한다.
④ 휘발성이 낮아야 한다.

10 제트엔진의 EGT Indicator에 사용되는 재질은?

① Nickel－Chromium
② Iron－Constantan
③ Sodium－Cadmium
④ Cromel－Alumel

11 제트엔진에서 최고 온도에 접하는 곳은 어디인가?

① 터빈 입구 ② 배기노즐
③ 터빈 출구 ④ 압축기 출구

12 비행 중 증기 폐색(Vapor Lock)이 발생 시의 이 공기는 어떻게 해결해야 하는가?

① Booster Pump로 가압한다.
② 높은 압력으로 가압한다.
③ 보다 높은 위치에 장착한다.
④ 고고도로 유지한다.

13 왕복엔진의 진동을 감소시킬 수 있는 방법 중 잘못된 것은?

① 실린더 수의 증가
② 다이내믹 댐퍼(Dynamic Damper)의 적절한 사용
③ 엔진 마운트(Engine Mount)에 고무판 사용
④ 카울 플랩(Cowl Flap)의 사용

14 항공기 가스 터빈 기관의 작동 정지는 시동 레버의 어느 위치인가?

① Idle Lever Off
② Start Lever Cut Off
③ Forward Thrust Lever Run
④ Forward Thrust Lever Cut Off

15 다음 중 프로펠러에 일반적으로 사용하는 방빙액은 무엇인가?

① Dichloroethane
② Isopropyl Alcohol
③ Methanol
④ Acetone

16 정속 프로펠러에서 조속기의 플라이 웨이트(Fly Weight)가 스피더 스프링(Speeder Spring)의 장력을 이기면 프로펠러는 어떤 상태가 되는가?

① 정속 상태
② 과속 상태
③ 저속 상태
④ 페더 상태

17 가스 터빈 기관의 압축기부 및 터빈부에 사용되는 주 베어링(Main Bearing)은 무엇인가?

① Ball Bearing, Plain Bearing
② Ball Bearing, Roller Bearing
③ Roller Bearing, Plain Bearing
④ Plain Bearing, Tapered Roller Bearing

18 다음 항공기용 왕복 엔진에 비해 가스터빈 엔진의 장점 중 잘못된 것은?

① 가격이 싼 연료를 사용한다.
② 연료 소모량이 크고 소음이 비교적 작은 편이다.
③ 엔진의 진동이 적다.
④ 비행 속도가 커질수록 효율이 좋아져서 초음속 비행도 가능하다.

19 가스터빈 엔진의 압축기 출구에서 스테이터 베인(Stator Vane)의 목적은 무엇인가?

① 공기의 흐름을 똑바르게 하며 난류를 감소시키기 위하여
② 공기에 소용돌이 움직임을 주기 위하여
③ 공기의 압력을 감소시키기 위하여
④ 공기의 속도를 증가시키기 위하여

20 항공기 후기 연소기의 디퓨저 후부에 장착되는 Flame Holder의 역할은?

① 배기가스 속도를 증가시켜줌으로써 추력이 증가되도록 한다.
② 배기가스 속도 감소와 와류를 형성시켜줌으로써 연료와 공기가 연소하지 않은 상태로 배출되는 것을 방지한다.

③ 고온, 고압의 배기가스로 인하여 배기덕트의 재질이 손상되는 것을 방지한다.
④ 압력을 감소시키고 속도를 증가시켜 배기가스가 빨리 배출되도록 한다.

21 가스터빈 엔진 성능에 있어 EPR에 비해 rpm, EGT, Fuel Flow 등이 유난히 낮게 지시되었을 경우 어떠한 검사를 수행해야 하는가?

① High Reading Error이므로 Probe부터 Transmitter까지 Pressure Line Inlet을 검사해야 한다.
② High Reading Error이므로 Probe부터 Transmitter까지 Pressure Line Outlet을 검사해야 한다.
③ Low Reading Error이므로 Probe부터 Transmitter까지 Pressure Line Outlet을 검사해야 한다.
④ Low Reading Error이므로 Probe부터 Transmitter까지 Pressure Line Inlet을 검사해야 한다.

22 항공기 가스터빈 엔진 방빙계통(Anti-Icing System)에 대한 설명으로 옳은 것은?

① 따뜻한 물을 압축기 IGV(Inlet Guide Vane)로 보낸다.
② 배기가스를 압축기 IGV(Inlet Guide Vane)로 보낸다.
③ 압축기 뒷부분의 고온, 고압의 Bleed Air를 압축기 IGV(Inlet Guide Vane)로 보낸다.
④ 터빈(또는 배기) 뒷부분의 고온의 압축공기를 엔진 입구 립(Lib)과 압축기 입구 부분으로 보낸다.

23 항공기 가스터빈 엔진의 점화장치에 대한 특징으로 틀린 것은?

① Ignitor의 교환이 빈번하지 않다.
② 시동할 때만 점화가 필요하다.
③ 기관에 Ignitor가 총 2개 정도만 필요하다.
④ 115V, 60Hz의 교류전력을 이용할 수 있다.

24 왕복 엔진에서 엔진이 작동 중임을 알 수 있는 것이 아닌 것은?

① 속도계
② 오일 압력계
③ rpm
④ MAP

25 마하수 0.5이하에서 효율 및 출력이 가장 좋은 가스터빈 형식은?

① Turbo Fan
② Turbo Prop
③ Turbo Shaft
④ Turbo Jet

정답

01	②	02	②	03	③	04	①	05	④
06	①	07	②	08	①	09	③	10	④
11	①	12	①	13	④	14	②	15	②
16	②	17	②	18	②	19	①	20	②
21	①	22	③	23	④	24	①	25	②

과목 전자전기계기(Avionics)

01 항공기 통신기기의 사용 목적 중 틀린 것은?

① 조난통신, 구조통신(구난기관과 통화)
② 운항관리를 위한 통신(소속항공사와 통화)
③ 항공교통관제를 위한 통신(관제기관과 통화)
④ 운항과 상관없는 내용의 항공기간의 통신(항공기간 통화)

02 병렬운전 중 2개의 발전기에서 1개의 발전기의 주파수가 10Hz 이상 차이가 나면 어떻게 되는가?

① 아무 영향이 없다.
② 발전기가 정지한다.
③ CSD가 주파수를 조절한다.
④ 전압 조절기가 주파수를 조절한다.

03 플레밍의 왼손법칙으로 알 수 없는 것은?

① 유도기전력의 방향
② 전자력의 방향
③ 전류의 방향
④ 자기장의 방향

04 정전기를 유발하는 요소가 아닌 것은?

① 빛　② 인체
③ 습도　④ 마찰

05 항공기 수평상황지시계(Horizon Situation Indicator)는 자이로의 어떤 특성을 이용한 것인가?

① 섭동성(Precession)
② 강직성(Rigidity)
③ 원심력(Centrifugal)
④ 회전력(Torque)

06 다른 항공기에 대하여 해당 항공기의 비행진행방향을 알려주기 위해서 켜는 등은 무엇인가?

① 로고등(Logo Light)
② 선회등(Turn – off Light)
③ 항법등(Navigation Light)
④ 충돌방지등(Anti – Collision Light)

07 다음 중 다르송발(D'Arsonval) 지시계기가 아닌 것은?

① 전압계
② 저항계
③ 전류계
④ 주파수계

08 항공기 가스 터빈 기관의 배기가스 온도를 측정하는 계기는?

① 비율식 지시계(Rate Type Indicator)
② 브리지식 지시계(Bridge Type Indicator)
③ 열전쌍식 온도계(Thermocouple Indicator)
④ 전기저항식 온도계(Electronic Resistance Indicator)

09 교류전원에 저항을 연결하여 열을 발생시키거나 그 외에 일을 할 때 동일한 역할을 하는 직류의 값을 사용하는 전압은?

① 순시값 ② 실효값
③ 최대값 ④ 평균값

10 대부분 중/대형 고정익 항공기에 사용되는 연료탱크 연료량계의 형식으로 옳은 것은?

① 부자식 ② 전기저항식
③ 전기용량식 ④ 사이트글라스식

11 다음 논리회로 중 모든 입력이 "0"이면 출력이 "0"이고, 모든 입력이 "1"이면 출력이 "1"인 것은?

① Invert(NOT) – Gate
② NAND – Gate
③ OR – Gate
④ NOR – Gate

12 도체의 저항 발생 요소와 관계가 없는 것은?

① 길이 ② 단면적
③ 공기 밀도 ④ 온도

13 CVR 및 FDR과 같은 기록장치(Recorder Unit)는 보통 항공기 동체 후미에 장착하는데, 그 이유가 무엇인가?

① 음성기록과 비행정보기록이 잘 되기 위함이다.
② 비행정보기록을 위한 승무원의 조작이 용이하기 때문이다.
③ 사고발생 시 눈에 잘 띄고, 파손이 잘 안 되기 때문이다.
④ 항공기 구조 설계상 통상적으로 동체 후미에 장착하기 때문이다.

14 직류 Motor의 회전 방향을 바꾸고자 할 경우 올바른 것은?

① 외부 전원장치로부터 Motor에 연결되는 선을 교환한다.
② 가변 저항기(Rheostat)를 이용해 계자 전류를 조절한다.
③ Field 또는 Armature 권선중 1개의 연결을 바꿔준다.
④ Motor에 연결된 3상 중 2상의 연결선을 바꿔준다.

15 전리층을 뚫고 나가버리는 공간파는?

① HF ② SHF
③ LF ④ VHF

16 항공기 기내방송(PA)에 대한 설명 중 틀린 것은?

① PA는 비상사태를 대비하기 위하여 우선순위가 정해져 있다.
② Service Interphone은 운항 승무원과 객실 승무원 및 지상 조업자와의 통화장치이다.
③ 조종사가 이착륙 시 조종간에서 손을 뗄 수 없는 경우에는 마이크와 헤드셋이 일체된 붐 마이크(Boom Mike)를 이용한다.
④ Service Interphone Jack은 조종실 내부에 있는 Audio Control Panel(ACP)에만 설치되어 있다.

17 항공기에 사용하는 전선의 크기(굵기)에서 첫 번째로 고려해야 하는 것은?

① 저항 ② 전압
③ 전류 ④ 전력

18 다음 중 일정 시간 내에 도체의 단면에 얼마나 많은 전자가 움직이는가를 나타내는 것은?

① 전압 ② 전류
③ 저항 ④ 전력

19 Auto Pilot System의 Sensing Device의 기본 작동원리는?

① Applied Force와 Gyro의 Interaction
② Gyro와 Gyro 주위의 것이 관계되는 Motion
③ Gyro Gimbal Ring과 비행기 사이의 Motion의 속도
④ Applied Force로부터 Gyro의 회전 쪽으로 90° 떨어진 곳에서 일어나는 반응

20 자차 수정을 하는 이유와 관련된 것은?

① 위도에 따른 오차
② 경도에 따른 오차
③ 장소에 따른 오차
④ 비행기 자체에 따른 오차

21 항공기 황산-납 배터리(Lead-Acid Battery)의 전압을 결정하는 요소로 옳은 것은?

① 셀의 수
② 셀 컨테이너
③ 셀 커버
④ 양극판 간격

22 EICAS의 설명에 대한 것 중 맞는 것은?

① 지형에 따라서 비행기가 그것에 접근할 때의 경보장치
② 기체의 자세 정보의 영상 표시 장치
③ 엔진 출력의 자동 제어 시스템 장치
④ 엔진 계기와 승무원 경보 시스템의 브라운관 표시장치

23 항공기 계기착륙장치(ILS)에 대한 설명 중 틀린 것은?

① 글라이드 패스 하강각은 1.5~3°로 만들어졌다.
② 글라이드 패스 주파수는 329~335MHz 중 할당된다.
③ ILS의 로컬라이저 주파수는 108~112MHz 중 40 채널로 할당된다.
④ 로컬라이저 코스의 코스중심선 상에는 90Hz와 150Hz 변조도가 같다.

24 직류 발전기의 전압 조절기는 발전기의 무엇을 조절해주는가?

① 출력전압이 과부하 될 시 저항을 감소시켜 전류를 흘려보내 전압을 일정하게 한다.
② 전기자(Amature)의 회전수를 조절하여 전류를 일정하게 되도록 한다.
③ 회로가 과부하가 되었을 때 발전기의 회전을 내린다.
④ 계자(Field) 전류를 조절하여 출력전압을 일정하게 한다.

25 항공기 온도계기를 원격으로 지시해주는 온도 측정방식 중 틀린 것은?

① 빛의 변화에 의한 지시
② 열전대에 의한 지시
③ 상태변화에 의한 지시
④ 전기저항에 의한 지시

정답

01	④	02	③	03	①	04	①	05	②
06	③	07	④	08	③	09	②	10	③
11	③	12	③	13	③	14	③	15	④
16	④	17	③	18	②	19	②	20	④
21	①	22	④	23	①	24	④	25	①

과목 항공법규

01 긴급항공기를 운항한 자가 운항이 끝난 후 24시간 이내에 제출하여야 할 사항이 아닌 것은?

① 조종사 성명과 자격
② 조종사 외의 탑승자 인적사항
③ 긴급한 업무의 종류
④ 항공기의 형식 및 등록부호

02 다음 중 형식승인을 받아야 하는 기술표준품은?

① 규정에 따라 감항증명을 받은 항공기에 포함되어 있는 기술표준품
② 규정에 따라 제작증명을 받은 항공기에 포함되어 있는 기술표준품
③ 규정에 따라 형식증명을 받은 항공기에 포함되어 있는 기술표준품
④ 규정에 따라 형식증명승인을 받은 항공기에 포함되어 있는 기술표준품

03 소음기준적합증명은 언제 받아야 하는가?

① 감항증명을 받을 때
② 항공기를 등록할 때
③ 수리, 개조승인을 받을 때
④ 운용한계를 지정할 때

04 항공운송사업용 및 항공기사용사업용 헬리콥터가 계기비행으로 교체비행장이 요구될 경우 실어야 할 연료의 양은?

① 최초의 착륙예정 비행장까지 비행예정시간의

10%의 시간을 비행할 수 있는 양
② 최초 착륙예정 비행장의 상공에서 체공속도로 2시간 동안 체공하는데 필요한 양
③ 교체비행장에서 표준기온으로 450m(1,500ft)의 상공에서 30분간 체공하는데 필요한 양에 그 비행장에 접근하여 착륙하는데 필요한 양을 더한 양
④ 최대항속속도로 20분간 더 비행할 수 있는 양

05 다음 공항시설 중 대통령령으로 정하는 기본시설이 아닌 것은?

① 활주로, 유도로, 계류장, 착륙대
② 공항운영, 지원시설
③ 기상관측시설
④ 항행안전시설

06 급유 또는 배유작업 중인 항공기로부터 몇 m 이내에서 담배를 피워서는 안 되는가?

① 25m 이내　② 30m 이내
③ 35m 이내　④ 40m 이내

07 다음 중 항공기의 급유 또는 배유를 할 수 없는 것은?

① 급유 또는 배유 중의 항공기의 무선설비를 조작하는 경우
② 급유 또는 배유 중인 항공기로부터 35m에서 담배를 피우는 경우
③ 정전, 화학방전을 일으킬 우려가 있을 물건을 사용하지 않는 경우
④ 항공기가 격납고 외에 개방된 장소나 계류장에 있을 경우

08 항공기로 활공기를 예항하는 방법 중 맞는 것은?

① 항공기와 활공기 간에 무선통신으로 연락이 가능한 경우에는 항공기에 연락원을 탑승시킬 것
② 예항줄의 길이는 60m 이상 80m 이하로 할 것
③ 야간에 예항을 하려는 경우에는 국토교통부장관의 허가를 받을 것
④ 예항줄 길이의 80%에 상당하는 고도 이상의 고도에서 예항줄을 이탈시킬 것

09 다음 중 항공안전법에서 규정하는 항공기 사고가 아닌 것은?

① 항공기 파손　② 탑승객 사망
③ 항공기 실종　④ 탑승객 부상

10 감항증명을 받은 항공기를 수리, 개조하는 경우 국토교통부장관의 수리, 개조승인을 받아야 하는 경우는?

① 정비조직인증을 받은 업무범위 안에서 항공기를 수리, 개조하는 경우
② 정비조직인증을 받은 업무범위를 초과하여 항공기를 수리, 개조하는 경우
③ 형식승인을 얻지 않은 기술표준품을 사용하여 항공기를 수리, 개조하는 경우
④ 수리, 개조승인을 받지 않은 장비품 또는 부품을 사용하여 항공기를 수리, 개조하는 경우

11 수리, 개조승인 신청서는 작업을 시작하기 며칠 전까지 제출하여야 하는가?

① 7일 이내로 지방항공청장에게 제출해야 한다.
② 10일 이내로 지방항공청장에게 제출해야 한다.

③ 15일 이내로 국토교통부장관에게 제출해야 한다.
④ 30일 이내로 국토교통부장관에게 제출해야 한다.

12 부품등제작자증명 신청서에 첨부하여야 할 서류가 아닌 것은?

① 항공기기술기준에 대한 적합성 입증 계획서 또는 확인서
② 부품등의 제조규격서 및 제품사양서
③ 장비품 및 부품의 설계서
④ 부품등의 설계도면, 설계도면 목록 및 부품등의 목록

13 항공안전법 시행규칙에 대한 설명 중 맞는 것은?

① 대통령령으로 발표된다.
② 국회 국토교통부위원회의 이름으로 발표된다.
③ 국제조약에서 규정된 사항을 시행하기 위해 필요한 사항을 제공한다.
④ 항공안전법 및 시행령에서 위임된 사항과 그 시행에 관해 필요한 사항을 규정한다.

14 외국 국적을 가진 항공기의 사용자(외국, 외국의 공공단체 또는 이에 준하는 자를 포함한다)는 외국 국적의 항공기가 국토교통부 장관의 허가를 받아 항행하는 경우가 아닌 것은?

① 영공 밖에서 이륙하여 영공 밖에 착륙하는 항행
② 영공 밖에서 이륙하여 대한민국에 착륙하는 항행
③ 대한민국에서 이륙하여 영공 밖에 착륙하는 항행
④ 영공 밖에서 이륙하여 대한민국에 착륙하지 아니하고 영공을 통과하여 영공 밖에 착륙하는 항행

15 항공안전법에 따라 국토교통부령으로 정하는 항행안전시설이 아닌 것은?

① 항행안전무선시설
② 항공등화
③ 항공정보통신시설
④ 항공장애 주간표지

16 계기비행방식(IFR)에 의한 비행을 하는 항공운송사업용 비행기에 갖추어야 할 항공계기가 아닌 것은?

① 기압고도계
② 나침반
③ 시계
④ 선회 및 경사지시계

17 항공기취급업을 경영하려는 자는 누구에게 등록을 신청해야 하는가?

① 지방항공청장
② 국토교통부장관
③ 공항 시설관리 이사장
④ 교통안전공단 이사장

18 항공기 정치장의 변경을 신청하려는 자가 신청하는 것은?

① 신규등록 ② 말소등록
③ 변경등록 ④ 이전등록

19 항공기 말소등록을 하지 않아도 되는 경우는 다음 중 무엇인가?

① 항공기를 정비등의 목적으로 해체한 경우
② 항공기의 존재 여부를 1개월 이상 확인할 수 없는 경우
③ 항공기가 멸실된 경우
④ 임차기간이 만료 등으로 항공기를 사용할 수 있는 권리가 상실된 경우

20 다음 중 활공기의 소유자가 갖추어야 할 서류는?

① 활공기용 항공일지
② 탑재용 항공일지
③ 지상비치용 발동기 항공일지
④ 지상비치용 프로펠러 항공일지

21 공항 보호구역에서 사용되는 차량 등록 시 필요한 서류는 무엇인가?

① 자동차 보험등록증
② 제작증 또는 자동차등록증 원본
③ 자동차 안전검사서
④ 차량의 앞면 및 옆면 사진 각 1매

22 항공종사자의 자격증명에 관한 국제민간항공협약 부속서는?

① Annex 1
② Annex 7
③ Annex 8
④ Annex 13

23 다음 중 무자격자가 항공업무에 있어 항공기 정비를 수행하였을 때 벌칙은?

① 1년 이하의 징역 또는 1천만원 이하의 벌금
② 1년 이하의 징역 또는 2천만원 이하의 벌금
③ 2년 이하의 징역 또는 1천만원 이하의 벌금
④ 2년 이하의 징역 또는 2천만원 이하의 벌금

24 항공 · 철도 사고조사위원회의 업무로 아닌 것은?

① 규정에 따른 안전권고
② 사고조사에 필요한 조사, 연구
③ 규정에 따른 사고조사보고서 작성, 의결, 공표
④ 규정에 따른 사고조사 관련 연구, 교육기관 지정

25 정비조직인증을 받아야 하는 대상의 업무로 옳은 것은?

① 항공기등 또는 부품등의 정비등의 업무
② 항공정비업무를 초과한 업무
③ 항공운송사업 등의 업무
④ 항공기 등, 부품등의 정비에 관한 운항기술기준 및 품질관리의 방법과 절차

정답

01	③	02	②	03	①	04	③	05	②
06	②	07	①	08	④	09	④	10	②
11	②	12	③	13	④	14	①	15	④
16	①	17	②	18	③	19	①	20	①
21	④	22	①	23	④	24	④	25	①

05 항공정비사 비행기 제5회 모의고사

과목 항공기체(Airframe)

01 항공기 가압급유(Pressure Refueling) 절차에 대한 설명으로 틀린 것은?

① 연료보급노즐을 적절하게 연결하여 고정시키면 플런저(Plunger)는 연료가 밸브를 통해 주입될 수가 있도록 항공기 밸브를 열어준다.
② 연료 트럭의 급유펌프가 발생하는 압력은 연료를 주입하기 전에 항공기에 적합한 압력인지 확인한다.
③ 터빈연료는 만약 연료트럭의 탱크가 방금 채워졌거나, 또는 트럭이 공항의 울퉁불퉁한 도로를 주행했다면 연료가 안정되도록 기다리지 않아도 된다.
④ 만약 트럭을 지속적으로 사용하지 않았다면, 모든 배수조(Sump)는 트럭이 이동하기 전에 배출되어야 하고, 연료가 투명하고 깨끗한지 육안으로 검사해야 한다.

02 항공기 유압계통에서 유량제어밸브(Flow Control Valve)에 해당되지 않는 것은?

① 선택 밸브(Selector Valve)
② 유압 퓨즈(Hydraulic Fuse)
③ 스탠드 파이프(Stand Pipe)
④ 우선권 제어 밸브(Priority Valve)

03 항공기 조종케이블(Control Cable)의 작동 중 최소의 마찰력으로 케이블과 접촉하여 직선 운동을 하는 부품은?

① 풀리(Pulley)
② 링케이지(Linkage)
③ 페어리드(Fairlead)
④ 케이블 드럼(Cable Drum)

04 일반적으로 Sealant의 경화시간을 단축하기 위한 설명 중 맞는 것은?

① 적외선 램프등을 사용하여 온도를 120[°F] 이내로 높인다.
② 주변을 밀폐시켜 공기흐름의 방향을 제거한다.
③ Accelerator의 혼합비율을 높인다.
④ Base와 Accelerator를 혼합 후 즉시 사용하지 않고, Work Life 이내에 적정시간이 지난 후 사용한다.

05 항공기 꼬리날개에 대한 설명 중 맞는 것은?

① 항공기 보조양력을 위한 장치이다.
② 항공기 안정성과 조종성을 위한 것이다.
③ 주 연료 탱크 및 양력을 위한 장치이다.
④ 항공기 동체 후방부 격벽구조를 위한 장치이다.

06 고무로 제작된 항공기 부품 중 Seal 또는 Gasket을 보관하는 방법 중 적절하지 않은 것은?

① 일반적으로 보관장소의 온도 24[℃] 이하, 습도는 50～55[%]가 가장 적당하다.
② 고무의 노화의 원인인 오존, 열, 산소에 노출되지 않도록 한다.
③ 빛에 노출되지 않도록 어두운 곳에 보관한다.
④ 점검 시 내부가 보이도록 투명 비닐로 포장하여 보관한다.

07 항공기 Jacking 작업에 대한 주의사항으로 옳은 것은?

① 바람의 영향을 받지 않는 곳에서 실시한다.
② 모든 착륙장치를 접어 올리고 실시한다.
③ 착륙장치의 파손을 막기 위해서 고정 안전핀을 제거한다.
④ 항공기 동체 구조 부재 하단에 가장 두꺼운 곳에 Jack을 설치한다.

08 항공기 부품 치수를 측정할 때 치수오차를 최소화하기 위한 방법으로 틀린 것은?

① 측정자와 눈금판은 수직이 되어야 한다.
② 측정값을 여러 번 측정하여 평균값을 구한다.
③ 온도 변화를 여러 번 주어 측정한 측정값을 평균값으로 반영한다.
④ 측정 장비 사용 전 측정기의 자체오차에 대한 여부를 검사하고 확인한다.

09 토크 렌치(Torque Wrench)에 대한 설명으로 틀린 것은?

① 교정일자가 사용 전 유효한지 확인해야 한다.
② 토크 값에 적합한 범위의 토크 렌치를 사용해야 한다.
③ 리미트식 토크 렌치는 사용 후 토크 값을 중간 범위의 눈금으로 돌려놓는다.
④ 토크 렌치를 떨어뜨리거나 충격을 주었을 경우 정밀도가 떨어지므로 재점검을 하고 사용해야 한다.

10 강판과 같은 단단한 금속재료를 줄(File) 작업할 때, 줄을 잡아당기는 공정에서 약간 들어 올리는 이유는?

① 줄질을 곱게 하기 위해
② 줄 날의 전체적인 손상을 방지하기 위해
③ 줄질을 빠르게 하기 위해
④ 줄 작업 시 소음을 줄이기 위해

11 복합소재(Reinforced Fiber) 중 밝은 하얀색(Light White)인 것은?

① 유리 섬유　② 보론 섬유
③ 탄소 섬유　④ 아라미드 섬유

12 항공구조물에 작용하는 내력(하중)이 아닌 것은?

① 변형(Strain)
② 비틀림(Torsion)
③ 전단력(Shear)
④ 압축력(Compressed)

13 판재를 이용하여 성형작업(Forming) 시 사용되는 공정이 아닌 것은?

① 범핑 ② 크림핑
③ 딤플링 ④ 스트레칭

14 다음 그림 중 알맞게 장착된 항공기 가요성 호스(Flexible Hose)는?

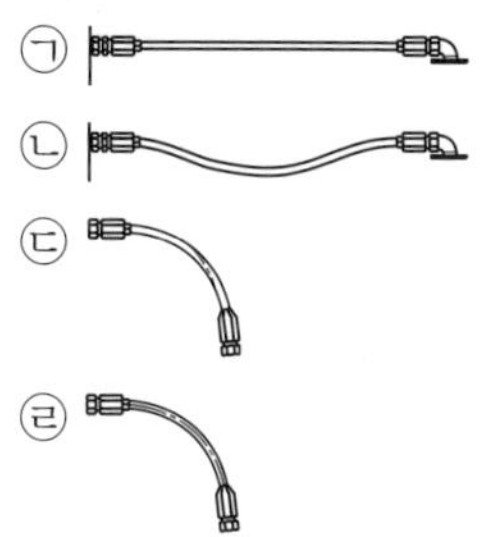

① ㉠과 ㉢ ② ㉡과 ㉢
③ ㉡과 ㉣ ④ ㉠과 ㉣

15 항공기 세미모노코크 구조(Semi-Monocoque)에 사용하는 부재에 대한 설명으로 틀린 것은?

① 스트링거(Stringer) : 동체의 굽힘력을 담당한다.
② 외피(Skin) : 동체에 작용하는 전단력과 비틀림을 담당한다.
③ 롱저론(Longeron) : 세로 방향의 부재로 비틀림력과 전단력을 담당한다.
④ 벌크헤드(Bulkhead) : 동체 객실 내의 압력 유지를 위해 격벽판으로 이용되며 좌굴 현상을 방지한다.

16 금속 또는 플라스틱의 표면 및 내부의 결함을 발견하기 위한 검사방법으로 적합한 것은?

① 형광 침투 검사 ② 자분 탐상 검사
③ 와전류 탐상 ④ 초음파 탐상

17 Air Cycle Cooling System은 어떻게 차가운 공기를 만들어 내는가?

① 냉각 팬을 통하여 냉각한다.
② 냉각제를 포함한 냉각 코일을 통하여 냉각한다.
③ 팽창 터빈을 통해 열을 제거한다.
④ 압축기를 통하여 열을 제거한다.

18 외부에서 인장 하중이 작용하는 곳에 사용하는 볼트로서 볼트 머리에 있는 고리에 턴버클(Turn Buckle)과 케이블 샤클(Shackle)과 같은 장치를 부착할 수 있는 것은?

① 아이 볼트 ② 클레비스 볼트
③ 내부 렌칭 볼트 ④ 외부 렌칭 볼트

19 다음 특수강 중 탄소를 제일 많이 함유하고 있는 강은?

① SAE 1025 ② SAE 2330
③ SAE 6150 ④ SAE 4340

20 항공기 산소계통(Oxygen System) 작업 시 주의사항으로 틀린 것은?

① 수동차단밸브(Manual Shutoff Valve)는 천천히 열어야 한다.
② 장갑이나 복장 등의 오염은 주의할 필요가 없다.
③ 개구(Open) 또는 분리된 라인은 반드시 캡(Cap)으로 막아야 한다.

④ 순수 산소는 먼지(Dust)나 그리스(Grease) 등에 접촉하면 화재 발생 위험이 있으므로 주의해야 한다.

21 탄소강에 대한 설명 중 틀린 것은?

① 탄소의 함유량이 높을수록 용접하기 쉽다.
② 탄소의 함유량이 높을수록 인성이 나빠진다.
③ 탄소의 함유량이 높을수록 경도가 증가한다.
④ 탄소의 함유량이 높을수록 내충격성이 감소한다.

22 항공기 가스터빈엔진 Tail Pipe 내부에 화재가 발생하였을 때 잘못된 조치사항은?

① Engine 작동 중 화재가 발생하였을 경우 화재가 진압될 때까지 회전수(rpm)를 높인다.
② Engine 작동 중 화재가 발생하였을 경우 긴급히 Throttle Lever를 Shut Off하여 화재를 진화한다.
③ Starting 또는 Shutdown 중 화재가 발생하였을 경우 Engine을 Motoring하여 화재를 진압하고 냉각한다.
④ Motoring 또는 rpm 증가로 소화가 안 될 경우 소화제(Extinguish Agent)를 직접 분사하지만 이산화탄소(CO_2)와 같은 냉각제는 Engine에 치명적인 손상을 줄 수 있으므로 주의해야 한다.

23 다음 그림을 보고 알 수 있는 것은?

① Engine Starting
② Engine Shutdown
③ 서행
④ 파킹 브레이크 Set

24 착륙장치의 Cylinder와 Oleo Strut의 피스톤에 부착되어 있는 토션 링크(Torsion Link)의 목적은?

① 압축 행정을 제한한다.
② 충격을 흡수하고 반동을 억제한다.
③ 스트러트(Strut)를 재위치로 잡아준다.
④ 정확한 휠(Wheel) 정렬을 유지해준다.

25 복합소재의 장점으로 알맞지 않은 것은?

① 무게당 강도 비율이 높다.
② 복잡한 형태나 공기 역학적인 곡선 형태의 제작이 용이하다.
③ 부식이 되지 않고 마멸이 잘된다.
④ 제작이 단순해지고 비용이 절감된다.

정답

01	③	02	③	03	③	04	①	05	②
06	④	07	①	08	③	09	③	10	②
11	①	12	①	13	③	14	③	15	③
16	④	17	③	18	①	19	③	20	②
21	①	22	②	23	①	24	③	25	③

과목 정비일반(General)

01 대기권에서 고도가 상승하면 대기의 밀도와 압력은?

① 밀도와 압력은 증가한다.
② 밀도와 압력은 감소한다.
③ 밀도와 압력은 변화하지 않는다.
④ 밀도는 증가하고 압력은 감소한다.

02 현대 항공기의 이용에 있어서 점검표(Check List)에 대한 설명 중 문제점인 것은?

① 승무원 간의 상호확인 감독을 해야 한다.
② 운항 승무원에게 조작절차를 환기시키고 항공기 조작의 기본적 표준을 제공한다.
③ 비상시 승무원의 기억을 되살려 주고 위급한 조치사항의 실행을 확인할 수 있다.
④ 점검표의 용어가 부적절하다고 생각하거나 항목 간의 순서가 부적절한 경우 표준 용어를 사용하지 않으려고 한다.

03 Code 번호 AA 1100의 알루미늄은 어떤 형의 알루미늄인가?

① 열처리된 알루미늄 합금
② 11%의 구리를 함유한 알루미늄
③ 99% 이상 순수 알루미늄
④ 아연이 포함된 알루미늄 합금

04 피로강도 측면에서 구조계통의 솔리드 리벳과 교환할 수 있는 유일한 블라인드 리벳은 무엇인가?

① 셀프 플러깅 리벳(Self－Plugging Rivet)
② 풀 스루 리벳(Pull－Thru Rivet)
③ 벌브 체리 락 리벳(Bulbed Cherry－Lock Rivet)
④ 와이어드로 체리 락 리벳(Wiredraw Cherry－Lock Rivet)

05 항공기 동체와 날개에 주로 사용하는 알루미늄 재료는 무엇인가?

① 2024, 2017
② 2024, 7075
③ 2017, 2117
④ 2017, 7075

06 항공기 중량 변화에 대한 설명으로 옳은 것은?

① 최대운용중량(Maximum Operational Weight)는 설계 시 고려요소다.
② 최대착륙중량은 최대허용중량 이상이어야 하고, 비행교범이 조종사 운용 핸드북에 규정된 한계값 이내로 무게중심이 유지되도록 탑재중량의 적정한 분배가 필요하다.
③ 상용 항공기는 일반적으로 3년 주기로 자중을 측정하고 무게중심의 변화를 계산하여 중량평형 보고서를 현재 상태로 유지하여야 한다.
④ 무게중심이 전방으로 치우치면 승객은 앞쪽으로, 화물은 뒤쪽으로 이동시켜야 한다.

07 알루미늄 합금과 마그네슘의 부식 형태는 어떻게 나타나는가?

① 회색 및 흰색의 침전물이 형성된다.
② 녹색 산화 피막이 생긴다.
③ 붉은색 녹을 형성한다.
④ 흑색을 띈 가루가 나타난다.

08 다음 중 형광 침투 검사로 표면 검사가 불가능한 것은?

① 도자기 ② 철
③ 플라스틱 ④ 고무

09 항공기 조종케이블 세척 및 점검 방법에 대한 설명 중 옳지 않은 것은?

① 케이블은 매 주기 점검 시때마다 부식 발생의 여부를 점검한다.
② 솔벤트를 적신 천을 활용하여 케이블을 점검한다.
③ 내부부식이 발생한 케이블은 교환해야 하고 오일에 적신 부직포 또는 연질의 와이어 브러쉬로 외부부식 요소를 제거한 다음 케이블을 방식 처리한 뒤에 사용한다.
④ 케이블은 통상 내시경 검사가 실시되며 필요에 따라 형광침투탐상을 적용한다.

10 볼트와 너트의 체결요령에 대한 설명 중 옳지 않은 것은?

① 볼트의 머리는 위쪽방향, 앞쪽 방향을 향하도록 체결해야 한다.
② 볼트를 체결할 때 회전하는 방향을 향하도록 체결해야 한다.
③ 자동 고정 너트를 재사용할 때는 화이버가 그것의 고정 마찰 저항을 잃지 않았는지 확인해야 한다.
④ 볼트의 그립길이는 볼트로 조여지는 재료의 두께보다 약간 작거나 같아야 한다.

11 항공기 계통 분류(ATA ISpec 2200) 중 옳은 것은?

① 53 : Stabilizer
② 90 : Cargo Compartment & Equipment
③ 80 : Standard Practices/Structures
④ 49 : Airborne Auxiliary Power

12 다음 설명 중 탄소강이 아닌 것은?

① 탄소강의 함유량은 0.025~2.0%이다.
② 탄소강의 종류에는 저탄소강, 중탄소강, 고탄소강이 있다.
③ 탄소강은 비강도면에서 우수하므로 항공기 기체구조재에 사용하기 좋다.
④ 탄소강에는 탄소 함유량이 많을수록 경도는 증가하나 인성과 내충격성이 나빠진다.

13 위치에너지(Potential Energy) 구분 중 옳지 않은 것은?

① 위치에 의한 것
② 활동 상태에 의한 것
③ 탄성체의 뒤틀림에 의한 것
④ 화학적 반응으로 일어난 일에 의한 것

14 리머(Reamer)에 대한 설명 중 맞는 것은?

① 재료의 홀(Hole)을 뚫는데 사용된다.
② 재료의 표면 조도를 높이는데 사용된다.
③ 정확한 크기로 홀(Hole)을 확장시키고 부드럽게 가공하는데 사용된다.
④ 재료의 드릴 작업 시 작업을 쉽게 할 수 있도록 미리 홀(Hole)을 뚫는데 사용된다.

15 항공기 도면 취급에 대한 설명으로 옳지 않은 것은?

① 도면을 펼칠 때는 종이가 찢어지지 않도록 천천히 조심해서 펼쳐야 하며, 또한 도면을 펼쳤을 때에도 접혔던 부분을 서서히 펴야 하고 반대로 구부러지는 일이 없도록 해야 한다.
② 도면을 보호하기 위해서는 바닥에 펼쳐놓아서도 안되며, 도면 위에 손상을 줄 수 있는 공구나 다른 물건을 올려놓아서도 안된다.
③ 도면을 취급할 때는 도면을 더럽히거나 또는 오염시킬 수 있는 오일(Oil), 그리스(Grease), 또는 다른 더러운 것이 손에 묻어 있지 않도록 주의해야 한다.
④ 다른 사람이 혼동하거나 잘못 작업할 수 있기 때문에 필요에 따라 도면에 글씨나 기호를 사용해도 되며 주석을 달거나 변경해도 된다.

16 어느 한 비행체가 100mph의 속도로 비행하고 있다. 이 속도의 단위를 m/s로 단위를 환산하면 얼마인가?(단, 1mile=1.6이다.)

① 27 ② 44
③ 60 ④ 100

17 다음 중 날개골(Airfoil)의 양력발생 원리를 설명할 수 있는 것은?

① 라미의 정리 ② 베르누이의 원리
③ 파스칼의 법칙 ④ 뉴턴의 제3법칙

18 다음 중 도살 핀(Dosal Fin)의 효과는?

① 가로 안정성을 증가시킨다.
② 방향 안정성을 증가시킨다.
③ 세로 안정성을 증가시킨다.
④ 수직 안정성을 증가시킨다.

19 인적요인 중 의사소통의 결여에 대하여 설명하고 있는데, 다음 설명 중 바르지 않은 것은?

① 의사소통의 결여는 부적절한 정비결함을 유발할 수 있는 핵심적인 인적요인 중 하나이다.
② 의사소통은 항공정비사와 주변의 많은 사람들(관리자, 조종사, 부품 공급자, 항공기 서비스 제공자)간에 일어난다.
③ 의사소통의 부재는 정비오류를 발생시켜서 대형 항공사고를 초래할 수 있으므로 항공정비사들 간의 의사소통은 대단히 중요하다고 할 수 있다.
④ 작업은 항상 인가된 문서에 의한 절차에 따라서 수행되어야 하며, 한 단계의 작업이 수행되면 서명하고, 확인검사가 완료되기 전에 다음 단계의 작업을 수행하여야 한다.

20 강화 플라스틱에서 섬유강화재에 3가지 형태에 해당되지 않는 것은?

① 미립자(Particle) ② 휘스커(Whisker)
③ 천(Fabric) ④ 섬유(Fiber)

21 작업수행 능력에 있어 인간이 기계보다 우월한 점은?

① 반응의 속도가 빠르다.
② 돌발적인 사태에 직면해서 임기응변의 대처를 할 수 있다.
③ 인간과 다른 기계에 대한 지속적인 감시기능이 뛰어나다.
④ 고장검색을 신속히 할 수 있다.

22 항공기 기체 수리의 기본원칙으로 틀린 것은?

① 원래의 재료보다 패치 두께의 치수를 한 치수 크게 만들어 장착한다.
② 수리가 된 부분은 원래의 윤곽과 표면의 매끄러움을 유지해야 한다.
③ 원래의 강도를 유지하도록 수리재의 재질은 원래의 재료와 같은 것을 사용한다.
④ 금속의 경우, 부식 방지를 위해 모든 접촉면에 정해진 절차에 따라 방식처리를 한다.

23 부드러운 재질(1100, 3003, 5052)로 된 알루미늄 튜브는 직경이 얼마의 미만일 때 굽힘 공구를 사용하지 않고 손으로 직접 굽힐 수 있는가?

① 1/2" ② 1/4"
③ 3/32" ④ 7/64"

24 항공기에 수행되는 기본적 검사기법 및 실시사항에 대한 설명 중 옳지 않은 것은?

① 검사는 검사하는 항목의 상태가 일정 기준에 적합한지 확인하는 것으로 정비 행위로 보지는 않는다.
② 검사는 정비사, 조종사 또는 객실승무원에 의해 작성되는 보고서와 주기적인 계획에 따라 항공기가 비행할 수 있는 최적의 상태로 항상 유지되도록 체계적이고 반복적으로 수행해야 한다.
③ 검사주기는 규정된 주기에 따라 검사주기 종료 시점이 가까운 시기에 검사를 수행해야 하지만 어떤 경우에는, 비행할 수 있는 시간이나 횟수를 제한하기도 한다.
④ 특수 상세 검사는 비파괴 검사와 같은 특수 작업이나 대용량 확대경 등 검사 장비의 사용이 요구되며, 경우에 따라서는 분해를 하기도 한다.

25 기체의 무게중심(C.G) 위치의 모멘트 계산으로 맞는 것은?

① 거리 × 무게
② 거리 × 중력가속도
③ 양력 × 항력
④ 속도 × 무게

정답

01	②	02	④	03	③	04	③	05	②
06	③	07	①	08	④	09	④	10	④
11	④	12	③	13	②	14	③	15	④
16	②	17	②	18	②	19	④	20	③
21	②	22	①	23	②	24	①	25	①

과목 발동기(Powerplant)

01 항공용으로 사용되며 발전산업에 쓰이는 산업용 및 선박용으로 사용되는 가스터빈엔진 형식은?

① Ram Jet ② Turbo Jet
③ Turbo Prop ④ Turbo Shaft

02 항공기 가스터빈 엔진의 가변정익베인(VSV) Actuator는 무슨 힘으로 작동하는가?

① Fuel Pressure
② Electric Power
③ Pneumatic Pressure
④ Hydraulic Pressure

03 Oil Pressure Relief Valve를 장착하는 목적은?

① Oil을 한쪽 방향으로만 흐르게 한다.
② System 내 압력을 지속적으로 낮춰준다.
③ 만약 Filter가 막혔을 경우 Filter를 Bypass 시킨다.
④ System 내 압력을 제한하고 Pump를 보호한다.

04 항공기 왕복엔진에서 점화 플러그(Spark Plug) 전극이 과열된 경우 발생할 수 있는 현상은?

① Magneto가 탄다.
② Pre－Ignition이 된다.
③ Engine이 파손된다.
④ Spark Plug가 더러워진다.

05 왕복엔진 항공기의 체적효율을 감소시키는 요인이 아닌 것은?

① 고온의 연소실
② 과도한 회전
③ 불완전한 배기
④ 큰 직경의 다기관

06 항공기가 지상이나 비행 중 자력으로 회전하는 최소 출력 상태는?

① Idle Rating
② Maximum Climb Rating
③ Maximum Cruise Rating
④ Maximum Continuous Rating

07 다음 중 가스 터빈 기관 브레이턴 사이클(Brayton Cycle)의 P－V 선도(Diagram) 과정으로 옳은 것은?

① 단열압축－정적가열－단열팽창－정적방열
② 단열압축－정압가열－단열팽창－정압방열
③ 정적가열－단열압축－정적방열－단열팽창
④ 정적방열－단열압축－단열팽창－정적가열

08 항공기 터보 팬 엔진의 역추력장치(Reverse Thrust) 레버를 사용할 때 스로틀 레버(Throttle Lever)의 위치는?

① Idle Position
② Taxi Position
③ Cruise Position
④ Takeoff Position

09 가스터빈 엔진 터빈 블레이드(Turbine Blade) 내부에 작은 공기 통로를 설치하여 블레이드 앞전을 향하여 공기를 충돌시켜 냉각하는 방법은?

① Impingement Cooling
② Air Film Cooling
③ Convection Cooling
④ Transpiration Cooling

10 다음 중 6기통 대향형(Opposed Type) 엔진의 점화순서로 옳은 것은?

① 1－4－5－2－3－6
② 1－2－5－3－6－4
③ 1－6－4－5－3－2
④ 1－5－3－6－4－2

11 가스터빈 엔진을 Dry Motoring 점검을 수행하고자 할 때, Control Switch 및 Lever의 조작 위치로 잘못된 것은?

① Ignition OFF
② Fuel Cut Off Lever OFF
③ Fuel Booster Pump OFF
④ Throttle Lever Idle

12 정밀검사를 위해 떼어낸 터보 제트 엔진의 터빈 블레이드(Turbine Blade)는 반드시 어디에 재장착해야 하는가?

① 원래 장탈했던 slot에 그대로 장착
② 180도 간격으로 반시계방향으로 장착
③ 90도 간격으로 시계방향으로 장착
④ 오버홀(Overhaul) 후 상태에 따라 각도 점검을 한 후 장착

13 항공기 제트엔진 분류 중 가스터빈 형식이 아닌 것은?

① Turbo Jet
② Ram Jet
③ Turbo Fan
④ Turbo Shaft

14 가스터빈 엔진에 사용하는 점화 플러그는 왕복 엔진 스파크 플러그(Spark Plug)에 비해 높은 전압이 가해짐에도 불구하고 수명이 길다. 그 이유로 맞는 것은?

① 낮은 온도에서 가동되기 때문이다.
② 전극의 갭(Gap)이 보다 작기 때문이다.
③ 직접적으로 연소지역에 위치하지 않기 때문이다.
④ 계속적으로 가동이 필요하지 않기 때문이다.

15 항공기 엔진에 사용되는 Oil의 구비조건으로 맞지 않는 것은?

① 유동점이 낮아야 한다
② 인화점이 높아야 한다
③ 점도지수가 낮아야 한다
④ 휘발성이 낮아야 한다

16 왕복엔진 과급기(Supercharger)를 압축기 형식으로 나누었을 때 아닌 것은?

① Rear Supercharger
② Vane Supercharger
③ Roots Supercharger
④ Centrifugal Supercharger

17 왕복엔진을 장착한 항공기를 시동 시 혼합비 조절레버(Mixture Control Lever)의 위치로 맞는 것은?

① Lean ② Middle
③ Full Rich ④ Mixture Cut off

18 항공용 가스터빈 엔진을 장탈하거나 분해하지 않고 내부 검사를 할 수 있는 일반적인 방법은?

① 침투탐상검사(Penetrant Inspection)
② 보어스코프 검사(Borescope Inspection)
③ 자분탐상검사(Magnetic Particle Inspection)
④ X선 검사(X－Ray Inspection)

19 왕복엔진 항공기의 지상작동점검을 위한 준비사항으로 아닌 것은?

① 항공기 바퀴에 쵸크를 고이고 브레이크를 set한다.
② 지상보조동력 장비 등은 프로펠러에서 멀리 떨어뜨린다.
③ Magneto Switch를 이용하여 both, left, right로 작동하면서 rpm drop을 확인한다.
④ 왕복엔진 프로펠러의 바람이 다른 항공기나 격납고에 영향을 주지 않도록 정대한다.

20 항공기에 사용하는 베어링(Bearing) 취급 시 주의사항으로 잘못된 것은?

① 건조한 베어링을 회전시키지 않는다.
② 공장의 공기(Shop Air)로 베어링을 불지 않는다.
③ 베어링을 증기 세척기(Vapor Degreaser)로 닦아낸다.
④ 점검 시 보풀이 일어나지 않는 면(Lint Free Cotton)장갑이나 합성 고무장갑을 이용한다.

21 항공기 오일 계통의 연료－오일 냉각기에서 오일의 온도가 규정값 이하일 경우 오일의 흐름은?

① 항상 Fuel로 Oil이 냉각되게 한다.
② Fuel을 차단하고 Oil을 Bypass시킨다.
③ Fuel의 50% 흐름을 통제하고 Oil을 냉각시킨다.
④ Bypass Valve를 통해 냉각하지 않고 System으로 보낸다.

22 Reverse Pitch Propeller의 목적에 대한 설명 중 맞는 것은?

① 착륙 진입 시에 항공기의 속도를 늦게 한다.
② 지상에서 Pitch 변경 기구의 기능을 조사한다.
③ 급 Brake를 필요로 하는 비상시에 사용한다.
④ 착륙 후 활주거리를 단축하기 위하여 지상에서 공력 Brake를 거는 데 사용된다.

23 Propeller의 평형 점검에서 Propeller의 Blade, Counter Weight 등의 무게 중심이 동일한 회전면에 있지 않을 때 일어나는 현상은?

① 정적 불평형
② 유체역학적 불평형
③ 동적 불평형
④ 중심 불평형

24 가스터빈 엔진의 유압－기계식 FCU 수감부분이 수감하는 기관의 주요 작동 변수를 모아놓은 것은?

① RPM－CDP－CIT－ACC
② RPM－CDP－ACC－PLA
③ RPM－CDP－CIT－PLA
④ RPM－ACC－CIT－PLA

25 항공기 가스터빈 엔진을 시동 시 점화 전에 연료를 먼저 분사하면 무슨 현상이 일어나는가?

① No Start
② Hung Start
③ Hot Start
④ Wet Start

정답

01	④	02	①	03	④	04	②	05	④
06	①	07	②	08	①	09	①	10	①
11	③	12	①	13	②	14	④	15	③
16	①	17	③	18	②	19	③	20	③
21	④	22	④	23	③	24	③	25	③

과 목 전자전기계기(Avionics)

01 항공기 직류발전기의 종류가 아닌 것은?

① 직권형 ② 분권형
③ 복권형 ④ 파권형

02 다음 중 높은 저항치를 측정하는데 필요한 계기는?

① 멀티미터 ② 마이크로미터
③ 메가옴미터 ④ 파워미터

03 다음 중 정류 후 전압이나 전류가 부하변화 또는 교류전원의 변동에도 일정하게 해주는 회로는?

① 발진회로 ② 정류회로
③ 평활회로 ④ 안정화회로

04 항공기 비상등(Emergency Light) 종류가 아닌 것은?

① Exit Emergency Light
② No Smoking Emergency Light
③ Ceiling & Entryway Emergency Light
④ Door－Mounted(Slide) Emergency Light

05 자기동조 계기 중 회전자에 영구자석을 사용하는 것은?

① 대형 Dynamotor
② 소형 Induction Motor
③ 대형 Universal Motor
④ 소형 Synchronous Motor

06 지상에서 항공기의 모든 발전기가 작동하지 않을 시 전원을 공급해주는 장치는?

① ATC(Air Turbine Compressor)
② GPU(Ground Power Unit)
③ GCU(Generator Control Unit)
④ GTC(Gas Turbine Compressor)

07 로컬라이저(Localizer)의 설명으로 맞는 것은?

① 활주로 끝과 비행기 사이의 거리를 알려준다.
② 활주로와 적당한 접근 각도로 비행기를 맞춰준다.
③ 활주로에 방황하는 비행기의 위치를 알려준다.
④ 활주로의 중심과 비행기를 일자로 맞춰준다.

08 항공기 계기계통에 사용하는 공함(Pressure Capsule)에 대한 설명으로 맞는 것은?

① 압력을 기계적인 변위로 바꿔주는 장치
② 온도의 변화를 전류로 바꿔주는 장치
③ 기계적인 변위를 압력으로 바꿔주는 장치
④ 온도의 변화를 전기저항으로 바꿔주는 장치

09 항공기의 진로, 위치, 방위를 지시해주는 계기는?

① 항법계기 ② 비행계기
③ 순항계기 ④ 항로계기

10 항공기 계기에 장치하는 Shock Mount의 역할은?

① 저주파 고진폭 진동 흡수
② 저주파 저진폭 진동 흡수
③ 고주파 고진폭 진동 흡수
④ 고주파 저진폭 진동 흡수

11 항공계기에 사용하는 원격지시계기의 오토신과 마그네신에 대한 설명 중 틀린 것은?

① 오토신은 400Hz 전원을 필요로 한다.
② 마그네신의 수신기와 발신기의 구조는 동일하다.
③ 오토신은 자기 동기 원격지시 방식이고 발신기와 수신기는 동일 구조이다.
④ 마그네신은 오토신보다 소형 및 경량이고 감도가 좋으므로 모든 기기에 사용된다.

12 항공기 회전계기(Tachometer)에 대한 설명으로 틀린 것은?

① 회전계기는 기관의 분당 회전수를 지시하는 계기이다.
② 가스 터빈 기관에서는 압축기의 RPM을 백분율 RPM으로 나타낸다.
③ 수감부는 기계적인 각 변위 또는 직선 변위를 감지하여 전기적인 신호로 변환한다.
④ 왕복 기관에서는 크랭크 축의 회전수를 분당 회전수로 나타낸다.

13 자동방향탐지기(ADF)에 사용하는 안테나는 무엇인가?

① 다이폴 안테나　　② 애드콕 안테나
③ 루프 안테나　　④ 포물선 안테나

14 다음 중 입력 측이 "1"이면 출력 측이 "0", 입력 측이 "0"이면 출력 측이 "1"이 되는 역수를 취하는 것은?

① Invert Gate　　② NAND－Gate
③ OR－Gate　　④ AND－Gate

15 Auto Pilot System에서 Pitch Attitude는 어느 채널이 탐지하는가?

① Roll 채널　　② 도움날개 채널
③ 방향키 채널　　④ 승강키 채널

16 항공기 PA(Passenger Address) 중 가장 나중에 방송하는 것은?

① 부기장의 기내방송
② 승객을 위한 기내 음악
③ 객실 승무원의 기내방송
④ 기장의 기내방송

17 UHF(극초단파) 통신 장치에 대한 다음 설명 중 틀린 것은?

① 장거리 통신에 이용되며 군용 항공기에 한정하여 사용한다.
② 수신기는 수정 제어 다중 슈퍼헤테로다인(Double Superheterodyne) 방식을 사용한다.
③ 225～400MHz 주파수 범위에서, A3 전파의 단일 통화 방식을 이용한다.
④ 수신기는 다단 컬렉터 변조로 수정 발진기를 3체배하여 소정의 주파수를 얻는다.

18 변압기에서 이차권선의 권선수가 일차권선의 2배라면 이차권선의 전압은?

① 일차권선보다 크며 전류는 더 작다.
② 일차권선보다 크며 전류도 더 크다.
③ 일차권선보다 작으며 전류는 더 크다.
④ 일차권선보다 작으며 전류도 더 작다.

19 항공기의 각 System 계통을 Monitor 하는 기능과 Engine Parameter를 지시하는 기능 및 System의 이상 상태 발생시 Display 해주는 장치는?

① PFD ② EFIS
③ EICAS ④ ND

20 플레밍의 오른손 법칙으로 알 수 없는 것은?

① 유도기전력의 방향
② 자기장의 방향
③ 도체의 운동방향
④ 자속의 방향

21 항공기 단상 교류 발전기의 주파수가 60Hz이고, 회전수가 1800rpm일 때 극수는 얼마인가?

① 3 ② 4
③ 6 ④ 8

22 다음 중 일정 시간 내에 도체의 단면에 얼마나 많은 전자가 움직이는가를 나타내는 것은?

① 전압 ② 전류
③ 저항 ④ 전력

23 3초 동안 36전하가 흐르면 총 몇 암페어의 전류가 흐르는가?

① 8A ② 10A
③ 12A ④ 16A

24 전파에 대한 설명 중 틀린 것은?

① 전파는 전파 경로에 따라 지상파와 공간파로 나눈다.
② 회절파는 산 또는 큰 건물 위에 회절해서 도달하는 전파이다.
③ 전리층파는 대류권 내에서 불규칙한 기류에 의해 산란되어 전파된다.
④ 직접파는 지표면에 접촉되지 않고 송신 안테나로부터 직접 수신 안테나로 도달한다.

25 정전기를 유발하는 요소가 아닌 것은?

① 빛 ② 인체
③ 습도 ④ 마찰

정답

01	④	02	③	03	④	04	②	05	④
06	②	07	④	08	①	09	①	10	①
11	④	12	③	13	③	14	①	15	④
16	②	17	①	18	①	19	③	20	④
21	②	22	②	23	③	24	③	25	①

과목 항공법규

01 다음 중 항공기 취급업의 구분이 바르지 못한 것은?

① 항공기급유업 ② 지상조업사업
③ 항공기정비업 ④ 항공기하역업

02 항공기 이전등록은 그 사유가 있는 날부터 며칠 이내에 신청하여야 하는가?

① 7일 이내 ② 10일 이내
③ 15일 이내 ④ 20일 이내

03 항공운송사업용 비행기가 시계비행을 할 경우 최초착륙예정 비행장까지 비행에 필요한 연료의 양에 순항속도로 몇 분간 더 비행할 수 있는 연료를 실어야 하는가?

① 30분 ② 45분
③ 60분 ④ 90분

04 국토교통부령(항공안전법 시행규칙 제68조)으로 정하는 경미한 정비에 해당되는 것으로 옳은 것은?

① 감항성에 미치는 영향이 경미한 개조작업
② 복잡한 결합작용을 필요로 하는 규격장비품의 교환작업
③ 감항성에 미치는 영향이 경미한 수리작업으로서 동력장치의 작동점검이 필요한 작업
④ 간단한 보수를 하는 예방작업으로 리깅(Rigging) 또는 간극의 조정작업

05 항공기 감항증명 시 운용한계는 무엇에 의하여 지정하는가?

① 항공기 종류, 등급, 형식
② 항공기의 중량
③ 항공기의 사용연수
④ 항공기의 감항분류

06 국제민간항공기구(ICAO)의 소재지는 어디인가?

① 프랑스 파리 ② 미국 시카고
③ 스위스 제네바 ④ 캐나다 몬트리올

07 항공기의 운항에 필요한 준비가 끝난 것을 확인하지 않고 항공기를 출발시키면 누구의 책임인가?

① 확인 정비사 ② 기장
③ 항공교통관제사 ④ 항공기 소유자

08 공항시설법의 목적으로 맞는 것은?

① 국제민간항공협약 및 같은 협약의 부속서에서 채택된 표준과 권고되는 방식에 따라 항공기, 경량항공기 또는 초경량비행장치의 안전하고 효율적인 항행을 위한 방법과 국가, 항공사업자 및 항공종사자 등의 의무 등에 관한 사항을 규정한다.
② 국제민간항공협약 등 국제협약에 따라 공항시설, 항행안전시설 및 항공기 내에서의 불법행위를 방지하고 민간항공의 보안을 확보하기 위한 기준 · 절차 및 의무사항 등을 규정한다.

③ 공항, 비행장 및 항행안전시설의 설치 및 운영 등에 관한 사항을 정함으로써 항공산업의 발전과 공공복리의 증진에 이바지한다.

④ 항공정책의 수립 및 항공사업에 관하여 필요한 사항을 정하여 대한민국 항공사업의 체계적인 성장과 경쟁력 강화 기반을 마련하는 한편, 항공사업의 질서유지 및 건전한 발전을 도모하고 이용자의 편의를 향상시켜 국민경제의 발전과 공공복리의 증진에 이바지한다.

09 수리, 개조승인을 받지 아니한 항공기등, 장비품 또는 부품을 운항 또는 항공기등에 사용한 자의 벌칙은?

① 1년 이하의 징역 또는 1천만원 이하의 벌금
② 2년 이하의 징역 또는 2천만원 이하의 벌금
③ 3년 이하의 징역 또는 5천만원 이하의 벌금
④ 5년 이하의 징역 또는 8천만원 이하의 벌금

10 감항증명의 검사범위가 아닌 것은?

① 항공기 정비과정
② 설계, 제작과정
③ 완성 후의 상태
④ 비행성능

11 수리, 개조승인을 위한 검사의 범위가 아닌 것은?

① 수리계획서의 수리가 기술기준에 적합하게 이행될 수 있을지의 여부
② 개조계획서의 개조가 기술기준에 적합하게 이행될 수 있을지의 여부
③ 수리, 개조의 과정 및 완성 후의 상태
④ 수리개조 결과서 확인

12 공항 안에서 차량의 사용 및 취급에 대한 다음 설명 중 틀린 것은?

① 보호구역에서는 공항운영자가 승인한 이외의 자는 차량 등을 운전할 수 없다.
② 배기에 대한 방화장치가 있는 차량은 모두 격납고 내에서 운전할 수 있다.
③ 공항에서 차량 등을 주차하는 경우에는 공항운영자가 정한 주차구역 안에서 공항운영자가 정한 규칙에 따라 주차한다.
④ 공항구역에 정기로 출입하는 버스 및 택시 등은 공항운영자가 승인한 장소 이외의 장소에서 승객을 승강시킬 수 없다.

13 정비조직인증을 받은 후 규정 위반 시 행정적 처리로 옳은 것은?

① 과징금은 50억원을 초과하면 안 된다.
② 중대한 규정 위반시 업무정지와 과징금을 받는다.
③ 업무정지를 할 수 있으며, 과징금을 부과할 수 있다.
④ 과징금을 기간 이내에 납부하지 않으면 국토교통부령에 의하여 이를 징수한다.

14 항공안전법 시행령의 목적은 무엇인가?

① 국제민간항공협약 및 같은 협약의 부속서에서 채택된 표준과 권고되는 방식에 따라 항공기, 경량항공기 또는 초경량비행장치의 안전하고 효율적인 항행을 위한 방법과 국가, 항공사업자

및 항공종사자 등의 의무 등에 관한 사항을 규정한다.

② 항공안전법에서 위임된 사항과 그 시행에 필요한 사항을 규정함을 목적으로 한다.

③ 항공안전법 및 같은 법 시행령에서 위임된 사항과 그 시행에 필요한 사항을 규정함을 목적으로 한다.

④ 국제민간항공협약 등 국제협약에 따라 공항시설, 항행안전시설 및 항공기 내에서의 불법행위를 방지하고 민간항공의 보안을 확보하기 위한 기준, 절차 및 의무사항 등을 규정함을 목적으로 한다.

15 다음 중 긴급항공기로 지정받을 수 없는 것은?

① 화재 진화 항공기

② 응급환자 후송 항공기

③ 해난 신고로 인한 수색 및 구조 항공기

④ 재난, 재해 등으로 인한 수색 및 구조 항공기

16 항공기로 운송 시 폭발성이나 연소성이 높은 물건 등 국토교통부령으로 정하는 위험물이 아닌 것은?

① 인화성 액체 ② 비가연성 물질류

③ 산화성 물질류 ④ 부식성 물질류

17 항공기에 장비하여야 할 구급용구에 대한 설명 중 틀린 것은?

① 승객이 200명일 때 소화기 3개

② 승객이 500명일 때 소화기 5개

③ 항공운송사업용 및 항공기사용사업용 항공기에는 도끼 1개

④ 항공운송사업용 여객기의 승객이 200명 이상일 때 손확성기 3개

18 다음 중 비행장에서의 금지행위가 아닌 것은?

① 지방항공청장의 승인 없이 레이저광선을 방사하는 행위

② 정차되어 있는 항공기 주변에서의 차량 등을 운전하는 행위

③ 착륙대, 유도로 또는 계류장에 금속편, 직물 또는 그 밖의 물건을 방치하는 행위

④ 착륙대, 유도로, 계류장, 격납고 및 사업시행자 등이 화기 사용하는 행위

19 다음 중 항공기 소음에 관한 국제민간항공협약 부속서는?

① Annex 8 ② Annex 12

③ Annex 16 ④ Annex 18

20 항공기의 국적기호 및 등록기호 표시 방법으로 맞는 것은?

① 항공기에 표시하는 국적기호는 지워지지 아니하고 배경과 선명하게 대조되는 색으로 표시하여야 한다.

② 등록기호의 첫 글자가 문자인 경우 국적기호와 등록기호 사이에 붙임표(+)를 삽입하여야 한다.

③ 등록기호의 구성 등에 필요한 세부사항은 지방항공청장이 정하여 고시한다.

④ 국적 등의 표시는 장식체를 사용해서는 아니 되며, 국적기호는 로마자의 대문자로 표시하여야 한다.

21 다음 중 공항에서 금지되는 행위가 아닌 것은?

① 공항의 시설이나 주차장의 차량을 훼손하거나 더럽히는 행위
② 내화성 구역에서 항공기 청소를 하는 행위
③ 지정된 장소 외의 장소에 쓰레기 등의 물건을 버리는 행위
④ 기름이 묻은 걸레 등의 폐기물을 전용 용기 이외에 버리는 행위

22 다음 중 항공기준사고의 범위에 포함되지 않는 것은?

① 다른 항공기와 충돌위험이 있었던 것으로 판단되는 근접비행이 발생한 경우
② 조종사가 연료량 또는 연료배분 이상으로 비상선언을 한 경우
③ 운항 중 엔진에서 화재가 발생한 경우
④ 운항 중 엔진 덮개가 풀리거나 이탈한 경우

23 군사기지 및 군사시설 보호법을 적용받는 공군작전기지에서 항공기를 관제하는 군인은 국방부장관으로부터 자격인정을 받아 ( ) 업무를 수행할 수 있다. 빈칸에 들어갈 알맞은 말은?

① 항공교통관제 ② 항공정비
③ 항공조종 ④ 항공급유

24 외국인 국제항공운송사업자가 운항증명승인을 받으려는 경우 운항증명승인 신청서를 며칠 이내로 제출해야 하는가?

① 운항 개시 예정일 30일 전까지
② 운항 개시 예정일 60일 전까지
③ 운항 개시 예정일 90일 전까지
④ 운항 개시 예정일 120일 전까지

25 다음 중 부품등제작자증명의 정의로 올바른 것은?

① 형식증명 또는 제한형식증명에 따라 인가된 설계에 일치하게 항공기등을 제작할 수 있는 기술, 설비, 인력 및 품질관리체계 등을 갖추고 있음을 증명을 말한다.
② 국토교통부령으로 정하는 항공기의 소유자등은 감항증명을 받는 경우와 수리 · 개조 등으로 항공기의 소음치가 변동된 경우에는 국토교통부령으로 정하는 바에 따라 그 항공기가 제19조 제2호의 소음기준에 적합한지에 대하여 국토교통부장관의 증명을 말한다.
③ 항공기등에 사용할 장비품 또는 부품을 제작하려는 자는 국토교통부령으로 정하는 바에 따라 항공기기술기준에 적합하게 장비품 또는 부품을 제작할 수 있는 인력, 설비, 기술 및 검사체계 등을 갖추고 있는지에 대하여 국토교통부장관의 증명을 말한다.
④ 항공기가 감항성이 있다는 증명을 말한다.

정답

01	③	02	③	03	②	04	④	05	④
06	④	07	②	08	③	09	③	10	①
11	③	12	②	13	③	14	②	15	③
16	②	17	②	18	②	19	③	20	④
21	②	22	④	23	①	24	②	25	③

참고문헌

1. 항공기체(Aircraft Airframe)

01 청연출판사 항공기기체
02 청연출판사 항공기기체 I(항공기 복합소재, 헬리콥터)
03 청연출판사 항공기기체 II(기체구조와 부품)
04 청연출판사 종합문제집
05 청연출판사 항공종사자 문제집 항공기기체
06 대영사 항공기 기체
07 대영사 항공기 기체 실습
08 태영문화사 항공정비실무
09 일진사 항공정비사
10 크라운출판사 항공기 기체
11 선학출판사 항공기 기체 I
12 선학출판사 항공기 기체 II
13 연경문화사 항공기 기체
14 복두출판사 정밀측정 이론과 실습
15 서울교과서 정밀측정
16 노드미디어 항공정비학개론
17 국토교통부 항공정비사 표준교재 항공기 기체 제1권 – 기체구조 및 판금
18 국토교통부 항공정비사 표준교재 항공기 기체 제2권 – 항공기 시스템
19 한국항공우주기술협회 항공정비사 모의문제
20 세화출판사 항공정비사 & 산업기사 필기+실기
21 A&P Technician Airframe Textbook

2. 정비일반(General for Aircraft Maintenance)

01 청연출판사 비행원리
02 청연출판사 항공역학(Aerodynamics)
03 경문사 항공우주학개론
04 청연출판사 항공기기체
05 청연출판사 항공기기체 I(항공기 복합소재, 헬리콥터)
06 청연출판사 항공기기체 II(기체구조와 부품)
07 청연출판사 종합문제집
08 청연출판사 항공종사자 문제집 항공기기체
09 대영사 항공기 기체

10 대영사 항공기 기체 실습
11 태영문화사 항공정비실무
12 일진사 항공정비사
13 크라운출판사 항공기 기체
14 선학출판사 항공기 기체 I
15 선학출판사 항공기 기체 II
16 연경문화사 항공기 기체
17 복두출판사 정밀측정 이론과 실습
18 서울교과서 정밀측정
19 노드미디어 항공정비학개론
20 국토교통부 항공정비사 표준교재 항공기 기체 제1권 – 기체구조 및 판금
21 국토교통부 항공정비사 표준교재 항공기 기체 제2권 – 항공기 시스템
22 국토교통부 항공정비사 표준교재 항공정비일반
23 한국항공우주기술협회 항공정비사 모의문제
24 건설교통부 항공국 항공과 인적요소
25 세화출판사 항공정비사 & 산업기사 필기 + 실기
26 A&P Technician General Textbook

3. 발동기(Powerplant)

01 청연출판사 항공기관
02 청연출판사 가스터빈엔진(Aircraft Gas Turbine Powerplants)
03 청연출판사 종합문제집
04 청연출판사 항공종사자 문제집 항공기관 I(가스터빈 엔진)
05 청연출판사 항공종사자 문제집 항공기관 II(왕복 엔진)
06 일진사 항공정비사
07 크라운출판사 항공기 기관
08 선학출판사 항공기 동력장치 II
09 태영문화사 항공정비실무
10 태영문화사 항공기 왕복 엔진
11 노드미디어 항공기 가스터빈 엔진
12 대영사 항공기기관실습 I
13 A&P Powerplants Textbooks
14 국토교통부 항공정비사 표준교재 항공기 엔진 – 왕복엔진

15 국토교통부 항공정비사 표준교재 항공기 엔진 – 가스터빈엔진
16 한국항공우주기술협회 항공정비사 모의문제
17 세화출판사 항공정비사&산업기사 필기+실기

4. 전자전기계기(Avionics)

01 청연출판사 항공기장비
02 청연출판사 항공기장비 I(Aircraft Equipment)
03 청연출판사 항공전자
04 청연출판사 항공종사자 문제집 항공기 장비(전기, 계기, 유압, 프로펠러, 기타 계통)
05 연경문화사 항공기장비
06 연경문화사 항공기 장비(상)
07 연경문화사 항공기 장비(하)
08 선학출판사 항공기 장비
09 태영문화사 항공기 장비 총론
10 태영문화사 항공인을 위한 전기전자공학입문
11 크라운출판사 항공기 장비
12 일진사 항공정비사
13 사이텍미디어 기초회로실험
14 청문각 실전 항공전기(T – 50 항공기 개발 경험으로 쓴)
15 국토교통부 항공정비사 표준교재 전자전기계기
16 한국항공우주기술협회 항공정비사 모의문제
17 세화출판사 항공정비사 & 산업기사 필기+실기

항공정비사 면허
종합 문제+해설

발　　행 | 2022년 01월 10일　초판1쇄
2024년 11월 15일　개정3판 2쇄

저　　자 | 조정현
발 행 인 | 최영민
발 행 처 | 피앤피북
주　　소 | 경기도 파주시 신촌로 16
전　　화 | 031-8071-0088
팩　　스 | 031-942-8688
전자우편 | pnpbook@naver.com
출판등록 | 2015년 3월 27일
등록번호 | 제406-2015-31호

정가 : 29,500원

ISBN　979-11-92520-78-0　(93550)